AF551809

EUL
VERLAG

Rechnungslegung und Wirtschaftsprüfung

Herausgegeben von Prof. (em.) Dr. Dr. h. c. Jörg Baetge, Münster, Prof. Dr. Hans-Jürgen Kirsch, Münster, und Prof. Dr. Stefan Thiele, Wuppertal

Band 50
Christoph Pier
Die Bilanzierung landwirtschaftlicher Vermögenswerte nach IAS 41 und den Regelungsänderungen „Agriculture: Bearer Plants"
Lohmar – Köln 2015 • 288 S. • € 58,- (D) • ISBN 978-3-8441-0383-0

Band 51
Florian Steinbach
Der Kapitalisierungszinssatz in der Praxis der Unternehmensbewertung – Theoretische und empirische Analyse der Ermessensspielräume bei der Ermittlung objektivierter Unternehmenswerte nach IDW S 1
Lohmar – Köln 2015 • 296 S. • € 59,- (D) • ISBN 978-3-8441-0403-5

Band 52
Peter Dittmar
Behavioral Auditing – Begrenzte Rationalität und Entscheidungsheuristiken im Kontext der Urteilsbildung des Abschlussprüfers
Lohmar – Köln 2015 • 320 S. • € 62,- (D) • ISBN 978-3-8441-0418-9

Band 53
Gerrit Böhm
Entwicklung geschäftsmodellspezifischer Bilanzratingmodelle – Leistungssteigerung durch Bilanzhomogenisierung
Lohmar – Köln 2015 • 284 S. • € 58,- (D) • ISBN 978-3-8441-0428-8

Band 54
Nils Gimpel-Henning
Sukzessive Anteilserwerbe im IFRS-Konzernabschluss – Bilanzielle Auswirkungen des Statuswechsels von Unternehmensbeteiligungen
Lohmar – Köln 2015 • 320 S. • € 62,- (D) • ISBN 978-3-8441-0430-1

JOSEF EUL VERLAG

Reihe: Rechnungslegung und Wirtschaftsprüfung · Band 54

Herausgegeben von Prof. (em.) Dr. Dr. h. c. Jörg Baetge, Münster, Prof. Dr. Hans-Jürgen Kirsch, Münster, und Prof. Dr. Stefan Thiele, Wuppertal

Dr. Nils Gimpel-Henning

Sukzessive Anteilserwerbe im IFRS-Konzernabschluss

Bilanzielle Auswirkungen des Statuswechsels von Unternehmensbeteiligungen

Mit einem Geleitwort von Prof. Dr. Hans-Jürgen Kirsch, Westfälische Wilhelms-Universität Münster

Bibliografische Information der Deutschen Nationalbibliothek

Die Deutsche Nationalbibliothek verzeichnet diese Publikation in der Deutschen Nationalbibliografie; detaillierte bibliografische Daten sind im Internet über <http://dnb.d-nb.de> abrufbar.

Dissertation, Westfälische Wilhelms-Universität Münster, 2015

D 6

ISBN 978-3-8441-0430-1
1. Auflage November 2015

JOSEF EUL VERLAG GmbH
Brandsberg 6
53797 Lohmar
Tel.: 0 22 05 / 90 10 6-6
Fax: 0 22 05 / 90 10 6-88
E-Mail: info@eul-verlag.de
http://www.eul-verlag.de

Bei der Herstellung unserer Bücher möchten wir die Umwelt schonen. Dieses Buch ist daher auf säurefreiem, 100% chlorfrei gebleichtem, alterungsbeständigem Papier nach DIN 6738 gedruckt.

Geleitwort

Die Bilanzierung der unterschiedlichen Formen von Unternehmensbeteiligungen stellt die zentrale Herausforderung bei der Aufstellung eines Konzernabschlusses dar. Die IFRS unterscheiden hierbei zwischen Anteilen an Tochter-, Gemeinschafts- und assoziierten Unternehmen, Anteilen an gemeinschaftlichen Tätigkeiten sowie einfachen Beteiligungen, bei denen kein maßgeblicher Einfluss auf das Beteiligungsunternehmen besteht. Die bei der Anteilsbilanzierung bestehenden Schwierigkeiten vergrößern sich zusätzlich, sobald sich der anfangs festgelegte Status einer bestehenden Unternehmensbeteiligung ändert, zum Beispiel im Zuge eines sukzessiven Erwerbsvorgangs. In einem solchen Fall ist nicht allein der Erwerb der neuen Anteile zu bilanzieren, vielmehr ist im Rahmen der Übergangskonsolidierung auch die bisherige Einbeziehung der Altanteile zu überprüfen und ggf. anzupassen.

Die in diesem Zusammenhang einschlägigen Rechnungslegungsvorschriften der IFRS sind über verschiedene Standards verteilt, vielfach auslegungsbedürftig sowie zuweilen unvollständig. Der Verfasser nimmt dies zum Anlass, für alle Fallkonstellationen statusändernder Anteilserwerbe eine standardkonforme Bilanzierung herauszuarbeiten und den derzeitigen Regelungskanon der IFRS zugleich kritisch zu würdigen. Überdies macht er es sich zur Aufgabe, einen Bilanzierungsvorschlag zu entwickeln, auf dessen Basis die Berichterstattung über sukzessive Anteilstransaktionen im Vergleich zu den bisherigen Vorschriften verbessert und vor allem umfassend einheitlich geregelt werden könnte.

Die Arbeit ist in sieben Kapitel gegliedert. Nachdem der Verfasser im **ersten Kapitel** die Problemstellung sowie das daran anknüpfende Ziel und den Gang der Untersuchung erläutert, werden im **zweiten Kapitel** in der gebotenen Kürze die wesentlichen konzeptionellen Grundlagen für die Analyse und Würdigung gelegt. Neben den in IAS 8 enthaltenen Regelungen zum Umgang mit unscharfen bzw. unvollständigen Rechnungslegungsvorschriften stehen hierbei vor allem der im *Conceptual Framework* vorgegebene Zweck eines (Konzern-)Abschlusses nach IFRS sowie die für dessen Erfüllung zu beachtenden Anforderungen an die Bilanzierung im Vordergrund.

Im **dritten Kapitel** werden anschließend die konzernabschlussbezogenen Vorgaben zur Einbeziehung der in den IFRS zu unterscheidenden Formen gesellschaftsrechtlicher Beteiligungen vorgestellt und zugleich die charakteristischen Merkmale der je nach Klassifizierung der Beteiligung bestehenden Unternehmensbeziehung herausgearbeitet. Letzteres ist vor allem für die im fünften Kapitel diskutierte Frage entscheidend, ob bzw. wann ein Übergang von einer Beteiligungsform zu einer anderen als ein die Fair Value-Bewertung der Altanteile potenziell rechtfertigendes sog. *significant economic event* verstanden werden kann.

Die verschiedenen Auslöser und Arten eines Statuswechsels von Unternehmensbeteiligungen, die methodische Vorgehensweise der Übergangskonsolidierung sowie die in diesem Kontext zu beachtenden Rechnungslegungsstandards werden im **vierten Kapitel** vorgestellt. Darüber hinaus arbeitet der Verfasser hier einen sachverhaltsspezifischen Anforderungskatalog heraus, der sowohl der Analyse und Würdigung der in Kapitel 5 folgenden de lege lata-Betrachtung als auch der Entwicklung eines de lege ferenda-Vorschlags in Kapitel 6 als konzeptioneller Bezugsrahmen dient. Die Kriterien werden dabei sachverhaltsspezifisch konkretisiert, indem sie aus den im zweiten Kapitel dargestellten qualitativen Anforderungen der IFRS abgeleitet und damit in das System der im *Conceptual Framework* vorgegebenen Grundlagen eingebettet werden. Hervorzuheben ist in diesem Zusammenhang die vom Verfasser ins Zentrum der späteren Analyse gestellte Erkenntnis, dass die Berichterstattung über sukzessive Anteilserwerbe prinzipiell (nur) dann für die Abschlussadressaten relevant ist, wenn sie auf dieser Basis die durch die erneute Investition in das Beteiligungsunternehmen verursachten (Rein-)Vermögensänderungen des Konzernverbunds und die damit verbundenen Auswirkungen auf die Ertragslage beurteilen können. Die spezifische Zielsetzung der Übergangskonsolidierung besteht insofern nicht (wie jedoch intuitiv vermutet werden könnte) darin, die Vermögens- und Finanzlage des Konzerns zum Zeitpunkt des Statuswechsels möglichst zutreffend darzustellen, sondern primär darin, die durch den Geschäftsvorfall „zusätzlicher Anteilserwerb" hervorgerufenen Änderungen erkennen zu lassen.

Im **fünften Kapitel** widmet sich der Verfasser schließlich der kritischen Analyse der bestehenden Regelungen zur Bilanzierung statusändernder Anteilserwerbe. Entsprechend des jeweils einschlägigen IFRS ist die de lege lata-Betrachtung dabei in drei Abschnitte gegliedert.

In **Abschnitt 51** analysiert der Verfasser zunächst die in IFRS 3 angesprochenen Fälle eines sukzessiven Unternehmenserwerbs. Den dort enthaltenen Vorschriften zufolge sind sowohl der Bilanzierung der hinter der Beteiligung stehenden Vermögenswerte und Schulden als auch der Ermittlung eines Unterschiedsbetrages aus der Kapitalkonsolidierung ausnahmslos Zeitwerte zugrunde zu legen. Eine solche Vorgehensweise zieht immer dann eine Neubewertung der vor der Beherrschungserlangung gehaltenen Unternehmensbeteiligung nach sich, sofern die Anteile nicht bereits zuvor in Anwendung von IFRS 9 zum Fair Value bilanziert wurden. Der Verfasser arbeitet im Rahmen der ausführlichen Analyse zunächst heraus, dass die zeitwertorientierten Regelungen der Relevanz der vermittelten Informationen grundsätzlich zuträglich sind. So werden zum einen – anders als bei der tranchenweisen Methodik der Vorgängerstandards – durchgängig aktuelle und somit potenziell relevante(-re) Werte ausgewiesen. Zum anderen kann der Statuswechsel überdies als eine fundamentale Wesensänderung der vorherigen Unternehmensbeziehung charakterisiert werden, die eine Neubewertung der Altanteile konzeptionell rechtfertigen kann. Als ausschlaggebend hierfür sieht er die aus einer Kontrollübernahme typischerweise zu erwartenden Restrukturierungs- und Synergieeffekte, die den Wert der Beteiligung aus Sicht der Konzernobergesellschaft wesentlich erhöhen können. Hervorzuheben ist in diesem Zusammenhang vor allem die differenzierte Auseinandersetzung mit dem in der Begründung zu IFRS 3 angeführten Begriff des *significant economic event*, da bislang weder in den IFRS selbst noch in der Literatur eine genauere Erläuterung der dahinter stehenden Überlegungen zu finden ist.

Die Vorzüge der strengen Zeitwertorientierung des IFRS 3 werden im Rahmen der ausführlichen Analyse der Bestimmungsfaktoren des im Zuge des Statuswechsels zu ermittelnden Fair Value der Altanteile indes erheblich relativiert. So zeigt der Verfasser u. a., dass die Anwendung der in IFRS 13 vorgegebenen Bewertungsleitlinien dazu führt, dass die als konzeptionelle Rechtfertigung für die Neubewertung der Altanteile angeführte Wesensänderung der Beteiligung in einigen Konstellationen nicht oder allenfalls teilweise bilanziell berücksichtigt werden darf. Hierdurch läuft die auf den ersten Blick eingängige und in der Literatur – soweit ersichtlich – gemeinhin akzeptierte Argumentation des IASB für die in IFRS 3 enthaltenen Vorgaben im Ergebnis letztlich ins Leere. Dies mag nicht zuletzt darin begründet sein, dass der die allgemeinen Anforderungen des IFRS 3 konkretisierende IFRS 13 deutlich neueren Datums ist und schlichtweg nicht auf die hier behandelten Konsolidierungsfragen passt. Die daraus folgende Konsequenz, dass es durch die je nach vorherigem Status der Beteiligung ggf. vorzunehmende Neubewertung in vielen Fällen lediglich zu einer Aufdeckung stiller Reserven und Lasten kommt, die wirtschaftlich betrachtet vorherigen Berichtsperioden zuzuordnen sind, sieht der Verfasser unter Bezugnahme auf das von ihm herausgearbeitete Informationsziel zurecht kritisch.

Im Anschluss daran konkretisiert der Verfasser ausgehend von den in IFRS 13 zunächst sachverhalts-unspezifisch formulierten Bewertungsgrundsätzen die verschiedenen dem bilanzierenden Unternehmen zur Auswahl stehenden Bewertungsmethoden. Er macht deutlich, dass die derzeitigen Vorgaben trotz – und z. T. sogar aufgrund – der bei der Bewertung der Altanteile einzunehmenden Marktperspektive mit erheblichen Ermessensspielräumen verbunden sind, die nicht zuletzt angesichts der mit der Fair Value-Bewertung verbundenen Erfolgswirkungen aus bilanzpolitischen Motiven heraus genutzt werden können. Überdies stellt der Verfasser die im Zuge sukzessiver Unternehmenserwerbe zu erwartenden Herausforderungen hinsichtlich der Interpretation eines aus der Kapitalkonsolidierung resultierenden Unterschiedsbetrages heraus. Weil mit der übertragenen Gegenleistung für die Neuanteile auf der einen und dem marktorientiert ermittelten Fair Value der Altanteile auf der anderen Seite zwei konzeptionell unterschiedlich zu beurteilende Wertmaßstäbe undifferenziert in die Systematik zur Berechnung eines Geschäfts- oder Firmenwertes bzw. eines Erfolgs aus einem *bargain purchase* einfließen, sind die resultierenden Unterschiedsbeträge mit Vorsicht zu deuten. Auch die mit der Bilanzierung sukzessiver Unternehmenserwerbe verbundenen Erfolgswirkungen beurteilt der Verfasser kritisch und fordert, den Neubewertungserfolg aus der Anpassung der Altanteile nicht in der Gewinn- und Verlustrechnung, sondern im OCI zu erfassen.

Dieser Vorschlag mag auf den ersten Blick konzeptionell nicht vollständig zu überzeugen, was aber nicht dem Verfasser, sondern dem IASB anzulasten ist, dem es auch im Rahmen des aktuellen Framework-Projekt offensichtlich nicht gelingt, das OCI positiv zu definieren.

Insgesamt wird die Entscheidungsnützlichkeit der derzeitigen Bilanzierungsvorgaben im Rahmen dieser sehr differenzierten Analyse zutreffend in Frage gestellt, auch wenn sie, wie der Verfasser mehrfach ebenfalls zutreffend feststellt, deutliche Vorteile gegenüber den Vorgängerregelungen aufweisen. Positiv ist an diesen Ausführungen zudem anzumerken, dass bereits im Verlauf des Abschnittes 51 punktuelle Vorschläge unterbreitet werden, bei deren Umsetzung zentrale Kritikpunkte abgeschwächt oder sogar vermieden werden können, ohne das vom IASB befürwortete Konzept einer streng Fair Value-orientierten Bilanzierungssystematik verwerfen zu müssen.

Abschnitt 52 befasst sich sodann mit der Bilanzierung sukzessiver Anteilserwerbe, in deren Zuge ein bereits bestehendes Beteiligungsunternehmen erstmals als gemeinschaftliche Tätigkeit zu qualifizieren ist. Damit ist der Regelungskanon des IFRS 11 adressiert. Da IFRS 11 hierzu allerdings keine expliziten Regelungen enthält, hinsichtlich der Bilanzierung des Erwerbs einer gemeinschaftlichen

Tätigkeit jedoch ganz allgemein auf die Übertragbarkeit der Vorschriften des IFRS 3 verweist, prüft der Verfasser auf Basis der derzeitigen Regelungslage eine analoge Anwendung der streng zeitwertbasierten Bilanzierung auch für den Anwendungsfall eines Aufwärtswechsels hin zur gemeinschaftlichen Tätigkeit. Er hält die Übertragung regelungssystematisch für geboten und zeigt überdies, dass die im vorherigen Abschnitt geäußerten Kritikpunkte angesichts der methodischen Ähnlichkeit der quotalen Einbeziehung auf der einen und der Vollkonsolidierung auf der anderen Seite größtenteils übertragen werden können. Unterschiede identifiziert der Verfasser in Bezug auf das in der Begründung zu IFRS 3 als Rechtfertigung für die Neubewertung der Altanteile angeführte Konzept des *significant economic event*. So kommt der Verfasser zu dem Schluss, dass der Übergang von einer einfachen Beteiligung bzw. einem Anteil an einem assoziierten Unternehmen zur Beteiligung an einer gemeinschaftlichen Tätigkeit zwar eine bedeutende, i. d. R. jedoch wohl keine solch fundamentale Wesensänderung der Unternehmensbeziehung darstellt, die eine Neubewertung der Altanteile mit Blick auf das in Kapitel 4 identifizierte Informationsziel zweifelsfrei rechtfertigen kann. Die analoge Anwendung der Vorschriften des IFRS 3 wird vor diesem Hintergrund umso kritischer beurteilt.

In **Abschnitt 53** werden schließlich diejenigen Fallkonstellationen betrachtet, bei denen eine Beteiligung nach dem neuerlichen Anteilserwerb erstmals als Anteil an einem assoziierten oder Gemeinschaftsunternehmen nach der Equity-Methode, also gemäß IAS 28, zu berücksichtigen ist. Der Schwerpunkt der Untersuchung liegt dabei auf der Bilanzierung eines Statuswechsels ausgehend von einer zuvor nach IFRS 9 bilanzierten Unternehmensbeteiligung, da IAS 28 hierzu keine eindeutigen Vorschriften enthält. Der Verfasser stellt anfangs klar, dass das Fehlen von explizit auf diesen Sachverhalt gerichteter Vorgaben als Regelungslücke zu interpretieren ist, die primär im Wege eines Analogieschlusses zu schließen ist. Vor diesem Hintergrund wird zunächst die Übertragbarkeit der in IFRS 3 zu sukzessiven Erwerbsvorgängen mit Statuswechsel enthaltenen Vorschriften geprüft. Dabei kommt der Verfasser zu dem Schluss, dass ein Aufwärtswechsel zum assoziierten bzw. Gemeinschaftsunternehmen ausgehend von einer einfachen Beteiligung auf der einen und ein sukzessiver Unternehmenserwerb auf der anderen Seite nicht als hinreichend ähnliche Geschäftsvorfälle anzusehen sind, um eine verpflichtende Anwendung der Vorschriften des IFRS 3 unterstellen zu können. Auf Basis dieser Erkenntnis werden sodann die theoretisch in Betracht kommenden Bilanzierungsalternativen dargestellt sowie kritisch analysiert. Im Ergebnis wird dabei die sog. Deemed Cost-Methode dem Kriterium der Entscheidungsnützlichkeit am besten gerecht.

Der Hauptteil der Untersuchung schließt im **sechsten Kapitel** mit der Entwicklung einer Bilanzierungssystematik, auf deren Basis die Entscheidungsnützlichkeit der Berichterstattung über sukzessive Erwerbe von Tochterunternehmen sowohl im Vergleich zur derzeitigen Regelungslage als auch zu den Vorgängerregelungen maßgeblich erhöht werden könnte. Inhaltlicher Kern des Vorschlags bildet dabei die Erkenntnis, dass der Bilanzierung der Vermögenswerte und Schulden zwar in jedem Fall aktuelle Zeitwerte zugrunde zu legen sind, die Bewertung der Altanteile im Rahmen der Ermittlung eines Geschäfts- oder Firmenwertes dementgegen jedoch von der vorherigen Bilanzierung der Beteiligung abhängig gemacht werden sollte, um die (erfolgswirksame) Aktivierung originärer Goodwill-Bestandteile zu vermeiden. Zwar ist eine solche Vorgehensweise in einigen Konstellationen mit Nachteilen hinsichtlich der Aussagefähigkeit des aus der Kapitalkonsolidierung resultierenden Unterschiedsbetrages verbunden, es gelingt dem Verfasser jedoch zu zeigen, dass diesen Nachteilen durch geeignete Maßnahmen wie bspw. eine zweigeteilte Kapitalkonsolidierung sowie ergänzende Anhangangaben wirkungsvoll entgegengewirkt werden kann.

Auch wenn der Bilanzierungsvorschlag zunächst auf den Fall eines sukzessiven Unternehmenserwerbs ausgerichtet wurde, kann die Methodik, wie der Verfasser ausführlich darlegt, ohne Weiteres auch auf die anderen im Rahmen der Untersuchung thematisierten Konstellationen statusändernder Anteilserwerbe übertragen werden. Im Ergebnis gelingt es ihm somit, eine für alle Fälle einheitliche Vorgehensweise herauszuarbeiten, bei deren Umsetzung dann auch die Komplexität der Konzernrechnungslegung wesentlich reduziert werden könnte.

Im **siebten Kapitel** fasst der Verfasser die wesentlichen Erkenntnisse seiner Arbeit zusammen und gibt einen kurzen Ausblick auf die in Zukunft hinsichtlich der Bilanzierung sukzessiver Erwerbsvorgänge zu erwartenden Entwicklungen in der IFRS-Rechnungslegung.

Insgesamt wird in der vorgelegten Arbeit durchweg stringent, differenziert und konstruktiv kritisch argumentiert. Besonders hervorzuheben ist die konsequente Orientierung des Verfassers an den einschlägigen Auslegungskriterien. Dabei gelingt es ihm sehr schön, die kritische Würdigung und seinen eigenen Verbesserungsvorschlag stufenweise über die gesamte Arbeit vorzubereiten. Bereits in den vorderen Abschnitten finden sich die relevanten Kritikpunkte und einzelne Verbesserungsvorschläge, die dann im Verlauf der Arbeit zusammengeführt, ergänzt und arrondiert werden. Argumentation und Verbesserungsvorschlag sind dabei zwar vergleichsweise „konservativ“, aber immer konsequent zunächst im jeweiligen Kontext abgeleitet und dann auf die Gesamtproblematik übertragen. Insofern bietet die Arbeit nicht nur eine fundierte und breit angelegte Hilfestellung für konkrete aktuelle Fragestellungen. Sie ist auch ein hervorragendes Beispiel für die Erarbeitung konsistenter, am Framework orientierter Regelungen über verschiedene vergleichbare Sachverhalte hinweg, wie sie eigentlich der IASB liefern müsste.

Münster, im November 2015

Prof. Dr. Hans-Jürgen Kirsch

Vorwort des Verfassers

Die vorliegende Arbeit entstand während meiner Tätigkeit als wissenschaftlicher Mitarbeiter am Institut für Rechnungslegung und Wirtschaftsprüfung (IRW) der Westfälischen Wilhelms-Universität Münster. Sie wurde von der Wirtschaftswissenschaftlichen Fakultät im November 2015 als Dissertation angenommen.

Möglich gemacht wurde diese Arbeit erst durch die Unterstützung und Begleitung ganz unterschiedlicher Personen. An erster Stelle ist hierbei mein hoch geschätzter akademischer Lehrer und Doktorvater, Herr Prof. Dr. Hans-Jürgen Kirsch zu nennen, dem ich für die umfassende wissenschaftliche Betreuung und nicht zuletzt die Übernahme des Erstgutachtens zu großem Dank verpflichtet bin. Die tägliche Mitarbeit an dem von ihm geleiteten Institut, die maßgeblich durch ihn geprägte angenehme Arbeitsatmosphäre sowie seine jederzeitige kritisch konstruktive Diskussionsbereitschaft haben erheblich zum Gelingen meines Promotionsvorhabens beigetragen. Für die Übernahme des Zweitgutachtens bzw. für das Mitwirken an der Promotionskommission möchte ich überdies Herrn Prof. Dr. StB Christoph Watrin sowie Herrn Prof. Dr. Christian Müller ganz herzlich danken. Mein Dank gilt zugleich auch Herrn Prof. Dr. Dr. h.c. Jörg Baetge für die inspirierenden Anregungen im Rahmen der gemeinsamen, institutsübergreifenden Doktorandenseminare.

Darüber hinaus ist es mir ein großes Anliegen, mich bei meinen (ehemaligen) Kollegen am IRW sowie dem eng mit unserem Institut verbundenen „Forschungsteam Baetge“ zu bedanken. Die ausgesprochene Kollegialität, aber zugleich auch erfrischende Heterogenität der unterschiedlichen Persönlichkeiten hat dazu geführt, dass mir die Zeit am Institut stets in bester Erinnerung bleiben wird. Namentlich hervorheben möchte in diesem Zusammenhang vor allem die Herren Michael Alkemeier M.Sc., Dr. Florian Gallasch sowie Dipl.-Volksw. Alois Panzer, die durch ihre äußerst wertvollen Hinweise im Verlauf des Schreibprozesses erheblich zur Qualität der vorliegenden Arbeit beigetragen haben. Herrn Michael Alkemeier M.Sc. oblag dabei als mein WG-Mitbewohner zusätzlich die herausfordernde Aufgabe, mich über die Arbeitszeit hinaus auch einen Großteil der Freizeit „betreuen“ zu müssen. Ihm gebührt daher mein besonders freundschaftlicher Dank. Auch den wissenschaftlichen Hilfskräften des IRW sei herzlich gedankt. Durch Ihren unermüdlichen Einsatz bei der Literaturbeschaffung haben Sie mir das Verfassen meiner Dissertation erheblich erleichtert.

Schließlich möchte ich mich vor allem bei meinen lieben Eltern und meinen drei lieben Schwestern samt (potenziellen) Ehemännern und (Paten-)Kindern bedanken. Die zahlreichen, stets lustigen Familientreffen und -feiern sowie der mir zu jeder Zeit vermittelte Rückhalt haben sicherlich maßgeblich dazu beigetragen, die Stimmung auch während der „heißen“ Promotionsphase nicht allzu sehr abkippen zu lassen. Eine besondere Rolle hat hierbei natürlich auch meine liebe Freundin Theresa gespielt, der ich für ihre bedingungslose Unterstützung zu ganz besonderem Dank verpflichtet bin.

Münster, im November 2015 — Nils Gimpel-Henning

Inhaltsübersicht

<u>**Inhaltsverzeichnis**</u>

Abbildungsverzeichnis

Tabellenverzeichnis

Abkürzungsverzeichnis

A

A	appendix (i. V. m. IFRS-Fundstellen)
a. A./A. A.	anderer Auffassung
Abacus	A Journal of Accounting, Finance and Business Studies (Zeitschrift)
Abs.	Absatz
Abt.	Abteilung
ADS	Abler/Düring/Schmaltz
AG	Aktiengesellschaft
AICPA	American Institute of Certified Public Accountants
amend.	amended
Anm. d. Verf.	Anmerkung des Verfassers
AU	assoziiertes Unternehmen
Aufl.	Auflage

B

BB	Betriebs-Berater (Zeitschrift)
BBK	Zeitschrift für Buchführung, Bilanzierung, Kostenrechnung
BC	basis for conclusions (i. V. m. IFRS-Fundstellen)
Bd.	Band
BFuP	Betriebswirtschaftliche Forschung und Praxis (Zeitschrift)
BGBl.	Bundesgesetzblatt
BilMoG	Bilanzrechtsmodernisierungsgesetz
BiRiLiG	Bilanzrichtlinien-Gesetz
bspw.	beispielsweise
bzgl.	bezüglich
bzw.	beziehungsweise

C

CF	Conceptual Framework
CNC	Conseil National de la Comptabilité
c. p.	ceteris paribus (unter sonst gleichen Bedingungen)

D

d. h.	das heißt
DAX	Deutscher Aktienindex
DB	Der Betrieb (Zeitschrift)
DBW	Die Betriebswirtschaft
DCF	Discounted Cash-Flow
DP	Discussion Paper
DRS	Deutscher Rechnungslegungsstandard

DRSC	Deutsches Rechnungslegungs Standards Committee e. v.
DStR	Deutsches Steuerrecht (Zeitschrift)
E	
E-DRS	Entwurf eines Deutschen Rechnungslegungsstandards
e. V.	eingetragener Verein
ED	Exposure Draft
EFRAG	European Financial Reporting Advisory Group
EG	Europäische Gemeinschaft
ESMA	European Securities and Markets Authority
EU	Europäische Union
EuGH	Europäischer Gerichtshof
EWG	Europäische Wirtschaftsgemeinschaft
F	
F	Framework
f.	folgende (Seite)
FASB	Financial Accounting Standarda Board
FB	Finanz-Betrieb (Zeitschrift)
ff.	folgende (Jahre)
FI	Finanzinstrument
FRC	Financial Reporting Council
G	
GAAP	Generally Accepted Accounting Principles
GE	Geldeinheiten
gem.	gemäß
ggf.	gegebenenfalls
GmbH	Gesellschaft mit beschränkter Haftung
GmbHG	Gesetz betreffend die Gesellschaft mit beschränkter Haftung
GoB	Grundsätze ordnungsmäßiger Buchführung
GT	gemeinschaftliche Tätigkeit
GU	Gemeinschaftsunternehmen
GuV	Gewinn- und Verlustrechnung
H	
HB	Handelsbilanz
HdJ	Handbuch des Jahresabschlusses in Einzeldarstellungen
HdK	Handbuch der Konzernrechnungslegung
HGB	Handelsgesetzbuch
Hrsg.	Herausgeber
hrsg. v.	herausgegeben von

I

i. d. R.	in der Regel
i. e. S.	i. e. S.
i. H. d.	in Höhe der/des
i. H. v.	in Höhe von
i. S.	im Sinne
i. S. d.	im Sinne der, des
i. S. e.	im Sinne einer, eines
i. S. v.	im Sinne von
i. V. m.	in Verbindung mit
IAS	International Accounting Standard(s)
IAS-VO	IAS-Verordnung
IASB	International Accounting Standards Board
IASC	International Accounting Standards Committee
IC	Interpretations Committee
IDW	Institut der Wirtschaftsprüfer in Deutschland e. V.
IE	illustrative examples (i. V. m. IFRS-Fundstellen)
IFRIC	International Financial Reporting Interpretations Committee
IFRS	International Financial Reporting Standard(s)
iGAAP	international GAAP
IN	Introduction (i. V. m. IFRS-Fundstellen)
IRZ	Zeitschrift für Internationale Rechnungslegung

K

KA	Konzernabschluss
KB	Konzernbilanz
KoR	Zeitschrift für internationale und kapitalmarktorientierte Rechnungslegung
KPMG	Klynveld Peat Marwick Goerdeler

M

m. w. N.	mit weiteren Nachweisen
M&A	Mergers and Acquisitions
Mio.	Millionen
MU	Mutterunternehmen
MüKo	Münchener Kommentar

N

NBW-	Neubewertungs-
No.	Number
Nr.	Nummer

O

OB	objective (i. V. m. IFRS-Fundstellen)
OCI	other comprehensive income

P

PiR	Praxis der internationalen Rechnungslegung (Zeitschrift)
PwC	PricewaterhouseCoopers

Q

QC	qualitative characteristics

R

REGBl.	Reichsgesetzblatt
RegE	Regierungsentwurf
rev.	revised
Rn.	Randnummer

S

S.	Seite
SB	Summenbilanz
SFAS	Statement of Financial Accounting Standards
SIC	Standing Interpretations Committee
sog.	sogenannte(r/n)
sonst.	sonstige(s)
StuB	Steuer- und Bilanzpraxis (Zeitschrift)
StuW	Steuer und Wirtschaft (Zeitschrift)

T

TU	Tochterunternehmen
Tz.	Textziffer

U

u. a.	unter anderem, und andere
u. U.	unter Umständen
UB	Unterschiedsbetrag
Unt.	Unternehmen
US-GAAP	United States- Generally Accepted Accounting Principles
USA	United States of America

V

vgl.	vergleiche

W

WiSt	Wirtschaftswissenschaftliches Studium (Zeitschrift)
WPg	Die Wirtschaftsprüfung (Zeitschrift)

Z

z. B.	zum Beispiel
ZfbF	Zeitschrift für betriebswirtschaftliche Forschung
ZfhF	Zeitschrift für handelwirtschaftliche Forschung
ZGR	Zeitschrift für Unternehmens- und Gesellschaftsrecht
zzgl.	zuzüglich

1 Einleitung

11 Problemstellung und Ziel der Untersuchung

Um ihre geschäftlichen Zielsetzungen in sich immer schneller entwickelnden Produkt- und Dienstleistungsmärkten zu erreichen, sind Wirtschaftsunternehmen häufig gezwungen, zusätzlich zur internen Unternehmensentwicklung auch externe Wachstumspotenziale auszuschöpfen.[1] Zumeist wird zu diesem Zweck auf das Instrument einer Kapitalbeteiligung an anderen Unternehmen zurückgegriffen.[2] Im IFRS-Konzernabschluss sind die Kapitalverflechtungen einzelner rechtlich eigenständiger Unternehmen bzw. die dadurch bestehenden Abhängigkeitsverhältnisse dann auch bilanziell explizit zu berücksichtigen. Nur so können den derzeitigen sowie potenziellen Eigen- und Fremdkapitalgebern des Konzerns Informationen vermittelt werden, die diesen hinsichtlich der auf ihre Kapitalvergabe gerichteten Entscheidungen nützlich sind.[3] Die konzernbilanzielle Abbildung einer Unternehmensbeteiligung hängt dabei maßgeblich davon ab, welche Einflussnahmemöglichkeiten seitens der Konzernobergesellschaft im Einzelfall bestehen.[4] Die IFRS unterscheiden dazu zwischen Beteiligungen an Tochter-, Gemeinschafts- und assoziierten Unternehmen, Beteiligungen an gemeinschaftlichen Tätigkeiten sowie Unternehmensanteilen ohne maßgebliche Einflussnahmemöglichkeiten.[5] An die Klassifizierung einer Beteiligung wird schließlich die für deren Bilanzierung jeweils anzuwendende Konsolidierungs- bzw. Bewertungsmethode geknüpft.

Durch weitere Anteilserwerbe kann sich die Intensität der möglichen Einflussnahme auf ein bestehendes Beteiligungsunternehmen und damit ggf. zugleich auch dessen bilanzielle Einbeziehung im Zeitablauf jedoch durchaus ändern.[6] So werden Unternehmensbeteiligungen nicht immer in einem einzigen Schritt, sondern, wie u. a. das Beispiel der über viele Jahre gestreckten Übernahme der MAN SE durch die Volkswagen AG anschaulich zeigt,[7] häufig auch in mehreren Tranchen und damit sukzessive erworben.[8] Führt ein sukzessiver Anteilserwerb im Verlauf der Transaktion dabei dazu, dass ein bestehendes Beteiligungsunternehmen hinsichtlich der konzernbilanziellen Klassifizierung

---

1 Ähnlich PICOT, G./PICOT, M. A., Wirtschaftliche und wirtschaftsrechtliche Aspekte, S. 2.

2 Vgl. KÜTING, K., Unternehmerische Zusammenarbeit, S. 16; HINZ, M., Konzernabschluss als Instrument zur Informationsvermittlung, S. 14 f.

3 Vgl. BAETGE, J./HAYN, S./STRÖHER, T., in: Baetge u. a., Rechnungslegung nach IFRS, 2. Aufl., IFRS 10, Rn. 11, sowie ausführlich Abschnitt 222.

4 Vgl. BRUNE, J. W., in: Beck IFRS HB, 4. Aufl., § 30, Rn. 3, sowie KÜTING, K./SEEL, C./STRAUß, M., Änderung der Beteiligungshöhe, S. 175.

5 Vgl. ausführlich hierzu Abschnitt 31.

6 Vgl. so bspw. auch KLOSE, N.-C., Konzernrechnungslegung nach IFRS, S. 2; HAYN, B., Konsolidierungstechnik, S. 1, sowie HERRMANN, D., Änderung von Beteiligungsverhältnissen, S. 7.

7 So erwarb die Volkswagen AG im Jahr 2006 erstmals 15% der Kapitalanteile an der MAN SE. Im Jahr 2008 folgten weitere 14,9% der Anteile, bis im Jahr 2011 mit einem Gesamtanteil von dann rund 56% schließlich die Stimmrechtsmehrheit erlangt wurde. In den darauffolgenden Jahren wurde der Anteilsbesitz anschließend nochmals sukzessive erhöht und betrug im Jahr 2014 zuletzt 75,28%. Nähere Informationen hierzu finden sich unter http://www.corporate.man.eu/de/investor-relations/man-aktie/aktionaersstruktur/Aktionaersstruktur.html.

8 Die schrittweise Übernahme der Deutschen Postbank AG durch die Deutsche Bank AG in den Jahren 2008-2012 sowie die im Januar 2015 abgeschlossene vollständige Übernahme der BSH Bosch und Siemens Hausgeräte GmbH durch die Robert Bosch GmbH, die zuvor bereits 50% der Kapitalanteile hielt, stellen weitere prominente Beispiele sukzessiver Anteilserwerbe dar. Vgl. DEUTSCHE BANK AG (Hrsg.), Geschäftsbericht 2012, S. 319-326 bzw. ROBERT BOSCH GMBH (Hrsg.), Geschäftsbericht 2014, S. 71 f.

neu einzuordnen ist, wird gemeinhin von einem (aufwärtsgerichteten) **Statuswechsel** gesprochen,[9] der sodann im Wege einer **Übergangskonsolidierung** abzubilden ist.[10] Die in diesem Kontext zu ergreifenden bilanziellen Maßnahmen sowie die dabei bestehenden Herausforderungen hängen maßgeblich davon ab, welchen Status das Beteiligungsunternehmen vor sowie vor allem nach dem neuerlichen Anteilserwerb inne hat(te), sodass die Übergangskonsolidierung wohl nicht zuletzt aufgrund der Vielzahl denkbarer Fallkonstellationen zu den „anspruchsvollsten Problemstellungen der Konzernrechnungslegung"[11] gezählt wird.

Den prominentesten Anwendungsfall sukzessiver Anteilstransaktionen mit Statuswechsel stellen dabei sog. **sukzessive Unternehmenserwerbe** dar, also solche Transaktionen, bei denen ein bereits im Konzernabschluss enthaltenes Beteiligungsunternehmen nach dem Erwerb zusätzlicher Anteile erstmals als Tochterunternehmen zu qualifizieren ist. Für die konzernbilanzielle Abbildung sukzessiver Unternehmenserwerbe sind derzeit die Vorschriften des IFRS 3 einschlägig. Der entsprechende Abschnitt zur Übergangskonsolidierung wurde zuletzt im Rahmen der zweiten Phase des Projekts „*Business Combinations*" grundlegend überarbeitet und im Jahr 2008 zusammen mit weiteren Anpassungen des Standards neu herausgegeben.[12] Die markanteste Änderung in Bezug auf die Übergangskonsolidierung betraf dabei die bilanzielle Behandlung des bereits vor der Beherrschungserlangung gehaltenen Anteilspaketes, der sog. **Altanteile**. Diese sind zum Zeitpunkt der Beherrschungserlangung unter Verweis auf die fundamentale Änderung der Beteiligungsbeziehung (sog. ***significant economic event***) nunmehr in jedem Fall und damit unabhängig von ihrer bisherigen Einbeziehung in den Konzernabschluss i. H ihres aktuellen Fair Value (neu) zu bewerten.[13] Ein daraus ggf. resultierender Wertanpassungsbedarf der Beteiligung ist sodann erfolgswirksam als Ertrag bzw. Aufwand in der Gewinn- und Verlustrechnung des Konzerns zu vereinnahmen.[14]

Eine derartige, im Ergebnis durchgängig auf Zeitwerten basierende Bilanzierung sukzessiver Unternehmenserwerbe wurde bereits im Zuge des damaligen Standardsetzungsprozesses kontrovers diskutiert[15] und steht im Rahmen des derzeitigen *Post-Implementation Review* zu IFRS 3 erneut auf dem Prüfstand.[16] Eine Wideraufnahme der damaligen Diskussion scheint dabei schon deswegen nachvollziehbar, da die im Detail stark auslegungsbedürftigen Vorschriften – wie aktuelle Geschäftsberichte

---

9 Vgl. KÜTING, K./SEEL, C./STRAUß, M., Änderung der Beteiligungshöhe, S. 176.

10 Vgl. ausführlich Abschnitt 42.

11 KLAHOLZ, E./STIBI, B., Sukzessiver Anteilserwerb, S. 297.

12 Für eine überblicksartige Abgrenzung der in den beiden Phasen des Projekts behandelten Themen vgl. IASB (Hrsg.), Project Summary ED IFRS 3, S. 7.

13 Vgl. IFRS 3.41 f. i. V. m. IFRS 3.BC384.

14 Vgl. IFRS 3.41 f.

15 So sprachen sich zahlreiche Kommentierende, aber auch ein Boardmitglied des IASB selbst vor allem gegen die GuV-wirksame Erfassung der Differenz zwischen Fair Value und fortgeführten Konzernbuchwerten aus. Vgl. anstelle vieler DRSC (Hrsg.), Comment Letter (ED IFRS 3), S. 14; IDW (Hrsg.), Comment Letter (ED IFRS 3), S. 22, sowie IFRS 3.DO11. Vgl. zu dieser Diskussion ausführlich Abschnitt 514.1.

16 Die Überprüfung der Vorschriften zur Bilanzierung sukzessiver Unternehmenserwerbe wurde insbesondere von Seiten der Investoren kritisiert und dementsprechend vom IASB zunächst als eines der im weiteren Projektverlauf näher zu untersuchenden Themengebiete identifiziert. Vgl. IASB (Hrsg.), Staff Paper 12B (December 2014), Rn. 8 und 17. Die Kritik konzentrierte sich dabei jedoch wiederum vor allem auf die GuV-wirksame Vereinnahmung des aus der Fair Value-Bewertung der Altanteile ggf. resultierenden Wertanpassungsbedarfs.

nach IFRS bilanzierender Unternehmen zeigen – erhebliche Auswirkungen auf die im Konzernabschluss dargestellte Vermögens-, Finanz- und Ertragslage extern wachsender Konzerne haben können. So erwartet bspw. die Robert Bosch GmbH aus der Bilanzierung zwei jüngst abschlossener sukzessiver Unternehmenszusammenschlüsse für den Konzernabschluss des Geschäftsjahres 2015 eine Werterhöhung bereits zuvor gehaltener Unternehmensanteile i. H. v. insgesamt rund 2,1 Mrd. €.[17] Die Wertadjustierung der Altanteile wird sich angesichts der Vollkonsolidierung der Beteiligungen dabei letztlich sowohl in den vollständig übernommenen Vermögenswerten und Schulden der Beteiligungsunternehmen als auch in einem separat zu erfassenden Geschäfts- oder Firmenwert widerspiegeln und ist überdies als Ertrag in der Gewinn- und Verlustrechnung des Bosch-Konzerns zu realisieren. Angesichts solcher Bilanzierungsergebnisse ist daher im Rahmen der vorliegenden Arbeit eingehend zu untersuchen, inwieweit die derzeitigen Regelungen tatsächlich zur Entscheidungsnützlichkeit der externen Unternehmensberichterstattung beitragen können oder aber eine erneute Überarbeitung der Vorschriften im Nachgang an den *Post-Implementation Review* zu IFRS 3 zu empfehlen wäre.

Während die bilanzielle Abbildung sukzessiver Erwerbe für den Fall eines Übergangs zum Tochterunternehmen in den IFRS klar geregelt ist, fehlt es für die Bilanzierung **sukzessiver Erwerbsvorgänge mit Aufwärtswechsel zum assoziierten bzw. Gemeinschaftsunternehmen** zum Teil an eindeutigen Vorschriften. Lediglich der Übergang von einem assoziierten Unternehmen zum Gemeinschaftsunternehmen, also ein Wechsel innerhalb des Anwendungsbereichs der Equity-Methode, ist in IAS 28 explizit normiert.[18] Wie jedoch bei einer sukzessiven Transaktion vorzugehen ist, bei der die vor dem Statuswechsel gehaltenen (Alt-)Anteile als einfache Beteiligung bilanziert wurden, ist in der Literatur umstritten. Angesichts der unklaren Regelungssituation kommen derzeit ganz unterschiedliche Lösungsansätze in Betracht.[19] Fraglich ist in diesem Kontext u. a., ob die mit dem Begriff des „*significant economic event*“ verknüpfte und durch einen vollständigen Neustart geprägte Bilanzierungsmethodik des IFRS 3 auch auf die Bilanzierung dieser Fallkonstellationen ausstrahlen könnte. Auch wenn die diesbezügliche Thematik bereits im Juli 2010 beim IFRS *Interpretations Committee* adressiert wurde und sich der Standardsetzer somit der aus dem Fehlen einer expliziten Vorschrift hervorgerufenen *diversity in practice* bewusst sein muss, haben sich bislang weder das *Interpretations Committee* noch der Board selbst hierzu verbindlich geäußert.[20] Vor diesem Hintergrund gilt es zum einen zu analysieren, welche der in der Literatur vorgeschlagenen Bilanzierungsmethoden mit Blick auf den aktuellen Regelungskanon der IFRS (rechtlich) zulässig erscheinen. Zum anderen ist herauszuarbeiten, welche der als zulässig erachteten Alternativen zugleich dem Zweck der IFRS-Rechnungslegung bestmöglich entspricht und somit prioritär anzuwenden ist.

Durch die Einführung des IFRS 11 im Mai 2011 können (kapital-)anteilsbasierte Beteiligungen an rechtlich eigenständigen Geschäftsbetrieben nicht zuletzt nunmehr auch als Anteil an einer gemein-

---

17 Vgl. ROBERT BOSCH GMBH (Hrsg.), Geschäftsbericht 2014, S. 72.

18 Vgl. IAS 28.24 sowie ausführlich Abschnitt 533.

19 Vgl. hierzu Abschnitt 532.

20 Da sich das IFRS *Interpretations Committee* nicht in der Lage sah, eine konsensfähige Lösung zeitnah zu entwickeln, wurde zunächst auf den IASB verwiesen, der sich hierzu bislang jedoch nicht geäußert hat. Vgl. IFRS IC (Hrsg.), IFRIC Update (July 2010), S. 6.

schaftlichen Tätigkeit qualifiziert werden. Einer solchen Klassifizierung kann dabei prinzipiell wiederum ein sukzessiver Erwerbsvorgang der Anteile vorangehen, in dessen Zuge eine bereits zuvor bilanzierte Beteiligung ihren bisherigen Status im Konzernabschluss ändert. Bei der Bilanzierung eines solchen **sukzessiven Erwerbs mit Aufwärtswechsel zur gemeinschaftlichen Tätigkeit** besteht jedoch die Herausforderung, dass IFRS 11 lediglich rudimentäre Vorgaben zur bilanziellen Abbildung einer als gemeinschaftliche Tätigkeit klassifizierten Unternehmensbeteiligung zu entnehmen sind. Erst auf eine an das IFRS *Interpretations Committee* gerichtete Anfrage hin stellte der IASB im Mai 2014 in Form eines *Amendment* von IFRS 11 klar, dass sich der Erwerb einer gemeinschaftlichen Tätigkeit grundsätzlich nach den Vorgaben zur Bilanzierung von Unternehmenserwerben zu richten hat.[21] Unklar und somit im Rahmen der nachfolgenden Untersuchung zu klären bleibt jedoch zum einen, ob der zunächst sehr allgemeine Verweis auf die Regelungen des IFRS 3 auch den Spezialfall sukzessiver Erwerbstransaktionen mit Statuswechsel mit einschließt, sowie zum anderen, inwieweit eine analoge Anwendung der diesbezüglichen Vorschriften vor dem Hintergrund der Charakteristika derartiger gemeinschaftlicher Vereinbarungen zu einer aus Sicht der Abschlussadressaten entscheidungsnützlichen Berichterstattung führen würde.

Das **Ziel der vorliegenden Arbeit** besteht in der Gesamtschau daher vor allem darin, für die verschiedenen Fallkonstellationen sukzessiver Anteilserwerbe mit Statuswechsel eine standardkonforme Bilanzierung herauszuarbeiten und diese zugleich vor dem Kriterium der Entscheidungsnützlichkeit der vermittelten Informationen eingehend zu beurteilen (**de lege lata-Betrachtung**). Unter Berücksichtigung der hierbei gewonnenen Erkenntnisse sollen in einem zweiten Schritt sodann Vorschläge für eine grundlegenden Überarbeitung der derzeitigen Vorschriften entwickelt werden, auf deren Basis die Güte der Berichterstattung zu sukzessiven Anteilserwerben weiter erhöht werden könnte (**de lege ferenda-Betrachtung**). Sowohl der Auslegung und Würdigung der bestehenden Vorschriften, der Ausfüllung von Normlücken als auch der Entwicklung alternativer Bilanzierungsvorschriften werden dabei die neuesten Erkenntnisse des *Conceptual Framework*-Projekts in Form des im Mai 2015 veröffentlichten Exposure Draft *„Concepetual Framework for Financial Reporting"* (ED/2015/3) zugrunde gelegt. Ferner werden in der vorliegenden Arbeit ausschließlich die mit der **Kapitalkonsolidierung** der Unternehmensbeteiligung verbundenen Bilanzierungsmaßnahmen betrachtet, da diese „unzweifelhaft das Kernstück der Konsolidierung"[22] darstellen. Der Schwerpunkt der Untersuchung wird hierbei auf die Behandlung der bereits vor dem Statuswechsel seitens des Konzerns gehaltenen Beteiligung, der sog. Altanteile bzw. der daraus erwachsenden Konsequenzen für die bilanzielle Abbildung der Gesamtbeteiligung gelegt. Auf diese Weise wird die Analyse auf die spezifischen Probleme der Bilanzierung sukzessiver Anteilserwerbe ausgerichtet, da sich die Erstkonsolidierung der Neuanteile im Rahmen eines sukzessiven Anteilserwerbs grundsätzlich nicht von der Bilanzierung normaler, d. h. in einem Schritt durchgeführter Anteilstransaktionen unterscheidet.[23]

21 Vgl. IFRS 11.21A.
22 KÜTING, K./HAYN, B., Erst- und Endkonsolidierung, S. 1941.
23 Im handelsrechtlichen Kontext so schon HERRMANN, D., Änderung von Beteiligungsverhältnissen, S. 10 i. V. m. 257.

12 Gang der Untersuchung

Die vorliegende Arbeit ist in sieben Kapitel untergliedert. Im Anschluss an die einleitenden Ausführungen (Kapitel 1) werden im **zweiten Kapitel** die konzeptionellen Grundlagen der IFRS-Konzernrechnungslegung dargestellt. Im Vordergrund stehen hier zunächst der Zweck des Konzernabschlusses sowie die daraus abgeleiteten qualitativen Anforderungen, an denen sich die Berichterstattung nach IFRS zu messen hat. Aufgrund der besonderen Bedeutung[24] für die im Hauptteil der Untersuchung folgende Beurteilung der derzeitigen Vorschriften zur bilanziellen Abbildung sukzessiver Anteilserwerbe wird darüber hinaus die im aktuellen Entwurf zum *Conceptual Framework* enthaltene Erfolgskonzeption der IFRS-Rechnungslegung skizziert. Zum Ende des Kapitels wird schließlich der im Wesentlichen von IAS 8 vorgegebene methodische Rahmen zum Umgang mit Regelungslücken oder aber unpräzisen Rechnungslegungsvorschriften erläutert, um den im Rahmen der späteren Analyse verschiedentlich auftretenden Auslegungsfragen standardkonform begegnen zu können.

Die im Hauptteil der Untersuchung folgende Beurteilung und Auslegung der bestehenden Vorschriften zur Bilanzierung eines Statuswechsels bzw. die Lückenschließung bei diesbezüglich unvollständigen Regelungen setzt überdies eine differenzierte Analyse der verschiedenen Formen anteilsbasierter Unternehmensbeziehungen voraus. Vor diesem Hintergrund wird im **dritten Kapitel** zunächst überblicksartig auf die im IFRS-Konzernabschluss zu unterscheidenden Formen von Unternehmensbeteiligungen sowie deren jeweilige (konzern-)bilanzielle Einbeziehung eingegangen. Anschließend werden die jeweils prägenden Charakteristika von Beteiligungen an Tochter-, Gemeinschafts- und assoziierten Unternehmen, Beteiligungen an gemeinschaftlichen Tätigkeiten sowie einfachen Beteiligungen detalliert herausgearbeitet. Die entsprechenden Ausführungen sind vor allem für die im fünften Kapitel diskutierte Frage entscheidend, ob bzw. in welchen Fallkonstellationen ein Übergang von einem Status zu einem anderen mit einer derart fundamentalen Wesensänderung der Beteiligungsbeziehung einhergeht, dass eine Neubewertung der bereits vor dem neuerlichen Erwerb gehaltenen Anteile gerechtfertigt erscheint.

Im **vierten Kapitel** werden anschließend die wesentlichen sachverhaltsspezifischen Grundlagen beschrieben. So wird zunächst gezeigt, auf welche Art und Weise die Beziehungen einer Konzernobergesellschaft gegenüber ihren Beteiligungsunternehmen im Zeitablauf Änderungen unterliegen können, um den sukzessiven Anteilserwerb mit Statuswechsel von ähnlichen, im weiteren Verlauf der Untersuchung indes nicht behandelten Geschäftsvorfällen abzugrenzen. In einem zweiten Schritt werden dann die grundlegende Systematik der Übergangskonsolidierung erläutert sowie die für die Bilanzierung je nach Art des Statuswechsels einschlägigen Rechnungslegungsstandards identifiziert. Eine besondere Bedeutung für den Hauptteil der Arbeit kommt schließlich dem dritten und letzten Abschnitt des vierten Kapitels zu. Da die im zweiten Kapitel dargestellten qualitativen Anforderungen der IFRS-Rechnungslegung naturgemäß zunächst weitgehend sachverhaltsunspezifisch formu-

[24] So kommt es bspw. im Zuge sukzessiver Unternehmenserwerbe nach IFRS 3 zu einer in der Literatur stark kritisierten GuV-wirksamen Neubewertung der bereits vor der Beherrschungserlangung seitens des Erwerbers gehaltenen Anteile am Erwerbsobjekt.

liert sind, werden sie in diesem Abschnitt auf den hier untersuchten Spezialfall der Bilanzierung sukzessiver Anteilserwerbe mit Statuswechsel ausgerichtet und mit Blick auf die Charakteristika derartiger Geschäftsvorfälle konkretisiert.

Im **fünften Kapitel** werden schließlich die aktuellen Vorschriften zur bilanziellen Abbildung sukzessiver Anteilserwerbe mit Statuswechsel dargestellt sowie mit Blick auf die Zielsetzung und die daraus abgeleiteten qualitativen Anforderungen der IFRS-Rechnungslegung kritisch analysiert. Für den Fall unpräziser oder aber sogar unvollständiger Regelungen wird dabei unter Berücksichtigung der in IAS 8 normierten Leitlinien zugleich eine standardkonforme Bilanzierung herausgearbeitet, die dem Kriterium der Entscheidungsnützlichkeit bestmöglich entspricht. Da für die Übergangskonsolidierung mit aufwärtsgerichtetem Statuswechsel grundsätzlich derjenige IFRS einschlägig ist, der die Art und Weise der bilanziellen Einbeziehung der Unternehmensbeteiligung nach dem Statuswechsel normiert,[25] wird die de lege lata-Betrachtung in folgende Abschnitte unterteilt:

- Bilanzierung sukzessiver Erwerbe mit Aufwärtswechsel **zum Tochterunternehmen nach IFRS 3** (Abschnitt 51),
- Bilanzierung sukzessiver Erwerbe mit Aufwärtswechsel **zur gemeinschaftlichen Tätigkeit nach IFRS 11** (Abschnitt 52) sowie
- Bilanzierung sukzessiver Erwerbe mit Aufwärtswechsel **zum assoziierten bzw. Gemeinschaftsunternehmen nach IAS 28** (Abschnitt 53).

Im Regelfall unterscheiden die IFRS hinsichtlich der jeweils anzuwendenden Bilanzierungsvorschriften darüber hinaus nicht danach, welchen Status das Beteiligungsunternehmen vor dem neuerlichen Anteilserwerb innehatte, sodass die je nach vorheriger Klassifizierung der Altanteile ggf. auftretenden Besonderheiten zumeist erst im Rahmen der Würdigung der Regelungen eine Rolle spielen. Lediglich bei der Bilanzierung sukzessiver Erwerbe mit Aufwärtswechsel zum Gemeinschaftsunternehmen wird der jeweilige Ausgangspunkt des Statuswechsels auch gliederungstechnisch berücksichtigt, da die Regelungssituation in IAS 28 in dieser Konstellation ausnahmsweise davon abhängig ist, ob die zuvor gehaltene Beteiligung als einfache Beteiligung gem. IFRS 9 oder aber als Anteil an einem assoziierten Unternehmen gem. IAS 28 einzustufen war.

Auf Basis der im fünften Kapitel gewonnen Erkenntnisse wird im **sechsten Kapitel** sodann versucht, ein alternatives Bilanzierungskonzept zu entwickeln, das die zentralen Schwachpunkte der derzeitigen Vorschriften vermeidet und somit zu einer entscheidungsnützlicheren Berichterstattung in Bezug auf sukzessive Anteilserwerbe beitragen kann (de lege ferenda-Betrachtung). Angesichts der zum Teil fallspezifischen Herausforderungen bei der Bilanzierung eines Aufwärtswechsels werden dabei in einem ersten Schritt zunächst ausschließlich sukzessive Erwerbe von Tochterunternehmen betrachtet. Erst in einem zweiten Schritt wird geprüft, ob die hierfür vorgeschlagene Bilanzierungssystematik

[25] Vgl. hierzu ausführlich Abschnitt 42.

auch auf sukzessive Erwerbe mit Aufwärtswechsel zu gemeinschaftlichen Tätigkeiten bzw. zu assoziierten und Gemeinschaftsunternehmen sinnvoll übertragen werden kann und damit eine einheitliche, d. h. fallübergreifende Bilanzierung gelingt.

Die Arbeit schließt im **siebten Kapitel** mit einer überblicksartigen Zusammenfassung der zentralen Erkenntnisse der Arbeit sowie einem kurzen Ausblick auf mögliche Entwicklungen in Bezug auf künftige Rechnungslegungsstandards, die für die Bilanzierung der hier betrachteten Sachverhalte relevant sein könnten.

2 Konzeptionelle Grundlagen zur Konzernrechnungslegung nach IFRS

21 Das *Conceptual Framework* als konzeptioneller Bezugspunkt

Um dem vom IASB gesetzten Ziel der Schaffung hochwertiger, verständlicher sowie prinzipienorientierter Rechnungslegungsvorschriften[26] gerecht zu werden, wurden die wichtigsten, diesen Vorschriften zugrunde zu legenden Konzepte und Grundsätze im sog. *Conceptual Framework*[27] festgehalten.[28] Das *Conceptual Framework* stellt insofern den theoretischen Unterbau[29] der IFRS dar und soll den Standardsetzer bei der (konsistenten) Entwicklung und Überarbeitung neuer bzw. bestehender Vorschriften unterstützen.[30] Gleichzeitig sollen die dort verankerten Leitlinien der Auslegung und Interpretation der Vorschriften dienen sowie eine Deduktionsgrundlage für nach IFRS bilanzierende Unternehmen bieten, auf die für den Fall fehlender Bilanzierungsvorgaben zurückgegriffen werden kann.[31] Dabei gilt es jedoch zu beachten, dass dem *Conceptual Framework* selbst nicht die Stellung eines Rechnungslegungsstandards zugebilligt wird und es somit gegenüber den Bestimmungen der IFRS grundsätzlich nachrangig ist.[32]

Die Formulierung und Erläuterung des allgemeinen Ziels der IFRS-Rechnungslegung und damit eng verbunden die Identifizierung der Informationsbedürfnisse des relevanten Adressatenkreises stellen den inhaltlichen Kern des *Conceptual Framework* dar (ED.CF.Chapter 1).[33] Hierauf aufbauend werden abstrakte qualitative Anforderungen an die zu vermittelnden Informationen (ED.CF.Chapter 2) sowie Definitions-, Ansatz-, Bewertungs- und Ausweisgrundsätze (ED.CF.Chapter 4-7) abgeleitet, durch deren Beachtung die Entscheidungsnützlichkeit der IFRS sichergestellt werden soll. Überdies wird die Rolle des Jahres- bzw. Konzernabschlusses als spezieller Teil der Finanzberichterstattung erläutert sowie die dem jeweiligen Abschluss zugrunde zu legende „*reporting entity*" abgegrenzt (ED.CF.Chapter 3).

---

[26] Zur Zielsetzung des IASB vgl. IASB (Hrsg.), Preface to IFRS, Rn. 6.

[27] Im Folgenden wird nicht auf das derzeit geltende *Conceptual Framework* (2010), sondern bereits auf die im jüngst veröffentlichten *Exposure Draft „Conceptual Framework for Financial Reporting"* (ED/2015/3) vorgeschlagenen Inhalte abgestellt. Sowohl das derzeitige *Conceptual Framework* als auch der Entwurf werden anhand einer Kurzzitierweise mit „CF (2010)" bzw. „ED.CF" und der entsprechenden Textziffer belegt.

[28] Vgl. so auch GASSEN, J./FISCHKIN, M./HILL, V., Rahmenkonzept-Projekt des IASB und des FASB, S. 874.

[29] Vgl. zu diesem Begriff schon BAETGE, J. U. A., in: Baetge u. a., Rechnungslegung nach IFRS, 2. Aufl., Teil A, Kap. II, Rn. 15, sowie WOLLMERT, P./ACHLEITNER, A.-K., Grundlagen IAS-Rechnungslegung, S. 209.

[30] Vgl. ED.CF.IN1 (a). Zur Diskussion, ob das *Conceptual Framework* tatsächlich für die Standardentwicklung herangezogen wird oder allein Dokumentationszwecken dient, vgl. bspw. HAAKER, A./FREIBERG, J., Endorsement IFRS-Rahmenkonzept, S. 260; MERKT, H., Framework aus regelungsmethodischer Sicht, S. 483-489; DOBLER, M./HETTICH, S., Rahmenkonzepte von IASB und FASB, S. 30.

[31] Vgl. ED.CF.IN1 (b)-(c); BALLWIESER, W., Analyse des Rahmenkonzepts, S. 452, sowie ausführlich Abschnitt 253. Zu den Funktionen verschiedener Rahmenkonzepte vgl. BALLWIESER, W., Rahmenkonzepte, S. 337-348.

[32] Vgl. ED.CF.IN2. Da jedoch wesentliche Textpassagen des *Conceptual Framework* unmittelbar in bestimmte Standards übernommen wurden (bspw. in IAS 8.10) oder auf darin enthaltene Ausführungen verwiesen wird (bspw. in IAS 1.15), ist zumindest eine mittelbare Bindungswirkung des *Conceptual Framework* zu konstatieren. Vgl. hierzu m. w. N. MERKT, H., Framework aus regelungsmethodischer Sicht, S. 491-497.

[33] Vgl. ähnlich WIEDMANN, H./SCHWEDLER, K., Rahmenkonzepte S. 687.

Das *Conceptual Framework* in seiner ursprünglichen Fassung[34] wurde ab Oktober 2004 in einem gemeinsamen, langfristig angelegten Projekt des IASB mit dem US-amerikanischen Standardsetzer FASB überarbeitet.[35] Dies führte in einem ersten Schritt dazu, dass die Abschnitte zur Zielsetzung der IFRS-Rechnungslegung sowie zu den qualitativen Anforderungen an eine entscheidungsnützliche Informationsvermittlung im September 2010 neu herausgegeben wurden.[36] Nachdem die Überarbeitung in der Folge vorübergehend eingestellt wurde,[37] hat der IASB die Durchsicht der verbleibenden Abschnitte des *Conceptual Framework* im Mai 2012 – ohne Beteiligung des FASB – erneut aufgenommen.[38] Erste Erkenntnisse wurden im Juli 2013 in dem Diskussionspapier „*A Review of the Conceptual Framework for Financial Reporting*" (DP/2013/1) präsentiert.[39] Das in der mehr als halbjährigen Kommentierungsfrist von einem breiten Adressatenkreis zusammengetragene Feedback[40] mündete im Mai 2015 schließlich in der Veröffentlichung des Entwurfs „*Conceptual Framework for Financial Reporting*" (ED/2015/3).[41] Dieser dient der nachfolgenden Untersuchung als konzeptioneller Bezugspunkt.

22 Zweck und Adressaten des Konzernabschlusses

221. Zielsetzung und Adressaten der IFRS-Rechnungslegung im Allgemeinen

Der Zweck des IFRS-Konzernabschlusses leitet sich in erster Linie aus der im *Conceptual Framework* formulierten allgemeinen Zielsetzung der IFRS-Rechnungslegung ab.[42] Demnach besteht die Funktion des Abschlusses ganz grundsätzlich darin, Informationen über die jeweils berichterstattende Einheit zu vermitteln, die den bestehenden sowie potenziellen Kapitalgebern hinsichtlich der **auf ihre Kapitalvergabe gerichteten Entscheidungen** nützlich sind.[43] Neben den Eigenkapitalgebern werden somit explizit auch die Fremdkapitalgeber des Unternehmens als Hauptadressaten mit eingeschlossen.[44] Zwar erkennt der IASB an, dass noch weitere Parteien wie bspw. Aufsichtsbehörden ein

---

34 Vgl. zur Historie des *Conceptual Framework* der IFRS ausführlich MERKT, H., Framework aus regelungsmethodischer Sicht, S. 479-483.

35 Vgl. BULLEN, H. G./CROOK, K., Revisiting the Concepts, S. 18.

36 Vgl. hierzu HOFFMANN, S./DETZEN, D., Das Joint Conceptual Framework, S. 53-55. Das bisherige *Framework* (1989) wurde in diesem Zuge durch das *Conceptual Framework* (2010) ersetzt. Die noch nicht überarbeiteten Abschnitte wurden dafür inhaltsgleich aus dem alten Rahmenkonzept übernommen.

37 Vgl. IASB (Hrsg.), IASB Update (November 2010), S. 2.

38 Vgl. IASB (Hrsg.), IASB Update (May 2012), S. 8. Die Überarbeitung sollte sich dabei auf die Teile des Rahmenkonzepts konzentrieren, die bei der Neuveröffentlichung des Dokuments im Jahr 2010 inhaltsgleich aus dem *Framework* (1989) übernommen wurden.

39 Vgl. IASB (Hrsg.), DP/2013/1: A Review of the Conceptual Framework. Überblicksartig hierzu KIRSCH, H.-J./SCHOO, L./KRAFT, A., Discussion Paper, S. 301-310; ERB, C./PELGER, C., DP/2013/1, S. 517-524.

40 Vgl. überblicksartig IASB (Hrsg.), Staff Paper 10A (March 2014), S. 1-10.

41 Vgl. IASB (Hrsg.), ED/ 2015/3: Conceptual Framework for Financial Reporting (zitiert: ED.CF). Eine Veröffentlichung der finalen Version des *Conceptual Framework* wird im Laufe des Jahres 2016 erwartet. Nähere Informationen zum Projektverlauf finden sich unter http://www.ifrs.org/Current-Projects/IASB-Projects/Conceptual-Framework/Pages/Conceptual-Framework-Summary.aspx

42 Ähnlich THEILE, C., in: Heuser/Theile, IFRS-Handbuch, 5. Aufl., B I, Rn. 201 f. Dies ergibt sich zum einen bereits aus dem bewusst weit gezogenen Anwendungsbereich des *Conceptual Framework* und lässt sich zum anderen auch aus ED.CF.3.21-23 i. V. m. ED.CF.1.2 ableiten.

43 Hierunter sind vor allem Entscheidungen über den Kauf, Verkauf oder das Halten von Eigen- und Fremdkapitalinstrumenten, aber auch die Bereitstellung und Abwicklung von Darlehen und weiteren Kreditformen zu subsumieren. Vgl. ED.CF.1.2.

44 Der IASB ist sich der Heterogenität der Informationsbedürfnisse von Fremd- und Eigenkapitalgebern, aber auch

begründetes Interesse an der finanziellen Lage und Entwicklung der berichterstattenden Einheit haben, gleichwohl werden die Bedürfnisse der Kapitalgeber aufgrund ihres finanziellen Investments und der ansonsten eingeschränkten Informationsmöglichkeiten höher gewichtet.[45] Insofern wird das eigentliche „**Metaziel**"[46] der Rechnungslegung, nämlich die allgemeine Reduzierung von Informationsasymmetrien im Hinblick auf die berichterstattende Einheit,[47] auf die Anlageentscheidungen der derzeitigen sowie potenziellen Kapitalgeber fokussiert.

Die von den Investoren und Gläubigern zu treffenden Ressourcenallokationsentscheidungen hängen gem. ED.CF.1.3 vor allem von der aus dem jeweiligen Investitionsobjekt **erwarteten Rentabilität** ab. Um die künftige Rentabilität abschätzen zu können, sollte die IFRS-Rechnungslegung daher zum einen Rückschlüsse bezüglich der **Höhe**, des **Zeitpunktes** sowie der **Unsicherheit** künftiger (Netto-)Einzahlungsströme des Unternehmens erlauben (sog. **Bewertungsfunktion**[48]).[49] Zum anderen wird für die Einschätzung der aus dem Investitionsobjekt erwarteten Rentabilität zugleich die Bereitstellung von Informationen gefordert, auf deren Basis die Leistung der das jeweilige Unternehmen leitenden Geschäftsführung beurteilt werden kann (sog. **Rechenschaftsfunktion**[50]).[51] Dabei können die für die Beurteilung der Managementleistung vermittelten Informationen gem. ED.CF.1.22 nicht nur für die im Fokus der IFRS-Rechnungslegung stehenden Investitionsentscheidungen, sondern zugleich auch mit Blick auf die aus einem bestehenden Investment resultierenden **Kontrollrechte** der Kapitalgeber hinsichtlich der Aktivitäten und der (Neu-)Besetzung des Managements nützlich sein.[52]

innerhalb dieser Adressatengruppen bewusst und beabsichtigt daher, Informationen zu vermitteln, die den Erfordernissen der meisten Kapitalgeber gerecht werden. Vgl. ED.CF.1.8 i. V. m. CF (2010).BC1.18. Vgl. zu diesem Problem stellvertretend PELGER, C., Entscheidungsnützlichkeit im neuen Gewand, S. 160-162.

45 Vgl. ED.CF.1.5 bzw. ausführlich hierzu schon CF (2010).BC1.16 sowie zur generellen Schutzwürdigkeit von Kapitalgebern aufgrund der sog. Prinzipal-Agent-Beziehung grundlegend WULFERT, I./WIESKE, D., Prinzipal-Agenten-Theorie, S. 110-112. Für eine umfängliche Darstellung der Prinzipal-Agent-Beziehung vgl. auch RICHTER, R./FURUBOTN, E. G., Neue Institutionenökonomik, S. 225-266. Der IASB geht jedoch davon aus, dass die mit Blick auf die Kapitalgeber erforderlichen Informationen häufig auch für andere Adressatengruppen nützlich sind. Vgl. diesbezüglich schon CF (2010).BC1.19-23.

46 FÜLBIER, R. U./GASSEN, J., Bilanzrechtsregulierung, S. 138.

47 Zum Metaziel der Rechnungslegung vgl. PELLENS, B. U. A., Internationale Rechnungslegung, S. 4-8, sowie ausführlich CHRISTENSEN, J. A./DEMSKI, J. S., Accounting theory, S. 143-301.

48 Dieses Subziel kann auch als Informationsfunktion i. e. S. verstanden werden. Vgl. FÜLBIER, R. U./GASSEN, J., Bilanzrechtsregulierung, S. 139 f.

49 Vgl. ED.CF.1.3. Der Adressat hätte für die von ihm zu treffende Kapitalanlageentscheidung hieraus in einem nachgelagerten Schritt die ihm aus seinem Investment künftig zufließenden Zahlungsströme abzuleiten. Eine Berichterstattung über den Wert des Unternehmens selbst wird ausdrücklich nicht beabsichtigt. Vgl. ED.CF.1.7.

50 Vgl. zur Erläuterung des Rechenschaftszwecks sowie der Konsequenzen für eine diesem Zweck gerecht werdende Rechnungslegung COENENBERG, A. G./STRAUB, B., Rechenschaft versus Entscheidungsunterstützung, S. 17 f.

51 Vgl. ED.CF.1.3. Dabei betont der Standardsetzer jedoch explizit, dass die Rechenschaftsfunktion keinesfalls als eigenständiges und damit gleichberechtigt neben den übergeordneten Zweck der kapitalvergabebezogenen Entscheidungsnützlichkeit tretendes Rechnungslegungsziel zu verstehen ist. Vielmehr werden die für die Erfüllung der Rechenschaftsfunktion zu vermittelnden Informationen als eine Teilmenge der für die übergeordnete Zielsetzung der IFRS erforderlichen Berichterstattung betrachtet. Vgl. ED.CF.BC1.10. Kritisch hierzu bspw. FRC (Hrsg.), Comment Letter (DP/2013/1), S. 8 f.; EFRAG U. A. (Hrsg.), Getting a Better Framework: Accountability, S. 1-14; PELGER, C., Rechnungslegungszweck und qualitative Anforderungen, S. 910-914; COENENBERG, A. G./STRAUB, B., Rechenschaft versus Entscheidungsunterstützung, S. 22-24, sowie empirisch GJESDAL, F., Stewardship, S. 208-231.

52 Die Kontrolle soll dabei zum einen die ex-post-Beurteilung des Managements und damit verbundene Handlungen bzw. Entscheidungen der Kapitalgeber ermöglichen, zum anderen zielt die Rechenschaft direkt auf die Steuerung

Sowohl für die Erfüllung der Bewertungs- als auch der Rechenschaftsfunktion müssen gem. ED.CF.1.4 (a) vor allem Informationen über die Höhe und Zusammensetzung der wirtschaftlichen Ressourcen des Unternehmens und der Ansprüche gegen das Unternehmen bereitgestellt werden (**Darstellung der Vermögens- und Finanzlage**).[53] Zugleich ist jedoch auch über Änderungen dieser wirtschaftlichen Ressourcen und Ansprüche in der Berichtsperiode zu informieren.[54] Hierbei ist zwingend danach zu unterscheiden, ob die Änderungen aus dem auf Basis des sog. *accrual accounting*[55] ermittelten wirtschaftlichen Ergebnis der Periode (**Darstellung der Ertragslage**) oder aus Transaktionen mit den Kapitalgebern der berichterstattenden Einheit resultieren.[56] In diesem Kontext sollte ferner über die Ein- und Auszahlungen der vergangenen Periode berichtet werden, da diese weitere Indikationen über die Güte der Managementleistung der Geschäftsführung sowie die Fähigkeit des Unternehmens liefern, auch künftig Zahlungsströme zu generieren.[57]

Zusätzlich, d. h. über die reine Darstellung der Vermögens- Finanz- und Ertragslage hinaus, sollte die IFRS-Rechnungslegung gem. ED.CF.1.4 (b) **weitere Informationen** bereitstellen, die Aufschlüsse darüber geben, inwieweit das Management des Unternehmens seiner Verantwortung nachgekommen ist, das zur Verfügung gestellte Kapital effektiv und effizient zu nutzen. Im Ergebnis sollen die Kapitalgeber auf Basis der Finanzberichterstattung bspw. beurteilen können, ob bzw. wie es der Geschäftsführung tatsächlich gelungen ist, die vorhandenen Ressourcen des Unternehmens vor nachteiligen Preis- oder Technologieentwicklungen zu schützen sowie sicherzustellen, dass das Unternehmen im Rahmen seiner wirtschaftlichen Aktivitäten stets im Einklang mit geltenden Gesetzen und vertraglichen Vereinbarungen handelt.[58] Auch wenn die diesbezüglichen Informationen wohl vorrangig auf die Rechenschaftsfunktion abzielen, geben sie dem Standardsetzer zufolge mittelbar zugleich wichtige Anhaltspunkte für die Schätzung der künftig zu erwartenden Nettoeinzahlungsströme des jeweiligen Unternehmens.[59] Schließlich werden diese maßgeblich durch das jeweilige Topmanagement beeinflusst, wobei die Qualität der bisherigen Managementleistung wichtige Aufschlüsse über das künftig zu erwartende Verhalten der Geschäftsleitung liefern kann.

Der IASB geht insgesamt davon aus, dass die vor dem Hintergrund der Bewertungsfunktion zu vermittelnden Informationen i. d. R. auch der Rechenschaftsfunktion dienlich sind – und umgekehrt.[60] So stellt bspw. auch eine den tatsächlichen Verhältnissen entsprechende Darstellung der Ertragslage nicht nur für die Abschätzung künftiger Zahlungsströme des Unternehmens einen wichtigen Indikator

---

des künftigen Verhaltens des Managements ab (ex-ante-Wirkung). Vgl. COENENBERG, A. G./STRAUB, B., Rechenschaft versus Entscheidungsunterstützung, S. 18, sowie CHRISTENSEN, J., Conceptual frameworks of accounting, S. 293.

53 Vgl. ausführlich(er) hierzu ED.CF.1.13 f.

54 Vgl. ED.CF.1.4 (a) i. V. m. ED.CF.1.15 f.

55 Vgl. ED.CF.1.17-19 sowie ausführlich hierzu Abschnitt 24.

56 Vgl. ED.CF.1.15.

57 Vgl. ED.CF.1.20.

58 Vgl. ED.CF.1.23.

59 Vgl. ED.CF.1.22.

60 Vgl. ED.CF.BC1.9 sowie schon CF (2010).BC1.26. Vgl. zur Schnittmenge der beiden Subziele bspw. HETTICH, S., Zweckadäquate Gewinnermittlungsregeln, S. 12. Empirische Untersuchungen hierzu finden sich bspw. bei BUSHMAN, R./ENGEL, E./SMITH, A., Stewardship and Valuation Roles, S. 53-83.

dar, sondern zugleich für die Beurteilung der Leistung des Managements.[61] Gleichwohl ist sich der Standardsetzer der Tatsache bewusst, dass die aus den beiden Subzielen erwachsenden Informationsbedürfnisse nicht vollständig deckungsgleich sind, sich bisweilen sogar widersprechen können.[62] Die Gestaltung der IFRS stellt somit zwangsläufig einen Kompromiss dar, „über dessen Güte [...] ewig zu streiten sein"[63] wird.[64] Wie mit diesem **Zielkonflikt** bei der Ableitung und Beurteilung von Rechnungslegungsvorschriften umzugehen ist, wird im *Exposure Draft* nicht thematisiert. Gleichwohl wird die Rechenschaftsfunktion im Vergleich zum *Conceptual Framework* (2010) stärker hervorgehoben, indem sie explizit als zweites Subziel der übergeordneten Zielsetzung der Entscheidungsnützlichkeit aufgenommen wird und gliederungssystematisch nunmehr gleichrangig neben die Bewertungsfunktion tritt.[65] Anders als in der derzeitigen Fassung des *Conceptual Framework* ist im ED/2015/3 somit weder eine Dominanz der Bewertungs- noch der Rechenschaftsfunktion zu erkennen,[66] sodass im Rahmen der weiteren Untersuchung von einer ausgeglichenen Gewichtung der beiden Subziele ausgegangen wird.[67]

222. Konkretisierung der Zielsetzung sowie des Adressatenkreises in Bezug auf das Berichtsobjekt „Konzern"

Sofern das bilanzierende Unternehmen einen beherrschenden Einfluss auf mindestens ein anderes Unternehmen ausüben kann, ist gem. IFRS 10.4 zusätzlich zum Einzelabschluss ein Konzernabschluss aufzustellen.[68] Die **Verpflichtung zur Konzernrechnungslegung** wird gemeinhin mit der

---

[61] Vgl. ED.CF.1.16. Für die Rechenschaftsfunktion steht dabei allerdings vor allem der vom Management beeinflussbare Erfolg im Fokus, wohingegen die Bewertungsnützlichkeit auch den vom Management, zumindest unmittelbar, unbeeinflussbaren Erfolg berücksichtigt. Vgl. COENENBERG, A. G./STRAUB, B., Rechenschaft versus Entscheidungsunterstützung, S. 19 und 23.

[62] Vgl. ED.CF.BC1.9 sowie ausführlich(er) schon CF (2010).BC1.26; aktuell hierzu GEBHARDT, G./MORA, A./WAGENHOFER, A., Revisiting the Fundamental Concepts of IFRS, S. 110, sowie EFRAG U. A. (Hrsg.), Getting a Better Framework: Accountability, S. 1-14. Vgl. ferner auch COENENBERG, A. G./STRAUB, B., Rechenschaft versus Entscheidungsunterstützung, S. 17-26; LENNARD, A., Stewardship, S. 51-66; KOELEN, P., Investitionstheoretische Bewertungskalküle, S. 31-37; BUSSE VON COLBE, W., Unternehmenskontrolle, S. 44-49; GJESDAL, F., Stewardship, S. 208-231, sowie WHITTINGTON, G., Conceptual Framework Project, S. 156-166.

[63] BALLWIESER, W., Analyse des Rahmenkonzepts, S. 469.

[64] Vgl. COENENBERG, A. G./STRAUB, B., Rechenschaft versus Entscheidungsunterstützung, S. 22 f.; CHRISTENSEN, J., Conceptual frameworks of accounting, S. 294 f. Dabei beschränken sich die zu erwartenden Konflikte nicht allein auf Ausweisfragen, sondern können auch Aspekte des Ansatzes sowie der Bewertung betreffen. Vgl. PELGER, C., Rechnungslegungszweck und qualitative Anforderungen, S. 913.

[65] Vgl. ED.CF.1.3, sowie für die Begründung ED.CF.BC1.6-10. Eine ähnliche Systematisierung der unterschiedlichen Zielsetzungen hatte der Standardsetzer schon im Zuge der Überarbeitung des *Conceptual Framework* im Jahr 2010 vorgeschlagen, dann jedoch letztlich zugunsten einer höheren Gewichtung der Bewertungsfunktion verworfen. Vgl. hierzu ausführlich PELGER, C., Rechnungslegungszweck und qualitative Anforderungen, S. 911-914.

[66] Die aktuelle Fassung des *Conceptual Framework* (2010) ist dementgegen noch durch eine eindeutige Dominanz der Bewertungsfunktion geprägt. Vgl. hierzu bspw. PELGER, C., Rechnungslegungszweck und qualitative Anforderungen, S. 911-914; DETTENRIEDER, D., Hedge Accounting, S. 9-12; GALLASCH, F., Bilanzierung von Versicherungsverträgen, S. 33-35.

[67] Ähnlich, wenn auch in Bezug auf das *Conceptual Framework* in der Fassung des Jahres 1989 bzw. in Bezug auf den der Neuherausgabe der entsprechenden Abschnitte im Jahr 2010 vorangehenden *Exposure Draft* KOELEN, P., Investitionstheoretische Bewertungskalküle, S. 39-41. Kritisch zu einer gleichgewichtigen Behandlung der beiden Subziele bspw. BALLWIESER, W., Analyse des Rahmenkonzepts, S. 470.

[68] Die Pflicht zur Aufstellung eines Konzernabschlusses richtet sich in Deutschland nach aktueller Rechtslage genau genommen auch für kapitalmarktorientierte Unternehmen zunächst nach §§ 290-293 HGB. IFRS 10 ist erst für die

wirtschaftlichen Abhängigkeit der dem Konzernverbund[69] zugehörigen Rechtseinheiten und der dadurch eingeschränkten Aussagekraft der Einzelabschlüsse begründet.[70] So ist es dem Management des an der Konzernspitze befindlichen Mutterunternehmens durch seinen beherrschenden Einfluss möglich, die Vermögens- Finanz- und Ertragslage sämtlicher Konzernunternehmen durch konzerninterne Sachverhaltsgestaltungen in seinem Sinne gezielt zu steuern.[71] Die zunächst allgemein an die IFRS-Rechnungslegung gestellte Zielsetzung der Vermittlung entscheidungsnützlicher Informationen erfordert gem. ED.CF.3.22 f. insofern die (zusätzliche) Aufstellung eines konsolidierten Abschlusses, der die **wirtschaftliche Einheit des Konzernverbunds** und damit verbundene Abhängigkeitsverhältnisse explizit berücksichtigt.[72] Bei der in der Praxis nahezu ausschließlich angewandten derivativen Konzernabschlusserstellung[73] ist hierzu der auf Basis der Einzelabschlüsse aller Tochterunternehmen aufgestellte Summenabschluss[74] um sämtliche Doppelerfassungen von Vermögenswerten und Schulden (Kapital- und Schuldenkonsolidierung)[75] sowie um die Effekte konzerninterner Transaktionen (Zwischenergebnis- und Aufwands- und Ertragskonsolidierung)[76] zu bereinigen.[77] Im Ergebnis soll die Vermögens-, Finanz- und Ertragslage des Konzerns – unter Vernachlässigung der rechtlichen Selbständigkeit der einzelnen Konzernunternehmen – so dargestellt werden, als ob es sich bei diesem um ein einziges Unternehmen handeln würde (sog. **Einheitsfiktion**[78]).[79]

Für die Gestaltung des Abschlusses einer solchen wirtschaftlichen Einheit stellt sich die Frage des **relevanten Adressatenkreises** dabei grundsätzlich in verschärfter Form. Schließlich könnte nicht nur den Eigen- und Fremdkapitalgebern des an der Konzernspitze stehenden Mutterunternehmens,

---

Bestimmung des Konsolidierungskreises maßgeblich, also für die Frage, welche Unternehmen in den Konzernabschluss als Tochterunternehmen einzubeziehen sind. Vgl. SENGER, T./DIERSCH, U., in: Beck IFRS HB, 4. Aufl., § 35, Rn. 1.

69 Vgl. zum Begriff und den Arten eines Konzerns KLOSE, N.-C., Konzernrechnungslegung nach IFRS, S. 9-14.

70 Vgl. HAYN, B., Konsolidierungstechnik, S. 18 f.; BUSSE VON COLBE, W. U. A., Konzernabschlüsse, S. 22-24; BAETGE, J./KIRSCH, H.-J./THIELE, S., Konzernbilanzen, S. 48-52.

71 Vgl. EBELING, R. M., Einheitsfiktion, S. 55-73; SIGLOCH, J., Rechnungslegung, S. 467-471; HINZ, M., Konzernabschluss als Instrument zur Informationsvermittlung, S. 2 f. Für eine Übersicht über denkbare Sachverhaltsgestaltungen vgl. BALLWIEßER, C., Konzernrechnungslegung als Informationsinstrument, S. 35-51, sowie KLOSE, N.-C., Konzernrechnungslegung nach IFRS, S. 36-38.

72 Vgl. hierzu auch BAETGE, J./HAYN, S./STRÖHER, T., in: Baetge u. a., Rechnungslegung nach IFRS, 2. Aufl., IFRS 10, Rn. 11; HAYN, S./GRÜNE, M., Konzernabschluss nach IFRS, S. 1 f.

73 Vgl. hierzu grundlegend RUHNKE, K., Konzernbuchführung, S. 62-106. Dieser „Umweg über die Einzelabschlüsse" (PAWELZIK, K. U., Prüfung des Konzerneigenkapitals, S. 39) kann alternativ durch eine originäre Konzernbuchführung vermieden werden, bei der von vorneherein nur konzernexterne Geschäftsvorfälle buchungstechnisch berücksichtigt werden. Vgl. RICHTER, H./SÄGLITZ, H.-J., Originäre Konzernbuchführung, S. 311-336.

74 Vgl. zu den Anforderungen an einen IFRS-Summenabschluss IFRS 10.B87 sowie bspw. auch BAETGE, J./KIRSCH, H.-J./THIELE, S., Konzernbilanzen, S. 133-135, 141-143, 154 f. und 176 f.

75 Vgl. hierzu SENGER, T./DIERSCH, U., in: Beck IFRS HB, 4. Aufl., § 35, Rn. 9-18 und 77-97.

76 Vgl. BAETGE, J./HAYN, S./STRÖHER, T., in: Baetge u. a., Rechnungslegung nach IFRS, 2. Aufl., IFRS 10, Rn. 281-295.

77 Vgl. IFRS 10.B.86.

78 Vgl. zu diesem Begriff, wenn auch im handelsrechtlichen Kontext, EBELING, R. M., Einheitsfiktion S. 5-8; BAETGE, J./KIRSCH, H.-J./THIELE, S., Konzernbilanzen, S. 64 f. Zum Teil wird die Einheitsfiktion fälschlicherweise mit der sog. Einheitstheorie gleichgesetzt. Vgl. zu dieser Diskussion ausführlich HAYN, B., Konsolidierungstechnik, S 27 f.; SCHWARZKOPF, A.-S., Anteile nicht beherrschender Gesellschafter, S. 37 f.

79 Vgl. IFRS 10.A i. V. m. IFRS 10.1 f., sowie BAETGE, J./HAYN, S./STRÖHER, T., in: Baetge u. a., Rechnungslegung nach IFRS, 2. Aufl., IFRS 10, Rn. 11 und 50.

sondern auch den nicht-beherrschenden Investoren und Gläubigern der dem Konzernverbund zugehörigen Tochterunternehmen ein begründetes Informationsinteresse an der wirtschaftlichen Lage und Entwicklung des Konzerns zugestanden werden. Der IASB geht ED.CF.3.24 zufolge jedoch nunmehr explizit davon aus, dass die Kapitalgeber der Tochterunternehmen vornehmlich an den Einzelabschlüssen ihrer jeweiligen Beteiligungsunternehmen interessiert und damit wohl nicht als Hauptadressaten des IFRS-Konzernabschlusses zu betrachten sind. Im Fokus der Berichterstattung haben im Umkehrschluss daher vor allem die Informationsbedürfnisse der **Kapitalgeber des Mutterunternehmens** zu stehen.[80]

23 Qualitative Anforderungen an die (Konzern-)Rechnungslegung

231. Fundamentale qualitative Anforderungen

231.1 Vorbemerkungen

Damit Rechnungslegungsinformationen im Allgemeinen respektive Informationen über sukzessive Anteilserwerbe mit Statuswechsel im Speziellen als entscheidungsnützlich i. S. d. IFRS eingestuft werden können, müssen sie bestimmte, im *Conceptual Framework* definierte Eigenschaften aufweisen.[81] Im Vordergrund stehen hierbei zunächst die sog. fundamentalen qualitativen Anforderungen der **Relevanz** sowie der **glaubwürdigen Darstellung**. Gemäß ED.CF.2.4 sind Finanzinformationen nur dann entscheidungsnützlich, sofern sie diesen beiden Anforderungen kumulativ genügen.[82] Für die Prüfung der fundamentalen Kriterien im Rahmen der Bilanzierung ist grundsätzlich ein standardisierter Prozess vorgesehen.[83] Ausgangspunkt stellt hierbei die Identifikation eines ökonomischen Phänomens dar, das aus Sicht der Rechnungslegungsadressaten potenziell als relevant erachtet wird (**Sachverhaltsebene**). Anschließend ist diejenige Information auszuwählen, die für die Bilanzierung des abzubildenden ökonomischen Phänomens am relevantesten ist (**Bilanzierungsebene**). In einem

80 Die diesbezüglichen Ausführungen des *Exposure Draft* zum *Conceptual Framework* können als Kompromiss aus einheits- und interessentheoretischem Gedankengut charakterisiert werden. So ist im Rahmen der Bilanzierung, passend zur Einheitstheorie, einerseits stets die Perspektive der wirtschaftlichen Einheit und nicht die einer bestimmten Gruppe von Kapitalgebern einzunehmen. Vgl. ED.CF.3.9. Andererseits erkennt der Standardsetzer durch den Fokus auf die Informationsinteressen der Kapitelgeber des Mutterunternehmens zugleich an, dass zwischen diesen und den Kapitelgebern der Tochterunternehmen, wie auch von der Interessentheorie unterstellt, heterogene Interessen und Informationsbedürfnisse bestehen. Schließlich seien die Kapitalgeber der Tochterunternehmen anders als die des Mutterunternehmens vornehmlich an den Einzelabschlüssen ihrer jeweiligen Beteiligungsunternehmen interessiert. Der konzerntheoretischen Einordnung der IFRS kommt bei der Bilanzierung sukzessiver Anteilswerbe mit Statuswechsel nach der hier vertretenen Meinung jedoch keine besondere Bedeutung zu und soll im Folgenden daher nicht weiter diskutiert werden. Zur Diskussion um die Einordnung der IFRS in die Konzernbilanztheorien vgl. HAYN, S., Entwicklungstendenzen in der Konzernrechnungslegung, S. 428 und 437; KÜTING, K./WEBER, C.-P./WIRTH, J., Kapitalkonsolidierung im mehrstufigen Konzern, S. 43; HOEHNE, F., Veräußerung von Anteilen an Tochterunternehmen, S. 18-20; KÜTING, K./WEBER, C.-P., Der Konzernabschluss, S. 95.

81 Vgl. kritisch zur Vorgabe qualitativer Anforderungen anstelle einer Erläuterung der bei Bilanzierungsentscheidungen dringend zu beachtenden Trade-Offs CHRISTENSEN, J., Conceptual frameworks of accounting, S. 293 f. und 297 f.

82 So kann gem. ED.CF.2.20 weder eine relevante, aber nicht glaubwürdig darstellbare Information noch eine glaubwürdig darstellbare, aber gänzlich irrelevante Information entscheidungsnützlich sein.

83 Vgl. ED.CF.2.21. Kritisch zu dieser sequentiellen Vorgehensweise mit Blick auf die dadurch u. U. gestärkte Bedeutung der Relevanz vgl. WHITTINGTON, G., Conceptual Framework Project, S. 146. Ähnlich auch SCHRUFF, W., Spannungsfeld zwischen Cashflow-Prognose und Rechenschaft, S. 859 unter Bezugnahme auf die Verlagerung des Kriteriums der Nachprüfbarkeit auf die Ebene der fördernden Anforderungen.

dritten Schritt ist sodann zu überprüfen, ob die ausgewählte Information verfügbar ist sowie glaubwürdig dargestellt werden kann. Ist dies der Fall, kann die gewählte Bilanzierung als entscheidungsnützlich qualifiziert werden.[84] Ist eine glaubwürdige Darstellung dieser Information hingegen nicht möglich, muss der Prüfprozess für die jeweils nächst relevante Information fortgeführt werden.

231.2 Relevanz

Als relevant sind Finanzinformationen gem. ED.CF.2.6 immer dann anzusehen, wenn sie die Entscheidungen der Informationsadressaten (potenziell) beeinflussen können. Dabei kommt es explizit allein auf die Möglichkeit der Einflussnahme an, sodass eine tatsächliche Vernachlässigung der Informationen seitens mancher Adressaten der Relevanz nicht entgegensteht.[85] Eine potenziell entscheidungsbeeinflussende Wirkung ist für Informationen gem. ED.CF.2.7 dann zu unterstellen, wenn diese einen Prognose- oder auch einen Bestätigungswert aufweisen.[86] Der **Prognosewert** von Informationen besteht grundsätzlich in deren Eignung, dem Rechnungslegungsadressaten bei der Schätzung künftiger Ergebnisse behilflich zu sein.[87] Hierunter sind keinesfalls nur explizite Schätzungen zu subsumieren.[88] Stattdessen wird Informationen schon dann ein Prognosewert zugesprochen, wenn diese als Inputparameter in den Schätzprozess einfließen können. Ein **Bestätigungswert** wird Finanzinformationen dementgegen dann beigemessen, wenn sie den Adressaten Rückschlüsse auf die Güte bzw. Angemessenheit vorheriger Einschätzungen sowie daraus ggf. resultierender Korrekturen erlauben.[89] Während sich der Prognosewert von Informationen primär aus dem Subziel der Bewertungsnützlichkeit ableiten lässt, ist der Bestätigungswert der zu vermittelnden Informationen in erster Linie der Rechenschaftsfunktion zuzuordnen.[90]

Die Anforderung der Relevanz wird in ED.CF.2.11. darüber hinaus mit dem Kriterium der **Wesentlichkeit**[91] der jeweiligen Information um einen unternehmensspezifischen Aspekt erweitert. Demnach sind Informationen trotz theoretischer Relevanz nur dann in die Finanzberichterstattung des bilanzierenden Unternehmens aufzunehmen, sofern ihr Weglassen bzw. ihre unrichtige Darstellung Auswirkungen auf die seitens der Adressaten zu treffenden Entscheidungen haben könnte.[92] Die We-

---

84 Hierbei wurden die fördernden Kriterien sowie der Grundsatz der Kostenbegrenzung zunächst vernachlässigt. Vgl. ED.CF.2.21.

85 Vgl. ED.CF.2.21 i. V. m. CF (2010).BC3.12 f. Durch dieses weite Verständnis der Entscheidungsrelevanz weicht der IASB von dem aus der Informationsökonomie bekannten Begriffsverständnis ab (vgl. dazu BALLWIESER, W., Rahmenkonzepte, S. 341), befreit sich damit aber zugleich von der Pflicht, eine ggf. unterstellte entscheidungsbeeinflussende Wirkung nachweisen zu müssen. Vgl. KAMPMANN, H./SCHWEDLER, K., Zum Entwurf eines gemeinsamen Rahmenkonzepts, S. 527 f. Zur Entscheidungsrelevanz i. S. d. Informationsökonomie vgl. LAUX, H./GILLENKIRCH, R. M./SCHENK-MATHES, H. Y., Entscheidungstheorie, S. 300 f.

86 In der Regel können Informationen sowohl der Prognose als auch der Bestätigung vorheriger Einschätzungen dienen. Für ein Beispiel vgl. ED.CF.2.10.

87 Vgl. ED.CF.2.8.

88 Vgl. ED.CF.2.8.

89 Vgl. ED.CF.2.9.

90 Vgl. EWELT-KNAUER, C., Der Konzernabschluss, S. 17.

91 Vgl. zum Wesentlichkeitsbegriff umfassend JUNG, M., Konzept der Wesentlichkeit, S. 20-36.

92 Zur Abgrenzung der Begriffe der Relevanz und der Wesentlichkeit vgl. JUNG, M., Konzept der Wesentlichkeit, S. 36-45, sowie BALLWIESER, W., Informations-GoB, S. 118.

sentlichkeit von Informationen kann dabei sowohl an die Höhe als auch an die Art der mit der Information zusammenhängenden Abschlussposten geknüpft werden.[93] Insofern determiniert die Wesentlichkeit den für die Berichterstattung über eine Information mindestens erforderlichen Grad der Relevanz und ist für jedes Unternehmen bzw. jeden Konzern unter Berücksichtigung aller spezifischen Umstände zu beurteilen.[94] Konsequenterweise werden seitens des IASB daher keine allgemein gültigen, quantitativen Schwellenwerte zur Beurteilung der Relevanz vorgegeben.[95]

Im Zuge der aktuellen Überarbeitung des *Conceptual Framework* wurde überdies der Zusammenhang zwischen der Relevanz einer Information und der mit der Bewertung eines Vermögenswertes bzw. einer Schuld u. U. verbundenen **Schätzungsunsicherheit** verdeutlicht.[96] Da die Verwendung von Schätzungen einen elementaren Bestandteil der Finanzberichterstattung nach IFRS darstellt, kann die damit verbundene Unsicherheit gem. ED.CF.2.12 f. der Relevanz der jeweiligen Bewertungsergebnisse keinesfalls grundlegend entgegenstehen. Gleichwohl räumt der Standardsetzer ein, dass die Relevanz einer Information mit steigendem Unsicherheitsgrad des dafür erforderlichen Schätzprozesses c. p. abnimmt.[97] Im Extremfall kann dies dazu führen, dass eine ökonomisch höchst bedeutsame Information allein aufgrund der damit verbundenen sehr hohen Bewertungsunsicherheit nicht mehr als hinreichend relevant zu beurteilen ist bzw. eine andere, grundsätzlich weniger bedeutsame, indes leichter zu schätzende Information im Ergebnis zu bevorzugen ist.[98]

231.3 Glaubwürdige Darstellung

Um als entscheidungsnützlich eingestuft zu werden, müssen Rechnungslegungsinformationen und damit auch Informationen über sukzessive Anteilserwerbe mit Statuswechsel nicht nur relevant sein, sondern zugleich auch glaubwürdig dargestellt werden. Eine glaubwürdige Darstellung liegt gem. ED.CF.2.14 ganz allgemein dann vor, wenn die vermittelten Informationen genau das repräsentieren, was sie zu repräsentieren vorgeben.[99] Mit anderen Worten soll eine den tatsächlichen wirtschaftlichen Verhältnissen entsprechende Darstellung des der Finanzinformation zugrunde liegenden relevanten Sachverhalts sichergestellt werden.[100] Dies impliziert zugleich, dass dem wirtschaftlichen Gehalt der

93 Ausführlich hierzu im Zusammenhang mit Angaben im Anhang KIRSCH, H.-J./GALLASCH, F./GIMPEL-HENNING, N., Einführung eines "Disclosure Framework", S. 194 f.

94 Vgl. WAWRZINEK, W., in: Beck IFRS HB, 4. Aufl., § 2, Rn. 63.

95 Vgl. ED.CF.2.11. Zu den in der Literatur diskutierten Wesentlichkeitsgrenzen vgl. bspw. PEEMÖLLER, V. H., in: Ballwieser u. a., Handbuch IFRS, 7. Aufl., Abschnitt 21, Rn. 33. Diese können jedoch allenfalls Anhaltspunkte liefern und müssen vor dem Hintergrund des spezifischen Unternehmens kritisch geprüft werden. Vgl. WAWRZINEK, W., in: Beck IFRS HB, 4. Aufl., § 2, Rn. 65.

96 Die diesbezüglichen Ausführungen waren zwar zum Teil bereits im *Conceptual Framework* (2010) enthalten (vgl. CF (2010).QC16), wurden dem Standardsetzer zufolge bislang jedoch nicht hinreichend beachtet. Vor diesem Hintergrund sollten sie als separat gekennzeichneter Abschnitt der Ausführungen zur Relevanz nunmehr deutlicher hervorgehoben werden. Vgl. ED.CF.BC2.24 (b).

97 Vgl. ED.CF.2.13.

98 Vgl. ED.CF.2.13 sowie ED.CF.BC2.24 (c).

99 Vgl. kritisch zu dieser Anforderung BRINKMANN, J., Zweckadäquanz, S. 42 f.

100 Vgl. BAETGE, J./KIRSCH, H.-J./THIELE, S., Bilanzen, S. 148 f.

abzubildenden Sachverhalte für Bilanzierungszwecke Vorrang vor der davon eventuell abweichenden rechtlichen Gestaltung einzuräumen ist (sog. **Grundsatz der wirtschaftlichen Betrachtungsweise**).[101]

Die Anforderung der glaubwürdigen Darstellung wird seitens des Standardsetzers im Weiteren durch drei Unterkriterien konkretisiert. Demnach sind Informationen als glaubwürdig zu qualifizieren, wenn sie den Anforderungen der Vollständigkeit, Neutralität sowie Fehlerfreiheit genügen.[102]

Die **Vollständigkeit** der Darstellung verlangt, dass sämtliche Informationen vermittelt werden müssen, die für das Verständnis des im Rahmen der Bilanzierung abzubildenden Sachverhalts erforderlich sind.[103] Das Kriterium der Vollständigkeit zielt daher weniger auf eine möglichst vollständige Berücksichtigung sämtlicher ökonomischer Phänomene innerhalb der Berichterstattung ab,[104] vielmehr soll bei der Bilanzierung der zuvor als relevant identifizierten Sachverhalte die Bereitstellung erläuternder Informationen sichergestellt werden.[105]

Die Anforderung der **Neutralität** bedingt, dass sowohl die Auswahl der bereitgestellten Informationen als auch die Darstellung derselben frei von verzerrenden Einflüssen seitens des berichterstattenden Unternehmens sein müssen.[106] Hierbei sind sowohl bewusste Manipulationen – bspw. durch das einseitige Ausnutzen bei der Bilanzierung bestehender Ermessensspielräume, mit deren Hilfe die Entscheidungen der Abschlussadressaten gezielt gesteuert werden könnten – als auch unbewusste Verzerrungen angesprochen.[107] Die Neutralität von Informationen kann gem. ED.CF.2.18 durch die Anwendung des **Vorsichtsgrundsatzes**[108] gestärkt werden.[109] Diesem Grundsatz zufolge sind Schätzun-

---

101 Vgl. ED.CF.2.14; BAETGE, J./KIRSCH, H.-J./THIELE, S., Bilanzen, S. 149.

102 Vgl. ED.CF.2.15. Da eine vollständige Erfüllung dieser Kriterien praktisch kaum zu erreichen ist, soll diesen soweit wie möglich nachgekommen werden.

103 Vgl ED.CF.2.16.

104 Dies soll bereits durch das Kriterium der Relevanz sichergestellt werden, wonach sämtliche relevanten Sachverhalte zu bilanzieren sind, wenn sie glaubwürdig dargestellt werden können. Offensichtlich a. A. THEILE, C., in: Heuser/Theile, IFRS-Handbuch, 5. Aufl., B II, Rn. 274.

105 Vgl. hierzu die Beispiele in ED.CF.2.16.

106 Vgl. ED.CF.2.17. Der Grundsatz der Neutralität gilt gleichzeitig auch für den Standardsetzer im Rahmen der Entwicklung der Rechnungslegungsvorschriften und -methoden. Hiermit soll ein absichtlicher sog. Methoden-Bias, also eine vom Standardsetzer bewusst herbeigeführte Verzerrung der Bilanzierung (bspw. zugunsten der Eingrenzung von Ermessensspielräumen) vermieden werden. Vgl. hierzu bspw. BALLWIESER, W., Informations-GoB, S. 118. Dies wird dann jedoch regelmäßig wiederum zu einer Begünstigung des sog. Anwender-Bias führen, d. h. einer bewussten oder unbewussten Verzerrung seitens des Bilanzierenden. Vgl. hierzu LORSON, P./GATTUNG, A., Forderung nach einer „faithful representation“ (Teil 2), S. 561.

107 Vgl. ED.CF.BC2.7.

108 Während hier primär die Anwendung des Vorsichtsgrundsatzes seitens des Bilanzierenden thematisiert werden soll, hat auch der Standardsetzer diesen Grundsatz im Rahmen der Entwicklung von Rechnungslegungsvorschriften nunmehr zu beachten.

109 Der Vorsichtsgrundsatz taucht im derzeitigen *Conceptual Framework* (2010) nicht auf, da er im Rahmen der Überarbeitung des *Framework* (1989) zunächst als mit der Neutralität unvereinbar eingestuft wurde. Vgl. CF (2010).BC3.27-29. Kritisch dazu jüngst BALLWIESER, W., Analyse des Rahmenkonzepts, S. 463-466; BEINSEN, B./WAGENHOFER, A., Vorsichtsprinzip, S. 415 f.; EFRAG U. A. (Hrsg.), Getting a Better Framework: Prudence, S. 1-14.

gen unter Unsicherheit wie bspw. die kapitalwertorientierte Bestimmung des Fair Value der Altanteile im Zuge eines sukzessiven Unternehmenserwerbes[110] durch eine sorgfältige Ausübung von Ermessensentscheidungen so vorzunehmen, dass eine Überbewertung des bilanzierten Vermögens und der Erträge bzw. eine Unterbewertung der bilanzierten Schulden und der Aufwendungen vermieden wird (sog. *cautious prudence*).[111] Auf diese Weise soll sichergestellt werden, dass das bilanzierende Unternehmen seinen Wissensvorsprung gegenüber den Kapitalgebern nicht durch eine zu optimistische Beurteilung der wirtschaftlichen Lage des Unternehmens ausnutzt.[112] Gleichzeitig darf eine vorsichtige Bilanzierung jedoch nicht zu einer tendenziell zu pessimistischen Darstellung und einer daraus resultierenden Bildung stiller Reserven führen (sog. *asymmetric prudence*), da dies wiederum der Neutralität der vermittelten Informationen entgegenstehen würde.[113]

Zuletzt setzt die Einstufung einer Information als glaubwürdig voraus, dass die Darstellung des der Information zugrunde liegenden Sachverhalts **frei von Fehlern** ist.[114] Dabei ist dieses Kriterium weit auszulegen, da insbesondere für zukunftsorientierte Abschlussinformationen exakte Vorhersagen vielfach unmöglich sind.[115] Vor diesem Hintergrund gilt die Abbildung des zu bilanzierenden Sachverhalts – hier bspw. des Zeitwerts der Altanteile im Rahmen eines sukzessiven Unternehmenserwerbs – bereits dann als fehlerfrei, sofern ein geeigneter Schätzprozess identifiziert und richtig angewandt wird.[116] Darüber hinaus ist das Ergebnis klar als Schätzung zu kennzeichnen und auf eventuelle Grenzen des Schätzprozesses hinzuweisen.[117] Allein die mit einer Schätzung verbundene Unsicherheit führt insofern grundsätzlich nicht dazu, die vermittelte Information als nicht glaubwürdig einzustufen, sofern der dahinter stehende Schätzprozess glaubwürdig dargestellt werden kann. Das Kriterium der Fehlerfreit kann daher als ein eher „weiches Konstrukt“[118] charakterisiert werden.

232. Fördernde qualitative Anforderungen

232.1 Vorbemerkungen

Über die fundamentalen Anforderungen hinaus kann die Entscheidungsnützlichkeit der im (Konzern-)Abschluss vermittelten Informationen durch die Beachtung der sog. fördernden Kriterien weiter verbessert werden.[119] Hierunter subsumiert der Standardsetzer die Anforderungen der **Vergleichbarkeit**, der **Nachprüfbarkeit**, der **Zeitnähe** sowie der **Verständlichkeit**.[120] Da diese vier Kriterien denen der Relevanz und der glaubwürdigen Darstellung hierarchisch eindeutig nachgeordnet werden,[121] spielen sie vor allem dann eine Rolle, wenn zwischen zwei oder mehr Bilanzierungsmethoden zu

110 Vgl. hierzu Abschnitt 513.334.5.
111 Vgl. ED.CF.2.18.
112 Vgl. ED.CF.BC2.9.
113 Vgl. ED.CF.2.18 i. V. m. ED.CF.BC2.11-15.
114 Vgl. ED.CF.2.19.
115 Vgl. ED.CF.2.19.
116 Vgl. ED.CF.2.19.
117 Vgl. ED.CF.2.19.
118 GASSEN, J./FISCHKIN, M./HILL, V., Rahmenkonzept-Projekt des IASB und des FASB, S. 878.
119 Vgl. ED.CF.2.22.
120 Vgl. hierzu ED.CF.2.22-37.
121 Die Erfüllung der fördernden Kriterien allein kann insofern nicht die Entscheidungsnützlichkeit einer Information begründen. Vgl. ED.CF.2.36.

wählen ist, die hinsichtlich der beiden fundamentalen Anforderungen ähnlich beurteilt werden.[122] Innerhalb der fördernden Kriterien wird dementgegen keine hierarchische Rangordnung vorgegeben. Stattdessen sind diese in einem iterativen Prozess gegeneinander abzuwägen, um sie auf aggregierter Ebene soweit wie möglich zu maximieren.[123]

232.2 Vergleichbarkeit

Durch die **Vergleichbarkeit** von Finanzinformationen soll es den Kapitalgebern erleichtert werden, die Entwicklung sowie die Unterschiede und Gemeinsamkeiten verschiedener Anlagemöglichkeiten nachzuvollziehen, um auf dieser Basis fundierte Kapitalvergabeentscheidungen treffen zu können.[124] Es wird insofern sowohl auf die Vergleichbarkeit einer Information im Zeitablauf als auch auf die zwischenbetriebliche Vergleichbarkeit abgezielt.[125] Vergleichbarkeit kann vor allem durch eine stetige Anwendung von Bilanzierungsmethoden erreicht werden.[126]

Auch wenn die Vergleichbarkeit von Informationen ED.CF.2.27 zufolge bis zu einem gewissen Grad automatisch mit einer glaubwürdigen Darstellung einhergeht, kann es bspw. durch das Einräumen von Wahlrechten zwischen mehreren jeweils glaubwürdigen Bilanzierungsalternativen zu einer Einschränkung der Vergleichbarkeit kommen.[127] Wahlrechte sollten daher zugunsten der Vergleichbarkeit vermieden werden, sofern eine glaubwürdige Darstellung weiterhin möglich ist.[128]

232.3 Nachprüfbarkeit

Das Kriterium der **Nachprüfbarkeit** soll die Adressaten der IFRS-Rechnungslegung grundsätzlich dabei unterstützen, die Glaubwürdigkeit der vermittelten Informationen zu beurteilen, bzw. mit ausreichender Sicherheit gewährleisten, dass die Abschlussinformationen frei von materiellen Fehlern und Verzerrungen sind.[129] Als nachprüfbar sind Finanzinformationen gem. ED.CF.2.29 dann einzustufen, sofern ein Konsens seitens unabhängiger und sachverständiger Dritter darüber erreicht werden kann, dass der bilanzierte Sachverhalt das darstellt, was er darzustellen vorgibt. Insofern ist das Kriterium eng mit der fundamentalen Anforderung einer glaubwürdigen Darstellung verbunden und kann als „intersubjektive Nachprüfbarkeit" interpretiert werden.[130]

---

122 Vgl. ED.CF.2.22.

123 Vgl. ED.CF.2.36 f. Es werden jedoch keine Hinweise darauf gegeben, wie mit etwaigen Zielkonflikten zwischen den fördernden Kriterien umzugehen ist. Vgl. BAETGE, J. U. A., in: Baetge u. a., Rechnungslegung nach IFRS, 2. Aufl., Teil A, Kap. II, Rn. 67.

124 Vgl. ED.CF.2.23 f.

125 Vgl. ED.CF.2.23 sowie BAETGE, J./KIRSCH, H.-J./THIELE, S., Bilanzen, S. 150.

126 Der Stetigkeitsgrundsatz ist nicht mit der Anforderung der Vergleichbarkeit gleichzusetzen, sondern stellt ein Hilfsmittel zu deren Erreichung dar. Vgl. ED.CF.2.25. Darüber hinaus darf die Vergleichbarkeit nicht so missverstanden werden, dass auch ungleiche Sachverhalte gleich zu bilanzieren wären. So grenzt der IASB den Begriff der Uniformität explizit von der Vergleichbarkeit ab. Vgl. ED.CF.2.26.

127 Vgl. ED.CF.2.27.

128 Vgl. ED.CF.2.28 sowie WAWRZINEK, W., in: Beck IFRS HB, 4. Aufl., § 2, Rn. 77. Alternativ wären zumindest Informationen über die Ausübung des Bilanzierungswahlrechtes erforderlich, um so die eingeschränkte Vergleichbarkeit erkennbar zu machen. Vgl. PELLENS, B. U. A., Internationale Rechnungslegung, S. 94 f.

129 Vgl. ED.CF.2.29 sowie hierzu ausführlich CF (2010).BC3.36.

130 Vgl. BAETGE, J./KIRSCH, H.-J./THIELE, S., Bilanzen, S. 155.

Informationen können gem. ED.CF.2.30 sowohl direkt als auch indirekt nachgeprüft werden.[131] Eine direkte Nachprüfbarkeit bedeutet, dass die Abbildung eines bilanzierten Sachverhalts unmittelbar durch Beobachtung, bspw. das Nachzählen von Barreserven, verifiziert werden kann.[132] Dementgegen stehen bei der indirekten Nachprüfbarkeit ED.CF.2.30 zufolge die der Bilanzierung zugrunde liegenden Methoden und Eingangsgrößen im Fokus der Betrachtung. Nach eingehender Prüfung der Parameter kann dann unter Anwendung des gleichen Modells bzw. der gleichen Bilanzierungsmethode versucht werden, den bilanzierten Wert nachzuvollziehen.

Die Nachprüfbarkeit der Bilanzierung variiert stark mit den jeweils konkret zu vermittelnden Informationen. Während vergangenheitsorientierte Angaben wie bspw. die für eine Unternehmensbeteiligung ursprünglich entrichteten Anschaffungskosten zumeist ohne größere Probleme intersubjektiv nachgeprüft werden können, kann dies bei zukunftsgerichteten Informationen wie zum Beispiel den für die Fair Value-Bewertung von Kapitalanteilen u. U. zu schätzenden Zahlungsströmen des Beteiligungsunternehmens aufgrund ihrer Unsicherheit nur sehr eingeschränkt gelingen.[133] Konsequenterweise bedarf es gegebenenfalls ermessensbeschränkender **Objektivierungen**, um das gewünschte Niveau an Nachprüfbarkeit zu gewährleisten.[134] Zu beachten ist in diesem Zusammenhang jedoch, dass eine Stärkung der Nachprüfbarkeit, also eine Begrenzung der Bandbreite möglicher Bilanzierungsergebnisse, in vielen Fällen zu Lasten der Relevanz der vermittelten Informationen gehen wird; zwischen diesen beiden Anforderungen insofern ein (vielbeachteter) **Zielkonflikt** auszumachen ist.[135] Auch wenn die Nachprüfbarkeit angesichts des Fokus der IFRS-Rechnungslegung auf kapitalvergabebezogene Entscheidungen nicht als fundamentale Anforderung qualifiziert wird,[136] und somit der Relevanz hierarchisch nachgeordnet ist, betont der IASB dennoch zugleich die hohe Bedeutung dieses eng mit dem Primärgrundsatz der glaubwürdigen Darstellung verbundenen Kriteriums für eine möglichst entscheidungsnützliche Berichterstattung.[137]

---

131 Vgl. LORSON, P./GATTUNG, A., Forderung nach einer „faithful representation" (Teil 2), S. 562.

132 Vgl. ED.CF.2.30.

133 Vgl. bspw. BALLWIESER, W., Informations-GoB, S. 118; BRINKMANN, J., Zweckadäquanz, S. 43 f.; MOXTER, A., Rechnungslegung, S. 16.

134 Der Objektivierungsgrad der Bilanzierung sollte dabei nicht nur von der Unsicherheit des zu bilanzierenden Sachverhalts, sondern auch von der Ausprägung des jeweiligen Prinzipal-Agenten-Konflikts abhängig gemacht werden. Vgl. hierzu ausführlich KOELEN, P., Investitionstheoretische Bewertungskalküle, S. 16-25. Zum Objektivierungsbegriff vgl. BAETGE, J., Möglichkeiten der Objektivierung, S. 15-32.

135 Vgl. hierzu schon BAETGE, J., Möglichkeiten der Objektivierung, S. 167-173; MOXTER, A., Bilanzlehre, S. 256-258 und 274-276; BALLWIESER, W., IFRS-Rechnungslegung, S. 14; KOELEN, P., Investitionstheoretische Bewertungskalküle, S. 16-25.

136 Dies wurde vor allem damit begründet, dass bspw. zukunftsbezogene Informationen, die auf Einschätzungen des Managements beruhen, häufig schwer oder gar nicht nachprüfbar sind, jedoch trotzdem als entscheidungsnützlich eingestuft werden können. Vgl. CF (2010).BC3.36; KIRSCH, H.-J. U. A., Bedeutung der Verlässlichkeit, S. 767 f.

137 Vgl. CF (2010).BC3.36, wonach die Nachprüfbarkeit als „*very desirable but not necessarily required*" eingestuft wurde. Vgl. kritisch zur Einordnung dieses Kriteriums unter den fördernden anstatt unter den fundamentalen Grundsätzen SCHRUFF, W., Spannungsfeld zwischen Cashflow-Prognose und Rechenschaft, S 859; GASSEN, J./FISCHKIN, M./HILL, V., Rahmenkonzept-Projekt des IASB und des FASB, S. 878 f.

232.4 Zeitnähe

Gemäß ED.CF.2.32 sind Informationen dann bereitzustellen, wenn sie von größtmöglichem Nutzen für die seitens der Adressaten zu treffenden Entscheidungen sind. Da der Wert einer gegebenen Information im Zeitablauf gemeinhin sinken dürfte, lässt sich hieraus die Forderung nach einer möglichst **zeitnahen** Berichterstattung ableiten.[138] Umgekehrt führt eine verzögerte Bereitstellung von Informationen indes nicht zwingend dazu, dass diese als unbrauchbar einzustufen sind. Schließlich können auch auf jährlicher Basis veröffentlichte Angaben bspw. für die Identifikation und Beurteilung von Trends nützlich sein.[139]

232.5 Verständlichkeit

Die Entscheidungsnützlichkeit von Informationen wird nach ED.CF.2.33 ferner durch die **Verständlichkeit** der Darstellung gefördert.[140] Die Berichterstattung sollte daher möglichst klar und eindeutig gestaltet werden, ohne gleichzeitig jedoch von Natur aus komplexe Bilanzierungssachverhalte bspw. durch eine unvollständige Abbildung künstlich zu vereinfachen.[141] Bei der Beurteilung der Verständlichkeit sollten stets die Bedürfnisse und Fähigkeiten eines fachkundigen und sorgfältig prüfenden Abschlussadressaten im Mittelpunkt stehen.[142]

233. Grundsatz der Kosten-Nutzen-Abwägung

Die Bereitstellung von Rechnungslegungsinformationen im Allgemeinen bzw. von Informationen zu sukzessiven Anteilserwerben mit Statuswechsel im Speziellen sollte sowohl hinsichtlich der Art als auch des Umfangs nicht allein an die Erfüllung der zuvor erläuterten qualitativen Anforderungen geknüpft werden. Stattdessen sind auch die Kosten der Berichterstattung im Kalkül zu berücksichtigen. Gemäß ED.CF.2.38 sollten Informationen demzufolge nur dann vermittelt werden, wenn der Entscheidungsnutzen dieser Informationen die durch die Bereitstellung anfallenden Kosten übersteigt (**Grundsatz der Kosten-Nutzen-Abwägung**). Kosten können dabei zum einen auf Seiten der bilanzierenden Unternehmen, insbesondere durch das Sammeln, Aufbereiten, Prüfen und Verbreiten von Informationen,[143] und zum anderen auf Seiten der Abschlussadressaten, u. a. durch eine sorgfältige Analyse der veröffentlichten Informationen, entstehen.[144] Obwohl der Grundsatz der Kosten-Nutzen-

---

138 Vgl. ED.CF.2.32; PELLENS, B. U. A., Internationale Rechnungslegung, S. 95.

139 Vgl. ED.CF.2.32; BAETGE, J./KIRSCH, H.-J./THIELE, S., Bilanzen, S. 150.

140 Im Zuge des Feedbacks zum DP/2013/1 wurde zum Teil gefordert, die Verständlichkeit als fundamentales Kriterium einzustufen, dies wurde jedoch seitens des IASB abgelehnt. Ausschlaggebend dafür war die Annahme, dass komplexe Sachverhalte zum Teil einer ebenso komplexen Darstellung bedürfen. Vgl. ED.CF.BC2.26 sowie IASB (Hrsg.), Staff Paper 10J (May 2014), Rn. 26-30. Vgl. zur Diskussion um die Komplexität von Rechnungslegung sowie zu den Möglichkeiten im *Conceptual Framework* hierzu explizit Stellung zu beziehen EFRAG U. A. (Hrsg.), Getting a Better Framework: Complexity, S. 1-16.

141 Vgl. ED.CF.2.33 f.

142 Der IASB räumt indes ein, dass selbst gut informierte Bilanzadressaten zuweilen auf Unterstützung durch spezialisierte Berater zurückgreifen müssen. Vor dem Hintergrund teilweise hoch komplexer Bilanzierungssachverhalte führt dies nicht zwangsläufig dazu, dass eine Darstellung als unverständlich i. S. d. *Conceptual Framework* einzustufen ist. Vgl. ED.CF.2.35.

143 Der IASB stellt jedoch fest, dass auch diese Kosten letztendlich durch die Abschlussadressaten in Form niedrigerer Renditen auf das von ihnen zur Verfügung gestellte Kapital getragen werden müssen. Vgl. ED.CF.2.39.

144 Vgl. ED.CF.2.39.

Abwägung prinzipiell auch von den bilanzierenden Unternehmen im Rahmen ihrer Berichterstattung zu beachten ist, spielt er vor allem bei der Entwicklung von Rechnungslegungsstandards eine zentrale Rolle.[145] So hat der Standardsetzer sicherzustellen, dass die aus der Anwendung der Bilanzierungsvorschriften zu erwartenden Kosten den daraus voraussichtlich resultierenden gesamtwirtschaftlichen Nutzen in Form effizienterer Kapitalmärkte und somit letztendlich geringerer Kapitalkosten nicht übersteigen.[146]

24 Konzeption und Ausweis des Konzernerfolges

Der wirtschaftliche Periodenerfolg des Konzerns wird gem. ED.CF.4.48 f. wie in fast allen Rechnungslegungssystemen nicht an die Ein- und Auszahlungen der jeweiligen Berichtsperiode geknüpft. Stattdessen werden die Zahlungen in Aufwendungen und Erträge transformiert, die unabhängig von den tatsächlichen Zahlungszeitpunkten jeweils in der Periode zu erfassen sind, der sie wirtschaftlich zugerechnet werden können (sog. *accrual accounting*).[147]

Eine periodengerechte Erfassung der den Konzernerfolg konstituierenden Aufwendungen und Erträge soll im Regelwerk der IFRS durch eine Ausrichtung der Erfolgsrechnung an der Bilanz bzw. den darin ausgewiesenen Vermögenswerten und Schulden sichergestellt werden (sog. ***asset liability approach***[148]).[149] Während der IASB Vermögenswerte als unter der Kontrolle des Bilanzierenden stehende wirtschaftliche Ressourcen i. S. v. Nutzenpotenzialen definiert, werden Schulden als Verpflichtungen zur Abgabe derartiger wirtschaftlicher Ressourcen verstanden.[150] Die Erfassung von Erfolgen wird schließlich an die Änderung so definierter Vermögenswerte und Schulden geknüpft. So stellen Erträge eine Zunahme wirtschaftlichen Nutzens in Form von Zuflüssen oder Erhöhungen von Vermögenswerten bzw. einer Verringerung von Schulden dar, die nicht auf eine Transaktion mit den

---

145 So wird bspw. in ED.CF.2.41 ausschließlich auf die Perspektive des Standardsetzers abgestellt. Ferner ist nicht zu erwarten, dass sich Unternehmen häufig mit Verweis auf zu hohe Kosten gegen die Bereitstellung einer Information berufen werden. Schließlich wurden die Bilanzierungsvorschriften bereits bei der Standardentwicklung auf ein angemessenes Kosten-Nutzen-Verhältnis hin untersucht. Vgl. WAWRZINEK, W., in: Beck IFRS HB, 4. Aufl., § 2, Rn. 95.

146 Der IASB ist sich der Schwierigkeit dieser Aufgabe bewusst und versucht, dieser Herausforderung durch einen umfassenden Austausch mit den verschiedenen in den Rechnungslegungsprozess involvierten Interessengruppen (Abschlussersteller, -adressaten, -prüfern sowie der Wissenschaft) gerecht zu werden. Vgl. ED.CF.2.41.

147 Vgl. IAS 1.27 f. sowie ED.CF.1.17. Im handelsrechtlichen Kontext auch HAYN, B., Konsolidierungstechnik, S. 43 f. Implizite Nebenbedingung des *accrual accounting* ist es, dass die zeitlich abgegrenzten Erfolge über die gesamte Lebenszeit des Konzerns grundsätzlich dem Saldo aller betrieblichen Ein- und Auszahlungen über eben diese Totalperiode zu entsprechen haben (sog. Kongruenzprinzip). Das Kongruenzprinzip wird in den IFRS an keiner Stelle explizit erwähnt, gleichwohl sind die hinter diesem Prinzip stehenden Überlegungen mit Blick auf die Entscheidungsnützlichkeit der vermittelten Informationen auch auf dieses Rechnungslegungssystem zu übertragen. Vgl. ausführlich hierzu Abschnitt 433.2.

148 Vgl. ausführlich bspw. SCHREIBER, S., Asset-Liability-Approach, S. 572-577.

149 Mit Blick auf das *Framework* (1989) so schon BULLEN, H. G./CROOK, K., Revisiting the Concepts, S. 7, sowie ANTONAKOPOULOS, N., Gewinnkonzeptionen und Erfolgsdarstellung, S. 26 f. Die Bilanz nimmt hierdurch jedoch keine herausgehobene Stellung innerhalb des Abschlusses ein. Stattdessen sind alle Abschlussinstrumente als gleichrangig einzustufen. Vgl. ED.CF.4.52. Ähnlich auch schon SPROUSE, R. T., Focus on asset/liability, S. 68 f. Dies grenzt den *asset liability approach* von der statischen Bilanztheorie ab.

150 Vgl. ED.CF.4.5 f. bzw. ED.CF.4.24. Sowohl Vermögenswerte als auch Schulden müssen dabei nach wie vor ein Ergebnis vergangener Ereignisse sein. Dagegen wurde die im *Conceptual Framework* (2010) noch enthaltene Bedingung, dass der Nutzenzu- bzw. -abfluss auch „erwartet" werden muss, gestrichen. Vgl. ED.CF.BC4.11-17.

Anteilseignern des Konzerns zurückzuführen ist.[151] Umgekehrt wird Aufwand als die Abnahme wirtschaftlichen Nutzens definiert, die auf einem Abgang bzw. der Wertminderung von Vermögenswerten oder aber einem Zugang bzw. der Erhöhung von Schulden beruht und gleichzeitig wiederum nicht durch Ausschüttungen an die Kapitalgeber des Konzerns hervorgerufen wurde.[152] Durch die Koppelung des Erfolgsverständnisses an diese im *Conceptual Framework* enthaltene, vergleichsweise weit gefasste Definition[153] eines Vermögenswertes bzw. einer Schuld sind die IFRS nicht an das bspw. die Ertragserfassung im deutschen Handelsrecht dominierende Realisationsprinzip gebunden.[154] So können neben bereits realisierten Erfolgen grundsätzlich auch mit Blick auf den Gefahrenübergang unrealisierte, indes künftig realisierbare Erfolge in der Erfolgsrechnung erfasst werden.[155]

Sämtliche Aufwendungen und Erträge einer Berichtsperiode sind schließlich in der sog. **Gesamtergebnisrechnung** darzustellen.[156] Diese unterteilt sich in die **Gewinn- und Verlustrechnung (GuV)** auf der einen sowie das **sonstige Gesamtergebnis (OCI)** auf der anderen Seite.[157] Konzeptionell wird dem OCI dabei eine vergleichsweise untergeordnete Bedeutung beigemessen.[158] So sind alle wirtschaftlichen Erfolge des Konzerns gemäß ED.CF.7.23 prinzipiell in dessen Gewinn- und Verlustrechnung zu erfassen, die dementsprechend als das zentrale Recheninstrument zur Ableitung der Ertrags- und Leistungskraft der berichterstattenden Einheit angesehen wird.[159] Ein Ausweis von Aufwendungen und Erträgen im OCI kommt laut IASB allenfalls dann in Frage, wenn durch eine Auf-

---

151 Vgl. ED.CF.4.48.

152 Vgl. ED.CF.4.49.

153 Für einen Vergleich der Definitionen mit den handelsrechtlichen Begriffen eines Vermögensgegenstandes bzw. einer Schuld siehe BAETGE, J./KIRSCH, H.-J./THIELE, S., Bilanzen, S. 193.

154 Vgl. ED.CF.BC2.14 (a). So auch schon GRAU, A., Gewinnrealisierung, S. 197 f., sowie ähnlich BAETGE, J. U. A., in: Baetge u. a., Rechnungslegung nach IFRS, 2. Aufl., Teil A, Kap. II, Rn. 111.

155 Vgl. ED.CF.BC2.14 (a); PELLENS, B. U. A., Internationale Rechnungslegung, S. 173; ANTONAKOPOULOS, N., Erfolgsquellenanalyse nach IFRS, S. 121. Die in ED.CF.4.48 f. vorgesehene konsequente Ausrichtung der Abgrenzung von Erträgen und Aufwendungen an den aus einem Geschäftsvorfall resultierenden Nutzenzu- bzw. -abflüssen wird gleichwohl an vielen Stellen durch die konkreten Ansatz- und Bewertungsvorschriften spezifischer Standards durchbrochen. Vgl. ANTONAKOPOULOS, N., Gewinnkonzeptionen und Erfolgsdarstellung, S. 27 und 241. Im Ergebnis stellt das Erfolgsermittlungskonzept der IFRS daher letztlich „ein Gemenge an in einzelne Standards eingeflossene Kompromisse“ (HALLER, A./SCHLOßGANGL, M., Performance Reporting, S. 317) dar. Vgl. ANTONAKOPOULOS, N., Gewinnkonzeptionen und Erfolgsdarstellung, S. 241.

156 Vgl. IAS 1.7.

157 Vgl. IAS 1.7 sowie IAS 1.81A. Die Gesamtergebnisrechnung kann dabei sowohl in einer einzigen Aufstellung als auch in zwei separaten Aufstellungen dargestellt werden. Vgl. IAS 1.10A. Vgl. überblicksartig zur Darstellung des OCI URBANCZIK, P., Presentation of OCI, S. 269-274.

158 Vgl. ED.CF.7.21 sowie schon HOOGERVORST, H., The dangers of ignoring unrealised income, S. 3 f. Vgl. für einen umfassenden Überblick über die der Gewinn- und Verlustrechnung bzw. dem OCI beigemessene Bedeutung auf Basis der Kommentierungsschreiben zum *Conceptual Framework* Projekt IASB (Hrsg.), Staff Paper 10I (March 2014), Rn. 13-27. Empirisch hierzu jüngst MECHELLI, A./CIMINI, R., Is comprehensive income value relevant?, S. 59-87. Vgl. für einen breiten Überblick zu verschiedenen Studien hinsichtlich der Bedeutung des OCI REES, L. L./SHANE, P. B., The Case of Other Comprehensive Income, S. 803-806.

159 Vgl. ED.CF.7.21 sowie bspw. schon ZÜLCH, H./FISCHER, D., Neukonzeption des Performance Reporting, S. 99 f. In der Gewinn- und Verlustrechnung erfasste Erträge und Aufwendungen werden im Folgenden als **GuV-wirksame** Aufwendungen und Erträge bezeichnet. Dementgegen werden die in der sonstigen Gesamtergebnisrechnung ausgewiesenen Beträge als **GuV-neutral** verstanden. Vgl. so auch PELLENS, B. U. A., Internationale Rechnungslegung, S. 100 f. Die im Weiteren ebenso verwendeten Bezeichnungen **erfolgswirksam** bzw. **erfolgsneutral** zielen dementsprechend allein darauf ab, ob ein Sachverhalt überhaupt in der Gesamtergebnisrechnung erfasst wird oder nicht.

nahme der jeweiligen Beträge in die Gewinn- und Verlustrechnung die Relevanz dieses Recheninstruments (erheblich) eingeschränkt würde.[160] Eine Erfassung im OCI ist insofern vor allem in Konstellationen denkbar, in denen ein für den Ansatz von Vermögenswerten und Schulden in der Bilanz als entscheidungsnützlich beurteilter Bewertungsmaßstab für die Bemessung des in der Gewinn- und Verlustrechnung zu vereinnahmenden wirtschaftlichen Erfolges ungeeignet erscheint.[161] Eine diesbezügliche Beurteilung ist vor dem Hintergrund der jeweiligen Art des zu bilanzierenden Geschäftsvorfalls und somit standardspezifisch zu treffen. Schließlich konnte eine standardübergreifende, konzeptionell eindeutige Trennlinie zwischen den beiden Bestandteilen der Gesamtergebnisrechnung bislang weder seitens der Wissenschaft noch des Standardsetzers selbst identifiziert werden.[162]

Werden Erträge bzw. Aufwendungen im OCI erfasst, sind diese gem. ED.CF.7.26 grundsätzlich in den Folgeperioden in die Gewinn- und Verlustrechnung umzugliedern (sog. ***recycling***).[163] Das OCI stellt insofern lediglich ein „Zwischenlager"[164] für die zu einem späteren Zeitpunkt in der Gewinn- und Verlustrechnung zu erfassenden Erfolge dar.[165] Genauere Hinweise hinsichtlich des Zeitpunkts der Reklassifizierung sind dem *Exposure Draft* zum *Conceptual Framework* indes nicht zu entnehmen. Stattdessen wird diesbezüglich ganz allgemein auf die Entscheidungsnützlichkeit der dadurch zu vermittelnden Informationen abgestellt. So sind Erfolge gem. ED.CF.7.26 prinzipiell in derjenigen Periode GuV-wirksam umzugliedern, in der sie die Relevanz der Gewinn- und Verlustrechnung potenziell erhöhen können. Sollte keine sinnvolle Auflösungssystematik im OCI erfasster Erfolgsbeiträge identifiziert werden können, ist in Ausnahmefällen ein Verbot zur Umgliederung in die Gewinn- und Verlustrechnung denkbar.[166] Gleichwohl ist das Fehlen eines klaren Auflösungsmusters gleichzeitig als Hinweis darauf zu deuten, dass der jeweilige Ertrag bzw. Aufwand u. U. eben gerade nicht im OCI, sondern unmittelbar in der Gewinn- und Verlustrechnung hätte erfasst werden sollen.[167]

---

160 Vgl. ED.CF.7.24 (b) sowie ausführlich HOOGERVORST, H., The dangers of ignoring unrealised income, S. 4-8. Zu den weiteren Voraussetzung einer Erfassung von Erträgen bzw. Aufwendungen im OCI vgl. ED.CF.7.23 i. V. m. ED.CF.7.24 (a).

161 Vgl. ED.CF.7.25 i. V. m. ED.CF.6.74-77 sowie HOOGERVORST, H., The dangers of ignoring unrealised income, S. 5. Das OCI stellt somit eine „notwendige Restgröße zur Überleitung zwischen Reinvermögensänderung und einer – noch zu definierenden – Gewinngröße" (HAAKER, A./FREIBERG, J., OCI als Mülleimer, S. 214) dar.

162 Vgl. stellvertretend für den IASB HOOGERVORST, H., The dangers of ignoring unrealised income, S. 3. Für die Sicht der Wissenschaft vgl. bspw. KERKHOFF, G./DIEHM, S., Performance Reporting, S. 345-349; ANTONAKOPOULOS, N., Erfolgsquellenanalyse nach IFRS, S. 121 f.; REES, L. L./SHANE, P. B., The Case of Other Comprehensive Income, S. 793-802; HAAKER, A./FREIBERG, J., OCI als Mülleimer, S. 213 f.

163 Im aktuellen Regelungskanon sind dementgegen jedoch noch einige *recycling*-Verbote enthalten. Vgl. bspw. IAS 16.41, IAS 19.122 sowie IFRS 9.5.7.10. Diese werden voraussichtlich nach der Veröffentlichung des überarbeiteten *Conceptual Framework* sukzessive überprüft. Vgl. hierzu IASB (Hrsg.), Staff Paper 10D (October 2014), Rn. B14 f.

164 HOLLMANN, S., Reporting Performance, S. 144.

165 Dennoch wird dem OCI empirisch eine gewisse Entscheidungsrelevanz beigemessen. Vgl. MECHELLI, A./CIMINI, R., Is comprehensive income value relevant?, S. 62-64.

166 Vgl. ED.CF.7.27.

167 Vgl. ED.CF.7.27.

25 Auslegung und Schließung von Regelungslücken im Regelwerk der IFRS

251. Vorbemerkungen

Die Entscheidungsnützlichkeit der im IFRS-Abschluss vermittelten Informationen setzt eine sorgfältige Auswahl und Gestaltung der dabei zugrunde zu legenden Bilanzierungs- und Bewertungsmethoden voraus.[168] Dies betrifft in erster Linie den Standardsetzer selbst, der bei der Entwicklung konkreter Rechnungslegungsvorschriften deren Entscheidungsnützlichkeit sicherzustellen hat.[169] Gemäß IAS 8.7-9 sind diese Vorschriften dann seitens der Abschlussersteller unter Beachtung der vom IASB ggf. beigefügten und als obligatorisch gekennzeichneten Umsetzungsleitlinien anzuwenden, sofern sie sich ausdrücklich auf den zu bilanzierenden Sachverhalt beziehen. Da die IFRS jedoch als ein tendenziell prinzipienorientiertes Normensystem angelegt sind,[170] ist der Abschlussersteller zumindest im Rahmen der **Auslegung** der im Einzelfall anwendbaren, jedoch ggf. unscharfen Vorschriften gefordert.[171] Überdies treten verschiedentlich Geschäftsvorfälle auf, für deren Bilanzierung es dem Normsystem an expliziten Regelungen fehlt, somit eine **Regelungslücke** vorliegt.[172] In derartigen Fällen wird der Abschlussersteller vor die Herausforderung gestellt, überhaupt erst geeignete Bilanzierungs- und Bewertungsmethoden abzuleiten.[173]

252. Rahmenbedingungen der Auslegung und Lückenschließung

Sowohl für die Auslegung als auch die Lückenschließung innerhalb der IFRS ist grundsätzlich der jeweilige nationale bzw. ggf. supranationale Rechtsrahmen zu beachten.[174] Schließlich handelt es sich bei den vom IASB erlassenen Standards zunächst um unverbindliche Regelungen,[175] die erst durch den Rechtsakt eines hoheitlichen Gesetzgebers rechtsverbindlich werden können.[176] Dieser Gesetzgeber bzw. das diesem zugeordnete Rechtssprechungsorgan besitzt in der Folge auch das uneingeschränkte „Auslegungsmonopol“[177].[178]

---

168 Vgl. Ruhnke, K./Simons, D., Rechnungslegung nach IFRS und HGB, S. 374.

169 Vgl. hierzu auch die Ausführungen in Abschnitt 21. Gemäß IAS 1.17 i. V. m. IAS 8.7 f. wird unterstellt, dass die Anwendung der seitens des Standardsetzers entwickelten Rechnungslegungsstandards grundsätzlich zu einer entscheidungsnützlichen Bilanzierung führen wird. Unter die zu beachtenden Vorschriften sind auch die vom IFRS *Interpretations Committee* herausgegebenen IFRIC zu subsumieren. Vgl. IAS 1.7.

170 Zum Selbstverständnis des Standardsetzers vgl. IFRS Foundation (Hrsg.), Due Process Handbook, Rn. 1.1, 3.27 und 5.15. Zu den Grenzen der Prinzipienorientierung der IFRS vgl. Lüdenbach, N./Hoffmann, W.-D./Freiberg, J., in: Haufe IFRS-Kommentar, 13. Aufl., § 1, Rn. 50; Baetge, J./Zülch, H., in: Wysocki u. a., HdJ, Abt. I/2, Rn. 303-311; Nerlich, C., Auslegungsmethodik für IFRS, S. 231-233.

171 Vgl. ähnlich Kleinmanns, H., Offene Gesellschaft der IFRS-Interpreten, S. 1325. Diese Herausforderung der Abschlussersteller erkennt auch der IASB an. Vgl. ED.CF.IN1 (c).

172 Die IFRS stellen aus verschiedenen Gründen noch kein vollständiges, in sich geschlossenes Normensystem dar. Vgl. Baetge, J./Zülch, H., in: Wysocki u. a., HdJ, Abt. I/2, Rn. 186 f.; Baetge, J. u. a., in: Baetge u. a., Rechnungslegung nach IFRS, 2. Aufl., Teil A, Kap. II, Rn. 28.

173 Vgl. Ruhnke, K./Nerlich, C., Regelungslücken innerhalb der IFRS, S. 389; Baetge, J./Zülch, H., in: Wysocki u. a., HdJ, Abt. I/2, Rn. 187.

174 Vgl. Metz, C., Unternehmenskauf, S. 17.

175 Vgl. zum *due process* des IASB sowie des IFRS *Interpretations Committee* bspw. Albert, M., Rechtsverbindlichkeit der IFRS, S. 13-16.

176 Vgl. Wojcik, K.-P., IAS/IFRS als europäisches Recht, S. 35.

177 Metz, C., Unternehmenskauf, S. 17.

178 Im Kontext der Übernahme der IFRS in europäisches Gemeinschaftsrecht vgl. Metz, C., Unternehmenskauf, S. 34 f.

In der Europäischen Union wurden die IFRS durch den Erlass der IAS-Verordnung Teil des europäischen Gemeinschaftsrechts und zumindest für den Konzernabschluss kapitalmarktorientierter Mutterunternehmen in Form der sog. *endorsed* IFRS auch auf nationaler Ebene unmittelbar verbindlich.[179] Die Auslegung und Lückenschließung fällt in letzter Instanz dementsprechend in den Zuständigkeitsbereich des Europäischen Gerichtshofs.[180] Um sich bei der Interpretation der *endorsed* IFRS gegen künftige Sanktionen abzusichern, hätten europäische Mutterunternehmen für die Aufstellung ihres Konzernabschlusses daher letztlich dessen Rechtsanwendung zu antizipieren.[181]

Im Rahmen dieser Arbeit soll jedoch von den Spezifika einer Interpretation europäischen Gemeinschaftsrechts soweit wie möglich abstrahiert werden und stattdessen schwerpunktmäßig auf die bereits im Normensystem der IFRS enthaltenen Hinweise zur Auslegung abstrakter Vorgaben sowie zur Schließung von Regelungslücken zurückgegriffen werden.[182] Eine solche Vorgehensweise erscheint schon deshalb vorzugswürdig, da im Rahmen der vorliegenden Arbeit nicht die nach europäischem Recht derzeit geltenden *endorsed* IFRS, sondern der aktuellste vom IASB verabschiedete Regelungskanon untersucht wird.[183] Eine primär rechtlich geprägte Diskussion würde im Fall einer (noch) nicht erfolgten Übernahme einzelner Standards in europäisches Recht somit ohnehin ins Leere laufen. Im Zentrum der nachfolgenden Abschnitte stehen daher die vom Standardsetzer vor allem in Form des IAS 8 formulierten Leitlinien zum Umgang mit auslegungsbedürftigen oder aber lückenbehafteten Vorschriften. Um die dort enthaltenen Vorgaben besser einordnen zu können, wird deren Darstellung dabei um ausgewählte Grundlagen der juristischen Methodenlehre ergänzt.[184]

---

179 Vgl. GROSSFELD, B./LUTTERMANN, C., Bilanzrecht, S. 45. Vgl. zum *Endorsement*-Prozess BUCHHEIM, R./KNORR, L./SCHMIDT, M., Anwendung der IFRS in Europa, S. 337-341.

180 Vgl. BOHL, W., in: Beck IFRS HB, 4. Aufl., § 1, Rn. 74. Zum justiziellen Dialog zwischen dem Europäischen Gerichtshof und nationalen Gerichten vgl. METZ, C., Unternehmenskauf, S. 17.

181 Vgl. HAUCK, A./PRINZ, U., Auslegung von IAS/IFRS, S. 637 f. Bislang liegen derzeit jedoch noch keine Gerichtsurteile des EuGH vor, die sich mit der inhaltlichen Interpretation der IFRS befassen. Vgl. KLEINMANNS, H., Offene Gesellschaft der IFRS-Interpreten, S. 1328. Welche Bedeutung dem EuGH als Auslegungsinstanz in Zukunft zukommen wird, bleibt abzuwarten. „Die bisherige Erfahrung spricht dafür, dass gerichtliche Entscheidungen zur Auslegung der IFRS selten bleiben werden." BOHL, W./WIECHMANN, J., IFRS für Juristen, S. 336. Dies liegt u. a. darin begründet, dass der IFRS-Konzernabschluss keine rechtsbegründende Wirkung hat. Vgl. BOHL, W., in: Beck IFRS HB, 4. Aufl., § 1, Rn. 74. Für mögliche Auslöser einer gerichtlichen Auseinandersetzung mit den IFRS vgl. ausführlich NERLICH, C., Auslegungsmethodik für IFRS, S. 258-261.

182 So sind insbesondere in IAS 1 sowie IAS 8 Vorschriften enthalten, die sich mit derartigen Fragestellungen beschäftigen. Vgl. WOJCIK, K.-P., IAS/IFRS als europäisches Recht, S. 259. Auf die Unvollständigkeit dieser „fragmentarischen Hinweise" hindeutend vgl. CASSEL, J., Unternehmensbewertung im IFRS-Abschluss, S. 35.

183 Der Fokussierung auf den aktuellsten Regelungskanon des IASB liegt die Annahme zugrunde, dass bei der zum Teil noch nicht erfolgten Übernahme bestimmter IFRS keine größeren Probleme zu erwarten sind. Nähere Informationen zum europäischen *Endorsement* finden sich unter http://www.efrag.org/Front/c1-306/Endorsement-Status-Report_EN.aspx.

184 Dabei wird vor allem die Methodenlehre der deutschen Jurisprudenz als Orientierungspunkt zugrunde gelegt. Besonderheiten der europäischen bzw. gemeinschaftsrechtlichen Methodenlehre werden nicht näher betrachtet. Zu den Unterschieden im Kontext der Interpretation der IFRS vgl. NERLICH, C., Auslegungsmethodik für IFRS, S. 154-168.

253. Auslegung und Lückenschließung nach IAS 8

253.1 Anwendungsbereich

Gemäß IAS 8.10 hat der Abschlussersteller immer dann in eigenem Ermessen über die Wahl und Gestaltung einer Bilanzierungsmethode zu entscheiden, wenn keine Vorschrift identifiziert werden kann, die sich eindeutig auf den zu bilanzierenden Sachverhalt bezieht. Hierunter sind sowohl die Fälle zu subsumieren, in denen es an einem spezifischen IFRS im Ganzen fehlt, als auch solche Fälle, bei denen ein Sachverhalt zwar dem Anwendungsbereich eines IFRS unterliegt, dieser jedoch keine auf den spezifischen Sachverhalt zutreffenden Ansatz- und Bewertungsvorschriften beinhaltet und daher unvollständig ist.[185]

Derartige Regelungslücken stellen eine „planwidrige Unvollständigkeit"[186] der IFRS dar und sind unter Beachtung der in IAS 8.10-12 formulierten Anforderungen vom Abschlussersteller zu schließen. Sie können ferner danach differenziert werden, ob sie sich dem Regelungsanwender offen oder aber verdeckt offenbaren.[187] Während es bei einer **offenen Lücke** an einer Regelung fehlt, obgleich diese zu erwarten gewesen wäre, kann bei einer **verdeckten Lücke**[188] zumindest auf den ersten Blick eine auf den zu bilanzierenden Sachverhalt passende Vorschrift ausgemacht werden.[189] Diese berücksichtigt jedoch gerade nicht die für die Bilanzierung des spezifischen Sachverhalts ausschlaggebenden Charakteristika und kann daher ihrem Sinn und Zweck nach nicht auf den betrachteten Sachverhalt passen.[190] Verdeckte Lücken liegen im IFRS-Kontext also immer dann vor, wenn eine Vorschrift entgegen ihrem Wortsinn, aber gemäß der ihr inhärenten Zwecksetzung einer Einschränkung bedarf, die im Standard selbst nicht formuliert ist.[191] Für derartige Fälle wäre der zu weit gefasste Wortsinn zunächst gedanklich vor dem Hintergrund des Sinn und Zwecks der Vorschrift zu reduzieren (sog. „teleologische Reduktion"[192]), um die sich dahinter verbergende Lücke aufzudecken.[193]

---

185 Vgl. RUHNKE, K./NERLICH, C., Regelungslücken innerhalb der IFRS, S. 390; CASSEL, J., Unternehmensbewertung im IFRS-Abschluss, S. 47 und 85. LARENZ/CANARIS unterscheiden dementsprechend die Begriffe der Regelungs- und der Normlücke. Vgl. LARENZ, K./CANARIS, C.-W., Methodenlehre der Rechtswissenschaft, S. 193.

186 CANARIS, C.-W., Feststellung von Lücken im Gesetz, S. 39, losgelöst vom IFRS-Kontext.

187 Vgl. WANK, R., Auslegung von Gesetzen, S. 83; WOJCIK, K.-P., IAS/IFRS als europäisches Recht, S. 280-282.

188 Der Anwendungsbereich des IAS 8.10-12 wird verschiedentlich auf die Schließung offener Lücken beschränkt, sodass die dort normierten Vorschriften für den Fall verdeckter Lücken dann allenfalls als Erkenntnisquelle herangezogen werden könnten. Vgl. bspw. WOJCIK, K.-P., IAS/IFRS als europäisches Recht, S. 287.

189 Vgl. NERLICH, C., Auslegungsmethodik für IFRS, S. 31.

190 In enger Anlehnung an CANARIS, C.-W., Feststellung von Lücken im Gesetz, S. 198.

191 Vgl. losgelöst vom IFRS-Kontext hierzu LARENZ, K./CANARIS, C.-W., Methodenlehre der Rechtswissenschaft, S. 210.

192 LARENZ, K./CANARIS, C.-W., Methodenlehre der Rechtswissenschaft, S. 211. Es ist umstritten, ob die teleologische Reduktion und die daran anknüpfende Lückenschließung gem. IAS 8.10-12 an die Voraussetzungen von IAS 1.19-22 gebunden ist. Demnach wäre die zu weit gefasste Vorschrift nur dann nicht anzuwenden, wenn die Anwendung so irreführend wäre, dass eine *fair presentation* des Abschlusses insgesamt nicht mehr gewährleistet werden könnte. Die teleologische Reduktion würde dann umfassende Berichtspflichten auslösen. Vgl. zu dieser Diskussion CASSEL, J., Unternehmensbewertung im IFRS-Abschluss, S. 88-91; RUHNKE, K./NERLICH, C., Regelungslücken innerhalb der IFRS, S. 391; NERLICH, C., Auslegungsmethodik für IFRS, S. 217-219; WOJCIK, K.-P., IAS/IFRS als europäisches Recht, S. 292-295.

193 Ähnlich auch CASSEL, J., Unternehmensbewertung im IFRS-Abschluss, S. 55. Vgl. zur Bedeutung der teleologischen Reduktion im Kontext der IFRS aufgrund deren Prinzipienorientierung HAUCK, A./PRINZ, U., Auslegung von IAS/IFRS, S. 639 f.

Ob die im folgenden Abschnitt näher erläuterten Leitlinien des IAS 8.10-12 nicht nur bei der Schließung von Regelungslücken, sondern auch im Kontext der **Auslegung**[194] bestehender, indes unpräziser Regelungen zu beachten sind, ist in der Literatur umstritten.[195] Die Interpretation unbestimmter Normbegriffe stellt hierfür einen innerhalb der IFRS prominenten Anwendungsfall dar.[196] Unter der Auslegung wird gemeinhin der Vorgang verstanden, bei dem „sich der Auslegende den Sinn eines Textes, der ihm problematisch geworden ist, zum Verständnis bringt."[197] Dies setzt somit überhaupt erst eine (auszulegende) Vorschrift voraus, deren Wortsinn gleichzeitig die Grenze der Auslegung darstellt.[198] Die Lückenfüllung beginnt also erst dort, wo die Wortsinngrenze endet und kann als „Fortsetzung der Auslegung"[199] verstanden werden.[200] Da die Auslegung und Lückenschließung insofern „nicht als wesensverschieden angesehen werden [dürfen; Anm. d. Verf.], sondern nur als voneinander verschiedene Stufen desselben gedanklichen Verfahrens"[201], wird im Weiteren grundsätzlich von einer analogen Anwendung der in IAS 8.10-12 normierten Methodik ausgegangen. Gleichwohl sind bei der Auslegung hinsichtlich der Verfahrensweise und auch der dabei zu beachtenden Erkenntnisquellen Ergänzungen vorzunehmen. Diese werden in Abschnitt 253.4 behandelt.

253.2 Anforderungen an die Auslegung und Lückenschließung

Bei der Auslegung und Lückenschließung innerhalb der IFRS werden die hierbei bestehenden Ermessensspielräume des Abschlusserstellers durch die Formulierung in diesem Kontext zu beachtender Anforderungen eingeschränkt.[202] So hat das Management bei der Entwicklung bzw. Konkretisierung der Bilanzierungs- und Bewertungsmethoden gem. IAS 8.10 nach derzeitigem Stand die Vermittlung von aus Sicht der Adressaten relevanten und verlässlichen Informationen zu gewährleisten. Der statische Bezug[203] auf diese beiden noch im *Framework* (1989) normierten Primärgrundsätze der IFRS zielt in letzter Konsequenz darauf ab, die Entscheidungsnützlichkeit des Abschlusses trotz eventuell unvollständiger oder unscharfer Rechnungslegungsvorschriften sicherzustellen.[204] Es ist jedoch

---

194 Da die IFRIC verbindlicher Bestandteil der IFRS sind, ist bei Auslegungsfragen zunächst auf die dort entwickelten Lösungen zurückzugreifen. Diese decken jedoch vor allem aufgrund der äußerst restriktiven Voraussetzungen bei der Entscheidung für die Aufnahme eines Auslegungsproblems auf die Agenda nur einen kleinen Teil aller Auslegungsfälle ab. Vgl. WÜSTEMANN, J./BISCHOF, J./KIERZEK, S., in: Wysocki u. a., HdJ, Abt. I/3, 20 f.

195 Dies befürwortend bspw. KÖSTER, O., in: Thiele/von Keitz/Brücks, IAS 8, Rn. 123; METZ, C., Unternehmenskauf, S. 40-43; RUHNKE, K./SIMONS, D., Rechnungslegung nach IFRS und HGB, S. 375 f. Im Ergebnis so auch BAETGE, J. U. A., in: Baetge u. a., Rechnungslegung nach IFRS, 2. Aufl., Teil A, Kap. II, Rn. 30. Eine analoge Anwendung ablehnend u. a. WOJCIK, K.-P., IAS/IFRS als europäisches Recht, S. 287; NERLICH, C., Auslegungsmethodik für IFRS, S. 220-223.

196 Vgl. RUHNKE, K./NERLICH, C., Regelungslücken innerhalb der IFRS, S. 389.

197 LARENZ, K., Methodenlehre der Rechtswissenschaft, S. 204.

198 Vgl. ENGISCH, K., Einführung in das juristische Denken, S. 254.

199 LARENZ, K./CANARIS, C.-W., Methodenlehre der Rechtswissenschaft, S. 187.

200 Dennoch hat sich auch die Lückenschließung „noch im Rahmen [...] der Teleologie des Gesetzes selbst" zu bewegen (LARENZ, K., Methodenlehre der Rechtswissenschaft, S. 366).

201 LARENZ, K., Methodenlehre der Rechtswissenschaft, S. 366.

202 Vgl. METZ, C., Unternehmenskauf, S. 42.

203 Vgl. zur Diskussion zum Umgang mit dynamischen sowie statischen Verweisen auf das *Conceptual Framework* im Kontext der *endorsed* IFRS ausführlich MERKT, H., Framework aus regelungsmethodischer Sicht, S. 491-497.

204 Vgl. WAWRZINEK, W., in: Beck IFRS HB, 4. Aufl., § 2, Rn. 115.

absehbar, dass die diesbezüglichen Textstellen des IAS 8 mit der avisierten Veröffentlichung des finalen *Conceptual Framework* im Jahr 2016 angepasst werden.[205] Im Zuge dessen wird die Vermittlung entscheidungsnützlicher Informationen aller Voraussicht nach nun auch explizit als das zentrale Kriterium bei der Auslegung und Lückenschließung festgeschrieben.[206] Analog zum *Conceptual Framework* sollen zusätzlich die diese Zielsetzung konkretisierenden fundamentalen qualitativen Anforderungen aufgeführt werden.[207] Im Vordergrund steht hierbei der Austausch des Begriffes der Verlässlichkeit durch den Begriff der glaubwürdigen Darstellung, aber auch die im aktuellen *Exposure Draft* vorgesehene Wiederaufnahme des Vorsichtsgrundsatzes als Teil des Unterkriteriums der Neutralität.[208] Im Rahmen der vorliegenden Arbeit werden der Auslegung und Lückenschließung der Bilanzierungsvorschriften zu sukzessiven Anteilserwerben daher die Zielsetzung sowie die qualitativen Anforderungen der IFRS auf Basis des ED/2015/3 zugrunde gelegt.

253.3 Grundlegende Methodik der Auslegung und Lückenschließung

Die durch unscharfe oder fehlende Rechnungslegungsvorschriften entstehenden Bilanzierungsspielräume sollen nach Maßgabe des Standardsetzers vorzugsweise im Wege der **Analogie** geschlossen werden.[209] Auch wenn in IAS 8.10-12 der Begriff der Analogie nicht explizit erwähnt wird, kann dies aus dem dort festgeschriebenen normativen Bezugsrahmen, aus dem die Bilanzierungsmethode zu entwickeln ist, abgeleitet werden.[210] So ist nach **IAS 8.11 a)** bei der Bilanzierungsentscheidung zunächst auf Vorschriften innerhalb der IFRS zurückzugreifen, die ähnliche oder verwandte Fragen behandeln. Hiermit wird sowohl die Einzel- als auch die Gesamtanalogie angesprochen,[211] wobei ersterer der Vorzug einzuräumen ist.[212] Bei der **Einzelanalogie** wird die für einen konkreten Sachverhalt geltende Abbildungsvorschrift auf einen anderen, diesem ähnlichen, indes ungeregelten Sachverhalt übertragen.[213] Dementgegen wird im Rahmen der **Gesamtanalogie** aus mehreren Regelungen, die an unterschiedliche Tatbestände dieselbe Regelungsfolge knüpfen, zunächst ein allgemein geltender Regelungsgrundsatz entnommen, der sodann auf nicht geregelte, ähnliche Sachverhalte übertragen wird.[214] Beide Arten des Analogieschlusses sind Ausfluss des schon im *Preface* der IFRS verankerten Gleichheitsgrundsatzes, wonach „Gleichartiges gleich zu behandeln“[215] ist.[216] Bei der

205 Vgl. IASB (Hrsg.), Staff Paper 10G (October 2014), Rn. 2.
206 Vgl. IASB (Hrsg.), Staff Paper 10G (October 2014), Appendix B.
207 Vgl. IASB (Hrsg.), Staff Paper 10G (October 2014), Rn. 7.
208 Vgl. für einen Überblick zu den vom Mitarbeiterstab des IASB empfohlenen Änderungen IASB (Hrsg.), Staff Paper 10G (October 2014), Appendix B.
209 In Bezug auf die Lückenschließung vgl. IFRS IC (Hrsg.), Staff Paper 5 (January 2011). Im Ergebnis so auch WOJCIK, K.-P., IAS/IFRS als europäisches Recht, S. 286.
210 Vgl. WOJCIK, K.-P., IAS/IFRS als europäisches Recht, S. 286 und 288; ähnlich schon RUHNKE, K./NERLICH, C., Regelungslücken innerhalb der IFRS, S. 393.
211 Vgl. CASSEL, J., Unternehmensbewertung im IFRS-Abschluss, S. 86.
212 Die Regel „vom Besonderen zum Allgemeinen“ lässt sich bspw. aus dem Vorrang des in IAS 8.11 a) formulierten Analogieschlusses gegenüber der in IAS 8.11 b) normierten Ableitung auf Basis der im *Conceptual Framework* enthaltenen allgemeinen Grundsätze ableiten. Vgl. WOJCIK, K.-P., IAS/IFRS als europäisches Recht, S. 289.
213 Vgl. LARENZ, K., Methodenlehre der Rechtswissenschaft, S. 383.
214 Vgl. WANK, R., Auslegung von Gesetzen, S. 87 f.
215 LARENZ, K./CANARIS, C.-W., Methodenlehre der Rechtswissenschaft. S. 202.
216 “The IASB’s objective is to require like transactions and events to be accounted for and reported in a like way [...] both within an entity over time and among entities.” IASB (Hrsg.), Preface to IFRS, Rn. 12.

Prüfung der Analogiefähigkeit einer Vorschrift stellt die Beurteilung der Ähnlichkeit der Sachverhalte den kritischen Punkt dar, wobei die Ähnlichkeit keinesfalls mit der völligen Gleichartigkeit zweier Tatbestände zu verwechseln ist.[217] Vielmehr ist entscheidend, dass sich die Sachverhalte hinsichtlich der „für die in der [...] Regel zum Ausdruck kommende Wertung maßgeblichen Hinsichten"[218] entsprechen.[219] Um dies beurteilen zu können, ist zunächst der Zweck bzw. der Grundgedanke der potenziell analogiefähigen Vorschrift selbst zu erforschen.[220] Allein hierdurch kann ausgeschlossen werden, dass der Standardsetzer die an den konkret geregelten Sachverhalt geknüpfte Abbildungsvariante nicht aus guten Gründen auf eben diesen Sachverhalt begrenzen wollte.[221] Wäre dies der Fall, dürfte der Abschlussersteller diese Bilanzierungsvariante eben gerade nicht anwenden (sog. Umkehrschluss).[222] Dem Analogieschluss muss insofern immer eine sorgfältige Auslegung der hierfür in Frage kommenden Vorschrift vorausgehen.[223]

Kann im Normensystem der IFRS keine (eindeutig) analogiefähige Regelung identifiziert werden, sind gem. **IAS 8.11 b)** die **im Rahmenkonzept enthaltenen Definitionen, Erfassungskriterien und Bewertungskonzepte** für Vermögenswerte, Schulden, Erträge und Aufwendungen bei der Entwicklung möglichst entscheidungsnützlicher Bilanzierungsmethoden zu berücksichtigen.[224] Durch den expliziten Verweis auf bestimmte Aspekte des *Conceptual Framework* ist keinesfalls eine nur selektive Bezugnahme auf dessen Inhalte beabsichtigt. Stattdessen sind sämtliche im *Conceptual Framework* enthaltenen Grundsätze und Prinzipien bei der Auslegung und Lückenschließung ins Kalkül einzubeziehen.[225]

Darüber hinaus nennt der IASB in **IAS 8.12** weitere Quellen, auf die der Abschlussersteller bei der Entwicklung angemessener, d. h. entscheidungsnützlicher Bilanzierungsmethoden bzw. bei deren Interpretation zurückgreifen kann, sofern diese nicht mit den zuvor genannten Quellen in Konflikt stehen. Hiernach kann das Management zum einen auf **aktuelle**[226] **Verlautbarungen anderer Stan-**

---

217 Vgl. RUHNKE, K./NERLICH, C., Regelungslücken innerhalb der IFRS, S. 391.

218 LARENZ, K., Methodenlehre der Rechtswissenschaft, S. 381.

219 Vgl. RUHNKE, K./NERLICH, C., Regelungslücken innerhalb der IFRS, S. 391. Zum Gleichheitsgrundsatz in der juristischen Methodenlehre ZIPPELIUS, R., Juristische Methodenlehre, S. 55.

220 Vgl. LARENZ, K., Methodenlehre der Rechtswissenschaft, S. 382.

221 Vgl. LARENZ, K./CANARIS, C.-W., Methodenlehre der Rechtswissenschaft, S. 209 f.

222 Der Umkehrschluss basiert auf dem Gegenstück des Gleichheitsgrundsatzes, wonach „Ungleiches nach Maßgabe seiner Verschiedenheit ungleich zu behandeln" ist. CANARIS, C.-W., Feststellung von Lücken im Gesetz, S. 45. Im IFRS-Kontext IASB (Hrsg.), Preface to IFRS, Rn. 12.

223 Hierbei handelt es sich keinesfalls um eine „formal-logische Gedankenoperation" (RUHNKE, K./NERLICH, C., Regelungslücken innerhalb der IFRS, S. 391), sondern um eine Wertungsentscheidung, sodass nicht die Richtigkeit, sondern allein die Vertretbarkeit der Lösung im Vordergrund der Bemühungen stehen kann. Vgl. hierzu auch LÜDENBACH, N./HOFFMANN, W.-D./FREIBERG, J., in: Haufe IFRS-Kommentar, 13. Aufl., § 1, Rn. 79.

224 Zu den Nachteilen einer die Rangfolge des IAS 8.11 a) und b) streng beachtenden Vorgehensweise vgl. RUHNKE, K./NERLICH, C., Regelungslücken innerhalb der IFRS, S. 392.

225 Im Zuge der geplanten Neuherausgabe des *Conceptual Framework* im Jahr 2016 wird der bisherige Passus insofern abgeändert, als die auf den ersten Blick selektive Bezugnahme durch einen generischen Verweis auf die Inhalte des *Conceptual Framework* ersetzt wird. Vgl. IASB (Hrsg.), Staff Paper 10G (October 2014), Rn. 7 (c). Vgl. kritisch zur Heranziehung des *Conceptual Framework* im Rahmen der Auslegung und Lückenschließung KÜTING, K./RANKER, D., Auslegung der endorsed IFRS, S. 2514.

226 Veraltete Versionen von Verlautbarungen oder bereits im Ganzen widerrufene Standards können dementgegen nicht

dardsetzer Bezug nehmen, die bei der Normgebung auf ein ähnliches Rahmenkonzept zurückgreifen. Aufgrund zahlreicher branchenspezifischer Vorschriften wird in der Literatur vor allem eine Sichtung der US-GAAP empfohlen.[227] Ferner können im europäischen Kontext bspw. auch die britischen UK-GAAP oder die deutschen DRS eine Rolle spielen.[228]

Zum anderen darf bei der Auslegung und Lückenschließung der IFRS auch auf **sonstige Rechnungslegungsliteratur** sowie **Branchenpraktiken** zurückgegriffen werden.[229] Unter der Rechnungslegungsliteratur sind bspw. einschlägige IFRS-Kommentare, wissenschaftliche Zeitschriften, Dissertationen sowie die Verlautbarungen des IDW zu subsumieren.[230] Ferner zählen hierzu auch die vom IASB herausgegeben Dokumente, die nicht Bestandteil der verbindlichen IFRS sind, wie bspw. Standardentwürfe, Diskussionspapiere sowie von den Mitarbeitern des IASB erstellte Dokumente (sog. *staff paper*).[231]

Sowohl der Vergleich mit den Verlautbarungen anderer Normgeber als auch die Durchsicht sonstiger Rechnungslegungsliteratur sowie von Branchenpraktiken können letzten Endes lediglich als **Erkenntnisquellen** zur Auslegung und Lückenschließung dienen.[232] Die Gültigkeit der auf dieser Basis entwickelten Lösungen muss im Rahmen der IFRS sorgfältig geprüft werden, um eine „Unterwanderung" des Normensystems durch IFRS-fremde Erwägungen und Methoden zu verhindern.[233] Dabei sollten vor allem hinsichtlich der Übertragung anerkannter Branchenpraktiken hohe Maßstäbe bei der Konsistenzprüfung gesetzt werden, da diese primär unter dem Einfluss der Abschlussersteller entstehen und die Gefahr rein abschlusspolitischer Gestaltungen somit besonders hoch ist.[234]

253.4 Bei der Auslegung zu beachtende Besonderheiten

Während es bei der Lückenschließung an der für die Bilanzierung eines Sachverhalts einschlägigen Rechnungslegungsvorschrift mangelt, setzt die Methode der Auslegung gerade eine solche, sodann auszulegende Vorschrift voraus.[235] Vor diesem Hintergrund kann die in IAS 8.10-12 normierte, primär auf Regelungslücken ausgerichtete Verfahrensweise nicht unreflektiert auf den Anwendungsfall der Auslegung übertragen werden. Stattdessen sind die in IAS 8 aufgeführten Quellen zur Ableitung

als geeignete Lösung für die Auslegung und Lückenschließung herangezogen werden. Vgl. IAS 8.BC18.

227 Vgl. RUHNKE, K./NERLICH, C., Regelungslücken innerhalb der IFRS, S. 393.

228 Vgl. zur Berücksichtigung der Verlautbarungen anderer Standardsetzer bspw. BLAUM, U./HOLZWARTH, J., in: Baetge u. a., Rechnungslegung nach IFRS, 2. Aufl., IAS 8, Rn. 62.

229 Vgl. IAS 8.12. Eine hierarchische Unterordnung dieser beiden Quellen im Verhältnis zur Übertragung der Verlautbarungen anderer Normgeber lässt sich aus IAS 8.12 nicht ableiten. Vgl. BLAUM, U./HOLZWARTH, J., in: Baetge u. a., Rechnungslegung nach IFRS, 2. Aufl., IAS 8, Rn. 64.

230 Die Verlautbarungen des IDW können ebenso unter den anerkannten Branchenpraktiken subsumiert werden.

231 Vgl. ausführlich zu den unter den Begriff der Rechnungslegungsliteratur fallenden Quellen RUHNKE, K./SIMONS, D., Rechnungslegung nach IFRS und HGB, S. 379-382.

232 Vgl. NERLICH, C., Auslegungsmethodik für IFRS, S. 226.

233 Vgl. RUHNKE, K./NERLICH, C., Regelungslücken innerhalb der IFRS, S. 393. Im Kontext der *endorsed* IFRS auch NERLICH, C., Auslegungsmethodik für IFRS, S. 226. Zur Gefahr der unreflektierten Übernahmen IFRS-fremder Verlautbarungen LÜDENBACH, N./HOFFMANN, W.-D./FREIBERG, J., in: Haufe IFRS-Kommentar, 13. Aufl., § 1, Rn. 79.

234 Vgl. RUHNKE, K./NERLICH, C., Regelungslücken innerhalb der IFRS, S. 393.

235 Vgl. NERLICH, C., Auslegungsmethodik für IFRS, S. 31.

einer entscheidungsnützlichen Bilanzierung seitens der Abschlussersteller in den aus der juristischen Methodenlehre bekannten hermeneutischen Auslegungsprozess zu integrieren.

Ziel einer hermeneutisch verstandenen Auslegung ist es, den in der jeweiligen Vorschrift zum Ausdruck kommenden Sinn einer Regelung durch eine ganzheitliche Betrachtung anerkannter Auslegungskriterien zu erschließen, um auf dieser Basis eine diesem Sinn entsprechende Bilanzierungsmethode ableiten zu können.[236] Ausgangspunkt der Auslegung ist dabei die Norm selbst, sodass zunächst deren Wortlaut nach Anhaltspunkten für den Sinn und Zweck und damit die Auslegung der Vorschrift zu untersuchen ist (sog. **semantische Auslegung**).[237] Darüber hinaus bietet auch die Entstehungs- und Entwicklungsgeschichte der auszulegenden Regelung Aufschluss über den dieser Regelung innewohnenden Zweck (sog. **historische Auslegung**).[238] Hierfür sollte auf die den IFRS zumeist beigefügten erläuternden Materialien, wie zum Beispiel die unverbindlichen Umsetzungsleitlinien (*implementation guidance*), die veranschaulichenden Beispiele (*illustrative examples*), die Begründungserwägungen (*basis for conclusions*), abweichende Meinungen einzelner Mitglieder des Boards (*dissenting opinions*) sowie auch die von den Mitarbeitern des Standardsetzers für die Sitzungen des IASB bzw. des IFRS IC vorbereiteten Arbeitspapiere (*staff paper*) zurückgegriffen werden.[239] Der sich auf dieser Basis ergebende Beurteilungsspielraum kann schließlich durch den Regelungskontext, in den die jeweilige Vorschrift eingebettet ist, weiter reduziert werden (sog. **systematische Auslegung**).[240] Hierdurch wird der aus dem Gleichheitsgrundsatz resultierenden Forderung nach einem in sich konsistenten Normgefüge Rechnung getragen.[241] Die systematische Auslegung spricht insofern vor allem die in IAS 8.11 explizit geregelten und zuvor erläuterten Verfahren des Analogieschlusses sowie des Rückgriffs auf im *Conceptual Framework* enthaltene Rechnungslegungsgrundsätze an.[242] Überdies sind bei der Auslegung im Sinne der juristischen Methodenlehre grundsätzlich auch **objektiv-teleologische Gesichtspunkte** zu beachten.[243] Dabei wird unter Berücksichtigung der Eigenart des zu bilanzierenden Sachverhaltes sowie betriebswirtschaftlicher Überlegungen versucht, den Sinn

---

236 Zum Auslegungsziel im IFRS-Kontext sowie zur juristischen Hermeneutik allgemein bzw. bezogen auf die Auslegung von IFRS vgl. bspw. NERLICH, C., Auslegungsmethodik für IFRS, S. 271-276 und 32-39 bzw. 270 m. w. N.

237 Vgl. NERLICH, C., Auslegungsmethodik für IFRS, S. 39 f., sowie RUHNKE, K./SIMONS, D., Rechnungslegung nach IFRS und HGB, S. 385. Zu den aus der Mehrsprachigkeit der IFRS erwachsenden Schwierigkeiten im Kontext der *endorsed* IFRS vgl. WOJCIK, K.-P., IAS/IFRS als europäisches Recht, S. 268-271.

238 Vgl. RÜTHERS, B./FISCHER, C./BIRK, A., Rechtstheorie, Rn. 778-795. Für eine Abgrenzung der Entstehungs- von der Entwicklungsgeschichte vgl. WANK, R., Auslegung von Gesetzen, S. 66 f.

239 Vgl. im Kontext der *endorsed* IFRS CASSEL, J., Unternehmensbewertung im IFRS-Abschluss, S. 80, sowie ähnlich BLAUM, U./HOLZWARTH, J., in: Baetge u. a., Rechnungslegung nach IFRS, 2. Aufl., IAS 8, Rn. 68. Selbst die Europäische Kommission betont die hohe Bedeutung dieser Quellen, auch wenn sie nicht Teil der *endorsed* IFRS sind. Vgl. KOMMISSION DER EUROPÄISCHEN GEMEINSCHAFT (Hrsg.), IAS-VO-Kommentare, S. 5 f.

240 Vgl. ZIPPELIUS, R., Juristische Methodenlehre, S. 43.

241 Vgl. ZIPPELIUS, R., Juristische Methodenlehre, S. 44.

242 Vgl. so auch CASSEL, J., Unternehmensbewertung im IFRS-Abschluss, S. 93 f. Bei einer rechtlich geprägten Diskussion wären hierbei theoretisch jedoch bspw. auch die hierarchisch übergeordneten Bestimmungen der IAS-Verordnung in den Blick zu nehmen. Das Auslegungsergebnis muss mit diesen zumindest konform sein. Dieser Aspekt der Auslegung wird in vielen Fachbeiträgen indes als eigenständiges, d. h. neben die systematische Auslegung tretendes Auslegungskriterium verstanden. Vgl. bspw. NERLICH, C., Auslegungsmethodik für IFRS, S. 146 f. Der darin zum Ausdruck kommende Grundsatz entspricht übertragen auf das nationale Recht der von LARENZ/CANARIS geforderten Verfassungskonformität eines jeden Auslegungsergebnisses.

243 Ausführlich zur teleologischen Auslegung im IFRS-Kontext vgl. NERLICH, C., Auslegungsmethodik für IFRS, S. 294-299.

und Zweck der auszulegenden Vorschrift aus dem „objektiven Zwecke des Rechts“[244] bzw. hier vor allem dem explizit normierten Zweck der IFRS abzuleiten.[245] Die teleologische Auslegung ist insofern implizit bereits in der in IAS 8.10 formulierten allgemeinen Anforderung angelegt, wonach bei der Herleitung einer Bilanzierungsmethode stets das übergeordnete Ziel der IFRS-Rechnungslegung, also die Vermittlung entscheidungsnützlicher Informationen zu berücksichtigen ist.[246] Die Gewichtung der verschiedenen Auslegungsmethoden innerhalb des sog. „hermeneutischen Zirkels“[247] ist schließlich vom konkreten Einzelfall abhängig.[248] Sollte ein Auslegungsspielraum verbleiben, kann in letzter Instanz auf die in IAS 8.12 genannten, außerhalb der IFRS stehenden Quellen zurückgegriffen werden.[249]

254. Zwischenfazit

Bezugsobjekt der im fünften Kapitel dieser Arbeit durchgeführten kritischen Analyse der Bilanzierung sukzessiver Anteilserwerbe stellt der aktuelle vom IASB veröffentlichte Regelungskanon dar. Konsistent zu dieser vom *Endorsement*-Prozess losgelösten Betrachtung werden Besonderheiten, die sich aus der gemeinschaftsrechtlichen Grundlage der IFRS innerhalb der EU ergeben, bei der Auslegung und Lückenschließung unscharfer bzw. unvollständiger Vorschriften vernachlässigt. Stattdessen wird soweit wie möglich auf die dazu bereits innerhalb des IFRS-Normensystems zu findenden Hinweise zurückgegriffen. Im Zentrum der hier gewählten Methodik stehen dementsprechend zum einen die durch IAS 8.10 normierte und in den Abschnitten 22 bis 23 konkretisierte Anforderung der Vermittlung entscheidungsnützlicher Informationen sowie zum anderen die in IAS. 8.11-12 vorgegebene Hierarchie der bei der Lückenschließung zu berücksichtigenden Quellen. Hiernach ist prioritär auf ähnliche Regelungen der IFRS abzustellen und erst bei fehlenden (eindeutig) analogiefähigen Vorschriften auf die im Rahmenkonzept enthaltenen Definitionen, Erfassungskriterien und Bewertungskonzepte zurückzugreifen. Darüber hinaus kann das bilanzierende Unternehmen der Ableitung einer entscheidungsnützlichen Bilanzierung aktuelle Verlautbarungen vergleichbarer Normensysteme, Vorschläge aus der Rechnungslegungsliteratur sowie anerkannte Branchenpraktiken zugrunde legen, solange diese nicht im Konflikt mit den zuvor genannten Anforderungen stehen. Die zunächst für die Lückenschließung konzipierten Vorgaben des IAS 8 werden im Rahmen der vorliegenden Arbeit grundsätzlich auch auf den Umgang mit auslegungsbedürftigen Vorschriften übertragen, wobei bei der Auslegung die aus der juristischen Methodenlehre bekannten Verfahren der semantischen und historischen Auslegung hinzugezogen werden.

---

244 LARENZ, K./CANARIS, C.-W., Methodenlehre der Rechtswissenschaft, S. 153.

245 Die objektiv-teleologische Auslegung sucht damit den objektivierten „Sinn des Gesetzes, nicht den Willen des Gesetzgebers“ (ZITTELMANN, E., BGB im deutschen Reich, S. 16), der sich der Bedeutung der von ihm konzipierten Vorschrift ohnehin nicht immer bis ins Detail bewusst gewesen sein muss. Vgl. hierzu LARENZ, K./CANARIS, C.-W., Methodenlehre der Rechtswissenschaft, S. 154.

246 Vgl. zu dieser Anforderung Abschnitt 253.2. Ausführlich zur teleologischen Auslegung im IFRS-Kontext vgl. NERLICH, C., Auslegungsmethodik für IFRS, S. 294-299. In Teilen der juristischen Literatur wird die (objektiv-)teleologische Auslegung nicht als ein weiterer Teilaspekt der Auslegung angesehen, sondern als ein der semantischen, historischen und systematischen Auslegung übergeordneter Begriff. Vgl. RÜTHERS, B./FISCHER, C./BIRK, A., Rechtstheorie, Rn. 725-730, sowie CASSEL, J., Unternehmensbewertung im IFRS-Abschluss, S. 42 f.

247 Vgl. zu diesem Begriff bspw. LARENZ, K./CANARIS, C.-W., Methodenlehre der Rechtswissenschaft, S. 288.

248 Vgl. LARENZ, K./CANARIS, C.-W., Methodenlehre der Rechtswissenschaft, S. 166.

249 Vgl. CASSEL, J., Unternehmensbewertung im IFRS-Abschluss, S. 92 und 94.

3 Charakterisierung der unterschiedlichen Formen anteilsbasierter Unternehmensbeziehungen im IFRS-Konzernabschluss

31 Systematisierung anteilsbasierter Unternehmensverbindungen

Die Beurteilung und Auslegung der bestehenden Vorschriften zur Bilanzierung sukzessiver Anteilserwerbe mit Statuswechsel bzw. die Lückenschließung bei diesbezüglich unvollständigen Regelungen setzt eine differenzierte Analyse der verschiedenen Formen anteilsbasierter Unternehmensbeziehungen voraus. Von Unternehmensverbindungen wird gemeinhin dann gesprochen, wenn ein Unternehmen auf ein anderes Unternehmen Einfluss ausübt bzw. ausüben kann.[250] Das wohl weitverbreitetste Instrument zur Sicherung von Einflussnahmemöglichkeiten auf ein Unternehmen stellt die Kapitalüberlassung in Form einer Beteiligung dar.[251] Darüber hinaus kann eine Unternehmensverbindung bspw. jedoch auch durch vertragliche Vereinbarungen sowie personelle Verflechtungen begründet werden.[252] Angesichts des der vorliegenden Arbeit zugrunde liegenden Betrachtungsobjekts sukzessiver Anteilserwerbe wird im Folgenden gleichwohl stets von einer anteilsbasierten Unternehmensverbindung, also einer gesellschaftsrechtlichen **Unternehmensbeteiligung**[253] ausgegangen.

Die spezifische Aufgabe der Konzernrechnungslegung besteht darin, die rechtliche Selbständigkeit der verbundenen Unternehmen bei der Bilanzierung abhängig vom Grad der Einflussmöglichkeiten des an der Konzernspitze stehenden Mutterunternehmens zu relativieren.[254] Für die Systematisierung von Unternehmensbeteiligungen ist vor diesem Hintergrund in erster Linie der **Grad der möglichen Einflussnahme** entscheidend.[255] Die alleinige Beherrschung eines Unternehmens stellt das eine Extrem dar, das Fehlen jeglicher Einflussmöglichkeiten das andere.[256] In der Realität verläuft der Übergang zwischen diesen beiden Extremen jedoch fließend.[257] Um der Vielzahl denkbarer Unternehmensverbindungen dennoch zumindest teilweise Rechnung zu tragen, wird für Zwecke der Konzernrechnungslegung „ein **stufenweiser Übergang** vom Kern der Unternehmensgruppe zur Umwelt"[258] fingiert.[259] An die Stufenzugehörigkeit einer Unternehmensbeteiligung wird dann die bilanzielle Abbildung im Konzernabschluss geknüpft.[260]

---

250 Vgl. BRUNE, J. W., in: Beck IFRS HB, 4. Aufl., § 30, Rn. 1.

251 Vgl. ORDELHEIDE, D., Konzern als Gegenstand betriebswirtschaftlicher Forschung, S. 294.

252 Allgemein zum Begriff der Unternehmensverbindung schon ORDELHEIDE, D., Konzern als Gegenstand betriebswirtschaftlicher Forschung, S. 293-295.

253 Zum Begriff der Beteiligung vgl. bspw. KUSTNER, C., Beteiligungsbewertung im Konzernabschluss, S. 37-40.

254 Vgl. BRUNE, J. W., in: Beck IFRS HB, 4. Aufl., § 30, Rn. 3, sowie Abschnitt 222.

255 Vgl. BRUNE, J. W., in: Beck IFRS HB, 4. Aufl., § 30, Rn. 3.

256 Ähnlich ORDELHEIDE, D., Konzern als Gegenstand betriebswirtschaftlicher Forschung, S. 298, sowie BUSSE VON COLBE, W. U. A., Konzernabschlüsse, S. 59.

257 Vgl. KÜTING, K./SEEL, C./STRAUß, M., Änderung der Beteiligungshöhe, S. 175. Im Kontext des BiRiLiG so schon ORDELHEIDE, D., Konzern als Gegenstand betriebswirtschaftlicher Forschung, S. 298.

258 BUSSE VON COLBE, W./CHMIELEWICZ, K., Das neue Bilanzrichtlinien-Gesetz, S. 326.

259 Vgl. ähnlich BERTSCH, A., Rechnungslegung von Konzernunternehmen, S. 158 f.

260 Vgl. im Kontext des Handelsrechts so auch HERRMANN, D., Änderung von Beteiligungsverhältnissen, S. 3. Durch die Einführung von IFRS 11 und die damit verbundene Abgrenzung gemeinschaftlicher Tätigkeiten von Gemeinschaftsunternehmen richtet sich die Bilanzierung einer Unternehmensbeziehung indes nicht mehr ausschließlich nach der Intensität der Einflussnahme. Vgl. BÖCKEM, H./RÖHRICHT, V., Joint Operation oder Joint Venture, S. 1032.

Auf oberster Stufe stehen zunächst die **Tochterunternehmen**, also alle Unternehmen, auf die das den Konzernabschluss aufstellende Mutterunternehmen einen beherrschenden Einfluss ausüben kann.[261] Diese bilden zusammen mit dem Mutterunternehmen selbst den „Nukleus des Konzerns“[262] und sind grundsätzlich im Wege der **Vollkonsolidierung** nach IFRS 10 i. V. m. IFRS 3 in den Konzernabschluss einzubeziehen.[263] Im Ergebnis werden hierbei die Vermögenswerte und Schulden sowie Erträge und Aufwendungen sämtlicher Konzernunternehmen nach ggf. vorgenommenen Anpassungen an die konzerneinheitlichen Bilanzierungsgrundsätze[264] im Konzernabschluss ausgewiesen.[265] Dem Grundgedanken der wirtschaftlichen Einheit folgend werden dabei die Auswirkungen innerkonzernlicher Beziehungen durch entsprechende Konsolidierungsmaßnahmen vollständig eliminiert.[266]

Auf der zweiten Stufe folgen sodann Unternehmen, die das Mutterunternehmen zusammen mit einem oder mehreren Partnern gemeinschaftlich beherrscht bzw. beherrschen kann.[267] Hierunter sind nach IFRS 11.6 sowohl **Gemeinschaftsunternehmen** als auch als **gemeinschaftliche Tätigkeit** zu klassifizierende Unternehmensbeteiligungen zu fassen.[268] Erstere sind gem. IFRS 11.24 nunmehr ausschließlich[269] mittels der in IAS 28 normierten Equity-Methode im Konzernabschluss zu bilanzieren.[270] Bei der **Equity-Methode** werden im Gegensatz zur Vollkonsolidierung weder Vermögenswerte und Schulden noch Aufwendungen und Erträge des Beteiligungsunternehmens unmittelbar in den Konzernabschluss übernommen.[271] Stattdessen werden zunächst die historischen Anschaffungs-

---

261 Vgl. BRUNE, J. W., in: Beck IFRS HB, 4. Aufl., § 30, Rn. 68-70. Zum Beherrschungsbegriff vgl. Abschnitt 32.

262 SCHILDBACH, T., Der Konzernabschluß, S. 102. IFRS 10.A spricht hierbei auch von der sog. Konzerngruppe.

263 Auf die Einbeziehung eines Tochterunternehmens in den Vollkonsolidierungskreis kann nur unter Rückgriff auf das im *Conceptual Framework* enthaltene Kriterium der Wesentlichkeit von Informationen (vgl. KNORR, L./BUCHHEIM, R./SCHMIDT, M., Konsolidierungskreis, S. 2402) sowie die Nebenbedingung der Kosten-Nutzen-Abwägung verzichtet werden. Explizite Einbeziehungswahlrechte existieren im Gegensatz zum HGB nicht. Allein sog. Investmentgesellschaften sind von der Pflicht zur Vollkonsolidierung freigestellt. Diese haben die beherrschten Unternehmen stattdessen nach IAS 39 bzw. künftig nach IFRS 9 zum Fair Value zu bilanzieren. Vgl. ausführlich zur Einbeziehungspflicht BAETGE, J./HAYN, S./STRÖHER, T., in: Baetge u. a., Rechnungslegung nach IFRS, 2. Aufl., IFRS 10, Rn. 200-230.

264 Vgl. IFRS 10.B87 sowie BAETGE, J./HAYN, S./STRÖHER, T., in: Baetge u. a., Rechnungslegung nach IFRS, 2. Aufl., IFRS 3, Rn. 151.

265 Vgl. BAETGE, J./HAYN, S./STRÖHER, T., in: Baetge u. a., Rechnungslegung nach IFRS, 2. Aufl., IFRS 10, Rn. 52.

266 Vgl. KÜTING, K./WEBER, C.-P., Der Konzernabschluss, S. 279; BAETGE, J./HAYN, S./STRÖHER, T., in: Baetge u. a., Rechnungslegung nach IFRS, 2. Aufl., IFRS 10, Rn. 19; SENGER, T./DIERSCH, U., in: Beck IFRS HB, 4. Aufl., § 35, Rn. 2. Während die Kapitalkonsolidierung sowie die Bilanzierung von aus dieser resultierenden Unterschiedsbeträgen vor allem in IFRS 3 geregelt werden, finden sich in IFRS 10.B86 und IFRS 10.B88 genauere Hinweise auf die ebenfalls durchzuführende Schulden-, Zwischenergebnis- sowie Aufwands- und Ertragskonsolidierung.

267 So auch KÜTING, K./SEEL, C./STRAUß, M., Änderung der Beteiligungshöhe, S.175.

268 Vgl. zu den Charakteristika derartiger Unternehmensverbindungen Abschnitt 33.

269 Zu den Ausnahmefällen, in denen auf die Anwendung der Equity-Methode verzichtet werden kann, vgl. BAETGE, J./KLAHOLZ, T./GRAUPE, F., in: Baetge u. a., Rechnungslegung nach IFRS, 2. Aufl., IAS 28, Rn. 39-49.

270 Vor der Herausgabe von IFRS 11 bestand ein Wahlrecht, Gemeinschaftsunternehmen entweder nach der Quotenkonsolidierung oder aber nach der Equity-Methode zu bilanzieren. Vgl. BAETGE, J./KIRSCH, H.-J./THIELE, S., Konzernbilanzen, S. 347.

271 Vgl. HAYN, B., in: Beck IFRS HB, 4. Aufl., § 36, Rn. 1.

kosten der Beteiligung bilanziert, hinter denen sich „gedanklich“ die anteilig erworbenen neubewerteten Vermögenswerte und Schulden des Beteiligungsunternehmens verbergen.[272] Der Beteiligungsbuchwert wird dann in den Folgeperioden um die auf den Anteilseigner anteilig entfallenden Eigenkapitalveränderungen des Beteiligungsunternehmens sowie um die Abschreibungen bzw. Auflösung der zum Erwerbszeitpunkt im Beteiligungsbuchwert enthaltenen stillen Reserven und Lasten fortgeschrieben und kann die historischen Anschaffungskosten somit übersteigen.[273] Dementgegen werden als gemeinschaftliche Tätigkeit charakterisierte Unternehmensbeteiligungen entsprechend einer der **Quotenkonsolidierung ähnlichen Methodik** in den Konzernabschluss einbezogen.[274]

Auf der dritten Stufe stehen schließlich mit den **assoziierten Unternehmen** diejenigen Unternehmen, auf die das Mutterunternehmen lediglich einen maßgeblichen Einfluss nehmen kann.[275] Diese werden ebenso wie die Gemeinschaftsunternehmen auf der Grundlage der **Equity-Methode** gem. IAS 28 bilanziert.[276]

Sämtliche anteilsbasierten Unternehmensverbindungen, mit denen keine der vorherstehend genannten Einflussmöglichkeiten einhergeht, also nicht wenigstens ein maßgeblicher Einfluss, sind als **einfache Beteiligungen** der letzten Stufe zuzuordnen.[277] Derartige Unternehmensbeteiligungen sind gem. IFRS 9[278] zum **Fair Value** zu bilanzieren.[279] Dem investierten Unternehmen wird dabei unter der Voraussetzung einer fehlenden Handelsabsicht ein Wahlrecht eingeräumt, Änderungen des Fair Value in Folgeperioden nicht in der Gewinn- und Verlustrechnung, sondern im OCI und somit GuV-neutral zu erfassen.[280]

---

272 Vgl. BAETGE, J./KLAHOLZ, T./GRAUPE, F., in: Baetge u. a., Rechnungslegung nach IFRS, 2. Aufl., IAS 28, Rn. 2.

273 Vgl. KÜTING, K./WEBER, C.-P., Der Konzernabschluss, S. 578-580 sowie Abschnitt 531.

274 Vgl. BAETGE, J./KIRSCH, H.-J./THIELE, S., Konzernbilanzen, S. 347 f., sowie ausführlich Abschnitt 521.

275 Vgl. KÜTING, K./SEEL, C./STRAUß, M., Änderung der Beteiligungshöhe, S. 175, sowie Abschnitt 34.

276 Gemäß IFRS 11.23 können Beteiligungsunternehmen, auf die die Konzernobergesellschaft einen maßgeblichen Einfluss ausüben kann, theoretisch auch quotal in den Konzernabschluss einzubeziehen sein. Voraussetzung hierfür ist, dass das Beteiligungsunternehmen von dritten Parteien gemeinschaftlich geführt wird und die Konzernobergesellschaft trotz des nur maßgeblichen Einflusses (bei wirtschaftlicher Betrachtung) unmittelbare Rechte an den Vermögenswerten und Verpflichtungen aus den Schulden der gemeinschaftlichen Aktivität hat. Gleiches gilt auch für Beteiligungsunternehmen, auf die die Konzernobergesellschaft keinerlei nennenswerte Einflussmöglichkeiten hat, und die ansonsten nach IFRS 9 zu bilanzieren wären. Beide Spezialfälle werden im Rahmen der vorliegenden Arbeit jedoch nicht weiter betrachtet.

277 Vgl. KÜTING, K./SEEL, C./STRAUß, M., Änderung der Beteiligungshöhe, S. 175, sowie Abschnitt 35.

278 IFRS 9 wird den derzeit noch geltenden IAS 39 voraussichtlich im Jahr 2018 (in Europa vorbehaltlich eines *Endorsement* seitens der EU-Kommission) vollständig ablösen. Vgl. IFRS 9.7.1.1. Nähere Informationen zum erwarteten Zeitpunkt des europäischen *Endorsement* finden sich im Internet unter http://www.efrag.org/Front/c1-306/Endorsement-Status-Report_EN.aspx. Im Gegensatz zu IFRS 9 sieht IAS 39 noch die sog. Verlässlichkeitsausnahme vor. Demnach ist eine Unternehmensbeteiligung nicht zum Fair Value, sondern zu Anschaffungskosten zu bilanzieren, sofern der Fair Value nicht verlässlich ermittelt werden kann. Vgl. IAS 39.46 (c) sowie ERNST & YOUNG (Hrsg.), International GAAP 2015, S. 3394 f. und 3445 f. Auch wenn eine Anwendung des IFRS 9 derzeit noch nicht verpflichtend ist, wird im Rahmen der vorliegenden Arbeit auf die dort enthaltenen Vorschriften zur Bilanzierung von Unternehmensbeteiligungen abgestellt.

279 Vgl. HARTENBERGER, H., in: Beck IFRS HB, 4. Aufl., § 3, Rn. 389 i. V. m. 427.

280 Vgl. IFRS 9.5.7.5.

Letztendlich wird im Konzernabschluss auf diese Weise nicht allein die wirtschaftliche Abhängigkeit zwischen dem Mutter- sowie aller Tochterunternehmen entsprechend der Einheitsfiktion abgebildet.[281] Vielmehr wird auch die darüber hinaus gehende Einflusssphäre des Konzerns bilanziell berücksichtigt.[282] Die Art und Weise der Einbeziehung in den Konzernabschluss variiert dabei insbesondere abhängig von der Intensität der Einflussnahmemöglichkeiten. Im Fall einer gemeinschaftlichen Beherrschung ist darüber hinaus die Unterscheidung von Gemeinschaftsunternehmen und gemeinschaftlichen Tätigkeiten zu beachten.

Abbildung 3-1 stellt die der IFRS-Konzernrechnungslegung zugrunde liegende Systematisierung von Unternehmensbeteiligungen sowie deren bilanzielle Einbeziehung zusammenfassend grafisch dar.

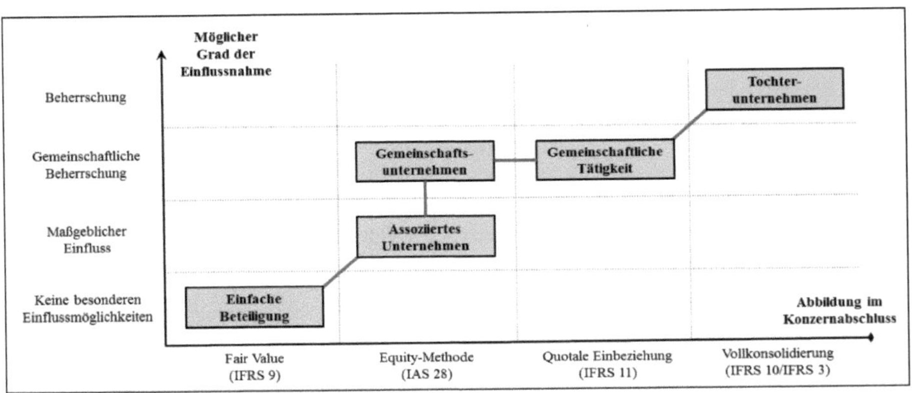

Abbildung 3-1: Systematisierung und Bilanzierung von Unternehmensbeteiligungen im IFRS-Konzernabschluss

In den folgenden Abschnitten werden nun die soeben differenzierten Formen von Unternehmensbeteiligungen näher charakterisiert. Dies ist vor allem für die im fünften Kapitel verschiedentlich diskutierte Frage entscheidend, ob bzw. in welchen Fallkonstellationen ein Übergang von einer Stufe zur nächsten mit einer solchen Wesensänderung der Unternehmensbeziehung einhergeht, die eine Neubewertung der bereits vor dem neuerlichen Erwerb gehaltenen Anteile rechtfertigen könnte.[283]

---

281 Die Bedeutung der Einheitsfiktion im strengen Sinne wird insbesondere durch die Anwendung der Equity-Methode relativiert. Vgl. hierzu mit Bezug auf das Handelsrecht EBELING, R. M., Einheitsfiktion, S. 357 f.; SCHINDLER, J., Konsolidierung von Gemeinschaftsunternehmen, S. 164; KÜTING, K., Konzernrechnungslegung, S. 1084 f.; HAASE, K. D., Zwischenerfolgseliminierung bei Equity-Bilanzierung, S. 1703.

282 Im handelsrechtlichen Kontext so schon EISELE, W./RENTSCHLER, R., Gemeinschaftsunternehmen im Konzernabschluß, S. 311.

283 Vgl. die Abschnitte 513.322.32, 523.2 sowie 532.213.

32 Tochterunternehmen nach IFRS 10

Den stärksten Einfluss kann die Konzernobergesellschaft in Form der **alleinigen Beherrschung** auf die nach Maßgabe der Vollkonsolidierung in den Konzernabschluss einzubeziehenden Tochterunternehmen ausüben. IFRS 10.7[284] knüpft den Beherrschungsbegriff an **drei kumulativ zu erfüllende Kriterien**:[285]

Das übergeordnete Unternehmen

- hat aufgrund bestehender Rechte die Leitungs- und Entscheidungsmacht, die relevanten Aktivitäten des untergeordneten Unternehmens zu bestimmen („*power*"-Kriterium),
- ist durch die Unternehmensverbindung variablen Rückflüssen ausgesetzt („*variable return*"-Kriterium) und
- kann seine Leitungs- bzw. Entscheidungsmacht über das untergeordnete Unternehmen dazu nutzen, die Höhe dieser variablen Rückflüsse zu beeinflussen (*link between power and variable return*"-Kriterium).[286]

Während das zweite Kriterium (**„*variable return*"**)[287] angesichts des dieser Arbeit zugrunde liegenden Fokus auf gesellschaftsrechtliche Unternehmensbeteiligungen stets erfüllt ist, spielt das dritte Kriterium (**„*link between power and variable return*"**)[288] vor allem im Zusammenhang mit als Fonds

284 IFRS 10 hat im Jahr 2011 die zuvor in IAS 27 (rev. 2003) enthaltenen Regelungen zur Konzernrechnungslegung ersetzt. Vgl. zu den Hintergründen der Standardentwicklung ERCHINGER, H./MELCHER, W., Neuerungen nach IFRS 10, S. 1229 f., sowie ZÜLCH, H./POPP, M., Reformation der IFRS-Konzernrechnungslegung (Teil I), S. 246-248.

285 Vgl. FREIBERG, J./TEUFEL, C., Abgrenzung des Konsolidierungskreises, S. 9 f.

286 Vgl. zum Vergleich des Beherrschungsbegriffes nach IFRS 10 und dessen Vorgängerstandard IAS 27 (rev. 2003) bspw. POLLMANN, R., Beherrschungskonzepte, S. 239-244. Wie schon nach IAS 27 (rev. 2003) ist die tatsächliche Ausübung der Entscheidungsmacht nicht erforderlich, sodass auch ein passiver Mehrheitsgesellschafter zur Vollkonsolidierung des Beteiligungsunternehmens verpflichtet wird. Vgl. IFRS 10.12 sowie BEYHS, O./BUSCHHÜTER, M./SCHURBOHM, A., Die neuen IFRS zum Konsolidierungskreis, S. 663.

287 Der Begriff der Rückflüsse ist in diesem Zusammenhang vergleichsweise weit gefasst. Vgl. BEYHS, O./BUSCHHÜTER, M./SCHURBOHM, A., Die neuen IFRS zum Konsolidierungskreis, S. 665; BÖCKEM, H./STIBI, B./ZOEGER, O., IFRS 10, S. 402. So wird das Kriterium nicht allein an die Erwartung positiver zahlungswirksamer Rückflüsse wie bspw. Dividenden geknüpft. Stattdessen können auch nicht unmittelbar zahlungswirksame Synergieeffekte auf Ebene übergeordneter Konzernunternehmen sowie negative Wertbeiträge aus der Unternehmensverbindung Rückflüsse i. S. d. IFRS 10 darstellen. Vgl. IFRS 10.15 i. V. m. IFRS 10.B56 f. Auch die Bedingung der Variabilität dieser Rückflüsse ist keinesfalls streng zu interpretieren. Vgl. ZÜLCH, H./POPP, M., Überblick über das neue Control-Konzept, S. 1537. Während Eigenkapitalinstrumente aufgrund ihres Residualcharakters schon auf den ersten Blick mit variablen Rückflüssen einhergehen, gelten gem. IFRS 10.B56 selbst vertraglich fixierte Zinszahlungen aus Fremdkapitaltiteln angesichts des Kreditrisikos als variable Vergütung. Vgl. ZÜLCH, H./POPP, M., Überblick über das neue Control-Konzept, S. 1537.

288 Vgl. STIBI, B./BÖCKEM, H./KLAHOLZ, E., Mehr Anwendungssicherheit bei IFRS 10-12, S. 1530; BÖCKEM, H./STIBI, B./ZOEGER, O., IFRS 10, S. 405. Dabei dient das Kriterium vornehmlich der Berücksichtigung von ggf. zwischen dem investierten Unternehmen und einem dritten Unternehmen bestehenden Prinzipal-Agenten-Beziehungen im Rahmen der Konsolidierung. Vgl. BEYHS, O./BUSCHHÜTER, M./SCHURBOHM, A., Die neuen IFRS zum Konsolidierungskreis, S. 665; BRUNE, J. W., in: Beck IFRS HB, 4. Aufl., § 30, Rn. 51 f. Für das Vorliegen eines Beherrschungsverhältnisses wird demnach die Möglichkeit vorausgesetzt, mit Hilfe der Bestimmungsmacht über das Beteiligungsunternehmen die variablen Rückflüsse aus der Unternehmensverbindung „auf eigene Rechnung" und nicht lediglich als Mittler (agent) im Interesse einer dritten Partei (principal) zu beeinflussen. Vgl. IFRS 10.17 f., sowie ähnlich BEYHS, O./BUSCHHÜTER, M./SCHURBOHM, A., Die neuen IFRS zum Konsolidierungskreis, S. 665.

strukturierten Gesellschaften eine Rolle. Beide Kriterien sollen daher im Weiteren nicht näher betrachtet werden.

Für die Charakterisierung einer Unternehmensbeteiligung als Tochterunternehmen steht daher im Folgenden das ***„power"*-Kriterium** im Vordergrund. Hierfür sind sowohl der Begriff der „relevanten Aktivitäten" als auch das Verständnis des der Beurteilung der Leitungs- und Entscheidungsmacht zugrunde liegenden Begriffes der „bestehenden Rechte" von entscheidender Bedeutung.[289]

Als **relevante Aktivitäten** i. S. d. IFRS 10 sind zunächst ganz allgemein diejenigen Aktivitäten anzusehen, die sich signifikant auf die Rückflüsse des (potenziellen) Tochterunternehmens auswirken.[290] Hierunter kann gewöhnlich ein breites Spek-trum von Aktivitäten gefasst werden, u. a. Beschaffungs-, Absatz-, Forschungs-, Entwicklungs- und Finanzierungstätigkeiten eines Unternehmens.[291] Als Beispiele für hierauf gerichtete Entscheidungen werden Budgetfestsetzungen für die verschiedenen unternehmerischen Teilbereiche (unmittelbare Einflussnahme) sowie die Auswahl und Vergütung des geschäftsführenden Managements (mittelbare Einflussnahme) angeführt.[292] Für die Beurteilung des *„power"*-Kriteriums ist damit vor allem die Beherrschung derjenigen Entscheidungen ausschlaggebend, die für das potenzielle Tochterunternehmen eine grundlegende bzw. strategische Bedeutung haben. Die Delegierung der im Tagesgeschäft zu treffenden operativen Entscheidungen an andere Parteien (*day to day-business*) ist solange unproblematisch, wie diese sich innerhalb des vorgegebenen strategischen Rahmens bewegen.[293]

Die für das Beherrschungsverhältnis erforderliche Hoheit über die auf die relevanten Aktivitäten bezogenen „(Meta-)Entscheidungen"[294] ist von den zum Zeitpunkt der Abschlusserstellung **bestehenden Rechten** des potenziellen Mutterunternehmens abhängig.[295] Bei Beteiligungsunternehmen mit einem breit gefächerten Spektrum relevanter Aktivitäten stehen dabei vor allem die vom übergeordneten Unternehmen gehaltenen **Stimmrechte**[296] in der Gesellschafterversammlung oder einem diesem ähnlichen Entscheidungsorgan im Mittelpunkt der Betrachtung.[297] Befinden sich mehr als 50%

---

289 Vgl. ähnlich FREIBERG, J./TEUFEL, C., Abgrenzung des Konsolidierungskreises, S. 10.

290 Vgl. IFRS 10.10. Zu den mit der Abgrenzung dieser Tätigkeiten verbundenen Schwierigkeiten vgl. bspw. EFRAG (Hrsg.), Final Endorsement Advice, S. 6-8, sowie KÜTING, K./SEEL, C., Die gemeinschaftliche Beherrschung nach IFRS 11, S. 459.

291 Vgl. IFRS 10.B11.

292 Vgl. IFRS 10.B12.

293 Ähnlich PwC (Hrsg.), Manual of accounting 2015, Rn. 24.46.3.

294 SEEL, C., Joint Ventures, S. 153.

295 Vgl. IFRS 10.10 i. V. m. IFRS 10.B9.

296 Hierunter sind auch potenzielle Stimmrechte zu fassen, soweit sie zum Zeitpunkt der zu treffenden Entscheidungen ausgeübt werden können. Vgl. IFRS 10.B47-50.

297 Vgl. IFRS 10.B16 sowie FREIBERG, J./TEUFEL, C., Abgrenzung des Konsolidierungskreises, S. 10. Gemäß IFRS 10.11 i. V. m. IFRS 10B15 (b)-(e) können jedoch bspw. auch Rechte zur Besetzung der Geschäftsführung, die Einbindung nahestehender Personen, wirtschaftliche Abhängigkeiten oder aber andere vertragliche Vereinbarungen ein Beherrschungsverhältnis begründen. Darüber hinaus finden sich in IFRS 10 zahlreiche weitere Hinweise für die Beurteilung der Beherrschung, die vor allem für sog. Zweckgesellschaften bedeutsam sein dürften. Vgl. hierzu KIRSCH, H.-J./EWELT-KNAUER, C., Abgrenzung des Vollkonsolidierungskreises, S. 1643, sowie BRUNE, J. W., in: Beck IFRS HB, 4. Aufl., § 30, Rn. 41-45.

der Stimmrechte unmittelbar oder mittelbar unter der Kontrolle des potenziellen Mutterunternehmens,[298] wird hiermit regelmäßig ein Beherrschungsverhältnis i. S. d. IFRS 10 einhergehen.[299] Gleichwohl ist die rein formale Stimmrechtsmehrheit weder notwendige noch hinreichende Bedingung. So kann auch ein geringfügig unter 50% liegender Stimmrechtsanteil dazu führen, einen beherrschenden Einfluss auf das Beteiligungsunternehmen ausüben zu können, sofern die restlichen Stimmrechte über einen breiten Kreis von Kleinaktionären gestreut sind (sog. *de-facto-control* durch **Präsenzmehrheit**).[300] Umgekehrt könnte der Einfluss des übergeordneten Unternehmens trotz einer formalen Stimmrechtsmehrheit u. U. als nicht-beherrschend eingestuft werden,[301] sollten bspw. alle wesentlichen Entscheidungen über die relevanten Aktivitäten des Beteiligungsunternehmens einer qualifizierten Mehrheit von 75% der Stimmrechte bedürfen.[302]

In diesem Zusammenhang ist vor allem auch die Unterscheidung zwischen substanziellen[303] Mitwirkungsrechten auf der einen und Schutzrechten auf der anderen Seite von Bedeutung.[304] Während **substanzielle Mitwirkungsrechte** eben gerade die dem Beherrschungsbegriff zugrunde liegende Einflussnahme auf die relevanten Tätigkeiten des Beteiligungsunternehmens ermöglichen,[305] sind **Schutzrechte** bei der Beurteilung der Beherrschung grundsätzlich unerheblich.[306] Schließlich dienen letztere primär dazu, die Interessen anderer beteiligter Parteien zu schützen, ohne dass dadurch Einfluss auf die relevanten Aktivitäten des Beteiligungsunternehmens genommen wird.[307] Gemäß IFRS 10.B26 beziehen sich Schutzrechte insbesondere auf fundamentale Änderungen[308] der Gesellschaft bzw. deren Aktivitäten sowie auf außerordentliche Umstände und Aktivitäten. Als Beispiele nennt der IASB u. a. Zustimmungsvorbehalte nicht-beherrschender Gesellschafter und Fremdkapitalgeber bei über den normalen Geschäftsbetrieb hinaus gehenden Investitionen sowie bei der Ausgabe von Eigen- und Fremdkapitaltiteln.[309] Da Schutzrechte allein niemals dazu führen können, die

298 Eine stimmrechtsbasierte Beherrschung setzt nicht zwingend eine Kapitalbeteiligung des Mutterunternehmens voraus. Die Stimmrechtsmehrheit kann ferner bspw. durch Stimmrechtsbindungen mit anderen Gesellschaftern abgesichert werden. Vgl. BRUNE, J. W., in: Beck IFRS HB, 4. Aufl., § 30, Rn. 37. Im Rahmen dieser Untersuchung wird jedoch immer von einer Kapitalbeteiligung des Mutterunternehmens ausgegangen.

299 Vgl. IFRS 10.B35; BRUNE, J. W., in: Beck IFRS HB, 4. Aufl., § 30, Rn. 34.

300 Vgl. hierzu IFRS 10.B42-46 sowie RÜHL, J./ALTHOFF, F., Beherrschung durch Präsenzmehrheit, S. 559-562. Kritisch zu den diesbezüglichen Vorgaben vgl. OSER, P./MILANOVA, E., Konsolidierungskreis, S. 2031; EFRAG (Hrsg.), Final Endorsement Advice, S. 8 f.

301 Vgl. hierzu IFRS 10.B36 f.

302 Ähnlich LÜDENBACH, N./FREIBERG, J., Beherrschungsbegriff des IFRS 10, S. 44. Neben gesellschaftsrechtlichen Umständen können auch zivilrechtliche Umstände wie die Insolvenz eines Unternehmens dazu führen, dass eine formale Stimmrechtsmehrheit nicht als substanziell i. S. d. IFRS 10 einzuordnen ist. Vgl. BRUNE, J. W., in: Beck IFRS HB, 4. Aufl., § 30, Rn. 35.

303 Rechte sind dann substanziell, wenn der Halter dieser Rechte die praktische Möglichkeit hat, diese zum Zeitpunkt der zu treffenden Entscheidungen auszuüben. Vgl. IFRS 10.B22-25 sowie KIRSCH, H.-J./EWELT-KNAUER, C., Abgrenzung des Vollkonsolidierungskreises, S. 1642; KÜTING, K./MOJADADR, M., Das neue Control-Konzept nach IFRS 10, S. 280.

304 Vgl. LÜDENBACH, N./FREIBERG, J., Beherrschungsbegriff des IFRS 10, S. 44.

305 Vgl. wenn auch nicht den Begriff der Mitwirkungsrechte verwendend IFRS 10.14.

306 Vgl. IFRS 10.14 i. V. m. IFRS 10.B27.

307 Vgl. BAETGE, J./HAYN, S./STRÖHER, T., in: Baetge u. a., Rechnungslegung nach IFRS, 2. Aufl., IFRS 10, Rn. 26.

308 Fundamentale Änderungen beziehen sich zumeist auf die Veränderung der relevanten Tätigkeiten des Beteiligungsunternehmens. Vgl. BAETGE, J./HAYN, S./STRÖHER, T., in: Baetge u. a., Rechnungslegung nach IFRS, 2. Aufl., IFRS 10, Rn. 86.

309 Vgl. IFRS 10.B28.

Beherrschung über ein Unternehmen zu erlangen, können gegenüber anderen Gesellschaftern eingeräumte Schutzrechte umgekehrt auch nicht einem ansonsten aufgrund einer Stimmrechtsmehrheit bestehenden Beherrschungsverhältnis entgegenstehen.[310] Die Abgrenzung zwischen den für die Beherrschung tendenziell schädlichen Mitwirkungsrechten anderer Parteien und den die Beherrschung nicht beeinflussenden Schutzrechten ist somit für die Beurteilung der Unternehmensverbindung von entscheidender Bedeutung.[311]

Unproblematisch für ein Beherrschungsverhältnis ist zunächst das Einräumen **typischer**, teilweise bereits durch die Rechtsordnung vorgegebener **Schutzrechte**,[312] wie zum Beispiel dem Zustimmungsvorbehalt bei einer Änderung des Gesellschaftszwecks, dem Abschluss eines Beherrschungsvertrags oder der Entlastung der Geschäftsführung.[313] Abgrenzungsschwierigkeiten können jedoch immer dann auftreten, wenn sich Zustimmungsvorbehalte auf Entscheidungen richten, die eng mit der operativen Geschäftstätigkeit des Beteiligungsunternehmens verknüpft sind.[314] Sofern sich derartige Entscheidungen nicht auf die zuvor identifizierten relevanten Aktivitäten beziehen, sie die Rückflüsse des Unternehmens insofern kaum oder nur nachrangig beeinflussen, kommt den darauf bezogenen Zustimmungsvorbehalten vorrangig der Charakter von unschädlichen Schutzrechten zu.[315] Anders ist dies bei Vetorechten Dritter in Bezug auf Entscheidungen über ausgewählte relevante Aktivitäten des Unternehmens zu beurteilen.[316] Problematisch ist bspw., ab welcher Größenordnung ein Zustimmungsvorbehalt bei Investitionen oder dem Abschluss langfristiger Verträge die Entscheidungsmacht des übergeordneten Unternehmens derart einschränkt, dass dessen beherrschender Einfluss in Frage gestellt werden könnte.[317] Nach IFRS 10.13 i. V. m. IFRS 10.B13 wäre in solchen Grenzfällen schlussendlich ausschlaggebend, ob das potenzielle Mutterunternehmen trotz derartiger Rechte Dritter zumindest über die bedeutendsten relevanten Aktivitäten, also diejenigen Aktivitäten, die die Rückflüsse des Beteiligungsunternehmens am stärksten beeinflussen, alleine entscheiden kann.[318] Die Einräumung einzelner substanzieller Mitwirkungsrechte gegenüber anderen Gesellschaftern steht einem Beherrschungsverhältnis insofern nicht zwangsläufig entgegen.[319]

In der Gesamtschau zeigt sich der nach IFRS 10 vergleichsweise weit gefasste Beherrschungsbegriff.[320] Er reicht von der Kontrolle über die für die Rückflüsse entscheidendsten Aktivitäten des

---

310 Vgl. IFRS 10.14 i. V. m. IFRS 10.B27.

311 Vgl. MEYER, M., Substanzielle Rechte und Schutzrechte, S. 270. Substanzielle Mitwirkungsrechte müssen keine Initiativrechte darstellen. Vielmehr fallen hierunter auch Blockademöglichkeiten, sofern sie Entscheidungen über die relevanten Tätigkeiten des Beteiligungsunternehmens betreffen. Vgl. IFRS 10.B25.

312 Vgl. bspw. §§ 163, 166 HGB sowie §§ 45, 51a GmbHG. Für weitere Beispiele vgl. SEEL, C., Joint Ventures, S. 168.

313 Vgl. MEYER, M., Substanzielle Rechte und Schutzrechte, S. 273 und 275.

314 Vgl. MEYER, M., Substanzielle Rechte und Schutzrechte, S. 273.

315 Vgl. die Beispiele bei MEYER, M., Substanzielle Rechte und Schutzrechte, S. 273.

316 Vgl. ausführlich hierzu MEYER, M., Substanzielle Rechte und Schutzrechte, S. 273-275.

317 Ähnlich MEYER, M., Substanzielle Rechte und Schutzrechte, S. 274.

318 Vgl. hierzu FREIBERG, J./TEUFEL, C., Abgrenzung des Konsolidierungskreises, S. 11, sowie kritisch ZÜLCH, H./POPP, M., Reformation der IFRS-Konzernrechnungslegung (Teil I), S. 252.

319 Ähnlich ZÜLCH, H./POPP, M., Reformation der IFRS-Konzernrechnungslegung (Teil I), S. 251 mit Verweis auf IFRS 10.B35. Im Extremfall könnte einer dritten Partei daher sogar die Bestimmungsmacht über ausgewählte relevante Aktivitäten übertragen werden. Vgl. hierzu IFRS 10.BC85-92 sowie das Beispiel in IFRS 10.B13.

320 Vgl. mit Bezug auf den Vorgängerstandard IAS 27 ZÜLCH, H./ERDMANN, M.-K./POPP, M., Neuregelungen des IFRS 10, S. 588, sowie mit Bezug auf DRS 19 MEYER, M., Substanzielle Rechte und Schutzrechte, S. 275.

Beteiligungsunternehmens bei gleichzeitiger Beteiligung anderer Parteien an ausgewählten Funktionsbereichen bis hin zur alleinigen Lenkung sämtlicher zu treffender Entscheidungen. Sowohl bei der Abgrenzung der relevanten Aktivitäten als auch bei der Beurteilung der bestehenden Rechte des potenziellen Mutterunternehmens sind im Einzelfall alle Fakten und Umstände, insbesondere aber der Zweck und die Struktur des verbundenen Unternehmens zu berücksichtigen.[321] Die Spannweite des „*power*"-Kriteriums wird zusammenfassend in Abbildung 3-2 veranschaulicht.

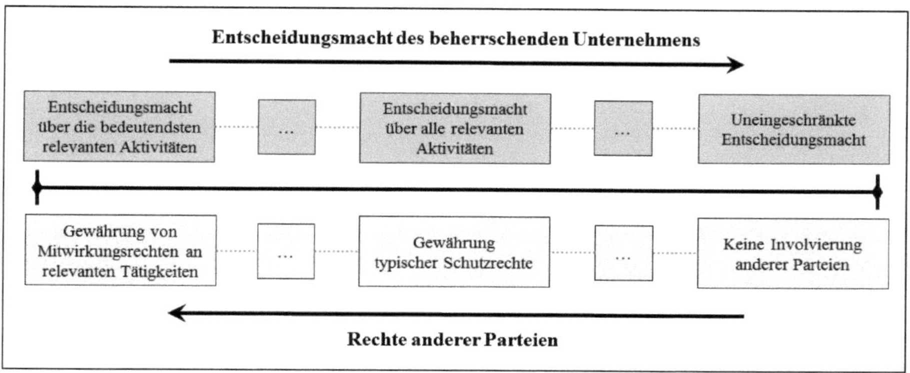

Abbildung 3-2: Spannweite des „power"-Kriteriums

33 Gemeinschaftsunternehmen und gemeinschaftliche Tätigkeiten nach IFRS 11

331. Voraussetzungen einer gemeinschaftlichen Beherrschung

Nach den Tochterunternehmen folgen auf der nächsten Stufe der Einflussintensität die Gemeinschaftsunternehmen und gemeinschaftlichen Tätigkeiten. Grundvoraussetzung für eine solche Einstufung einer Unternehmensbeteiligung ist das Vorliegen einer **gemeinschaftlichen Beherrschung** i. S. d. IFRS 11.7. Diese wird durch die zwischen zwei oder mehreren Parteien vertraglich vereinbarte Teilung der Beherrschung eines Unternehmens[322] konstituiert, die nur dann gegeben ist, wenn alle Entscheidungen über die relevanten Aktivitäten dieses Unternehmens einstimmig von den die Beherrschung teilenden Parteien zu treffen sind. Eine gemeinschaftliche Beherrschung setzt somit voraus, dass die drei in Abbildung 3-3 dargestellten Kriterien erfüllt werden.

Die **kollektive Beherrschung** eines Unternehmens stellt zunächst die Grundvoraussetzung für eine gemeinschaftliche Beherrschung i. S. d. IFRS 11 dar.[323] Als kollektiv ist ein Beherrschungsverhältnis dann anzusehen, wenn nicht eine Partei alleine, sondern erst zwei oder mehr Parteien im Kollektiv betrachtet in der Lage sind, ein anderes Unternehmen zu beherrschen.[324] Auf der Grundlage des in IFRS 10 definierten Beherrschungsbegriffes ist insofern zu beurteilen, ob eine Gruppe von Parteien

[321] Vgl. IFRS 10.8 i. V. m. IFRS 10.B5, IFRS 10.B7 und IFRS 10.B3.

[322] IFRS 11 bezieht sich grundsätzlich nicht nur auf Unternehmen, sondern ganz allgemein auf Vereinbarungen (*arrangements*). Im Rahmen dieser Arbeit wird jedoch immer das Vorliegen eines Unternehmens i. S. e. rechtlichen Einheit vorausgesetzt.

[323] Vgl. IFRS 11.8.

[324] Vgl. IFRS 11.8.

aus der jeweiligen Unternehmensverbindung heraus variablen Rückflüssen ausgesetzt ist („*variable return*"-Kriterium) und diese Rückflüsse auf Basis der dieser Gruppe insgesamt zustehenden Bestimmungsmacht („*power*"-Kriterium) hinsichtlich der relevanten Tätigkeiten des Unternehmens signifikant beeinflussen kann („*link between power and variable return*"-Kriterium).[325] Die einzeln betrachtet unzureichende Bestimmungsmacht der involvierten Parteien grenzt die gemeinschaftliche Beherrschung dabei nach oben hin eindeutig von der alleinigen Beherrschung gem. IFRS 10 ab.[326]

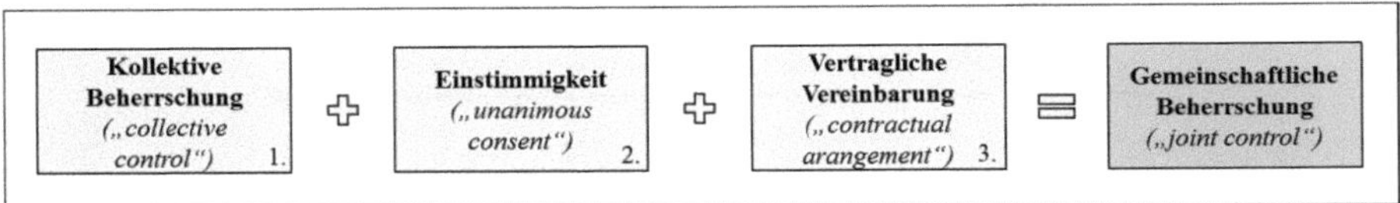

Abbildung 3-3: Voraussetzungen für eine gemeinschaftliche Beherrschung[327]

Für das Vorliegen einer gemeinschaftlichen Beherrschung ist darüber hinaus die **Einstimmigkeit** der seitens der kollektiv beherrschenden Parteien zu treffenden Entscheidungen über die (wichtigsten) relevanten Aktivitäten des Unternehmens erforderlich.[328] Es sind folglich nur diejenigen Parteien an der gemeinschaftlichen Beherrschung beteiligt, die derartige Entscheidungen durch die Ausübung ihrer Stimmrechte blockieren können.[329] Nichtsdestotrotz stellt IFRS 11.11 klar, dass weitere Parteien an dem gemeinschaftlich beherrschten Unternehmen anteilsmäßig beteiligt sein können, ohne dass diese selbst die gemeinschaftliche Beherrschung mit ausüben müssen. Eine Beteiligung Dritter ist für die gemeinschaftliche Beherrschung solange unschädlich, wie die gemeinschaftlich organisierten Parteien weiterhin über die wichtigsten relevanten Aktivitäten kollektiv bestimmen können.[330]

Für das Kriterium der Einstimmigkeit ist es bereits ausreichend, dass sämtliche an der gemeinschaftlichen Beherrschung beteiligten Parteien die **Möglichkeit** haben, die einseitige Bestimmung der relevanten Tätigkeiten zu verhindern.[331] Die Passivität einzelner Parteien im Rahmen des Entscheidungsprozesses steht der gemeinschaftlichen Beherrschung insofern nicht entgegen.[332] Auch eine ungleiche Verteilung der Stimmrechte oder anderer ggf. vertraglich festgelegter Mitwirkungsrechte

---

325 Vgl. IFRS 11.8 i. V. m. IFRS 11.B5. Wie schon bei der alleinigen Beherrschung kommt es nicht darauf an, ob die Bestimmungsmacht tatsächlich ausgeübt wird. Vielmehr ist es für den Beherrschungsbegriff ausreichend, dass die Möglichkeit zur Einflussnahme besteht. Vgl. KÜTING, K./SEEL, C., Die gemeinschaftliche Beherrschung nach IFRS 11, S. 454.

326 Ähnlich SEEL, C., Joint Ventures, S. 181.

327 In Anlehnung an ZÜLCH, H./POPP, M., Reformation der IFRS-Konzernrechnungslegung (Teil II), S. 329.

328 Vgl. IFRS 11.9. Dabei stehen Regelungen zur Auflösung von Pattsituationen (bspw. durch ein Schiedsverfahren) der Einstimmigkeit der Entscheidungen – unter dem Vorbehalt der Neutralität derartiger Mechanismen – nicht entgegen. Vgl. IFRS 11.B10.

329 Vgl. IFRS 11.B9.

330 Außerhalb der gemeinschaftlichen Beherrschung stehenden Parteien können daher bestenfalls Schutzrechte sowie einzelne Mitwirkungsrechte, die nicht auf die bedeutendsten relevanten Aktivitäten gerichtet sind, zugebilligt werden. Vgl. in diesem Kontext auch IFRS 11.B9.

331 Vgl. SEEL, C., Joint Ventures, S. 181.

332 Vgl. KÜTING, K./SEEL, C., Die gemeinschaftliche Beherrschung nach IFRS 11, S. 454.

schließen die Einvernehmlichkeit der Entscheidungsfindung und somit die gemeinschaftliche Beherrschung nicht aus.[333] Im Extremfall wäre ein Unternehmen selbst dann als gemeinschaftlich beherrscht einzustufen, wenn eine der Parteien 100% der Stimmrechte auf sich vereint, während der anderen Partei auf vertraglicher Basis ein Vetorecht bezogen auf die Entscheidungen über die wichtigsten relevanten Aktivitäten zugebilligt wird.[334] Nicht zuletzt ist auch die Teilhabe einer großen Zahl an Parteien an der kollektiven Bestimmungsmacht über das Unternehmen mit Blick auf das Kriterium der Einstimmigkeit prinzipiell unschädlich.[335] Eine Einschränkung hinsichtlich der maximal zulässigen Zahl ist IFRS 11 jedenfalls nicht zu entnehmen.[336] Mit zunehmender Zahl an Parteien ist gleichwohl umso kritischer zu prüfen, ob tatsächlich sämtlichen Teilhabern eine Blockademöglichkeit hinsichtlich der wichtigsten Entscheidungen zugesprochen werden kann.[337]

Eine gemeinschaftliche Beherrschung bedingt gem. IFRS 11.7 ferner eine **vertragliche Vereinbarung** zwischen den das Unternehmen kollektiv beherrschenden Parteien, um die gemeinschaftliche Ausübung der Bestimmungsmacht sicherzustellen. Zwar werden Art und Form der erforderlichen Vereinbarung in IFRS 11 nicht weiter spezifiziert,[338] indes ist davon auszugehen, dass Absicht und Rahmenbedingungen des gemeinschaftlichen Beherrschungsverhältnisses regelmäßig im Rahmen eines Vertrags schriftlich fixiert werden.[339] Hierunter sind nicht nur schuldrechtliche Verträge, sondern auch (ggf. ergänzend) gesellschaftsrechtliche Abmachungen zu fassen.[340] Sollte bspw. in der Satzung eines Unternehmens festgelegt sein, dass die Entscheidungen über die relevanten Tätigkeiten auf Basis einer einfachen Stimmrechtsmehrheit getroffen werden können, so hätten zwei zu 50% beteiligte Gesellschafter bei Fehlen anderweitiger Abmachungen hierdurch die gemeinschaftliche Beherrschung implizit vereinbart.[341] Soweit der zur Entscheidungsfindung erforderliche Stimmrechtsanteil jedoch durch verschiedene Kombinationen der beteiligten Parteien erreicht werden kann, bedarf es darüber hinaus einer weitergehenden, expliziten Vereinbarung.[342] Rein faktische Verhältnisse, die ein gleichgerichtetes Vorgehen einer bestimmten Kombination von Parteien nahe legen, sind anders als

---

333 Vgl. SEEL, C., Joint Ventures, S. 182 f.

334 Ähnlich KÜTING, K./SEEL, C., Die gemeinschaftliche Beherrschung nach IFRS 11, S. 454 f.

335 Gleichwohl wird die Funktionsfähigkeit einer gemeinschaftlichen Vereinbarung mit zunehmender Zahl an der Führung beteiligter Parteien zunehmend beeinträchtigt. Vgl. bspw. HALL, R. D., International Joint Venture, S. 23.

336 So auch SEEL, C., Joint Ventures, S. 187 f.

337 Es wird teilweise angenommen, dass ab einer Beteiligung von fünf Parteien nur noch ein maßgeblicher Einfluss gegeben ist. Vgl. mit Bezug auf den Vorgängerstandard IAS 31 BAETGE, J./KLAHOLZ, E./HARZHEIM, T., in: Baetge u. a., Rechnungslegung nach IFRS, 2. Aufl., IAS 31, Rn. 14.

338 Prinzipiell kommen daher auch rein mündliche Absprachen in Betracht. Vgl. KÜTING, K./SEEL, C., Die gemeinschaftliche Beherrschung nach IFRS 11, S. 452.

339 Vgl. IFRS 11.B2; BAETGE, J./KLAHOLZ, E./HARZHEIM, T., in: Baetge u. a., Rechnungslegung nach IFRS, 2. Aufl., IAS 31, Rn. 13m. Inhalte einer solchen Vereinbarung können neben dem Zweck des gemeinschaftlich beherrschten Unternehmens bspw. Regelungen zur Besetzung der Entscheidungsorgane, zur Gestaltung des Entscheidungsprozesses sowie der Bereitstellung von Kapital seitens der Partner sein. Vgl. IFRS 11.B4.

340 Vgl. IFRS 11.B3 sowie FUCHS, M./STIBI, B., IFRS 11, S. 1452.

341 Vgl. IFRS 11.B7 f.

342 Vgl. hierzu die Beispiele in IFRS 11.B8 sowie FUCHS, M./STIBI, B., IFRS 11, S. 1452.

bei einer alleinigen Beherrschung nach IFRS 10 für ein gemeinschaftliches Beherrschungsverhältnis unzureichend.[343]

Die **Spannweite** der gemeinschaftlichen Beherrschung ist zusammenfassend in Abbildung 3-4 dargestellt. Neben etwaigen Rechten nicht-beherrschender Dritter, deren maximales Ausmaß wie schon bei der alleinigen Beherrschung durch das „*power*"-Kriterium begrenzt wird, ist die Intensität der möglichen Einflussnahme des kollektiv beherrschenden Unternehmens zusätzlich durch die Zahl der an der gemeinschaftlichen Beherrschung beteiligten Partner bestimmt.

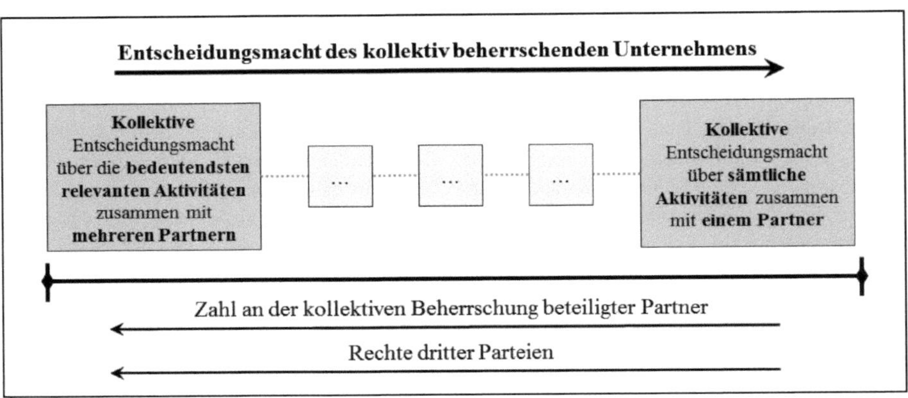

Abbildung 3-4: Spannweite der gemeinschaftlichen Beherrschung

332. Formen einer gemeinschaftlichen Beherrschung

IFRS 11 unterscheidet mit der gemeinschaftlichen Tätigkeit auf der einen und dem Gemeinschaftsunternehmen auf der anderen Seite zwei Formen gemeinschaftlich beherrschter Aktivitäten.[344] Der Abgrenzung liegt dabei das Prinzip zugrunde, die bilanzielle Abbildung an den Rechten und Pflichten der kooperierenden Parteien auszurichten.[345] Haben die an der kollektiven Beherrschung beteiligten Partner unmittelbare Rechte an den Vermögenswerten und Verpflichtungen aus den Schulden der gemeinschaftlichen Aktivitäten (Qualifizierung als **gemeinschaftliche Tätigkeit**),[346] sind eben diese Vermögenswerte und Schulden im (Konzern-)Abschluss[347] der Partnerunternehmen zu bilanzieren.[348] Steht den kollektiv beherrschenden Partnern demgegenüber lediglich ein Anspruch auf das

343 So ist bspw. eine nachhaltige Präsenzmehrheit zweier zu jeweils 20% beteiligter Parteien auf der Gesellschafterversammlung für die Einstufung als gemeinschaftliche Beherrschung in jedem Fall unzureichend. Vgl. hierzu auch FUCHS, M./STIBI, B., IFRS 11, S. 1453; KÜTING, K./SEEL, C., Die gemeinschaftliche Beherrschung nach IFRS 11, S. 455 f.

344 Vgl. IFRS 11.6.

345 Vgl. IFRS 11.BC10 f.

346 Vgl. IFRS 11.15.

347 Die den Partnerunternehmen zuzuordnenden Vermögenswerte und Schulden sind nicht erst im Konzernabschluss, sondern auch bereits im Einzelabschluss zu bilanzieren. Vgl. IFRS 11.26 f.

348 Vgl. IFRS 11.20.

Nettovermögen[349] einer rechtlich selbstständigen Einheit zu (Qualifizierung als **Gemeinschaftsunternehmen**),[350] ist die diesem Anspruch zugrunde liegende Beteiligung nach der Equity-Methode gem. IAS 28 abzubilden.[351]

Um die Rechte und Pflichten der involvierten Parteien zu identifizieren, bedarf es einer sorgfältigen Würdigung der jeweiligen Charakteristika der gemeinschaftlich beherrschten Aktivitäten.[352] Den Ausgangspunkt des Prüfprozesses stellt die Untersuchung der **Struktur der gemeinschaftlichen Aktivitäten** dar.[353] So ist zunächst zu untersuchen, ob das Objekt der gemeinschaftlichen Beherrschung über ein **separates Vehikel**, regelmäßig in der Form einer rechtlich selbständigen Einheit, strukturiert ist und insofern eine von den Parteien getrennte Vermögens- und Finanzstruktur vorliegt.[354] Ist dies nicht der Fall, ist automatisch von einer gemeinschaftlichen Tätigkeit auszugehen.[355]

Da im Rahmen der vorliegenden Arbeit sukzessive (Kapital-)Anteilserwerbe betrachtet werden, kann stets von einer Strukturierung der gemeinschaftlichen Aktivitäten über eine selbständige Rechtseinheit ausgegangen werden.[356] Dies stellt nach IFRS 11 indes nur eine notwendige, nicht aber eine hinreichende Bedingung für die Klassifizierung als Gemeinschaftsunternehmen dar.[357] Vielmehr sind in diesem Fall die konkrete Rechtsform der separaten Einheit, die der gemeinschaftlichen Beherrschung zugrunde liegenden vertraglichen Vereinbarungen sowie sonstige Tatsachen und Umstände auf Hinweise zu den Rechten und Pflichten der kooperierenden Parteien zu untersuchen.[358]

Denkbar ist zum einen, dass durch die **spezifische Rechtsform** des separaten Vehikels im Einzelfall keine rechtliche Trennung der Vermögens- und Finanzstruktur gegenüber der Sphäre der involvierten Partnerunternehmen gewährleistet werden kann.[359] In derartigen Fällen würde trotz der Existenz eines separaten Vehikels letztlich eine gemeinschaftliche Tätigkeit vorliegen, sodass die Gesellschafter die ihnen jeweils unmittelbar zuordenbaren Vermögenswerte und Schulden der Gesellschaft in ihren (Konzern-)Abschluss aufzunehmen hätten. Zum anderen könnte eine gesellschaftsrechtlich beste-

---

349 Der Anspruch auf das Nettovermögen kann sich allerdings auch in eine Nettoverpflichtung umkehren. Vgl. KÜTING, K./SEEL, C., Joint arrangements nach IFRS 11, S. 344 f.

350 Vgl. IFRS 11.16.

351 Vgl. IFRS 11.24.

352 Vgl. IFRS 11.17 i. V. m. IFRS 11.B12-B33.

353 So auch KÜTING, K./SEEL, C., Quotale Einbeziehung nach IFRS 11, S. 590.

354 Vgl. IFRS 11.B15 (a) i. V. m. IFRS 11.Appendix A. Vgl. ausführlich zu den verschiedenen Ausprägungen eines separaten Vehikels SEEL, C., Joint Ventures, S. 209-211.

355 Vgl. IFRS 11.B16.

356 In diesen Fällen wird auch von einem Equity-Joint Venture gesprochen. Vgl. bspw. PICOT, G., Vertragliche Gestaltung, S. 374; FOLTA, P. H., Cooperative Joint Ventures, S. 18.

357 Ähnlich WIRTH, J., Bilanzierung von Gemeinschaftsunternehmen, S. 41; SEEL, C., Joint Ventures, S. 212. Der Vorgängerstandard IAS 31 knüpfte die Klassifizierung als Gemeinschaftsunternehmen dementgegen noch ausschließlich an das Vorliegen einer rechtlichen Einheit. Vgl. IAS 31.24 f. Zu den terminologischen Änderungen durch IFRS 11 vgl. bspw. KÜTING, K./SEEL, C., Joint arrangements nach IFRS 11, S. 343 f.

358 Vgl. IFRS 11.15 (b).

359 Vgl. IFRS 11.B24 sowie SEEL, C., Joint Ventures, S. 212-215.

hende Trennung der Vermögens- und Finanzsphäre der rechtlichen Einheit und der an dieser beteiligten Gesellschafter auch durch **vertragliche Nebenabreden** durchbrochen werden.[360] So sind Sachverhaltskonstellationen möglich, in denen den gemeinschaftlich beherrschenden Parteien durch die vertragliche Gestaltung unmittelbar Rechte an den Vermögenswerten und Verpflichtungen aus den Schulden des separaten Vehikels zugeordnet werden können.[361] Die in Deutschland typischen Rechtsformen[362] sind jedoch gerade durch die Abschirmung des Gesellschafts- bzw. Gesamthandsvermögen gegenüber den Gesellschaftern und somit einer Trennung der Vermögens- und Finanzsphäre gekennzeichnet, die auch von anderweitigen vertraglichen Vereinbarungen unberührt bleiben dürfte.[363]

Einer Klassifizierung als Gemeinschaftsunternehmen kann bei rechtlich eigenständigen Unternehmen daher zumeist lediglich der letzte Prüfschritt entgegenstehen,[364] im Rahmen dessen die **wirtschaftliche Substanz** der gemeinschaftlichen Aktivitäten in den Vordergrund gerückt wird.[365] Durch IFRS 11.B15 (b) (iii) können vertragliche Regelungen auch dann eine gemeinschaftliche Tätigkeit begründen, wenn diese die aufgrund der Strukturierung als eigenständiges Unternehmen vorliegende Trennung der Vermögens- und Finanzsphäre rechtlich nicht überwinden können.[366] IFRS 11.B29 spricht ganz allgemein davon, dass bei der Beurteilung, ob es sich bei der rechtlichen Einheit um ein Gemeinschaftsunternehmen oder um eine gemeinschaftliche Tätigkeit handelt, zuletzt **sämtliche Fakten und Umstände** zu berücksichtigen sind. Diese zunächst abstrakte Vorgabe wird durch ein Anwendungsbeispiel weiter konkretisiert.[367] Demnach ist ein gemeinschaftlich beherrschtes Unternehmen dann als gemeinschaftliche Tätigkeit zu qualifizieren, wenn es in erster Linie auf die Zurverfügungstellung von Erzeugnissen und Leistungen gegenüber den beteiligten Partnerunternehmen ausgerichtet ist (sog. **Zuliefergesellschaften**[368]).[369] So hat bspw. ein vertraglich zugesichertes Recht der kollektiv beherrschenden Parteien, die gesamte Produktionsmenge exklusiv abzunehmen, eine vollumfängliche wirtschaftliche Abhängigkeit des Beteiligungsunternehmens zur Folge.[370] Vor diesem Hintergrund wird argumentiert, dass der Nutzen der im rechtlichen Eigentum des Beteiligungsunternehmens befindlichen Vermögenswerte ausschließlich den investierten Parteien zukommt und die Vermögenswerte somit auch von diesen bilanziert werden sollten.[371] Gleiches gilt grundsätzlich für die Schulden des Beteiligungsunternehmens, da diese in derartigen Konstellationen ausschließlich aus den Zahlungsströmen getilgt werden können, die aus der **exklusiven Geschäftsbeziehung** mit

---

360 Vgl. IFRS 11.B26.

361 Vgl. die Beispiele in IFRS 11.B27, sowie SEEL, C., Joint Ventures, S. 215-218.

362 Dies gilt auch für viele andere Jurisdiktionen. Vgl. KPMG (Hrsg.), Insights into IFRS 2014/15, Rn. 3.6.170.50.

363 Vgl. FUCHS, M./STIBI, B., IFRS 11, S. 1454; BÖCKEM, H./ISMAR, M., Joint Arrangements IFRS 11, S. 825; LÜDENBACH, N./SCHUBERT, D., Gemeinschaftliche Vereinbarungen, S. 4; SEEL, C., Joint Ventures, S. 214 und 217 f.; DITTMAR, P./GRAUPE, F., Analyse der Neuregelungen nach IFRS 11, S. 406 f.

364 Vgl. SEEL, C., Joint Ventures, S. 218.

365 So auch BÖCKEM, H./ISMAR, M., Joint Arrangements IFRS 11, S. 825.

366 Ähnlich BÖCKEM, H./RÖHRICHT, V., Joint Operation oder Joint Venture, S. 1034.

367 Vgl. dazu IFRS 11.B31 f.

368 Vgl. LÜDENBACH, N./SCHUBERT, D., Gemeinschaftliche Vereinbarungen, S. 4.

369 Vgl. IFRS 11.B31 f.

370 Vgl. Beispiel 5 in IFRS 11.B32.

371 Vgl. IFRS 11.B31.

den Partnerunternehmen resultieren.[372] Somit ist wirtschaftlich gesehen nicht das Beteiligungsunternehmen selbst Träger der Vermögenswerte und Schulden, sondern die an diesem beteiligten Gesellschafter, was im Ergebnis eine Qualifizierung als gemeinschaftliche Tätigkeit nach sich zieht.[373]

34 Assoziierte Unternehmen nach IAS 28

Sofern die Konzernobergesellschaft lediglich einen **maßgeblichen Einfluss** auf ein Beteiligungsunternehmen ausüben kann, ist dieses als assoziiertes Unternehmen nach der Equity-Methode in den Konzernabschluss einzubeziehen. Laut IAS 28.3 liegt ein maßgeblicher Einfluss dann vor, wenn ein Unternehmen die Möglichkeit besitzt, an der Finanz- und Geschäftspolitik[374] eines anderen Unternehmens mitzuwirken,[375] ohne gleichzeitig die diesbezüglichen Entscheidungsprozesse alleine oder gemeinschaftlich beherrschen zu können. Während ein solches **Assoziierungsverhältnis** zwischen zwei Unternehmen damit nach oben hin durch die in den vorhergehenden Abschnitten erläuterten Voraussetzungen der alleinigen sowie der gemeinschaftlichen Beherrschung gem. IFRS 10 respektive IFRS 11 abgegrenzt wird, finden sich in IAS 28 vor allem Regelungen zur Abgrenzung gegenüber einer einfachen Beteiligung nach IFRS 9.

Im Zentrum der Vorschriften steht dabei zunächst die sog. **Assoziierungsvermutung**.[376] Befinden sich 20% oder mehr der Stimmrechte[377] an einem Beteiligungsunternehmen[378] unter der Kontrolle des den Konzernabschluss aufstellenden Unternehmens,[379] wird für Zwecke der Bilanzierung angenommen, dass seitens des übergeordneten Unternehmens ein maßgeblicher Einfluss ausgeübt werden kann.[380] Umgekehrt wird bei einer Stimmrechtsquote von weniger als 20% eben gerade das Fehlen eines maßgeblichen Einflusses unterstellt (umgekehrte Assoziierungsvermutung).[381] Sowohl die As-

[372] Vgl. IFRS 11.B32.

[373] Vgl. SEEL, C., Joint Ventures, S. 218. Vgl. ausführlich zur Beurteilung unterschiedlicher Abwandlungen des vom IASB aufgeführten Anwendungsbeispiels BÖCKEM, H./RÖHRICHT, V., Joint Operation oder Joint Venture, S. 1035-1041.

[374] Vgl. zu diesem Begriff SEEL, C., Joint Ventures, S. 126-128.

[375] Die Definition des maßgeblichen Einflusses wurde im Zuge der durch IFRS 10 vorgenommenen Neufassung des Beherrschungsbegriffes nicht angepasst und basiert dementsprechend noch auf der *control*-Definition des Vorgängerstandards IAS 27 (rev. 2003) . Eine Anpassung ist erst in einem weiter gefassten Projekt zur Überarbeitung der Bilanzierungsvorschriften für assoziierte Unternehmen vorgesehen. Vgl. IAS 28.BC16.

[376] Vgl. KUSTNER, C., Beteiligungsbewertung im Konzernabschluss, S. 100, der die herausragende praktische Bedeutung der Assoziierungsvermutung betont.

[377] Hierzu sind gem. IAS 28.7 f. auch potenzielle Stimmrechte zu zählen. Die Voraussetzungen zur Berücksichtigung derartiger Stimmrechte weichen indes von den in IFRS 10 geforderten Bedingungen ab. Vgl. BAETGE, J./KLAHOLZ, T./GRAUPE, F., in: Baetge u. a., Rechnungslegung nach IFRS, 2. Aufl., IAS 28, Rn. 22-23c.

[378] Eine Beteiligung wird im Gegensatz zum Handelsrecht streng genommen nicht vorausgesetzt. Vgl. POLLMANN, R./WULF, I., Gemeinschaftliche Vereinbarungen und assoziierte Unternehmen, S. 375.

[379] Ausführlich und kritisch zu diesem Schwellenwert KÖSTER, O., in: MüKo Bilanzrecht Bd. 1, IAS 28, Rn. 13; KUSTNER, C., Beteiligungsbewertung im Konzernabschluss, S. 100-104, sowie schon KIRSCH, H.-J., Equity-Methode, S. 147-149.

[380] Vgl. IAS 28.5.

[381] Vgl. IAS 28.5.

soziierungsvermutung als auch die umgekehrte Assoziierungsvermutung können bei Erbringung eindeutiger Nachweise widerlegt werden.[382] In diesem Zusammenhang kann das bilanzierende Unternehmen auf die in IAS 28.6 aufgeführten Indikatoren zurückgreifen.[383] Demnach deuten folgende Tatbestände auf einen maßgeblichen Einfluss hin:

- Zugehörigkeit zum Leitungs- bzw. Aufsichtsgremium des Beteiligungsunternehmens;
- Mitwirkung an Entscheidungsprozessen, inklusive den Entscheidungen über die Ausschüttungspolitik;
- Wesentliche Geschäftsvorfälle zwischen dem bilanzierenden und dem Beteiligungsunternehmen;
- (Gegenseitiger) Austausch von Führungspersonal; oder
- (Gegenseitige) Bereitstellung von bedeutenden technischen Informationen.

Die aufgezählten Tatbestände stellen jedoch „eher Dimensionen für die Bemessung von Einfluss als wirkliche Kriterien für die Schwelle maßgeblichen Einflusses“[384] dar, sodass die Beurteilung der Unternehmensverbindung letztlich weitestgehend **ermessensbehaftet** bleiben muss.[385] Um die (umgekehrte) Assoziierungsvermutung zu widerlegen, sind neben den aufgezählten Indikatoren auch alle weiteren Tatsachen und Umstände zu berücksichtigen.[386] Vor diesem Hintergrund wird der maßgebliche Einfluss daher zum Teil als die am schwierigsten abzugrenzende Einflussintensität beurteilt.[387]

Ein maßgeblicher Einfluss ist dabei nicht schon deswegen auszuschließen, weil eine oder mehrere andere Parteien das potenziell assoziierte Unternehmen (kollektiv) beherrschen.[388] Entscheidend für die Begründung eines Assoziierungsverhältnisses ist, dass dem bilanzierenden Unternehmen neben Schutzrechten zumindest einzelne nicht nur unerhebliche Mitwirkungsrechte hinsichtlich der Finanz- und Geschäftspolitik gewährt werden.[389] Es muss somit (zumindest langfristig) möglich sein, die Entscheidungen des Beteiligungsunternehmens in bedeutsamer Weise zu beeinflussen.[390] Im Fokus des Begriffes der Finanz- und Geschäftspolitik stehen dabei nicht die Entscheidungen des täglichen Wirtschaftens, sondern vielmehr **strategische Entscheidungen**, die den Rahmen des Tagesgeschäfts vorgeben.[391] Ein maßgeblicher Einfluss wäre bspw. dann denkbar, sofern das Unternehmen Entschei-

---

382 Vgl. IAS 28.5.

383 Vgl. BAETGE, J./KLAHOLZ, T./GRAUPE, F., in: Baetge u. a., Rechnungslegung nach IFRS, 2. Aufl., IAS 28, Rn. 24.

384 LÜDENBACH, N./HOFFMANN, W.-D./FREIBERG, J., in: Haufe IFRS-Kommentar, 13. Aufl., § 33, Rn. 16.

385 So auch KÖSTER, O., in: MüKo Bilanzrecht Bd. 1, IAS 28, Rn. 18.

386 Vgl. KÖSTER, O., in: MüKo Bilanzrecht Bd. 1, IAS 28, Rn. 22. Für weitere Indikatoren vgl. ERNST & YOUNG (Hrsg.), International GAAP 2015, S. 722 f.

387 Vgl. NOBES, C., Equity Method, S. 17; VALLELY, M./STOKES, D./LIESCH, P., Equity Accounting, S. 27. Kritisch zum Kriterium des maßgeblichen Einflusses auch KUSTNER, C., Beteiligungsbewertung im Konzernabschluss, S. 92-118.

388 Vgl. IAS 28.5.

389 Vgl. KÖSTER, O., in: MüKo Bilanzrecht Bd. 1, IAS 28, Rn. 19. Für die Beurteilung, ob es sich um maßgebliche Mitwirkungsrechte handelt, sollten diese in Bezug zu den insgesamt im Rahmen der Finanz- und Geschäftspolitik zu treffenden Entscheidungen gesetzt werden. Vgl. DIETRICH, A./STOEK, C., Wenn Schutzrechte zu Mitwirkungsrechten werden, S. 348.

390 Vgl. SCHÄFER, H., Beteiligungen an assoziierten Unternehmen, S. 210.

391 Vgl. SEEL, C., Joint Ventures, S. 126.

dungen über ausgewählte, i. S. d. IFRS 10 relevante Tätigkeiten wie die Budgetfestsetzung (für Teilbereiche) des Beteiligungsunternehmens blockieren bzw. diese sogar bestimmen könnte.[392] Eine etwaige Beherrschung der anderen Partei(en) wäre davon solange unberührt, wie diese weiterhin exklusiv die Möglichkeit hätte(n), über die bedeutendsten relevanten Aktivitäten des assoziierten Unternehmens zu entscheiden.[393]

Unabhängig davon, ob das vermeintlich assoziierte Unternehmen anderweitig beherrscht wird, sollte im Einzelfall stets sorgfältig geprüft werden, ob tatsächlich substanzielle Mitwirkungsrechte bestehen.[394] So würde bspw. eine Historie von Gesellschafterentscheidungen, bei denen das eigene Votum – ggf. begünstigt durch entsprechende in der Satzung enthaltene Stimmrechtsquoren – regelmäßig überstimmt wurde, trotz einer mehr als 20%igen Stimmrechtsbeteiligung darauf hindeuten, dass ein maßgeblicher Einfluss gerade nicht ausgeübt werden kann.[395] Umgekehrt kann bei entsprechenden gesellschafts- oder schuldrechtlichen Vereinbarungen auch eine Beteiligung unter 20% dazu führen, dass wesentliche Teile der Finanz- und Geschäftspolitik etwa auf der Basis von Zustimmungsvorbehalten beeinflusst werden können.[396]

Je nach Zahl der am Beteiligungsunternehmen investierten Dritten sowie je nach Verteilung der Rechte in Bezug auf die für die Steuerung der Gesellschaft zu treffenden Entscheidungen, ist die Intensität und Bedeutung des maßgeblichen Einflusses letztendlich ganz unterschiedlich zu gewichten. Als **Mindestanforderung** muss es dem übergeordneten Unternehmen jedoch möglich sein, zumindest an ausgewählten strategischen Entscheidungen des Beteiligungsunternehmens wie bspw. den jährlichen Budgetfestsetzungen sowie der Finanz- und Investitionsplanung maßgeblich mitwirken zu können.[397] Wie schon ein Beherrschungsverhältnis nach IFRS 10 respektive IFRS 11 umfasst inso-

---

392 Dies könnte u. a. durch eine entsprechende Besetzung des geschäftsführenden Organs erreicht werden. Für das Vorliegen eines maßgeblichen Einflusses ist streng genommen jedoch nicht ausschlaggebend, ob sich das Unternehmen bzgl. dieser Entscheidungen durchsetzen kann bzw. diese auf jeden Fall verhindern kann. Stattdessen ist hinreichend, dass die eigenen Interessen nicht dauerhaft übergangen werden können. Vgl. SCHÄFER, H., Beteiligungen an assoziierten Unternehmen, S. 210, sowie im Ergebnis ähnlich BAETGE, J./KLAHOLZ, T./GRAUPE, F., in: Baetge u. a., Rechnungslegung nach IFRS, 2. Aufl., IAS 28, Rn. 31.

393 Vgl. dazu ausführlich MEYER, M., Substanzielle Rechte und Schutzrechte, S. 272-275. Gleichwohl wird ein maßgeblicher Einfluss seitens der nicht-beherrschenden Parteien in derartigen Fällen aufgrund der i. d. R. funktionsübergreifenden Koordinierung der relevanten Aktivitäten eher selten vorliegen. Hierzu passt, dass eine Stimmrechtsmehrheit einer anderen Partei nach US-GAAP als ein Indiz dafür gilt, dass gerade kein maßgeblicher Einfluss ausgeübt werden kann. Vgl. ASC 323-10-15-10. Dennoch sind derartige Fallkonstellationen in der Praxis nicht unüblich. Vgl. hierzu MEYER, M., Substanzielle Rechte und Schutzrechte, S. 271 f.

394 Die Teilnahme an Entscheidungen über Dividenden dürfte hierfür nicht ausreichend sein, da ansonsten jeder Gesellschafter zwangsläufig einen maßgeblichen Einfluss hätte. Schließlich ist mit der Kapitalteilhabe i. d. R. ein Stimmrecht hinsichtlich der Dividendenpolitik verbunden. Vgl. KÖSTER, O., in: MüKo Bilanzrecht Bd. 1, IAS 28, Rn. 19.

395 Vgl. CAIRNS, D., Applying IAS, S. 299. Bei der Beurteilung, ob ein maßgeblicher Einfluss vorliegt, sollten daher insbesondere die gesetzlichen Vorgaben sowie die gesellschaftsrechtlichen Vereinbarungen berücksichtigt werden. Vgl. LÜDENBACH, N./HOFFMANN, W.-D./FREIBERG, J., in: Haufe IFRS-Kommentar, 13. Aufl., § 33, Rn. 9.

396 Mit Blick auf die Anwesenheitsquoten auf deutschen Hauptversammlungen kann die faktische Stimmrechtsmacht darüber hinaus von der nominellen Stimmrechtsquote abweichen, sodass trotz Unterschreitung des Schwellenwertes von 20% ein maßgeblicher Einfluss vorliegen könnte. Vgl. hierzu SEEL, C., Joint Ventures, S. 130.

397 Eine Einflussnahme auf rein operative Entscheidungen reicht für die Begründung eines maßgeblichen Einflusses insofern nicht aus. So schon HINRICHS, S., Der „maßgebliche Einfluss" als Definitionskriterium, S. 1737.

fern auch das an den maßgeblichen Einfluss geknüpfte Assoziierungsverhältnis eine Vielzahl hinsichtlich der jeweils bestehenden Einflussnahmemöglichkeiten heterogener Unternehmensverbindungen.[398]

35 Einfache Unternehmensbeteiligungen nach IFRS 9

Unternehmensbeteiligungen, bei denen das den Konzernabschluss aufstellende Mutterunternehmen weder unmittelbar noch mittelbar einen maßgeblichen oder (gemeinschaftlich) beherrschenden Einfluss ausüben kann, sind gem. IFRS 9 zum Fair Value zu bilanzieren.[399] Derartige Unternehmensverbindungen sind im Gegensatz zu Assoziierungs- und Beherrschungsverhältnissen gerade nicht durch die Gewährung substanzieller Mitwirkungsrechte geprägt. Eine nachhaltige und nicht nur unwesentliche Beeinflussung der relevanten Aktivitäten des Beteiligungsunternehmens seitens des investierten Unternehmens ist somit prinzipiell nicht möglich.[400] Stattdessen sind mit der Beteiligung allenfalls einzelne in Bezug auf die Geschäftstätigkeit des Beteiligungsunternehmens vergleichsweise unerhebliche Mitwirkungsrechte sowie die auf fundamentale Änderungen und außergewöhnliche Umstände zielenden Schutzrechte verbunden, die insgesamt nicht für eine i. S. d. IFRS-Konzernrechnungslegung höherwertige Einstufung der Beteiligung qualifizieren.

36 Zwischenfazit

Wie in den vorherigen Abschnitten gezeigt werden konnte, wird im Konzernabschluss nicht allein die wirtschaftliche Abhängigkeit zwischen dem Mutter- sowie allen Tochterunternehmen entsprechend der Einheitsfiktion abgebildet. Vielmehr wird auch die darüber hinaus gehende Einflusssphäre des Konzerns berücksichtigt, indem die Art und Weise der bilanziellen Einbeziehung vor allem an die Intensität der seitens der Konzernobergesellschaft jeweils bestehenden Einflussmöglichkeiten geknüpft wird. Für den Fall einer gemeinschaftlichen Beherrschung ist darüber hinaus die in IFRS 11 enthaltene Unterscheidung von Gemeinschaftsunternehmen und gemeinschaftlichen Tätigkeiten zu beachten, bei der die den beteiligten Parteien bei wirtschaftlicher Betrachtung zustehenden Rechte und Pflichten in den Vordergrund rücken.

Vor dem Hintergrund der vorhergehenden Charakterisierung der im IFRS-Konzernabschluss zu unterscheidenden Arten von Unternehmensbeteiligungen wird im fünften Kapitel ausführlich analysiert, ob bzw. in welchen Fallkonstellationen ein Übergang zwischen den verschiedenen Stufen infolge eines sukzessiven Anteilserwerbs eine derartig fundamentale Wesensänderung der Unternehmensbeziehung bedeutet, dass eine Neubewertung der bereits zuvor gehaltenen Beteiligung gerechtfertigt erscheint. Dem vorangestellt werden im folgenden Kapitel jedoch zunächst ausgewählte Grundlagen zur Bilanzierung sukzessiver Anteilserwerbe mit Statuswechsel erläutert.

---

398 Vgl. KUSTNER, C., Beteiligungsbewertung im Konzernabschluss, S. 113, der die Heterogenität der unter dem Begriff des assoziierten Unternehmens zu fassenden Beteiligungsbeziehungen betont.

399 Der Begriff „Beteiligung“ wird in IFRS 9 nicht explizit erwähnt. Unternehmensbeteiligungen sind daher grundsätzlich wie normale Finanzinstrumente zu behandeln.

400 Abgrenzungsschwierigkeiten resultieren, wie bereits erwähnt, vor allem daraus, dass die Identifizierung eines maßgeblichen Einflusses letztendlich auf qualitativen Kriterien beruht. Vgl. Abschnitt 34.

4 Grundlagen zur Bilanzierung sukzessiver Anteilserwerbe mit Statuswechsel nach IFRS

41 Einordnung sukzessiver Anteilserwerbe mit Statuswechsel in das Spektrum möglicher Änderungen von Unternehmensbeziehungen

Die Beziehungen einer Konzernobergesellschaft gegenüber ihren Beteiligungsunternehmen können im Zeitablauf Änderungen unterliegen, die sich je nach Intensität unterschiedlich auf den Konzernabschluss auswirken.[401] So kann sich der Grad der möglichen Einflussnahme vor allem durch eine **Modifikation des Beteiligungsverhältnisses**, also des der Konzernobergesellschaft unmittelbar oder mittelbar zuordenbaren Kapitalanteils ändern.[402] Häufigster Anwendungsfall dürfte hier der (sukzessive) **Erwerb weiterer bzw. die Veräußerung bestehender Anteile** darstellen.[403] Während mit einem Anteilszukauf i. d. R. ein Einflusszuwachs verbunden ist,[404] gilt dies umgekehrt für den (teilweisen) Verkauf von Anteilen. Darüber hinaus können sich auch **eigenkapitalverändernde Maßnahmen** des Beteiligungsunternehmens auf die Beteiligungsquote und somit auf die Einflussnahmemöglichkeiten auswirken.[405] Voraussetzung hierfür ist, dass das übergeordnete Unternehmen entweder über- oder aber unterproportional an einer Kapitalerhöhung respektive -herabsetzung des in den Konzernabschluss einbezogenen Unternehmens teilnimmt.[406] Eine Unternehmensbeziehung kann sich nicht zuletzt auch bei konstanten Kapitalanteilen der Konzernobergesellschaft ändern.[407] Hervorzuheben sind in diesem Zusammenhang vor allem **vertragliche Vereinbarungen**, wie bspw. der Abschluss bzw. die Auflösung von Beherrschungs- und Stimmrechtsbindungsverträgen.[408] Abbildung 4-1 fasst die unterschiedlichen Auslöser einer Änderung bestehender Unternehmensbeziehungen grafisch zusammen, wobei in der vorliegenden Arbeit ausschließlich der Fall eines zusätzlichen Anteilserwerbs betrachtet wird.

Da die bilanzielle Einbeziehung von Unternehmensbeteiligungen in den Konzernabschluss primär an die jeweilig bestehenden Einflussnahmemöglichkeiten der Konzernobergesellschaft geknüpft wird,[409] ist die **Intensität einer etwaigen Änderung** der Unternehmensbeziehung für die Bilanzierung von erheblicher Bedeutung. Hierbei können grundsätzlich zwei Fälle unterschieden werden

---

[401] Vgl. HERRMANN, D., Probleme der Übergangskonsolidierung, S. 821; BAETGE, J./KIRSCH, H.-J./THIELE, S., Konzernbilanzen, S. 415; KÜTING, K./SEEL, C./STRAUß, M., Änderung der Beteiligungshöhe, S. 175.

[402] Vgl. KÜTING, K./SEEL, C./STRAUß, M., Änderung der Beteiligungshöhe, S. 176.

[403] So auch KLOSE, N.-C., Konzernrechnungslegung nach IFRS, S. 150; KÜTING, K./SEEL, C./STRAUß, M., Änderung der Beteiligungshöhe, S. 176.

[404] Vgl. KLOSE, N.-C., Konzernrechnungslegung nach IFRS, S. 155.

[405] Vgl. BAETGE, J., Änderungen bestehender Beteiligungsverhältnisse, S. 533; HERRMANN, D., Probleme der Übergangskonsolidierung, S. 821.

[406] Im Ergebnis so HAYN, B., Konsolidierungstechnik, S. 406.

[407] Vgl. HERRMANN, D., Änderung von Beteiligungsverhältnissen, S. 8; HAYN, B., Konsolidierungstechnik, S. 164 f.; HAYN, B., in: Beck IFRS HB, 4. Aufl., § 38, Rn. 3, sowie ausführlich KÜTING, K./SEEL, C./STRAUß, M., Änderung der Beteiligungshöhe, S. 176-178.

[408] Vgl. MILLA, A./BUTOLLO, B., Übergangskonsolidierung nach IFRS, S. 81.

[409] Vgl. Abschnitt 31.

(vgl. Abbildung 4-2).[410] Zum einen sind einfache Anteilsaufstockungen denkbar, die keine grundlegende Änderung der Unternehmensbeziehung und damit weder eine abweichende Klassifizierung der Beteiligung noch eine Änderung der anzuwendenden Bilanzierungsmethode nach sich ziehen.[411] Derartige Transaktionen werden im Folgenden nicht weiter betrachtet. Zum anderen kann sich die Qualität der Unternehmensbeziehung derart ändern, dass die Beteiligung nunmehr auf einer höheren Stufe der von den IFRS vorgegebenen typisierten Einflusssphäre des Konzerns einzuordnen ist.[412] Beispielsweise könnte durch den Erwerb weiterer Anteile an einem assoziierten Beteiligungsunternehmen nicht mehr nur ein maßgeblicher, sondern erstmals ein beherrschender Einfluss seitens der Konzernobergesellschaft ausgeübt werden. In derartigen Fallkonstellationen wird auch von einem **Statuswechsel des Beteiligungsunternehmens** gesprochen.[413]

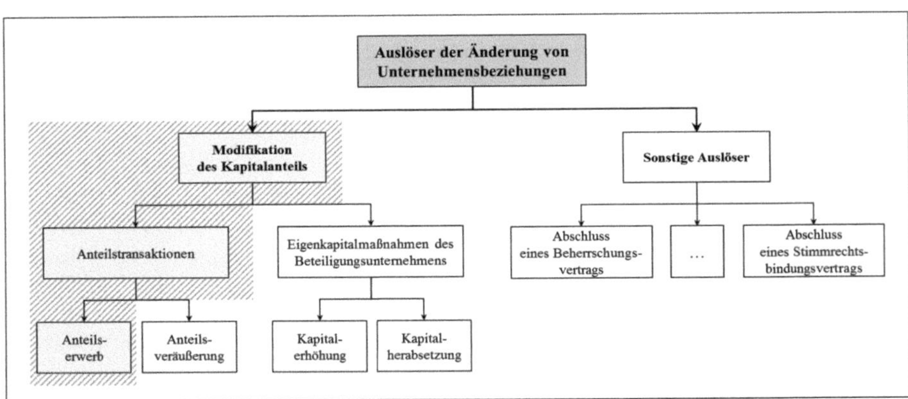

Abbildung 4-1: Auslöser der Änderung von Unternehmensbeziehungen[414]

Der Begriff des Statuswechsels zielt dabei nicht auf die Änderung der bilanziellen Einbeziehungsmethode, sondern allein auf die veränderte Unternehmensbeziehung und damit vornehmlich auf die ökonomische Ebene ab.[415] Zwar ist ein Wechsel des Status einer Unternehmensbeteiligung – d. h. eine

410 Ähnlich im handelsrechtlichen Kontext HAYN, B., Konsolidierungstechnik, S. 135 und 349 bzw. KÜTING, K./HAYN, B., Erst- und Endkonsolidierung, S. 1944.

411 Vgl. im Kontext der Auf- und Abstockung von Anteilen an einer bestehenden Mehrheitsbeteiligung bspw. LÜDENBACH, N./HOFFMANN, W.-D., Übergangskonsolidierung nach ED IFRS 3, S. 1805 und 1809-1811; OSER, P., Auf- und Abstockung von Mehrheitsbeteiligungen, S. 65 f.; HUSMANN, R./HETTICH, S., Aufkauf von Minderheitsanteile, S. 150.

412 Vgl. KÜTING, K./SEEL, C./STRAUß, M., Änderung der Beteiligungshöhe, S. 176.

413 Vgl. KÜTING, K./SEEL, C./STRAUß, M., Änderung der Beteiligungshöhe, S. 176; HAYN, B., Konsolidierungstechnik, S. 162.

414 Ähnlich KLOSE, N.-C., Konzernrechnungslegung nach IFRS, S. 150.

415 Ähnlich KÜTING, K./SEEL, C./STRAUß, M., Änderung der Beteiligungshöhe, S. 176, sowie wohl auch SCHWARZKOPF, A.-S., Anteile nicht beherrschender Gesellschafter, S. 55 f. Im handelsrechtlichen Kontext wird der Begriff des Statuswechsels dementgegen zumeist an den Wechsel der Einbeziehungsmethode geknüpft. Vgl. bspw. KLAHOLZ, E./STIBI, B., Sukzessiver Anteilserwerb, S. 297; BAETGE, J./KIRSCH, H.-J./THIELE, S., Konzernbilanzen, S. 415 f. So wohl auch HAYN, B., Konsolidierungstechnik, S. 135 f. Im IFRS-Kontext auch KLOSE, N.-C., Konzernrechnungslegung nach IFRS, S. 152.

grundlegende Änderung der Unternehmensbeziehung i. S. der typsierenden IFRS-Konzernrechnungslegung – zumeist auch mit einer Änderung der bilanziellen Einbeziehungsmethode verbunden, also bspw. dem Wechsel von der Equity-Methode zur Vollkonsolidierung, dennoch ist ein solcher Zusammenhang keine zwingende Voraussetzung.[416] So ist eine bislang als assoziiertes Unternehmen klassifizierte Unternehmensbeteiligung trotz einer etwaigen Intensivierung der Einflussnahmemöglichkeiten und einer dadurch bedingten Einstufung der Beteiligung als Gemeinschaftsunternehmen weiterhin nach der Equity-Methode gem. IAS 28 zu bilanzieren.

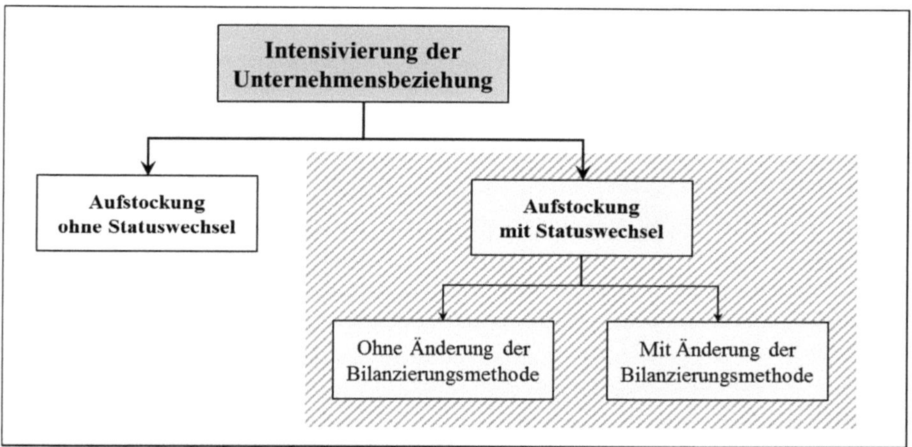

Abbildung 4-2: Intensität der Änderung von Unternehmensbeziehungen

Ein Statuswechsel setzt überdies nicht notwendigerweise eine Änderung der Einflussnahmemöglichkeiten der Konzernobergesellschaft voraus. Ausschlaggebend ist letztlich, ob sich die **Art der Unternehmensbeziehung i. S. d. IFRS-Konzernrechnungslegung** grundlegend ändert (vgl. Abbildung 4-3 in Abschnitt 42). Mit der für die Abgrenzung von Gemeinschaftsunternehmen und gemeinschaftlichen Tätigkeiten maßgeblichen Betrachtung der den beteiligten Parteien wirtschaftlich zustehenden Rechte und Pflichten hat der IASB eine weitere hinsichtlich der Systematisierung von Unternehmensbeteiligungen zu beachtende Dimension eingeführt.[417] Eine diesbezügliche Änderung, also bspw. der Übergang vom Gemeinschaftsunternehmen zur gemeinschaftlichen Tätigkeit, ist somit theoretisch ebenfalls unter dem Begriff des Statuswechsels zu subsumieren, obwohl sich die Einflussnahmemöglichkeiten der Konzernobergesellschaft, hier die gemeinschaftliche Beherrschung, nicht geändert haben. Da derartige Fallkonstellationen indes nicht durch einen Erwerb zusätzlicher Anteile, sondern zumeist durch eine vertragliche Vereinbarung zwischen den die gemeinschaftliche Beherr-

416 Vgl. KÜTING, K./SEEL, C./STRAUß, M., Änderung der Beteiligungshöhe, S. 176.
417 Vgl. ausführlich hierzu Abschnitt 332.

schung ausübenden Parteien ausgelöst werden, ist der Statuswechsel von einem Gemeinschaftsunternehmen hin zu einer gemeinschaftlichen Tätigkeit und umgekehrt nicht Bestandteil der im Rahmen der vorliegenden Arbeit vorgenommenen Analyse.[418]

42 Grundlegende Systematik der Übergangskonsolidierung und Abgrenzung der einschlägigen IFRS

Sämtliche in den nachfolgenden Kapiteln betrachteten Fälle eines aufwärtsgerichteten Statuswechsels sind mit einem sog. sukzessiven Anteilserwerb verbunden, da annahmegemäß bereits vor dem (neuerlichen) Anteilskauf eine Beteiligung an dem einzubeziehenden Unternehmen vorlag. Sukzessive Anteilserwerbe sind im Konzernabschluss durch eine sog. **Übergangskonsolidierung**[419] abzubilden. Hierunter sind ganz allgemein sämtliche Maßnahmen zu fassen, die erforderlich sind, um dem durch die Änderung des Beteiligungsverhältnisses hervorgerufenen Statuswechsel bei der Bilanzierung angemessen Rechnung zu tragen.[420] Im Fokus steht hier neben einer je nach Art des Statuswechsels ggf. erstmalig durchzuführenden Schulden-, Zwischenergebnis- sowie Aufwands- und Ertragskonsolidierung vor allem die im Folgenden ausschließlich betrachtete Kapitalkonsolidierung.[421] So sind zum Zeitpunkt des Statuswechsels zum einen die hinzuerworbenen Anteile gemäß der nunmehr einschlägigen Einbeziehungsmethode erstzukonsolidieren.[422] Zum anderen ist in vielen Fällen auch die bisherige Bilanzierung der bereits gehaltenen Anteile, die sog. Altanteile, anzupassen.[423] Die diesbezügliche Vorgehensweise kann gedanklich in zwei Schritte unterteilt werden.[424]

---

418 Vgl. hierzu aber GIMPEL-HENNING, N., Umklassifizierung eines Joint Venture als Joint Operation, S. 416-417.

419 Der Begriff der Übergangskonsolidierung wird in der Literatur ganz unterschiedlich verwendet. Teilweise wird er nur dann gebraucht, wenn mit dem Statuswechsel ein Wechsel zwischen Konsolidierungsmethoden bzw. konsolidierungsähnlichen Verfahren verbunden ist (Übergangskonsolidierung i. e. S.). So bspw. WARMBOLD, S., Endkonsolidierung, S. 143 f. Andererseits wird die Übergangskonsolidierung zum Teil auch auf die Fallkonstellationen eines Statuswechsels ausgehend von einer einfachen Beteiligung übertragen. Vgl. HAYN, B., Konsolidierungstechnik, S. 162 f.; MILLA, A./BUTOLLO, B., Übergangskonsolidierung nach IFRS, S. 81, sowie HERRMANN, D., Probleme der Übergangskonsolidierung, S. 822. Letzterem Verständnis wird in der vorliegenden Arbeit gefolgt. Dabei wird im Folgenden auch dann von einer Übergangskonsolidierung gesprochen, wenn der Statuswechsel der Beteiligung, wie derzeit möglich, nicht mit einer Änderung der Konsolidierungs- bzw. Bewertungsmethode einhergehen sollte.

420 Ähnlich HAYN, B., Konsolidierungstechnik, S. 162; MILLA, A./BUTOLLO, B., Übergangskonsolidierung nach IFRS, S. 81.

421 Zu den Konsolidierungsmaßnahmen sind ferner die konsolidierungsvorbereitenden Maßnahmen wie bspw. die Vereinheitlichung der Währung oder der Bilanzstichtage zu zählen.

422 Vgl. HERRMANN, D., Änderung von Beteiligungsverhältnissen, S. 123, sowie BAETGE, J., Änderungen bestehender Beteiligungsverhältnisse, S. 546. Im Folgenden wird aus Vereinfachungsgründen auch dann von einer Konsolidierung gesprochen, wenn es um die Bilanzierung von assoziierten Unternehmen bzw. Gemeinschaftsunternehmen sowie um die quotale Einbeziehung gemeinschaftlicher Tätigkeiten in den Konzernabschluss geht. Gleichwohl sei angemerkt, dass die quotale Einbeziehung gemeinschaftlicher Tätigkeiten nur dann als Konsolidierungsmethode angesehen werden kann, wenn die Tätigkeit in Form einer rechtlich selbstständigen Einheit strukturiert ist und ferner nicht, wie von IFRS 11 vorgesehen, schon im Einzelabschluss quotal einbezogen wird. Auch die Equity-Methode kann i. d. R. wohl allenfalls als konsolidierungsähnliches Verfahren verstanden werden. Zur Diskussion um die Klassifizierung als Bewertungs- bzw. Konsolidierungsmethode vgl. EFRAG (Hrsg.), Equity Method, S. 13-16, sowie im handelsrechtlichen Kontext schon KIRSCH, H.-J., Equity-Methode, S. 61-67, 142-144 und 155-162.

423 Ob eine Anpassung erforderlich ist, hängt vor allem davon ab, ob mit dem Statuswechsel eine Änderung der Konsolidierungsmethode verbunden ist. Gleichwohl sind auch ohne Wechsel der Konsolidierungsmethode Anpassungen, bspw. eine Neubewertung der Altanteile oder darin enthaltener Vermögenswerte und Schulden, möglich.

424 Vgl. HAYN, B., Konsolidierungstechnik, S. 165, sowie HERRMANN, D., Änderung von Beteiligungsverhältnissen, S. 121.

Zunächst ist die Unternehmensbeteiligung i. H. d. in der fortgeführten Konzernbilanz bislang enthaltenen Werte herauszurechnen (**„Entflechtung" der Altanteile**).[425] Die hierbei betroffenen Bilanzpositionen variieren je nach vorherigem Status bzw. konzernbilanzieller Einbeziehung der Beteiligung.[426] Wurden die Altanteile bislang als einfache Beteiligung gem. IFRS 9 oder aber als Beteiligung an einem assoziierten bzw. Gemeinschaftsunternehmen nach der Equity-Methode gem. IAS 28 bilanziert, ist der entsprechende Posten in der Bilanz i. H. d. Fair Value bzw. des Equity-Wertes zu reduzieren. Dementgegen hat ein Aufwärtswechsel ausgehend von einer gemeinschaftlichen Tätigkeit die Ausbuchung der dem Konzern gem. IFRS 11 bilanziell zuzurechnenden Vermögenswerte und Schulden zur Folge. In einem zweiten Schritt sind diese Altanteile dann entsprechend der an den geänderten Status geknüpften Bilanzierungsmethode neu zu konsolidieren (**„Neukonsolidierung" der Altanteile**).[427] Sowohl die Equity-Methode[428] als auch die Verfahren der quotalen Einbeziehung[429] sowie der Vollkonsolidierung[430] sehen dabei eine Aufrechnung des Wertansatzes der Kapitalanteile gegen die (anteilig) hinter der Beteiligung stehenden Vermögenswerte und Schulden vor. Erst hierdurch wird die u. a. für eine angemessene Wertfortschreibung und Periodisierung der Anschaffungskosten erforderliche Transparenz hinsichtlich der im Beteiligungswert enthaltenen Wertkomponenten gewährleistet. Während sich das Ergebnis der Kapitalaufrechnung bei der quotalen Einbeziehung sowie der Vollkonsolidierung über die Aufnahme der (anteiligen) Vermögenswerte und Schulden direkt in der Bilanz niederschlägt, ist die Wirkung bei der Equity-Methode zunächst auf eine entsprechenden Angabe im Anhang sowie die Fortschreibung des Beteiligungswertes in den Folgeperioden beschränkt.[431]

Die Vorschriften zur Bilanzierung sukzessiver Anteilserwerbe sind über verschiedene IFRS verteilt. Für die Übergangskonsolidierung mit Aufwärtswechsel ist prinzipiell derjenige IFRS einschlägig, der die Art und Weise der bilanziellen Einbeziehung der Unternehmensbeteiligung nach dem Statuswechsel normiert.[432] Wird infolge eines sukzessiven Anteilserwerbs erstmalig ein maßgeblicher Einfluss über ein bislang als einfache Beteiligung eingestuftes Unternehmen erlangt, sind demgemäß nicht die Regelungen des IFRS 9, sondern die des IAS 28 einschlägig.[433] Gleiches gilt für den Übergang zu Gemeinschaftsunternehmen, da diese ebenso nach der in IAS 28 normierten Equity-Methode in den Konzernabschluss einzubeziehen sind. Ist das Beteiligungsunternehmen nach dem sukzessiven

---

425 Vgl. HERRMANN, D., Änderung von Beteiligungsverhältnissen, S. 121 und 135-138; BAETGE, J./KIRSCH, H.-J./THIELE, S., Konzernbilanzen, S. 434.

426 Im handelsrechtlichen Kontext vgl. HERRMANN, D., Änderung von Beteiligungsverhältnissen, S. 135.

427 Vgl. HERRMANN, D., Änderung von Beteiligungsverhältnissen, S. 121 und 139; BAETGE, J./KIRSCH, H.-J./THIELE, S., Konzernbilanzen, S. 434 f.

428 Vgl. Abschnitt 531

429 Vgl. Abschnitt 521.

430 Vgl. Abschnitt 511.

431 Vgl. Abschnitt 521.

432 Die Übergangskonsolidierung mit Abwärtswechsel ist umgekehrt zumeist immer durch den IFRS geregelt, der die Bilanzierung der Beteiligung vor dem Statuswechsel festlegt. Insofern ist für den Abwärtswechsel ausgehend vom Tochterunternehmen IFRS 10, von einer gemeinschaftlichen Tätigkeit IFRS 11 sowie vom assoziierten Unternehmen und Gemeinschaftsunternehmen IAS 28 einschlägig.

433 Allerdings finden sich in IAS 28 derzeit keine expliziten Vorschriften zur Abbildung sukzessiver Anteilserwerbe. Vgl. ausführlich Abschnitt 532.1.

Anteilserwerb indes als gemeinschaftliche Tätigkeit zu klassifizieren, ist dagegen grundsätzlich IFRS 11 einschlägig.[434]

Eine Besonderheit ergibt sich bei der Bilanzierung sukzessiver Unternehmenserwerbe, also bei Transaktionen, bei denen die Konzernobergesellschaft die Beteiligungsquote an einem Unternehmen durch einen zusätzlichen Anteilskauf steigert, bis schließlich erstmals eine alleinige Beherrschungsmöglichkeit gegeben ist.[435] Zwar ergibt sich die Pflicht zur Vollkonsolidierung von Tochterunternehmen zunächst aus IFRS 10.[436] Gleichwohl wird dort bezüglich der Einzelheiten der Kapitalkonsolidierung auf die ausführlichen Regelungen des IFRS 3 verwiesen.[437] Dementsprechend finden sich explizite Regelungen zur Übergangskonsolidierung bei erstmaliger Erlangung eines beherrschenden Einflusses im Zuge sukzessiver Anteilserwerbe nicht in IFRS 10, sondern in IFRS 3.[438] Dabei ist es unerheblich, welchen Status die Unternehmensbeteiligung vor der Einbeziehung als Tochterunternehmen innehatte.[439] Abbildung 4-3 stellt die verschiedenen Konstellationen einer Übergangskonsolidierung mit Aufwärtswechsel sowie die dafür jeweils einschlägigen Bilanzierungsstandards zusammenfassend dar.[440]

Status vor der (Erwerbs-)Transaktion	Status nach der (Erwerbs-)Transaktion: Einfache Beteiligung	Assoziiertes Unternehmen	Gemeinschafts-unternehmen	Gemeinschaftliche Tätigkeit	Tochter-unternehmen
Tochter-unternehmen	-	-	-	-	
Gemeinschaftliche Tätigkeit	-	-	-		IFRS 3
Gemeinschafts-unternehmen	-	-		IFRS 11 (nicht betrachtet)	IFRS 3
Assoziiertes Unternehmen	-		IAS 28	IFRS 11 (nicht explizit geregelt)	IFRS 3
Einfache Beteiligung		IAS 28 (nicht explizit geregelt)	IAS 28 (nicht explizit geregelt)	IFRS 11 (nicht explizit geregelt)	IFRS 3

Abbildung 4-3: Anwendungsfälle und einschlägige IFRS zur Übergangskonsolidierung mit Aufwärtswechsel

434 Die Vorschriften des IFRS 11 zur quotalen Einbeziehung gemeinschaftlicher Tätigkeiten sind vergleichsweise abstrakt gehalten. Bezüglich (sukzessiver) Anteilserwerbe wird wiederum auf die Regelungen des IFRS 3 verwiesen. Vgl. hierzu Abschnitt 521.

435 Vgl. IFRS 3.41; PELLENS, B. U. A., Internationale Rechnungslegung, S. 782.

436 Vgl. IFRS 10.B86 (b).

437 So auch BAETGE, J./HAYN, S./STRÖHER, T., in: Baetge u. a., Rechnungslegung nach IFRS, 2. Aufl., IFRS 10, Rn. 252.

438 Vgl. hierzu IFRS 3.41 f.

439 Vgl. BAETGE, J./HAYN, S./STRÖHER, T., in: Baetge u. a., Rechnungslegung nach IFRS, 2. Aufl., IFRS 3, Rn. 332. Zwar wird auch in IAS 28 der Fall eines Übergangs eines assoziierten Unternehmens bzw. eines Gemeinschaftsunternehmens zum Tochterunternehmen explizit angesprochen. Es wird dabei jedoch lediglich auf die Vorschriften von IFRS 3 verwiesen.

440 Ein ähnlicher Überblick findet sich auch bei PELLENS, B. U. A., Internationale Rechnungslegung, S. 782.

43 Ableitung eines Anforderungskatalogs für eine entscheidungsnützliche Bilanzierung sukzessiver Anteilserwerbe

431. Vorbemerkungen

Den Ausgangspunkt zur Ableitung eines Anforderungskatalogs für die Bilanzierung sukzessiver Anteilserwerbe stellt das allgemeine Ziel der IFRS-Rechnungslegung dar, nämlich die Entscheidungsnützlichkeit der dadurch vermittelten Informationen hinsichtlich der Vermögens-, Finanz- und Ertragslage des Konzerns. Um diesem Ziel gerecht zu werden, ist die bilanzielle Umsetzung stets an den in Abschnitt 23 dargestellten qualitativen Anforderungen zu spiegeln. Da diese aufgrund ihres zunächst unspezifischen Charakters jedoch vergleichsweise abstrakt formuliert sind, ist es für die Auslegung und Würdigung bestehender Vorschriften bzw. für die Lückenschließung bei unvollständigen Regelungen förderlich, die qualitativen Anforderungen sachverhaltsspezifisch zu konkretisieren. Vor diesem Hintergrund werden die theoretischen Anforderungen des *Conceptual Framework* im Folgenden auf den in der vorliegenden Arbeit untersuchten Spezialfall der Bilanzierung sukzessiver Anteilserwerbe mit Statuswechsel ausgerichtet.

Ausgehend von dem seitens des IASB vorgeschlagenen Prüfprozess zur Identifikation entscheidungsnützlicher Informationen wird in Abschnitt 432. zunächst das der Bilanzierung sukzessiver Anteilstransaktionen zugrunde liegende ökonomische Phänomen beleuchtet, über das aus Sicht der Rechnungslegungsadressaten zu berichten ist. Die Relevanz der verschiedenen bilanziellen Abbildungsvarianten ist im Rahmen der späteren Analyse sodann an diesem sachverhaltsspezifischen Informationsziel zu messen. Um auch den weiteren qualitativen Kriterien und hier insbesondere der Anforderung einer glaubwürdigen Darstellung gerecht werden zu können, werden in einem zweiten Schritt zusätzliche Anforderungen herausgearbeitet, die bei der Beurteilung der Bilanzierung sukzessiver Anteilserwerbe von besonderer Bedeutung sind.

432. Darstellung der Änderung des wirtschaftlichen (Rein-)Vermögens als zentrales Informationsziel

Beteiligungen einer Konzernobergesellschaft an anderen Unternehmen können aus unterschiedlichen Motiven heraus durch einen weiteren Anteilserwerb erhöht werden.[441] Aus Sicht der (Konzern-)Abschlussadressaten ist in diesem Zusammenhang vor allem relevant, inwiefern der Erwerbsvorgang ihren ökonomischen Interessen nachkommt, d. h., die wirtschaftliche Situation des Konzerns hierdurch (positiv) beeinflusst wird. Ein Anteilserwerb stellt durch die zu erbringende Gegenleistung und den damit i. d. R. verbundenen Abfluss finanzieller Mittel zunächst eine Investition in die wirtschaftliche Zukunft des Konzernverbunds dar.[442] Abhängig vom gezahlten Kaufpreis, dem Umfang des Anteilspaketes bzw. den damit einhergehenden Einflussnahmemöglichkeiten sowie der Art und

[441] Die Motive lassen sich grundsätzlich in finanzwirtschaftliche und rechnungswesenbezogene Argumentationen unterteilen. Vgl. hierzu EBERT, M./SIMONS, D., Bilanzpolitisches Potenzial im Rahmen der Goodwillbilanzierung, S. 629, sowie GEISLER, R., Schrittweiser Kauf kann lohnen, in: Handelsblatt 15.06.2013, verfügbar unter http://www.handelsblatt.com/adv/unternehmerboerse/unternehmenserwerb-schrittweiser-kauf-kann-lohnen/8421518.html.

[442] Ähnlich ORDELHEIDE, D., Kapitalkonsolidierung und Konzernerfolg, S. 292.

Größe des jeweiligen Beteiligungsunternehmens können sich hieraus erhebliche Konsequenzen für die Vermögens-, Finanz- und Ertragslage des erwerbenden Konzerns ergeben.[443] Vor dem Hintergrund der damit verbundenen Chancen und Risiken sind die Entscheidungen über externes Wachstum in Form von Anteilszukäufen unbestritten zu den zentralen Herausforderungen der Konzernleitung zu zählen.[444] Relevant ist die Berichterstattung über derartige Geschäftsvorfälle daher grundsätzlich dann, wenn sie eine **differenzierte Beurteilung der Güte der Investition** mit Blick auf die wirtschaftlichen Interessen der Abschlussadressaten ermöglicht.[445]

Im Fokus der Betrachtung steht hierbei zum einen das den Anschaffungskosten gegenüberstehende Erwerbsobjekt. So ist für die Beurteilung der Investition zunächst eine möglichst detaillierte Aufgliederung der hinter den neu erworbenen Kapitalanteilen stehenden Nutzenpotenziale von Interesse (Darstellung der **unmittelbaren (Rein-)Vermögensänderung**[446]).[447] Neben einer Aufgliederung der einzelnen implizit anteilig erworbenen Vermögenswerte und Schulden des Beteiligungsunternehmens dürften vor allem auch Informationen über eine ggf. geleistete Mehr- oder Minderzahlung im Vergleich zum Substanzwert der Anteilstranche relevant sein.

Zum anderen sollten zugleich Informationen darüber vermittelt werden, ob sich aus dem durch den neuerlichen Anteilserwerb hervorgerufenen Statuswechsel der Unternehmensbeteiligung Rückwirkungen auf den Wert oder aber die wertmäßige Zusammensetzung der bereits gehaltenen Beteiligung ergeben (Darstellung der **mittelbaren (Rein-)Vermögensänderungen**). So wird bspw. die erstmalige Erlangung der alleinigen Beherrschung über ein Unternehmen im Zuge sukzessiver Anteilserwerbe seitens des IASB als ein sog. ***significant economic event*** charakterisiert, das angesichts der zu erwartenden fundamentalen Wesensänderung der zuvor bestehenden Beteiligung einen „vollständigen Neustart“[448] der bisherigen Bilanzierung einschließlich einer Neubewertung der Altanteile zum Fair Value nach sich zieht.[449] Die aus einer solchen Bilanzierungsvorschrift u. U. resultierenden Wertanpassungen würden indes nur dann dem sachverhaltsspezifischen Informationsziel gerecht werden, sofern sie wirtschaftlich betrachtet tatsächlich (erst) durch den neuerlichen Erwerbsvorgang begründet werden. Insofern ist im Rahmen der späteren Analyse differenziert herauszuarbeiten, welche ökonomischen Auswirkungen mit dem Wechsel von einem Status zum anderen verbunden sein können und ob bzw. in welchen Fallkonstellationen ein Statuswechsel insofern tatsächlich wie vom IASB angeführt ein derart bedeutendes wirtschaftliches Ereignis darstellt, das eine Neubewertung der Altanteile rechtfertigt.[450]

Keinesfalls wäre eine generell zeitwertbasierte Einbeziehung der Altanteile – also unabhängig von den mit dem jeweiligen Statuswechsel typischerweise verbundenen ökonomischen Auswirkungen –

---

443 Vgl. die Beispiele in Abschnitt 11.

444 Im Zusammenhang mit Unternehmenszusammenschlüssen ähnlich auch GAUSEMEIER, J./PFÄNDER, T., Zukunftsorientierte Unternehmensgestaltung, S. 132 f.

445 Vgl. in Bezug auf Unternehmenserwerbe IFRS 3.BC25.

446 Der Begriff „(Rein-)Vermögensänderung“ soll dabei nicht nur Änderungen der Vermögens-, sondern auch der Finanzlage und damit letztlich des Reinvermögen umfassen.

447 Ähnlich IFRS 3.BC25.

448 KÜTING, K., Konzernrechnungslegung nach IFRS und HGB, S. 2824.

449 Vgl. hierzu ausführlich Abschnitt 513.322.

450 Vgl. hierzu ausführlich die Abschnitte 513.322, 523.2, 532.213 sowie 533.3.

mit der Forderung nach einer möglichst sachgerechten Darstellung der (Rein-)Vermögensänderung vereinbar. Schließlich hätte eine solche Vorgehensweise angesichts der derzeitig heterogenen Bilanzierung von Unternehmensbeteiligungen regelmäßig Wertanpassungen zur Folge, die allein auf die Tatsache zurückzuführen sind, dass die Beteiligung zuvor nicht bereits zum Fair Value, sondern bspw. *at equity* bilanziert wurde. Die für die Beurteilung der Investition erforderlichen Informationen über die durch den Erwerb tatsächlich ausgelösten wirtschaftlichen (Rein-)Vermögensänderungen würden damit regelmäßig durch rein bewertungsbedingte, d. h. allein durch einen Wechsel der Bewertungsmethode hervorgerufene Anpassungen überdeckt, die auch vor dem Hintergrund der Bilanzierungsstetigkeit kritisch zu beurteilen wären. Die spezifische Zielsetzung der Übergangskonsolidierung besteht demnach gerade nicht darin, die Vermögens- und Finanzlage des Konzerns möglichst zutreffend darzustellen, sondern allein die durch den Geschäftsvorfall „neuerlicher Anteilserwerb" hervorgerufenen Änderungen erkennen zu lassen. Die Frage, ob Unternehmensbeteiligungen mit Blick auf die Entscheidungsnützlichkeit grundsätzlich und damit auch im Zeitpunkt des Statuswechsels auf Basis von Zeitwerten bilanziert werden sollten, ist stattdessen im Zusammenhang mit den für die Folgebilanzierung jeweils einschlägigen Rechnungslegungsstandards zu diskutieren und insofern nicht Bestandteil der vorliegenen Untersuchung.

Im Ergebnis soll es den Abschlussadressaten durch die im Rahmen der Übergangskonsolidierung zu ergreifenden bilanziellen Maßnahmen letztlich also ermöglicht werden, die mit der in der Berichtsperiode durchgeführten Investition einhergehenden **wirtschaftlichen (Rein-)Vermögensänderungen des Konzernverbunds** sowohl hinsichtlich der **Zusammensetzung** als auch der **Höhe** zu beurteilen. Dem im *Conceptual Framework* verfolgten *asset liability approach*[451] entsprechend ist die Bilanzierung sukzessiver Anteilserwerbe damit zunächst auf eine möglichst sachgerechte Darstellung der durch den Statuswechsel verursachten **Änderungen der Vermögens- und Finanzlage** des Konzerns auszurichten. Aufgrund der Koppelung des Erfolgsverständnisses an die Bestandsgrößen der Bilanz bzw. deren Änderungen können hieraus gleichzeitig jedoch wichtige **Erkenntnisse über die Ertragslage** des Konzerns gewonnen werden. Hierfür ist ein differenzierter Ausweis des im Zuge des statusändernden Erwerbsvorganges ggf. erfassten Erfolges erforderlich. So sollten insbesondere der Charakter sowie die Umstände des wirtschaftlichen Nutzenzu- bzw. -abflusses verdeutlicht werden, um den Abschlussadressaten Rückschlüsse über die Nachhaltigkeit derartiger Erfolge sowie über die (Un-)Sicherheit und die zeitliche Einordnung damit einhergehender Zahlungsströme zu ermöglichen.

Auf Basis dieser Informationen können schließlich die für die Kapitalanlageentscheidungen der Abschlussadressaten erforderlichen Prognosen künftiger Zahlungsströme des Konzerns getroffen bzw. angepasst werden (Erfüllung der **Bewertungsfunktion**). Gleichzeitig dient die Darstellung der wirtschaftlichen (Rein-)Vermögensänderung vor allem auch der **Rechenschaftsfunktion**, also der Frage, ob bzw. wie das Management der Konzernobergesellschaft durch den neuerlichen Erwerbsvorgang seiner Verpflichtung nachgekommen ist, das zur Verfügung gestellte Kapital effizient und effektiv zu nutzen. Durch die explizite Berücksichtigung von Rechenschaftsaspekten bei der Bilanzierung sukzessiver Anteilserwerbe sollen die Investoren und Gläubiger letztlich in die Lage versetzt werden,

[451] Vgl. Abschnitt 24.

über ihre Kapitalvergabe sowie die Zusammensetzung und finanzielle Vergütung des Top-Managements fundiert entscheiden zu können.

433. Weitere zu beachtende Anforderungen

433.1 Überblick

Zusätzlich zu dem für die Bilanzierung sukzessiver Anteilserwerbe konkretisierten zentralen Informationsziel als Maßstab für die Relevanz der vermittelten Informationen werden im Folgenden drei weitere Anforderungen herausgearbeitet, die bei der Berichterstattung berücksichtigt werden sollten, um der übergeordneten Zielsetzung der Entscheidungsnützlichkeit bestmöglich gerecht zu werden. Während die Forderung nach einer Einhaltung des Kongruenzprinzips sowie die angestrebte Einschränkung bilanzpolitischer Spielräume zwei in der Rechnungslegungsliteratur viel diskutierte, vergleichsweise unspezifische Nebenbedingungen einer entscheidungsnützlichen Bilanzierung darstellen, zielt die Forderung nach einer Beachtung des zeitlichen Bezugsrahmens bei der Neukonsolidierung der Altanteile auf einen konsolidierungstechnischen, höchst sachverhaltsspezifischen Aspekt sukzessiver Anteilserwerbe ab. Alle drei Nebenbedingungen werden dabei aus den qualitativen Anforderungen der IFRS und hier insbesondere der fundamentalen Anforderung einer glaubwürdigen Darstellung abgeleitet.

433.2 Beachtung des Kongruenzprinzips

Implizite Nebenbedingung des auch der IFRS-Rechnungslegung zugrunde liegenden *accrual accounting* ist es, dass die in der Erfolgsrechnung erfassten Aufwendungen und Erträge über die Gesamtlebensdauer eines Bilanzierungsobjekts grundsätzlich dem Saldo der über diese Totalperiode „im Verkehr mit der Umwelt“[452] erzielten Ein- und Auszahlungen zu entsprechen haben (sog. **Kongruenzprinzip**).[453] Auch wenn weder im *Conceptual Framework* noch in spezifischen IFRS ein expliziter Hinweis hierauf zu finden ist, lässt sich die Übertragung der hinter diesem Prinzip stehenden Überlegungen auf die IFRS-Rechnungslegung mit Blick auf die qualitativen Anforderungen an die Berichterstattung rechtfertigen.[454] Zum einen werden den im Rahmen der Bilanzierung gewährten Freiräumen zur Bilanzpolitik durch die zu erfüllende Kongruenzbedingung verlässliche Grenzen auferlegt,[455] die der **Neutralität** und damit der **Glaubwürdigkeit** der Konzernbilanzierung zugutekommen. Schließlich lassen sich ohne einen Verstoß gegen das Kongruenzprinzip allein die Erfolge einzelner Perioden, nicht aber die Summe der Periodenerfolge bilanzpolitisch beeinflussen.[456] Jede auf

452 BUSSE VON COLBE, W., Gefährdung des Kongruenzprinzips, S. 127.

453 Vgl. ähnlich ZORN, T., Endkonsolidierung, S. 93 mit Verweis auf FRANKE, G./HAX, H., Finanzwirtschaft, S. 82-90. Allgemein zum Kongruenzprinzip MÜNSTERMANN, H., Dynamische Bilanztheorien, Rn. 274, sowie BUSSE VON COLBE, W., Gefährdung des Kongruenzprinzips, S. 127.

454 Ähnlich ZORN, T., Endkonsolidierung, S. 93. Zur Stellung des Kongruenzprinzips in der internationalen Rechnungslegung vgl. SCHILDBACH, T., Externe Rechnungslegung und Kongruenz, S. 1813, sowie ausführlich ZÜLCH, H., Gewinn- und Verlustrechnung nach IFRS, S. 53-58. Im deutschen Handelsrecht leitet sich das Kongruenzprinzip dagegen vor allem aus dem Grundsatz der Pagatorik ab. Vgl. ausführlich HAYN, B., Konsolidierungstechnik, S. 43 f.

455 Vgl. SCHILDBACH, T., Externe Rechnungslegung und Kongruenz, S. 1814.

456 Vgl. ZÜLCH, H., Gewinn- und Verlustrechnung nach IFRS, S. 55, sowie SCHILDBACH, T., Externe Rechnungslegung und Kongruenz, S. 1814.

die Erfolgsrechnung gerichtete bilanzpolitische Maßnahme ist damit mit einer entgegengesetzten Erfolgswirkung in den Folgeperioden verbunden.[457] Die Beachtung des Kongruenzprinzips führt insofern dazu, dass die „Zweischneidigkeit der Bilanz"[458] sichergestellt bzw. eine dauerhafte, einseitige Ergebnisverzerrung unmöglich gemacht wird.[459]

Darüber hinaus lässt das Kongruenzprinzip durch die auf die Totalperiode bezogene Kopplung der Erträge und Aufwendungen an tatsächliche Zahlungsströme den Charakter und die Bedeutung der bilanziellen Erfolgsrechnung als sog. Abschnittsrechnung deutlicher hervortreten.[460] Hierdurch wird nicht allein die **Verständlichkeit** der vermittelten Informationen erhöht, sondern überhaupt erst die Grundlage für eine unmittelbar auf Rechnungslegungsgrößen basierende Bewertung von Unternehmen(santeilen) gelegt.[461] So ermöglicht die Kongruenzbedingung als zentraler Bestandteil des sog. **Lücke-Theorems**[462] den Brückenschlag zwischen dem auf Erträgen und Aufwendungen basierenden externen Rechnungswesen und der zahlungsstromorientierten Investitionsrechnung.[463] Dieser „*link between accounting and finance*"[464] erscheint vor allem mit Blick auf die **Bewertungsfunktion** der IFRS von entscheidender Bedeutung, da hierdurch die Eignung der Rechnungslegungsdaten als Inputparameter bei der Prognose künftiger Zahlungsströme verbessert werden kann. Abweichungen vom Totalerfolgskonzept könnten jedoch nicht nur verzerrte Prognosen bzw. Bewertungen zur Folge haben.[465] Vielmehr könnte eine zunehmende Nicht-Beachtung des Kongruenzprinzips langfristig dazu führen, das Vertrauen in die auf die Totalperiode bezogene pagatorische Absicherung bilanzieller Erfolge zu gefährden und hierdurch „die 'Kultur der Rechnungslegung' zu beschädigen"[466]. Letztlich würde somit wiederum die **Glaubwürdigkeit** der durch den IFRS-Konzernabschluss vermittelten Informationen in Mitleidenschaft gezogen.

Durchbrechungen des Kongruenzprinzips können nicht nur im Einzelabschluss, sondern (zusätzlich) auch auf **Ebene des Konzernabschlusses** auftreten.[467] Während die Lebensdauer von Einzelunternehmen durch den Gründungsakt einerseits sowie die rechtliche Abwicklung andererseits klar abgegrenzt werden kann, ist die für das konzernbezogene Kongruenzprinzip maßgebliche Totalperiode

---

457 Vgl. FALKENHAHN, G., Änderungen der Beteiligungsstruktur, S. 41, sowie SCHILDBACH, T., Externe Rechnungslegung und Kongruenz, S. 1814.

458 SCHILDBACH, T., Externe Rechnungslegung und Kongruenz, S. 1814.

459 Vgl. SCHILDBACH, T., Externe Rechnungslegung und Kongruenz, S. 1814 und 1820.

460 Vgl. SCHMALENBACH, E., Dynamische Bilanz, S. 96 f.

461 Vgl. zur sog. Residualgewinnmethode im Rahmen der Shareholder Value-Analyse bspw. ORDELHEIDE, D., Wahrung des Kongruenzprinzips, S. 518 f.

462 Das Lücke-Theorem besagt, dass eine Investition sowohl über Zahlungsströme als auch auf Basis von Aufwands- und Ertragsgrößen beurteilt werden kann, solange das Kongruenzprinzip eingehalten wird. Vgl. grundlegend LÜCKE, W., Investitionsrechnungen, S. 310-324.

463 Vgl. ORDELHEIDE, D., Wahrung des Kongruenzprinzips, S. 516, sowie KROTTER, S., Durchbrechungen des Kongruenzprinzips, S. 1.

464 BRIEF, R. P./PEASNELL, K. V., Clean Surplus, S. III.

465 Vgl. KROTTER, S., Durchbrechungen des Kongruenzprinzips, S. 32.

466 BUSSE VON COLBE, W., Gefährdung des Kongruenzprinzips, S. 138.

467 Im handelsrechtlichen Kontext unter Anführung eines Beispiels HERRMANN, D., Änderung von Beteiligungsverhältnissen, S. 40-46.

des Konzerns rechtlich unbestimmt.[468] Vor diesem Hintergrund wird für Zwecke der Konzernrechnungslegung i. d. R. nicht unmittelbar auf den Konzerntotalerfolg, sondern vielmehr auf die konzernbilanziellen **Erfolgsbeiträge der einzelnen Unternehmensbeteiligungen** abgestellt.[469] Als Vergleichsmaßstab wird dabei der auf die jeweilige Beteiligung bezogene (pagatorische) Totalerfolg der Konzernobergesellschaft herangezogen.[470] Das konzernbezogene Kongruenzprinzip ist demnach dann erfüllt, wenn die dem Mutterunternehmen im Konzernabschluss zwischen ursprünglichem Anteilserwerb und Anteilsveräußerung zuzuordnenden Erfolge aus der Investition „Unternehmensbeteiligung" exakt dem Saldo aller daraus resultierenden Ein- und Auszahlungen entsprechen.[471] Die verschiedenen Methoden zur Bilanzierung von Unternehmensbeteiligungen dürften sich insofern nur hinsichtlich der Periodisierung der seitens der Konzernobergesellschaft gezahlten Anschaffungskosten, zwischenzeitlicher Gewinnausschüttungen und Kapitalausgleichen sowie des erhaltenen Veräußerungserlöses und damit letztlich des Totalerfolges aus der Beteiligung unterscheiden.[472]

Bei der Bilanzierung sukzessiver Anteilserwerbe kann es vor allem durch **erfolgsneutrale Anpassungen** des Wertansatzes bereits gehaltener Anteile im Zuge der Neukonsolidierung zu Kongruenzverstößen kommen.[473] Als Folge einer späteren erfolgswirksamen Umkehrung dieser Wertanpassung durch entsprechend erhöhte bzw. verminderte Abschreibungen oder aber eines entsprechend niedrigeren bzw. höheren Abgangserfolges bei der Veräußerung würde die Summe der konzernbilanziellen Periodenerfolge nicht mehr dem an den Zahlungsströmen gemessenen Totalerfolg aus der Investition in die Unternehmensanteile entsprechen. Da der IASB in ED.CF.7.19 explizit klarstellt, dass neben der Gewinn- und Verlustrechnung auch das OCI als Teil der Erfolgsrechnung zu verstehen ist, wird die Einhaltung des Kongruenzprinzips dabei auf Basis des Gesamtergebnisses geprüft. Dementsprechend kann eine Erfassung etwaiger Wertänderungen im OCI – trotz eines ggf. ausbleibenden *recycling* der Beträge – nicht bereits als Verstoß gegen die Kongruenz gewertet werden.[474] Vielmehr wäre

468 Vgl. ORDELHEIDE, D., Kapitalkonsolidierung nach der Erwerbsmethode, S. 238. Insofern ist fraglich, ob eine Änderung der Einflusssphäre der Konzernobergesellschaft und somit des Konsolidierungskreises den „Konzern als rechnungslegende Einheit jeweils neu etabliert" (ORDELHEIDE, D., Kapitalkonsolidierung und Konzernerfolg, S. 300) oder ob derartige Änderungen als Geschäftsvorfälle ein und desselben Konzerns anzusehen sind. Im (handelsrechtlichen) Schrifttum dominiert letztere Sichtweise. Vgl. hierzu HAYN, B., Konsolidierungstechnik, S. 45-47 m. w. N.

469 Vgl. HERRMANN, D., Änderung von Beteiligungsverhältnissen; SCHINDLER, J., Kapitalkonsolidierung, S. 33 f.; LAUER, C. E./BÖCKEM, H., Sonderprobleme der Währungsumrechnung, S. 1894.

470 Das konzernbezogene Kongruenzprinzip ist somit stets aus der Perspektive der Konzernobergesellschaft zu interpretieren. Vgl. HAYN, B., Konsolidierungstechnik, S. 47 f.

471 Vgl. ORDELHEIDE, D., Kapitalkonsolidierung und Konzernerfolg, S. 292 f.; HAYN, B., Konsolidierungstechnik. S. 47 f.

472 Ähnlich ORDELHEIDE, D., Kapitalkonsolidierung nach der Erwerbsmethode, S. 238 f.

473 Auch bei der Erstkonsolidierung der Neuanteile könnte es theoretisch zu Kongruenzverstößen kommen, wenn bspw. – wie handelsrechtlich vor dem BilMoG noch möglich – ein nach der Kapitalkonsolidierung verbleibender Geschäfts- oder Firmenwert erfolgsneutral mit den Konzernrücklagen verrechnet würde. Vgl. hierzu BUSSE VON COLBE, W., Gefährdung des Kongruenzprinzips, S. 129 f.

474 Vgl. so schon HOLLMANN, S., Reporting Performance, S. 213. Vielfach wird das Kongruenzprinzip aufgrund der übergeordneten Bedeutung der Gewinn- und Verlustrechnung für die Beurteilung der Ertragslage allein auf diesen Teil der Gesamtergebnisrechnung bezogen. Demgemäß würde eine GuV-neutrale Erfassung im OCI ohne späteres *recycling* einen endgültigen Verstoß gegen das Kongruenzprinzip bedeuten. Vgl. zur engen sowie weiten Auslegung des Kongruenzprinzips im Kontext des Neubewertungsmodells nach IAS 16 bspw. PELLENS, B., U. A., Internationale Rechnungslegung, S. 174 f., sowie auch schon KÜTING, K., Auf der Suche nach dem richtigen Gewinn, S. 1443.

hierfür ein „stilles Verschwinden“[475] ohne Berührung der Gesamtergebnisrechnung, d. h. eine direkte Verrechnung mit dem Eigenkapital des Konzerns erforderlich. Um dem konzernbezogenen Kongruenzprinzip im hier verstandenen Sinne gerecht zu werden, wären bei der Übergangskonsolidierung daher grundsätzlich sämtliche Anpassungen der Altanteile entweder in der Gewinn- und Verlustrechnung oder aber im OCI auszuweisen.[476]

Gleichwohl ist für die im fünften Kapitel zu analysierenden Fälle eines sukzessiven Anteilserwerbs mit Aufwärtswechsel stets sorgfältig zu prüfen, ob ein Kongruenzverstoß mit Blick auf die Entscheidungsnützlichkeit der Bilanzierung ausnahmsweise gerechtfertigt werden kann. So kann eine erfolgsneutrale Wertanpassung theoretisch bspw. dazu dienen, eine ggf. unzutreffende Darstellung der Vermögens- und Finanzlage zum Zeitpunkt des Statuswechsels zu korrigieren, ohne gleichzeitig die Ertragslage durch den Ausweis eines wirtschaftlich nicht der jeweiligen Periode zuordenbaren Ertrags bzw. Aufwands zu verzerren. Vor diesem Hintergrund sollte die Kongruenz der Rechnungslegung „nicht zu einem unumstößlichen Dogma erhoben werden“[477]. Vielmehr ist im Einzelfall abzuwägen, ob die ggf. erzielbaren Informationsvorteile durch eine verbesserte Abbildung der Vermögens-, Finanz- und Ertragslage des Konzerns die (langfristigen) Nachteile einer Abweichung vom Totalerfolgskonzept überwiegen.

433.3 Einschränkung bilanzpolitischer Spielräume

Die Berichterstattung über sukzessive Anteilserwerbe sollte es den Abschlussadressaten, wie in Abschnitt 432. herausgearbeitet wurde, u. a. ermöglichen, die Qualität der seitens des geschäftsführenden Managements zu verantwortenden Investition zu beurteilen, um auf dieser Basis fundiert über die eigene Kapitalvergabe sowie zugleich über die Zusammensetzung und finanzielle Vergütung des Top-Managements entscheiden zu können.[478] Bei der Gestaltung der Bilanzierungsvorschriften sind in diesem Zusammenhang jedoch die zwischen dem Management und den Kapitalgebern bestehenden **Interessenskonflikte** zu antizipieren. So ist davon auszugehen, dass sämtliche Wirtschaftssubjekte und demgemäß auch die Konzernleitung ihr Verhalten zunächst an der Maximierung ihres eigenen Nutzens bspw. in Form einer möglichst hohen Vergütung[479] ausrichten.[480] Aufgrund des durch die **Prinzipal-Agenten-Beziehung** bedingten Informationsvorsprungs der Unternehmensleitung (Agent) gegenüber den Investoren (Prinzipal) besteht daher die Gefahr, dass das Management die

Dieser Interpretation wird im Rahmen der vorliegenden Arbeit aufgrund der vom IASB explizit vorgegebenen Definition des sonstigen Gesamtergebnisses als Teil der Erfolgsrechnung indes nicht gefolgt.

475 DUSEMOND, M./WEBER, C.-P./ZÜNDORF, H., in: Küting/Weber, HdK, 2. Aufl., § 301, Rn. 363.

476 Ein späteres *recycling* von zuvor im sonstigen Gesamtergebnis ausgewiesenen Beträgen steht der Kongruenz dabei nicht entgegen, da der in die Gewinn- und Verlustrechnung übertragene Betrag gem. IAS 1.93 gleichzeitig mit umgekehrtem Vorzeichen im OCI erfasst wird. Es handelt sich somit um eine reine Umgliederung. Vgl. ANTONAKOPOULOS, N., Gewinnkonzeptionen und Erfolgsdarstellung, S. 39. Vgl. kritisch zu der durch das *recycling* erforderlichen rein technischen Anpassungsbuchung im OCI HOLLMANN, S., Reporting Performance, S. 143 f.

477 SCHILDBACH, T., Externe Rechnungslegung und Kongruenz, S. 1814, mit Verweis auf SCHMALENBACH, E., Dynamische Bilanz, S. 98.

478 Zur Rechenschaftsfunktion vgl. Abschnitt 221.

479 Vgl. zu weiteren Motiven der Unternehmensführung zur Bilanzpolitik bspw. KIRSCH, H.-J./KOELEN, P., IFRS-Rechnungslegung und Unternehmensbewertung, S. 282.

480 Vgl. HARTMANN-WENDELS, T., Rechnungslegung der Unternehmen und Kapitalmarkt, S. 140; HAX, H., Informationen, Anreize und Vertragsgestaltungen, S. 56.

Rechnungslegungsinformationen durch bilanzpolitische Maßnahmen verzerrt, um die wirtschaftlichen Entscheidungen der Abschlussadressaten i. S. ihrer eigenen Zielfunktion zu beeinflussen.[481] Als Instrumentarium steht der Konzernleitung dabei insbesondere die Ausnutzung von Ansatz- und Bewertungswahlrechten, bilanziellen Ermessensspielräumen sowie die Durchführung bilanzpolitisch motivierter Sachverhaltsgestaltungen zur Verfügung.[482]

Bei der Ableitung einer entscheidungsnützlichen Bilanzierung sukzessiver Anteilserwerbe i. S. d. in Abschnitt 432. identifizierten Informationsziels sind bilanzpolitische Spielräume dementsprechend soweit wie möglich zu vermeiden,[483] um einen hinreichenden Grad an **Neutralität** und somit **Glaubwürdigkeit** der bilanziellen Abbildung als wesentliche Anforderung an die Berichterstattung im IFRS-Konzernabschluss zu gewährleisten. Für eine solche Forderung ist nicht entscheidend, ob die Darstellung der Vermögens-, Finanz- und Ertragslage im Einzelfall tatsächlich verzerrt dargestellt würde. Schließlich kann bereits die Unsicherheit über die Neutralität bzw. Glaubwürdigkeit die Entscheidungsnützlichkeit der vermittelten Informationen erheblich einschränken.[484] Darüber hinaus dürfte mit abnehmendem bilanzpolitischem Potenzial auch die **Vergleichbarkeit** der Berichterstattung als ein die Entscheidungsnützlichkeit förderndes Kriterium gesteigert werden.

Bilanzpolitische Spielräume können nicht nur durch die Einhaltung des in Abschnitt 433.2 erläuterten Kongruenzprinzips,[485] sondern vor allem auch durch die Forderung nach einer **intersubjektiven Nachprüfbarkeit** der Bilanzierung eingeschränkt werden. So lässt sich die Gefahr einer verzerrten Berichterstattung durch die ermessensbeschränkende Wirkung von **Objektivierungen** effektiv verringern. Im Kontext sukzessiver Anteilserwerbe ist vor allem die Bewertung der Altanteile mit verschiedenartigen Ermessensspielräumen wie bspw. der unzureichenden Konkretisierung zentraler Wertmaßstäbe[486] behaftet. Im Rahmen der in der vorliegenden Arbeit durchgeführten Analyse ist daher kritisch zu prüfen, ob das den Abschlusserstellern gewährte Gestaltungspotenzial durch Objektivierungen teilweise ausgeschlossen oder zumindest sinnvoll begrenzt werden kann. Gleichwohl kann eine aus Neutralitätsgesichtspunkten ggf. unzureichende Nachprüfbarkeit der Bilanzierung vor dem Hintergrund der übergeordneten Zielsetzung, der Vermittlung entscheidungsnützlicher Informa-

---

481 Vgl. EIERLE, B., Differenzierung der Unternehmensberichterstattung, S. 26; HARTMANN-WENDELS, T., Agency-Theorie, S. 413. Ausführlich zu den Zielen der Bilanzpolitik schon BAETGE, J./BALLWIESER, W., Bilanzpolitischer Spielraum, S. 200-205, sowie im IFRS-Kontext STIBI, B./FUCHS, M., Neuausrichtung Bilanzpolitik, S. 367-369.

482 Während diese Maßnahmen allesamt unter den Begriff der materiellen Bilanzpolitik subsumiert werden, können sich die bilanzpolitischen Maßnahmen der Unternehmensleitung (zusätzlich) auch auf den Ausweis, die Erläuterung sowie die Gliederung der Abschlussinstrumente beziehen (sog. formelle Bilanzpolitik). Vgl. zu den möglichen Formen der Bilanzpolitik ausführlich BAETGE, J./KIRSCH, H.-J./THIELE, S., Bilanzanalyse, S. 33 f. und 153-159.

483 Im Kontext einer Auf- bzw. Abstockung von Tochterunternehmen so auch FALKENHAHN, G., Änderungen der Beteiligungsstruktur, S. 40 f.

484 Ähnlich KOELEN, P., Investitionstheoretische Bewertungskalküle, S. 15.

485 Vgl. hierzu Abschnitt 433.2.

486 Vgl. hierzu Abschnitt 513.33 in Bezug auf die Ermittlung des Fair Value der Altanteile im Zuge sukzessiver Unternehmenserwerbe.

tionen, in einigen Fällen durchaus vertretbar sein, da ein zunehmender Grad der Objektivierung vielfach mit einer Verringerung der Entscheidungsrelevanz einhergeht.[487] Bei der Gestaltung der Bewertungsvorschriften für die Altanteile ist insofern der generell zwischen der Nachprüfbarkeit und der Relevanz von Informationen bestehende Zielkonflikt zu beachten.[488]

Auch wenn die Nachprüfbarkeit der Bilanzierung dem Relevanzkriterium gem. *Conceptual Framework* zunächst eindeutig untergeordnet wird,[489] spiegeln sich die dahinter stehenden Überlegungen indirekt, wie zuvor dargestellt,[490] gleichzeitig in der fundamentalen Anforderung einer glaubwürdigen Darstellung wider. Daher ist fraglich, welcher Grad an Nachprüfbarkeit mindestens gegeben sein muss, um die Glaubwürdigkeit der Bilanzierung nicht zu gefährden und einen Vertrauensverlust der Kapitalgeber abzuwenden.[491] Da sich jedoch nicht abstrakt und allgemeingültig bestimmen lässt, welches Maß an Objektivierung der Rechnungslegung zugrunde gelegt werden soll,[492] ist im Rahmen der späteren Analyse sorgfältig abzuwägen, ob der mit zunehmender Nachprüfbarkeit u. U. einhergehende Relevanzverlust durch die erhöhte Glaubwürdigkeit der Berichterstattung gerechtfertigt werden kann.[493]

433.4 Beachtung des zeitlichen Bezugsrahmens bei der Neukonsolidierung der Altanteile

Bei der Beurteilung der verschiedenen Formen der Übergangskonsolidierung sind nicht zuletzt auch die konsolidierungstechnischen Besonderheiten sukzessiver Anteilserwerbe bzw. die damit verbundenen Herausforderungen explizit im Kalkül zu berücksichtigen. So sind im Zuge sukzessiver Anteilserwerbe nicht nur die jüngst erworbenen Anteile, sondern u. U. auch die bereits vor dem neuerlichen Erwerbsvorgang im Konzernabschluss bilanzierten Anteile nach der nunmehr einschlägigen Bilanzierungsmethode (neu) zu konsolidieren. Wie bereits erläutert wurde, sehen dabei sowohl die Equity-Methode als auch die Verfahren der quotalen Einbeziehung sowie der Vollkonsolidierung eine Aufrechnung des Wertansatzes der Kapitalanteile gegen die (anteilig) hinter der Beteiligung stehenden Vermögenswerte und Schulden vor.

Da sich der Beteiligungswert auf der einen und der Saldo der (anteiligen) Vermögenswerte und Schulden auf der anderen Seite indes regelmäßig nicht in gleicher Höhe gegenüberstehen,[494] ergeben sich bei der (Neu-)Konsolidierung rein verfahrensbedingt sog. Unterschiedsbeträge aus der Kapitalkonsolidierung. Ein solcher Differenzbetrag wird dabei je nach Vorzeichen unterschiedlich ökonomisch interpretiert. Übersteigt der der Konsolidierung zugrunde gelegte Anteilswert den Saldo aus Vermögenswerten und Schulden, wird der entsprechende Betrag gemeinhin als ein über den Substanzwert

---

487 Vgl. Abschnitt 232.3.
488 Vgl. Abschnitt 232.3.
489 Vgl. Abschnitt 232.
490 Vgl. Abschnitt 232.3.
491 Vgl. ausführlich KOELEN, P., Investitionstheoretische Bewertungskalküle, S. 16-25.
492 In enger Anlehnung an BERNDT, T., Wahrheits- und Fairnesskonzeptionen in der Rechnungslegung, S. 212, sowie ähnlich BRINKMANN, J., Informationsfunktion der Rechnungslegung, S. 231.
493 Zu den Schwierigkeiten sowie Möglichkeiten einer solchen Abwägung vgl. bspw. WAGENHOFER, A./EWERT, R., Externe Unternehmensrechnung, S. 105.
494 Vgl. KÜTING, K./SEEL, C./STRAUß, M., Änderung der Beteiligungshöhe, S. 179.

der Beteiligung hinausgehender Geschäfts- oder Firmenwert ausgewiesen.[495] Dementgegen ist ein negativer Unterschiedsbetrag – zumindest im Rahmen einer gewöhnlichen Erstkonsolidierung nach IFRS – als Ausdruck eines günstigen Gelegenheitskaufs (sog. *bargain purchase*) zu werten und unmittelbar ertragswirksam zu vereinnahmen.[496] Eine derartige ökonomische Interpretation der zunächst rein konsolidierungstechnischen Differenzbeträge ist jedoch grundsätzlich nur dann sinnvoll möglich, wenn sich die Wertansätze der Beteiligung einerseits sowie der (anteiligen) Vermögenswerte und Schulden andererseits zeitlich aufeinander beziehen. Ansonsten käme es zu einem „Vergleich von Äpfeln mit Birnen“[497], der u. U. wenig aussagekräftige, rein technische Unterschiedsbeträge zur Folge hätte.[498]

Bei sukzessiven Anteilserwerben besteht indes naturgemäß das Problem, dass der Erwerbszeitpunkt der letzten Anteilstranche und insofern auch der **Zeitpunkt der ggf. vorzunehmenden Neukonsolidierung** dem Anschaffungsvorgang der Alttranche zeitlich nachgelagert ist.[499] Es existieren somit mehrere Anschaffungsvorgänge und Wertverhältnisse, die im Rahmen der Übergangskonsolidierung zu einem konsistenten Gesamtbild verarbeitet werden müssen.[500] Während Unternehmensanteile bei ihrer Erstkonsolidierung prinzipiell auf Basis der Anschaffungskosten[501] sowie des zum Erwerbszeitpunkt (anteiligen) neubewerteten Reinvermögens zu konsolidieren sind,[502] werden bei der konsolidierungstechnischen Aufrechnung bereits bestehender Anteile im Zuge des Statuswechsels unterschiedliche Wertansätze der Beteiligung sowie der dahinter stehenden Vermögenswerte und Schulden diskutiert.[503] Leitlinie der Neukonsolidierung der Altanteile sollte es mit Blick auf die Interpretierbarkeit der Unterschiedsbeträge dabei prinzipiell sein, die in diesem Zusammenhang aufzurechnenden Positionen wertmäßig auf denselben Stichtag zu beziehen.[504] Ohne die Beachtung des zeitli-

---

495 Vgl. bspw. KÜTING, K./KOCH, C., Goodwill in der deutschen Bilanzierungspraxis, S. 49.

496 Vgl. stellvertretend PELLENS, B. U. A., Internationale Rechnungslegung, S. 749 f. und 772.

497 KLAHOLZ, E./STIBI, B., Sukzessiver Anteilserwerb, S. 300.

498 Vgl. zu dieser Problematik im Kontext der handelsrechtlichen Konzernrechnungslegung bspw. THEILE, C./STAHNKE, M., Erstkonsolidierungszeitpunkt im Konzernabschluss, S. 580, sowie KLAHOLZ, E./STIBI, B., Sukzessiver Anteilserwerb, S. 300 f.

499 Ein ähnliches Problem ergibt sich auch dann, wenn die Erstkonsolidierung einer Unternehmensbeteiligung bspw. aufgrund der Unwesentlichkeit der Beteiligung zum Erwerbszeitpunkt erst in späteren Berichtsperioden durchzuführen ist. Vgl. THEILE, C./PAWELZIK, K. U., Fair Value-Beteiligungsbuchwerte, S. 94 f.

500 Vgl. HACHMEISTER, D./HERMENS, A.-S., Veränderte Einflussnahme und Goodwillbilanzierung, S. 39.

501 Bei der Erstkonsolidierung von Tochterunternehmen nach IFRS 3 sowie gemeinschaftlichen Tätigkeiten nach IFRS 11 wird genau genommen nicht auf die Anschaffungskosten, sondern auf den Fair Value der hingegebenen Gegenleistung abgestellt. Vgl. IFRS 3.32 (a) (i) sowie IFRS 11.21A. Der entsprechende Wertansatz unterscheidet sich u. a. hinsichtlich der Anschaffungsnebenkosten, die anders als bei Anwendung der Equity-Methode nach IAS 28 nicht einzubeziehen sind. Vgl. BAETGE, J./KLAHOLZ, T./GRAUPE, F., in: Baetge u. a., Rechnungslegung nach IFRS, 2. Aufl., IAS 28, Rn. 63.

502 Vgl. IFRS 3.10 i. V. m. IFRS 3.18 und IFRS 3.32; IAS 28.10 i. V. m. IAS 28.32; IFRS 11.21A i. V. m. IFRS 11.33A.

503 Vgl. vor allem die Ausführungen in Abschnitt 532. zu den Bilanzierungsvarianten eines sukzessiven Erwerbs von Anteilen an einem assoziierten bzw. Gemeinschaftsunternehmen gem. IAS 28.

504 Vgl. hierzu THEILE, C./PAWELZIK, K. U., Fair Value-Beteiligungsbuchwerte, S. 95-97 und 99 f., die diesen Gedanken bereits aus den Regelungen des IAS 22 ableiten. IAS 22 wurde im Jahr 2004 durch IFRS 3 (rev. 2004) abgelöst.

chen Bezugsrahmens könnte die Aussagefähigkeit und somit die **Glaubwürdigkeit** der ausgewiesenen Geschäfts- oder Firmenwerte sowie etwaiger ertragswirksam vereinnahmter negativer Unterschiedsbeträge erheblich beeinträchtigt werden.[505]

434. Zwischenfazit

Die vorhergehend aus der Zielsetzung der Vermittlung entscheidungsnützlicher Informationen abgeleiteten Anforderungen zielen darauf ab, die vergleichsweise abstrakten qualitativen Anforderungen an die IFRS-Rechnungslegung mit Blick auf den Spezialfall der Bilanzierung sukzessiver Anteilserwerbe zu operationalisieren. Bei der Untersuchung sind diese Anforderungen gleichwohl stets in das Gesamtsystem sämtlicher im *Conceptual Framework* enthaltenen konzeptionellen Grundlagen einzubetten (vgl. Abbildung 4-4).

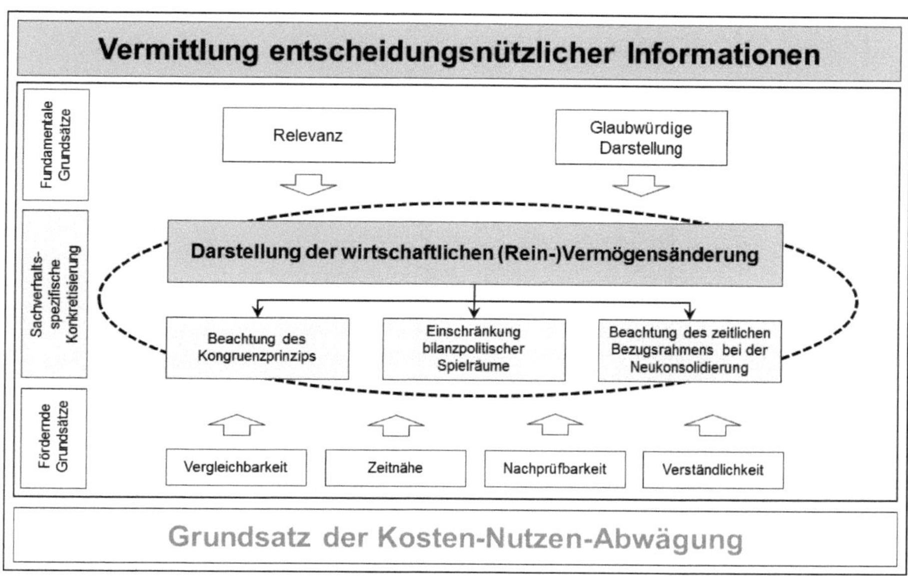

Abbildung 4-4: Anforderungskatalog für eine entscheidungsnützliche Bilanzierung sukzessiver Anteilserwerbe

Der vorstehende Anforderungskatalog wird im fünften Kapitel sowohl zur Auslegung und Würdigung der bestehenden Vorschriften als auch zur Schließung von Regelungslücken herangezogen. Vor dem Hintergrund der dabei gewonnenen Erkenntnisse dient er im sechsten Kapitel darüber hinaus dazu, Vorschläge für eine grundlegende Überarbeitung der derzeitigen Regelungen zu entwickeln, auf deren Basis die Entscheidungsnützlichkeit der Berichterstattung nochmals erhöht werden könnte.

505 Vgl. hierzu bspw. die Ausführungen in Abschnitt 613. hinsichtlich der diesbezüglichen Probleme bei einer nicht-zeitwertbasierten Einbeziehung der Altanteile.

5 Kritische Analyse der Bilanzierung sukzessiver Anteilserwerbe mit Statuswechsel nach IFRS de lege lata

51 Sukzessive Erwerbe mit Aufwärtswechsel zum Tochterunternehmen nach IFRS 3

511. Schematischer Ablauf der Erwerbsmethode

Die konzernbilanzielle Abbildung des Erwerbs von Tochterunternehmen im Wege eines Anteilskaufes (sog. *share deal*)[506] ist in IFRS 3 geregelt.[507] Dies gilt unabhängig davon, ob das Beherrschungsverhältnis durch einen einzigen Erwerbsvorgang, also ohne einen vorherigen Anteilsbesitz der Konzernobergesellschaft, begründet wird oder ob sich der Unternehmenszusammenschluss wie im hier betrachteten Fall eines sukzessiven Anteilserwerbs zeitlich über mehrere Phasen erstreckt.[508]

Die Bilanzierung hat gemäß IFRS 3.4 grundsätzlich nach der sog. **Erwerbsmethode** (*acquistion method*) zu erfolgen und umfasst die vier der folgenden Abbildung zu entnehmenden Schritte:[509]

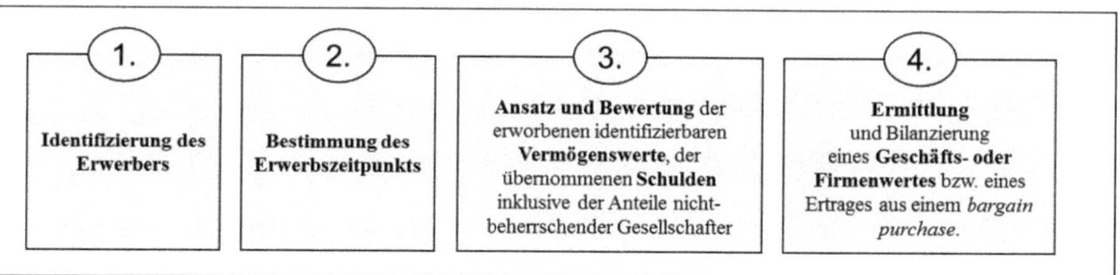

Abbildung 5-1: Schematischer Ablauf der Erwerbsmethode

Der erste Schritt bei Anwendung der Erwerbsmethode, also die **Identifizierung des erwerbenden Unternehmens**, bereitet i. d. R. keine Schwierigkeiten.[510] IFRS 3 stellt in diesem Zusammenhang auf den *control*-Begriff nach IFRS 10 ab,[511] sodass im Rahmen der vorliegenden Arbeit stets das die Beherrschung erlangende Mutterunternehmen als Erwerber anzusehen ist.[512] Beim **Erwerbszeitpunkt** handelt es sich dem folgend ganz allgemein um den Tag, an dem die Konzernobergesellschaft

---

506 Vgl. BAETGE, J./HAYN, S./STRÖHER, T., in: Baetge u. a., Rechnungslegung nach IFRS, 2. Aufl., IFRS 3, Rn. 26.

507 Ausgenommen vom Anwendungsbereich des IFRS 3 ist der Erwerb eines Tochterunternehmens ausschließlich dann, sofern sowohl das erwerbende Unternehmen als auch das Erwerbsobjekt bereits vor dem Unternehmenszusammenschluss von demselben Unternehmen beherrscht werden (*business combination under common control).* Vgl. IFRS 3.2 (c).

508 Der Fall eines sukzessiven Unternehmenserwerbs ist explizit in IFRS 3.41 f. angesprochen.

509 Vgl. IFRS 3.5.

510 So auch EBELING, R. M./GAßMANN, J./ROTHENSTEIN, M., Konsolidierungstechnik beim sukzessiven Unternehmenserwerb, S. 129.

511 Vgl. IFRS 3.7. Ausführlich zum Begriff der Beherrschung vgl. Abschnitt 32.

512 Das die Anteile rein rechtlich erwerbende Unternehmen kann für den Fall einer Bezahlung mit eigenen Anteilen unter ganz bestimmten Umständen bilanziell als Erwerbsobjekt und nicht als Erwerber zu behandeln sein. Vgl. zu derartigen Transaktionen (sog. umgekehrte Unternehmenserwerbe) ausführlich IFRS 3.B19-B27.

erstmalig die Beherrschung über das Erwerbsobjekt erlangt.[513] Bei sukzessiven Unternehmenserwerben wird der Erwerbszeitpunkt daher im Regelfall durch den rechtlichen Übergang der zuletzt erworbenen Anteilstranche bestimmt (sog. *closing date*).[514]

Die Identifizierung des Erwerbers sowie die Festlegung des Erwerbszeitpunkts stellen das Fundament für die beiden weiteren Schritte der Erwerbsmethode dar. So sind zum einen sämtliche identifizierbaren Vermögenswerte und Schulden des erworbenen Unternehmens zum Erwerbszeitpunkt mit dem Fair Value zu bewerten und in die Konzernbilanz aufzunehmen (vgl. Abschnitt 512.).[515] Vor dem Hintergrund der Spezifika sukzessiver Unternehmenserwerbe ist das Hauptaugenmerk jedoch vor allem auf den sich anschließenden Schritt, nämlich die Bilanzierung eines aus dem Unternehmenszusammenschluss resultierenden Geschäfts- oder Firmenwertes bzw. eines ertragswirksam zu erfassenden Gewinns aus einem günstigen Erwerb zu legen (vgl. Abschnitt 513.). Dieser berechnet sich, sofern von dem Ansatz eines auf nicht-beherrschende Gesellschafter entfallenden Geschäfts- oder Firmenwertes abgesehen wird,[516] grundsätzlich als Residuum aus Beteiligungsansatz und dem im vorherigen Schritt neubewertetem (anteiligen) Nettovermögen des Tochterunternehmens.[517] Gemäß IFRS 3.32 ist hinsichtlich des Beteiligungsansatzes dabei jedoch nicht mehr auf die kumulierten Anschaffungskosten, sondern auf den Fair Value der Beteiligung abzustellen,[518] sodass im Zuge eines sukzessiven Unternehmenserwerbs grundsätzlich eine Neubewertung der Altanteile angezeigt ist.[519]

512. Bilanzierung der dem Konzern zuzurechnenden Vermögenswerte und Schulden

512.1 Vorbemerkungen

Während nach der Struktur des IFRS 3 (rev. 2004) noch die Bestimmung der Anschaffungskosten des Unternehmenserwerbs den konzeptionellen Ausgangspunkt der Erwerbsmethode darstellte, die dann in einem zweiten Schritt im Rahmen der sog. Kaufpreisallokation auf die Vermögenswerte und Schulden zu verteilen waren, sind die Anschaffungskosten in Form der übertragenen Gegenleistung der im Jahr 2008 neuherausgegebenen Fassung des IFRS 3 zufolge ausschließlich bei der in Abschnitt 513. thematisierten Ermittlung des Geschäfts- oder Firmenwertes von Bedeutung.[520] Bei der Bilanzierung eines (sukzessiven) Erwerbs von Tochterunternehmen steht daher nunmehr zunächst

513 Vgl. IFRS 3.8.

514 Vgl. im Kontext eines einfachen, also nicht sukzessiv gestalteten Unternehmenserwerbs bspw. BAETGE, J./HAYN, S./STRÖHER, T., in: Baetge u. a., Rechnungslegung nach IFRS, 2. Aufl., IFRS 3, Rn. 124, sowie IFRS 3.9. Dennoch kann die Beherrschung in Einzelfällen auch vor bzw. nach dem *closing date* auf das erwerbende Unternehmen übergehen. Vgl. SENGER, T./BRUNE, J. W., in: Beck IFRS HB, 4. Aufl., § 34, Rn. 58-63.

515 Wird der Konzernabschluss, wie regelmäßig der Fall, derivativ aus der Addition der verschiedenen Einzelabschlüsse entwickelt, ist die in IFRS 3 normierte Erwerbsmethode und somit der Ansatz der neubewerteten Vermögenswerte und Schulden letztlich im Zuge der Kapitalkonsolidierung anzuwenden. So ist die im Einzelabschluss des erwerbenden Unternehmens enthaltene Beteiligung am Erwerbsobjekt nach ggf. erforderlicher Wertanpassung bereits gehaltener Altanteile mit dem auf diese Beteiligung entfallenden neubewerteten Eigenkapital zu verrechnen.

516 Vgl. dazu Abschnitt 513.4.

517 Vgl. zur Ermittlungsmethodik des Unterschiedsbetrages Abschnitt 513.1.

518 Vgl. KÜTING, K./WIRTH, J., Sukzessiver Anteilserwerb, S. 362.

519 Vgl. ausführlich Abschnitt 513.3.

520 Ähnlich BAETGE, J./HAYN, S./STRÖHER, T., in: Baetge u. a., Rechnungslegung nach IFRS, 2. Aufl., IFRS 3, Rn. 130 und 150.

die Aufnahme sämtlicher identifizierbarer Vermögenswerte und Schulden des Erwerbsobjekts im Zentrum der Betrachtung.[521]

Diese treten im Zuge der Kapitalkonsolidierung an die Stelle der im Abschluss der Konzernobergesellschaft bilanzierten Beteiligung. Insofern liegt der Erwerbsmethode die Fiktion zugrunde, dass der Konzern im Erwerbszeitpunkt wirtschaftlich nicht die Beteiligung, sondern die einzelnen Vermögenswerte und Schulden des Beteiligungsunternehmens erwirbt (sog. **Einzelerwerbsfiktion**).[522] Obwohl es sich aus Sicht des Mutterunternehmens um einen *share deal* handelt, wird für Zwecke des Konzernabschlusses somit ein *asset deal* fingiert.[523] Da die Vermögenswerte und Schulden gem. IFRS 3.10 stets vollständig, also zu 100% in die Konzernbilanz aufgenommen werden (Vollkonsolidierung), ist bei einer Beteiligung nicht-beherrschender Gesellschafter ein deren Anteil am neubewerteten Nettovermögen entsprechender Ausgleichsposten im Eigenkapital auszuweisen.[524] Insgesamt wird es durch die Anwendung der Erwerbsmethode so ermöglicht, die verschiedenen Abschlussadressaten nicht nur über das ihnen jeweils anteilig zustehende Nettovermögen, sondern über das gesamte in der Verfügungsmacht der Konzernobergesellschaft befindliche Vermögen inklusive der Schulden zu informieren.[525]

512.2 Allgemeine Ansatz- und Bewertungsgrundsätze

Die Aufnahme der Vermögenswerte und Schulden in die Konzernbilanz hat gem. IFRS 3 unabhängig davon zu erfolgen, ob diese bereits im Einzelabschluss bzw. der IFRS-Handelsbilanz II[526] des erworbenen Unternehmens angesetzt sind.[527] Stattdessen sind grundsätzlich allein die in IFRS 3.11 f. vorgegebenen Ansatzbedingungen zu beachten.[528] Demnach wird für die konzernbilanzielle Aufnahme von Vermögenswerten und Schulden im Rahmen des Unternehmenserwerbs einerseits vorausgesetzt, dass diese die im *Conceptual Framework* enthaltenen Definitionsmerkmale eines Vermögenswertes bzw. einer Schuld zum Erwerbszeitpunkt erfüllen.[529] Darüber hinaus müssen die potenziell anzuset-

---

521 Vgl. KÜTING, K./WEBER, C.-P./WIRTH, J., Goodwillbilanzierung, S. 141.

522 Vgl. THEILE, C./PAWELZIK, K. U., in: Heuser/Theile, IFRS-Handbuch, 5. Aufl., D VI, Rn. 5530. Vgl. hierzu schon ARBEITSKREIS „EXTERNE UNTERNEHMENSRECHNUNG“ DER SCHMALENBACH-GESELLSCHAFT, Aufstellung von Konzernabschlüssen, S. 67, sowie ORDELHEIDE, D., Anschaffungskostenprinzip im Rahmen der Erstkonsolidierung, S. 493.

523 Vgl. THEILE, C./PAWELZIK, K. U., Erfolgswirksamkeit des Anschaffungsvorgang, S. 319.

524 Die auf diese Gesellschaftergruppe entfallenden Anteile am Nettovermögen werden dabei als Sacheinlage interpretiert.Vgl. PAWELZIK, K. U., Konsolidierung von Minderheiten, S. 678.

525 Vgl. hierzu auch IFRS 3.BC203.

526 Hierbei handelt es sich um einen nach IFRS aufgestellten Einzelabschluss des Beteiligungsunternehmens, bei dessen Aufstellung die vom Mutterunternehmen vorgegebenen Konzernbilanzierungsrichtlinien in Form konzerneinheitlicher Ansatz-, Bewertungs- und Ausweisgrundsätze beachtet wurden. Vgl. hierzu KÜTING, K./WEBER, C.-P., Der Konzernabschluss, S. 237.

527 Vgl. IFRS 3.13; HACHMEISTER, D., Unternehmenszusammenschlüsse nach IFRS 3, S. 118.

528 IFRS 3 sieht jedoch einzelne Ausnahme von den in IFRS 3.11 f. definierten, im Fall eines Unternehmenserwerbes zu beachtenden Ansatzgrundsätzen bspw. für Eventualschulden, Ertragssteuern sowie Leistungen an Mitarbeiter vor. Vgl. IFRS 3.21-28.

529 Vgl. IFRS 3.11.

zenden Sachverhalte mit dem Unternehmenserwerb und damit der Kontrollerlangung über das Erwerbsobjekt unmittelbar im Zusammenhang stehen.[530] Sind die beiden zuvor genannten Voraussetzungen für eine Aufnahme in die Konzernbilanz erfüllt, hat der Bilanzierende die Vermögenswerte und Schulden vor allem für Zwecke der in anderen IFRS geregelten Folgebilanzierung den zum Erwerbszeitpunkt geltenden wirtschaftlichen und vertraglichen Bedingungen entsprechend zu klassifizieren bzw. zu designieren.[531] Davon unberührt sind die anzusetzenden Vermögenswerte und Schulden anfänglich prinzipiell i. H. d. Fair Value zum Erwerbszeitpunkt[532] zu bewerten,[533] sodass letztlich eine einheitliche Anschaffung sämtlicher hinter der Beteiligung stehenden Ressourcen und Verpflichtungen im Zeitpunkt des Beherrschungsübergangs fingiert wird.[534]

512.3 Zeitpunkt des Beherrschungsübergangs als Bezugspunkt der fingierten Anschaffung der Vermögenswerte und Schulden

Der IASB hat sich im Rahmen des umfassenden Projekts „*Business Combinations*" ganz bewusst dafür entschieden, sowohl den Ansatz als auch die Bewertung der Vermögenswerte und Schulden an den (einheitlichen) Wertverhältnissen desjenigen Zeitpunktes auszurichten, an dem erstmalig die Beherrschung über das Erwerbsobjekt erlangt wird.[535] Somit ist eine tranchenweise, an den historischen Erwerbszeitpunkten der einzelnen Anteilspakete ausgerichtete Bilanzierung der Vermögenswerte und Schulden, wie sie noch vor der erstmaligen Einführung von IFRS 3 im Jahr 2004 gem. IAS 22 möglich war, ausgeschlossen. Demnach waren die zum jeweiligen Anschaffungszeitpunkt der einzelnen Tranchen anteilig erworbenen Vermögenswerte und Schulden zum Zeitpunkt des Beherrschungsübergangs retrospektiv für jeden wesentlichen Erwerbsvorgang auf Basis der damaligen Wertverhältnisse zu identifizieren und i. H. d. historischen Fair Value zu bewerten.[536] Die entsprechenden Wertansätze waren anschließend unter Anwendung der für die einzelnen Vermögenswerte und Schulden

---

530 Hieraus folgt, dass nur diejenigen Vermögenswerte und Schulden angesetzt werden dürfen, die ein Teil der der Erwerbsmethode zugrunde liegenden Tauschtransaktion darstellen. Vgl. IFRS 3.12. Ähnlich KLOSE, N.-C., Konzernrechnungslegung nach IFRS, S. 129.

531 Vgl. IFRS 3.15. Leasing- sowie Versicherungsverträge sind von dieser Vorgabe abweichend ausnahmsweise auf Basis der zum Zeitpunkt des ursprünglichen Vertragsabschlusses bzw. der letztmaligen Vertragsänderung bestehenden Verhältnisse zu klassifizieren. Vgl. IFRS 3.17.

532 Sofern die Übergangskonsolidierung unterjährig erfolgt, erfordert dies gem. IFRS 3.10 i. V. m. IFRS 10.B88 prinzipiell die Erstellung eines Zwischenabschlusses des erworbenen Tochterunternehmens auf den Zeitpunkt des Beherrschungsübergangs. Etwaige Erleichterungen sind jeweils vor dem Hintergrund der Wesentlichkeit zu würdigen.

533 Vgl. IFRS 3.18. In IFRS 3.24-31 sind wiederum zahlreiche Ausnahmen von diesem Bewertungsgrundsatz geregelt, die im Folgenden jedoch nicht weiter erläutert werden. Vgl. überblicksartig HACHMEISTER, D., Unternehmenszusammenschlüsse nach IFRS 3, S. 118.

534 Vgl. HAYN, B., in: Beck IFRS HB, 4. Aufl., § 38, Rn. 11, sowie schon FLIESS, O., Konzernabschluss in Großbritannien, S. 305.

535 Vgl. KÜTING, K./WIRTH, J., Sukzessiver Anteilserwerb, S. 363. Die Argumentation des IASB war zunächst nicht unmittelbar auf sukzessive Unternehmenserwerbe, sondern vielmehr auf die Bewertung der auf die nicht-beherrschenden Gesellschafter entfallenden Anteile an den Vermögenswerten und Schulden ausgerichtet. Eine anteilige Fortführung historischer Wertverhältnisse, wie sie noch nach IAS 22 möglich war, wurde eindeutig abgelehnt. Vgl. IFRS 3.BC121-128 (rev. 2004). Im Zuge der zweiten Phase des Projekts zur Ablösung von IAS 22 wurde diese Diskussion dann auch explizit auf sukzessive Unternehmenserwerbe übertragen. Vgl. IFRS 3.BC200.

536 Vgl. IAS 22.37 sowie unter Anführung eines Beispiels THEILE, C./PAWELZIK, K. U., Fair Value-Beteiligungsbuchwerte, S. 95-97.

einschlägigen IFRS retrospektiv bis zum Zeitpunkt der erstmaligen Beherrschung seitens der Konzernobergesellschaft fortzuschreiben.[537] Im Zuge der Kapitalkonsolidierung waren dann die aus den verschiedenen Tranchen stammenden Anteile an den Vermögenswerten und Schulden in der Neubewertungsbilanz zusammenzufügen.[538]

Die einheitliche Neubewertung aller identifizierbaren Vermögenswerte und Schulden zum Zeitpunkt des Beherrschungsübergangs stellt damit auf den ersten Blick eine **erhebliche Erleichterung** gegenüber einer tranchenweisen Vorgehensweise dar.[539] So entfällt hiermit die Verpflichtung, historische Wertverhältnisse ggf. retrospektiv feststellen und in einer umfangreichen sowie zeit- und kostenintensiven Nebenbuchhaltung dokumentieren zu müssen.[540] Dabei ist jedoch zu konstatieren, dass sich die Erleichterungswirkung auf sukzessive Unternehmenserwerbe beschränkt, bei denen die vor dem Beherrschungsübergang gehaltenen Anteile als einfache Beteiligung und somit nach IFRS 9 zum Fair Value bilanziert wurden. Sofern die Beteiligung vor dem Erwerb der letzten Tranche im Wege der Equity-Methode in den Konzernabschluss einbezogen wurde, bedeutet eine tranchenweise Vorgehensweise hingegen keinen nennenswerten Mehraufwand, da die historischen Wertverhältnisse in diesen Fällen ohnehin bereits bei der Erstbilanzierung gem. IAS 28 zu ermitteln und zu Zwecken der Folgebewertung in einer Nebenrechnung fortzuführen waren.[541] Gleiches gilt auch für die Fallkonstellationen, in denen die Beteiligung zuvor in Anwendung des IFRS 11 quotal erfasst wurde.

Dennoch lassen sich durch die einheitliche Neubewertung gerade bei einer vorherigen Einbeziehung der Beteiligung gem. IFRS 9 erhebliche Schwierigkeiten im Rahmen der Übergangskonsolidierung vermeiden. Angesichts der vor der Beherrschungserlangung geringen Einflussmöglichkeiten dürfte es in diesen Fällen schließlich regelmäßig an einer für die tranchenbezogene Methodik erforderlichen *due dilligence*[542] zum Zeitpunkt des ursprünglichen Erwerbs der Altanteile fehlen.[543] Vor diesem Hintergrund ist die Entscheidung des IASB, die Bilanzierung der Vermögenswerte und Schulden nicht mehr auf den Erwerbszeitpunkt der einzelnen Tranchen, sondern ausschließlich auf den Zeitpunkt des Beherrschungsübergangs auszurichten, somit zunächst positiv zu beurteilen.

---

[537] Zwischenzeitliche Wertänderungen bspw. in Form thesaurierter Gewinne oder fiktiver Fortschreibungen der aufgedeckten stillen Reserven und Lasten waren dabei nicht erfolgswirksam, sondern erfolgsneutral in den Konzernrücklagen zur erfassen.

[538] Allerdings bestand schon nach IAS 22 ein Wahlrecht, die Vermögenswerte und Schulden alternativ einheitlich zum Zeitpunkt des Beherrschungsübergangs neu zu bewerten. Eine entsprechende Werterhöhung war schließlich in der Neubewertungsrücklage zu erfassen. Vgl. LÜDENBACH, N./HOFFMANN, W.-D., Übergangskonsolidierung nach ED IFRS 3, S. 1806.

[539] Vgl. bspw. ZAUNER, J., Übergangs- und Endkonsolidierung nach IFRS, S. 58 f. Im handelsrechtlichen Kontext auch KLAHOLZ, E./STIBI, B., Sukzessiver Anteilserwerb, S. 301, sowie THEILE, C./STAHNKE, M., Erstkonsolidierungszeitpunkt im Konzernabschluss, S. 580.

[540] Zu den Anforderungen einer tranchenweisen Neubewertung vgl. bspw. KÜTING, K./ELPRANA, K./WIRTH, J., Sukzessive Anteilserwerbe, S. 479.

[541] Vgl. hierzu Abschnitt 531.

[542] Vgl. zu den verschiedenen Quellen für die Identifikation und Bewertung der Vermögenswerte und Schulden bspw. SENGER, T./BRUNE, J. W., in: Beck IFRS HB, 4. Aufl., § 34, Rn. 68-70.

[543] Vgl. KÜTING, K./ELPRANA, K./WIRTH, J., Sukzessive Anteilserwerbe, S. 479. Zu den Einflussmöglichkeiten bei einfachen Beteiligungen vgl. Abschnitt 35.

Über diesen Vereinfachungsaspekt hinaus war jedoch in erster Linie die mutmaßlich **höhere Entscheidungsnützlichkeit** der derzeit vorgeschriebenen Verfahrensweise ausschlaggebend. So hat eine tranchenweise Bilanzierung zwangsläufig eine Vermengung historischer, (ggf. fiktiv) fortgeführter Fair Values aus vorherigen Erwerbsvorgängen mit den zum Beherrschungsübergang anteilig neubewerteten Zeitwerten und somit einen schwer zu interpretierenden „Werte-Mix“[544] zur Folge, der die Aussagefähigkeit des Konzernabschlusses erheblich einschränken kann.[545] Den Abschlussadressaten werden insofern erst durch die vollständige Aufdeckung sämtlicher stiller Reserven und Lasten relevante und glaubwürdige Informationen zu den insgesamt in der Verfügungsmacht des Konzerns stehenden Mitteln bzw. Nutzenpotenzialen vermittelt.[546] Der Fair Value als der für die Bilanzierung der Vermögenswerte und Schulden im Zuge eines (sukzessiven) Unternehmenserwerbs relevanteste Wertmaßstab führt dem IASB zufolge überdies gleichzeitig zu einer vergleichbareren sowie leichter verständlichen Berichterstattung.[547]

Während dieser Argumentation grundsätzlich zugestimmt werden kann, bleibt jedoch zu untersuchen, ob der aus den Ansatz- und Bewertungsgrundsätzen hervorgehende möglichst vollständige Vermögensausweis ggf. zu Lasten des für die Bilanzierung sukzessiver Anteilserwerbe identifizierten Informationsziels geht. Hiernach sollte die Bilanzierung die durch die Transaktion wirtschaftlich bedingte (Rein-)Vermögensänderung des Konzerns zeigen.[548] Mit Blick auf die Neuanteile ergeben sich durch die Fair Value-Bewertung zweifelsohne keine Probleme. So werden hierdurch lediglich differenzierte Informationen über die im Tausch mit der hingegebenen Gegenleistung erhaltenen wirtschaftlichen Ressourcen und Verpflichtungen und somit über die durch den Erwerb veränderte Zusammensetzung des Konzernvermögens bzw. der Schulden vermittelt. Anders ist dies jedoch bei der Aufdeckung der auf die Altanteile entfallenden stillen Reserven und Lasten zu beurteilen. Hierbei ist danach zu unterscheiden, welchen konzernbilanziellen Status die vor dem Unternehmenszusammenschluss gehaltenen Anteile innehatten.

Bei sukzessiven Unternehmenserwerben, bei denen die zuvor gehaltenen Anteile als einfache Beteiligung nach IFRS 9 bilanziert wurden, erscheint die Fair Value-Bewertung der mit Beherrschungsübergang in die Konzernbilanz aufzunehmenden Vermögenswerte und Schulden zunächst noch unproblematisch. Schließlich kommt es bezogen auf die Altanteile genau genommen zu keiner Neubewertung bereits bilanzierter Vermögenswerte und Schulden, sondern vielmehr zu einem detaillierten Ausweis der hinter der ohnehin bereits zum Fair Value bilanzierten Beteiligung stehenden Nutzenpotenziale.[549]

544 Stibi, B., Statuswahrende Auf- und Abstockung, S. 760.

545 Vgl. IFRS 3.BC384-389 i. V. m. IFRS 3.BC198-202 sowie im Kontext statuswahrender Aufstockungen von Tochterunternehmen Stibi, B., Statuswahrende Auf- und Abstockung, S. 760.

546 Vgl. IFRS 3.BC203.

547 Vgl. IFRS 3.BC198.

548 Vgl. ausführlich Abschnitt 432.

549 Ähnlich Theile, C./Pawelzik, K. U., Fair Value-Beteiligungsbuchwerte, S. 97 f. Schwieriger zu beurteilen sind jedoch die – wenn auch seltenen – Konstellationen, in denen das auf die Altanteile entfallende neubewertete Reinvermögen den bislang bilanzierten Fair Value der Altanteile übersteigt. So ist fraglich, ob hierdurch eine bilanzielle

Kritischer ist die Fair Value-Bewertung indes bei einer vorherigen Klassifizierung der Unternehmensbeteiligung als assoziiertes oder Gemeinschaftsunternehmen sowie insbesondere als gemeinschaftliche Tätigkeit zu beurteilen. In diesen Konstellationen sind die Vermögenswerte und Schulden bereits anteilig entweder mittelbar im Equity-Wert nach IAS 28 oder aber sogar unmittelbar im Rahmen der quotalen Bilanzierung nach IFRS 11 in der Konzernbilanz enthalten.[550] Zumindest bei einer vorherigen Klassifizierung als gemeinschaftliche Tätigkeit wurde dabei bereits zum ursprünglichen Erwerbszeitpunkt der Altanteile im Rahmen der Zugangsbilanzierung die Anschaffung der dahinter (anteilig) stehenden Vermögenswerte und Schulden des Beteiligungsunternehmens unterstellt.[551] Die aus der Erwerbsfiktion des IFRS 3 folgende Konsequenz, zum Zeitpunkt des Statuswechsels eine erneute Anschaffung der entsprechenden Ressourcen und Verpflichtungen zu fingieren, ist vor diesem Hintergrund aus konzeptioneller Perspektive bedenklich.[552] So kommt es durch die einheitliche Fair Value-Bewertung der Vermögenswerte und Schulden im Zuge sukzessiver Unternehmenserwerbe offensichtlich zu einer Vermischung von Anschaffungsvorgang und (reiner) Neubewertung,[553] die mit Blick auf das herausgearbeitete Kriterium, ausschließlich wirtschaftlich bedingte (Rein-)Vermögensänderungen darzustellen, nicht überzeugen kann. Es ist anzunehmen, dass zumindest ein Teil der neu entstandenen stillen Reserven und Lasten wirtschaftlich nicht auf die Periode des Statuswechsels entfallen dürfte. Dies wird umso deutlicher, je weiter die Erwerbsvorgänge zeitlich auseinander liegen, da sich in der Zwischenzeit nennenswerte stille Reserven und Lasten angesammelt haben können, die erst durch die Neubewertung zum Zeitpunkt des Beherrschungsübergangs bilanziell aufgedeckt werden. Die entsprechende Änderung der Vermögens- und Finanzlage wäre insofern keinesfalls wirtschaftlich durch den Erwerbsvorgang verursacht, sondern lediglich eine Folge des wechselnden Bewertungsmaßstabes im Rahmen der Bilanzierung.

Die diesbezüglichen Überlegungen können in abgeschwächter Form auch auf den Fall einer vorherigen Equity-Bewertung der Altanteile übertragen werden. Zwar sind die durch den Beteiligungswert verkörperten Vermögenswerte und Schulden des Beteiligungsunternehmens vor der Beherrschungserlangung nicht separat in der Konzernbilanz erfasst, dennoch haben sie im Zuge der Equity-Fortschreibung die Bewertung der Beteiligung in Folgeperioden bestimmt.[554] Eine Neubewertung dieser Wertbestandteile könnte durch die damit einhergehende Aufdeckung in Vorperioden entstandener stiller Reserven und Lasten im Ergebnis daher wiederum die Bilanzierung einer wirtschaftlich nicht

---

Wertänderung ausgelöst wird, die wirtschaftlich tatsächlich dem Erwerbsvorgang bzw. der Periode des Statuswechsels zuzuordnen ist. Auf diesen Fall wird in Abschnitt 513.54 eingegangen.

550 Ähnlich schon STIBI, B., Überarbeitung der IFRS-Konzernrechnungslegungsvorschriften, S. 495; LÜDENBACH, N./HOFFMANN, W.-D./FREIBERG, J., in: Haufe IFRS-Kommentar, 13. Aufl., § 34, Rn. 50.

551 So ist bei der Bilanzierung des Erwerbs einer gemeinschaftlichen Tätigkeit grundsätzlich analog zu IFRS 3 vorzugehen, sodass die gem. IFRS 11.20 entsprechend des Anteils der Konzernobergesellschaft (anteilig) zu bilanzierenden Vermögenswerte und Schulden des Beteiligungsunternehmens der Erwerbsfiktion folgend zum Fair Value zu bewerten sind. Vgl. hierzu auch ZEYER, F./FRANK, T., Klarstellung an IFRS 11, S. 267 f., sowie Abschnitt 521.

552 Vgl. im Kontext statuswahrender Aufstockungen an Tochterunternehmen ähnlich FALKENHAHN, G., Änderungen der Beteiligungsstruktur, S. 81. Diese Problematik andeutend auch schon STIBI, B., Überarbeitung der IFRS-Konzernrechnungslegungsvorschriften, S. 495.

553 Mit Bezug auf IFRS 3 (rev. 2004) ähnlich schon KÜTING, K./ELPRANA, K./WIRTH, J., Sukzessive Anteilserwerbe, S. 481, sowie im Kontext von Aufstockungen an Tochterunternehmen ähnlich FLIESS, O., Konzernabschluss in Großbritannien, S. 305.

554 Vgl. zur Bilanzierungssystematik der Equity-Methode Abschnitt 531.

dem Statuswechsel zuzuordnenden und damit konzeptionell angreifbaren Vermögensänderung zur Folge haben.

Letztlich kommt es durch die einheitlich zum Zeitpunkt des Beherrschungsübergangs durchzuführende Fair Value-Bewertung daher sowohl bei vorheriger Anwendung von IFRS 11 als auch von IAS 28 zu einem Konflikt zwischen einem möglichst vollständigen, auf einheitlichen Wertverhältnissen basierenden (Rein-)Vermögensausweis einerseits (**statische Perspektive**) und einer – für die Beurteilung der Investition erforderlichen – möglichst sachgerechten Darstellung der durch die Erwerbstransaktion tatsächlich wirtschaftlich bedingten (Rein-)Vermögensänderung andererseits (**dynamische Perspektive**). Für die abschließende Beurteilung dieses Konflikts ist gleichwohl zu berücksichtigen, inwieweit sich die vollständige Aufdeckung der im Nettovermögen des Beteiligungsunternehmens enthaltenen stillen Reserven und Lasten auf den Wertansatz des Tochterunternehmens insgesamt auswirkt.[555] In diesem Zusammenhang ist eine isolierte Betrachtung der zu bilanzierenden Vermögenswerte und Schulden unzureichend, da diese wiederum als Parameter in die Ermittlung eines Geschäfts- oder Firmenwertes eingehen.[556] Daher ist in den folgenden Abschnitten zunächst ausführlich auf diesen letzten Schritt der Erwerbsmethode einzugehen.

513. Ermittlung und Bilanzierung eines Unterschiedsbetrages aus der Kapitalkonsolidierung

513.1 Ermittlungsschema

Wird der Konzernabschluss, wie regelmäßig der Fall, derivativ aus der Addition der Einzelabschlüsse sämtlicher Konzernunternehmen entwickelt, ist die zuvor dargestellte Erwerbsmethode im Zuge der durchzuführenden **Kapitalkonsolidierung** anzuwenden.[557] Hierbei ist die im Einzelabschluss des erwerbenden Unternehmens enthaltene Beteiligung am Erwerbsobjekt mit dem auf diese Beteiligung entfallenden, nunmehr neubewerteten Eigenkapital zu verrechnen.[558] Da sich der Beteiligungswert auf der einen und das anteilige neubewertete Eigenkapital auf der anderen Seite jedoch zumeist wertmäßig nicht entsprechen, resultiert aus diesem Konsolidierungsvorgang i. d. R. ein Unterschiedsbetrag,[559] den es zweckgerecht zu bilanzieren gilt. Die Ermittlung eines solchen Unterschiedsbetrages aus der Kapitalkonsolidierung stellt den letzten Schritt der Erwerbsmethode dar. Die hierzu in IFRS 3

---

555 Darüber hinaus ist nicht zuletzt ebenso zu berücksichtigen, inwieweit sich eine ggf. resultierende Wertänderung in der Erfolgsrechnung widerspiegelt. Vgl. hierzu Abschnitt 514.1.

556 So würde eine Wertänderung der bereits zuvor unmittelbar oder aber mittelbar bilanzierten Vermögenswerte und Schulden des Beteiligungsunternehmens bei einer Buchwertfortführung der Altanteile für Zwecke der Berechnung des Unterschiedsbetrages c. p. i. d. R. einen entsprechend gegenläufigen Werteffekt des zu bilanzierenden Geschäfts- oder Firmenwertes nach sich ziehen. In einem solchen Fall würde sich durch die Aufdeckung der stillen Reserven und Lasten nicht die Höhe der Beteiligung insgesamt, sondern nur die Zusammensetzung der dahinter stehenden, nunmehr explizit in der Konzernbilanz erfassten Wertbestandteile ändern. Vgl. hierzu Abschnitt 613. Anders wäre die Neubewertung der Vermögenswerte und Schulden jedoch bei einer der Kapitalkonsolidierung vorgeschalteten Neubewertung der Altanteile, wie sie derzeit in IFRS 3 vorgesehen ist, zu beurteilen. Vgl. hierzu Abschnitt 516.

557 Vgl. ausführlich BAETGE, J./HAYN, S./STRÖHER, T., in: Baetge u. a., Rechnungslegung nach IFRS, 2. Aufl., IFRS 3, Rn. 94-98.

558 Vgl. SENGER, T./DIERSCH, U., in: Beck IFRS HB, 4. Aufl., § 35, Rn. 10.

559 Vgl. BAETGE, J./KIRSCH, H.-J./THIELE, S., Konzernbilanzen, S. 183.

enthaltenen Vorschriften setzen zwar auf der zuvor dargestellten „klassischen" und zunächst rein technisch bedingten Ermittlungsmethodik auf, modifizieren diese zugleich aber in zweierlei Hinsicht.

Zum einen werden die Kapitalaufrechnung und somit auch der Unterschiedsbetrag nicht allein auf die dem Mutterunternehmen zuzuordnenden Anteile beschränkt. Stattdessen ist nach IFRS 3.32 das gesamte neubewertete Reinvermögen aufzurechnen, sodass dem Beteiligungswert aus Sicht der Konzernobergesellschaft die **Anteile nicht-beherrschender Gesellschafter** hinzuzuaddieren sind. Hierbei besteht ein Wahlrecht, die entsprechenden Anteile zum Fair Value anzusetzen und somit auch einen auf diese Gesellschaftergruppe ggf. entfallenden Geschäfts- oder Firmenwert aufzudecken (sog. **Full Goodwill-Methode**).[560] Alternativ kann der Unterschiedsbetrag weiterhin rein beteiligungsproportional bestimmt werden (sog. **Partial Goodwill-Methode**). In diesem Fall wäre dem Beteiligungswert des Mutterunternehmens lediglich der auf die nicht-beherrschenden Gesellschafter entfallende Anteil am neubewerteten Nettovermögen hinzuzurechnen.[561]

Zum zweiten ist die im Einzelabschluss des erwerbenden Unternehmens bilanzierte Beteiligung für die Ermittlung des Unterschiedsbetrages überdies unter Anwendung der konzernspezifischen Vorschriften des IFRS 3 anzupassen. So sind die bei dem Erwerb der letzten Tranche ggf. anfallenden Anschaffungsnebenkosten nicht bei der Ermittlung des Unterschiedsbetrages einzubeziehen.[562] Stattdessen ist auf den **Fair Value der übertragenen Gegenleistung** abzustellen.[563] Sollten Anschaffungsnebenkosten als Teil der im Einzelabschluss bilanzierten Beteiligung aktiviert worden sein, ist daher zunächst eine aufwandswirksame Anpassungsbuchung durchzuführen. Weiterer Anpassungsbedarf ergibt sich im Rahmen eines sukzessiven Unternehmenserwerbs vor allem durch die Bewertung der bereits vor dem Statuswechsel gehaltenen **Altanteile**. Diese sind gem. IFRS 3.32 (a) (iii) mit dem zum Zeitpunkt des Beherrschungsübergangs geltenden Fair Value in die Bestimmung des Unterschiedsbetrages einzubeziehen und somit je nach vorheriger Bilanzierung im Einzelabschluss bzw. der IFRS-Handelsbilanz II entsprechend zu adjustieren.[564]

Auch wenn die Vorgehensweise zur Ermittlung des Unterschiedsbetrages nach IFRS 3 somit über die reine Eliminierung der Beteiligung aus dem Einzelabschluss hinausgeht, handelt es sich bei dem zu bilanzierenden Unterschiedsbetrag, wie Abbildung 5-2 zu entnehmen ist, weiterhin um eine **rechnerische Saldogröße**.[565] Dabei wird durch die durchgängige Fair Value-Bewertung sowohl der Beteiligung inklusive der Anteile nicht-beherrschender Gesellschafter als auch der damit zu verrechnenden

[560] Vgl. IFRS 3.19 sowie ausführlich zur Full Goodwill-Methode bspw. HAAKER, A., Full-Goodwill-Wahlrecht nach IFRS 3.

[561] Hierdurch wird sichergestellt, dass der Unterschiedsbetrag nicht zu gering ausgewiesen wird, da nach IFRS 3.32, wie zuvor erläutert, nicht nur das anteilige, sondern das vollständige neubewertete Nettovermögen des Tochterunternehmens abgezogen wird. Vgl. KÜTING, K./WEBER, C.-P./WIRTH, J., Goodwillbilanzierung, S. 143.

[562] Vgl. IFRS 3.53.

[563] Vgl. IFRS 3.32 (a) (i).

[564] Vgl. Abschnitt 513.31 sowie zu den daraus zu erwartenden Erfolgswirkungen Abschnitt 514.

[565] Der IASB hat sich aufgrund der dabei bestehenden Schwierigkeiten explizit gegen eine direkte Ermittlung des Geschäfts- oder Firmenwertes entschieden. Vgl. dazu IFRS 3.BC328.

Vermögenswerte und Schulden konsequent auf die **Wertverhältnisse zum Zeitpunkt des Beherrschungsübergangs** abgestellt.[566] Die noch in IFRS 3.58 (rev. 2004) enthaltene Regelung, zumindest für die Ermittlung des Unterschiedsbetrages auf eine tranchenbezogene Ermittlungsmethodik zurückzugreifen, wurde im Rahmen der Überarbeitung des IFRS 3 im Jahr 2008 abgelehnt.[567]

	(a)	**Gesamtbetrag bestehend aus**	
		(i)	Fair Value der übertragenen Gegenleistung
		(ii)	Fair Value bereits gehaltener Altanteile
		(iii)	Fair Value der Anteile nicht-beherrschender Gesellschafter oder Anteil der nicht-beherrschenden Gesellschafter am neubewerteten Eigenkapital des Tochterunternehmens
–	**(b)**	**Neubewertetes Nettovermögen des Tochterunternehmens**	
=	*Wenn (a) > (b)*	**Geschäfts- oder Firmenwert**	
=	*Wenn (a) < (b)*	**Erfolg aus einem günstigen Gelegenheitskauf**	

Abbildung 5-2: Schema zur Ermittlung eines Unterschiedsbetrages aus der Kapitalkonsolidierung nach IFRS 3[568]

Resultiert aus dem vorherstehend dargestellten Ermittlungsschema nach IFRS 3 ein positiver Unterschiedsbetrag, ist dieser als **Geschäfts- oder Firmenwert** in der Konzernbilanz auszuweisen.[569] Ergibt sich aus der Aufrechnung hingegen ein negativer Unterschiedsbetrag, liegt nach Auffassung des IASB grundsätzlich ein **Erfolg aus einem günstigen Gelegenheitskauf** vor, der als Ertrag in der Gewinn- und Verlustrechnung zu erfassen ist.[570]

513.2 Beteiligungswert der neuerworbenen Anteile

Ausgangspunkt der Ermittlung des Unterschiedsbetrages aus der Kapitalkonsolidierung stellt die für den Erwerb der Neuanteile **übertragene Gegenleistung** dar.[571] Hierunter sind sämtliche an die vorherigen Anteilseigner im Austausch für die zusätzlichen Anteile bzw. die damit erstmalig erlangte

566 Ähnlich KÜTING, K., Konzernrechnungslegung nach IFRS und HGB, S. 2824.

567 Zu der Begründung für die Abschaffung der tranchenweisen Vorgehensweise vgl. ausführlich Abschnitt 513.32. Bei dieser Vorgehensweise kam es für die Ermittlung des Unterschiedsbetrages zu einem stufenweisen Vergleich der Anschaffungskosten der einzelnen Erwerbsvorgänge mit dem prozentualen Anteil des Erwerbs an den zum jeweiligen historischen Erwerbszeitpunkt neubewerteten Nettovermögen des Erwerbsobjekts. Im Gegensatz zu IAS 22 wurde jedoch zumindest für den Ansatz der Vermögenswerte und Schulden einheitlich auf den Zeitpunkt des Beherrschungsübergangs abgestellt. Vgl. hierzu ausführlich HAYN, B., in: Beck IFRS HB (2006), 2. Aufl., § 36, Rn. 6-12.

568 In enger Anlehnung an METZ, C., Unternehmenskauf, S. 169.

569 Vgl. ausführlich Abschnitt 513.53.

570 Vgl. ausführlich Abschnitt 513.54.

571 Der Beherrschungsübergang ist in gewissen Konstellationen auch ohne Gegenleistung denkbar. In diesen Fällen ist

Beherrschung übertragenen Vermögenswerte, Eigenkapitalinstrumente sowie übernommenen Schulden zu subsumieren.[572] Mit dem Unternehmenszusammenschluss direkt in Verbindung stehende Anschaffungsnebenkosten sind dementsprechend nicht in die Kapitalaufrechnung miteinzubeziehen, sondern sofort aufwandswirksam zu erfassen.[573]

Unabhängig davon, aus welchen Komponenten sich die Gegenleistung im Einzelfall zusammensetzt, ist diese mit dem zum Zeitpunkt des Beherrschungsübergangs geltenden **Fair Value** zu bewerten.[574] Sofern der Erwerb in bar bzw. mit bargeldäquivalenten Mitteln abgewickelt wird oder aber eine Übernahme von Schulden vereinbart wurde, leitet sich der Fair Value der hingegebenen Gegenleistung unmittelbar aus der Höhe des entrichteten Betrages bzw. der übernommenen Schuld ab.[575] Liegt dem Erwerbsvorgang hingegen eine Übertragung sonstiger (im)materieller Vermögenswerte (einschließlich ganzer Geschäftsbetriebe und Rechtseinheiten) oder aber eigener Eigenkapitalanteile zugrunde, handelt es sich genau genommen nicht um einen Unternehmens**kauf**, sondern um eine **Tauschtransaktion** im engeren Sinne.[576] IFRS 3.38 stellt in Übereinstimmung mit den ansonsten für die Abbildung von Tauschgeschäften nach IFRS geltenden Vorschriften[577] klar, dass der bislang bilanzierte Buchwert der übertragenen Gegenleistung in diesen Fällen GuV-wirksam auf den Fair Value anzupassen ist.[578]

513.3 Beteiligungswert der Altanteile

513.31 Grundlegende Vorgehensweise

Für die Ermittlung des Unterschiedsbetrages sind im Zuge sukzessiver Unternehmenserwerbe nicht allein die Neuanteile, sondern auch die schon vor dem Statuswechsel gehaltenen Altanteile einzubeziehen. Dabei ist weder auf die historischen Anschaffungskosten[579] noch auf den aktuellen konzernbilanziellen Buchwert der Beteiligung, also bspw. einen gem. IAS 28 fortgeführten Equity-Wert,[580]

---

allein auf den Fair Value der bislang gehaltenen Anteile zzgl. der Anteile nicht-beherrschender Gesellschafter abzustellen. Vgl. hierzu IFRS 3.43 f., sowie IFRS 3.33 i. V. m. IFRS 3.B46-49.

572 Vgl. Berndt, T./Gutsche, R., in: MüKo Bilanzrecht Bd. 1, IFRS 3, Rn. 47.

573 Vgl. Theile, C./Pawelzik, K. U., in: Heuser/Theile, IFRS-Handbuch, 5. Aufl., D VI, Rn. 5565.

574 Vgl. IFRS 3.37.

575 Ist der jeweilige Betrag erst nach dem Zeitpunkt des Beherrschungsübergangs zu entrichten bzw. die Schuld erst in der Zukunft zu begleichen, wird der Fair Value nicht durch den Nominalwert, sondern durch den Barwert zum Erwerbszeitpunkt bestimmt. Vgl. Baetge, J./Hayn, S./Ströher, T., in: Baetge u. a., Rechnungslegung nach IFRS, 2. Aufl., IFRS 3, Rn. 132 f.

576 Vgl. Metz, C., Unternehmenskauf, S. 173.

577 Vgl. hierzu Hoffmann, W.-D./Lüdenbach, N., Abbildung des Tauschs, S. 337-341.

578 Eine Fair Value-Bewertung der hingegebenen Leistung hat nur dann zu unterbleiben, wenn die Vermögenswerte und Schulden nicht an die vorherigen Anteilseigner des Erwerbsobjekts, sondern das Erwerbsobjekt selbst übertragen werden und damit auch nach dem Übergang der Beherrschung im Konzern verbleiben. Vgl. IFRS 3.38. Darüber hinaus kann für die Ermittlung des Unterschiedsbetrages ausnahmsweise auf den Fair Value der erhaltenen Unternehmensanteile und nicht auf den der hingegebenen Gegenleistung abgestellt werden, sofern der Erwerb durch die Übertragung eigener Eigenkapitalanteile finanziert wurde, deren Fair Value jedoch nicht hinreichend verlässlich bestimmt werden kann. Vgl. IFRS 3.33 i. V. m. IFRS 3.B47-49.

579 Eine solche Vorgehensweise war vor der jüngsten Überarbeitung des IFRS 3 im Jahr 2008 noch vorgesehen. Vgl. IFRS 3.58 (rev. 2004).

580 Dies entspricht grundsätzlich der handelsrechtlichen Methodik. Vgl. jüngst E-DRS 30.180 i. V. m. E-DRS 30.22 sowie Küting, K./Weber, C.-P., Der Konzernabschluss, S. 336.

abzustellen. Stattdessen sind gem. IFRS 3.41 f. sämtliche zuvor gehaltenen Eigenkapitalanteile mit dem zum Zeitpunkt des Beherrschungsübergangs geltenden **Fair Value** (neu) zu bewerten. Weicht der unmittelbar zuvor bilanzierte Buchwert[581] der bislang nach IFRS 9, IAS 28 oder aber IFRS 11 in den Konzernabschluss einbezogenen Unternehmensbeteiligung hiervon ab, sind sämtliche Anpassungen an den Fair Value **GuV-wirksam** zu erfassen.[582]

513.32 Rechtfertigung der (Neu-)Bewertung der Altanteile zum Fair Value

513.321. Schaffung einer einheitlichen Wertbasis

Der IASB begründet die grundsätzliche Pflicht zur Fair Value-Bewertung der Altanteile im Rahmen der Ermittlung des Unterschiedsbetrages u. a. mit der dadurch nunmehr vollständig erreichten Einheitlichkeit der der Erwerbsmethode zugrunde liegenden Wertverhältnisse. Während in Bezug auf die Bilanzierung der Vermögenswerte und Schulden bereits im Jahr 2004 von einer tranchenbezogenen Wertermittlung abgerückt wurde,[583] sah IFRS 3 (rev. 2004) zumindest für die Ermittlung des Unterschiedsbetrages aus der Kapitalkonsolidierung zunächst weiterhin vor, diesen auf Grundlage der einzelnen historischen Erwerbszeitpunkte zu bestimmen.[584] So waren letztendlich die Anschaffungskosten der verschiedenen Anteilstranchen stufenweise mit dem prozentualen Anteil des Erwerbers an dem zum jeweiligen Erwerbszeitpunkt neubewerteten Nettovermögen des Beteiligungsunternehmens zu vergleichen und ein daraus ggf. resultierender Geschäfts- oder Firmenwert bis zur Erlangung der Beherrschungsmöglichkeit in einer Nebenrechnung fortzuführen.[585] Da für die tranchenweise Ermittlung des Unterschiedsbetrages somit nach wie vor die zu den einzelnen Transaktionszeitpunkten bestehenden stillen Reserven und Lasten der Vermögenswerte und Schulden zu bestimmen waren,[586] geht mit der Ausrichtung am Fair Value der Altanteile zumindest auf den ersten Blick, wie vom IASB angeführt, eine erhebliche **Komplexitätsreduktion** einher.[587]

Der Standardsetzer betont ferner, dass als Folge der nunmehr einheitlichen Wertverhältnisse die **Interpretierbarkeit** des ermittelten Unterschiedsbetrages erhöht würde. Schließlich zieht eine strenge Orientierung an den kumulierten Anschaffungskosten im Rahmen sukzessiver Unternehmenserwerbe zwangsläufig eine Vermischung von vergangenheitsbezogen ermittelten Wertansätzen mit aktuellen

581 Unter dem Begriff „Buchwert" ist nicht der im zuletzt aufgestellten Konzernabschluss bilanzierte Wertansatz, sondern der gem. des jeweils einschlägigen IFRS bis zum Stichtag des Statuswechsels (fiktiv) fortgeführte Wert gemeint. Sofern die Beteiligung zuvor bspw. nach IAS 28 bilanziert wurde, handelt es sich insofern um den auf den Zeitpunkt des Statuswechsels fortgeführten Equity-Wert.

582 Auch wenn IFRS 9 bereits eine Fair Value-Bewertung der Anteile vorsieht, können sich durch die in IFRS 3.41 f. vorgeschriebene Neubewertung prinzipiell dennoch Änderungen des bisherigen Wertansatzes ergeben. Vgl. hierzu ausführlich Abschnitt 513.334.21.

583 Vgl. Abschnitt 512.3.

584 Vgl. IFRS 3.58 (rev. 2004).

585 Vgl. IFRS 3.58 (rev. 2004) sowie MILLA, A./BUTOLLO, B., Übergangskonsolidierung nach IFRS, S. 82.

586 Vgl. EBELING, R. M./GAßMANN, J./ROTHENSTEIN, M., Konsolidierungstechnik beim sukzessiven Unternehmenserwerb, S. 1031, sowie ZAUNER, J., Übergangs- und Endkonsolidierung nach IFRS, S. 58.

587 Vgl. IFRS 3.BC328 und IFRS 3.BC437 (e); ZELGER, H., Purchase Price Allocation, S. 140; BERNDT, T./GUTSCHE, R., in: MüKo Bilanzrecht Bd. 1, IFRS 3, Rn. 133. Zu den Schwierigkeiten einer tranchenweisen Vorgehensweise vgl. schon Abschnitt 512.3

Fair Values nach sich, die vor allem von Seiten der Abschlussadressaten stark kritisiert wurde.[588] Die historischen Anschaffungskosten spiegeln insbesondere dann, wenn die Anteilstransaktionen zeitlich weit auseinander liegen, nicht die aktuellen Verhältnisse wider, sodass der Unterschiedsbetrag bei einer tranchenweisen Methodik zumindest unter Bezug auf den Zeitpunkt des Beherrschungsübergangs „fehlerhaft" bestimmt würde.[589] So könnten zwischen den Erwerbsvorgängen eingetretene Wertsteigerungen der Altanteile bspw. erhebliche Auswirkungen auf die Höhe eines der Beteiligung als Ergebnis der Kapitalkonsolidierung zuzuordnenden Geschäfts- oder Firmenwertes haben. Demzufolge wäre die vollständige Neubewertung der Altanteile respektive eines darin ggf. implizit enthaltenen Geschäfts- oder Firmenwertes zumindest hinsichtlich der **Relevanz und Verständlichkeit** des mit Übergang zur Vollkonsolidierung explizit auszuweisenden Bilanzpostens auf den ersten Blick zu begrüßen.[590]

Gleichwohl ist die Fair Value-Bewertung zum Zeitpunkt des Statuswechsels vor allem dann diskussionswürdig, wenn sie mit einer Erhöhung des unmittelbar zuvor bilanzierten Beteiligungswertes der Altanteile einhergeht. Im Zentrum der diesbezüglichen Überlegungen steht dabei zunächst die Frage, ob eine solche Wertanpassung im Einklang mit dem für die Bilanzierung sukzessiver Anteilserwerbe identifizierten primären Informationsziel steht.[591] Hiernach wären grundsätzlich (nur) dann bilanzielle Wertanpassungen vorzunehmen, wenn diese wirtschaftlich betrachtet erst durch den neuerlichen Erwerbsvorgang bzw. den damit einhergehenden Statuswechsel der Unternehmensbeteiligung begründet werden und insofern nicht lediglich durch den Wechsel des Bewertungsmaßstabes bspw. im Fall einer vorherigen *at equity*-Bewertung bedingt sind. Insofern ist zu untersuchen, ob sich durch die erstmalige Erlangung der Beherrschung tatsächlich ökonomische Auswirkungen auf den bereits zuvor mittelbar im Beteiligungsansatz nach IFRS 9 bzw. IAS 28 oder sogar unmittelbar in der Konzernbilanz gem. IFRS 11 enthaltenen Geschäfts- oder Firmenwert ergeben, die eine Neubewertung der Altanteile für Zwecke der Ermittlung des Unterschiedsbetrages rechtfertigen. In diesem Zusammenhang ist auf das vom IASB als zweites Argument für die Neubewertung der Altanteile angeführte Konzept des *significant economic event* einzugehen, das auf die mit dem Statuswechsel verbundene Änderung der Beteiligungsbeziehung abzielt.

513.322. Berücksichtigung der veränderten Einflussmöglichkeiten

513.322.1 Konzept des *significant economic event*

Neben der Einheitlichkeit der Wertverhältnisse begründet der Standardsetzer die Fair Value-Bewertung der bereits zuvor gehaltenen Anteile im Rahmen der Ermittlung des Unterschiedsbetrages vor

[588] Vgl. IFRS 3.BC386 i. V. m. IFRS 3.BC198-202; ähnlich LÜDENBACH, N./HOFFMANN, W.-D., Übergangskonsolidierung nach ED IFRS 3, S. 1807.

[589] Vgl. KÜTING, K./WIRTH, J., Sukzessiver Anteilserwerb, S. 364.

[590] So wohl auch ZAUNER, J., Übergangs- und Endkonsolidierung nach IFRS, S. 59. Zu den aus einer solchen Vorgehensweise erwachsenden Problemen wie bspw. die Aktivierung originärer Goodwill-Bestandteile vgl. ausführlich Abschnitt 513.5.

[591] Erst in einem zweiten Schritt werden dann die aus der Neubewertung der Altanteile u. U. resultierenden Ermessensspielräume sowie die damit einhergehende Gefahr deren bilanzpolitischer Ausnutzung diskutiert. Vgl. hierfür Abschnitt 513.33.

allem mit der durch den neuerlichen Erwerbsvorgang hervorgerufenen **Wesensänderung** der Unternehmensbeteiligung. Demnach stellt der Übergang vom Status eines nicht-beherrschenden Anteilseigners hin zur erstmaligen Erlangung der Beherrschung über das Beteiligungsunternehmen ein „*significant economic event in the nature of and economic circumstances surrounding that investment*“[592] dar, das eine bilanzielle Neubeurteilung sowohl hinsichtlich der Klassifizierung als auch der Bewertung der Beteiligungsbeziehung im Konzernabschluss rechtfertigt. Schließlich, so der IASB, ist die Konzernobergesellschaft infolge des zuletzt durchgeführten Erwerbsvorgangs erstmals in der Lage, über die hinter der Beteiligung stehenden Vermögenswerte und Schulden zu verfügen und deren betriebliche Verwendung seitens des Managements zu bestimmen.[593] Eine nähere Erläuterung, warum bzw. auf welche Weise der Wert einer (bestehenden) Unternehmensbeteiligung durch die Intensivierung der Einflussnahmemöglichkeiten konkret beeinflusst werden kann und somit die Neubewertung der Altanteile mit Blick auf die Relevanz der vermittelten Informationen vorteilhaft scheint, ist den *basis for conclusions* dabei jedoch nicht zu entnehmen. Stattdessen weist der Standardsetzer im Weiteren lediglich darauf hin, dass ein solcher Statuswechsel auf Basis des derzeitigen Regelungskanons der IFRS zugleich mit einer Änderung der für die Bilanzierung der Anteile im Konzernabschluss relevanten Einbeziehungsmethode verbunden ist. Je nach vorheriger Klassifizierung tritt die vollständige Bilanzierung sämtlicher identifizierbarer Vermögenswerte und Schulden des Beteiligungsunternehmens an die Stelle einer nach IFRS 9 bzw. IAS 28 bilanzierten Beteiligung oder aber der zuvor nach IFRS 11 quotal erfassten Vermögenswerte und Schulden.

Bei der Entwicklung des Konzepts des *significant economic event* hatte der IASB dabei ursprünglich zunächst vor allem diejenigen Fallkonstellationen im Blick, in denen die zuvor gehaltenen Anteile als einfache Beteiligung, assoziiertes Unternehmen oder aber als Gemeinschaftsunternehmen bilanziert wurden.[594] So führt der Mitarbeiterstab des IFRS IC in einer themenverwandten Diskussion an, dass der Übergang von einer bislang als gemeinschaftliche Tätigkeit nach IFRS 11 klassifizierten Beteiligung zum vollkonsolidierten Tochterunternehmen zwar eine Wesensänderung der Unternehmensbeziehung bedeutet, diese hinsichtlich ihres Ausmaßes jedoch nicht mit der erstmaligen Erlangung der Beherrschungsmöglichkeit ausgehend von einer nach IFRS 9 oder IAS 28 bilanzierten Beteiligung zu vergleichen sei.[595] Schließlich standen der Konzernobergesellschaft wirtschaftlich gesehen schon vor dem Statuswechsel, wenn auch nur anteilig, Rechte an den hinter der Beteiligung stehenden Vermögenswerten und Schulden zu.[596] Trotz dieser Feststellung stellte der Mitarbeiterstab zugleich klar, dass die Vorgaben des IFRS 3.41 f. auf Basis des Wortlauts in IFRS 3 und mangels einer expliziten Ausnahmevorschrift grundsätzlich für sämtliche Konstellationen eines *share deals* einschlägig sind und somit auch dann, sollte das Beteiligungsunternehmen zuvor als gemeinschaftliche Tätigkeit klassifiziert worden sein.[597] Anders als in der Literatur zum Teil vertreten, besteht hinsichtlich der Frage, ob die Altanteile sowie die dahinter stehenden Vermögenswerte und Schulden

592 IFRS 3.BC384.
593 Vgl. IFRS 3.BC384.
594 Vgl. IFRS IC (Hrsg.), Staff Paper 13 (September 2013), Rn. 41.
595 Vgl. IFRS IC (Hrsg.), Staff Paper 13 (September 2013), Rn. 42.
596 Vgl. IFRS IC (Hrsg.), Staff Paper 13 (September 2013), Rn. 43 f.
597 Vgl. IFRS IC (Hrsg.), Staff Paper 13 (September 2013), Rn. 11-13, sowie hierzu ausführlich jüngst IFRS IC (Hrsg.), Staff Paper 5A (September 2015).

neubewertet werden müssen, nach der hier vertretenden Meinung insofern auch für diese Fallkonstellation kein Ermessensspielraum.[598] Die Pflicht zur (Neu-)Bewertung zum Fair Value wird von Seiten des *staff* dabei als vertretbar eingestuft. Begründet wird dies damit, dass der IASB in der Begründung zur Standardentwicklung einerseits nicht auf ein konkretes Mindestmaß hinsichtlich der *„significance"* einer Wesensänderung abstellt und andererseits zumindest das Argument der Einheitlichkeit der Wertverhältnisse zweifellos auch für diese Fallkonstellation gültig ist.[599]

Für die Beurteilung der in IFRS 3 verankerten Pflicht zur Neubewertung der schon vor dem Statuswechsel gehaltenen Beteiligung ist das Vorliegen einer bedeutenden Wesensänderung, wie bereits erläutert, jedoch von zentraler Bedeutung. So steht eine Wertanpassung der Altanteile für Zwecke der Ermittlung eines Geschäfts- oder Firmenwertes prinzipiell nur dann im Einklang mit dem für sukzessive Anteilserwerbe identifizierten Informationsziel der Abschlussadressaten, wenn die Anpassungen wirtschaftlich durch die veränderten Einflussnahmemöglichkeiten der Konzernobergesellschaft begründet werden können. In den folgenden Abschnitten ist daher zum einen sorgfältig zu prüfen, ob bzw. in welchen Fallkonstellationen die erstmalige Erlangung der alleinigen Beherrschung tatsächlich, wie vom IASB angeführt, als ein Ereignis qualifiziert werden kann, das mit einer hinsichtlich der Einflussnahmemöglichkeiten fundamentalen Änderung der bisherigen Unternehmensbeziehung einhergeht. Zum anderen ist zugleich zu diskutieren, inwiefern ein solches Ereignis eine (Neu-)Bewertung der Altanteile zum Fair Value mit Blick auf die Relevanz der vermittelten Informationen rechtfertigen kann. Hierfür wird in einem ersten Schritt zunächst ganz grundsätzlich herausgearbeitet, auf welche Weise der Wert einer Unternehmensbeteiligung durch den Grad der möglichen Einflussnahme der Konzernobergesellschaft beeinflusst wird.

513.322.2 Möglichkeit zur Einflussnahme als wertrelevantes Charakteristikum von Unternehmensbeteiligungen

Durch eine gesellschaftsrechtliche Unternehmensbeteiligung erhält ein Investor, in diesem Fall die Konzernobergesellschaft, üblicherweise sowohl Vermögens- als auch Mitspracherechte gegenüber dem Beteiligungsunternehmen.[600] Während die **Vermögensrechte** einen Anteil an künftigen Gewinnen bzw. dem Erlös einer möglichen Liquidation des Unternehmens verbriefen,[601] ist der Wertbeitrag der durch die **Mitspracherechte** vermittelten Einflussnahmemöglichkeiten zunächst weniger offensichtlich. So stellen bspw. HACHMEISTER/RUTHARD fest, dass Mitspracherechte losgelöst von den Vermögensrechten keinen selbstständigen Wert aufweisen.[602] Die Bemessung des Wertbeitrags von

598 Im Ergebnis so auch BRUNE, J. W., Anteile an einer Joint Operation, S. 4 f. A. A. LÜDENBACH, N./HOFFMANN, W.-D./FREIBERG, J., in: Haufe IFRS-Kommentar, 13. Aufl., § 34, Rn. 50, sowie STIBI, B., Überarbeitung der IFRS-Konzernrechnungslegungsvorschriften, S. 495.

599 Die Neubewertung der gemeinschaftlichen Tätigkeit wird daher vor allem durch das zuvor erläuterte Argument der Einheitlichkeit der Wertverhältnisse gerechtfertigt. Vgl. IFRS IC (Hrsg.), Staff Paper 13 (September 2013), Rn. 46 f. i. V. m. 48-53 und 35.

600 Vgl. KUSTNER, C., Beteiligungsbewertung im Konzernabschluss, S. 37, der die Mitspracherechte unter die Verwaltungsrechte subsumiert. Ähnlich HANOUNA, P./SARIN, A./SHAPIRO, A. C., Value of Corporate Control, S. 7.

601 Vgl. KUSTNER, C., Beteiligungsbewertung im Konzernabschluss, S. 37.

602 Vgl. HACHMEISTER, D./RUTHARDT, F., Vom Unternehmenswert zum Anteilswert, S. 429. CORNELL bestätigt dies, indem er feststellt, dass selbst der vollständigen Kontrolle als stärkste Form der Einflussnahme kein finanzieller Wert per se zugeordnet werden kann. Vgl. CORNELL, B., Company Valuation and Control Premiums, S. 5 (*„control*

Mitspracherechten erfordert stattdessen einen **Blick auf die durch diese eröffneten Handlungsoptionen** der Konzernobergesellschaft in Bezug auf das Beteiligungsunternehmen. In diesem Kontext werden vor allem zwei Aspekte unterschieden.[603]

Zum einen ist es der Konzernobergesellschaft durch die Einflussnahme auf das Beteiligungsunternehmen möglich, bei diesem bestehende Ineffizienzen durch eine **Restrukturierung** zu reduzieren oder gar zu vermeiden.[604] Die in diesem Zusammenhang ergriffenen Maßnahmen können u. a. auf eine effizientere Verwendung vorhandener Ressourcen, den Abbau nicht betriebsnotwendigen Vermögens, Investitionen in zusätzlich erforderliche Ressourcen sowie die Finanzierungsstruktur abzielen und somit sämtliche betriebliche Teilbereiche des Erwerbsobjekts betreffen.[605] Dabei müssen die Bemühungen der Konzernobergesellschaft nicht zwangsläufig auf die Profitabilität, das Wachstum oder aber das Risiko der geschäftlichen Tätigkeiten ausgerichtet sein. Stattdessen kann bspw. auch bereits eine Anpassung der Dividendenpolitik entsprechend den Präferenzen der Konzernobergesellschaft den (subjektiven) Wert der Beteiligung steigern.[606] Das Ergebnis der Umstrukturierung sollte es letztendlich sein, die Höhe, den zeitlichen Anfall sowie die Unsicherheit der aus der Beteiligungsbeziehung zu erwartenden Zahlungsströme durch einen Eingriff in den dispositiven Faktor „Unternehmenssteuerung“ **aus Sicht der Konzernobergesellschaft** zu optimieren. Da das Restrukturierungsvorhaben selbst keinen i. S. d. IAS 38 identifizierbaren immateriellen Vermögenswert darstellt, sind die hierdurch erwarteten zusätzlichen Nutzenpotenziale[607] konzeptionell dem Geschäfts- oder Firmenwert des Beteiligungsunternehmens zuzuordnen. Konkret ist mit der Restrukturierung – bei entsprechender Anteilsbewertung sowie ansonsten gleichbleibendem Nettovermögen des Beteiligungsunternehmens – grundsätzlich eine Wertsteigerung des sog. **Going Concern-Goodwill**[608] verbunden, der den aus der Unternehmens(fort)führung resultierenden, über den Substanzwert hinausgehenden Kapitalisierungsmehrwert des Unternehmens beschreibt.[609]

---

does not have value per se“). Ähnlich HAAKER, A., Goodwill-Bilanzierung, S. 133 m. w. N.

603 Vgl. bspw. PwC (Hrsg.), Business combinations and noncontrolling interests, Rn. 7.8.1, sowie PFAUTH, A., Goodwillbilanzierung nach US-GAAP, S. 126 f.

604 Ausführlich hierzu DAMODARAN, A., Damodaran on valuation, S. 457-496. Eine Restrukturierung kann einerseits unmittelbar bspw. durch die Mitsprache bei der Festsetzung der Budgets der einzelnen betrieblichen Teilbereiche im Rahmen der Gesellschafterversammlung oder aber mittelbar durch die (Mit-)Auswahl und Vergütung des geschäftsführenden Managements erreicht werden.

605 Vgl. für einen Überblick über verschiedene Ansatzpunkte einer Restrukturierung im Anschluss an einen Unternehmenserwerb DAMODARAN, A., The dark side of valuation, S. 344-346.

606 Ähnlich HANOUNA, P./SARIN, A./SHAPIRO, A. C., Value of Corporate Control, S. 3.

607 Diese werden in der Literatur teilweise als „(unternehmens-)interne“ Synergiepotenziale bezeichnet, da sie im Gegensatz zu den im nächsten Absatz erläuterten unternehmensübergreifenden Synergieeffekten bereits im Rahmen einer Stand-Alone-Betrachtung des Erwerbsobjekts anfallen. Vgl. m. w. N. HAAKER, A., Goodwill-Bilanzierung, S. 124 f. und 131, sowie WEBER, C.-P./WIRTH, J., Immaterielle Vermögenswerte, S. 54.

608 Vgl. zu diesem Begriff bspw. SELLHORN, T., Ansätze zur bilanziellen Behandlung des Goodwill, S. 889. Vgl.,wenn auch nicht den Begriff verwendend, hierzu auch schon WÖHE, G., Bilanzierung und Bewertung des Firmenwertes, S. 99.

609 Vgl. HAAKER, A., Goodwill-Bilanzierung, S. 132 mit Bezug auf JOHNSON, L. T./PETRONE, K. R., Is Goodwill an Asset, S. 295 f. SELLHORN sieht das Wertpotenzial einer Restrukturierung dementgegen als separaten Bestandteil des Geschäfts- oder Firmenwertes an. Demnach umfasst der Going Concern-Goodwill allein den Kapitalisierungsmehrwert, der sich auf Basis der vor der Akquisition bestehenden und damit nicht zwangsläufig der optimalen Geschäftspolitik ergibt. Vgl. SELLHORN, T., Ansätze zur bilanziellen Behandlung des Goodwill, S. 889. Zum Teil wird

Während dieser in der Literatur zum Teil auch als ***financial control premium***[610] bezeichnete Wertbeitrag der Restrukturierung zunächst ausschließlich das allein stehende Beteiligungsunternehmen im Blick hat,[611] können die Mitspracherechte zum anderen dazu genutzt werden, zwischen diesem und dem Konzernverbund bestehende **Synergiepotenziale** zu realisieren.[612] So können die betrieblichen Teilbereiche des Beteiligungsunternehmens theoretisch so ausgerichtet und in die Wertschöpfungsprozesse des Konzerns integriert werden, dass in den Bereichen der Produktion oder aber des Vertriebs Größen- sowie Verbundeffekte resultieren, die sich positiv auf den Wert der schon vor dem Statuswechsel gehaltenen Beteiligung auswirken.[613] Darüber hinaus stellen bspw. auch die Bündelung von Verwaltungs- und Managementaufgaben in zentralen Serviceeinheiten sowie eine abgestimmte Investitionsplanung wesentliche Komponenten des von MERCER/HARMS als ***synergistic*** bzw. ***strategic control premium***[614] bezeichneten Wertpotenzials dar.[615] Wie bereits der bei einer Stand-Alone-Betrachtung realisierbare Restrukturierungsmehrwert sind auch die unternehmensübergreifenden Synergieeffekte theoretisch dem Geschäfts- oder Firmenwert des Beteiligungsunternehmens, hier konkret dem sog. **Synergien-Goodwill**[616] zuzuordnen.

Der aus der Möglichkeit zur Einflussnahme insgesamt zu erwartende Mehrwert einer Unternehmensbeteiligung wird im Rahmen der vorliegenden Arbeit mit dem Begriff der **Kontrollprämie**[617] bezeichnet, die sich letztlich aus den zuvor konzeptionell voneinander abgegrenzten Bestandteilen des *financial control-* sowie des *synergistic* bzw. *strategic control premium* zusammensetzt. Ihre Berechtigung leitet sich, wie gezeigt werden konnte, allein daraus ab, Maßnahmen zur Optimierung der

---

das Restrukturierungspotenzial auch dem sog. Synergien-Goodwill zugerechnet. So wohl SUCKUT, S., Unternehmensbewertung für internationale Akquisitionen, S. 15 f.

610 Vgl. so bspw. MERCER, Z. C./HARMS, T. W., Business valuation, S. 70. Die Bezeichnung rührt daher, dass derartige Vorteile der Beherrschungserlangung häufig von Unternehmen der Finanzindustrie wie bspw. Banken oder Private Equity-Gesellschaften ausgenutzt werden.

611 Vgl., wenn auch nicht den Begriff *financial control premium* verwendend, DAMODARAN, A., Damodaran on valuation, S. 481.

612 Vgl. IASB (Hrsg.), Staff Paper 4 (March 2013), Rn. 26 (b), sowie DAMODARAN, A., Damodaran on valuation, S. 481. Zur Bedeutung von Synergieeffekten im Rahmen von Unternehmensakquisitionen vgl. BUSSE VON COLBE, W., Berücksichtigung von Synergien, S. 603, sowie WEISMÜLLER, A., Synergien, S. 174. Auch wenn sich Synergieeffekte zwischen zwei Unternehmen theoretisch ebenso auf anderem Wege, bspw. über vertragliche Vereinbarungen, realisieren lassen, können die mit einer Markttransaktion üblicherweise verbundenen Risiken und Kosten durch die hierarchische Eingliederung des Beteiligungsunternehmens reduziert bzw. umgangen werden. Vgl. hierzu PFINGSTEN, A./KAMP, A., Bewertung von Beteiligungen, S. 23.

613 Ähnlich WIRTH, J., Firmenwertbilanzierung nach IFRS, S. 190.

614 Vgl. zu dieser Bezeichnung MERCER, Z. C./HARMS, T. W., Business valuation, S. 70.

615 Vgl. zu den verschiedenen Synergiekomponenten grundlegend ANSOFF, H. I./DECLERCK, R. P./HAYES, R. L., Strategic Management, S. 100 f.

616 Vgl. anstelle vieler SELLHORN, T., Ansätze zur bilanziellen Behandlung des Goodwill, S. 889.

617 Der Begriff wird in der Literatur uneinheitlich verwendet. Vielfach wird hierunter nur der Wertbeitrag verstanden, der auf die Restrukturierung des Erwerbsobjekts zurückzuführen ist. Demnach wäre der hier als *strategic control premium* bezeichnete, auf Synergien zurückzuführenden Wertbeitrag auszuklammern. Vgl. bspw. DAMODARAN, A., Damodaran on valuation, S. 481; CHERIDITO, Y./SCHNELLER, T., Discounts und Premia, S. 418 f., sowie IASB/FASB (Hrsg.), Staff Paper 2G (February 2010), Rn. 42. CORNELL zeigt jedoch nachvollziehbar, dass Restrukturierungs- sowie Synergieeffekte untrennbar miteinander verwoben sind und eine getrennte Berechnung praktisch kaum möglich ist. Vgl. CORNELL, B., Company Valuation and Control Premiums, S. 14 f. Darüber hinaus wird der Begriff der Kontrollprämie in vielen Beiträgen synonym für die im Zuge von M&A-Transaktionen gezahlten Übernahmeprämien verwendet. Vgl. bspw. HAAKER, A., Full-Goodwill-Wahlrecht nach IFRS 3, S. 240, sowie DOMBRET, A. R., Übernahmeprämien im Rahmen von M&A-Transaktionen, S. 10. Kritisch hierzu Abschnitt 513.322.33.

Höhe, der Unsicherheit sowie der zeitlichen Struktur der aus der Beteiligungsbeziehung zu erwartenden künftigen Zahlungsströme treffen zu können.[618] Die Kontrollprämie im hier verstandenen Sinne kann daher nicht nur mit Transaktionen in Verbindung gebracht werden, in denen ein Unternehmen die Beherrschung über ein anderes Unternehmen erlangt, sondern mit sämtlichen Transaktionen, die mit einer Steigerung der Einflussnahmemöglichkeiten einhergehen, also bspw. auch mit Erwerbsvorgängen die lediglich einen maßgeblichen Einfluss begründen.

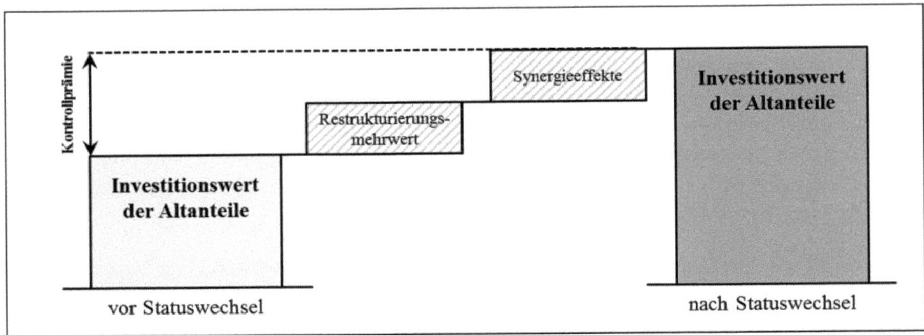

Abbildung 5-3: Wertrelevanz steigender Einflussnahmemöglichkeiten in Form des Kontrollzuschlags

Bei sukzessiven Anteilserwerben ist der aus der gesteigerten Kontrolle insgesamt erwartete Mehrwert dabei prinzipiell nicht allein den Neuanteilen, sondern der jeweiligen Paketgröße entsprechend anteilig auch den bereits vor dem Statuswechsel gehaltenen Anteilen zuzurechnen.[619] Zwar könnte argumentiert werden, dass die aus der Kombination der Anteilspakete resultierende Wertsteigerung der Altanteile theoretisch schon in Form einer entsprechend hohen Übernahmeprämie in den Anschaffungskosten der zuletzt erworbenen Anteilstranche enthalten sein kann und es somit keiner separaten Berücksichtigung im Fair Value der Altanteile bedarf. Es ist jedoch konzeptionell schwer zu begründen, warum die Konzernobergesellschaft im Zuge des Erwerbes der Neuanteile am Markt systematisch den auf die Gesamtbeteiligung gerechneten Kontrollmehrwert zu vergüten hätte. Schließlich wird der Kaufpreis nicht allein von der subjektiven Zahlungsbereitschaft des Käufers, sondern zugleich maßgeblich von den Grenzpreisen der jeweiligen Verkäufer bestimmt, die anders als die erwerbende Gesellschaft bei ihrer subjektiven Wertfindung für die Neuanteile nicht von den aus der

618 Ähnlich MERCER, Z. C./HARMS, T. W., Business valuation, S. 80. Nach der sog. Enteignungsthese muss dies jedoch nicht zwingend zu einer Wertsteigerung des Beteiligungsunternehmens insgesamt führen. Insofern würde die Kontrollprämie noch einen dritten Aspekt umfassen. So kann der Wert der Einflussnahmemöglichkeiten auch allein darin bestehen, eine von der Anteilshöhe abweichende Verteilung der Zahlungsströme aus dem Beteiligungsunternehmen zu Lasten der Minderheitsgesellschafter herbeizuführen. Dies kann bspw. durch Verträge zwischen dem Beteiligungsunternehmen und dem Konzernverbund zu marktunüblichen Bedingungen über Konzernverrechnungspreise oder entsprechend gestaltete Darlehensverträge zustande kommen. Vgl. hierzu HECKER, R., Unternehmensübernahmen und Konzernrecht, S. 96 f.; HANOUNA, P./SARIN, A./SHAPIRO, A. C., Value of Corporate Control, S. 8 und 10, sowie ausführlich zur Enteignungsthese KUSTNER, C., Beteiligungsbewertung im Konzernabschluss, S. 195-197.

619 Vgl. hierzu auch Abschnitt 513.333.

Kombination der beiden Anteilspakete resultierenden Wertpotenziale ausgehen können.[620] Im Folgenden wird daher von einer proportionalen, d. h. kapitalanteilsgerechten Zurechnung der mit der Kontrolle verbundenen Wertpotenziale ausgegangen. Bezogen auf die Altanteile kann die Kontrollprämie dabei mathematisch als Differenz aus dem Barwert der aus diesen Anteilen erwarteten Zahlungsströme nach Statuswechsel und dem entsprechenden Barwert unmittelbar zuvor ausgedrückt werden (vgl. Abbildung 5-3).[621]

513.322.3 Einstufung der Beherrschungserlangung als *significant economic event*

513.322.31 Vorbemerkungen

Die Wertrelevanz einer Statusänderung kann sich je nach Ausmaß der der Konzernobergesellschaft zuvor bzw. danach gewährten Mitspracherechte erheblich unterscheiden. Im Folgenden ist zu analysieren, inwiefern der Übergang von einer als einfache Beteiligung, assoziiertes bzw. Gemeinschaftsunternehmen oder aber als gemeinschaftliche Tätigkeit qualifizierten Unternehmensbeteiligung hin zum Tochterunternehmen tatsächlich wie von IFRS 3.BC384 angeführt eine derart **bedeutende** Wesensänderung begründet, die eine Neubewertung aufgrund der nunmehr zu berücksichtigenden Kontrollprämie rechtfertigen kann. Dabei werden die konzeptionellen Überlegungen um empirische Erkenntnisse ergänzt.

513.322.32 Konzeptionelle Überlegungen

Im Zuge eines sukzessiven Unternehmenserwerbs erhält die Konzernobergesellschaft durch die Erlangung der alleinigen Beherrschung erstmals die Möglichkeit, über die (bedeutendsten) **relevanten Aktivitäten** des Beteiligungsunternehmens, also diejenigen Aktivitäten, die sich signifikant auf dessen finanzielle Rückflüsse auswirken, zu bestimmen.[622] Eine Vermeidung ggf. bestehender Ineffizienzen sowie die Realisierung ggf. vorhandener Synergiepotenziale scheinen durch die umfassenden Entscheidungsrechte zunächst grundsätzlich möglich. Für die Beurteilung, ob die Kontrollerlangung somit ein *significant economic event* darstellt, ist gleichzeitig jedoch zu berücksichtigen, welche **Möglichkeiten zur Einflussnahme** bereits **vor dem Statuswechsel** der Beteiligung bestanden. Während der Übergang ausgehend von einer Klassifizierung als **einfache Beteiligung** nach IFRS 9 angesichts der zuvor allenfalls losen Unternehmensverbindung zweifelsohne eine fundamentale Wesensänderung der Beteiligungsbeziehung bedeutet, ist die Beurteilung für die anderen Fallkonstellationen weniger eindeutig.

Lag vor der erstmaligen Kontrollerlangung ein maßgeblicher Einfluss vor, konnte die Konzernobergesellschaft schon zuvor zumindest an ausgewählten Entscheidungen hinsichtlich der relevanten Aktivitäten des Beteiligungsunternehmens teilhaben.[623] Abhängig von der Struktur und den Interessen der anderen am **assoziierten Unternehmen** beteiligten Parteien sowie der Verteilung der Rechte in

[620] Dazu passend wurde in empirischen Studien – vor allem bei liquiden Gesellschaftsanteilen – keine eindeutig positive Korrelation zwischen der Höhe eines vorherigen Anteilsbesitzes und der Höhe der anschließend gezahlten Übernahmeprämie nachgewiesen. Vgl. ausführlich BRIS, A., Toeholds, takeover premium, S. 227-253.

[621] Ähnlich, wenn auch nur in Bezug auf den hier als *financial control premium* bezeichneten Wertzuschlag, DAMODARAN, A., Damodaran on valuation, S. 464 f.

[622] Zur Charakterisierung der alleinigen Beherrschung gem. IFRS 10 vgl. Abschnitt 32.

[623] Vgl. Abschnitt 34.

Bezug auf die zu treffenden Entscheidungen, war es insofern bis zu einem gewissen Ausmaß bereits vor Beherrschungserlangung möglich, auf die Vermeidung von Ineffizienzen sowie die Realisierung von Synergieeffekten hinzuwirken.

Dies gilt umso mehr, sofern die Beteiligung zuvor als **Gemeinschaftsunternehmen** eingestuft wurde und damit eine gemeinschaftliche Beherrschung vorlag. So konnten sämtliche Entscheidungen bezüglich der (bedeutendsten) relevanten Aktivitäten des Beteiligungsunternehmens mitbestimmt bzw. verhindert werden,[624] sodass zumindest die für eine Restrukturierung anlassgebenden Ineffizienzen der Geschäftstätigkeit u. U. gar nicht erst entstehen konnten.

Gleichwohl können die Bemühungen der Konzernobergesellschaft für eine möglichst profitable und synergieorientierte Unternehmenssteuerung sowohl bei einem bestehenden maßgeblichen Einfluss als auch bei einer gemeinschaftlichen Beherrschung grundsätzlich jederzeit von Seiten der übrigen Gesellschafter bzw. der die gemeinschaftliche Beherrschung mitausübenden Partner blockiert werden. Das bilanzierende Unternehmen ist zuvor nicht in der Lage, wesentliche Entscheidungen im Hinblick auf die Geschäftstätigkeit des Beteiligungsunternehmens ohne Zustimmung anderer Parteien durchzusetzen, sodass der Konzernobergesellschaft die für eine wertsteigernde Umstrukturierung der Beteiligung ggf. erforderlichen Handlungsoptionen zum Teil erst durch die Erlangung der alleinigen Beherrschung offen stehen.[625] Vor diesem Hintergrund kann wohl auch der Übergang von einer zuvor als assoziiertes oder Gemeinschaftsunternehmen qualifizierten Beteiligung hin zum Tochterunternehmen als eine fundamentale Wesensänderung der Unternehmensbeziehung interpretiert werden, die regelmäßig eine wesentliche Kontrollprämie nach sich zieht.

Gleiches gilt grundsätzlich auch für einen sukzessiven Unternehmenserwerb, bei dem die zuvor gehaltene Unternehmensbeteiligung als **gemeinschaftliche Tätigkeit** eingestuft wurde. Die Tatsache, dass die Konzernobergesellschaft bereits vor der alleinigen Kontrollerlangung wirtschaftlich gesehen keine Rechte am Nettovermögen des Beteiligungsunternehmens, sondern an dessen einzelnen Vermögenswerten und Schulden besaß,[626] lässt diese Einschätzung unberührt. Schließlich ist es ihr vor dem Statuswechsel nicht möglich, alleine über diese Vermögenswerte und Schulden zu verfügen.[627] Die Verwendung der hinter der Unternehmensbeteiligung stehenden Ressourcen wird trotz deren anteiliger Bilanzierung gemeinschaftlich und somit von mindestens zwei Parteien bestimmt. Insofern unterliegen etwaige auf die Vermeidung von Ineffizienzen sowie die Realisierung von Synergieeffekten gerichtete Umstrukturierungsversuche der Konzernobergesellschaft vor dem Statuswechsel

624 Vgl. Abschnitt 33.

625 Die Umsetzung von Umstrukturierungsplänen ist vor dem Statuswechsel vor allem dann als vergleichsweise unwahrscheinlich einzustufen, wenn hiermit eine Realisierung von Synergieeffekten bezweckt werden sollte, die zu großen Teilen nicht auf Ebene des assoziierten bzw. Gemeinschaftsunternehmens selbst, sondern auf anderen Ebenen des Konzerns anfallen.

626 Zur Charakterisierung einer als gemeinschaftliche Tätigkeit zu klassifizierenden Unternehmensbeteiligung vgl. Abschnitt 332.

627 Zwar ist die Konzernobergesellschaft durch die vertraglich festgelegte anteilige Übernahme der Chancen und Risiken des Beteiligungsunternehmens wirtschaftlich gesehen Träger einzelner Vermögenswerte und Schulden, dennoch liegen die für deren Verwendung entscheidenden Verfügungsrechte allein bei der rechtlichen Einheit des Beteiligungsunternehmens und können somit ausschließlich gemeinschaftlich eingesetzt werden.

den schon im Zusammenhang mit Gemeinschaftsunternehmen identifizierten Einschränkungen. Die Möglichkeiten für eine Ausschöpfung der Restrukturierungs- sowie Synergiepotenziale werden durch die Erlangung der alleinigen Beherrschung tendenziell deutlich verbessert. Entgegen der Einschätzung des Mitarbeiterstabs des IFRS IC[628] ist es hinsichtlich der Frage, ob ein sukzessiver Unternehmenszusammenschluss ein *significant economic event* darstellt, insofern nicht zwingend erforderlich, danach zu unterscheiden, ob vor dem Statuswechsel ein Gemeinschaftsunternehmen oder aber eine als gemeinschaftliche Tätigkeit zu qualifizierende Unternehmensbeteiligung vorgelegen hat.

Auch wenn die Charakterisierung der Beherrschungserlangung als bedeutendes wirtschaftliches Ereignis einer bereits zuvor bestehenden Unternehmensbeteiligung in der Gesamtschau für sämtliche Übergangsszenarien konzeptionell nachvollziehbar ist und die Neubewertung der Altanteile angesichts der nunmehr zusätzlich zu berücksichtigenden Kontrollprämie tendenziell gerechtfertigt erscheint, gilt es bei der Beurteilung der Regelung des IFRS 3.41 f. zwei weitere Aspekte zu beachten.

Zum einen darf bei der Frage nach der Bedeutung („*significance*") des Ereignisses „Aufwärtswechsel zum Tochterunternehmen" nicht übersehen werden, dass das Beherrschungskonzept nach IFRS 10 eine erhebliche Spannweite aufweist.[629] So könnte die **Existenz wesentlicher Minderheitsgesellschafter** vor dem Hintergrund gesetzlich oder satzungsbedingt gewährter Schutzrechte dazu führen, dass die für eine umfassende Restrukturierung bzw. für die Realisierung von Synergieeffekten erforderliche Entscheidungsmacht trotz Beherrschungsverhältnis nicht allein beim jeweiligen Mutterunternehmen liegt.[630] Der Umfang der durch die Wesensänderung ggf. realisierbaren Wertpotenziale ist daher je nach den mit der Beherrschungserlangung im Einzelfall einhergehenden Entscheidungsrechten der Konzernobergesellschaft zu relativieren.[631] Eine grundlegende Restrukturierung des Erwerbsobjekts dürfte bspw. eine qualifizierte und nicht lediglich eine einfache Mehrheit der Konzernobergesellschaft voraussetzen.[632]

---

628 Vgl. IFRS IC (Hrsg.), Staff Paper 13 (September 2013), Rn. 42 f., sowie Abschnitt 513.322.1.

629 Vgl. ausführlich Abschnitt 32.

630 Vgl. BUSSE VON COLBE, W., Berücksichtigung von Synergien, S. 603, sowie PAWELZIK, K. U., Konsolidierung von Minderheiten, S. 683. Überdies sind auch bei 100%-Beteiligungen Einschränkungen der Entscheidungsmacht des Erwerbers denkbar. Zum einen können dritten Parteien durch vertragliche Vereinbarungen auch abseits gesellschaftsrechtlicher Beteiligungen Schutz- sowie Mitwirkungsrechte zugebilligt werden. Zum anderen können bspw. gesetzliche Bestimmungen die Dispositionsfreiheit der Konzernobergesellschaft und somit den Vorteil der Beherrschungsmacht einschränken, sollte das Tochterunternehmen in stark regulierten Geschäftsfeldern operieren. Vgl. PRATT, S. P., Business Valuation, S. 401 f.

631 Sollte es aus Sicht der Konzernobergesellschaft angesichts möglicher Größen- oder Verbundeffekte bspw. von Nutzen sein, wesentliche Aktivitäten des Tochterunternehmens auf ein anderes Konzernunternehmen zu verlagern und somit das Spektrum der vom Beteiligungsunternehmen angebotenen Leistungen anzupassen, kann dies eine Satzungsänderung erfordern. Ein derartiger Eingriff in das gesellschaftsvertragliche Fundament des Erwerbsobjekts kann jedoch zumeist nicht ohne die Zustimmung der nicht-beherrschenden Gesellschafter vorgenommen werden. Dementsprechend wäre die Umsetzung der Umstrukturierungspläne gefährdet, sodass letztlich auch der durch den Statuswechsel verursachte wirtschaftliche Vorteil zu relativieren wäre. Ferner kann eine Restrukturierung des Erwerbsobjekts auch bspw. durch gesellschaftsvertraglich festgelegte Zustimmungsvorbehalte der nicht-beherrschenden Gesellschafter bei über den gewöhnlichen Geschäftsbetrieb hinausgehenden Neuinvestitionen oder aber der Ausgabe von Eigen- und Fremdkapitalinstrumenten erschwert werden.

632 Zu den Auswirkungen der Beteiligung von Minderheitsgesellschaftern auf die Kontrollprämie mit Bezug auf US-amerikanische Gesellschaftsrechte vgl. PRATT, S. P., Business Valuation, S. 21-29.

Zum anderen hängt das Ausmaß der durch die Wesensänderung zu erwartenden Wertsteigerung der bisherigen Unternehmensbeteiligung und damit wiederum die „*significance*" des Statuswechsels entscheidend von den im Einzelfall durch die Beherrschungserlangung realisierbaren **ökonomischen Wertpotenzialen** ab.[633] In diesem Zusammenhang ist einerseits die **Konstitution des Erwerbsobjekts** zu berücksichtigen. So kann eine Restrukturierung nur dann zu einer Wertsteigerung der Altanteile beitragen, wenn die bisherige Unternehmenssteuerung tatsächlich Ineffizienzen aufweist; die durch die Kapitalgeber anvertrauten Ressourcen seitens des derzeitigen Managements also nicht effektiv eingesetzt werden.[634] Die Kontrollprämie ist demensprechend tendenziell umso höher, je ineffizienter das Beteiligungsunternehmen vor dem Statuswechsel operiert hat.[635] Andererseits wird der durch die Beherrschungserlangung realisierbare Mehrwert auch durch die **Spezifika des Erwerbers** bzw. dessen Konzernverbunds beeinflusst, da das Potential der durch den Unternehmenszusammenschluss erreichbaren Restrukturierungs- und Synergieeffekte bei gegebenem Akquisitionsobjekt grundsätzlich von Erwerber zu Erwerber unterschiedlich ist.[636] Vor dem Hintergrund, dass Synergien in der Literatur zumeist als „Dreh- und Angelpunkt"[637] von Unternehmenszusammenschlüssen angesehen werden,[638] ist der diesbezüglichen Kompatibilität von Erwerber und Erwerbsobjekt eine besondere Bedeutung hinsichtlich der Höhe der durch den Statuswechsel induzierten (ökonomischen) Wertänderung beizumessen.

Bei der Qualifizierung der Beherrschungserlangung als *significant economic event* handelt es sich im Ergebnis somit um eine **Typisierung**, die konzeptionell überzeugt, zwangsläufig jedoch nicht allen Einzelfällen gerecht werden kann. Je nach Intensität der Einflussnahmemöglichkeiten vor bzw. nach dem Statuswechsel der Unternehmensbeteiligung sowie je nach den durch die Beherrschungserlangung konkret realisierbaren Wertpotenzialen spiegelt eine solche Charakterisierung die tatsächlichen Verhältnisse des jeweiligen Anwendungsfalls mehr oder weniger zutreffend wider. Insofern kann theoretisch nur einzelfallabhängig beurteilt werden, ob die von IFRS 3.41 f. vorgesehene Neubewertung der Altanteile tatsächlich durch eine bedeutende ökonomische Wertänderung der bisherigen Beteiligungsbeziehung in Form einer aus dem Statuswechsel herrührenden Kontrollprämie gerechtfertigt werden kann. Da eine solche einzelfallspezifische Betrachtung jedoch mit erheblichen Ermessensspielräumen verbunden wäre, durch die die Glaubwürdigkeit sowie die Vergleichbarkeit der Bilanzierung deutlich beeinträchtigen werden könnte, ist die einheitliche Verpflichtung zur Fair Value-Bewertung letztlich nachvollziehbar.

---

633 So auch schon PRATT der klarstellt: „*The value of control depends not only on legal power and rights, but also on economic potential.*" PRATT, S. P., Business Valuation, S. 18.

634 Ähnlich CHERIDITO, Y./SCHNELLER, T., Discounts und Premia, S. 418, sowie auch IASB (Hrsg.), Staff Paper 3F (December 2008), Rn. 8.

635 Vgl. DAMODARAN, A., Damodaran on valuation, S. 481.

636 In Bezug auf den Synergien-Goodwill vgl. SELLHORN, T., Ansätze zur bilanziellen Behandlung des Goodwill, S. 889.

637 WEISMÜLLER, A., Synergien, S. 174.

638 So vermutete NATH bspw. in den 1990ern, dass Unternehmenserwerbe im Vergleich zu früheren Jahren zunehmend von synergiebezogenen Überlegungen und weniger aus Gründen einer (finanziellen) Restrukturierung getrieben werden. Vgl. NATH, E. W., Control Premiums and Minority Interest Discounts, S. 42.

513.322.33 Empirische Erkenntnisse

Fraglich ist, inwieweit die zunächst ausschließlich konzeptionell abgeleiteten Schlussfolgerungen hinsichtlich der Bedeutung der erstmaligen Erlangung eines beherrschenden Einflusses über ein Beteiligungsunternehmen und der insofern mehr oder weniger gerechtfertigten Pflicht zur Neubewertung der Altanteile auch empirisch belegt werden können. In der Literatur wird der aus der Kontrolle resultierende Mehrwert von Unternehmensbeteiligungen typischerweise aus den im Rahmen von M&A-Transaktionen gezahlten **Übernahmeprämien** abgeleitet.[639] Diese bezeichnen zunächst ganz allgemein das den bisherigen Gesellschaftern gezahlte Agio bezogen auf den Preis eines einzelnen Gesellschaftsanteils vor Bekanntgabe des Übernahmeangebots.[640] Aufgrund der Beobachtbarkeit von Aktienkursen konzentrieren sich die (vornehmlich US-amerikanischen) Studien dabei zumeist ausschließlich auf börsennotierte Unternehmen.[641] Eine bedeutende empirische Erhebung stellt die vom Finanzdatendienstleister FACTSET MERGERSTAT quartalsweise herausgegebene „*Control Premium Study*" dar.[642] Basierend auf der Auswertung international beobachteter Erwerbstransaktionen werden Übernahmeprämien dort bspw. für die Jahre 2009-2012 mit Werten **zwischen 35%** (2011) **und 44%** (2009), jeweils ausgedrückt als jahresbezogener Median, ermittelt.[643] In einer ähnlich umfassenden Studie zu zwischen den Jahren 1996 und 2004 gezahlten Prämien kommt DOMBRET mit Fokus auf die Länder USA, Großbritannien, Frankreich sowie Deutschland zu Ergebnissen **zwischen 8%** (1996) **und 40,3%** (1999).[644] Hervorzuheben ist hierbei, dass der über alle untersuchten Jahre gerechnete Median für deutsche Unternehmen (**19,72%**) signifikant von dem für US-amerikanische Gesellschaften ermittelten Wert (**25%**) abweicht.[645] Eine derartige wertmäßige Relativierung der in Deutschland entrichteten Übernahmeprämien im Vergleich zu den Ergebnissen primär kapitalmarktorientierter Länder wie den USA wird in weiteren Studien bestätigt.[646] Darüber hinaus sind vor allem auch branchen- sowie zeitraumbezogene Spezifika hinsichtlich der Höhe der gezahlten Aufschläge empirisch belegt.[647]

Insgesamt werden trotz geografischer, zeit- oder branchenspezifischer Besonderheiten – soweit ersichtlich – in sämtlichen Studien nicht zu vernachlässigende Übernahmeprämien, zumeist zwischen 10-50%,[648] berichtet. Diese werden in der Literatur vielfach als **empirischer Beleg sowie** gleichzeitig

---

639 Vgl. so auch IASB (Hrsg.), Staff Paper 4 (March 2013), Rn. 26 (c); PRATT, S. P., Business Valuation, S. 45, sowie DAMODARAN, A., Damodaran on valuation, S. 482. Für eine Übersicht über die verschiedenen Forschungsansätze zur Bemessung der Kontrollprämie HANOUNA, P./SARIN, A./SHAPIRO, A. C., Value of Corporate Control, S. 9 f.

640 Vgl. zur Definition der Übernahmeprämie bspw. DOMBRET, A. R., Übernahmeprämien im Rahmen von M&A-Transaktionen, S. 1 und 10.

641 So auch PRATT, S. P., Business Valuation, S. 45.

642 Für eine umfassende Erläuterung der Vorgehensweise dieser Studie vgl. PRATT, S. P., Business Valuation, S. 45-59.

643 Vgl. FACTSET MERGERSTAT (Hrsg.), Control Premium Study, S. 2.

644 Vgl. DOMBRET, A. R., Übernahmeprämien im Rahmen von M&A-Transaktionen, S. 147. Bei den angegebenen Werten handelt es sich, wie auch bei den Werten der *Control Premium Study*, um den jahresbezogenen Median unter Vergleich des Übernahmekurses mit dem Aktienkurs vier Wochen vor der Bekanntgabe der Übernahmepläne.

645 Vgl. DOMBRET, A./MAGER, F./REINSCHMIDT, T., Übernahmeprämien bei M&A-Transaktionen, S. 766.

646 Vgl. HANOUNA, P./SARIN, A./SHAPIRO, A. C., Value of Corporate Control, S. 16-18.

647 Vgl. hierzu bspw. DOMBRET, A. R., Übernahmeprämien im Rahmen von M&A-Transaktionen, S. 161-166 und 176-189.

648 Vgl. in Ergänzung zu den zuvor bereits aufgeführten Studien bspw. HANOUNA, P./SARIN, A./SHAPIRO, A. C., Value of Corporate Control, S. 25; BETTON, S./ECKBO, B. E./THORBURN, K. S., Toehold Puzzle, S. 39; SCHMITT, D./MOLL,

als **quantitativer Schätzer für den Wert der Kontrollerlangung** über ein Unternehmen interpretiert.[649] Schließlich besteht ein wesentlicher Unterschied von Übernahmetransaktionen gegenüber dem Kauf einzelner Anteilsscheine gerade darin, dass hiermit neben den Vermögensrechten umfassende Entscheidungsrechte über die hinter der Beteiligung stehenden Ressourcen an den Erwerber übergehen.[650] Der durch die Kontrolle erzielbare Mehrwert müsste sich, dieser Überlegung folgend, in Form eines entsprechenden Aufschlags auf beobachtbare Börsenkurse widerspiegeln.[651] Bei genauerer Betrachtung sind die in den zahlreichen Studien beobachteten Übernahmeprämien indes nur eingeschränkt zur Bemessung des der (Mehr-)Kontrolle zuordenbaren Wertbeitrags und damit zugleich für die Beurteilung der in IFRS 3.41 f. normierten Vorgabe zur Neubewertung der vor dem Statuswechsel gehaltenen Altanteile geeignet.[652]

Zum einen können Unternehmenserwerbe nicht nur durch Restrukturierungs- bzw. synergiebezogene Überlegungen, sondern auch durch die Möglichkeiten zur Ausnutzung einer vermuteten Unterbewertung des Kaufobjekts am Kapitalmarkt sowie durch persönliche Interessen des den Erwerbs veranlassenden Managements geleitet sein.[653] Die **verschiedenen Erwerbsmotive** spiegeln sich aggregiert im (subjektiven) Grenzpreis des Erwerbers wider, sodass die Höhe der tatsächlich gezahlten Prämien seitens des Erwerbers letztlich keinesfalls nur durch die erstgenannten Wertkomponenten beeinflusst wird. Darüber hinaus werden die beobachteten Übernahmepreise ebenso wesentlich durch **Liquiditätsaspekte** bestimmt.[654] Im Gegensatz zu einzelnen Aktien können große, die Beherrschung über ein Unternehmen vermittelnde Anteilspakete nicht jederzeit oder zumindest nicht ohne erhebliche Abschläge an eine andere Partei weiter veräußert werden, wodurch die Flexibilität derartiger Investitionen sinkt bzw. das Risiko steigt.[655] Die Höhe von Übernahmeprämien wird daher durch den sog.

R., Übernahmeprämien, S. 206 f. GAUGHAN führt bei einer Betrachtung der Jahre 1978-2009 sogar durchschnittliche Übernahmeprämien von bis zu 62,3% (2003) an. Vgl. GAUGHAN, P. A., Mergers, acquisitions, and corporate restructurings, S. 572 mit Bezug auf YAHOO! FINANCE und MERGERSTAT REVIEW, 2010.

649 So wohl bspw. GAUGHAN, P. A., Mergers, acquisitions, and corporate restructurings, S. 564.

650 Vgl. ausführlich Abschnitt 513.322.2 i. V. m. 513.322.32

651 Die Kontrollerlangung erklärt zunächst nur die entsprechend steigende Zahlungsbereitschaft des Käufers, nicht aber einen Preisanstieg in gleicher Höhe. Dieser entsteht erst aufgrund der i. d. R. nicht perfekten Elastizität der Angebots- und Nachfragekurve (vgl. CORNELL, B., Company Valuation and Control Premiums, S. 5; GAUGHAN, P. A., Mergers, acquisitions, and corporate restructurings, S. 565) sowie bspw. aufgrund einer vom Markt angesichts der Übernahme vermuteten Mehrinformation des Erwerbers (Informations-Hypothese). In der Regel muss der Erwerber bei einem Kauf größerer Anteilspakete daher damit rechnen, den Vorteil aus der Kontrolle teilweise durch einen Preisaufschlag auf den Aktienkurs zu „erkaufen". Ausführlich zu verschiedenen Erklärungsansätzen von Preisreaktionen beim Kauf größerer Anteilspakete SCHÄFFNER, D., Blocktransaktionen an der deutschen Börse, S. 10-17 m. w. N.

652 Im Rahmen der vorliegenden Arbeit kann dabei nur auf die wesentlichsten Aspekte eingegangen werden. Vgl. ausführlich bspw. PRATT, S. P., Business Valuation, S. 59-61.

653 Vgl. zu diesen beiden Motiven bspw. CORNELL, B., Company Valuation and Control Premiums, S. 12 f. und 16 f.

654 Vgl. PRATT, S. P., Business Valuation, S. 37 f.

655 Vgl. DAMODARAN, A., Damodaran on valuation, S. 508 f.

marketability discount[656] tendenziell negativ beeinflusst.[657] Vor diesem Hintergrund können die empirisch ermittelten Aufschläge letzten Endes nur als Nettogröße unterschiedlicher, wertmäßig zum Teil entgegengerichteter Einflussfaktoren verstanden werden.[658]

Zum anderen besteht das Grundproblem einer empirischen Überprüfung des auf die Kontrolle zurückzuführenden Wertbeitrags von Unternehmenszusammenschlüssen darin, dass es sich bei den am Markt beobachtbaren Größen um **Preise und nicht** um (zwangsläufig subjektive) **Werte** von Beteiligungen bzw. einzelnen Anteilen handelt. Da Übernahmepreise wie auch Aktienkurse ein Ergebnis sämtlicher marktbeeinflussender Faktoren sowohl auf der Angebots- als auch der Nachfrageseite darstellen und letztlich von der konkreten Verhandlungssituation abhängen,[659] können die auf dieser Basis berechneten Übernahmeprämien selbst bei Vernachlässigung der im vorherigen Absatz genannten Störfaktoren nur einen eingeschränkten Bezug zum tatsächlichen Wert der Kontrolle aus Sicht des Erwerbers aufweisen. So dürfte der Käufer bspw. i. d. R. einen Preis unterhalb seines Grenzpreises durchsetzen,[660] mit der logischen Folge, dass die auf Aktienkurse gezahlten Aufschläge bestenfalls als Untergrenze des der Kontrolle subjektiv zugeordneten Mehrwertes zu interpretieren wären.[661]

Trotz der genannten Einschränkungen wird der seitens des Erwerbers durch die Restrukturierung oder Realisierung von Synergien erreichbare Mehrwert zumeist als (ein) wesentlicher Treiber der in den Studien festgestellten Übernahmeprämien angesehen.[662] Die Einstufung der Beherrschungserlangung als bedeutendes, weil **wertrelevantes Ereignis** kann durch die empirischen Ergebnisse daher tendenziell bestätigt werden. Angesichts der erheblichen Bandbreite beobachtbarer Übernahmeprämien lassen sich jedoch **keine allgemeinen Aussagen über die Höhe** des zu erwartenden Mehrwertes ableiten.[663] Gleiches gilt auch hinsichtlich der zunächst konzeptionell hergeleiteten Annahme, dass die Kontrollprämie je nach Umfang der dem Erwerber nach dem Unternehmenserwerb zustehenden Entscheidungsrechte unterschiedlich zu beurteilen ist. So wird – soweit ersichtlich – in den bisherigen

---

[656] Vgl. zu diesem Begriff bspw. CHERIDITO, Y./SCHNELLER, T., Discounts und Premia, S. 418-421; PRATT, S. P./NICULITA, A. V., Valuing a business, S. 416-418.

[657] Vgl. PRATT, S. P., Business Valuation, S. 37 f.

[658] BOLOTSKY stellte schon 1995 nüchtern fest: *„If it [the acquisition premium;* Anm. d. Verf.*] measures anything, it measures the net of many relevant factors“* (zu diesem Zitat vgl. PRATT, S. P., Business Valuation, S. 36 mit Bezug auf einen Beitrag von BOLOTSKY auf der Advanced Business Valuation Conference in Scottsdale). Ähnlich auch HANOUNA, P./SARIN, A./SHAPIRO, A. C., Value of Corporate Control, S. 9.

[659] Vgl. DOMBRET, A. R., Übernahmeprämien im Rahmen von M&A-Transaktionen, S. 11, sowie schon KRAUS-GRÜNEWALD, M., Gibt es einen objektiven Unternehmenswert, S. 1844.

[660] Vgl. HAAKER, A., Goodwill-Bilanzierung, S. 123-125 m. w. N.

[661] Ähnlich DOMBRET, A. R., Übernahmeprämien im Rahmen von M&A-Transaktionen, S. 11. Wird indes berücksichtigt, dass der aus Übernahmen zu erwartende ökonomische Vorteil seitens des Erwerbers zahlreichen Studien zufolge zum Teil erheblich überschätzt wird, ist selbst die diesbezügliche Aussagekraft empirischer Übernahmeprämien zu relativieren. Vgl. hierzu schon ROLL, R., Hubris Hypothesis, S. 197-216, sowie umfassend DOMBRET, A. R., Übernahmeprämien im Rahmen von M&A-Transaktionen, S. 97-102 m. w. N.

[662] Vgl. IASB (Hrsg.), Staff Paper 4 (March 2013), Rn. 26 (c). Der Mitarbeiterstab des IASB weist jedoch gleichzeitig auf die Gefahren einer unreflektierten Anwendung empirisch ermittelter Übernahmeprämien zur Bemessung der Kontrollprämie hin.

[663] Beispielsweise beläuft sich der Höchstwert aller im 4. Quartal 2012 von FACTSET MERGERSTAT ausgewerteten Übernahmeprämien auf 700%, während der niedrigste Wert -86% beträgt. Vgl. FACTSET MERGERSTAT (Hrsg.), Control Premium Study, S. 11. Dies passt zu der Feststellung in Abschnitt 513.322.32, dass die Kontrollprämie von dem im Einzelfall vorliegenden ökonomischen Potenzial abhängt.

Studien nicht explizit nach der Höhe des angestrebten Anteils an der Zielgesellschaft unterschieden.[664] In die Ermittlung der Übernahmeprämien gehen insofern sowohl einfache Mehrheitserwerbe i. H. v. 51% ein, als auch Transaktionen, bei denen der Erwerber 100% der Anteile erwirbt.[665] Darüber hinaus bleiben auch die Spezifika sukzessiver Anteilserwerbe bei dem Großteil der empirischen Erhebungen unbeachtet. Inwiefern eine bereits vor der endgültigen Übernahme vom Erwerber gehaltene Beteiligung am Zielunternehmen die Intensität der Wesensänderung bzw. die Höhe der insgesamt zu erwartenden Kontrollprämie quantitativ beeinflusst, kann mit Bezug auf empirische Studien daher nicht geklärt werden.[666]

513.323. Zwischenfazit

Die (Neu-)Bewertung der bereits vor der Beherrschungserlangung gehaltenen Altanteile für Zwecke der Ermittlung des Geschäfts- oder Firmenwertes ist vor dem Hintergrund der angestrebten Einheitlichkeit der Wertverhältnisse sowie damit verbundener Vereinfachungsaspekte zunächst nachvollziehbar. Im Gegensatz zu der noch von IFRS 3 (rev. 2004) vorgesehenen tranchenweisen Methodik werden keine teilweise historischen, sondern ausschließlich auf den Zeitpunkt des Statuswechsels bezogene und somit grundsätzlich relevantere Werteansätze bilanziert. Problematisch ist die Pflicht zur Fair Value-Bewertung jedoch immer dann, wenn diese eine Wertanpassung einer zuvor nicht zum Fair Value bilanzierten Unternehmensbeteiligung nach sich zieht, da unklar ist, ob die entsprechende Wertänderung nicht nur bilanziell, sondern auch wirtschaftlich erst durch den Statuswechsel verursacht wurde. In diesem Zusammenhang spielt das vom IASB angeführte Konzept des *significant economic event* eine zentrale Rolle. So konnte die Beherrschungserlangung im Zuge eines sukzessiven Unternehmenserwerbs sowohl konzeptionell als auch mit Blick auf empirische Erkenntnisse als fundamentale Wesensänderung der bisherigen Unternehmensbeziehung charakterisiert werden, die im Regelfall eine bedeutende ökonomische Wertänderung der Altanteile und aufgrund der derivativen Ermittlungsmethodik damit prinzipiell auch eine Änderung des der Beteiligung zuordenbaren Geschäfts- oder Firmenwertes erwarten lässt. Vor diesem Hintergrund scheint eine Neubewertung der vor dem Statuswechsel gehaltenen Beteiligung mit Blick auf das für sukzessive Anteilserwerbe identifizierte Informationsziel, sämtliche wirtschaftlich durch die neuerliche Investition in das Beteiligungsunternehmen induzierte Wertänderungen bilanziell nachzuzeichnen, zunächst überzeugend.

Dabei darf jedoch nicht übersehen werden, dass eine aus der Neubewertung resultierende bilanzielle Wertsteigerung der Altanteile nicht – oder zumindest nicht zwangsläufig – ausschließlich auf die die Wesensänderung quantifizierende Kontrollprämie zurückzuführen ist. Schließlich werden, sofern die

---

664 Es finden sich wenige Untersuchungen, die zumindest nach Transaktionen mit (> 50%) bzw. ohne Erlangung der Kontrolle (≤ 50%) unterscheiden. Vgl. so bspw. WALKLING, R. A./EDMISTER, R. O., Determinants of Tender Offer Premiums, S. 33 f.

665 Kritisch hierzu schon BOLOTSKY zitiert in PRATT, S. P., Business Valuation, S. 36.

666 Zwar werden in einigen US-amerikanischen Beiträgen explizit Fallkonstellationen untersucht, in denen der Erwerber bereits Anteile am Zielunternehmen besitzt (sog. *toeholds*), jedoch konzentrieren sich diese vor allem auf spieltheoretische Überlegungen. Überdies kommen sie hinsichtlich des (statistischen) Zusammenhangs der Größe des vorherigen Investments einerseits und der gezahlten Übernahmeprämie andererseits zu zum Teil gegensätzlichen Ergebnissen. Vgl. SINGH, R., Takeover bidding with toeholds, S. 679-704; BETTON, S./ECKBO, B. E./THORBURN, K. S., Toehold Puzzle, S. 1-46; BRIS, A., Toeholds, takeover premium, S. 227-253.

Unternehmensbeteiligung vor der Beherrschungserlangung nicht zum Fair Value, sondern entweder nach der Equity-Methode oder aber quotal bilanziert wurde, durch die von IFRS 3.41 f. vorgesehene Neubewertung ggf. Bestandteile des Geschäfts- oder Firmenwertes erstmalig aktiviert, die bereits in vorherigen Perioden der Konzernzugehörigkeit der Alttranchen entstanden sind.[667] Gerade dann wenn die historischen Erwerbsvorgänge lange Zeit zurück liegen, kann die Aufdeckung der auf den Geschäfts- oder Firmenwert[668] entfallenden **stillen Reserven** erhebliche Auswirkungen auf den Wertansatz der Altanteile nach Statuswechsel haben.[669] Derartige Werterhöhungen sind im Gegensatz zu den hinter der Kontrollprämie stehenden Wertpotenzialen wirtschaftlich betrachtet jedoch eben gerade nicht dem Statuswechsel, sondern ggf. vorherigen Perioden zuzuordnen. Den Abschlussadressaten ist es im Ergebnis nicht möglich, zu erkennen, welcher Teil der Wertanpassung erst durch den neuerlichen Anteilserwerb geschaffen wurde und welcher Teil allein dem Wechsel des Bewertungsmaßstabs geschuldet ist. Die Beurteilung der seitens des Managements (neuerlich) vorgenommenen Investition in das Beteiligungsunternehmen als primäre Anforderung an die Bilanzierung sukzessiver Anteilserwerbe ist in diesen Fällen damit trotz der Neubewertung der Altanteile grundsätzlich nur eingeschränkt möglich.

513.33 Bestimmungsfaktoren des Fair Value der Altanteile

513.331. Vorbemerkungen

Über die Frage hinaus, ob die (Neu-)Bewertung der Altanteile zum Fair Value wirtschaftlich durch den neuerlichen Anteilserwerb bzw. die in diesem Zuge gesteigerten, potenziell wertrelevanten Einflussmöglichkeiten gerechtfertigt werden kann, ist bei der Beurteilung der Bilanzierungsvorschriften ferner zu berücksichtigen, wie der Fair Value im IFRS-Kontext konkret zu bestimmen ist. Dabei sind IFRS 3 selbst keine konkretisierenden Vorgaben hinsichtlich der Ermittlungsmethodik zu entnehmen. Stattdessen sind hierfür grundsätzlich die Vorschriften des IFRS 13 *Fair Value Measurement* heranzuziehen.[670] IFRS 13 wurde im Mai 2011 seitens des IASB mit dem Ziel herausgegeben, die zuvor fragmentarisch über einzelne Standards verteilten Vorgaben zur Fair Value-Ermittlung durch ein standardübergreifendes, in sich konsistentes Konzept zu ersetzen.[671] Die dort enthaltenen, nunmehr weitestgehend sachverhaltsunspezifischen Leitlinien gilt es in den folgenden Abschnitten in Bezug auf die Bewertung der Altanteile bei sukzessiven Unternehmenserwerben zu konkretisieren bzw. standardkonform auszulegen (Abschnitt 513.334). In diesem Kontext ist vor allem zu prüfen, inwieweit ermessensbeschränkende Objektivierungen der in den Fair Value eingehenden Inputparameter zu einer glaubwürdigen Darstellung der Berichterstattung sukzessiver Unternehmenserwerbe beitragen können. Dem vorgelagert werden jedoch zunächst die von IFRS 13 vorgesehene Grundkonzeption des Fair Value skizziert (Abschnitt 513.332) sowie die der Wertermittlung zugrunde zu legende

[667] Die Verbesserung der Belegschaftsqualität sowie die Aneignung von Know-How können als Beispiele für derartige, in Vorperioden still entstandene Wertbestandteile angeführt werden. Vgl. HAAKER, A., Goodwill-Bilanzierung, S. 119 f. Diese führen letztlich zu einer Erhöhung des sog. Going Concern-Goodwill.

[668] Dieser war zuvor entweder implizit im Equity-Wert nach IAS 28 oder aber explizit im Rahmen einer quotalen Konsolidierung nach IFRS 11 in der Konzernbilanz enthalten.

[669] Vgl. KÜTING, K./WIRTH, J., Sukzessiver Anteilserwerb, S. 365.

[670] Gemäß IFRS 13.5 sind die in IFRS 13 enthaltenen Leitlinien zur Fair Value-Bewertung dann anzuwenden, wenn ein anderer Standard eine Bewertung zum Fair Value verlangt bzw. zulässt.

[671] Vgl. IFRS 13.IN5-IN6.

Bewertungseinheit herausgearbeitet (Abschnitt 513.333) und mit Blick auf den hier betrachteten Anwendungsfall kritisch diskutiert. Im Zentrum der entsprechenden Überlegungen steht dabei die Frage, ob das als Begründung für die Fair Value-Bewertung angeführte Konzept des *significant economic event* unter Anwendung der in IFRS 13 enthaltenen Bewertungsleitlinien sachgerecht bei der Ermittlung des Zeitwerts der Altanteile berücksichtigt werden kann.

513.332. Fair Value-Konzeption nach IFRS 13

Gemäß IFRS 13.9 ist der Fair Value als derjenige **Preis** zu verstehen, der bei der Veräußerung eines Vermögenswertes bzw. der Übertragung einer Schuld im Rahmen einer **gewöhnlichen Transaktion** zwischen **Marktteilnehmern** am Bewertungsstichtaggezahlt gezahlt würde.[672] Bei der Bewertung ist somit stets eine Veräußerungsperspektive einzunehmen (**Abgangsfiktion**), sodass der Ansatz eines Erwerbspreises oder aber eines (unternehmensspezifischen) Nutzungswertes grundsätzlich unzulässig ist.[673] Diese Vorgabe gilt unabhängig davon, ob entsprechende Verkaufstransaktionen tatsächlich beobachtbar sind.[674] Sollte dies im Einzelfall nicht der Fall sein, ist grundsätzlich der Preis heranzuziehen, der zwischen sachverständigen, unabhängigen und vertragswilligen Marktteilnehmern in einer gewöhnlichen Transaktion unter Berücksichtigung der aktuellen Marktbedingungen **hypothetisch** vereinbart würde.[675] Dabei sind gem. IFRS 13.11 i. V. m. IFRS 13.22 f. sämtliche spezifischen Merkmale des zu bewertenden Vermögenswertes bzw. der Schuld zu berücksichtigen, die ein **typischer Marktteilnehmer** in die Preisfindung miteinbeziehen würde. Bei der Identifizierung der für eine solche Bewertung relevanten Eigenschaften ist danach zu unterscheiden, ob diese untrennbar mit dem Bewertungsobjekt verbunden sind oder aber auf transaktions- bzw. unternehmensspezifische Gegebenheiten zurückzuführen sind.[676] So sind bei der Bemessung des Fair Value nach IFRS 13 ausschließlich die dem zu bewertenden Objekt anhaftenden Charakteristika miteinzubeziehen, sodass sämtliche Umstände, die sich erst in der Sphäre des jeweils bilanzierenden Unternehmens ergeben, für die bilanzielle Wertbemessung unbeachtlich sind.[677]

Diese von IFRS 13 vorgesehene Bewertungskonzeption hat letztlich erhebliche Konsequenzen für den zu bilanzierenden Wertansatz einer bereits vor dem Statuswechsel gehaltenen Unternehmensbeteiligung. Durch die einzunehmende marktorientierte Veräußerungsperspektive kommt es grundsätzlich zu einer unvollständigen Erfassung der hinter der Beteiligung stehenden Nutzenpotenziale.

---

672 Sofern für das zu bewertende Objekt mehrere Handelsplätze existieren, ist auf den Preis am sog. Hauptmarkt, also dem Markt mit dem insgesamt größten Handelsvolumen bzw. der höchsten Marktaktivität, abzustellen. Kann der Hauptmarkt nicht ausgemacht werden, ist der Preis auf dem vorteilhaftesten Markt heranzuziehen. Vgl. IFRS 13.16 i. V. m. IFRS 13.Appendix A.

673 Vgl. IFRS 13.24. Vgl. LÜDENBACH, N./HOFFMANN, W.-D./FREIBERG, J., in: Haufe IFRS-Kommentar, 13. Aufl., § 8a, Rn. 13. Gleichwohl sollen sich der Erwerbs- und der Veräußerungspreis laut IASB regelmäßig entsprechen. Vgl. IFRS 13.BC44 sowie ausführlich zur Begründung der Veräußerungsperspektive IFRS 13.BC36-45. Zu etwaigen Unterschieden zwischen Veräußerungs- und Erwerbspreis vgl. KIRSCH, H.-J. U. A., in: Baetge u. a., Rechnungslegung nach IFRS, 2. Aufl., IFRS 13, Rn. 34.

674 Vgl. IFRS 13.24.

675 Vgl. IFRS 13.21.

676 Vgl. LÜDENBACH, N./HOFFMANN, W.-D./FREIBERG, J., in: Haufe IFRS-Kommentar, 13. Aufl., § 8a, Rn. 18.

677 Vgl. LÜDENBACH, N./HOFFMANN, W.-D./FREIBERG, J., in: Haufe IFRS-Kommentar, 13. Aufl., § 8a, Rn. 17 f. Hierunter sind auch Transaktionskosten zu fassen. Diese stellen ein Merkmal der unternehmensspezifischen Transaktion und nicht des Bewertungsobjekts dar und sind daher bei der Bewertung zu vernachlässigen. Vgl. IFRS 13.25.

Schließlich dürften aus Sicht der Abschlussadressaten primär die künftig durch die Integration der Beteiligung in den Konzernverbund zu erwartenden Zahlungsströme i. S. e. **unternehmensspezifischen Betriebszugehörigkeitswertes** und weniger der aus einer fiktiven Transaktion zwischen typisierten Marktteilnehmern zu erzielende Veräußerungserlös von Interesse sein.[678] Auch wenn es sich hierbei zunächst um eine allgemeine Kritik an der vom IASB präferierten Marktperspektive handelt, betrifft diese den Anwendungsfall sukzessiver Anteilstransaktionen in besonderem Maße. So wurde in den vorherigen Abschnitten gerade die Berichterstattung über die aus der spezifischen Investor-Beteiligungs-Beziehung realisierbaren Restrukturierungs- und Synergieeffekte als wesentliches Informationsziel in Bezug auf die Bewertung der Altanteile herausgearbeitet.[679] Die aus der Beherrschungserlangung zu erwartende Wertsteigerung dieser Anteile kann durch den von IFRS 13 vorgesehenen Ausschluss sämtlicher unternehmensspezifischer Umstände per se nur unzureichend bilanziell nachgezeichnet werden. Zwar kommt es durch die Abgangsfiktion allein nicht zwangsläufig zu einer vollständigen Vernachlässigung von Kontrollpotenzialen.[680] Gleichwohl ist der seitens der Konzernobergesellschaft diesbezüglich individuell erwartete Mehrwert grundsätzlich durch eine marktbezogene Größe zu ersetzen.[681] Da die Höhe der aus der Beherrschungserlangung resultierenden Wertpotenziale, wie in Abschnitt 513.322.3 sowohl konzeptionell als auch empirisch gezeigt wurde, jedoch erheblich von der konkreten Transaktion und damit auch dem spezifischen Erwerber abhängt, kann die Bilanzierung einer hypothetischen, allein auf Durchschnittsbetrachtungen basierenden Kontrollprämie konzeptionell nur sehr eingeschränkt überzeugen.[682]

Nicht zuletzt ist davon auszugehen, dass das Management der Konzernobergesellschaft spätestens durch die nunmehr gesteigerten Einflussnahmemöglichkeiten wesentlich besser über die hinter der zu bewertenden Beteiligung stehenden Nutzenpotenziale informiert ist als die der Bewertung zu-

---

678 Ohne konkreten sachverhaltsspezifischen Bezug so auch IDW (Hrsg.), Comment Letter (DP FVM), S. 2; KIRSCH, H.-J. U. A., in: Baetge u. a., Rechnungslegung nach IFRS, 2. Aufl., IFRS 13, Rn. 17; STREIM, H./BIEKER, M./ESSER, M., Fair Value Accounting, S. 100; FRANKE, F., Synergien in Rechtsprechung und Rechnungslegung, S. 200 f. m. w. N.

679 Vgl. Abschnitt 513.322.32.

680 Der Veräußerungspreis wird dem IASB zufolge wiederum durch die Nutzungswerte der hypothetischen Marktteilnehmer bestimmt (vgl. IFRS 13.BC39), sodass bei der Bemessung des Fair Value zumindest die seitens dieser typisierten Transaktionspartner erwarteten Restrukturierungs- und Synergieeffekte berücksichtigt werden können. Die Vernachlässigung der Kontrollpotenziale kann jedoch aufgrund der für die Wertermittlung maßgeblichen Bewertungseinheit angezeigt sein. Vgl. hierzu ausführlich die Diskussion in Abschnitt 513.333.

681 Ähnlich PFAUTH, A., Goodwillbilanzierung nach US-GAAP, S. 127. Ein Kontrollzuschlag kann je nach konkret identifiziertem Kreis potenzieller Erwerber bis zu einem gewissen Ausmaß auch die aus dem Erwerb der Beteiligung zu erwartenden Synergieeffekte enthalten, sofern sie nicht nur von der Konzernobergesellschaft als Erwerber realisiert werden könnten. Ähnlich, jedoch nicht im Kontext von IFRS 13, PRATT, S. P., Business Valuation, S. 317.

682 Die Interpretierbarkeit von Kontrollprämien ist grundsätzlich nur vor dem Hintergrund einer spezifischen Transaktion und damit auch eines spezifischen Erwerbers gewährleistet. Es wird für die Konzernobergesellschaft bspw. nur schwer möglich sein, die Fähigkeiten bzw. Potenziale eines typischen Marktteilnehmers zur Restrukturierung des Erwerbsobjekts oder aber zur Realisierung von Synergien sinnvoll herzuleiten. Vgl. hierzu Abschnitt 513.334.2.

grunde zu legenden Marktteilnehmer. Die kategorische Vernachlässigung dieser unternehmensinternen Mehrinformationen scheint aus Relevanzgesichtspunkten äußerst kritisch,[683] sollen durch die Bilanzierung doch gerade die zwischen dem Management und den Abschlussadressaten bestehenden Informationsasymmetrien abgebaut werden.[684]

Besonders kritisch ist der Rückgriff auf die in IFRS 13 enthaltenen Bewertungsleitlinien dabei vor allem dann zu beurteilen, sofern die Altanteile vor dem Statuswechsel als Beteiligung an einem assoziierten Unternehmen, einem Gemeinschaftsunternehmen oder aber einer gemeinschaftlichen Tätigkeit eingestuft wurden und damit nicht bereits zuvor im Konzernabschluss zum Fair Value bilanziert worden sind. In derartigen Fallkonstellationen geht der Aufwärtswechsel zum Tochterunternehmen mit einem grundlegenden **Perspektivenwechsel** hinsichtlich der Bewertung dieser Anteile einher. Der vorherige Wertansatz der Beteiligung ist sowohl bei Anwendung der Equity-Methode nach IAS 28 als auch bei einer quotalen Bilanzierung gem. IFRS 11 maßgeblich durch die beim ursprünglichen Erwerb entrichteten Anschaffungskosten geprägt.[685] Diese stellen im Gegensatz zum Fair Value nach IFRS 13 keinen hypothetischen Abgangs- (*exit price*), sondern einen tatsächlichen Zugangspreis (*entry price*) dar und werden daher nicht allein von Marktverhältnissen, sondern vor allem auch von transaktions- bzw. unternehmensspezifischen Faktoren beeinflusst.[686] So wird die Höhe der Anschaffungskosten und damit letztlich auch die Höhe eines gem. IAS 28 implizit im Equity-Wert oder aber gem. IFRS 11 explizit in der Konzernbilanz angesetzten Geschäfts- oder Firmenwertes in erheblichem Maße durch den Kenntnisstand und die individuellen Annahmen der Konzernobergesellschaft hinsichtlich der Werthaltigkeit der Beteiligung bestimmt. Sollten beim ursprünglichen Erwerb der Anteile bspw. spezifische Vorteile erwartet worden sein, die sich erst aus dem Zusammenspiel der Beteiligung und dem restlichen Konzernverbund ergeben, könnte dies die erwerbende Gesellschaft zur Zahlung eines über dem am Markt (hypothetisch) geltenden Durchschnittspreises veranlasst haben.[687]

---

683 Ähnliche Zweifel gegenüber der marktbasierten Bewertungsprämisse äußerte das IDW bereits im Entstehungsprozess des IFRS 13. Vgl. IDW (Hrsg.), Comment Letter (DP FVM), S. 2 f. Es ist jedoch zu konstatieren, dass zumindest bei der Bewertung auf Basis barwertorientierter Methoden auf den eigenen Kenntnisstand aufgesetzt werden kann. Vgl. Abschnitt 513.334.5. Anders verhält sich dies jedoch, wenn auf originäre Marktdaten wie Börsenkurse zurückgegriffen wird, da den Marktteilnehmern angesichts unvollkommener Kapitalmärkte regelmäßig nicht die gleichen Informationen vorliegen werden.

684 Vgl. Abschnitt 221.

685 Zwar werden die einzelnen hinter der Beteiligung stehenden Vermögenswerte und Schulden zum Erwerbszeitpunkt der Beteiligung entweder unmittelbar für Zwecke des Bilanzansatzes nach IFRS 11 oder aber für die Fortführung des Equity-Wertes nach IAS 28 neubewertet, gleichwohl wird ein Geschäfts- oder Firmenwert nur bis zur Höhe der Anschaffungskosten angesetzt, sodass letztere i. d. R. weiterhin den Beteiligungswert bestimmen. Eine Ausnahme hiervon stellt der Fall eines negativen Unterschiedsbetrages dar, bei dem der nach Erwerb der Beteiligung bilanzierte Wertansatz die Anschaffungskosten übersteigt.

686 Zu den Unterschieden zwischen den Anschaffungskosten und dem hypothetischen Veräußerungspreis vgl. ausführlich KIRSCH, H.-J. U. A., in: Baetge u. a., Rechnungslegung nach IFRS, 2. Aufl., IFRS 13.39-43c. Beispielsweise sind die beim ursprünglichen Erwerb gezahlten Anschaffungsnebenkosten bei der Neubewertung der Altanteile außen vor zu lassen, da sie transaktions- nicht aber vermögenswertspezifisch sind.

687 Vgl hierzu, wenn auch losgelöst vom Anwendungsfall sukzessiver Unternehmenserwerbe, WIELAND-BLÖSE, A., in: Thiele/von Keitz/Brücks, IFRS 13, Rn. 205.

Zum Zeitpunkt des Statuswechsels sind derartige unternehmensspezifische Umstände und Annahmen bei der Bemessung des Fair Value nach IFRS 13 indes durch die Prämissen eines typischen Marktteilnehmers zu ersetzen. Weichen diese wesentlich von den individuellen Erwartungen der Konzernobergesellschaft ab, kann hierdurch – insbesondere dann, wenn der ursprüngliche und der neuerliche Erwerbsvorgang zeitlich eng beieinander liegen –[688] eine **bilanzielle Wertminderung der Altanteile** ausgelöst werden.[689] Zwar spielt die Marktperspektive zumindest im Rahmen des Wertminderungstests nach IAS 36 in Form des *fair value less cost of disposal* bei der Bewertung der Beteiligung prinzipiell bereits vor dem Statuswechsel eine Rolle,[690] indes ist es dort unter Bezugnahme auf den unternehmensspezifisch konzipierten Nutzungswert der Anteile (*value in use*) zunächst noch möglich, eine rein marktbedingte Wertminderung zu verhindern.[691] Eine somit im Extremfall allein durch den im Zuge sukzessiver Unternehmenserwerbe zwingend erforderlichen Wechsel von einer unternehmensspezifischen auf eine streng marktorientierte Perspektive verursachte Wertanpassung der Altanteile ist vor dem Hintergrund der Relevanz der vermittelten Informationen äußerst kritisch zu beurteilen. Schließlich wird hierdurch eine Vermögensminderung suggeriert, die u. U. nicht nur jeglicher wirtschaftlicher Substanz entbehrt, sondern auch dem eigentlichen Ziel der Neubewertung zuwiderläuft, den aus der Beherrschungserlangung resultierenden **Mehrwert** der Beteiligung im Vergleich zum bislang bilanzierten Buchwert der Altanteile abzubilden. Im Ergebnis werden die finanziellen Auswirkungen der neuerlichen Investition in das Beteiligungsunternehmen in solchen Fällen demnach verzerrt dargestellt. Dies wird durch den folgenden Beispielsachverhalt verdeutlicht:

Anwendungsbeispiel

Unternehmen A erwirbt zum Zeitpunkt t = 0 von Unternehmen C außerbörslich 350 der insgesamt 1.000 Anteile (35%) des börsengelisteten Unternehmens B und erlangt damit einen maßgeblichen Einfluss. Die restlichen Anteile befinden sich in der Hand von Unternehmen C (55%) sowie in Form börsennotierter Anteile im Streubesitz (10%). Aufgrund der guten Verhandlungsposition von Unternehmen C betrug der Kaufpreis für die 35%ige-Anteilstranche 1.750 GE und somit 5 GE (=1.750 GE/350) pro Anteil. Der Kurs der im Streubesitz befindlichen Anteile betrug zur selben Zeit lediglich 4 GE. Von Paketzuschlägen sei an dieser Stelle zunächst abgesehen. Der Fair Value der erworbenen Anteilstranche i. H. v. 1.400 GE (=4 GE*350) unterschreitet den gezahlten Kaufpreis damit deutlich, wodurch ein Wertminderungstest ausgelöst wird. Da Unternehmen A jedoch erhebliche Synergieeffekten aus der Beteiligungsbeziehung erwartet, besteht unter Verweis auf den höheren Nutzungswert letztlich kein Wertminderungsbedarf i. S. d. IAS 36.

[688] Je weiter die verschiedenen Erwerbstransaktionen zeitlich auseinander liegen, desto eher werden allein auf die Perspektive zurückzuführende Wertunterschiede zwischen den ursprünglichen Anschaffungskosten der Altanteile und dem Fair Value zum Zeitpunkt des Statuswechsels durch die Aufdeckung von in der Zwischenzeit entstandenen stillen Reserven kompensiert, sodass eine Wertminderung zunehmend unwahrscheinlicher wird.

[689] Vgl. hierzu das Beispiel bei ERNST & YOUNG (Hrsg.), International GAAP 2015, S. 635.

[690] Darüber hinaus stellt das Absinken der Börsenkapitalisierung unter den Buchwert des entsprechenden Eigenkapitals ein den Wertminderungstest auslösendes *triggering event* dar. Vgl. IAS 36.12 (d).

[691] Ebenso ERNST & YOUNG (Hrsg.), International GAAP 2015, S. 635. Die Marktperspektive ist in Form des *fair value less cost of disposal* beim Wertminderungstest erst dann maßgeblich, sofern dieser Wertmaßstab den Nutzungswert über- und den Buchwert untersteigt. Vgl. ERB, T./EYCK, K./JONAS, M., in: Beck IFRS HB, 4. Aufl., § 27, Rn. 18-20. Ausführlich zum Konzept des Nutzungswertes nach IAS 36 ERB, T./EYCK, K./JONAS, M., in: Beck IFRS HB, 4. Aufl., § 27, Rn. 57-85.

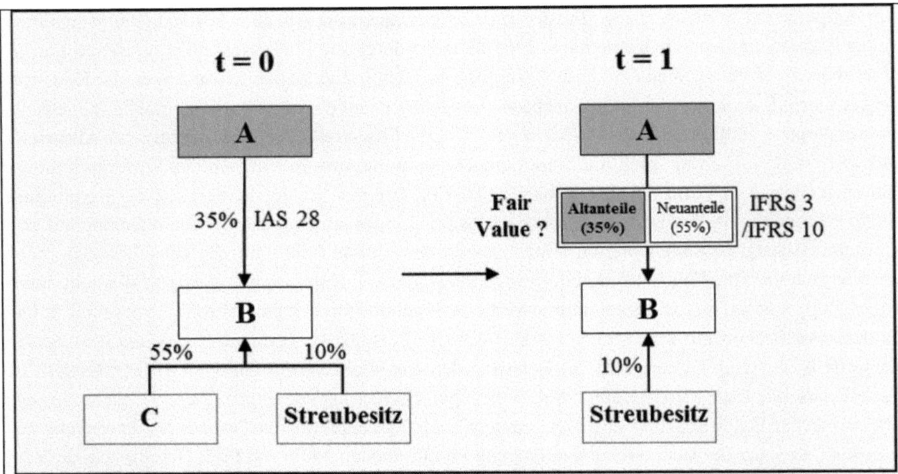

In t = 1 erwirbt Unternehmen A von Unternehmen C außerbörslich dessen restlichen Anteile an Unternehmen B (55%) und erlangt somit die Beherrschungsmacht. Im Rahmen der Kapitalkonsolidierung hat Unternehmen A seinen bereits gehaltenen Anteil an Unternehmen B zum Fair Value neu zu bewerten. Zuvor wurde dieser Anteil entsprechend der Equity-Methode (folge-)bilanziert. Unmittelbar vor dem Statuswechsel wird in der Konzernbilanz ein fortgeschriebener Beteiligungswert i. H. v. 1.800 GE ausgewiesen, der den Nutzungswert der Altanteile i. H. v. annahmegemäß 2.000 GE um 200 GE unterschreitet. Da die Neubewertung gem. IFRS 13 zwingend marktorientiert zu erfolgen hat, wird bei der Wertermittlung auf den notierten Anteilskurs der im Streubesitz befindlichen Anteile zurückgegriffen, der unverändert 4 GE beträgt. Der Fair Value der Altanteile beläuft sich unter Vernachlässigung etwaiger Paketaufschläge somit nach wie vor auf 1.400 GE (=4 GE*350).

Die Differenz aus bilanziertem Buchwert (1.800 GE) und marktorientiertem Fair Value (1.400 GE) ist zum Zeitpunkt der Beherrschungserlangung gem. IFRS 3.41 f. **GuV-wirksam als Aufwand** zu erfassen, obwohl auf Basis einer Unternehmensperpektive sogar ein den bisherigen Buchwert übersteigender Wertansatz i. H. v. 2.000 GE gerechtfertigt werden könnte.

Dass es sich hierbei keinesfalls nur um ein rein theoretisches Problem handelt, lässt u. a. das Beispiel der sukzessiven Übernahme der MAN SE durch die Volkswagen AG Mitte 2011 vermuten. So hatte die Volkswagen AG die bislang *at equity* bilanzierte Beteiligung an der MAN SE im Zuge eines neuerlichen Anteilserwerbs und der damit erstmals erlangten Stimmrechtsmehrheit im Konzernabschluss zum Fair Value neu zu bewerten. In diesem Zuge wurde unter Verweis auf den niedrigeren Börsenwert ein bilanzieller Verlust i. H. v. insgesamt 292 Mio. € in der Gewinn- und Verlustrechnung des Konzerns verzeichnet.[692]

692 Vgl. VOLKSWAGEN AG (Hrsg.), Geschäftsbericht 2011, S. 258. Ein weiteres Beispiel stellt die sukzessive Übernahme der Deutschen Postbank AG durch die Deutsche Bank AG Ende 2010 dar. So erfasste die Deutsche Bank AG aus der Neubewertung der vor der Beherrschungserlangung gehaltenen und bislang *at equity* bewerteten Anteile an

Den gezeigten Nachteilen der von IFRS 13 vorgegebenen (hypothetischen) Veräußerungsperspektive steht indes der vermeintliche Vorteil gegenüber, die mit unternehmensspezifischen Bewertungsmaßstäben zwangsläufig verbundenen Ermessensspielräume durch den Rückgriff auf Marktdaten einschränken zu können.[693] Bei der in Abschnitt 513.334. folgenden Konkretisierung der Bewertungsparameter und -methoden für die im Kontext sukzessiver Unternehmenserwerbe zu bewertenden Altanteile ist daher u. a. zu prüfen, inwiefern die Vernachlässigung der unternehmensspezifischen Umstände tatsächlich zu einer Erhöhung der Objektivität und damit der Glaubwürdigkeit der Bilanzierung beitragen kann.[694]

513.333. Bilanzierungs- und Bewertungseinheit

Die konkrete Ermittlung des Fair Value setzt zunächst eine genaue Abgrenzung des Bewertungsobjekts bzw. der Bewertungseinheit (sog. *unit of measurement*)[695] voraus.[696] Gemäß IFRS 13.13 können sowohl einzelne Vermögenswerte bzw. einzelne Schulden als auch Gruppen von Vermögenswerten und/oder Schulden, wie bspw. zahlungsmittelgenerierende Einheiten, die zum Fair Value zu bewertende Einheit darstellen. Die jeweils zugrunde zu legende Bewertungseinheit hat sich dabei prinzipiell nach der für Ansatzzwecke maßgeblichen Bilanzierungseinheit (sog. *unit of account*) zu richten.[697] Letztere wird nicht in IFRS 13 selbst, sondern in demjenigen Standard festgelegt, der die Bewertung zum Fair Value für den zu bilanzierenden Sachverhalt vorschreibt bzw. zulässt.[698]

Für die Bewertung der Altanteile im Rahmen sukzessiver Unternehmenserwerbe ist hinsichtlich der Abgrenzung des Bewertungsobjekts daher grundsätzlich auf IFRS 3 abzustellen. Dieser ist mit Blick auf den Wortlaut in IFRS 3.41 f. zunächst eindeutig. Demnach stellt das „***previously held equity interest in the acquiree***" als standardgemäß abgegrenzte Einheit, also der vor dem Statuswechsel gehaltene Eigenkapitalanteil an dem Beteiligungsunternehmen, den entsprechend der in IFRS 13 enthaltenen Leitlinien zu bewertenden Vermögenswert dar.[699]

Eine solche Abgrenzung der Bilanzierungs- und Bewertungseinheit ist mit Blick auf die spezifischen Umstände der durchzuführenden Bewertung jedoch insofern problematisch, als die durch den neuer-

der Deutschen Postbank AG im Konzernabschluss einen Verlust i. H. v. rund 2,3 Mrd. €. Indes wurde die Wertberichtigung hierbei nicht erst zum Zeitpunkt der tatsächlichen Übernahme im viertel Quartal 2010, sondern schon zum Zeitpunkt der klar dokumentierten Absicht zur Kontrollerlangung und damit im dritten Quartal 2010 bilanziert. Streng gekommen ist die Abschreibung daher – wenn auch in Antizipation der sonst spätestens zum Zeitpunkt der tatsächlichen Übernahme zu erwartenden Bilanzierungsfolgen – bereits im Rahmen der Equity-Bewertung vorgenommen worden. Vgl. ausführlich hierzu DEUTSCHE BANK AG (Hrsg.), Geschäftsbericht 2010, S. 199-204.

693 Vgl. bspw. KIRSCH, H.-J. U. A., in: Baetge u. a., Rechnungslegung nach IFRS, 2. Aufl., IFRS 13, Rn. 17; WIELAND-BLÖSE, A., in: Thiele/von Keitz/Brücks, IFRS 13, Rn. 121.

694 Vgl. Abschnitt 513.334.

695 Dieser Begriff ist den IFRS selbst nicht zu entnehmen und wird zum Teil auch als *unit of valuation* bezeichnet. Vgl. KPMG (Hrsg.), Insights into IFRS 2014/15, Rn. 2.4.80.10.

696 Vgl. ERNST & YOUNG (Hrsg.), International GAAP 2015, S. 943; LÜDENBACH, N./HOFFMANN, W.-D./FREIBERG, J., in: Haufe IFRS-Kommentar, 13. Aufl., § 8a, Rn. 19; IASB (Hrsg.), Staff Paper 5 (February 2013), Rn. 6.

697 Vgl. IFRS 13.10 i. V. m. IFRS 13.B2 (a). Ausführlich zur begrifflichen Abgrenzung der Bilanzierungs- und Bewertungseinheit vgl. CASSEL, J., Unternehmensbewertung im IFRS-Abschluss, S. 98.

698 Vgl. IFRS 13.14 i. V. m. IFRS 13.BC47. Vgl. auch FREIBERG, J., Die fair value-Bewertung, S. 42.

699 So auch KÜTING, K./CASSEL, J., Anteilige Marktkapitalisierung gleich fair value, S. 2638.

lichen Anteilserwerb hervorgerufene Wesensänderung der Unternehmensbeteiligung bei der Wertermittlung in vielen Fällen systematisch unberücksichtigt bleiben muss. So ist bei der Fair Value-Bewertung gem. IFRS 3.41 f. i. V. m. IFRS 13.9 grundsätzlich auf denjenigen Preis abzustellen, der bei einer Veräußerung der bereits vor dem Statuswechsel im Besitz der Konzernobergesellschaft befindlichen Anteile in einer gewöhnlichen Transaktion am Markt erzielt werden könnte. Da die zuvor gehaltene Beteiligung einen nicht-kontrollierenden Anteil am Beteiligungsunternehmen repräsentiert,[700] würde der für die Wertermittlung zu unterstellende typische Marktteilnehmer bei seiner Preisfindung somit gerade nicht den die Wesensänderung auslösenden beherrschenden Einfluss, sondern lediglich die dem zu bewertenden Anteilspaket anhaftenden Einflussmöglichkeiten, also bspw. einen maßgeblichen Einfluss, zugrunde legen. Die erst aus dem neuerlichen Anteilserwerb hervorgehende alleinige Beherrschungsmacht gegenüber dem Beteiligungsunternehmen ergibt sich lediglich in der Sphäre des bilanzierenden Unternehmens und stellt insofern kein dem zu bewertenden Objekt, hier den Altanteilen, unmittelbar anhaftendes Charakteristikum dar.

Dies ist vergleichsweise unkritisch, solange die Konzernobergesellschaft auch nach der hypothetischen Veräußerung der Altanteile und damit allein auf Basis der Neuanteile einen beherrschenden Einfluss auf das Beteiligungsunternehmen ausüben könnte. Es ist anzunehmen, dass ein typischer Marktteilnehmer die aus der Beherrschung durch die Konzernobergesellschaft erwarteten Wertsteigerungsmaßnahmen in einem solchen Fall zumindest in dem Ausmaß in seiner Preisfindung für die Altanteile berücksichtigen würde, soweit sie auf Ebene des Tochterunternehmens selbst anfallen. Schließlich können bis zu einem gewissen Ausmaß grundsätzlich auch Minderheitsgesellschafter von den spezifischen Nutzungsabsichten und -möglichkeiten in Bezug auf das Beteiligungsunternehmen bzw. den daraus erwachsenden Restrukturierungs- und Synergieeffekten (anteilig) profitieren.[701] Der aus der Beherrschungsbeziehung zwischen der Konzernobergesellschaft und dem Beteiligungsunternehmen erwartete Mehrwert dürfte sich daher abhängig von den Einschätzungen typischer Marktteilnehmer mittelbar letztlich doch in der Bewertung der Altanteile niederschlagen.[702] Bei der Bemessung des Zeitwerts sind in diesen Fällen demnach lediglich die exklusiv der jeweils beherrschenden Partei selbst zukommenden Vorteile zu vernachlässigen (sog. „*private benefits of control*“).[703]

---

700 Ähnlich OSER, P., Kapitalkonsolidierung bei sukzessivem Anteilserwerb, S. 1347.

701 Ähnlich, wenn auch in Bezug auf die Bewertung der Anteile nicht-beherrschender Anteile, PwC (Hrsg.), Business combinations and noncontrolling interests, Rn. 6.4.4 und 7.8.1 f., KLOSE, N.-C., Konzernrechnungslegung nach IFRS, S. 26 f.; EPPINGER, C., Bewertung von Beteiligungen, S. 202, sowie unter speziellem Bezug auf typischerweise von Finanzinvestoren durchgeführte Transaktionen auch IASB (Hrsg.), Staff Paper 4 (March 2013), Rn. 35. A. A. wohl BADER, A./SCHREDER, M., Full goodwill-Methode, S. 278. Der aus der Übernahme zu erwartende Mehrwert wird jedoch in einigen Fällen – bspw. sofern die Transaktion vor allem mit Blick auf Synergieeffekte getätigt wurde, die auf anderen rechtlichen Ebenen des Konzernverbunds realisiert werden – auch nur bzw. hauptsächlich dem Erwerber zugutekommen (vgl. PwC (Hrsg.), Manual of accounting 2015, Rn. 5.192). Die Existenz solcher, nur der erwerbenden Partei selbst zukommenden Wertpotenziale kann empirisch belegt werden, indem der bei Blocktransaktionen entrichtete Kaufpreis pro Anteil mit dem Aktienkurs nach und nicht wie üblich mit dem Aktienkurs vor der Transaktion verglichen wird. Vgl. hierzu HANOUNA, P./SARIN, A./SHAPIRO, A. C., Value of Corporate Control, S. 7 f. und 10.

702 Vgl. hierzu auch die Abschnitte 513.334.2, 513.334.3 und 513.334.5.

703 DYCK/ZINGALES ermitteln für diesen Teil der Kontrollprämie auf Basis eines Vergleichs gezahlter Kaufpreise mit dem Aktienkurs des Erwerbsobjekts kurz nach der Übernahme einen durchschnittlichen Wert i. H. v. 14%. Vgl. DYCK, A./ZINGALES, L., Private Benefits of Control, S. 538.

Anders ist dies jedoch dann zu beurteilen, sofern die Konzernobergesellschaft im Zuge der hypothetischen Veräußerung der Altanteile die (alleinige) Beherrschungsmacht über das Beteiligungsunternehmen verlieren würde. In diesem Fall sind bei der Ermittlung des Fair Value auf Basis der derzeit geltenden Bewertungsvorgaben sämtliche aus der erwarteten Integration des Beteiligungsunternehmens in den Konzernverbund erwachsenden Wertpotenziale strikt zu vernachlässigen. Das mit der Neubewertung verbundene Ziel, den Abschlussadressaten Informationen über den aus der Wesensänderung der Beteiligungsbeziehung zu erwartenden Mehrwert dieser Anteile bereitzustellen,[704] kann damit in diesen Fällen gerade nicht erreicht werden.

Ursächlich für die unzureichende Berücksichtigung der den Altanteilen proportional zuzurechnenden Restrukturierungs- und Synergiepotenziale ist dabei letztlich die derzeitige Bilanzierungssystematik des IFRS 3.41 f., die, obwohl der Statuswechsel der Beteiligung ein Ereignis markiert, in dessen Zuge die zuvor gehaltene Unternehmensbeteiligung zusammen mit den neuerlich erworbenen Anteilen zu einem neuen Vermögenswert, dem beherrschenden Anteil, verschmelzen,[705] eine isolierte Bewertung der beiden Anteilspakete vorsieht. Die aus der separaten, rein marktorientierten Bewertung der Altanteile resultierende systematische Vernachlässigung der aus der Wesensänderung der Beteiligung zu erwartenden Wertpotenziale lässt sich anhand des folgenden Beispiels verdeutlichen:

Anwendungsbeispiel

Unternehmen A erwirbt zum Zeitpunkt t = 0 von Unternehmen C 400 der insgesamt 1.000 Anteile (40%) an Unternehmen B und bilanziert die Beteiligung nach der Equity-Methode gem. IAS 28. Die restlichen Anteile an Unternehmen B werden von Unternehmen C gehalten.

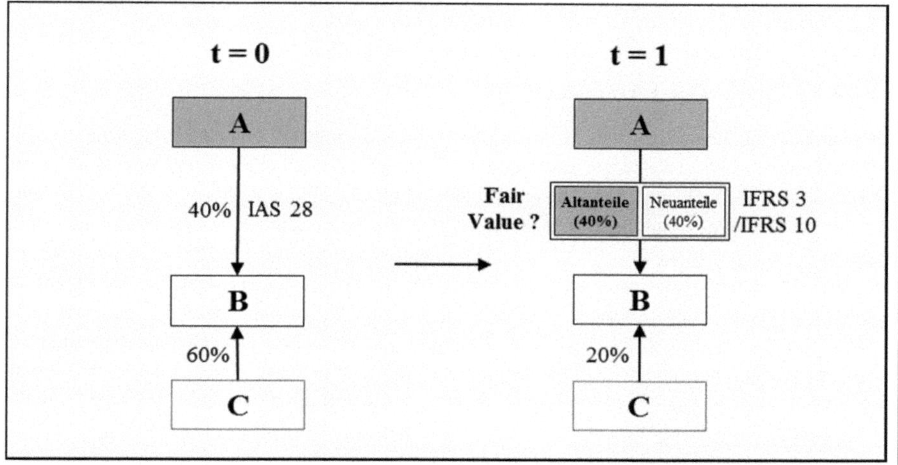

In t = 1 erwirbt Unternehmen A von Unternehmen C weitere 400 Anteile an Unternehmen B und plant dieses auf Basis der alleinigen Beherrschung (80%) umfassend zu restrukturieren. Während

704 Vgl. hierzu Abschnitt 513.323 i. V. m. Abschnitt 432.

705 Angelehnt an KÜTING, K./CASSEL, J., Anteilige Marktkapitalisierung gleich fair value, S. 2634.

der Fair Value der Gesamtbeteiligung aufgrund der mit der Übernahme einhergehenden Restrukturierungsmöglichkeiten einem Bewertungsgutachten zufolge 1.600 GE und somit 2 GE pro Anteil beträgt, könnten bei der Veräußerung eines 40%-Anteilspaketes am Markt annahmegemäß lediglich 500 GE bzw. 1,25 GE pro Anteil erzielt werden.

Zum Zeitpunkt der Beherrschungserlangung hat Unternehmen A die bereits zuvor an Unternehmen B gehaltenen Anteile neu zu bewerten. Dabei ist die Möglichkeit zur Beherrschung und damit zur Restrukturierung des Beteiligungsunternehmens außen vor zu lassen. So würden typische Marktteilnehmer bei einer hypothetischen Veräußerung der Altanteile nur die mit diesen jeweils einhergehenden Einflussmöglichkeiten sowie die Eigentümerstruktur der restlichen Anteile nach Veräußerung in die Preisfestsetzung mit einbeziehen. Die Beherrschungsmöglichkeit ergibt sich erst aus der Kombination der beiden Anteilspakete und ist somit kein untrennbar mit dem Bewertungsobjekt verbundenes Merkmal. Daher kann Unternehmen A die Altanteile lediglich i. H. v. 500 GE bewerten. Der aus der Beherrschungsbeziehung seitens des Marktes erwartete Restrukturierungsmehrwert i. H. v. 300 GE (=[1.600 GE-1.000GE]/2)[706] darf aufgrund der isolierten Bewertung der beiden Anteilspakete nicht berücksichtigt werden.

Um eine Bilanzierung des aus der Beherrschungserlangung zu erwartenden Mehrwerts der Altanteile trotz der in IFRS 3.41 f. gewählten Bewertungseinheit auch dann zu ermöglichen, sofern die Kontrolle erst aus der Kombination mit den Neuanteilen hervorgeht, wäre für den hier betrachteten Spezialsachverhalt sukzessiver Unternehmenserwerbe eine Abkehr von der in IFRS 13 verankerten Veräußerungsperspektive erforderlich. So könnte die erst aus der Kombination mit den Neuanteilen resultierende Beherrschungsmacht als unternehmensspezifische Gegebenheit nur dann in den Fair Value der Altanteile mit einbezogen werden, sofern bei der Bewertung anstelle eines marktorientierten Zeitwertes auf einen unternehmensspezifischen Nutzungswert abgestellt werden würde.

513.334. Wahl der Bewertungsparameter und -methoden

513.334.1 Fair Value-Hierarchie

Aufbauend auf der zuvor identifizierten Bilanzierungs- und Bewertungseinheit gilt es in einem nächsten Schritt die Vorgehensweise zur Ermittlung des Fair Value der Altanteile näher zu konkretisieren. IFRS 13 sind zunächst keine unmittelbaren Vorgaben hinsichtlich der Wahl sowie der Hierarchisierung des der Bewertung zugrunde zu legenden Verfahrens zu entnehmen.[707] Stattdessen hat das bilanzierende Unternehmen gem. IFRS 13.61 ganz grundsätzlich diejenige Methode anzuwenden, die unter Berücksichtigung der jeweiligen Umstände sowie der zur Verfügung stehenden Informationen angemessen ist und zugleich eine höchstmögliche Verwendung beobachtbarer Eingangsparameter vorsieht. Bei der Ermittlung des Fair Value der bereits vor der Beherrschungserlangung gehaltenen Anteile sind daher ganz unterschiedliche Bewertungsverfahren denkbar. Prinzipiell kommen sowohl marktpreisorientierte, kapitalwertorientierte als auch kostenorientierte Ansätze in Frage,[708] wobei

706 Der insgesamt resultierende Restrukturierungsmehrwert i. H. v. 600 GE wird den Anteilen hier annahmegemäß proportional zugerechnet. Dies ist insofern problematisch, als er streng genommen weder den Neu- noch den Altanteilen zugeordnet werden kann, da er sich erst aus deren Kombination ergibt.

707 Vgl. bspw. WAWRZINEK, W., in: Beck IFRS HB, 4. Aufl., § 2, Rn. 258 unter Verweis auf IFRS 13.BC142.

708 Vgl. IFRS 13.62. Vgl. ausführlich zu den verschiedenen Ansätzen KIRSCH, H.-J. U. A., in: Baetge u. a., Rechnungslegung nach IFRS, 2. Aufl., IFRS 13, Rn. 53-61.

letztere im Rahmen von Beteiligungsbewertungen keine nennenswerte Rolle spielen und daher nicht weiter betrachtet werden.[709]

Welches Bewertungsverfahren im Einzelfall anzuwenden ist, richtet sich vor allem nach der Qualität der jeweils in das Verfahren einfließenden Inputparameter.[710] Grundsätzlich gilt, dass aus den in Frage kommenden Bewertungsverfahren demjenigen der Vorzug zu geben ist, welches in größtmöglichem Ausmaß auf beobachtbaren und in möglichst geringem Ausmaß auf nicht-beobachtbaren Inputparametern beruht.[711] IFRS 13 sieht in diesem Zusammenhang eine dreistufige Klassifizierung denkbarer Eingangsgrößen vor.

Höchste Priorität ist bei der Bewertung den unmittelbar in aktiven Märkten feststellbaren Preisen für identische Bewertungsobjekte einzuräumen (**Level-1-Inputparameter**). Derartige Parameter stellen laut IASB den verlässlichsten Schätzer für den tatsächlichen Fair Value dar und sind für Bilanzierungszwecke dementsprechend unverändert zu übernehmen.[712]

Auf der zweiten Stufe folgen solche Größen, die zwar auf Märkten direkt oder indirekt beobachtet werden können, zugleich jedoch nicht der ersten Stufe zugeordnet werden können (**Level-2-Inputparameter**). Hierunter sind vor allem öffentliche Preise identischer Bewertungsobjekte auf inaktiven Märkten, beobachtbare Preise ähnlicher Vermögenswerte bzw. Schulden sowie aus beobachtbaren Marktdaten abgeleitete Größen (bspw. Zinssätze) zu subsumieren.[713] Im Gegensatz zu den der ersten Stufe zugeordneten Marktpreisen identischer Bewertungsobjekte können bei Level-2-Inputparametern prinzipiell Anpassungen vorgenommen werden, um den Charakteristika des konkreten Bewertungsobjekts gerecht zu werden.[714]

Zu der letzten Hierarchieebene sind schließlich sämtliche Eingangsgrößen zu zählen, die weder unmittelbar noch mittelbar auf Märkten beobachtet werden können (**Level-3-Inputparameter**). Hierunter fallen im Zusammenhang mit der Beteiligungsbewertung vor allem die vom Management bei Anwendung kapitalwertorientierter Bewertungsmethoden zu prognostizierenden Zahlungsströme.[715] Derartige nicht-beobachtbare Eingangsgrößen sind gem. IFRS 13.87 dann bei der Bewertung einzubeziehen, soweit keine relevanten beobachtbaren Markdaten verfügbar sind. Hiermit soll indes keinesfalls eine Berücksichtigung unternehmensspezifischer Gegebenheiten ermöglicht werden. Statt-

---

709 Vgl. WAWRZINEK, W., in: Beck IFRS HB, 4. Aufl., § 2, Rn. 256; JÄGER, R./HIMMEL, H., Fair Value-Bewertung, S. 428; KLOSE, N.-C., Konzernrechnungslegung nach IFRS, S. 163 f.

710 Vgl. WIELAND-BLÖSE, A., in: Thiele/von Keitz/Brücks, IFRS 13, Rn. 263; CASTEDELLO, M./KLINGBEIL, C., Anwendungsfragen zu IFRS 13, S. 486.

711 Vgl. IFRS 13.67. Hierdurch soll die Zielsetzung des IFRS 13 erreicht werden, die Glaubwürdigkeit der Bewertung durch eine weitestmögliche Marktobjektivierung zu erhöhen. Vgl. HITZ, J.-M., Fair Value Measurements, S. 363.

712 Vgl. IFRS 13.77 i. V. m. den in IFRS 13.79 aufgeführten Ausnahmetatbeständen.

713 Vgl. IFRS 13.82.

714 Vgl. IFRS 13.83.

715 Vgl. KÜTING, K./CASSEL, J., Hierarchie der Unternehmensbewertungsverfahren, S. 327.

dessen sind auch die nicht-beobachtbaren Parameter stets aus der Sicht eines typischen Marktteilnehmers zu bestimmen,[716] sodass für den Fall eines Rückgriffs auf unternehmensinterne Daten die eigenen Annahmen und Einschätzungen ggf. korrigiert bzw. angepasst werden müssen.[717]

Die Entscheidung, welches der zur Auswahl stehenden Bewertungsverfahren im Einzelfall anzuwenden ist, richtet sich letztlich, wie bereits erläutert, nach der Stufeneinordnung der in die jeweiligen Verfahren einfließenden Inputparameter.[718] Sofern bei der Bewertung Größen verschiedener Stufen herangezogen werden, ist für die Gesamteinstufung des Verfahrens stets der niedrigste Level eines verwendeten Parameters ausschlaggebend, der für die Gesamtbewertung wesentlich ist.[719] Sollte die Bewertung der Altanteile bspw. auf einem Level-2-Inputparamter aufsetzen, der jedoch unter Hinzuziehung nicht-beobachtbarer Größen erheblich angepasst wird, ist die Bewertung insgesamt der dritten Hierarchieebene zuzuordnen.[720] Die Beurteilung der in die möglichen Bewertungsverfahren einfließenden Inputparameter ist nicht nur für die Auswahl der im Einzelfall konkret anzuwendenden Bewertungstechnik, sondern zugleich auch für den Umfang der mit der für Konsolidierungszwecke erforderlichen Fair Value-Bewertung der Altanteile verbundenen Berichterstattungspflichten im Konzernanhang entscheidend.[721] So erfordert ein der dritten Hierarchieebene zuzuordnender Wertansatz deutlich umfangreichere Angaben als ein Fair Value, der auf Basis eines Level-1-Inputparameter ermittelt wird.[722]

Im Folgenden gilt es nun die unterschiedlichen bei der Bilanzierung sukzessiver Unternehmenserwerbe denkbaren Verfahren zur Bewertung der Altanteile zu konkretisieren und die daraus jeweils resultierenden Bewertungsergebnisse in die dreistufige Fair Value-Hierarchie des IFRS 13 einzuordnen, um Anhaltspunkte darüber zu erhalten, welche Bewertungsmethode ggf. bevorzugt anzuwenden ist.[723] Überdies soll v. a. auch untersucht werden, ob die durch die einzunehmende Marktperspektive seitens des IASB angestrebte Objektivierung der Bewertung im Kontext des hier betrachteten Sachverhalts tatsächlich erreicht werden kann.

---

716 Vgl. IFRS 13.87.

717 Vgl. IFRS 13.89. So sind bspw. die bei der internen Prognose der aus einer Beteiligung erwarteten Zahlungsströme mit einbezogenen Synergieeffekte bei der Bewertung außen vor zu lassen.

718 Vgl. IFRS 13.74.

719 Vgl. IFRS 13.73.

720 Vgl. IFRS 13.75 i. V. m. IFRS 13.84.

721 Vgl. WIELAND-BLÖSE, A., in: Thiele/von Keitz/Brücks, IFRS 13, Rn. 261, sowie 314. Ausführlich zu den verschiedenen Angabepflichten vgl. KIRSCH, H.-J. U. A., in: Baetge u. a., Rechnungslegung nach IFRS, 2. Aufl., IFRS 13, Rn. 152-183.

722 Ähnlich WIELAND-BLÖSE, A., in: Thiele/von Keitz/Brücks, IFRS 13, Rn. 314. Der Grund hierfür ist, dass der Abschlussadressat einen Fair Value der 3. Stufe aufgrund der Nicht-Beobachtbarkeit in vielen Fällen nicht ohne weitere Angaben nachvollziehen kann.

723 Während die ersten drei der nachfolgend dargestellten Bewertungsverfahren den marktorientierten Verfahren zugeordnet werden können, wird zuletzt auch auf die Kapitalwert-gestützte Ermittlungsmethodik eingegangen.

513.334.2 Börsenkurs-gestützte Bewertung

513.334.21 Zulässigkeit der sog. (*P x Q*)-Bewertung

Die Ermittlung des Fair Value von Unternehmensanteilen wird in vielen Beiträgen zumindest dann als unproblematisch eingestuft, sofern es sich bei dem den Anteilen zugrunde liegenden Beteiligungsunternehmen um eine **börsennotierte Gesellschaft** handelt.[724] In diesen Fällen könne der Wert der Altanteile – die Existenz eines aktiven Markts vorausgesetzt – ohne Weiteres aus dem Börsenkurs der einzelnen Anteile abgeleitet werden, indem der Kurs (***P**rice*) zum Zeitpunkt der Beherrschungserlangung mit der Anzahl der von der Konzernobergesellschaft bereits zuvor gehaltenen Anteile (***Q**uantity*) multipliziert wird (sog. (***P* x *Q***)-Bewertung).[725]

Eine solche Vorgehensweise lässt bei genauerer Betrachtung jedoch die von IFRS 3.41 f. vorgegebene Bilanzierungs- und Bewertungseinheit außer Acht. So ist im Zuge des Statuswechsels prinzipiell nicht das einzelne Finanzinstrument, sondern die **vor dem Statuswechsel gehaltene Beteiligung insgesamt** als maßgebliches Bewertungsobjekt zu betrachten.[726] Da einzelne Aktien dem Erwerber keinen bzw. lediglich einen vernachlässigbaren Einfluss vermitteln und somit in wesentlichen wertrelevanten Charakteristika nicht mit dem zu bewertenden Objekt übereinstimmen,[727] ist der Börsenkurs bei der Bewertung der Altanteile gerade nicht als Level-1-Inputparameter anzusehen und demzufolge nicht zwangsläufig unverändert zu übernehmen.[728] So merkte schon BALLWIESER an, „dass Börsenkurse Preise für Aktien darstellen, keine für Beteiligungen."[729] Der aus dem Aktienkurs abgeleitete anteilige Börsenwert kann daher allenfalls als Preis für einen ähnlichen Vermögenswert und somit als **Level-2-Inputparamter** interpretiert werden.[730] Im Einklang mit IFRS 13.83 wären insofern grundsätzlich Auf- bzw. Abschläge auf den Aktienkurs denkbar, um den Charakteristika des

724 Vgl. bspw. KÜTING, K./WIRTH, J., Sukzessiver Anteilserwerb, S. 365; KLOSE, N.-C., Konzernrechnungslegung nach IFRS, S. 159; KÜTING, K., Konzernrechnungslegung nach IFRS und HGB, S. 2824.

725 So bspw. PwC (Hrsg.), Business combinations and noncontrolling interests, Rn. 7.8.2.3. Bei einer solchen Ermittlungssystematik wird implizit ein wertadditiver Funktionszusammenhang zwischen den einzelnen Anteilen unterstellt. Vgl. so auch EPPINGER, C., Bewertung von Beteiligungen, S. 199.

726 Vgl. Abschnitt 513.333.

727 Ähnlich CASSEL, J., Unternehmensbewertung im IFRS-Abschluss, S. 336.

728 Vgl. DELOITTE (Hrsg.), Comment Letter (ED/2014/4), S. 4. Eine ähnliche Argumentation wurde dem IFRS *Interpretations Committee* bereits im Rahmen einer Interpretationsanfrage präsentiert. Vgl. IFRS IC (Hrsg.), Staff Paper 18 (May 2013), Appendix 1, S. 17, sowie hierzu auch IASB (Hrsg.), Staff Paper 4 (March 2013), Rn. 42 (a).

729 BALLWIESER, W., Unternehmensbewertung in Deutschland, S. 748.

730 Im Ergebnis so auch DELOITTE (Hrsg.), Comment Letter (ED/2014/4), S. 4, sowie KÜTING, K./CASSEL, J., Hierarchie der Unternehmensbewertungsverfahren, S. 326. Darüber hinaus stellt der Aktienkurs ganz grundsätzlich eine fragwürdige Ausgangsbasis für die Ermittlung des Fair Value von Beteiligungen dar. So sind an der Börse als aktiver Markt für Minderheitenanteile auf der einen Seite und auf dem tendenziell inaktiven Markt für Unternehmensbeteiligungen und M&A-Transaktionen auf der anderen Seite völlig unterschiedliche Marktteilnehmer tätig, sodass die gegenseitige Übertragbarkeit der jeweils zu beobachtenden Marktpreise zweifelhaft ist. Vgl. hierzu ausführlich LEE, M. M., Control premiums and minority discounts, S. 3 f.

Bewertungsobjekts – hier vor allem dem durch die Altanteile vermittelten Einfluss auf das Beteiligungsunternehmen –[731] bei der Ermittlung des Fair Value Rechnung zu tragen.[732]

Konträr hierzu wird im Kontext der Beteiligungsbewertung jedoch verschiedentlich explizit diskutiert, das in IFRS 13.14 normierte Prinzip, die Bewertung zum beizulegenden Zeitwert im Einklang mit der Bilanzierungseinheit des zu bewertenden Vermögenswertes vorzunehmen, für den Fall einer Börsennotierung des Beteiligungsunternehmens ausnahmsweise zu durchbrechen.[733] Demnach wären ungeachtet einer u. U. davon abweichenden Bilanzierungseinheit stets die einzelnen einer Beteiligung zugrunde liegenden Finanzinstrumente als relevante Bewertungseinheit zu betrachten, sofern für diese ein am Markt beobachtbarer Preis existiert.[734] Insofern hätte das bilanzierende Unternehmen bei der Fair Value-Bewertung der Altanteile vom Umfang des zu bewertenden Anteilspaketes zu abstrahieren, sodass letztlich doch zwingend auf den anteiligen Börsenwert abzustellen wäre.[735]

Als mögliche Rechtfertigung für eine solche Vorgehensweise wird vor allem auf IFRS 13.69 i. V. m. IFRS 13.80 verwiesen.[736] Dort ist geregelt, dass der Fair Value eines mehrere identische Finanzinstrumente umfassenden Investments als Produkt des für die einzelnen Anteile geltenden Marktpreises mit dem vom bilanzierenden Unternehmen konkret gehaltenen Volumen zu berechnen ist, sofern für die Anteile ein beobachtbarer Marktpreis (bspw. ein Aktienkurs) vorliegt. Auch wenn der Verkauf einer größeren Menge identischer Finanzinstrumente bspw. aufgrund der Unausgeglichenheit von Angebot und Nachfrage theoretisch dazu führen würde, dass der Verkäufer einen Zu- oder aber Abschlag auf den derzeitigen Marktpreis realisieren würde, wäre dieser bilanziell also nicht durch einen entsprechenden Wertzu- bzw. -abschlag zu antizipieren.[737]

Es gilt jedoch zu beachten, dass die entsprechende Regelung zunächst die Bilanzierung von nach IFRS 9 bzw. derzeit noch nach IAS 39 zum Fair Value zu bewertenden Investments im Blick hatte.[738] Anders als nach IFRS 3.41 f. ist nach IFRS 9 explizit das singuläre Finanzinstrument als maßgebliche

---

731 Ferner sind grundsätzlich auch Liquiditätsaspekte zu beachten. Je größer die Beteiligung ist, desto größer ist bei gegebener Marktliquidität tendenziell auch das Risiko, dass die Anteile kurzfristig nur unter Inkaufnahme eines Abschlags veräußert werden können. Vor diesem Hintergrund ist bei der Bewertung ggf. zusätzlich ein Abschlag für den sog. *lack of marketability* einzubeziehen. Vgl. CHERIDITO, Y./SCHNELLER, T., Discounts und Premia, S. 418-421; PRATT, S. P., Business Valuation, S. 37 f., sowie DAMODARAN, A., Damodaran on valuation, S. 508 f.

732 Vgl. KPMG (Hrsg.), Insights into IFRS 2014/15, Rn. 2.4.240.40.

733 Vgl. bspw. ERNST & YOUNG (Hrsg.), International GAAP 2015, S. 1044, sowie KPMG (Hrsg.), Insights into IFRS 2014/15, Rn. 2.4.80.30-60.

734 Vgl. ERNST & YOUNG (Hrsg.), International GAAP 2015, S. 1044 f. Der IASB erhielt schon während der Entwicklung von IFRS 13 losgelöst von diesem speziellen Anwendungsfall zahlreiche Anfragen, was die relevante Bilanzierungs- und Bewertungseinheit von Investments darstellt, wenn diese aus mehreren Finanzinstrumenten zusammengesetzt sind. Der Standardsetzer entschloss sich damals, diese Fragen zunächst nicht im Rahmen von IFRS 13 zu klären, da dieser Standard grundsätzlich bestimmen soll, „wie“ zu bewerten ist und nicht „was“ bewertet werden soll. Vgl. hierzu IASB (Hrsg.), Staff Paper 5 (February 2013), Rn. 4.

735 Eine solche Vorgehensweise befürworten in Bezug auf die Bewertung der Altanteile bspw. PwC (Hrsg.), Manual of accounting 2015, Rn. 5.189, sowie wohl auch HAYN, B., in: Beck IFRS HB, 4. Aufl., § 38, Rn. 102 f. i. V. m. 114 f.

736 Vgl. PwC (Hrsg.), Manual of accounting 2015, Rn. 5.189, sowie ERNST & YOUNG (Hrsg.), International GAAP 2015, S. 1044 f. Vgl. zu dieser Diskussion auch FREIBERG, J., Die fair value-Bewertung, S. 44.

737 Vgl. KIRSCH, H.-J. U. A., in: Baetge u. a., Rechnungslegung nach IFRS, 2. Aufl., IFRS 13, Rn. 98.

738 Vgl. so auch KÜTING, K./CASSEL, J., Anteilige Marktkapitalisierung gleich fair value, S. 2637, sowie hierzu ausführlich IFRS 13.BC152-159.

Bilanzierungseinheit anzusehen.[739] Insofern stellt IFRS 13.69 i. V. m. IFRS 13.80 eben gerade keine Ausnahmevorschrift des ansonsten in IFRS 13 verankerten Prinzips dar, auch der Bewertung stets die standardgemäß abgegrenzte Bilanzierungseinheit zugrunde zu legen. Vielmehr sind die entsprechenden Paragraphen lediglich als Klarstellung zu verstehen, dass der Fair Value **eines** (finanziellen) Vermögenswertes nicht davon abhängen darf, wie viele dieser Vermögenswerte das Unternehmen im Einzelfall im Bestand hält. Eine solche Forderung stellt nicht nur eine logische Konsequenz des Einzelbewertungsprinzips dar,[740] sondern lässt sich ferner bereits aus IFRS 13.11 ableiten, wonach ausschließlich diejenigen Eigenschaften des Bewertungsobjekts – hier des einzelnen Finanzinstruments – bei der Wertermittlung zu berücksichtigen sind, die untrennbar mit diesem Objekt verbunden sind.[741]

Alternativ könnten jedoch auch die jüngsten Verlautbarungen des Standardsetzers selbst für eine Vernachlässigung größenspezifischer Auf- bzw. Abschläge auf den Börsenkurs einzelner Anteile sprechen. So hat sich der IASB in ähnlichen Anwendungsfällen der Beteiligungsbewertung vor allem unter Verweis auf die dadurch gesteigerte Nachprüfbarkeit der Bilanzierung zuletzt explizit gegen die Möglichkeit zur Anpassung beobachtbarer Aktienkurse entschieden. So wurde im September 2014 in Form des *Exposure Draft „Measuring Quoted Investments in Subsidiaries, Joint Ventures and Associates at Fair Value"* (ED/2014/4) eine Änderung an verschiedenen Standards vorgeschlagen, demzufolge u. a. sämtliche von einer Investmentgesellschaft gehaltenen und zum Fair Value bilanzierten Beteiligungen an börsennotierten Tochter-, Gemeinschafts- sowie assoziierten Unternehmen künftig zwingend i. H. d. anteiligen Marktkapitalisierung zu bewerten wären, um die Verwendung unmittelbar beobachtbarer Inputparameter bei der Wertermittlung zu maximieren.[742] Dabei ist jedoch zum einen zu beachten, dass die Bewertung der Altanteile im Rahmen eines sukzessiven Unternehmenserwerbs ausdrücklich vom Anwendungsbereich des *Exposure Draft* ausgeschlossen wurde.[743] Zum anderen wurde die im Entwurf vorgeschlagene Vernachlässigung von Paketzu- bzw. -abschlägen während der seitens des IASB gewährten Kommentierungsfrist von verschiedenen Seiten

---

739 Vgl. IFRS 9.1.1 i. V. m. IAS 32.11. Eine Beteiligung ist nach IFRS 9 insofern nichts anderes als eine Ansammlung mehrerer auf dasselbe Unternehmen gerichteter Finanzinstrumente. Vgl. in Bezug auf IAS 39 KÜTING, K./CASSEL, J., Anteilige Marktkapitalisierung gleich fair value, S. 2635. Der IASB hatte sich für das einzelne Finanzinstrument als maßgebliche Bilanzierungseinheit entschieden, da die durch die Unausgeglichenheit von Angebot und Nachfrage zu erwartenden Preiskorrekturen (sog. *blockage factors*) durch einen tranchenweisen Verkauf der Finanzinstrumente vermieden werden können und in der Praxis auch tatsächlich zum Teil vermieden werden. Zu dieser Begründung vgl. ausführlich IFRS 13.BC152-159.

740 Vgl. HITZ, J.-M., Fair Value Measurements, S. 366, sowie FREIBERG, J., Die fair value-Bewertung, S. 43 und 45.

741 Der IASB sieht bei den Paketab- bzw. -zuschlägen eine Parallele zu den ebenso nicht einzubeziehenden Transaktionskosten, da der bei einem Verkauf zu erzielende Preis maßgeblich davon abhängt, ob das Unternehmen die Anteile in mehreren verschiedenen Tranchen oder aber in einer einzigen Transaktion veräußert. Vgl. IFRS 13.BC157.

742 Darüber hinaus erstreckt sich der Anwendungsbereich des *Exposure Draft* vor allem auch auf die Bilanzierung von zum Fair Value (folge-)bewerteter Beteiligungen im Einzelabschluss sowie auf die Ermittlung des *fair value less cost of disposal* im Rahmen des (konzern-)bilanziellen Wertminderungstests von Beteiligungen nach IAS 36. Vgl. IASB (Hrsg.), ED/2014/4: Measuring Quoted Investments, S. 4.

743 Vgl. IASB (Hrsg.), ED/2014/4: Measuring Quoted Investments, Rn. BC14, sowie auch FREIBERG, J., Die fair value-Bewertung, S. 45. Der IASB hielt sich dabei jedoch offen, die diesbezügliche Disskussion im Zuge bzw. im Nachgang an den *Post-implementation Review* von IFRS 3 auch in Bezug auf den hier betrachteten Anwendungsfall aufzunehmen.

vehement kritisiert,[744] mit dem Ergebnis, dass die Umsetzung des *Exposure Draft* zunächst auf unbestimmte Zeit verschoben wurde.[745]

Wie auch LÜDENBACH/HOFFMANN/FREIBERG bemerken, kann die Verwendung möglichst vieler beobachtbarer Inputparameter nicht das alleinige bzw. vordergründige Ziel der Bewertung zum Fair Value darstellen.[746] Auch wenn beobachtbare Größen aus nachvollziehbaren Gründen prinzipiell bevorzugt zugrunde gelegt werden müssen, ist letztlich entscheidend, durch das gewählte Bewertungsverfahren den Preis zu ermitteln, der von typischen Marktteilnehmern für das Bewertungsobjekt im Rahmen einer gewöhnlichen Transaktion entrichtet würde.[747] IFRS 13.69 zufolge sind volumenbedingte Anpassungen auf beobachtbare Preise zumindest dann explizit zulässig, wenn durch die Beteiligung ein beherrschender Einfluss auf das Beteiligungsunternehmen begründet wird, da in derartigen Fällen am Markt regelmäßig mit der Zahlung einer Kontrollprämie zu rechnen sein dürfte. Die ausdrückliche Nennung eines für beherrschende Anteile zu erwartenden Aufschlags auf den Marktpreis einzelner Finanzinstrumente ist gleichwohl nicht abschließend gemeint, sondern vielmehr als ein Beispiel denkbarer Anwendungsfälle zu verstehen.[748] Die Zulässigkeit von Auf- und Abschlägen ist im Wege der systematischen Auslegung daher nicht nur auf beherrschende, sondern ebenso auf nicht-beherrschende Anteile, hier die bereits vor dem Statuswechsel gehaltenen Beteiligung, zu übertragen, sofern mit dem Anteilspaket i. S. der IFRS-Konzernrechnungslegung wesentliche Einflussmöglichkeiten verbunden sind.[749]

Die IFRS unterscheidet neben den zwei Extremen „Halten einzelner Finanzinstrumente ohne besonderen Einfluss" (IFRS 9) einerseits bzw. „Halten eines beherrschenden Anteils" (IFRS 10 i. V. m. IFRS 3) andererseits weiterhin solche Beteiligungsverhältnisse, mit denen ein maßgeblicher Einfluss (IAS 28) oder aber eine gemeinschaftliche Beherrschung (IFRS 11) einhergeht.[750] Der Größe des Anteilspaketes ist bei der Bewertung der Position „*previously held equity interest in the acquiree*" trotz beobachtbarer Börsenkurse daher zumindest immer dann Rechnung zu tragen, sofern das Beteiligungsunternehmen vor dem Statuswechsel als assoziiertes bzw. Gemeinschaftsunternehmen oder aber als gemeinschaftliche Tätigkeit qualifiziert wurde.[751] Würden Paketzuschläge durch die ausschließliche Betrachtung einzelner Finanzinstrumente bei der Bewertung solcher Betei-

744 Vgl. bspw. IDW (Hrsg.), Comment Letter (ED/2014/4), S. 2; EFRAG (Hrsg.), Comment Letter (ED/2014/4), S. 4-6; DRSC (Hrsg.), Comment Letter (ED/2014/4), S. 4, sowie DELOITTE (Hrsg.), Comment Letter (ED/2014/4), S. 3 f.

745 Vgl. IASB (Hrsg.), Staff Paper 6 (March 2015), S. 22.

746 Vgl. LÜDENBACH, N./HOFFMANN, W.-D./FREIBERG, J., in: Haufe IFRS-Kommentar, 13. Aufl., § 8a, Rn. 69, sowie FREIBERG, J., Die fair value-Bewertung, S. 46.

747 Vgl. LÜDENBACH, N./HOFFMANN, W.-D./FREIBERG, J., in: Haufe IFRS-Kommentar, 13. Aufl., § 8a, Rn. 69.

748 So hat sich der IASB angesichts der Erkenntnis, dass Wertkorrekturen stets einzelfallabhängig zu beurteilen sind, bewusst gegen eine detaillierte Beschreibung sämtlicher denkbarer Auf- und Abschläge entschieden. Hierdurch sollte die Gefahr einer zu präskriptiven Wirkung der entsprechenden Ausführungen umgangen werden. Vgl. IFRS 13.BC159.

749 Vgl. KÜTING, K./CASSEL, J., Anteilige Marktkapitalisierung gleich fair value, S. 2636.

750 Vgl. zur Systematisierung der nach IFRS zu unterscheidenden Beteiligungsverhältnisse ausführlich Abschnitt 31.

751 In Bezug auf assoziierte Unternehmen so auch LÜDENBACH, N./HOFFMANN, W.-D./FREIBERG, J., in: Haufe IFRS-Kommentar, 13. Aufl., § 8a, Rn. 69.

ligungsverhältnisse per se ausgeklammert, würden die unterschiedlichen Einflussnahmemöglichkeiten als deren prägende Merkmale systematisch vernachlässigt.[752] Vor diesem Hintergrund kann bei der Bewertung der Altanteile in diesen Fällen trotz der dadurch eröffneten Ermessensspielräume keinesfalls ungeprüft auf den anteiligen Börsenwert abgestellt werden.[753] Die der Beteiligung anhaftenden Charakteristika – hier der maßgebliche Einfluss bzw. die gemeinschaftliche Beherrschung – sind mit Blick auf die Relevanz des bilanzierten Wertansatzes insofern grundsätzlich immer dann in Form von Aufschlägen zu berücksichtigen, sofern von ihnen ein wesentlicher Einfluss auf den Fair Value zu erwarten ist.[754]

Unklar ist jedoch, ob die vorherstehende Argumentation im Ergebnis auch auf diejenigen Konstellationen übertragen werden kann, in denen die vor dem Statuswechsel gehaltene Beteiligung bislang nicht gem. IAS 28 oder aber IFRS 11, sondern nach IFRS 9 bilanziert wurde. Aufgrund des Wortlauts von IFRS 3.41 f. scheint eine Berücksichtigung größenspezifischer Aufschläge auf den Aktienkurs ohne eine ausdrücklich gegenteilige Bestimmung des Standardsetzers prinzipiell auch in diesem Fall vertretbar (primär semantische Auslegung). Schließlich hat IFRS 3.41 f. im Gegensatz zu IFRS 9, wie bereits angeführt, nicht das singuläre Finanzinstrument, sondern sämtliche vor dem Unternehmenszusammenschluss vom Erwerber gehaltenen Eigenkapitalanteile in ihrer Gesamtheit als maßgebliche Bilanzierungseinheit im Blick.[755] Da in der Praxis auch für größere Anteilspakete, mit denen weder ein maßgeblicher noch ein (gemeinschaftlich) beherrschender Einfluss verbunden ist, zum Teil erhebliche Aufschläge gezahlt werden,[756] können sich aus einer solchen Vorgehensweise wesentliche Bilanzierungskonsequenzen ergeben. Im Ergebnis würde es im Zuge sukzessiver Unternehmenszusammenschlüsse daher selbst dann zu einer (GuV-wirksamen) Anpassung des unmittelbar zuvor bilanzierten Buchwerts der Altanteile kommen können, sollten diese in Anwendung von IFRS 9 bereits vor dem Statuswechsel zum Fair Value bilanziert worden sein.[757]

Gegen eine solche Verfahrensweise spricht andererseits jedoch die Tatsache, dass mit den bereits vor dem Statuswechsel gehaltenen Anteilen bei einer vorherigen Klassifizierung als einfache Beteiligung gerade keine seitens des IASB näher definierten Möglichkeiten zur Einflussnahme auf das Beteiligungsunternehmen einhergehen. Insofern könnte argumentiert werden, dass mit Blick auf die innere Konsistenz der IFRS-Konzernrechnungslegung bei der Bewertung wie schon vor dem Statuswechsel

---

[752] Vgl. KÜTING, K./CASSEL, J., Anteilige Marktkapitalisierung gleich fair value, S. 2637. So führt auch der Mitarbeiterstab des IASB im Rahmen einer themenverwandten Diskussion an: „*One of the key characteristics of an investment is the level of control or influence of an investor in an investee*" (IASB (Hrsg.), Staff Paper 5 (February 2013), Rn. 18).

[753] Sollte keine hinreichende Glaubwürdigkeit gewährleistet werden können, wäre stattdessen letztlich die Vorgabe zu hinterfragen, den entsprechenden Sachverhalt überhaupt zum Fair Value bewerten zu müssen.

[754] Es ist anzunehmen, dass die für Beteiligungen, mit denen lediglich eine gemeinschaftliche Beherrschung oder aber ein maßgeblicher Einfluss einhergeht, zu erwartenden Kontrollprämien hinsichtlich der Höhe nicht mit den zum Teil erheblichen Übernahmeprämien im Rahmen von M&A-Transaktionen verglichen werden können. Ähnlich KPMG (Hrsg.), Insights into IFRS 2014/15, Rn. 2.4.850.10.

[755] Vgl. CASSEL, J., Unternehmensbewertung im IFRS-Abschluss, S. 345.

[756] Eine umfassende Untersuchung der am deutschen Aktienmarkt zu beobachtenden Blockzu- bzw. -abschläge findet sich bei SCHÄFFNER, D., Blocktransaktionen an der deutschen Börse, S. 103-176.

[757] A. A. in Bezug auf IAS 39 wohl KÜTING, K./WIRTH, J., Sukzessiver Anteilserwerb, S. 367.

weiterhin auf die einzelnen Finanzinstrumente abgestellt werden sollte (primär systematische Auslegung).[758] Eine Einbeziehung größenspezifischer Kontrollzuschläge wäre diesem Gedankengang folgend erst dann gerechtfertigt, sollte auch IFRS 9, wie bspw. vom DRSC jüngst gefordert,[759] in Zukunft dahingehend angepasst werden, dass nicht mehr das einzelne Finanzinstrument, sondern die seitens des Unternehmens gehaltene Beteiligung in ihrer Gesamtheit als maßgebliche Bilanzierungs- und somit auch Bewertungseinheit anzusehen ist.

Auch wenn auf Basis des aktuellen Regelungskanons wohl beide Vorgehensweisen als zulässig erachtet werden können,[760] sollte nach der hier vertretenen Meinung mit Blick auf die Entscheidungsnützlichkeit der vermittelten Informationen und damit unter Hinzuziehung teleologischer Gesichtspunkte der zweiten Argumentation gefolgt werden. Demnach wären für den Fall einer Börsennotierung des Beteiligungsunternehmens auch nach dem Statuswechsel nicht die Altanteile als Ganzes, sondern wie zuvor in Anwendung von IFRS 9 weiterhin die einzelnen Finanzinstrumente als relevante Bewertungseinheit zu betrachten. Der Fair Value der Altanteile würde damit grundsätzlich dem anteiligen Börsenwert entsprechen. Ausschlaggebend hierfür ist letztlich die Tatsache, dass eine auf einem größenspezifischen Paketzuschlag beruhende Wertkorrektur der Beteiligung in diesem Fall allein auf die geänderte Bewertungseinheit im Zuge des Statuswechsels zurückzuführen wäre und damit eine Wertänderung der Altanteile signalisieren würde, die so tatsächlich nicht stattgefunden hat. Schließlich bestanden die dem hier diskutierten Paketzuschlag konzeptionell zugrunde liegenden, untrennbar mit den Altanteilen verbundenen Einflussmöglichkeiten auf das Beteiligungsunternehmen bereits vor dem Statuswechsel, sodass die darauf zurückzuführenden Wertpotenziale dem Konzern wirtschaftlich betrachtet bereits in vorherigen Berichtsperioden zugerechnet werden konnten. Insofern würde durch den Wechsel der Bewertungseinheit bei einer vorherigen Bilanzierung der Altanteile nach IFRS 9 nicht nur die Stetigkeit und somit die intertemporale Vergleichbarkeit der Bilanzierung beeinträchtigt, sondern vor allem auch das zentrale Informationsziel sukzessiver Anteilserwerbe gefährdet, ausschließlich wirtschaftlich durch den Statuswechsel bedingte Vermögensänderungen bilanziell abzubilden.

Die mit der jeweiligen Wahl der der Bewertung zugrunde gelegten Bewertungseinheit potenziell verbundenen Bilanzierungskonsequenzen werden anhand des folgenden Beispiels verdeutlicht:

Anwendungsbeispiel

Unternehmen A erwirbt zum Zeitpunkt t = 0 von Unternehmen C außerbörslich 100 der insgesamt 1.000 Anteile des börsengelisteten Unternehmens B und bilanziert die Beteiligung mangels eines maßgeblichen Einflusses gemäß IFRS 9. Der Kaufpreis für das Anteilspaket betrug 350 GE und somit 3,5 GE (=350/100) pro Anteil. Die restlichen Anteile befinden sich in der Hand von Unternehmen C (80%) sowie in Form börsennotierter Anteile im Streubesitz (10%). Der Aktienkurs beträgt 3 GE.

---

758 Ähnlich IASB (Hrsg.), Staff Paper 4 (March 2013), Appendix 1, S. 2.

759 Vgl. DRSC (Hrsg.), Comment Letter (ED/2014/4), S. 3, Rn. 2. Demnach sollte die Größe eines finanziellen Investments stets, also bspw. auch bei Beteiligungen i. H. v. 10%, in Form von Zu- oder Abschlägen auf den Aktienkurs bei der Bewertung berücksichtigt werden dürfen.

760 A. A. wohl KÜTING, K./CASSEL, J., Anteilige Marktkapitalisierung gleich fair value, S. 2638.

Da IFRS 9 nicht das Anteilspaket, sondern die einzelnen Anteile als Bewertungsobjekt betrachtet und der Börsenkurs zum Erwerbszeitpunkt nur 3 GE beträgt, ist die Beteiligung nicht mit den Anschaffungskosten i. H. v. 350 GE, sondern i. H. v. 300 GE (=3 GE*100) zu bilanzieren. In Höhe der Differenz von 50 GE hat Unternehmen A einen sog. *day one loss* GuV-wirksam als Aufwand zu erfassen.

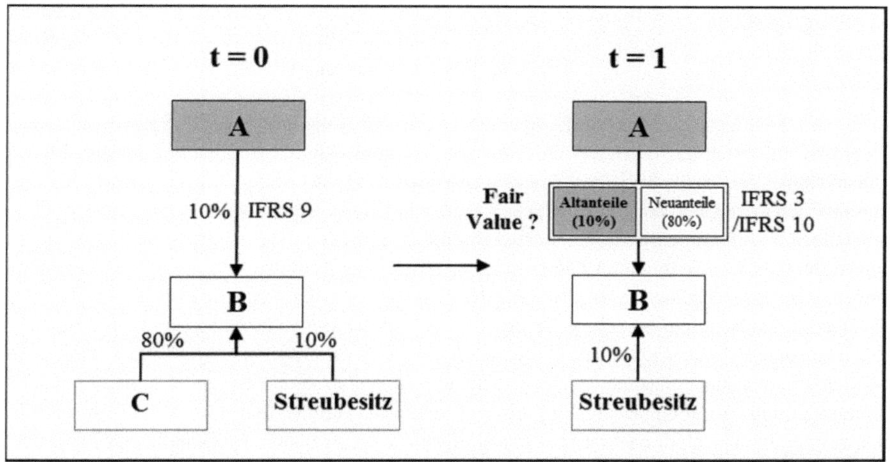

In t = 1 erwirbt Unternehmen A von Unternehmen C dessen restlichen Anteile an Unternehmen B (80%) und erlangt somit die Beherrschungsmacht. Im Rahmen der Kapitalkonsolidierung hat Unternehmen A seinen bereits gehaltenen Anteil an Unternehmen B zum Fair Value neu zu bewerten. Für die Bewertung gibt Unternehmen A ein unabhängiges Gutachten in Auftrag, das für den Fall der Veräußerung eines entsprechenden Anteilspaketes einen 10%igen Aufschlag auf den derzeitigen Anteilskurs erwartet. Der Anteilskurs beträgt in t = 1 annahmegemäß weiterhin 3 GE. Sofern in Übereinstimmung mit dem Wortlaut von IFRS 3.41 f. das gesamte vor Statuswechsel gehaltene Anteilspaket als Bilanzierungseinheit angesehen wird, sind die Altanteile nunmehr mit 330 GE anstelle von 300 GE zu bewerten. Die Differenz ist sodann **GuV-wirksam als Ertrag** zu erfassen. Würde stattdessen, wie hier präferiert, bei der Bewertung weiterhin auf die einzelnen der Beteiligung zugrunde liegenden Anteile abgestellt, so wäre der unmittelbar vor dem Statuswechsel bilanzierte Buchwert der Anteile (300 GE) **GuV-neutral** fortzuführen.

513.334.22 Berücksichtigung von Paketzuschlägen

Wie zuvor herausgearbeitet wurde, können bei einer Börsenkurs-gestützten Bewertung der Altanteile zumindest dann größenspezifische Paketzuschläge berücksichtigt werden, sofern mit der vor dem Statuswechsel gehaltenen Beteiligung zuvor ein maßgeblicher Einfluss oder aber eine gemeinschaftliche Beherrschung einherging. Der (Mehr-)Wert der mit einer solchen Unternehmensbeteiligung verbundenen Einflussmöglichkeiten besteht dabei insbesondere darin, durch einen Eingriff in den dispositiven Faktor „Unternehmenssteuerung“ die aus der Beteiligung zu erwartenden Zahlungsströme bspw. in Form der Vermeidung von Ineffizienzen oder der Realisierung von Synergieeffekten zu optimieren.[761] Für die Bemessung eines Paketzuschlags wäre daher im Einzelfall zu prüfen, ob eine diesbezügliche Wertsteigerung aus Sicht eines hypothetischen Erwerbers bei Besitz der Altanteile und damit bspw. auf Basis eines maßgeblichen Einflusses zu erwarten wäre.[762] In diesem Zusammenhang ist jedoch zu betonen, dass es sich hierbei keinesfalls um einen Zuschlag für die alleinige Beherrschung handelt. Wie in Abschnitt 513.333. herausgearbeitet wurde, stellt schließlich nicht die von der Konzernobergesellschaft insgesamt gehaltene, sondern lediglich die bereits vor dem Statuswechsel im Besitz befindliche Beteiligung und damit ein nicht-kontrollierender Anteil am Beteiligungsunternehmen das zum Fair Value zu bewertende Objekt dar.

Um der von IFRS 13 vorgegebenen Marktperspektive bei der Ableitung eines Paketzuschlags gerecht zu werden, sollte sich das bilanzierende Unternehmen möglichst an aktuellen und **vergleichbaren Transaktionen** innerhalb derselben Branche orientierten.[763] Stehen keine hinreichend ähnlichen Transaktionen in jüngster Vergangenheit zur Verfügung, kommt alternativ die Verwendung von über einen längeren Zeitraum **empirisch ermittelten Paketzuschlägen** für Beteiligungen ähnlichen Umfangs in Betracht.[764] Wie schon im Zusammenhang mit den bei Akquisitionen gezahlten Übernahmeprämien gezeigt werden konnte, ist die Höhe der beobachtbaren Zuschläge jedoch keinesfalls allein durch die mit der Beteiligung einhergehenden Einflussnahmemöglichkeiten bestimmt und zudem erheblich von unternehmens- und transaktionsspezifischen Gegebenheiten geprägt.[765] Die Aussagekraft eines solchen, aus einer Vielzahl verschiedenster, ggf. lange Zeit zurück liegender Transaktionen abgeleiteten Zuschlags auf den Börsenkurs ist insofern äußerst fraglich und sollte vom bilanzierenden Unternehmen im Einzelfall nachweisbar plausibilisiert werden können. Keinesfalls darf es zu einer pauschalen Anwendung willkürlicher „*rule of thumb*“-Aufschläge[766] kommen,[767] da dies sowohl der Anforderung der Relevanz als auch der Glaubwürdigkeit des zu ermittelnden Wertansatzes entgegenstehen würde.

Sofern der abgeleitete Paketzuschlag den Fair Value der Altanteile im Einzelfall maßgeblich beeinflusst, ist unklar, ob die Bewertung insgesamt weiterhin der zweiten oder aber nunmehr der **dritten Hierarchieebene** zuzuordnen ist und somit gesteigerten Offenlegungspflichten unterliegt. Zwar sollte eine Kontrollprämie, wie zuvor erläutert, grundsätzlich auf Basis beobachtbarer Marktdaten

---

761 Vgl. Abschnitt 513.322.2.

762 Da die Berücksichtigung einer Kontrollprämie für die alleinige Beherrschung aufgrund der in IFRS 3.41 f. vorgegebenen Bewertungseinheit, wie zuvor herausgearbeitet wurde, nicht zulässig ist, käme in diesem Kontext lediglich ein Zuschlag für die mit der vor dem Statuswechsel gehaltenen Beteiligung untrennbar verbundenen Einflussmöglichkeiten wie bspw. ein maßgeblicher Einfluss in Frage.

763 Vgl. KPMG (Hrsg.), Insights into IFRS 2014/15, Rn. 2.4.840.20.

764 Ähnlich KPMG (Hrsg.), Insights into IFRS 2014/15, Rn. 2.4.840.30. In diesem Zusammenhang ist jedoch zu bemerken, dass sich der Großteil der in der Literatur zu findenden Untersuchungen auf Beteiligungserwerbe konzentriert, im Rahmen derer der Erwerber die Beherrschungsmacht über das Beteiligungsunternehmen erlangt. Für die Bewertung der Altanteile ist jedoch auf empirische Erhebungen in Bezug auf kleinere Blocktransaktionen abzustellen.

765 Vgl. Abschnitt 513.322.33.

766 So führt bspw. PRATT für Beteiligungen, mit denen eine Blockademöglichkeit wichtiger strategischer Unternehmensentscheidungen einhergeht ohne weitere empirische Nachweise einen Zuschlag von 5%-15% an. Vgl. PRATT, S. P., Business Valuation, S. 21.

767 So auch KPMG (Hrsg.), Insights into IFRS 2014/15, Rn. 2.4.840.30.

abgeleitet werden, gleichwohl bestehen hinsichtlich der Auswahl der der Ableitung zugrunde gelegten Transaktionen sowie der Plausibilisierung der ermittelten Werte erhebliche Ermessensspielräume.[768] Die Bemessung des Wertaufschlags kann daher in nicht unerheblichem Maße durch die unternehmensinterne Einschätzung der bilanzierenden Gesellschaft beeinflusst werden, sodass der Fair Value immer dann in Gänze der dritten Stufe zugeordnet werden sollte, sobald eine nicht unwesentliche Anpassung des anteiligen Börsenwertes vorgenommen wird. Auf diese Weise wird es den Abschlussadressaten auf Basis der umfassenderen Angaben im Anhang ermöglicht, den Wertansatz nachzuvollziehen und ggf. Anpassungen vorzunehmen.[769] Letztlich wird deutlich, dass die bei der Bewertung der Altanteile nach IFRS 13 einzunehmende Marktperspektive selbst bei börsennotierten Beteiligungsunternehmen mit erheblichen Ermessensspielräumen verbunden ist und das Ziel der Marktobjektivierung mangels eines aktiven Marktes für Beteiligungen somit nur sehr eingeschränkt erreicht wird.[770]

513.334.23 Berücksichtigung der aus der Kontrollerlangung erwarteten Wertpotenziale

Losgelöst von der Frage, ob und auf welche Weise bei der Bewertung der Altanteile Paketzuschläge für die mit diesem Anteilspaket einhergehenden Einflussmöglichkeiten zu berücksichtigen sind, ergibt sich im Zuge einer Börsenkurs-gestützten Ermittlung des Fair Value eine weitere in der Literatur – soweit ersichtlich – bislang unbeachtete Problematik. So spiegeln Aktienkurse auf einem funktionierenden Kapitalmarkt stets auch die derzeitigen **Eigentumsverhältnisse** des jeweiligen notierten Unternehmens wider. Schließlich wird der Börsenkurs zum Zeitpunkt der Beherrschungserlangung zumindest teilweise bereits die durch die Übernahme seitens der Konzernobergesellschaft zu erwartenden Wertsteigerungspotenziale in Form von Restrukturierungs- oder Synergieeffekten reflektieren, soweit sie (anteilig) auf die verbleibenden Minderheitsaktionäre entfallen.[771]

Bei konsequenter Anwendung des IFRS 13 ist bei der Bestimmung des Fair Value der Altanteile jedoch von der nach der für Bewertungszwecke zu unterstellenden Veräußerung dieses Anteilspaketes an einen typischen Marktteilnehmer vorliegenden Eigentümerstruktur auszugehen.[772] Dies ist solange unproblematisch, sofern die Konzernobergesellschaft trotz einer (hypothetischen) Übertragung der Altanteile an eine dritte Partei Mehrheitseigentümer bleiben würde; das Beteiligungsunternehmen somit allein auf Grundlage der Neuanteile beherrschen könnte. Schließlich würde ein typischer Marktteilnehmer, wie in Abschnitt 513.333. herausgearbeitet wurde, die aus der Beherrschung

768 Vgl. PFAUTH, A., Goodwillbilanzierung nach US-GAAP, S. 130.

769 Selbst wenn das bilanzierende Unternehmen im konkreten Anwendungsfall zu dem Urteil gelangt, dass das Produkt aus der Anzahl der gehaltenen Anteile und dem gegenwärtigen Aktienkurs den besten Schätzer für den Fair Value der Beteiligung darstellt und der Bilanzierung insofern unangepasst zugrunde gelegt werden sollte, ist der resultierende Wertansatz nicht der ersten (so aber bspw. wohl LÜDENBACH, N./HOFFMANN, W.-D./FREIBERG, J., in: Haufe IFRS-Kommentar, 13. Aufl., § 8a, Rn. 68), sondern der zweiten Hierarchieebene zuzuordnen. Nur so kann die mit einer solchen Bewertung zwangsläufig verbundene Unsicherheit über entsprechend umfassendere Anhangangaben glaubwürdig abgebildet werden.

770 Vgl., wenn auch nicht im Kontext sukzessiver Unternehmenserwerbe, PFAUTH, A., Goodwillbilanzierung nach US-GAAP, S. 130.

771 Vgl. hierzu schon Abschnitt 513.333.

772 Vgl. Abschnitt 513.333.

durch die Konzernobergesellschaft erwarteten Wertsteigerungsmaßnahmen in einem solchen Fall sodann auch bei der Preisfindung für die Altanteile berücksichtigen. Der Verwendung des aktuellen Aktienkurses steht in dieser Konstellation daher grundsätzlich nichts entgegen.

Würde die Konzernobergesellschaft im Zuge der hypothetischen Veräußerung der Altanteile indes die Beherrschungsmacht über das Beteiligungsunternehmen verlieren, darf ein bereits im Aktienkurs antizipierter Mehrwert der zum Zeitpunkt des Statuswechsels bestehenden Eigentumsverhältnisse bei der Ermittlung des Fair Value dagegen streng genommen nicht berücksichtigt werden. Sofern im Zuge der Übernahme erhebliche Kurssteigerungen beobachtet werden, ist dementsprechend grundsätzlich zu prüfen, ob die Wertentwicklung maßgeblich durch die vom Markt antizipierten spezifischen Pläne und Möglichkeiten der nunmehr beherrschenden Konzernobergesellschaft getrieben wurde. In einem solchen Fall würde der Aktienkurs zum Zeitpunkt der Beherrschungserlangung aufgrund der vorhergehenden Überlegungen keine geeignete Eingangsgröße für die Ermittlung des Fair Value der Altanteile i. S. d. IFRS 13 darstellen.[773]

Alternativ könnte sodann auf den **Börsenkurs unmittelbar vor Ankündigung der Übernahme** des Beteiligungsunternehmens aufgesetzt werden, da dieser noch nicht von der bevorstehenden Integration des Beteiligungsunternehmens in den Verbund der Konzernobergesellschaft beeinflusst sein dürfte.[774] Auch wenn eine solche Vorgehensweise angesichts des Verzichts auf aktuelle, potenziell wertrelevante Informationen aus Relevanzgesichtspunkten abzulehnen wäre, ist sie gleichwohl als logische Konsequenz der marktorientierten Veräußerungskonzeption des IFRS 13 zu verstehen. Schließlich sind sämtliche unternehmensspezifischen Umstände – hier die in einigen Fällen erst aus der Kombination der Alt- und Neuanteile resultierende Beherrschungsmacht – bei der Ermittlung des Fair Value der Altanteile zu vernachlässigen. Die vorgehend erläuterte Problematik sei anhand des folgenden Beispiels verdeutlicht:

Anwendungsbeispiel

Unternehmen A erwirbt zum Zeitpunkt t = 0 außerbörslich 250 der insgesamt 1.000 Anteile des börsengelisteten Unternehmens B und bilanziert die Beteiligung angesichts eines maßgeblichen Einflusses gem. IAS 28. Der Kaufpreis für das Anteilspaket betrug 875 GE und somit 3,5 GE (=875/250) pro Anteil. Die restlichen Anteile befinden sich in der Hand von Unternehmen C (65%) sowie in Form börsennotierter Anteile im Streubesitz (10%).

Anfang des Jahres t = 1 kündigt Unternehmen A an, weitere 400 Anteile an Unternehmen B außerbörslich von Unternehmen C zu erwerben, um mit insgesamt 65% der Anteile die Beherrschungsmacht über die Gesellschaft zu erlangen. Unmittelbar vor der Ankündigung der Übernahmepläne betrug der Aktienkurs 3 GE. Aufgrund der aus der Integration des Unternehmens B in den Konzernverbund von Unternehmen A erwarteten Synergieeffekte sowie der bereits angekündigten

773 So aber bspw. wohl PwC (Hrsg.), Manual of accounting 2015, Rn. 5.189. Darüber hinaus ist grundsätzlich zu prüfen, ob der Aktienkurs im Einzelfall durch spekulative Verwerfungen geprägt ist. Auch in diesem Fall würde der Börsenkurs keine geeignete Ausgangsgröße für die Fair Value-Bewertung darstellen.

774 Eine solche Vorgehensweise schlagen SENGER/BRUNE für die Bewertung der Anteile nicht-beherrschender Gesellschafter vor, was jedoch nach der hier vertretenen Meinung gerade nicht angezeigt ist. Vgl. hierzu Abschnitt 513.4 sowie SENGER, T./BRUNE, J. W., in: Beck IFRS HB, 4. Aufl., § 34, Rn. 214.

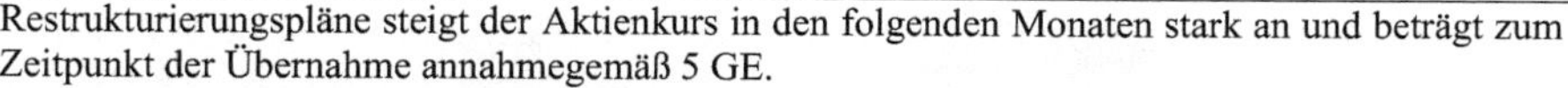
Restrukturierungspläne steigt der Aktienkurs in den folgenden Monaten stark an und beträgt zum Zeitpunkt der Übernahme annahmegemäß 5 GE.

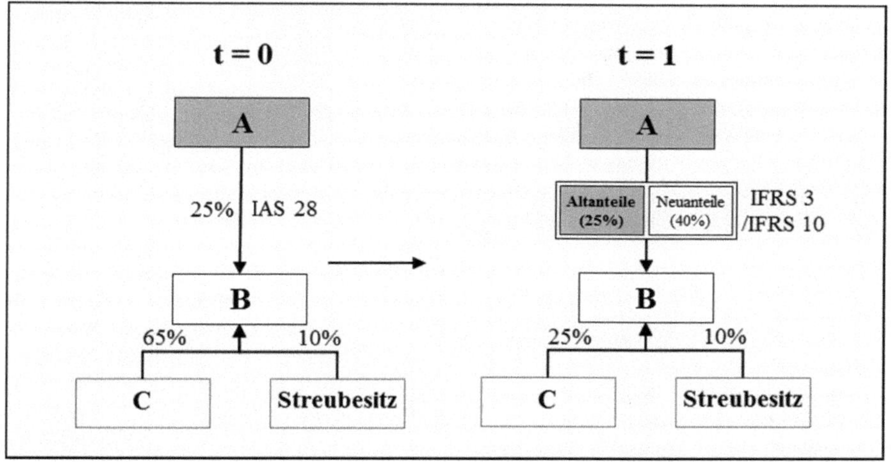

Im Rahmen der Kapitalkonsolidierung hat Unternehmen A den bereits gehaltenen Anteil an Unternehmen B (der Equity-Buchwert in t=1 beträgt aufgrund anteilig zu vereinnahmender Verluste annahmegemäß nunmehr lediglich 800 GE) zum Fair Value neu zu bewerten. Hierbei ist eine hypothetische Veräußerung der Altanteile zu unterstellen. Da Unternehmen A durch die Veräußerung dieser Anteile die Beherrschungsmacht verlieren würde (65%-25%=40%), sind sämtliche aus der alleinigen Kontrolle von Unternehmen A seitens des Marktes erwarteten Wertsteigerungspotenziale bei der Bewertung zu vernachlässigen. Eine umfassende Umstrukturierung von Unternehmen B wäre auf Basis der nach der fiktiven Veräußerung vorliegenden Eigentümerstruktur mangels klarer Mehrheitsverhältnisse nicht zu erwarten, sodass der Börsenkurs zum Zeitpunkt der Beherrschungserlangung keine geeignete Ausgangsgröße für die Bewertung der Altanteile darstellt. Stattdessen könnte der Fair Value-Ermittlung der Börsenkurs unmittelbar vor Ankündigung der Übernahmepläne (3 GE) zugrunde gelegt werden. Unter Berücksichtigung des Umstandes, dass bei Transaktionen vergleichbaren Umfangs zuletzt ein durchschnittlich 10%iger Paketaufschlag auf den jeweils geltenden Aktienkurs beobachtet wurde, wären die Altanteile – trotz eines deutlich höheren anteiligen Börsenwertes (1.250 GE=5 GE*250) – lediglich mit 825 GE (=[3 GE*250]*1,1) zu bewerten. Die Differenz zum Buchwert (800 GE) ist sodann **GuV-wirksam als Ertrag** zu erfassen.

513.334.3 Kaufpreis-gestützte Bewertung

Während damit schon bei börsennotierten Beteiligungsunternehmen nicht unerhebliche Schwierigkeiten bei der Ermittlung des Fair Value der Altanteile bestehen, vergrößern sich diese nochmals, sofern wie in der Mehrzahl der Fälle[775] keine beobachtbaren Marktpreise für die der Beteiligung zugrunde liegenden Finanzinstrumente vorliegen. Ein vielbeachteter Anknüpfungspunkt für die Wertfindung stellen dann die **Anschaffungskosten** bzw. der Fair Value der übertragenen Gegenleistung

[775] Vgl. KÜTING, K./WIRTH, J., Sukzessiver Anteilserwerb, S. 365.

für die die Beherrschungsbeziehung begründenden **Neuanteile** dar.[776] So wird zum Teil die Auffassung vertreten, dass der Fair Value des bereits vor Beherrschungserlangung im Besitz der Konzernobergesellschaft befindlichen Anteilspaketes im Fall einer fehlenden Börsennotierung des Beteiligungsunternehmens stets durch eine lineare Hochrechnung des stückbezogenen Kaufpreises der Neuanteile ermittelt werden sollte.[777] Dies erscheint zumindest auf den ersten Blick plausibel, da die Anschaffungskosten einen aktuellen, durch eine beobachtbare Transaktion i. d. R.[778] pagatorisch abgesicherten Preis für einen dem Bewertungsobjekt ähnlichen Vermögenswert repräsentieren und damit wie auch schon die zuvor thematisierten Börsenkurse als **Level-2-Inputparameter** eingestuft werden können.[779] Dennoch stehen einer linearen Hochrechnung der für die Neuanteile entrichteten Anschaffungskosten zwei grundlegende Bedenken entgegen.[780]

Zum einen handelt es sich bei dem für den Erwerb der zuletzt erworbenen Anteilstranche entrichteten Kaufpreis um einen **unternehmensspezifischen Zugangspreis** und somit nicht, wie von IFRS 13.24 vorgesehen, um einen in einer gewöhnlichen Transaktion zwischen Marktteilnehmern gezahlten Veräußerungspreis. Insofern ist die Höhe der für die Übernahme des Beteiligungsunternehmens entrichteten Anschaffungskosten maßgeblich durch die konkrete Verhandlungssituation sowie die individuellen Annahmen und Verwendungsmöglichkeiten der Konzernobergesellschaft in Bezug auf das Beteiligungsunternehmen geprägt.[781] Diese wären bei der Ableitung des Wertansatzes der Altanteile sodann durch die Umstände und Erwartungen eines typischen Marktteilnehmers zu ersetzen. Es ist anzunehmen, dass der auf der Perspektive einer solchen hypothetischen Partei basierende Fair Value regelmäßig niedriger sein dürfte als der von der Konzernobergesellschaft tatsächlich gezahlte Preis. Ansonsten wäre fraglich, warum keine andere Partei angesichts einer offensichtlich höheren Zahlungsbereitschaft den Zuschlag für das der Transaktion zugrunde liegende Anteilspaket erhalten hat.

Darüber hinaus wird der für die Neuanteile entrichtete Kaufpreis in vielen Fällen eine **Übernahmeprämie** enthalten,[782] da davon auszugehen ist, dass die Konzernobergesellschaft bei der Bemessung

---

776 Vgl. bspw. LÜDENBACH, N./HOFFMANN, W.-D., Übergangskonsolidierung nach ED IFRS 3, S. 1807; PwC (Hrsg.), Manual of accounting 2015, Rn. 25.334 i. V. m. 5.190; THEILE, C./PAWELZIK, K. U., in: Heuser/Theile, IFRS-Handbuch, 5. Aufl., D VI, Rn. 6230.

777 So wohl bspw. THEILE, C./PAWELZIK, K. U., Fair Value-Beteiligungsbuchwerte, S. 98, die die Anwendung von Unternehmensbewertungsverfahren aufgrund der damit verbundenen Objektivierungsprobleme ablehnen.

778 Sofern die Neuanteile im Rahmen einer Tauschtransaktion zugegangen sind, fehlt es jedoch an der die Objektivierung steigernden pagatorischen Absicherung des bilanzierten Wertansatzes.

779 Die Eignung des Kaufpreises der zuletzt erworbenen Anteile als Grundlage der Fair Value-Ermittlung der Altanteile ist dabei theoretisch umso höher, je vergleichbarer der Umfang der beiden Anteilspakete ist. Fragwürdig ist die Anwendung des Kaufpreises für die Neuanteile als Ableitungsbasis für den Wert der Altanteile insbesondere dann, wenn die Beherrschung durch eine sehr kleine Anteilstranche erlangt wird, da der Preis in diesem Fall maßgeblich durch die Übernahmeprämie bestimmt sein wird. So auch KÜTING, K./WIRTH, J., Sukzessiver Anteilserwerb, S. 366, sowie THEILE, C./PAWELZIK, K. U., Fair Value-Beteiligungsbuchwerte, S. 98.

780 Vgl. für weitere Schwierigkeiten, die bei der Ableitung des Fair Value der Altanteile aus dem Kaufpreis für die Neuanteile auftreten können, KLOSE, N.-C., Konzernrechnungslegung nach IFRS, S. 161 f. m. w. N.

781 So auch KLOSE, N.-C., Konzernrechnungslegung nach IFRS, S. 163.

782 Vgl. KÜTING, K./WIRTH, J., Sukzessiver Anteilserwerb, S. 366; BAETGE, J./HAYN, S./STRÖHER, T., in: Baetge u. a., Rechnungslegung nach IFRS, 2. Aufl., IFRS 3, Rn. 254; LÜDENBACH, N./HOFFMANN, W.-D., Übergangskonsolidierung nach ED IFRS 3, S. 1807.

ihrer Zahlungsbereitschaft die aus der Beherrschungserlangung zusätzlich zu erwartenden Wertpotenziale wie bspw. die Realisierung von Synergieeffekten berücksichtigen wird. Problematisch ist dies insofern, als die zum Fair Value zu bewertenden Altanteile eine nicht-kontrollierende Beteiligung darstellen und somit zu prüfen ist, ob und wenn ja, welcher Teil einer ggf. im Kaufpreis enthaltenen stückbezogenen Kontrollprämie bei der Bewertung dieser Anteile herauszurechnen ist.[783] Wie bereits in Abschnitt 513.333 gezeigt wurde, muss das aus der Beherrschungserlangung durch die Konzernobergesellschaft zu erwartende Wertsteigerungspotenzial jedoch keinesfalls ausschließlich auf die beherrschende Partei, in diesem Fall die Konzernobergesellschaft entfallen. Stattdessen können grundsätzlich auch nicht-beherrschende Gesellschafter von den durch eine Übernahme ausgelösten Restrukturierungs- sowie Synergieeffekten anteilig profitieren. Der für die Neuanteile entrichtete Kaufpreis ist für die Ermittlung des Fair Value der Altanteile somit nicht zwangsläufig und keinesfalls pauschal um einen darin enthaltenen Zuschlag für die Beherrschung des Beteiligungsunternehmens zu bereinigen.[784] Entscheidend ist stattdessen, ob ein typischer Marktteilnehmer bei der für Bewertungszwecke hypothetisch zu unterstellenden Veräußerung der Altanteile ebenfalls die seitens der Konzernobergesellschaft zu erwartenden Wertsteigerungsmaßnahmen in seiner Preisfindung berücksichtigen würde.[785]

Sowohl die Identifikation als auch die anschließende (differenzierte) Bereinigung der im Kaufpreis für die Neuanteile enthaltenen unternehmensspezifischen Umstände und Erwartungen einerseits bzw. der Prämie für die Beherrschungserlangung andererseits basieren zwangsläufig auf zahlreichen subjektiven Annahmen,[786] sodass die Kaufpreis-gestützte Wertfindung insgesamt der **dritten Stufe der Fair Value-Hierarchie** zuzuordnen sein wird. Angesichts der Unsicherheit sowie der zahlreichen Ermessensspielräume der im Rahmen dieser Bewertungsmethode erforderlichen Korrekturen sollte parallel auf die anderen, im Folgenden diskutierten Verfahren der Unternehmens- bzw. Beteiligungsbewertung zurückgegriffen werden, um der Komplexität der Bewertungssituation angemessen Rechnung zu tragen.[787] Über die Gewichtung des Kaufpreis-basiert abgeleiteten Wertansatzes innerhalb der auf Basis sämtlicher angewandter Verfahren ermittelten Bandbreite möglicher Wertansätze ist sodann einzelfallabhängig zu entscheiden.[788] Davon unberührt könnte der auf Basis einer einfachen

[783] Dabei ist u. a. zu berücksichtigen, welcher Einfluss mit den Altanteilen konkret einhergeht. So dürfte eine Qualifizierung als einfache Beteiligung einen größeren Anpassungsbedarf erfordern, als wenn mit der vor dem Statuswechsel gehaltenen Beteiligung bereits eine gemeinschaftliche Beherrschung verbunden war.

[784] Gleicher Auffassung, wenn auch in Bezug auf die Bewertung der Anteile nicht-beherrschender Gesellschafter, PwC (Hrsg.), Business combinations and noncontrolling interests, Rn. 7.8.2.

[785] Vgl. hierzu ausführlich Abschnitt 513.333. Dies scheint grundsätzlich vor allem dann plausibel, sofern die Konzernobergesellschaft auch nach der (fiktiven) Veräußerung der Altanteile einen beherrschenden Einfluss auf das Beteiligungsunternehmen ausüben könnte und zumindest ein Teil der die Kontrollprämie begründenden Restrukturierungs- und Synergiepotenziale anteilig den nicht-beherrschenden Gesellschaftern zugutekommt.

[786] Vgl. HOEHNE, F., Veräußerung von Anteilen an Tochterunternehmen, S. 205 f., der diese Problematik nicht im Zusammenhang mit sukzessiven Unternehmenserwerben, sondern bei der Bewertung der verbleibenden Anteile im Zuge einer teilweisen Veräußerung eines Tochterunternehmens mit Beherrschungsverlust diskutiert.

[787] Losgelöst von dem hier betrachteten Anwendungsfall so auch LÜDENBACH, N./HOFFMANN, W.-D./FREIBERG, J., in: Haufe IFRS-Kommentar, 13. Aufl., § 8a, Rn. 50. Die Anwendung mehrerer Bewertungsverfahren ist in IFRS 13.63 explizit zugelassen, sofern kein Level-1-Inputparamter für das Bewertungsobjekt vorliegt.

[788] So auch KÜTING, K./WIRTH, J., Sukzessiver Anteilserwerb, S. 366, sowie HAYN, B., in: Beck IFRS HB, 4. Aufl., § 38, Rn. 104.

linearen Hochrechnung des stückbezogenen Kaufpreises der Neuanteile ermittelte Wertansatz im Regelfall[789] zumindest als eine die Bewertung **objektivierende Höchstgrenze** des gesuchten Fair Value herangezogen werden.[790]

513.334.4 Multiplikator-gestützte Bewertung

Bei der Bewertung der Altanteile kann gem. IFRS 13.B5 f. ferner auf die sog. **Analogie- bzw. Vergleichsverfahren** zurückgegriffen werden. Hierbei wird versucht, den Wert der Beteiligung über Marktdaten vergleichbarer Unternehmensbeteiligungen zu ermitteln, indem sie einen Werttreiber (z. B. Jahresüberschuss, EBIT oder Umsatz) zu einem beobachtbaren Marktpreis in Bezug setzen und diese Beziehung, ausgedrückt durch den sog. **Multiplikator**, auf das Bewertungsobjekt übertragen.[791] Bei der dem Analogieschluss zugrunde liegenden beobachtbaren Wertgröße kann es sich sowohl um am Markt in jüngerer Vergangenheit für ähnliche Anteilspakete gezahlte Preise (*recent acquisition method*) als auch um aktuelle Börsenkurse vergleichbarer Unternehmen (*similiar public company method*) handeln.[792]

Die Aussagekraft einer solchen Multiplikator-gestützten Bewertung hängt maßgeblich davon ab, ob es im Einzelfall gelingt, aktuelle Vergleichsobjekte zu identifizieren, deren erwarteten Zahlungsströme sowohl hinsichtlich der Höhe, Unsicherheit sowie der zeitlichen Struktur weitestgehend mit denen des bereits vor dem Statuswechsel im Besitz der Konzernobergesellschaft befindlichen Anteilspaketes übereinstimmen.[793] Angesichts der Einzigartigkeit von Unternehmen und somit auch Beteiligungen an diesen bereitet die Identifikation und Auswahl hinreichend ähnlicher Vergleichsobjekte jedoch zumeist erhebliche Schwierigkeiten.[794] Um der eingeschränkten Vergleichbarkeit des für die Ableitung des Fair Value herangezogenen Surrogats gerecht zu werden, sind grundsätzlich **Anpassungen** der beobachtbaren Wertgrößen denkbar.[795] Wird der Anteilsbewertung über einen entsprechenden Multiplikator bspw. der Börsenkurs eines vergleichbaren Unternehmens zugrunde gelegt, so kann dieser zunächst um einen ggf. mit dem konkret zu bewertenden Investment einhergehenden Kontrollzuschlag adjustiert werden.[796] Eine solche Anpassung sollte dabei insbesondere immer dann geprüft werden, wenn die Altanteile vor dem Statuswechsel als assoziiertes Unternehmen,

789 Wenn jedoch offensichtliche Hinweise darauf vorliegen, dass der Kaufpreis bspw. wesentlich von Liquiditätsproblemen der bisherigen Eigentümer und einer damit verbundenen guten Verhandlungsposition der Konzernobergesellschaft beeinflusst wurde, ist ein den Kaufpreis im Verhältnis übersteigernder Wertansatz der Altanteile dementgegen grundsätzlich denkbar.

790 Vgl. in Bezug auf die Bewertung der Anteile nicht-beherrschender Gesellschafter so auch THEILE, C./PAWELZIK, K. U., in: Heuser/Theile, IFRS-Handbuch, 5. Aufl., D VI, Rn. 5721.

791 Vgl. SCHWETZLER, B., Unternehmensbewertung mit Multiples, S. 574.

792 Vgl. KÜTING, K./HAYN, M., Gesamtbewertungskonzept IFRS, S. 1213, sowie ausführlich MANDL, G./RABEL, K., Unternehmensbewertung, S. 259-264.

793 Ähnlich WIELAND-BLÖSE, A., in: Thiele/von Keitz/Brücks, IFRS 13, Rn. 217, sowie KIRSCH, H.-J. U. A., in: Baetge u. a., Rechnungslegung nach IFRS, 2. Aufl., IFRS 13, Rn. 53 mit Verweis auf IDW RS HFA 47, Tz. 60.

794 Vgl. bspw. TRÜTZSCHLER, K. U. A., Rechnungslegung von Akquisitionen, S. 385; PEEMÖLLER, V. H./MEISTER, J./BECKMANN, C., Multiplikatorenansatz, S. 199; WIELAND-BLÖSE, A., in: Thiele/von Keitz/Brücks, IFRS 13, Rn. 217.

795 Vgl. WIELAND-BLÖSE, A., in: Thiele/von Keitz/Brücks, IFRS 13, Rn. 218, sowie auch IDW RS HFA 47, Tz. 60.

796 Umgekehrt können auch beobachtete Transaktionspreise für größere Anteilspakete angepasst werden, sofern diese eine (bei der Bewertung zu vernachlässigende) Übernahmeprämie enthalten. Vgl. KPMG (Hrsg.), Insights into IFRS 2014/15, Rn. 2.4.870.50.

Gemeinschaftsunternehmen oder aber als gemeinschaftliche Tätigkeit eingestuft wurden. Darüber hinaus wird zum Teil diskutiert, bei der Evaluierung des Anpassungsbedarfs auch Liquiditätsaspekte zu berücksichtigen. Demnach wäre vor allem in den Fällen, in denen eine Beteiligung an einem nicht-börsennotierten Unternehmen durch einen auf Basis börsennotierter Aktienkurse berechneten Multiplikator bewertet werden soll, sorgfältig zu untersuchen, ob ein Illiquiditätsabschlag vorzunehmen ist.[797]

Auch wenn Multiplikatoren gem. IFRS 13.82 (d) i. V. m. IFRS 13.B35 (h) als sog. **marktgestützte Eingangsparameter**[798] zunächst als Level-2-Inputparameter anzusehen sind, werden die Analogieverfahren in der Literatur, vor allem dann, wenn umfangreiche Anpassungen an den Kennzahlen vorgenommen werden, zumeist auf der dritten und damit **letzten Ebene der Fair Value-Hierarchie** angesiedelt.[799] Ausschlaggebend hierfür ist, dass sowohl die Auswahl der maßgeblichen Bezugsgröße (bspw. Umsatz) sowie des Vergleichsobjekts als auch die individuelle Adjustierung der auf dieser Basis ermittelten Multiplikatoren erheblichen subjektiven Einflüssen unterliegen und die Wertermittlung insofern wesentlich von nicht-beobachtbaren Parametern abhängig ist.[800] Angesichts der zahlreichen Ermessensspielräume, insbesondere aber aufgrund der durch die Einzigartigkeit von Unternehmen bedingten eingeschränkten Aussagekraft der ermittelten Werte sollte eine Multiplikator basierte Fair Value-Ermittlung daher allenfalls zur **Plausibilisierung** der auf Basis anderer Bewertungsverfahren berechneten Wertansätze herangezogen werden.[801]

513.334.5 Kapitalwert-gestützte Bewertung

Gemäß IFRS 13.62 kann bei der Bewertung der Altanteile nicht zuletzt auf Kapitalwert-basierte Methoden abgestellt werden. Diese ermitteln den Fair Value als Zukunftswert über die Diskontierung der aus dem Bewertungsobjekt künftig erwarteten Erfolgsgrößen (bspw. Zahlungsströme).[802] In der

---

[797] Vgl. so bspw. KPMG (Hrsg.), Insights into IFRS 2014/15, Rn. 2.4.870.60. Ausführlich zu dem auch als *marketability discount* bezeichneten Abschlag vgl. CHERIDITO, Y./SCHNELLER, T., Discounts und Premia, S. 418-421. Kritisch zur Berücksichtigung eines Illiquiditätsabschlages BALLWIESER, W., Erfassung von Illiquidität, S. 294-297.

[798] Zu diesem Begriff vgl. IFRS 13.Appendix A.

[799] Vgl. LÜDENBACH, N./HOFFMANN, W.-D./FREIBERG, J., in: Haufe IFRS-Kommentar, 13. Aufl., § 8a, Rn. 49; WIELAND-BLÖSE, A., in: Thiele/von Keitz/Brücks, IFRS 13, Rn. 218; KIRSCH, H.-J. U. A., in: Baetge u. a., Rechnungslegung nach IFRS, 2. Aufl., IFRS 13, Rn. 93a, sowie KÜTING, K./CASSEL, J., Hierarchie der Unternehmensbewertungsverfahren, S. 325-327, die eine Zuordnung zur dritten Hierarchieebene zumindest für die Fälle ableiten, in denen die Multiplikatoren auf zukunftsgerichteten Bezugsgrößen, also bspw. auf dem geschätzten EBIT des nächsten Geschäftsjahres basieren.

[800] Vgl. LÜDENBACH, N./HOFFMANN, W.-D./FREIBERG, J., in: Haufe IFRS-Kommentar, 13. Aufl., § 8a, Rn. 49. Um die Glaubwürdigkeit der Bewertung zu erhöhen, sollte zumindest auf mehrere Bezugsgrößen und Vergleichsobjekte abgestellt werden, wobei die daraus resultierende Ergebnisbandbreite möglichst durch mathematische Kennzahlen und Methoden (wie den Median oder das arithmetische Mittel) und somit für Dritte nachvollziehbar verdichtet werden sollten.

[801] Im Ergebnis so bspw. auch COENENBERG, A. G./SCHULTZE, W., Multiplikator-Verfahren, S. 700; TRÜTZSCHLER, K. U. A., Rechnungslegung von Akquisitionen, S. 388; KLOSE, N.-C., Konzernrechnungslegung nach IFRS, S. 263; HOEHNE, F., Veräußerung von Anteilen an Tochterunternehmen, S. 211. Auch das IDW stellt klar, dass eine Multiplikator-gestützte Bewertung allenfalls zur Plausibilitätskontrolle der aus der Anwendung der Ertragswert- und DCF-Verfahren ermittelten Werte dienen kann. Vgl. IDW S 1.143-144.

[802] Vgl. IFRS 13.B10.

Praxis kommen dabei insbesondere **barwertorientierte Methoden** wie das Ertragswert- und die Discounted Cash-Flow-Verfahren zur Anwendung.[803] Mit deren Hilfe wird zunächst der Wert des Beteiligungsunternehmens als Ganzes ermittelt, um daraus auf Basis der Anteilsquote schließlich den Fair Value des bereits vor dem Statuswechsel im Besitz der Konzernobergesellschaft befindlichen Anteilspaketes ableiten zu können.[804] Angesichts der Nicht-Beobachtbarkeit der bei einer solchen Vorgehensweise seitens des Managements zu prognostizierenden Einzahlungs- oder Ertragsüberschüsse sowie der damit zwangsläufig einhergehenden erheblichen Freiheitsgrade ist die Kapitalwert-basierte Bewertung der Altanteile der **dritten Stufe der Fair Value-Hierarchie** zuzuordnen.[805]

Um dennoch einen höchstmöglichen Objektivierungsgrad der Wertansätze gewährleisten zu können, sind bei der Schätzung der für die barwertorientierten Methoden erforderlichen Parameter gem. IFRS 13.87 allein die **Annahmen und Erwartungen** eines typischen Marktteilnehmers maßgeblich.[806] Da der IASB unterstellt, dass einem solchen Marktteilnehmer grundsätzlich die gleichen Informationen wie dem bilanzierenden Unternehmen zur Verfügung stehen,[807] kann bei der Bewertung indes durchaus auf unternehmensinterne Daten und Planungen aufgesetzt werden.[808] Für die Einnahme der Marktperspektive hat das bilanzierende Unternehmen insofern nicht von seinem eigenen Informationsstand zu abstrahieren.[809] Interne Planungen sind jedoch zwingend anzupassen, sollten Hinweise dafür vorliegen, dass sich die Einschätzung des Unternehmens nicht mit der des Marktes deckt.[810] Dabei hat das bilanzierende Unternehmen gem. IFRS 13.89 sämtliche mit angemessenem Aufwand verfügbaren Informationen zu berücksichtigen, um einen etwaigen Anpassungsbedarf offenzulegen. Diese zunächst streng anmutende Anforderung wird im selben Paragraphen indes unmittelbar relativiert, indem klargestellt wird, dass für die Überprüfung der Marktkonsistenz interner Planungen keinesfalls umfangreiche Untersuchungen angestellt werden müssen. Da unternehmensinterne Zahlungsstromprognosen aufgrund ihres Zukunftsbezugs naturgemäß nur sehr eingeschränkt nachgeprüft werden können, wird es ohnehin in den seltensten Fällen möglich sein, objektive Hinweise auf eine anderweitige Markteinschätzung zu identifizieren.[811] Die der Bewertung zugrunde zu

---

803 Vgl. HOEHNE, F., Veräußerung von Anteilen an Tochterunternehmen, S. 209 m. w. N. Der IASB zählt ferner auch Optionspreismodelle sowie die Residualwertmethode zu den Kapitalwert-gestützten Methoden. Vgl. IFRS 13.B11.

804 Ähnlich, wenn auch in Bezug auf die Bewertung der Anteile nicht-beherrschender Gesellschafter, bspw. PwC (Hrsg.), Manual of accounting 2015, Rn. 5.194 f., sowie BERNDT, T./GUTSCHE, R., in: MüKo Bilanzrecht Bd. 1, IFRS 3, Rn. 166. Sollte angenommen werden, dass Marktteilnehmer angesichts der mit den Altanteilen einhergehenden eingeschränkten Einflussnahmemöglichkeiten (bspw. bei Qualifizierung als einfache Beteiligung) lediglich eine unterproportionale Teilhabe am berechneten Unternehmenswert erwarten, so könnte dies durch einen separaten Abschlag berücksichtigt werden.

805 Vgl. KÜTING, K./CASSEL, J., Hierarchie der Unternehmensbewertungsverfahren, S. 327 mit Verweis auf IFRS 13.B36 (e), sowie CASTEDELLO, M./KLINGBEIL, C., Anwendungsfragen zu IFRS 13, S. 486.

806 So auch WIELAND-BLÖSE, A., in: Thiele/von Keitz/Brücks, IFRS 13, Rn. 301.

807 Vgl. hierzu ausführlich CASSEL, J., Unternehmensbewertung im IFRS-Abschluss, S. 206 f., sowie schon IASB, ED/2009/05: Fair Value Measurement, Rn. BC45, indem es heißt: „*The market participant and the reporting entity are presumed to be equally knowledgeable*".

808 Vgl. IFRS 13.89.

809 Vgl. CASSEL, J., Unternehmensbewertung im IFRS-Abschluss, S. 240.

810 Vgl. IFRS 13.89.

811 Ähnlich BALLWIESER, W./KÜTING, K./SCHILDBACH, T., Fair value, S. 537; STREIM, H./BIEKER, M./ESSER, M., Informationsbilanz, S. 242, sowie FRANKE, F., Synergien in Rechtsprechung und Rechnungslegung, S. 195.

legende Marktperspektive kann daher zumindest mit Blick auf die Zählergröße der barwertorientierten Methoden keinen wesentlichen Objektivierungsbeitrag leisten. Stattdessen entstehen durch die Möglichkeit, interne Planungen unter Verweis auf die Sicht eines typischen Marktteilnehmers anpassen zu können, ggf. sogar neue Ermessensspielräume.[812] Schließlich wird hierdurch der eigentliche Vorteil des *management approach*, etwaige Manipulationsanreize des Managements durch die Verknüpfung der internen Planung und Steuerung mit der externen Berichterstattung zu verringern, konterkariert.[813] Dem bilanzierenden Unternehmen wird somit letztlich eine „auslegungsoffene Außenperspektive aufgezwungen“[814], hinter der sich Manipulationsvorhaben unter Verweis auf das Leitbild eines hypothetischen Marktpreises besonders wirkungsvoll verbergen lassen.[815]

Als weitere Konsequenz der einzunehmenden Marktperspektive sind die ggf. für die Fair Value-Ermittlung herangezogenen internen Planungen gem. IFRS 13.89 um sämtliche **unternehmensspezifischen Vorteile**, die anderen Marktteilnehmern nicht zugänglich wären, zu bereinigen. Wie in Abschnitt 513.333 gezeigt wurde, ist hieraus jedoch nicht zwingend abzuleiten, dass die aus der Übernahme des Beteiligungsunternehmens und dessen anschließender Integration in den spezifischen Konzernverbund erwachsenden Wertsteigerungspotenziale bei der Zahlungsstromprognose grundsätzlich zu vernachlässigen sind. Stattdessen ist entscheidend, ob die Konzernobergesellschaft auch nach der hypothetischen Veräußerung und somit allein auf Basis der zuletzt erworbenen Anteilstranche die Beherrschungsmacht über das Beteiligungsunternehmen ausüben könnte. In einem solchen Fall können die Maßnahmen und Vorteile aus der im Zuge der Übernahme zu erwartenden Integration des Beteiligungsunternehmens in den spezifischen Konzernverbund bei der Prognose der Zahlungsströme zumindest in dem Ausmaß einbezogen werden, soweit auch Minderheitsgesellschafter, hier der hypothetische Käufer der Altanteile, von diesen anteilig profitieren würden.[816]

---

812 Vgl. SCHILDBACH, T., Fair Value, S. 19.

813 So bspw. KIRSCH, H.-J. U. A., in: Baetge u. a., Rechnungslegung nach IFRS, 2. Aufl., IFRS 13, Rn. 90, sowie ähnlich KÜTING, K./DAWO, S., Gestaltungspotenziale im Rahmen der IFRS, S. 1212. Zur Eignung des *management approach* zur Erhöhung der Verlässlichkeit der externen Berichterstattung ausführlich KIRSCH, H.-J./KOELEN, P./KÖHLING, K., Möglichkeiten und Grenzen des management approach, S. 200-207.

814 FRANKE, F., Synergien in Rechtsprechung und Rechnungslegung, S. 195.

815 In enger Anlehnung an SCHILDBACH, T., Fair Value, S. 18.

816 A. A., wenn auch nicht in diesem Kontext, wohl CASSEL. Dieser geht unter Verweis auf die in IAS 36 für den *value in use* enthaltenen Regelungen davon aus, dass Aufwendungen für noch nicht beschlossene Restrukturierungsmaßnahmen – im Gegensatz zu reinem Erhaltungsaufwand – aufgrund des Stichtagsprinzips grundsätzlich nicht in die Fair Value-Ermittlung eines Unternehmens bzw. einer zahlungsmittelgenerierenden Einheit mit einbezogen werden dürfen, sofern sie nicht im Kaufpreis vergütet wurden. Vgl. ausführlich CASSEL, J., Unternehmensbewertung im IFRS-Abschluss, S. 387-395. Da für die Altanteile kein pagatorisch abgesicherter Kaufpreis vorliegt, wären die internen Zahlungsstromprognosen aus Objektivierungsgründen dementsprechend um darin antizipierte Restrukturierungs- bzw. Erweiterungsaufwendungen zu bereinigen. Dieser Meinung wird in Bezug auf den hier betrachteten Anwendungsfall jedoch nicht gefolgt, da es gerade das Ziel der Neubewertung im Rahmen der Beherrschungserlangung ist, den daraus zu erwartenden Restrukturierungsmehrwert abzubilden. Die Restrukturierungsmaßnahmen wurden außerdem voraussichtlich seitens des Erwerbers im Zuge des für die Übernahmeentscheidung erstellten Business Plans explizit berücksichtigt und könnten demnach als Erhaltungsinvestitionen im weiteren Sinne interpretiert werden. Vgl. hierzu HAAKER, A., Goodwill-Bilanzierung, S. 65.

Dies widerspricht auf den ersten Blick der ansonsten für die barwertorientierte Ermittlung des Fair Value von zahlungsmittelgenerierenden Einheiten oder ganzen Unternehmen gültigen Vorgabe, eigentümerspezifische Vorteile bei der Bewertung außen vor zu lassen.[817] Eine solche Ungleichbehandlung kann jedoch mit der in diesem Anwendungsfall abweichenden Bilanzierungs- bzw. Bewertungseinheit gerechtfertigt werden. Das der hypothetischen Veräußerung zugrunde zu legende Bewertungsobjekt ist im hier betrachteten Anwendungsfall eben nicht das ganze Unternehmen, sondern lediglich ein (Minderheiten-)Anteil an diesem. Die Eigentümerstruktur der restlichen Anteile sowie die daraus ggf. erwachsenden (eigentümerspezifischen) Wertpotenziale bleiben von der hypothetisch zu unterstellenden Veräußerung der Altanteile unberührt und stellen somit ein den Altanteilen anhaftendes und demnach bewertungsrelevantes Merkmal dar.

Anders ist dies gleichwohl dann zu beurteilen, sofern die Konzernobergesellschaft das Beteiligungsunternehmen nur auf Basis der Kombination der Alt- und der Neuanteile beherrschen kann. Der aus der Möglichkeit zur Restrukturierung und Realisierung von Synergieeffekten zu erwartende Mehrwert der Altanteile wäre in einer solchen Konstellation spezifisch für den derzeitigen Eigner des zu bewertenden Anteilspaketes und dementsprechend bei der Ermittlung des Fair Value zu vernachlässigen. Stattdessen ist im Rahmen der Zahlungsstromprognose bei strenger Auslegung des IFRS 13 i. V. m. IFRS 3.41 f. auf die Konstitution des Beteiligungsunternehmens unmittelbar vor der Übernahme, also unter Vernachlässigung sämtlicher im Zuge der Übernahme erwarteten Wertsteigerungsmaßnahmen, abzustellen. Hieraus können sich sodann weitere nicht zu vernachlässigende Ermessensspielräume ergeben, da bei der Fair Value-Ermittlung nicht mehr – bzw. nicht ohne Anpassungen – auf dokumentierte unternehmensinterne Planungen aufgesetzt werden kann, sondern alternative, allein für Bilanzierungszwecke zu verwendende Schätzungen der Zahlungsströme vorzunehmen sind.[818]

Angesichts der trotz (bzw. aufgrund) der einzunehmenden Marktperspektive verbleibenden Freiheitsgrade der Kapitalwert-gestützten Verfahren und der damit u. U. eingeschränkten Glaubwürdigkeit der ermittelten Werte scheint die bspw. von THEILE/PAWELZIK geäußerte Ablehnung dieser Methoden für die Bewertung der Altanteile zunächst nachvollziehbar.[819] So stufen diese es als prinzipiell bedenklich ein, „eigenen Fair Value-Mutmaßungen mehr zu trauen als beobachteten Marktpreisen"[820]. Es ist jedoch zu konstatieren, dass es in Bezug auf die Altanteile – zumindest bei nicht-börsennotierten Unternehmen – gerade an einem solchen beobachtbaren Marktpreis mangelt, auf den bei der Bewertung alternativ zurückgegriffen werden könnte. Wie herausgearbeitet wurde, stellen weder die seitens der Konzernobergesellschaft für die Neuanteile entrichteten Anschaffungskosten noch die am Markt für vergleichbare Transaktionen gezahlten Preise Größen dar, die der Fair Value-Ermittlung

817 So sind bei der Fair Value-Bewertung ganzer Unternehmen grundsätzlich die aus dem eigentümerspezifischen Konzernverbund resultierenden Synergieeffekte zu vernachlässigen. Vgl. bspw. CASSEL, J., Unternehmensbewertung im IFRS-Abschluss, S. 383-387; ERB, T./EYCK, K./JONAS, M., in: Beck IFRS HB, 4. Aufl., § 27, Rn. 39.

818 Zu den durch die Loslösung von den internen Steuerungsdaten erhöhten bilanzpolitischen Anreizen vgl. KIRSCH, H.-J./KOELEN, P./KÖHLING, K., Möglichkeiten und Grenzen des management approach, S. 200-207.

819 Vgl. THEILE, C./PAWELZIK, K. U., Fair Value-Beteiligungsbuchwerte, S. 98.

820 THEILE, C./PAWELZIK, K. U., Fair Value-Beteiligungsbuchwerte, S. 98.

ohne wiederum erhebliche subjektive Einflüsse zugrunde gelegt werden können.[821] Insofern sind diese Verfahren keinesfalls per se einer barwertorientierten Ermittlungsmethodik vorzuziehen.[822] Stattdessen werden bei nicht-börsennotierten Gesellschaften regelmäßig mehrere Verfahren anzuwenden und deren Ergebnisse unter hinreichender Dokumentation zu gewichten sein.[823] Dabei könnten die Ergebnisse der verschiedenen Bewertungsmethoden aus Objektivierungsgesichtspunkten unter Verwendung statistischer Methoden oder Kennzahlen wie bspw. dem Mittelwert verdichtet werden.[824]

513.335. Zwischenfazit

Wie in Abschnitt 513.32 herausgearbeitet wurde, besteht das Ziel der (Neu-)Bewertung der Altanteile zum Fair Value u. a. darin, die aus der Beherrschungserlangung resultierende Wesensänderung der Beteiligungsbeziehung bzw. die daraus erwachsende Wertsteigerung des bislang implizit oder aber explizit im Konzernabschluss enthaltenen Geschäfts- oder Firmenwertes bilanziell zu erfassen. Dieses Ziel kann angesichts der derzeit von IFRS 3.41 f. i. V. m. IFRS 13 für die Wertermittlung vorgesehenen Bilanzierungssystematik jedoch nur unzureichend erreicht werden. Zum einen sind durch die gem. IFRS 13.9 einzunehmende Marktperspektive per se sämtliche rein unternehmensspezifischen Wertpotenziale aus dem Besitz der Altanteile zu vernachlässigen, was bei einer vorherigen Bilanzierung der Beteiligung nach IAS 28 oder aber IFRS 11 im Extremfall eine ökonomisch nicht begründbare Wertminderung im Zuge des Statuswechsels zur Folge haben kann. Zum anderen ist bei der Bewertung aufgrund der in IFRS 3.41 f. vorgesehenen isolierten, d. h. von den Neuanteilen losgelösten Betrachtung der Altanteile in einigen Konstellationen von den durch die Beherrschungserlangung ausgelösten Wertsteigerungseffekten gänzlich zu abstrahieren. So wurde herausgearbeitet, dass die angesichts der Wesensänderung der Beteiligungsbeziehung erwarteten Restrukturierungsmaßnahmen sowie die Realisierung von Synergieeffekten nur dann (zumindest teilweise) bilanziell berücksichtigt werden können, sofern die Konzernobergesellschaft auch nach der für Bewertungszwecke zu unterstellenden Veräußerung der Altanteile einen beherrschenden Einfluss auf das Beteiligungsunternehmen ausüben kann. Die allein auf die kontrollierende Partei entfallenden Vorteile der Übernahme, wie bspw. auf übergeordneten Konzernebenen anfallende Synergieeffekte, sind aufgrund der gewählten Bewertungseinheit dabei gleichwohl in jedem Fall zu vernachlässigen. Die der Fair Value-Bewertung der Altanteile zugrunde liegende Rechtfertigung, der Änderung der Beteiligungsbeziehung bzw. deren ökonomischer Konsequenzen auch bilanziell Rechnung tragen zu wollen, kann auf Basis der aktuellen Vorschriften damit in einigen Konstellationen nicht oder aber allenfalls sehr eingeschränkt überzeugen. Sofern die Unternehmensbeteiligung vor der Beherrschungserlangung nicht zum Fair Value, sondern entweder nach der Equity-Methode oder aber quotal bilanziert wurde, werden durch die von IFRS 3.41 f. vorgesehene Neubewertung der Altanteile daher u. U. ausschließlich

---

821 Vgl. Abschnitt 513.334.3 sowie 513.334.4.

822 In Bezug auf die nach einer teilweisen Veräußerung von Anteilen an einem Tochterunternehmen mit Statuswechsel verbleibende Beteiligung so auch HOEHNE, F., Veräußerung von Anteilen an Tochterunternehmen, S. 205 i. V. m. 210.

823 Vgl. WIELAND-BLÖSE, A., in: Thiele/von Keitz/Brücks, IFRS 13, Rn. 246.

824 Vgl. WIELAND-BLÖSE, A., in: Thiele/von Keitz/Brücks, IFRS 13, Rn. 246.

stille Reserven aufgedeckt, die bereits in vorherigen Perioden der Konzernzugehörigkeit der Alttranchen entstanden sind.

Darüber hinaus ist die Ermittlung des Fair Value der Altanteile trotz der einzunehmenden Marktperspektive mit zahlreichen **Ermessensspielräumen** behaftet, da es an einem Level-1-Inputparameter für die zu bewertenden Anteile fehlt. So können selbst in den Fällen, in denen bei der Bewertung auf den Börsenkurs des Beteiligungsunternehmens zurückgegriffen werden kann, aufgrund der je nach vorherigem Status der Beteiligung ggf. vom einzelnen Finanzinstrument abweichenden Bilanzierungs- und Bewertungseinheit subjektive Anpassungen erforderlich sein. Die Freiheitsgrade bei der Wertermittlung erhöhen sich nochmals erheblich, sofern, wie in der Mehrzahl der Fälle, keine Börsennotierung vorliegt. In diesen Fällen wird der ermittelte Wertansatz stets der dritten und letzten Stufe der Fair Value-Hierarchie zuzuordnen sein. Sowohl die Kaufpreis-basierte, die Multiplikator-basierte als auch die barwertorientierte Ableitung des Fair Value bieten dem bilanzierenden Management erhebliche Ermessensspielräume, die aus bilanzpolitischen Motiven heraus genutzt werden können.[825] Das Leitbild des hypothetischen Marktpreises allein kann demnach bei der Bewertung der Altanteile keine wesentliche Hilfestellung zur Einschränkung subjektiver Einflüsse bieten, sodass es sich hierbei letztlich um eine Scheinobjektivierung handelt.[826] Bei Anwendung der barwertorientierten Methoden kommt erschwerend hinzu, dass sich der aus der Marktperspektive seitens des IASB erwartete Objektivierungsbeitrag durch die dadurch eröffnete Möglichkeit, zu Bilanzierungszwecken von internen Steuerungsdaten abzuweichen, sogar ins Gegenteil verkehren kann. Insgesamt werden durch die derzeitigen Bilanzierungsvorschriften des IFRS 3 i. V. m. IFRS 13 daher auch die Neutralität und damit die Glaubwürdigkeit der Bilanzierung gefährdet.

513.4 Anteile nicht-beherrschender Gesellschafter

In einem letzten Schritt müssen dem aus den Neu- und Altanteilen bestehenden Beteiligungswert der Konzernobergesellschaft die **Anteile nicht-beherrschender Gesellschafter** hinzuaddiert werden, da im Zuge der Ermittlung eines Geschäfts- oder Firmenwertes gem. IFRS 3.32 das gesamte neubewertete Reinvermögen aufzurechnen ist. Hierbei besteht ein Wahlrecht, die entsprechenden Anteile zum Fair Value anzusetzen (**Full Goodwill-Methode**) oder aber der Beteiligung lediglich den auf die nicht-beherrschenden Gesellschafter entfallenden Anteil am neubewerteten Nettovermögen hinzuzurechnen (**Partial Goodwill-Methode**).[827]

Bei Anwendung der Full Goodwill-Methode wird das bilanzierende Unternehmen im Zuge der Fair Value-Ermittlung der nicht-beherrschenden Anteile vor ähnliche Probleme gestellt wie schon bei der Bewertung der Altanteile.[828] Schließlich handelt es sich bei dem Bewertungsobjekt in beiden Fällen um einen nicht-kontrollierenden Anteil am Beteiligungsunternehmen, für den es zum Zeitpunkt der

---

825 Vgl. zu den Anreizen einer auf die Beteiligungsbewertung gerichteten Bilanzpolitik bspw. PFINGSTEN, A./KAMP, A., Bewertung von Beteiligungen, S. 24 f.

826 Vgl. losgelöst vom konkreten Sachverhalt so auch FRANKE, F., Synergien in Rechtsprechung und Rechnungslegung, S. 195.

827 Vgl. Abschnitt 513.1.

828 Vgl. KLOSE, N.-C., Konzernrechnungslegung nach IFRS, S. 160.

Beherrschungserlangung an einer übereigneten Gegenleistung fehlt. Sofern es sich bei dem den Anteilen zugrunde liegenden Beteiligungsunternehmen um eine börsennotierte Gesellschaft handelt, ist gemäß IFRS 3.B44 auf den **Börsenkurs** abzustellen. Eine solche Vorgehensweise scheint nachvollziehbar, da dieser einen am Markt beobachtbaren Preis für Minderheitenanteile und demnach einen gem. IFRS 13 prioritär zu verwendenden Inputparameter darstellt.[829] Dabei sollte stets der Börsenkurs zum **Zeitpunkt der Beherrschungserlangung** als aktuellster Schätzer für den Fair Value der Anteile nicht-beherrschender Anteile herangezogen werden. Der von SENGER/BRUNE vertretenen Auffassung, grundsätzlich auf den **Kurs vor Ankündigung der Übernahme** abzustellen, sollte der Börsenkurs zum Zeitpunkt der Beherrschungserlangung wesentlich durch die Übernahme(-pläne) beeinflusst sein, kann nicht zugestimmt werden.[830] Die angeführte Begründung, nur eine solche Vorgehensweise trüge der nach IFRS 13 maßgeblichen „*stand-alone*-Betrachtung"[831] des erworbenen Beteiligungsunternehmens Rechnung, kann bei näherer Betrachtung nicht überzeugen. Bewertungsobjekt und somit Bezugspunkt der von IFRS 13 vorgesehenen eigentümer**un**spezifischen Bewertung ist schließlich nicht das Beteiligungsunternehmen als Ganzes, sondern vielmehr der Anteil nicht-beherrschender Gesellschafter an diesem. Börsenkurse werden abgesehen von marktbezogenen Übertreibungen prinzipiell nur diejenigen Vorteile der Übernahme reflektieren, von denen beliebige Minderheitsgesellschafter anteilig profitieren und somit untrennbar mit dem einzeln zu bewertenden Anteil verbunden sind. Die durch die Beherrschungserlangung eines spezifischen Erwerbers ausgelösten Kurseffekte können anders als bei der Bewertung der Altanteile[832] daher trotz der einzunehmenden Marktperspektive in jedem Fall im Fair Value der Anteile nicht-beherrschender Gesellschafter berücksichtigt werden.[833]

Sofern es sich bei dem Beteiligungsunternehmen nicht um eine börsennotierte Gesellschaft handelt, wird in IFRS 3.44 ganz allgemein auf die **Verwendung anderer Bewertungsverfahren** hingewiesen. Wie auch bei der Bewertung der Altanteile kann insbesondere auf den Kaufpreis der zuletzt erworbenen Anteilstranche oder aber auf barwertorientierte Methoden wie das Ertragswert- und die DCF-Verfahren zurückgegriffen werden.[834] Der IASB stellt in diesem Zusammenhang lediglich klar, dass die aus der Übernahme resultierenden Vorteile, die ausschließlich den beherrschenden Gesellschaftern zugutekommen, bei der Bewertung der nicht-beherrschenden Anteile nicht zu berücksichtigen sind.[835] Bei der Bestimmung des Fair Value kann somit wiederum keinesfalls unreflektiert auf

---

[829] Unklar ist, ob Aufschläge auf den Börsenkurs denkbar sind, sofern sich ein größeres Paket nicht-beherrschender Anteile nicht im Streubesitz, sondern in der Hand eines einzigen Investors befindet. Wenn die Minderheitenanteile als Ganzes als maßgebliche Bilanzierungs- und Bewertungseinheit angesehen werden, wäre eine solche Vorgehensweise streng genommen zulässig. Vgl. hierzu KÜTING, K./CASSEL, J., Anteilige Marktkapitalisierung gleich fair value, S. 2639.

[830] Vgl. SENGER, T./BRUNE, J. W., in: Beck IFRS HB, 4. Aufl., § 34, Rn. 214, sowie gleicher Auffassung anscheinend BADER, A./SCHREDER, M., Full goodwill-Methode, S. 277.

[831] SENGER, T./BRUNE, J. W., in: Beck IFRS HB, 4. Aufl., § 34, Rn. 214.

[832] Vgl. Abschnitt 513.334.2.

[833] Schließlich blieben das Beherrschungsverhältnis und somit auch der daraus erwartete Mehrwert von einem Wechsel der nicht-beherrschenden Eigentümer im Zuge der für Bewertungszwecke zu unterstellenden Veräußerung der Minderheitenanteile unberührt.

[834] Vgl. bspw. PwC (Hrsg.), Manual of accounting 2015, Rn. 5.191-5.194, sowie ZELGER, H., Purchase Price Allocation, S. 138.

[835] Vgl. IFRS 3.B45.

die für die Neuanteile entrichtete Gegenleistung abgestellt werden.[836] Angesichts der bei den anwendbaren Bewertungsmethoden bestehenden Freiheitsgrade wird das **bilanzpolitische Potenzial** bei der Ermittlung des Geschäfts- oder Firmenwertes durch die Full Goodwill-Methode letztlich nochmals erheblich ausgeweitet.[837]

513.5 Interpretation und bilanzielle Behandlung eines Unterschiedsbetrages

513.51 Vorbemerkungen

Der im Rahmen eines sukzessiven Unternehmenserwerbs zu bilanzierende Unterschiedsbetrag ergibt sich letztendlich aus der Summe der in den vorherigen Abschnitten thematisierten Bestandteile des Beteiligungswertes der Konzernobergesellschaft (Neu- und Altanteile) sowie der Anteile nicht-beherrschender Gesellschafter abzüglich des neubewerteten Eigenkapitals des Beteiligungsunternehmens. Es handelt sich bei dem Unterschiedsbetrag gem. IFRS 3 daher weiterhin um eine **rechnerische Saldogröße**, die im (Regel-)Fall[838] eines positiven Vorzeichens als **Geschäfts- oder Firmenwert** in der Konzernbilanz auszuweisen ist.[839] Ergibt sich aus der Aufrechnung hingegen ein negativer Unterschiedsbetrag, liegt nach Auffassung des IASB ein **Erfolg aus einem günstigen Gelegenheitskauf** vor, der als Ertrag in der Gewinn- und Verlustrechnung des Konzerns zu erfassen ist.[840]

Die Interpretation und bilanzielle Behandlung sowohl eines positiven als auch eines negativen Unterschiedsbetrages nimmt in der wissenschaftlichen Diskussion in Bezug auf die Bilanzierung von Unternehmenserwerben (noch immer) einen zentralen Schwerpunkt ein.[841] Angesichts der Fülle der in diesem Zusammenhang thematisierten Fragestellungen wird in der vorliegenden Arbeit ausschließlich auf die bei sukzessiven Unternehmenserwerben auftretenden Besonderheiten eingegangen. So werden vor allem nicht die spezifischen Herausforderungen und Probleme der Bilanzierung eines auf nicht-beherrschende Gesellschafter entfallenden Goodwill aufgegriffen. Dementsprechend wird im Rahmen der nachfolgenden Analyse stets die Anwendung der in der Praxis deutscher IFRS-Bilanzierer ohnehin vorherrschenden **Partial Goodwill-Methode** unterstellt.[842]

---

836 Anstelle vieler vgl. BAETGE, J./HAYN, S./STRÖHER, T., in: Baetge u. a., Rechnungslegung nach IFRS, 2. Aufl., IFRS 3, Rn. 254, sowie ZELGER, H., Purchase Price Allocation, S. 138, der aus diesem Grund die Ableitung des Fair Value der Anteile nicht-beherrschender Gesellschafter aus der übertragenen Gegenleistung kategorisch ablehnt.

837 Vgl. zu den Anreizen und Möglichkeiten einer diesbezüglichen Bilanzpolitik HACHMEISTER, D./HERMENS, A.-S., Veränderte Einflussnahme und Goodwillbilanzierung, S. 43-45. Ausführlich zum Für und Wider der Bilanzierung eines Minderheitengoodwill HAAKER, A./FREIBERG, J., Ausübung der full-goodwill-Option, S. 22 f., sowie KLOSE, N.-C., Konzernrechnungslegung nach IFRS, S. 273-280 m. w. N.

838 Vgl. KÜTING, K./SEEL, C./STRAUß, M., Änderung der Beteiligungshöhe, S. 179.

839 Vgl. IFRS 3.32.

840 Vgl. IFRS 3.34.

841 Vgl. bspw. HAAKER, A., Full-Goodwill-Wahlrecht nach IFRS 3; PFAUTH, A., Goodwillbilanzierung nach US-GAAP; WIRTH, J., Firmenwertbilanzierung nach IFRS; KLOSE, N.-C., Konzernrechnungslegung nach IFRS, sowie die jüngsten Diskussionen im Rahmen des *Post-implementation Review* von IFRS 3. Vgl. hierzu IASB (Hrsg.), Staff Paper 12F (September 2014).

842 Die Ausübung des Wahlrechts zur Anwendung der Full Goodwill-Methode wurde in verschiedenen Beiträgen mittels einer Geschäftsberichtsanalyse kapitalmarktnotierter Konzerne untersucht. Dabei konnte eine eindeutige Präferenz der bilanzierenden Unternehmen zugunsten der Partial Goodwill-Methode festgestellt werden. Vgl. bspw. BADER, A./SCHREDER, M., Full goodwill-Methode, S. 281, sowie LEITNER-HANETSEDER, S./REBHAN, E., Praxis der

513.52 Charakteristikum bei sukzessiven Anteilserwerben

Kennzeichnend für den im Zuge sukzessiver Unternehmenserwerbe entstehenden Unterschiedsbetrag ist, dass dieser grundsätzlich nicht – wie sonst bei der Übernahme eines Unternehmens in einer Transaktion der Fall – allein durch die Differenz der für die erworbenen Anteile übertragenen Gegenleistung und dem anteiligen, neubewerteten Eigenkapital des Beteiligungsunternehmens bestimmt wird.[843] Stattdessen wird der Unterschiedsbetrag zusätzlich durch die zum Fair Value (neu) zu bewertenden Altanteile beeinflusst, sofern der Wertansatz dieses Anteilspaketes im Einzelfall nicht zufällig dem darauf entfallenden Saldo der neubewerteten Vermögenswerte und Schulden entspricht. Der gesamte Unterschiedsbetrag kann somit **gedanklich** in **zwei Bestandteile** unterteilt werden: den Saldo aus der Konsolidierung der Neuanteile einerseits sowie den Saldo aus der (Neu-)Konsolidierung der Altanteile andererseits (vgl. Abbildung 5-4).

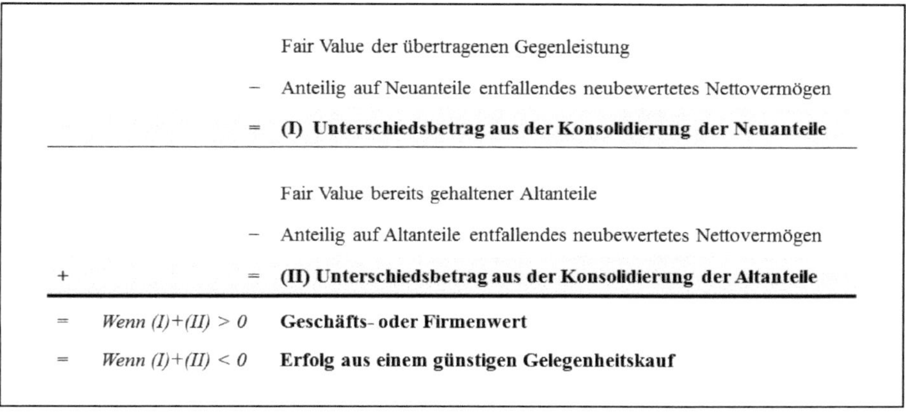

Abbildung 5-4: Gedankliche Unterteilung des Unterschiedsbetrages

Konzeptionell sind diese beiden Komponenten des aus einem sukzessiven Unternehmenserwerb resultierenden Unterschiedsbetrages unterschiedlich einzuordnen. So wird der Unterschiedsbetrag aus der Konsolidierung der Neuanteile durch die für den Erwerb dieses Anteilspaketes entrichtete Gegenleistung und somit durch eine transaktionsbasierte, zumindest im weiteren Sinne[844] pagatorisch

Goodwill-Bilanzierung, S. 162. Eine solche Präferenz hatte sich bereits im Rahmen der Standardentwicklung abgezeichnet. So hatten sich nur 11% der insgesamt 283 Kommentierenden für die Anwendung der Full Goodwill-Methode ausgesprochen. Vgl. hierzu die Auswertung der Stellungnahmen zu dem IFRS 3 vorangehenden *Exposure Draft* bei FIECHTER, P./MEYER, C., Full Goodwill Accounting, S. 216.

843 Genau genommen wird der übertragenen Gegenleistung bei Anwendung der Partial Goodwill-Methode zunächst der Anteil nicht-beherrschender Gesellschafter am neubewerteten Eigenkapital des Beteiligungsunternehmens hinzugerechnet, um diesen Betrag dann mit dem Gesamtbetrag des übernommenen Eigenkapitals saldieren zu können. Im Ergebnis entspricht dies jedoch der zuvor genannten Vorgehensweise. Vgl. KÜTING, K./WEBER, C.-P./WIRTH, J., Goodwillbilanzierung, S. 143.

844 Die für den Erwerb entrichtete Gegenleistung muss keinesfalls eine monetäre Leistung und somit eine im engeren Sinne pagatorisch abgesicherte Größe darstellen. Vgl. Abschnitt 513.2.

abgesicherte Größe bestimmt.[845] Der Unterschiedsbetrag ist daher prinzipiell[846] als **Mehr- bzw. Minderzahlung** im Vergleich zum anteilig erworbenen Substanzwert des Beteiligungsunternehmens zu interpretieren und wird als solche maßgeblich von den spezifischen Erwartungen und Annahmen des erwerbenden Unternehmens sowie dessen Verhandlungssituation geprägt.[847] Dementgegen wird der auf die Altanteile entfallende Unterschiedsbetrag eben nicht durch eine unternehmensspezifische, pagatorisch abgesicherte Größe, sondern einen marktorientierten Fair Value fixiert, der mangels beobachtbarer Preise für ganze Beteiligungen zumeist auf stark ermessensbehafteten Überlegungen beruht.[848] Der Unterschiedsbetrag aus der Konsolidierung der Altanteile stellt dementsprechend die Differenz aus fiktivem Veräußerungspreis und anteiligem Substanzwert dar. Hierdurch kommt es nicht nur zu einer Vermengung einer pagatorisch abgesicherten **Unternehmensperspektive** einerseits und einer **hypothetischen Marktperspektive** andererseits. Vielmehr kann aufgrund der herausgearbeiteten konzeptionellen Mängel bei der Fair Value-Bewertung der Altanteile auch das der Ermittlung der beiden Unterschiedsbeträge zugrunde liegende **Bezugsobjekt voneinander abweichen**. So wird der für die Neuanteile entrichtete Kaufpreis zumindest teilweise auch die nach der Übernahme bestehende Beherrschungsmacht über das Beteiligungsunternehmen und die dadurch möglichen Wertsteigerungsmaßnahmen der Konzernobergesellschaft vergüten. Bei der Ermittlung des Fair Value der Altanteile ist jedoch, wie gezeigt wurde, in einigen Konstellationen von dem Beherrschungsverhältnis und den daraus ggf. erwachsenden Wertpotenzialen zu abstrahieren.[849] Der jeweils durch die Gegenüberstellung mit dem anteiligen Substanzwert ermittelte Unterschiedsbetrag bezieht sich somit hinsichtlich der Neuanteile auf die erwartete Konstitution des Beteiligungsunternehmens nach Beherrschungserlangung, während hinsichtlich der Altanteile u. U. der Status quo des Beteiligungsunternehmens maßgebend ist.

Der Bilanzierungssystematik des IFRS 3.32 folgend kann ungeachtet der gezeigten Uneinheitlichkeit der beiden in die Berechnung einfließenden Wertmaßstäbe aus der Kapitalkonsolidierung dennoch nur ein einziger, sodann in seiner Gesamtheit als Geschäfts- oder Firmenwert oder aber als Erfolg aus einem günstigen Gelegenheitskauf zu bilanzierender Betrag hervorgehen. In den nachfolgenden Abschnitten ist dementsprechend herauszuarbeiten, welche Besonderheiten und Probleme sich durch die Verrechnung der beiden Bestandteile bei der Interpretation des im Rahmen eines sukzessiven Unternehmenserwerbs bilanzierten Unterschiedsbetrages ergeben können. In diesem Zusammenhang sind je nach Vorzeichen und Ausmaß der jeweils aus den Alt- und Neuanteilen resultierenden Salden sechs unterschiedliche Fallkonstellationen denkbar (vgl. Abbildung 5-5), auf die bei der nachfolgenden Analyse separat eingegangen wird.

845 Einen Ausnahmefall stellt der unentgeltliche Erwerb in Form einer Schenkung dar, der hier jedoch nicht weiter betrachtet werden soll.

846 Eine solche Interpretation setzt streng genommen voraus, dass weder das neubewertete Nettovermögen noch der Fair Value der übertragenen Gegenleistung fehlerhaft bestimmt wurden.

847 Vgl. ähnlich HAAKER, A., Goodwill-Bilanzierung, S. 125 m. w. N.

848 Vgl. Abschnitt 513.334.

849 Vgl. Abschnitt 513.333.

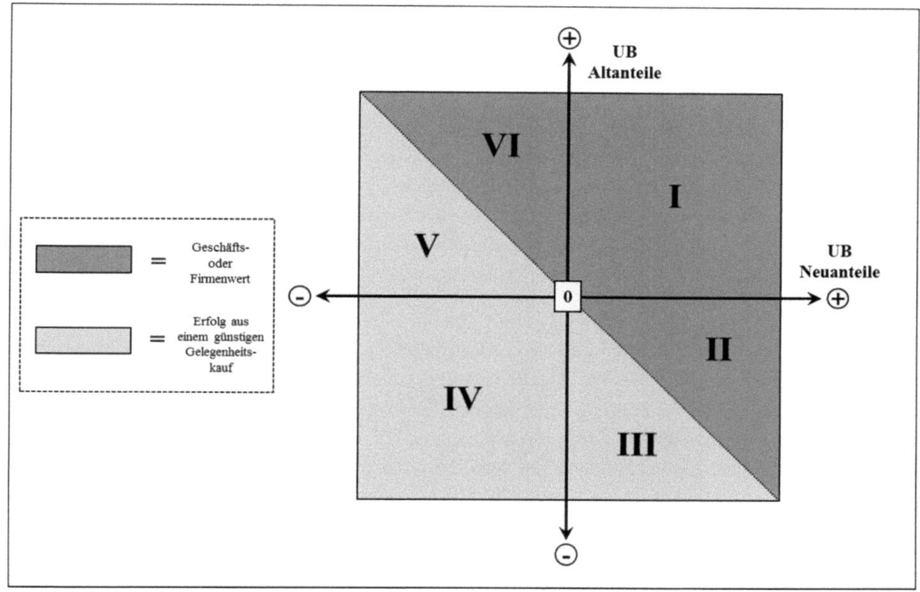

Abbildung 5-5: Fallunterscheidung bei der Interpretation des Unterschiedsbetrages

513.53 Ansatz eines Geschäfts- oder Firmenwertes

Gemäß IFRS 3.32 i. V. m. IFRS 3.BC323 stellt der aus einem Unternehmenserwerb insgesamt resultierende positive Unterschiedsbetrag eine immaterielle Ressource dar, der es zwar an der Identifizierbarkeit i. S. d. IAS 38 fehlt, die sonst jedoch alle Definitionsmerkmale eines Vermögenswertes erfüllt und daher als **Geschäfts- oder Firmenwert** in der Konzernbilanz zu aktivieren ist.[850] Hinter dieser Größe verbergen sich wirtschaftlich eine Vielzahl unterschiedlicher, nicht einzeln in der Konzernbilanz ansetzbarer immaterieller Werte und Vorteile, aus denen dem erwerbenden Unternehmen erwartungsgemäß künftiger Nutzen in Form von Erträgen zufließen wird.[851] Der IASB unterteilt dieses „völlig heterogene Bewertungskonglomerat"[852] in Anlehnung an JOHNSON/PATRONE[853] in zwei (Kern-)Bestandteile: den **Going Concern-Goodwill** einerseits sowie den **Synergien-Goodwill** andererseits.[854] Während der Going Concern-Goodwill das interne Synergiepotenzial des erworbenen Un-

850 Vgl. auch IFRS 3.A sowie PELLENS, B. U. A., Internationale Rechnungslegung, S. 748.

851 Vgl. ausführlich zum Begriff des Geschäfts- oder Firmenwertes HAAKER, A., Goodwill-Bilanzierung, S. 59-62, sowie KLOSE, N.-C., Konzernrechnungslegung nach IFRS, S. 94-99.

852 KÜTING, K., Bilanzanalyse am Neuen Markt, S. 676.

853 Vgl. JOHNSON, L. T./PETRONE, K. R., Is Goodwill an Asset, S. 293-303.

854 Vgl. JOHNSON, L. T./PETRONE, K. R., Is Goodwill an Asset, S. 295 f., sowie IFRS 3.BC313. Angesichts der Vielzahl denkbarer Wertbestandteile wurde in der Literatur in zahlreichen Beiträgen versucht, das Bewertungskonglomerat des Geschäfts- oder Firmenwertes zu „entwirren". Neben JOHNSON/PETRONE vgl. insbesondere WÖHE, G., Bilanzierung und Bewertung des Firmenwertes, S. 89-108, sowie SELLHORN, T., Ansätze zur bilanziellen Behandlung des

ternehmens als Ausdruck der durch das Zusammenwirken der einzelnen Substanzkomponenten entstehenden „stillen Werttreiber" beschreibt,[855] umfasst der Synergien-Goodwill sämtliche erst durch eine unternehmensübergreifende Zusammenarbeit erzielbaren Synergieeffekte.[856]

Der im Konzernabschluss bilanzierte Geschäfts- oder Firmenwert wird jedoch häufig nur einen Teil des der Beteiligung aus Sicht der Konzernobergesellschaft zugeordneten (internen wie auch externen) Synergiepotenzials enthalten.[857] So ist der Bilanzansatz im Zuge sukzessiver Unternehmenserwerbe nach oben hin durch die Summe der für den Erwerb der Neuanteile übertragenen Gegenleistung und dem Fair Value der Altanteile begrenzt. Hinsichtlich der Interpretation der aus der derivativen Ermittlungsmethodik des IFRS 3 resultierenden Größe sind dabei drei Fallkonstellationen zu unterscheiden.

Im Regelfall werden voraussichtlich sowohl der Kaufpreis für die Neuanteile als auch der Wertansatz der zum Fair Value (neu-)bewerteten Altanteile das auf diese Anteilspakete jeweils anteilig entfallende Nettovermögen des Beteiligungsunternehmens übersteigen (**Fall I**). Der daraus insgesamt resultierende positive Unterschiedsbetrag repräsentiert i. H. d. aus der gedanklichen Konsolidierung der Neuanteile entspringenden Betrages die vom Erwerber im Rahmen der Übernahme tatsächlich bezahlten und somit pagatorisch abgesicherten Goodwill-Bestandteile. Dementgegen wird der aus der Konsolidierung der bereits vor der Übernahme gehaltenen Anteile beigesteuerte Wertbeitrag nicht durch die ursprünglich für dieses Anteilspaket entrichtete Gegenleistung, sondern durch die zum Zeitpunkt des Statuswechsels vorgenommene Fair Value-Bewertung fixiert. Der entsprechende Anteil am insgesamt zu bilanzierenden Geschäfts- oder Firmenwert stellt somit keinen bezahlten Goodwill, sondern die den Altanteilen aus Sicht eines hypothetischen Marktteilnehmers zugeordneten, über den anteiligen Substanzwert hinausgehenden Ertragspotenziale dar. Da der Fair Value die historischen Anschaffungskosten dieser Anteile wohl regelmäßig übersteigen wird, kommt es hierdurch implizit zu einer Aktivierung eines **originären**, d. h. eines nicht als Residualgröße unmittelbar aus den Anschaffungskosten abgeleiteten[858] Geschäfts- oder Firmenwertes.[859] Zwar sind weder IFRS 3 noch der

Goodwill, S. 885-892. Eine Gegenüberstellung der verschiedenen Systematisierungsansätze findet sich bei HAAKER, A., Goodwill-Bilanzierung, S. 126-136.

855 Vgl. HAAKER, A., Goodwill-Bilanzierung, S. 132. Der Going Concern-Goodwill lässt sich als Differenz aus dem unter der Annahme der Unternehmens(fort)führung resultierenden Stand Alone-Wert und dessen Substanzwert ermitteln. Vgl. JOHNSON, L. T./PETRONE, K. R., Is Goodwill an Asset, S. 295 f., sowie IFRS 3.BC313 i. V. m. IFRS 3.BC316.

856 Vgl. JOHNSON, L. T./PETRONE, K. R., Is Goodwill an Asset, S. 295 f., sowie IFRS 3.BC313 i. V. m. IFRS 3.BC316.

857 Es ist davon auszugehen, dass der tatsächliche Geschäfts- oder Firmenwert aus Sicht des Erwerbers zumindest bezogen auf die Neuanteile i. d. R. höher eingeschätzt wird, da er zumeist einen Kaufpreis unterhalb seines individuellen Grenzpreises durchsetzen wird. Vgl. hierzu KLOSE, N.-C., Konzernrechnungslegung nach IFRS, S. 268 f., sowie HAAKER, A., Goodwill-Bilanzierung, S. 125 m. w. N.

858 Zu dieser Abgrenzung des originären vom derivativen Geschäfts- oder Firmenwert vgl. auch BUSSE VON COLBE, W. U. A., Konzernabschlüsse, S. 236. HAAKER versteht den Begriff „derivativ" dementgegen i. S. v. „aus einem Erwerbsvorgang abgeleitet", sodass der Geschäfts- oder Firmenwert immer dann als derivativ anzusehen wäre, sofern er erst durch den Unternehmenszusammenschluss entsteht. Bezogen auf den hier betrachteten Fall wäre der auf Basis des Fair Value der Altanteile aktivierte Betrag daher wohl nicht zwingend als originär zu verstehen, auch wenn er nicht unmittelbar aus einer pagatorischen Größe abgeleitet wird. Vgl. HAAKER, A., Goodwill-Bilanzierung, S. 66 f.

859 So auch KLOSE, N.-C., Konzernrechnungslegung nach IFRS, S. 259. Gleichwohl kann der Ansatz originärer Goodwill-Bestandteile genau genommen nicht allein auf die Pflicht zur Neubewertung der Altanteile zum Zeitpunkt des

Begründung zur Standardentwicklung explizite Hinweise zu dieser Problematik zu entnehmen, dennoch scheint das IASB die Konsequenzen der Abwendung von einer anschaffungskostenbasierten hin zu einer Fair Value-orientierten Ableitung des Unterschiedsbetrages aus der Kapitalkonsolidierung bewusst in Kauf genommen zu haben. So räumt der Mitarbeiterstab des Standardsetzers im Rahmen einer themenverwandten Diskussion offen ein, dass die derzeitige Bilanzierung sukzessiver Unternehmenserwerbe regelmäßig zum Ansatz eines intern generierten Geschäfts- oder Firmenwertes führt.[860] Die Fair Value-basierte Ableitung des Unterschiedsbetrages sei demnach als eine Ausnahme von dem in IAS 38.48-50 normierten Ansatzverbot eines originären Geschäfts- oder Firmenwertes zu verstehen.[861]

Vor diesem Hintergrund kann ein positiver Unterschiedsbetrag – entgegen der unabhängig von dem hier betrachteten Sachverhalt wohl noch weit verbreiteten Annahme –[862] daher selbst bei Anwendung der Partial Goodwill-Methode zum Aktivierungszeitpunkt nicht mehr uneingeschränkt als pagatorisch abgesicherte Größe interpretiert werden. Dies ist insofern problematisch, als ein separater Ausweis des auf die Neu- bzw. die Altanteile entfallenden Geschäfts- oder Firmenwertes nicht verlangt wird und der Abschlussadressat somit nicht zwischen diesen beiden vor allem hinsichtlich der Glaubwürdigkeit, aber auch der Relevanz unterschiedlich zu beurteilenden Bestandteile differenzieren kann. Es kommt damit unter dem Deckmantel einer pagatorischen Anteilstransaktion zu einer „stillen“ Aktivierung originärer Goodwill-Bestandteile, sodass im Ergebnis nicht alle für das Verständnis des im Rahmen der Übergangskonsolidierung abzubildenden Sachverhalts, hier der Erwerb der Neuanteile, erforderlichen Informationen vermittelt werden. Die Vollständigkeit der Darstellung als Subkriterium für die Glaubwürdigkeit der Berichterstattung ist daher im Fall I nicht gegeben.

Die diesbezüglichen Bedenken gelten auch dann, sofern aus der Konsolidierung der Neuanteile allein ein negativer Unterschiedsbetrag hervorgehen würde, der positive Unterschiedsbetrag somit ausschließlich den Altanteilen zuzuordnen ist (**Fall VI**). Eine solche Konstellation ist in der Praxis durchaus vorstellbar, da der Fair Value der Altanteile, wie gezeigt wurde,[863] nicht zwingend aus einem u. U. vergleichsweise niedrigen Kaufpreis für die zuletzt erworbene Anteilstranche abgeleitet werden muss. Stattdessen kann – bspw. unter Verweis auf die spezielle Verhandlungssituation bei Erwerb der Neuanteile – alternativ auf barwertorientierte Bewertungsverfahren zurückgegriffen werden. Auf

Statuswechsels zurückgeführt werden. Sollten die zuvor gehaltenen Anteile bislang als einfache Beteiligung klassifiziert worden sein, ist der Ansatz eines originären Geschäfts- oder Firmenwertes stattdessen zum Teil logischer Ausfluss der schon von IFRS 9 vorgesehenen Fair Value-Bewertung. Schließlich kann es bereits im Zuge der gewöhnlichen Folgebewertung zu Werterhöhungen der Beteiligung und somit implizit auch zu einer Bilanzierung eines nicht auf den ursprünglichen Anschaffungskosten zurückzuführenden Geschäfts- oder Firmenwertes des Beteiligungsunternehmens kommen. Die daraus resultierenden Herausforderungen könnten jedoch allenfalls durch eine konzeptionell wenig überzeugende (tranchenbezogene) Stornierung der früheren Fair Value-Bewertung, wie sie noch nach IFRS 3 (rev. 2004) vorzunehmen war, abgewendet werden. Vgl. kritisch hierzu THEILE, C./PAWELZIK, K. U., Fair Value-Beteiligungsbuchwerte, S. 96-99.

860 Vgl. IFRS IC (Hrsg.), Staff Paper 13 (September 2013), Rn. 67 f.

861 Vgl. IFRS IC (Hrsg.), Staff Paper 13 (September 2013), Rn. 67 und 70.

862 Vgl. so wohl PELLENS, B./AMSHOFF, H./SCHMIDT, A., Konzernsichtweisen in der Rechnungslegung, S. 246; BAETGE, J./HAYN, S./STRÖHER, T., in: Baetge u. a., Rechnungslegung nach IFRS, 2. Aufl., IFRS 3, Rn. 260 f., die die Partial Goodwill-Methode dazu passend sogar als Purchased Goodwill-Methode bezeichnen; ZELGER, H., Purchase Price Allocation, S. 138; PELLENS, B. U. A., Internationale Rechnungslegung, S. 755; HAAKER, A., Goodwill-Bilanzierung, S. 332 und 334.

863 Vgl. Abschnitt5 13.334.

dieser Basis könnte dann im Einzelfall ein vom Kaufpreis abweichender Fair Value der Altanteile gerechtfertigt werden. Sofern aus der Kapitalkonsolidierung hierdurch insgesamt ein positiver Unterschiedsbetrag resultiert, kommt es im Ergebnis zur Bilanzierung eines ausschließlich auf einer hypothetischen Marktbewertung basierenden, nicht pagatorisch abgesicherten Geschäfts- oder Firmenwertes. Da die u. U. originäre Natur des ausgewiesenen Goodwill dem Abschlussadressaten dabei nicht kenntlich gemacht wird, ist die Glaubwürdigkeit der Berichterstattung auch in dieser Fallkonstellation in Frage zu stellen. Darüber hinaus ist es dem Abschlussadressaten aufgrund der Saldierung der beiden im Unterschiedsbetrag enthaltenen, gegenläufigen Komponenten nicht möglich, einen in Bezug auf die Neuanteile ggf. vorliegenden günstigen Gelegenheitskauf zu erkennen und die insofern erfolgreiche Akquisitionsentscheidung des Managements dementsprechend zu würdigen. Im Ergebnis wird daher nicht nur die Glaubwürdigkeit der Bilanzierung beeinträchtigt, vielmehr gehen infolge des Saldierungseffekts zugleich potenziell (wert-)relevante Informationen verloren.

Zu guter Letzt kann ein Geschäfts- oder Firmenwert im Zuge eines sukzessiven Unternehmenserwerbs auch dann entstehen, wenn der für die neu erworbene Anteilstranche entrichtete Kaufpreis den anteiligen Substanzwert übersteigt und dieser Betrag einen negativen Unterschiedsbetrag aus der Konsolidierung der bereits vor Statuswechsel gehaltenen Beteiligung überkompensiert (**Fall II**). Ein solches Bewertungsergebnis kann bspw. bei der Übernahme ineffizient operierender bzw. krisenbehafteter Unternehmen auftreten, bei denen der Marktwert der Unternehmensanteile aufgrund der schlechten Zukunftsprognosen den anteiligen Substanzwert vor dem neuerlichen Erwerbsvorgang unterschreitet. Sofern das erwerbende Unternehmen mit der Beherrschungserlangung eine umfassende Restrukturierung beabsichtigt, könnte es im Zuge des neuerlichen Anteilserwerbs dennoch zur Zahlung eines deutlich höheren, den anteiligen Substanzwert übersteigenden Kaufpreises bereit sein. Wie in Abschnitt 513.33 herausgearbeitet wurde, dürfen die aus der Übernahme erwarteten Wertsteigerungsmaßnahmen gleichwohl in einigen Fällen nicht bei der Wertbemessung der Altanteile zum Zeitpunkt des Statuswechsels berücksichtigt werden, sodass der Fair Value den diesem Anteilspaket zuzuordnenden Substanzwert nach der Beherrschungserlangung weiterhin unterschreiten kann. Dies sei anhand des folgenden Beispiels verdeutlicht:

Anwendungsbeispiel

Unternehmen A erwirbt zum Zeitpunkt t = 0 400 der insgesamt 1.000 Anteile (40%) an dem sanierungsbedürftigen Unternehmen B und bilanziert die Beteiligung nach der Equity-Methode gem. IAS 28. Der Kaufpreis für das Anteilspaket betrug 400 GE. Die restlichen Anteile an Unternehmen B werden von Unternehmen C gehalten.

In t = 1 plant Unternehmen A, von Unternehmen C weitere 400 Anteile an Unternehmen B zu erwerben, um dieses auf Basis der alleinigen Beherrschung (80%) umfassend zu restrukturieren. Obwohl der Fair Value von 400 Anteilen an Unternehmen B aufgrund der Krisensituation wie schon in Periode t=0 400 GE beträgt und damit den anteiligen Substanzwert i. H. v. annahmegemäß 500 GE um 100 GE unterschreitet, ist Unternehmen A angesichts der umfassenden Restrukturierungspläne bereit einen deutlich höheren Preis zu zahlen. Aufgrund der guten Verhandlungssituation von Unternehmen C einigen sich die beiden Parteien schließlich auf einen Preis von 650 GE und somit 150 GE über dem anteiligen Substanzwert von Unternehmen B.

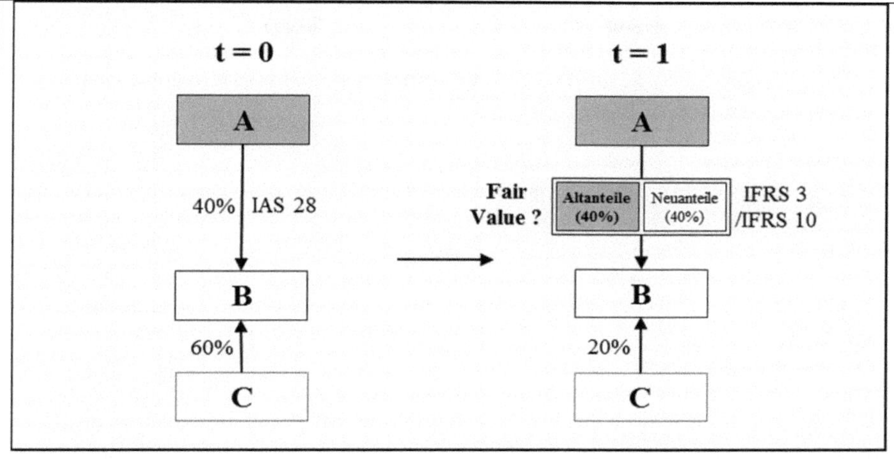

Zum Zeitpunkt der Beherrschungserlangung hat Unternehmen A die bereits zuvor an Unternehmen B gehaltenen Anteile neu zu bewerten. Dabei ist die Möglichkeit zur Beherrschung und damit zur Restrukturierung des Beteiligungsunternehmens bei der Wertermittlung zu vernachlässigen, da sich diese erst aus der Kombination der beiden Anteilspakete ergibt und somit kein untrennbar mit dem Bewertungsobjekt verbundenes Merkmal darstellt. Dementsprechend kann Unternehmen A die Altanteile lediglich i. H. v. 400 GE bewerten, obwohl der Fair Value auf Basis der Eigentümerstruktur nach der Übernahme ggf. deutlich höher wäre. Aus der Konsolidierung der Altanteile ergibt sich dementsprechend ein negativer Unterschiedsbetrag i. H. v. 100 GE (=400 GE-500 GE), während aus der Konsolidierung der Neuanteile ein positiver Unterschiedsbetrag i. H. v. 150 GE (=650 GE-500 GE) resultiert. Insgesamt wäre in der Konzernbilanz somit ein Geschäfts- oder Firmenwert i. H. v. 50 GE (=-100 GE+150 GE) zu aktivieren.

Im Vergleich zu den Konstellationen (I) und (VI) ist eine derartige Kombination der Unterschiedsbeträge jedoch insofern vergleichsweise unproblematisch, als es nicht zu einem „versteckten“ Ansatz originärer Goodwill-Bestandteile kommen kann, infolgedessen die Glaubwürdigkeit der Bilanzierung beeinträchtigt würde. So ist der in der Konzernbilanz ausgewiesene Geschäfts- oder Firmenwert stets vollständig durch die für den Erwerb der Neuanteile übertragene Gegenleistung abgesichert. Gleichwohl gehen durch die Saldierung des aus der Konsolidierung der Neuanteile resultierenden Geschäfts- oder Firmenwertes mit dem negativen Unterschiedsbetrag aus der Konsolidierung der Altanteile grundsätzlich relevante Informationen über die im Zuge der neuerlichen Anteilstransaktion von der Konzernobergesellschaft erworbenen (über den Substanzwert hinausgehenden) Ertragspotenziale verloren.

513.54 Erfassung eines Erfolges aus einem günstigen Gelegenheitskauf

Sofern aus der Ermittlungsmethodik des IFRS 3.32 ein negativer Unterschiedsbetrag resultiert, sind gem. IFRS 3.36 zunächst sämtliche Wertansätze der in die Ermittlung eingehenden Inputparameter wie bspw. die neubewerteten Vermögenswerte und Schulden des Beteiligungsunternehmens auf ihre

Richtigkeit zu überprüfen. Wurden im Zuge des sog. *reassessments* alle für die Wertermittlung verfügbaren Informationen auf angemessene Weise berücksichtigt, ist ein weiterhin verbleibender negativer Unterschiedsbetrag als **Ausdruck eines günstigen Gelegenheitskaufs** (*bargain purchase*) zu werten und GuV-wirksam als Ertrag zu erfassen.[864]

Während der IASB zum Zeitpunkt der Standardentwicklung noch davon ausging, dass ein negativer Unterschiedsbetrag ein ungewöhnliches und somit wohl allenfalls in Ausnahmesituationen auftretendes Phänomen darstellen würde,[865] wurde im Zuge des *Post-implementation Review* von IFRS 3 eine erheblich stärkere Verbreitung deutlich.[866] Die Entstehung negativer Unterschiedsbeträge ist u. a. bei krisenbehafteten Unternehmen plausibel, bei deren Übernahme vom Erwerber bspw. aufgrund eines Notverkaufs nicht selten ein den anteiligen Substanzwert unterschreitender Kaufpreis durchgesetzt werden kann.[867] Sofern im konkreten Einzelfall ferner davon ausgegangen wird, dass nicht nur der für die Neuanteile vereinbarte Kaufpreis, sondern auch der auf der bisherigen Unternehmensführung basierende Fair Value des Unternehmens den Substanzwert unterschreitet,[868] kann sich der ertragswirksam zu erfassende Betrag durch die Konsolidierung der Altanteile nochmals vergrößern (**Fall IV**).

Die von IFRS 3 vorgesehene sofortige Ertragsvereinnahmung und der damit verbundene Anschaffungsgewinn werden jedoch schon in Bezug auf den durch den Erwerb der Neuanteile entstehenden negativen Unterschiedsbetrag stark kritisiert.[869] So kann ein negativer Unterschiedsbetrag auch trotz des vorgeschriebenen *reassessment* nach wie vor auf eine Überbewertung des Nettovermögens oder aber eine Unterbewertung der Anschaffungskosten und eben nicht auf eine günstige Erwerbsgelegenheit bzw. Verhandlungssituation zurückzuführen sein.[870] Zum anderen könnte ein den Kaufpreis übersteigender Substanzwert ebenso gut als Ausdruck negativer Synergieeffekte gewertet werden, die sich über entsprechend geringe Ertragsaussichten im Kaufpreis des erwerbenden Unternehmens

---

864 Vgl. IFRS 3.34. Der IASB weist in IFRS 3.35 jedoch darauf hin, dass sich ein negativer Unterschiedsbetrag im seltenen Einzelfall theoretisch auch aus den Ausnahmen von den allgemeinen Ansatz- und Bewertungsvorschriften zum Erwerbszeitpunkt resultieren kann.

865 Vgl. IFRS 3.BC371.

866 Vgl. IASB (Hrsg.), Staff Paper 12F (September 2014), Rn. 53 f. So wurde in einer von der ESMA durchgeführten Studie in 11% aller untersuchten Unternehmenszusammenschlüsse ein negativer Unterschiedsbetrag bilanziert. Vgl. ESMA (Hrsg.), Report on the application of IFRS 3, S. 16, Rn. 70-74.

867 Vgl. bspw. PwC (Hrsg.), Comment Letter (PIR IFRS 3), S. 2 f., sowie IFRS 3.BC371.

868 Eine solche Kombination wird dadurch begünstigt, dass die erst aus der Beherrschungserlangung zu erwartenden Restrukturierungs- und Synergieeffekte auf Basis der aktuellen Regelungen des IFRS 3 i. V. m. IFRS 13, wie herausgearbeitet wurde, u. U. nicht oder zumindest nicht vollständig im Fair Value der Altanteile berücksichtigt werden können. Vgl. hierzu schon die Erläuterungen in Bezug auf die Fallkonstellation (II) in Abschnitt 513.53.

869 Vgl. bspw. HAAKER, A., Goodwill-Bilanzierung, S. 345-347; QIN, S., Bilanzierung des Excess, S. 127-169, sowie HAAKER, A./FREIBERG, J., Sofortige Vereinnahmung eines "negativen goodwill", S. 324 f. Im Rahmen des *Post-implementation Review* von IFRS 3 wurde die Überarbeitung dieses Regelungsbereichs unter Berücksichtigung der umfangreichen Stellungnahmen indes nicht als kurz- oder mittelfristig erforderlich eingestuft. Zu den jüngst im Zuge der Kommentierung geäußerten Bedenken vgl. überblicksartig IASB (Hrsg.), Staff Paper 12F (September 2014), Rn. 48-54.

870 Vgl. QIN, S., Bilanzierung des Excess, S. 164 und 180 f.

widergespiegelt haben (sog. *badwill*).[871] In beiden Fällen führt die GuV-wirksame Erfassung zu einer unzutreffenden Vermögens- und Erfolgsdarstellung.

Im Hinblick auf die Altanteile vergrößern sich diese Bedenken nochmals erheblich. Schließlich kann ein Ertrag aus einem günstigen Gelegenheitskauf konzeptionell nur die zuletzt erworbene Anteilstranche betreffen, da sich die Altanteile schon vor der Beherrschungserlangung im Besitz des Erwerbers befanden und somit kein Teil der neuerlichen, den Ertrag auslösenden Erwerbstransaktion sind. Ein diesem Anteilspaket zuzuordnender negativer Unterschiedsbetrag kann inhaltlich dementsprechend in keinem Fall auf einen *bargain purchase,* sondern nur auf einen ***badwill*** **oder** aber einen **Bewertungsfehler** zurückgeführt werden. Ein Bewertungsfehler setzt dabei nicht zwangsläufig eine fehlerhafte Anwendung der Rechnungslegungsvorschriften voraus.[872] Vielmehr kann ein negativer Unterschiedsbetrag zumindest in Bezug auf die Altanteile wie bereits erläutert vor allem durch die Vernachlässigung der eigentümerspezifischen Restrukturierungs- und Synergiepotenziale im Rahmen der Bewertung dieses Anteilspaketes und somit letztlich durch die gezeigten konzeptionellen Schwächen der Fair Value-Vorschriften im Kontext sukzessiver Unternehmenserwerbe verursacht werden. Vor diesem Hintergrund ist die GuV-wirksame Vereinnahmung eines „fiktiven Anschaffungsgewinnes"[873] ökonomisch nicht nachvollziehbar und angesichts der zumeist stark ermessensbehafteten Fair Value-Bewertung der Altanteile darüber hinaus schwer zu plausibilisieren.[874] Der in der Gewinn- und Verlustrechnung bilanzierte Ertrag repräsentiert damit letztlich zumindest anteilig nicht das, was er zu repräsentieren vorgibt, sodass die Glaubwürdigkeit der Darstellung beeinträchtigt wird.

Erschwerend kommt hinzu, dass den Abschlussadressaten im Zuge der Übergangskonsolidierung keinerlei Informationen darüber zur Verfügung gestellt werden, welcher Teil des negativen Unterschiedsbetrages auf die Altanteile entfällt. Eine differenzierte Analyse des negativen Unterschiedsbetrages, die für das Verständnis der aus der neuerlichen Anteilstransaktion resultierenden Auswirkungen auf die Vermögens-, Finanz- und Ertragslage erforderlich wäre, ist damit nicht möglich.

Nochmals kritischer ist die GuV-wirksame Behandlung eines negativen Unterschiedsbetrages in den Fällen zu beurteilen, in denen die Neuanteile zu einem Preis oberhalb des anteiligen Substanzwertes erworben wurden, der negative Unterschiedsbetrag somit ausschließlich aus der Konsolidierung der Altanteile herrührt (**Fall III**). Über die konzeptionell nicht begründbare Erfassung eines GuV-wirksamen Erfolges hinaus besteht in diesem Fall zugleich die Problematik, dass den Abschlussadressaten durch die Saldierung der aus den beiden Anteilspaketen entstehenden Unterschiedsbeträge Informationen über die im Zuge des neuerlichen Erwerbsvorgangs tatsächlich vergüteten Ertragspotenziale vorenthalten werden.

---

871 Vgl. HAAKER, A., Goodwill-Bilanzierung, S. 346 f., sowie SCHILDBACH, T., IFRS 3: Einladung zur 'Enronitis', S. I.

872 Vgl. BAETGE, J./HAYN, S./STRÖHER, T., in: Baetge u. a., Rechnungslegung nach IFRS, 2. Aufl., IFRS 3, Rn. 276 unter Verweis auf IFRS 3.BC371-381.

873 KÜHNBERGER, M., Die Full Goodwill Methode, S. 453 in Bezug auf einen negativen Unterschiedsbetrag aus der Fair Value-Bewertung der nicht-beherrschenden Gesellschafter.

874 Indes dürfte zumindest kein Anreiz seitens des bilanzierenden Unternehmens bestehen, einen solchen Ertrag durch eine bewusste Unterbewertung der Altanteile hervorzurufen oder zu verstärken, da hiermit in gleichem Maße die ebenso GuV-wirksame Anpassung des bisherigen Buchwertes der Altanteile an den Fair Value im Zuge des Statuswechsels gemindert würde, sodass netto kein Ergebniseffekt erzielt würde.

Sofern aus der gedanklich separaten Konsolidierung der Altanteile ein positiver Geschäfts- oder Firmenwert resultiert, dieser jedoch durch einen den Neuanteilen zuzuordnenden negativen Unterschiedsbetrag überkompensiert wird (**Fall V**), ist die Vermischung der beiden Unterschiedsbeträge dagegen weniger problematisch. Zwar gehen durch die Verrechnung der beiden Beträge auch hier differenzierte Informationen sowohl über die bereits vor Statuswechsel gehaltenen Anteile als auch über die zuletzt getätigte Erwerbstransaktion verloren. Gleichzeitig kann der in der Gewinn- und Verlustrechnung erfasste Ertrag in dieser Konstellation jedoch zumindest vollständig den Neuanteilen und somit einer tatsächlich durchgeführten Transaktion zugeordnet werden, sodass er der Interpretation als Erfolg aus einem *bargain purchase* konzeptionell zugänglich bleibt.

513.55 Zwischenfazit

Bei sukzessiven Unternehmenserwerben wird der Unterschiedsbetrag aus der Kapitalkonsolidierung bei Anwendung der Partial Goodwill-Methode nicht allein durch die für die Beherrschungserlangung übertragene Gegenleistung sowie das neubewertete Nettovermögen des Beteiligungsunternehmens, sondern überdies durch den Fair Value der bereits vor der Übernahme im Besitz des erwerbenden Unternehmens befindlichen Anteile bestimmt. Während es sich bei der für den Erwerb der Neuanteile entrichteten Gegenleistung um einen durch eine unternehmensspezifische Transaktion im weitesten Sinne pagatorisch abgesicherten Wert handelt, stellt der unter Anwendung von IFRS 13 ermittelte Fair Value der Altanteile eine hypothetische, stark ermessensbehaftete Größe dar, die überdies konzeptionelle Schwächen aufweist. Aus der derivativen Ermittlungsmethodik des IFRS 3.32 resultiert somit zwangsläufig ein **schwer zu interpretierender „Mischwert"** unterschiedlich zu beurteilender Wertmaßstäbe.[875] Einerseits kann es hierdurch zu einer Aktivierung nicht bzw. nicht vollständig pagatorisch abgesicherter Geschäfts- oder Firmenwerte kommen, sodass die Grenzen zwischen originärem und derivativem Goodwill zum Zeitpunkt der Beherrschungserlangung nicht erst durch die Anwendung der Full Goodwill-Methode verschwimmen.[876] Andererseits ist ebenso eine ökonomisch schwer zu interpretierende (GuV-wirksame) Ertragsvereinnahmung aus der Kapitalkonsolidierung denkbar, sollte der Fair Value der Altanteile den anteiligen Substanzwert des Beteiligungsunternehmens im Einzelfall unterschreiten.

Überdies kann es, unabhängig davon, ob aus der gedanklich getrennten Konsolidierung der Altanteile ein positiver oder aber ein negativer Unterschiedsbetrag resultiert, zu einer Saldierung mit dem aus dem Erwerb der Neuanteile hervorgehenden Unterschiedsbetrag kommen, infolgedessen grundsätzlich differenzierte Informationen über die beiden Anteilstranchen verloren gehen. So ist es den Abschlussadressaten im Falle einer Saldierung nicht mehr ohne weiteres möglich, die finanziellen Auswirkungen der zuletzt erworbenen Anteile und damit die Angemessenheit der seitens des Managements getroffenen Akquisitionsentscheidung durch eine Analyse der im Rahmen dieser Transaktion entrichteten Mehr- oder Minderzahlung im Vergleich zum neubewerteten Substanzwert zu beurteilen.

---

875 Ähnlich KLOSE, N.-C., Konzernrechnungslegung nach IFRS, S. 271.

876 Spätestens in Folgeperioden kommt es jedoch durch den in IAS 36 vorgesehenen *impairment only approach* ohnehin regelmäßig zu einer Bilanzierung originärer Geschäfts- oder Firmenwerte (sog. *backdoor capitalisation*). Vgl. hierzu POTTGIEßER, G./VELTE, P./WEBER, S. C., Ermessensspielräume des Impairment-Only-Approach, S. 1749 und 1751, sowie SAELZLE, R./KRONNER, M., Die Informationsfunktion des Jahresabschlusses, S. 161.

Die in IFRS 3 derzeit enthaltenen Vorgaben zur Ermittlung und bilanziellen Behandlung von Unterschiedsbeträgen aus der Kapitalkonsolidierung haben im Rahmen sukzessiver Unternehmenserwerbe in der Gesamtschau somit in jedem Fall schwer interpretierbare Bilanzierungsresultate zur Konsequenz. In Bezug auf etwaige negative Unterschiedsbeträge, die zumindest teilweise den Altanteilen zuzuordnen sind, kommt es überdies gar zu sinnwidrigen Ergebnissen. Der Versuch, die Bilanzierung eines Geschäfts- oder Firmenwertes bzw. eines Ertrags aus einem günstigen Gelegenheitskauf an ein einziges Ermittlungsschema zu knüpfen, kann mit Blick auf die bei sukzessiven Anteilserwerben bestehenden Besonderheiten insofern nicht überzeugen.[877]

Um die zuvor gezeigten Probleme hinsichtlich der Bilanzierung eines Unterschiedsbetrages aus der Kapitalkonsolidierung bei sukzessiven Unternehmenserwerben abzumildern, wäre es denkbar, ein nach Alt- und Neuanteilen getrenntes Ermittlungsschema anzuwenden, aus dem sodann zwei separate Unterschiedsbeträge hervorgehen. Zum einen könnte auf diese Weise ein aus der Konsolidierung der Altanteile entstehender Geschäfts- oder Firmenwert separiert und im Anhang angegeben werden, um auf dessen ggf. originäre Natur und die damit nochmals erhöhten Unsicherheiten des Betrages hinzuweisen. Gleichzeitig wäre es möglich, einen negativen Unterschiedsbetrag in Bezug auf die Altanteile nicht GuV-wirksam, sondern zumindest GuV-neutral im OCI zu erfassen, da der entsprechende Betrag einer Interpretation als Erfolg aus einem günstigen Gelegenheitskauf, wie gezeigt wurde, konzeptionell nicht zugänglich ist. Hierdurch würde der spezielle Charakter eines solchen reinen Bewertungserfolgs deutlich(er) zum Vorschein gebracht werden. Nicht zuletzt könnte mit einer **anteilspaketspezifischen Berechnung** der zu bilanzierenden Unterschiedsbeträge eine Saldierung in Bezug auf das Vorzeichen entgegengerichteter Beiträge aus den Alt- und Neuanteilen und ein damit verbundener Informationsverlust vor allem hinsichtlich der Güte der neuerlichen Investition vermieden werden.

514. Erfolgswirkungen aus der Behandlung der Altanteile

514.1 Anpassung des Buchwertes an den Fair Value

Eine aus der (Neu-)Bewertung zum Fair Value ggf. resultierende Wertanpassung des Buchwertes der bislang nach IFRS 9, IAS 28 oder aber IFRS 11 in den Konzernabschluss einbezogenen Altanteile ist gem. IFRS 3.41 f. zum Zeitpunkt des Statuswechsels **erfolgswirksam** in der Gewinn- und Verlustrechnung zu erfassen. Als Rechtfertigung für die GuV-wirksame Vereinnahmung wird in der Literatur zumeist auf die **Parallele zum Tauschvorgang** und die dementsprechende Anwendbarkeit der ansonsten für die Abbildung von Tauschgeschäften nach IFRS geltenden Vorschriften hingewiesen.[878] Da das bilanzierende Unternehmen durch die neuerliche Anteilstransaktion seinen Status als

[877] Die diesbezüglichen Probleme verschärfen sich nochmals erheblich, sofern die Full Goodwill-Methode angewendet wird, da in derartigen Fällen durch die Einbeziehung des Fair Value der Minderheitenanteile eine weitere, wiederum konzeptionell unterschiedlich zu beurteilende Größe in die Ermittlung des Unterschiedsbetrages eingeht. Vgl. zu den mit dem Ermittlungsschema des IFRS 3.32 verbundenen Schwierigkeiten bei Anwendung der Full Goodwill-Methode PAWELZIK, K. U., Full goodwill und bargain purchase, S. 277-279, sowie KÜHNBERGER, M., Die Full Goodwill Methode, S. 450-453.

[878] Vgl. LÜDENBACH, N./HOFFMANN, W.-D., Übergangskonsolidierung nach ED IFRS 3, S. 1807 f.; HACHMEISTER, D./HERMENS, A.-S., Veränderte Einflussnahme und Goodwillbilanzierung, S. 46; GRÜNBERGER, D./GRÜNBERGER, H., Business Combinations (A), S. 219; EBELING, R. M./GAẞMANN, J./ROTHENSTEIN, M., Konsolidierungstechnik

nicht-beherrschender Investor aufgibt und im Gegenzug die Stellung eines beherrschenden Gesellschafters einnimmt,[879] könne ein sukzessiver Unternehmenserwerb als ein tauschähnlicher Vorgang interpretiert werden. Schließlich wird die bislang im Konzernabschluss bilanzierte Beteiligung nach Maßgabe der der Erwerbsmethode zugrunde liegenden Einzelerwerbsfiktion zum Zeitpunkt der Beherrschungserlangung zusammen mit dem Kaufpreis für die Neuanteile gegen die einzelnen Vermögenswerte und Schulden des erworbenen Unternehmens eingetauscht.[880] Wie bei einem gewöhnlichen Tauschgeschäft sei dementsprechend die Differenz aus dem Fair Value der hingegebenen Leistung – hier u. a. der Altanteile – und dessen bisherigen Buchwert als Ertrag bzw. Aufwand in der Gewinn- und Verlustrechnung zu erfassen.[881]

Eine solche Interpretation stieß jedoch bereits im Rahmen der Standardentwicklung auf erhebliche Kritik. So sprachen sich nicht nur zahlreiche Kommentierende,[882] sondern auch ein Boardmitglied des IASB gegen die analoge Anwendung der für Tauschtransaktionen geltenden Vorschriften und damit die GuV-wirksame Erfassung der Differenz zwischen Fair Value und fortgeführten Konzernbuchwerten aus.[883] Im Zuge des *Post-implementation Review* von IFRS 3 wurde diese ablehnende Haltung gegenüber der derzeitigen Vorgehensweise noch einmal klar bestätigt.[884] Begründet wurde dies vor allem mit der Unabhängigkeit der einzelnen Tranchenerwerbe. Auch wenn die bereits vor der Beherrschungserlangung gehaltenen Anteile zum Zeitpunkt der Übernahme eine Wesensänderung erfahren, verlassen sie – anders als die für den Erwerb der Neuanteile entrichtete Gegenleistung – in rechtlicher Hinsicht nicht tatsächlich den Konzernverbund und sind somit nicht als Bestandteil der neuerlichen, den Statuswechsel auslösenden Erwerbs- bzw. Tauschtransaktion anzusehen.[885] Die Ausbuchung der Altanteile und die anschließende Einbuchung der einzelnen Vermögenswerte und Schulden des Beteiligungsunternehmens stellt – mangels eines tatsächlichen Transaktionspartners – lediglich einen für bilanzielle Zwecke **fingierten Tauschvorgang** bzw. eine Tauschfiktion dar. Überdies gilt es zu beachten, dass die Vermögenswerte und Schulden im Fall einer vorherigen Bilanzierung der Beteiligung als gemeinschaftliche Tätigkeit bereits zuvor unmittelbar im Konzernabschluss

---

beim sukzessiven Unternehmenserwerb, S. 1037; SENGER, T./BRUNE, J. W., in: Beck IFRS HB, 4. Aufl., § 34, Rn. 255; LÜDENBACH, N./HOFFMANN, W.-D./FREIBERG, J., in: Haufe IFRS-Kommentar, 13. Aufl., § 31, Rn. 153 f. Auch wenn sich ein solch expliziter Hinweis auf die analoge Anwendung der mit den ansonsten für die Abbildung von Tauschgeschäften nach IFRS geltenden Vorgaben nicht in den aktuellen *basis for conclusions* von IFRS 3 findet, war er noch in der Begründung zu dem dem finalen Standard vorangehenden *Exposure Draft* enthalten. Vgl. ED IFRS 3.BC 151 f.

879 Vgl. IFRS 3.BC384.

880 Vgl. LÜDENBACH, N./HOFFMANN, W.-D., Übergangskonsolidierung nach ED IFRS 3, S. 1807 f.; HACHMEISTER, D./HERMENS, A.-S., Veränderte Einflussnahme und Goodwillbilanzierung, S. 46; GRÜNBERGER, D./GRÜNBERGER, H., Business Combinations (B), S. 413.

881 Vgl. zur Bilanzierung von Tauschgeschäften in den IFRS bspw. FREIBERG, J., Gewinnrealisation bei Tauschgeschäften, S. 171-173, sowie HOFFMANN, W.-D., Tauschgeschäfte, S. 33 f.

882 Vgl. anstelle vieler DRSC (Hrsg.), Comment Letter (ED IFRS 3), S. 14; IDW (Hrsg.), Comment Letter (ED IFRS 3), S. 22; DELOITTE (Hrsg.), Comment Letter (ED IFRS 3), S. 11; DEUTSCHE TELEKOM AG/FRANCE TELECOM S.A./TELEFONICA S.A. (Hrsg.), Comment Letter (ED IFRS 3), S. 12. Vgl. überblicksartig hierzu IASB (Hrsg.), Project Summary ED IFRS 3, S. 14.

883 Vgl. IFRS 3.DO11.

884 Vgl. anstelle vieler DELOITTE (Hrsg.), Comment Letter (PIR IFRS 3), S. 8; BAYER AG (Hrsg.), Comment Letter (PIR IFRS 3), S. 8; DRSC (Hrsg.), Comment Letter (PIR IFRS 3), S. 4. Für eine Zusammenfassung der diesbezüglichen Stellungnahmen vgl. IASB (Hrsg.), Staff Paper 12F (September 2014), Rn. 77 f.

885 Vgl. bspw. IFRS 3.DO11 sowie DELOITTE (Hrsg.), Comment Letter (PIR IFRS 3), S. 8.

enthalten waren. Eine GuV-wirksame Erfassung der aus der Fair Value-Bewertung resultierenden Wertanpassung der Altanteile kann nach der hier geteilten Meinung insofern keinesfalls allein durch den Verweis auf die bei tatsächlichen Tauschtransaktionen einschlägigen Vorschriften der IFRS gerechtfertigt werden.

Stattdessen ist für die Beurteilung der in IFRS 3.41 f. normierten Vorgehensweise entscheidend, ob die damit einhergehenden Erfolgswirkungen im Einklang mit der im *Conceptual Framework* enthaltenen Erfolgsdefinition stehen und somit den konzeptionellen Grundpfeilern der IFRS-Rechnungslegung gerecht werden. Gemäß ED.CF.4.48. werden Erfolge i. S. d. *asset liability approach* ganz allgemein an die Änderung von Vermögenswerten und Schulden geknüpft, indem bspw. Erträge als eine nicht durch eine Eigentümertransaktion hervorgerufene Zunahme wirtschaftlichen Nutzens in Form von Zuflüssen oder Erhöhungen von Vermögenswerten bzw. einer Verringerung von Schulden verstanden werden.[886] Da der nach IFRS 3.41 f. auszuweisende Ertrag bzw. Aufwand stets mit einer entsprechenden Wertänderung eines Aktivums einhergeht, ist die Erfassung in der Erfolgsrechnung zunächst als logische Konsequenz der für die Bilanzierung der Altanteile seitens des IASB getroffenen Entscheidung zugunsten einer Fair Value-Bewertung zu verstehen. Eine gänzlich erfolgsneutrale Vereinnahmung des jeweiligen Betrages im Wege einer unmittelbaren Erfassung im Eigenkapital stellt daher i. S. d. inneren Konsistenz des IFRS-Normgefüges, aber auch mit Blick auf die Beachtung des Kongruenzprinzips[887] keine Alternative dar.

Von verschiedenen Seiten wurde jedoch gefordert, den auf die Neubewertung der Altanteile zurückzuführenden Erfolg zumindest nicht in der Gewinn- und Verlustrechnung, sondern alternativ im OCI zu erfassen.[888] Auch wenn gemäß IAS 1.88 f. sowie ED.CF.7.23 alle wirtschaftlichen Erfolge des Konzerns prinzipiell in dessen Gewinn- und Verlustrechnung auszuweisen sind, ist eine Erfassung im OCI laut IASB sehr wohl dann denkbar, wenn durch eine Aufnahme der jeweiligen Beträge in der Gewinn- und Verlustrechnung die Relevanz dieses Recheninstruments eingeschränkt würde oder umgekehrt, durch einen Ausweis im OCI die Relevanz der Gewinn- und Verlustrechnung erhöht würde.[889] Dem *Conceptual Framework* sind für die diesbezügliche Beurteilung keine konkreten Kriterien zu entnehmen, sodass die Frage, ob die aus der Fair Value-Bewertung der Altanteile zu bilanzierenden „Erfolge" im OCI erfasst werden sollten, auf Basis teleologischer Überlegungen, d. h. mit Blick auf die Entscheidungsnützlichkeit der Bilanzierung zu beantworten ist. Nach der hier vertretenen Meinung wäre ein Ausweis im OCI dabei aus verschiedenen Gründen einer GuV-wirksamen Vereinnahmung vorzuziehen.[890]

Zum einen kommt es durch die Fair Value-Bewertung der bereits vor dem Statuswechsel gehaltenen Beteiligung i. d. R. zu einer Erfassung i. S. des Gefahrenübergangs **nicht realisierter Erfolge**, da

---

886 Vgl. Abschnitt 24.

887 Vgl. hierzu ausführlich Abschnitt 433.2.

888 Vgl. IFRS 3.DO11; KLOSE, N.-C., Konzernrechnungslegung nach IFRS, S. 264; NESTLE S.A. (Hrsg.), Comment Letter (PIR IFRS 3), S. 5; BAYER AG (Hrsg.), Comment Letter (PIR IFRS 3), S. 8, sowie überblicksartig IASB (Hrsg.), Staff Paper 12F (September 2014), Rn. 77.

889 Vgl. ED.CF.7.24 (b) sowie ausführlich HOOGERVORST, H., The dangers of ignoring unrealised income, S. 4-8.

890 Ähnlich wohl bspw. auch NESTLE S.A. (Hrsg.), Comment Letter (PIR IFRS 3), S. 5.

eine (Tausch-)Transaktion mit Dritten, wie bereits erläutert wurde, tatsächlich nicht stattgefunden hat. Während die fehlende wirtschaftliche Realisierung allein zwar noch keine Zuordnung zum OCI rechtfertigen kann,[891] ergibt sich dies aus der Kombination mit den weiteren Charakteristika des bilanziell zu erfassenden Neubewertungserfolges. So handelt es sich hierbei grundsätzlich um einen höchst **unsicheren** sowie nicht regelmäßig wiederkehrenden und somit **außerordentlichen Erfolg,**[892] der angesichts der bei der Ermittlung des Fair Value der Beteiligung bestehenden Ermessensspielräume durch das bilanzierende Management gezielt i. S. ihrer eigenen Interessen gesteuert werden kann.[893] Ein Ausweis im OCI könnte dementsprechend dazu beitragen, die Aussagekraft der Gewinn- und Verlustrechnung zu erhöhen und gleichzeitig die mit dem zu bilanzierenden Erfolgsbeitrag verbundene Unsicherheit kenntlich(er) zu machen.

Gegen eine GuV-wirksame Erfassung spricht überdies nicht zuletzt auch die in vorherigen Abschnitten herausgearbeitete Erkenntnis, dass die Wertanpassung der Altanteile nicht bzw. keinesfalls ausschließlich auf die erst durch die Übernahme in Form von Restrukturierungs- und Synergieeffekten erwartete Wertsteigerung zurückzuführen ist.[894] Stattdessen werden durch die Fair Value-Bewertung regelmäßig vor allem auch bereits zuvor entstandene stille Reserven und Lasten GuV-wirksam vereinnahmt.[895] Entgegen der Auffassung von KÜTING/WIRTH spiegeln sich in dem in der Gewinn- und Verlustrechnung in vielen Fällen zu erfassenden Ertrag dabei nicht allein die dem Geschäfts- oder Firmenwert zuzuordnenden stillen Reserven in Form originärer Goodwill-Bestandteile wider.[896] Vielmehr werden durch die derzeitige, streng Fair Value-orientierte Bilanzierungsmethodik implizit auch die seit dem historischen Erwerbszeitpunkt der Anteilstranche entstandenen stillen Reserven und Lasten der einzelnen hinter der Beteiligung stehenden Vermögenswerte und Schulden GuV-wirksam aufgedeckt. Dies war unter der Geltung von IFRS 3 (rev. 2004) zunächst noch ausgeschlossen, da zwar bereits ebenfalls eine vollständige Neubewertung der Vermögenswerte und Schulden vorzunehmen war, diese jedoch bezogen auf die Altanteile lediglich eine GuV-neutrale Wertanpassung der Beteiligung in entsprechender Höhe zur Folge hatte.[897] In der Gewinn- und Verlustrechnung werden somit nun zu großen Teilen Erfolge ausgewiesen, die wirtschaftlich nicht der aktuellen Berichtsperiode, sondern vorherigen Perioden zuzuordnen sind.[898] Vor diesem Hintergrund ist eine Erfassung des

---

891 So werden in der Gewinn- und Verlustrechnung anders als im Handelsrecht zum Teil auch in dem Sinne unrealisierte, indes realisierbare Erfolge ausgewiesen. Vgl. Abschnitt 24.

892 Dies wurde von vielen Kommentierenden im Rahmen des *Post-implementation Review* von IFRS 3 hervorgehoben, verknüpft mit der Forderung, den entsprechenden Erfolg ggf. im OCI auszuweisen. Vgl. IASB (Hrsg.), Staff Paper 12F (September 2014), Rn. 77.

893 Ähnlich auch DELOITTE (Hrsg.), Comment Letter (PIR IFRS 3), S. 8.

894 Vgl. Abschnitt 513.335.

895 So wohl auch BRÜCKS, M./RICHTER, M., Business Combinations, S. 410.

896 So gehen KÜTING/WIRTH davon aus, dass sich der Erfolg aus der Fair Value-Bewertung im Vergleich zu der noch von IFRS 3 (rev. 2004) vorgesehenen Methodik „vollumfänglich im Betrag des Goodwill/negativen Unterschiedsbetrag“ (KÜTING, K./WIRTH, J., Sukzessiver Anteilserwerb, S. 364) widerspiegelt. Dies ist insofern unzutreffend, als die Neubewertung der einzelnen Vermögenswerte und Schulden nicht mehr wie noch nach IFRS 3 (rev. 2004) mit einer GuV-neutralen Wertanpassung der Altanteile verbunden ist. Dementsprechend ist ein Teil des in der Gewinn- und Verlustrechnung ausgewiesenen Wertanpassungsbedarfs der Altanteile zwangsläufig auf die Aufdeckung der in den hinter der Beteiligung stehenden Vermögenswerte und Schulden enthaltenen stillen Reserven und Lasten zurückzuführen.

897 Vgl. zu dieser Vorgehensweise ausführlich THEILE, C./PAWELZIK, K. U., Fair Value-Beteiligungsbuchwerte, S. 97 f.

898 Den *basis for conclusions* zufolge war sich der IASB dieser Tatsache bei der Standardentwicklung anscheinend

Neubewertungserfolgs im OCI der derzeitigen Vorgehensweise vorzuziehen, um die Bedeutung der Gewinn- und Verlustrechnung als das zentrale Recheninstrument zur Darstellung des wirtschaftlichen Erfolges **der aktuellen Berichtsperiode** nicht zu gefährden.

Gleichzeitig würde hierdurch keinesfalls die **innere Konsistenz** des IFRS-Normengefüges gefährdet. Schließlich ist die GuV-neutrale Erfassung einer Wertänderungen langfristig genutzter Vermögenswerte bspw. schon im Zuge der in IFRS 9 normierten Bilanzierung strategischer, d. h. nicht zu Handelszwecken gehaltener Unternehmensbeteiligungen (zumindest wahlweise) zulässig.[899]

514.2 Umgliederung zuvor im OCI erfasster Beträge

Neben der GuV-wirksamen Anpassung des Buchwertes der Altanteile können sich im Rahmen eines sukzessiven Unternehmenserwerbs ferner Erfolgswirkungen aus der Umgliederung der im Rahmen der bisherigen Bilanzierung dieser Anteile ggf. **im OCI erfassten Beträge** ergeben. Gemäß IFRS 3.41 f. sind diese prinzipiell so zu behandeln, als wenn die Altanteile zum Zeitpunkt des Beherrschungsübergangs unmittelbar veräußert würden.

Bei einer vorherigen Klassifizierung der Anteile als **einfache Beteiligung** gem. IFRS 9 ist dies nur dann von Relevanz, sollte das Wahlrecht zur GuV-neutralen Fair Value-Bewertung in Anspruch genommen worden sein. In diesem Fall ist zum Zeitpunkt des Statuswechsels eine Umgliederung der im Jahr ihrer Entstehung zunächst in die Neubewertungsrücklage eingebuchten Wertänderungen innerhalb des Eigenkapitals, also bspw. in die Gewinnrücklagen des Konzerns, vorzunehmen.[900] Eine Umbuchung in die Gewinn- und Verlustrechnung, wie sie noch bei nach IAS 39.55 (c) als „*available for sale*“ klassifizierten Beteiligungen vorgesehen war, ist gem. IFRS 9.B5.7.1 zu keinem Zeitpunkt erlaubt.[901]

Sollte die Unternehmensbeteiligung vor dem Statuswechsel als **assoziiertes oder Gemeinschaftsunternehmen** eingestuft worden sein, ist dementgegen ein GuV-wirksames *recycling* der im Zuge der Fortschreibung des Equity-Wertes u. U. zunächst GuV-neutral erfassten Erträge und Aufwendungen möglich. Grundsätzlich wird die Fortschreibung des Equity-Wertes nach IAS 28.10 immer dann im

bewusst. So führt er in IFRS 3.BC387 aus: „*If an equity interest in an entity is not required to be measured at its fair value, the recognition of a gain or loss at the acquisition date is merely a consequence of the delayed recognition of the economic gain or loss that is present in that financial instrument.*“

899 Vgl. Abschnitt 35.

900 Dem Wortlaut des IFRS 9.B5.7.1 nach („*may transfer the cumulative gain or loss within equity*“) besteht genau genommen keine Pflicht, sondern vielmehr ein Wahlrecht, die entsprechenden Beträge umzugliedern, sodass theoretisch auch ein Verbleib in der Neubewertungsrücklage denkbar ist. Kritisch hierzu im Kontext von IAS 16 SCHARFENBERG, A., in: Beck IFRS HB, 4. Aufl., § 5, Rn. 140.

901 Der IASB behält sich vor, das in IFRS 9 formulierte Verbot einer GuV-wirksamen Umgliederung im OCI erfasster Beträge im Anschluss an die Überarbeitung des *Conceptual Framework* entsprechend der darin enthaltenen Ausführungen zum *recycling* zu überarbeiten. Vgl. schon IASB (Hrsg.), Staff Paper 10D (October 2014), Rn. 1 f. i. V. m. B14 f.

sonstigen Ergebnis des Konzerns erfasst, wenn die entsprechende Eigenkapitaländerung des Beteiligungsunternehmens in dessen (Einzel-)Abschluss[902] ebenfalls im OCI ausgewiesen wurde.[903] Dort „geparkte" Beträge sind gem. IFRS 3.41 f. i. V. m. IAS 28.22 (c) zum Zeitpunkt des Beherrschungsübergangs in der Form zu bilanzieren, als wenn das assoziierte bzw. Gemeinschaftsunternehmen die die damalige Eigenkapitalentwicklung betreffenden Vermögenswerte und Schulden direkt veräußern würde. Insofern ist eine differenzierte Betrachtung der über die Haltedauer der Beteiligung im OCI erfassten Sachverhalte auf Ebene des Abschlusses des Beteiligungsunternehmens erforderlich.[904] So sind bspw. zunächst im sonstigen Ergebnis ausgewiesene Erfolge aus der Bilanzierung eines *Cashflow Hedge* gem. IFRS 9 oder aber der Währungsumrechnung nach IAS 21 zum Zeitpunkt des Statuswechsels für Konzernbilanzierungszwecke GuV-wirksam zu recyceln.[905] Andererseits kommt für die in der Neubewertungsrücklage erfassten Wertänderungen von Gegenständen des Sachanlagevermögens nach IAS 16 bzw. immateriellen Vermögenswerten nach IAS 38 ausschließlich eine GuV-neutrale Umgliederung innerhalb des Eigenkapitals in Frage.[906]

Die für den Übergang von der Equity-Methode zur Vollkonsolidierung geltenden Umgliederungsvorschriften sind mangels einer Ausnahmevorschrift in IFRS 3.41 f. grundsätzlich auch für sukzessive Unternehmenserwerbe ausgehend von einer zuvor quotal einzubeziehenden **gemeinschaftlichen Tätigkeit** anzuwenden.[907] Insofern wären sämtliche im Zuge der bisherigen Bilanzierung der anteiligen Vermögenswerte und Schulden im OCI ausgewiesenen Eigenkapitalkomponenten so zu behandeln, als wären die entsprechenden Bilanzposten zum Zeitpunkt des Statuswechsels unmittelbar veräußert worden. Die Umklassifizierung erfolgt dabei nach Maßgabe der für die einzelnen Bilanzposten jeweils relevanten Standards entweder GuV-wirksam (*recycling*) oder aber GuV-neutral innerhalb des Eigenkapitals.

Wie schon die GuV-wirksame Erfassung der aus der Fair Value-Bewertung der Altanteile resultierenden Wertanpassung ist auch die Vorschrift zur Umgliederung der im Rahmen der bisherigen Beteiligungsbilanzierung im OCI erfassten Beträge auf die Interpretation des Statuswechsels als

---

902 Sofern das Beteiligungsunternehmen bspw. wiederum einen beherrschenden Einfluss auf andere Unternehmen ausübt, sollte nicht auf dessen Einzel-, sondern auf den entsprechenden (Teil-)Konzernabschluss zurückgegriffen werden. Vgl. IAS 28.27.

903 Vgl. IAS 28.10, sowie HAYN, B., in: Beck IFRS HB, 4. Aufl., § 36, Rn. 74. Sollte der Abschluss des Beteiligungsunternehmens nicht nach IFRS, sondern bspw. nach HGB aufgestellt worden sein, würden erst im Rahmen der aus Gründen der konzerneinheitlichen Bilanzierung aufzustellenden IFRS-Handelsbilanz II GuV-neutrale Erfolge auftreten können. Vgl. zur konzerneinheitlichen Bilanzierung von assoziierten und Gemeinschaftsunternehmen BAETGE, J./KLAHOLZ, T./GRAUPE, F., in: Baetge u. a., Rechnungslegung nach IFRS, 2. Aufl., IAS 28, Rn. 187.

904 Vgl. KÜTING, K./WIRTH, J., Sukzessiver Anteilserwerb, S. 368, sowie BAETGE, J./KLAHOLZ, T./GRAUPE, F., in: Baetge u. a., Rechnungslegung nach IFRS, 2. Aufl., IAS 28, Rn. 181.

905 Vgl. hierzu IFRS 9.6.5.11 (d) bzw. IAS 21.32.

906 Vgl. IAS 16.41 und IAS 38.87 i. V. m. IAS 1.96.

907 Gleicher Auffassung HAYN, B., in: Beck IFRS HB, 4. Aufl., § 38, Rn. 36. Mit Bezug auf den Vorgängerstandard IAS 31 augenscheinlich gegenteiliger Meinung KÜTING, K./WIRTH, J., Sukzessiver Anteilserwerb, S. 370. Unklarheiten hinsichtlich der Anwendbarkeit der Vorschriften zur Bilanzierung sukzessiver Unternehmenserwerbe nach IFRS 3 auf den Fall eines Übergangs ausgehend von einer gemeinschaftlichen Tätigkeit ergeben sich nur dann, sollte die gemeinschaftliche Tätigkeit nicht als separate Rechtseinheit strukturiert sein. Vgl. hierzu IFRS IC (Hrsg.), Staff Paper 13 (September 2013). Im Rahmen der vorliegenden Arbeit wird wegen des Fokus auf Anteilserwerbe jedoch stets von einer solchen rechtlich selbstständigen Struktur ausgegangen.

Tauschtransaktion zurückzuführen. So lässt sich jeder Tauschvorgang gedanklich in ein Veräußerungsgeschäft und ein Erwerbsgeschäft zerlegen.[908] Wird diese Überlegung auf den Fall eines sukzessiven Unternehmenserwerbs übertragen, würde dies zunächst eine Veräußerung der Altanteile an einen hypothetischen Marktteilnehmer und einen anschließenden Erwerb der dahinter (anteilig) stehenden einzelnen Vermögenswerte und Schulden bedeuten.[909] Die Umgliederung der bei der bisherigen Beteiligungsbilanzierung im OCI erfassten Beträge könnte somit wiederum als „logische Konsequenz der Tauschfiktion des IFRS 3“[910] angesehen werden. Wie im vorherigen Abschnitt erläutert wurde, liegt jedoch keine tatsächliche (Markt-)Transaktion vor, sodass hierdurch letztlich eine Realisierung der im OCI ausgewiesenen Wertpotenziale vermittelt wird, die bei wirtschaftlicher Betrachtung tatsächlich nicht gegeben ist.[911] Hinzu kommt, dass es bei einer vorherigen Klassifizierung der Altanteile als gemeinschaftliche Tätigkeit selbst bei einer rein bilanziellen Betrachtung nicht zu einem Tausch einer Beteiligung gegen einzelne Vermögenswerte und Schulden kommt. Schließlich sind die die OCI-Buchungen betreffenden Bilanzposten, in diesem Fall die hinter der Beteiligung stehenden Vermögenswerte und Schulden des Beteiligungsunternehmens, bereits zuvor nicht nur mittelbar im Beteiligungswert, sondern gem. IFRS 11 unmittelbar im Konzernabschluss enthalten. Ein Verweis auf die bei Tauschtransaktionen geltenden Vorschriften kann nach der hier vertretenen Meinung somit als Begründung für die Auflösung zuvor im OCI erfasster Erfolge nicht überzeugen. Um weder die Relevanz, die Glaubwürdigkeit noch die Verständlichkeit der Gewinn- und Verlustrechnung zu gefährden, sollte eine Umgliederung und dabei insbesondere ein GuV-wirksames *recycling* daher erst zum Zeitpunkt einer tatsächlichen und nicht schon einer bilanziell fingierten Realisierung erfolgen dürfen.[912]

515. Anwendungsbeispiel

Das folgende Beispiel gibt einen systematischen Überblick über die Vorgehensweise bei der konzernbilanziellen Abbildung eines sukzessiven Unternehmenserwerbs ausgehend von einer nach der Equity-Methode bilanzierten Beteiligung:

Unternehmen A erwirbt zum **01.01.X0 25% der Anteile** an Unternehmen B und bilanziert die Beteiligung im Konzernabschluss angesichts eines maßgeblichen Einflusses nach der **Equity-Methode gem. IAS 28**. Die Anschaffungskosten für den Erwerb betrugen 2.000 GE. In der Periode X0 hat Unternehmen B ein Gesamtergebnis i. H. v. 800 GE erwirtschaftet und vollständig thesauriert. Neben dem in der Gewinn- und Verlustrechnung ausgewiesenen Periodenerfolg i. H. v. 300 GE sind darin GuV-neutrale Erfolge aus der Marktbewertung von Unternehmensanteilen i. H. v. 240 GE sowie aus der Bilanzierung eines *Cashflow Hedge* i. H. v. 260 GE enthalten.[913] Ferner wurden zum Erwerbszeitpunkt der Beteiligung stille Reserven in Bezug auf das Nettovermögen von Unternehmen B

908 Vgl. FREIBERG, J., Gewinnrealisation bei Tauschgeschäften, S. 171.

909 Vgl. KPMG (Hrsg.), Insights into IFRS 2014/15, Rn. 2.6.1140.40.

910 HACHMEISTER, D./HERMENS, A.-S., Veränderte Einflussnahme und Goodwillbilanzierung, S. 46, die sich hierbei jedoch nicht auf die Umgliederung der im OCI erfassten Beträge, sondern auf die Pflicht zur Neubewertung der Altanteile beziehen.

911 Ähnlich IDW (Hrsg.), Comment Letter (PIR IFRS 3), S. 8.

912 Im Ergebnis so bspw. wohl auch IFRS 3.DO11.

913 Vgl. hierzu die Regelungen in IFRS 9.5.7.5 sowie IFRS 9.6.5.11.

i. H. v. 1.000 GE aufgedeckt, die auf linear abzuschreibende Sachanlagen mit einer Restnutzungsdauer von 10 Jahren entfallen. Aufgrund der guten wirtschaftlichen Entwicklung des Beteiligungsunternehmens erhöht sich der in der IFRS-Handelsbilanz II bilanzierte Fair Value der 25%-Beteiligung bis zum Ende des Jahres um 500 GE auf dann 2.500 GE. Die IFRS-Handelsbilanz II von Unternehmen A ergibt sich zum 31.12.X0 wie folgt:

Aktiva	**IFRS-Handelsbilanz II von Unternehmen A** zum 31.12.X0 (in GE)		**Passiva**
Beteiligungen	2.500	Gezeichnetes Kapital	5.000
Sonstiges Anlagevermögen	5.000	Gewinnrücklage	22.000
Umlaufvermögen	26.000	Sonstiges Eigenkapital	500
		Sonstige Passiva	6.000
∑ Aktiva	**33.500**	**∑ Passiva**	**33.500**

Tabelle 5-1: IFRS-Handelsbilanz II von Unternehmen A zum 31.12.X0 (AU→TU)

Zunächst soll zum **31.12.X0** die **Konzernbilanz von Unternehmen A** aufgestellt werden. Hierfür ist die zum Erwerbszeitpunkt i. H. d. Anschaffungskosten bilanzierte Beteiligung an Unternehmen B (2.000 GE) um das auf das Unternehmen A anteilig entfallende Gesamtergebnis des Beteiligungsunternehmens sowie um die Abschreibungen der im Beteiligungsbuchwert enthaltenen stillen Reserven fortzuschreiben. Da die Beteiligung in der IFRS-Handelsbilanz II von Unternehmen A gem. IFRS 9.5.7.5 GuV-neutral zum Fair Value folgebilanziert wird, ist zum 31.12.X0 für konzernbilanzielle Zwecke zunächst die im OCI bzw. letztlich in der Neubewertungsrücklage als Teil des sonstigen Eigenkapitals der Gesellschaft gegengebuchte Wertsteigerung der Anteile i. H. v. 500 GE (=2.500 GE-2.000 GE) zu stornieren (Buchungssatz (1)).

(1)	OCI	500	*an*	Beteiligung	500
	Sonst. Eigenkapital (NBW-Rücklage)	500		OCI	500

Anschließend ist die Beteiligung zum einen GuV-wirksam um das anteilige Periodenergebnis von Unternehmen B i. H. v. 75 GE (=300 GE*25%) zu erhöhen sowie gleichzeitig i. H. v. 25 GE (=(1.000 GE*25%)/10) um die Abschreibung der im Zuge des Erwerbs in einer Nebenrechnung aufgedeckten stillen Reserven zu korrigieren. Buchungssatz (2a) lautet somit im Saldo:

(2a)	Beteiligung	50	*an*	Periodenerfolg (GuV)	50

Zum anderen ist auch der Anteil am sonstigen Gesamtergebnis von Unternehmen B i. H. v. 125 GE (=(240 GE+260 GE)*25%) werterhöhend bei der Fortschreibung des Beteiligungswertes zu berücksichtigen (Buchungssatz (2b)). Der entsprechende Betrag ist jedoch nicht in der Gewinn- und Verlustrechnung, sondern GuV-neutral unter dem Posten „Anteil am sonstigen Gesamtergebnis von nach der Equity-Methode bilanzierten assoziierte und Gemeinschaftsunternehmen“ im OCI und somit letztlich im sonstigen Eigenkapital zu erfassen.[914]

(2b)	Beteiligung	125	*an*	OCI	125
	OCI	125		Sonst. Eigenkapital	125

Tabelle 5-2 zeigt die zum 31.12.X0 aufgestellte IFRS-Handelsbilanz II von Unternehmen A, die zuvor erläuterten, für die Equity-Fortschreibung der Beteiligung an Unternehmen B erforderlichen Korrekturbuchungen sowie die daraus resultierende Konzernbilanz, die aus Vereinfachungsgründen keine weiteren Beteiligungen umfasst.[915]

31.12.X0 (alle Zahlenabgaben in GE)	**A (MU)** IFRS II	**Equity-Fortschreibung** Soll		Haben		**KB**
Aktiva						
Beteiligungen	2.500	*(2a)*	50	*(1)*	500	2.175
		(2b)	125			
Sonstiges Anlagevermögen	5.000					5.000
Umlaufvermögen	26.000					26.000
∑ Aktiva	**33.500**					**33.175**
Passiva						
Gezeichnetes Kapital	5.000					5.000
Gewinnrücklage	22.000					22.000
Sonstiges Eigenkapital	500	*(1)*	500	*(2b)*	125	125
Periodenergebnis (GuV)	0			*(2a)*	50	50
Sonstige Passiva	6.000					6.000
∑ Passiva	**33.500**					**33.175**

Tabelle 5-2: Konzernabschluss von Unternehmen A zum 31.12.X0 (AU→TU)

Zum **01.01.X1** erwirbt Unternehmen A **weitere 50% der Anteile** an Unternehmen B zu einem Kaufpreis von 6.000 GE und erlangt auf Basis der nunmehr 75%igen Beteiligung die Beherrschungsmacht über das Beteiligungsunternehmen. Die Beteiligung ist ab diesem Zeitpunkt nicht mehr nach der Equity-Methode, sondern entsprechend der **Vollkonsolidierung** gem. IFRS 10 i. V. m. IFRS 3 in den Konzernabschluss von Unternehmen A einzubeziehen. Im Rahmen der *due diligence* wurden stille Reserven i. H. v. 1.000 GE im Anlagevermögen sowie i. H. v. 600 GE im Umlaufvermögen des Beteiligungsunternehmens ermittelt. Der in der IFRS-Handelsbilanz II bilanzierte Fair Value der bereits vor dem Statuswechsel im Besitz von Unternehmen A befindlichen Anteile an Unternehmen B beträgt weiterhin 2.500 GE. Während die IFRS-Handelsbilanz II von Unternehmen A mit Ausnahme

914 Vgl. IAS 1.82A.

915 Sofern Unternehmen A keine Tochterunternehmen besitzt, wäre genau genommen gar keine Konzernbilanz aufzustellen.

der erwerbsbedingten Beteiligungserhöhung i. H. v. 6.000 GE und einer entsprechenden Verminderung des Umlaufvermögens infolge der Kaufpreiszahlung der Bilanz zum 31.12.X0 entspricht, stellt sich die IFRS-Handelsbilanz II von Unternehmen B zum Zeitpunkt des Erwerbs wie folgt dar:

Aktiva	**IFRS-Handelsbilanz II von Unternehmen B** zum 01.01.X1 (in GE)		**Passiva**
Beteiligungen	1.000	Gezeichnetes Kapital	900
Sonstiges Anlagevermögen	2.900	Gewinnrücklage	3.000
Umlaufvermögen	1.500	Sonstiges Eigenkapital	500
		Sonstige Passiva	1.000
∑ Aktiva	**5.400**	**∑ Passiva**	**5.400**

Tabelle 5-3: IFRS-Handelsbilanz II von Unternehmen B zum 01.01.X1 (AU→TU)

Zum 01.01.X1 soll nun wiederum die Konzernbilanz von Unternehmen A ausgehend von den IFRS-Handelsbilanzen II der beiden Konzernunternehmen aufgestellt werden. Hierfür sind in einem ersten Schritt die stillen Reserven und Lasten der Vermögenswerte und Schulden des Beteiligungsunternehmens aufzudecken und gleichzeitig ein entsprechender Betrag in die Neubewertungsrücklage als Teil des sonstigen Eigenkapitals einzustellen (Buchungssatz (1*)[916]). Das **neubewertete Eigenkapital** von Unternehmen B beträgt dann 6.000 GE.

(1*)	Sonst. Anlagevermögen	1.000	*an*	Sonst. Eigenkapital	1.600
	Umlaufvermögen	600			

Bevor die eigentliche Kapitalkonsolidierung auf Basis der Summenbilanz vorgenommen werden kann, sind anschließend zunächst die Buchungen aus dem Vorjahr hinsichtlich der Stornierung der Fair Value-Bewertung der Altanteile aus der IFRS-Handelsbilanz II von Unternehmen A (Buchungssatz (2*)) sowie der darauffolgenden Equity-Fortschreibung der Anschaffungskosten (Buchungssatz (3*)) **erfolgsneutral** zu wiederholen.

(2*)	Sonst. Eigenkapital (NBW-Rücklage)	500	*an*	Beteiligung	500
(3*)	Beteiligung	175	*an*	Gewinnrücklagen	50
				Sonst. Eigenkapital	125

916 Dieser Buchungssatz ist in der Konsolidierungsspalte in Tabelle 5-5 nicht explizit enthalten, da er bereits für die Erstellung der sog. IFRS-Handelsbilanz III ausgehend von der IFRS-Handelsbilanz II erforderlich ist.

Gemäß IFRS 3.41 f. ist der bisherige Buchwert der Altanteile – hier der Equity-Wert i. H. v. 2.175 GE – für konzernbilanzielle Zwecke sodann zum Fair Value i. H. v. 2.500 GE[917] neu zu bewerten und der entsprechende Differenzbetrag i. H. v. 325 GE in der Gewinn- und Verlustrechnung der Berichtsperiode zu erfassen (Buchungssatz (4*)).

(4*)	Beteiligung	325	*an*	Periodenerfolg (GuV)	325

Darüber hinaus sind gem. IFRS 3.41 f. sämtliche im Rahmen der vorherigen Equity-Bilanzierung im sonstigen Ergebnis aufgelaufene Beträge zum Zeitpunkt der Beherrschungserlangung so zu behandeln, als würde Unternehmen A die Altanteile am Markt veräußern. Demnach können zum einen die in der Berichtsperiode X0 anteilig im Equity-Wert erfassten Wertschwankungen der von Unternehmen B gehaltenen Wertpapiere i. H. v. 60 GE (=240 GE*0,25%) GuV-neutral in die Gewinnrücklagen umgegliedert werden.[918] Zum anderen sind die auf die Bilanzierung eines *Cashflow Hedge* des Beteiligungsunternehmens zurückgehenden anteiligen OCI-Bestandteile i. H. v. 65 GE (=260 GE*0,25%) in die Gewinn- und Verlustrechnung zu *„recyceln“*(Buchungssatz (5*)).[919]

(5*)	Sonst. Eigenkapital	125	*an*	Gewinnrücklage	60
				Periodenerfolg (GuV)	65

Im letzten Schritt ist dann die eigentliche Kapitalkonsolidierung durchzuführen, in dessen Rahmen die Gesamtbeteiligung bestehend aus den Alt- (2.500 GE) sowie den Neuanteilen (6.000 GE) zusammen mit den erst noch zu dotierenden Anteilen der verbleibenden nicht-beherrschenden Gesellschafter (1.500 GE=6.000 GE*25%) dem neubewerteten Nettovermögen des Beteiligungsunternehmens (6.000 GE) gem. IFRS 3.32 gegenübergestellt wird. Bei Anwendung der **Partial Goodwill-Methode** ergibt sich der Unterschiedsbetrag aus der Kapitalkonsolidierung dementsprechend wie folgt:

	Fair Value der übertragenen Gegenleistung (AK Neuanteile)	6.000
+	Fair Value der Altanteile	2.500
+	Anteil der nicht-beherrschenden Gesellschafter am neubewerteten Nettovermögen von B	1.500
−	Neubewertetes Nettovermögen von B	6.000
=	**Unterschiedsbetrag aus der Kapitalkonsolidierung**	**4.000**

Tabelle 5-4: Ermittlung des Unterschiedsbetrages aus der Kapitalkonsolidierung (AU→TU)

Die Kapitalkonsolidierung wird dabei typischerweise in zwei Schritten vorgenommen. Zunächst wird die gesamte Beteiligung an Unternehmen B i. H. v. 8.500 GE gegen das auf Unternehmen A anteilig

917 Annahmegemäß entspricht der für konzernbilanzielle Zwecke zu ermittelnde Fair Value hier dem nach IFRS 9 i. V. m. IFRS 13 bilanzierten Fair Value der Altanteile in der IFRS-Handelsbilanz II.

918 Vgl. IFRS 9. B5.7.1 i. V. m. IAS 28.19A.

919 Vgl. IAS 9.6.5.11 i. V. m. IAS 28.19A.

entfallende neubewertete Eigenkapital i. H. v. 4.500 GE (=6.000 GE*75%) aufgerechnet und der positive Unterschiedsbetrag i. H. v. 4.000 GE als Geschäfts- oder Firmenwert bilanziert (Buchungssatz (6*)).

(6*)	Gezeichnetes Kapital	675	*an*	Beteiligung	8.500
	Gewinnrücklage	2.250			
	Sonst. Eigenkapital	1.575			
	Geschäfts- oder Firmenwert	4.000			

In einem zweiten Schritt wird der auf die nicht-beherrschenden Gesellschafter entfallende Anteil am neubewerteten Eigenkapital von Unternehmen B in einem Ausgleichsposten im Eigenkapital dotiert (Buchungssatz (7*)).

(7*)	Gezeichnetes Kapital	225	*an*	Anteil nicht-beherrschender Gesellschafter	1.500
	Gewinnrücklage	750			
	Sonst. Eigenkapital	525			

Die Konzernbilanz von Unternehmen A stellt sich auf Basis der vorherigen Buchungen zum 01.01.X1 wie folgt dar:

01.01.X1 (alle Zahlenabgaben in GE)	**A (MU)**	**B (TU)**		**SB**	**Übergangs-konsolidierung**		**KB**
	IFRS II	IFRS II	IFRS III		Soll	Haben	
Aktiva							
Geschäfts- oder Firmenwert	0	0	0	0	*(6*)* 4.000		4.000
Beteiligungen	8.500	1.000	1.000	9.500	*(3*)* 175 *(4*)* 325	*(2*)* 500 *(6*)* 8.500	1.000
Sonstiges Anlagevermögen	5.000	2.900	3.900	8.900			8.900
Umlaufvermögen	20.000	1.500	2.100	22.100			22.100
Bilanzsumme	**33.500**	**5.400**	**7.000**	**40.500**			**36.000**

01.01.X1 (alle Zahlenabgaben in GE)	A (MU)	B (TU)		SB	Übergangs-konsolidierung		KB
	IFRS II	IFRS II	IFRS III		Soll	Haben	
Passiva							
Gezeichnetes Kapital	5.000	900	900	5.900	*(6*)* 675 *(7*)* 225		5.000
Gewinnrücklage	22.000	3.000	3.000	25.000	*(6*)* 2.250 *(7*)* 750	*(3*)* 50 *(5*)* 60	22.110
Sonstiges Eigenkapital	500	500	2.100	2.600	*(2*)* 500 *(5*)* 125 *(6*)* 1.575 *(7*)* 525	*(3*)* 125	0
Periodenergebnis (GuV)	0	0	0	0		*(5*)* 65 *(4*)* 325	390
Anteile nicht-beherrschender Gesellschafter	-	-	-	-		*(7*)* 1.500	1.500
Sonstige Passiva	6.000	1.000	1.000	7.000			7.000
Bilanzsumme	**33.500**	**5.400**	**7.000**	**40.500**			**36.000**

Tabelle 5-5: Konzernabschluss von Unternehmen A zum 01.01.X1 (AU→TU)

516. Abschließende Würdigung

Die Vorschriften zur Bilanzierung sukzessiver Unternehmenserwerbe wurden durch die Neuherausgabe des IFRS 3 im Jahr 2008 grundlegend geändert. Im Vergleich zu den Vorgängerstandards IAS 22 und später IFRS 3 (rev. 2004) sind nunmehr sowohl der Bilanzierung der einzelnen Vermögenswerte und Schulden des Tochterunternehmens als auch der Ermittlung des Unterschiedsbetrages aus der Kapitalkonsolidierung **einheitlich** die **Wertverhältnisse zum Zeitpunkt des Beherrschungsübergangs** zugrunde zu legen. Hierdurch gelang es dem IASB, sukzessive Unternehmenszusammenschlüsse einerseits und Unternehmenserwerbe ohne vorherigen Anteilsbesitz andererseits auf eine gemeinsame konzeptionelle Basis zu stellen und somit zur Verbesserung der Verständlichkeit sowie der Vergleichbarkeit der Konzernbilanzierung beizutragen. Ferner wurde auch die vielfach bemängelte Komplexität der bilanziellen Abbildung sukzessiver Unternehmenserwerbe zumindest auf den ersten Blick deutlich reduziert, da im Gegensatz zur tranchenweisen Methodik keine historischen Wertverhältnisse mehr aufwendig rekonstruiert werden müssen.

Der bei sukzessiven Erwerbsvorgängen bestehenden Herausforderung, dass nur für die zuletzt erworbene Anteilstranche aktuelle Anschaffungskosten vorliegen, begegnet der Standardsetzer mit der grundsätzlichen **Verpflichtung zur Fair Value-Bewertung** des bereits vor dem Statuswechsel gehaltenen Anteilspaketes. Hierdurch wird zum einen das als Teil des Anforderungskatalogs an eine entscheidungsnützliche Bilanzierung sukzessiver Anteilserwerbe identifizierte Ziel erreicht, die im Zuge der Neukonsolidierung der Altanteile aufzurechnenden Positionen wertmäßig auf denselben

Stichtag zu beziehen, um eine Ermittlung rein technischer und damit schwer interpretierbarer Unterschiedsbeträge zu verhindern.[920] Zum anderen wird gleichzeitig die Relevanz der vermittelten Informationen im Vergleich zu der noch von IFRS 3 (rev. 2004) vorgesehenen Bilanzierungssystematik erhöht, da in Bezug auf die Altanteile nicht mehr historische Geschäfts- oder Firmenwerte, sondern stets auf den Zeitpunkt des neuerlichen Erwerbsvorgangs bezogene und somit aktuelle Werte bilanziert werden.

Auch das als Rechtfertigung für die Neubewertung der Altanteile angeführte **Konzept des *significant economic event*** scheint überzeugend. So kann die Erlangung der alleinigen Beherrschungsmacht über ein Unternehmen, wie sowohl konzeptionell als auch empirisch gezeigt wurde, tatsächlich als eine fundamentale Wesensänderung der bisherigen Unternehmensbeziehung typisiert werden, die wohl in vielen Fällen eine wesentliche (ökonomische) Wertänderung der zuvor bilanzierten Anteile zur Folge hat. Die derzeitige Bilanzierungssystematik des IFRS 3 ist daher vor dem Hintergrund des für sukzessive Anteilserwerbe identifizierten Informationsziels, sämtliche wirtschaftlich durch die neuerliche Investition in das Beteiligungsunternehmen verursachten Wertänderungen bilanziell nachzuzeichnen, zunächst positiv zu beurteilen.

Die konzeptionellen Vorteile einer Neubewertung der Altanteile sind bei genauerer Betrachtung der **Bestimmungsfaktoren des Fair Value** jedoch erheblich einzuschränken. Zum einen sind angesichts der gem. IFRS 13 einzunehmenden Marktperspektive relevante Informationen in Form unternehmensspezifischer Wertpotenziale bei der Wertermittlung per se außen vor zu lassen. Im Ergebnis kann es hierdurch im Extremfall sogar zu einer ökonomisch nicht gerechtfertigten Abschreibung des bisherigen Beteiligungsbuchwertes kommen. Zum anderen führt die für Bewertungszwecke zu unterstellende hypothetische Veräußerung der Altanteile dazu, dass die aus der Wesensänderung der Beteiligung zu erwartenden Wertsteigerungen in einigen Konstellationen nicht bei der bilanziellen Neubewertung berücksichtigt werden dürfen. Das durch die Fair Value-Bewertung der Altanteile avisierte Ziel, der durch den Statuswechsel grundlegend geänderten Beteiligungsbeziehung bilanziell Rechnung zu tragen, kann vor diesem Hintergrund gerade nicht erreicht werden. Stattdessen werden durch die Fair Value-Bewertung der Altanteile i. V. m. der einheitlichen Neubewertung der dahinter stehenden Vermögenswerte und Schulden in vielen Fällen vor allem stille Reserven und Lasten aufgedeckt. Diese sind anders als die erst aus der Beherrschungserlangung erwachsenden Restrukturierungs- und Synergieeffekte wirtschaftlich betrachtet jedoch nicht dem Statuswechsel, sondern zumeist vorherigen Perioden zuzuordnen. Insofern wird den Abschlussadressaten eine Änderung der Vermögens- und Finanzlage suggeriert, die in der aktuellen Berichtsperiode tatsächlich nicht stattgefunden hat. Die zu bilanzierende Wertänderung wird somit nicht selten ausschließlich durch den Wechsel des Bewertungsmaßstabes im Zuge der Übergangskonsolidierung und eben nicht durch die Anteilsaufstockung an sich hervorgerufen. Die Beurteilung der seitens des Managements getätigten Investition i. S. d. dadurch wirtschaftlich hervorgerufenen (Rein-)Vermögensänderung als primäre

920 Dieser Anforderung genügten indes auch bereits IFRS 3 (rev. 2004) sowie IAS 22, da den historischen Anschaffungskosten der Altanteile für die Ermittlung des Unterschiedsbetrages die zum ursprünglichen Anschaffungszeitpunkt neubewerteten Vermögenswerte und Schulden gegenüberzustellen waren.

Anforderung an die Bilanzierung sukzessiver Anteilserwerbe ist entgegen der ersten Einschätzung damit letztlich nur eingeschränkt möglich.

Darüber hinaus werden dem bilanzierenden Management durch die Fair Value-Bewertung **umfassende Ermessensspielräume** gewährt, die es angesichts der GuV-wirksamen Erfassung der daraus ggf. resultierenden Buchwertanpassung für bilanzpolitische Zwecke ausnutzen kann. Selbst für den Fall, dass bei der Bewertung auf den Börsenkurs des Beteiligungsunternehmens zurückgegriffen werden kann, unterliegt die Wertermittlung in Form etwaiger Kontrollzuschläge nicht zu vernachlässigenden subjektiven Einflüssen, die sich einer intersubjektiven Nachprüfbarkeit weitestgehend entziehen. Wenn jedoch, wie wohl zumeist der Fall, keine Börsennotierung vorliegt und somit auf den Kaufpreis für die Neuanteile, Bewertungsmultiplikatoren oder aber barwertorientierte Verfahren abzustellen ist, erhöhen sich die Freiheitsgrade noch einmal um ein Vielfaches. Weil die von IFRS 13 vorgegebene Marktperspektive in diesen Fällen kaum zur Objektivierung beitragen kann, ist eine neutrale Darstellung des ermittelten Fair Value und damit zugleich des aus der Kapitalkonsolidierung resultierenden Unterschiedsbetrages nicht gewährleistet. Der ebenfalls an die Bilanzierung sukzessiver Anteilserwerbe gestellten Anforderung, **bilanzpolitische Spielräume** nach Möglichkeit zu begrenzen, werden die aktuellen Vorschriften damit nicht gerecht. Vor dem Hintergrund der Tatsache, dass Akquisitionsentscheidungen zu den zentralen Herausforderungen der Konzernleitung zählen, ist die erhöhte Gefahr einer bilanzpolitischen Verzerrung der Berichterstattung über die aus einem Unternehmenserwerb erwachsenden finanziellen Auswirkungen dabei umso kritischer zu beurteilen. So könnten eigentlich unwirtschaftliche Investitionen seitens des Managements durch eine Überbewertung der Altanteile und einen daraus zum Erwerbszeitpunkt ggf. resultierenden Ertrag gegenüber den Abschlussadressaten als vorteilhaft dargestellt werden. Im Extremfall können die aktuellen Vorschriften überdies sogar Auswirkungen auf die Kaufpreisverhandlung im Rahmen des Erwerbes der Neuanteile haben und damit nicht nur die bilanzielle, sondern auch die ökonomische Lage des Konzerns beeinflussen. So könnte die Konzernleitung bspw. bereit sein, einen überhöhten Preis für die Neuanteile zu zahlen, um anschließend unter Verweis auf die entrichteten Anschaffungskosten eine entsprechend hohe, sodann GuV-wirksam zu erfassende Wertzuschreibung der Altanteile zu rechtfertigen. Eine solche Konstellation ist vor allem dann vorstellbar, wenn es sich bei der bereits zuvor gehaltenen Beteiligung um ein im Vergleich zu den zuletzt erworbenen Kapitalanteilen großes Anteilspaket handelt und die ökonomischen Nachteile einer Überzahlung aus Sicht des Managements insofern durch erhebliche bilanzielle Vorteile überkompensiert werden könnten.

Über die mit einer zunehmenden Entobjektivierung der Konzernrechnungslegung verbundenen Probleme hinaus ist die derzeitige Bilanzierungssystematik des IFRS 3 mit neuen **Herausforderungen in Bezug auf die Interpretation** der im Rahmen der Kapitalkonsolidierung ermittelten Residualgröße verbunden. Während die dem Unterschiedsbetrag zugrunde liegenden Wertverhältnisse durch die Neubewertung der Altanteile in zeitlicher Hinsicht vereinheitlicht wurden, wird hierdurch gleichzeitig eine Uneinheitlichkeit hinsichtlich der in die Berechnung einfließenden Wertmaßstäbe hervorgerufen. So kommt es zu einer Vermischung von einer unternehmensspezifischen, transaktionsbasierten Größe für die Neuanteile und einem hypothetischen Marktpreis für die Altanteile. Hierdurch wurde zusätzlich zu der seit 2008 wahlweise anwendbaren Full Goodwill-Methode eine weitere Tür zur Bilanzierung originärer Goodwill-Bestandteile aufgestoßen, mit der Folge, dass selbst der auf den

Mehrheitsgesellschafter entfallende Geschäfts- oder Firmenwert nicht mehr zwingend als zum Aktivierungszeitpunkt pagatorisch abgesicherte Größe interpretiert werden kann. Ferner ist auch die GuV-wirksame Behandlung eines negativen Unterschiedsbetrages als *bargain purchase* im Zusammenhang mit sukzessiven Unternehmenserwerbe spätestens dann ökonomisch nicht mehr nachvollziehbar, sofern dieser teilweise auf die (neu) zu konsolidierenden Altanteile entfällt. Unabhängig davon, ob aus der Konsolidierung der Altanteile im Einzelfall ein positiver oder aber ein negativer Unterschiedsbetrag resultiert, kommt es für den Fall unterschiedlicher Vorzeichen überdies zu einer Saldierung mit dem aus dem Erwerb der Neuanteile hervorgehenden Unterschiedsbetrag, infolgedessen relevante Informationen über beide Anteilstranchen verloren gehen. Ob die Interpretierbarkeit der ermittelten Unterschiedsbeträge im Vergleich zu der noch von IFRS 3 (rev. 2004) vorgesehenen Bilanzierungssystematik – wie vom IASB beabsichtigt – insgesamt gesteigert werden konnte, ist daher äußerst fraglich. So ist es den Abschlussadressaten angesichts der undifferenzierten Ermittlungsmethodik des Unterschiedsbetrages nicht ohne weiteres möglich, die Auswirkungen der zuletzt erworbenen Anteile auf die Vermögens-, Finanz- und Ertragslage des Konzerns und damit zugleich die Angemessenheit der seitens des Managements getroffenen Akquisitionsentscheidung als primäres Informationsziel einer Bilanzierung sukzessiver Anteilserwerbe differenziert zu beurteilen.

Die derzeitigen Vorschriften des IFRS 3 sind nicht zuletzt auch hinsichtlich der im Zuge sukzessiver Anteilserwerbe ggf. hervorgerufenen Auswirkungen auf die **Darstellung der Ertragslage** des Konzerns zu kritisieren. Zwar wird durch die GuV-wirksame Erfassung einer aus der Fair Value-Bewertung der Altanteile resultierenden Buchwertadjustierung die in Abschnitt 433.2 mit Blick auf die Entscheidungsnützlichkeit geforderte **Einhaltung des Kongruenzprinzips** sichergestellt. Gleichzeitig wird hierdurch jedoch die Bedeutung der Gewinn- und Verlustrechnung als das zentrale Instrument zur Berichterstattung über den wirtschaftlichen Erfolg der Berichtsperiode gefährdet. Schließlich handelt es sich bei dem aus der Neubewertung der Altanteile resultierenden Betrag um einen nicht realisierten, einmaligen sowie ermessensbehafteten Erfolg. Da bei der Erwerbsmethode im Falle sukzessiver Unternehmenserwerbe die Einzelerwerbsfiktion mit dem Gedankengut des aus IAS 16 und IAS 38 bekannten Neubewertungsmodells vermischt wird, dürfte überdies zumeist ein nicht unerheblicher Teil des Erfolges auf die Aufdeckung stiller Reserven und Lasten zurückzuführen und damit regelmäßig nicht der aktuellen Berichtsperiode zuzuordnen sein. Nochmals kritischer ist die Umgliederung der im Rahmen der vorherigen Beteiligungsbilanzierung im OCI erfassten Beträge in die Gewinn- und Verlustrechnung zu beurteilen, da es hierdurch zu einer bilanziellen Realisierung ökonomisch unrealisierter Erfolge kommt.

Insgesamt kann die in IFRS 3 derzeit vorgesehene bilanzielle Abbildung sukzessiver Unternehmenserwerbe daher nur sehr eingeschränkt als entscheidungsnützlich i. S. d. *Conceptual Framework* angesehen werden.[921] Überdies stellt die Pflicht zur Fair Value-Bewertung der Altanteile vor allem kleine und mittelgroße Unternehmen in der Umsetzung erneut vor erhebliche Herausforderungen,

921 Ähnlich kritisch bspw. auch KÜTING, K./WIRTH, J., Sukzessiver Anteilserwerb, S. 371; KPMG (Hrsg.), Comment Letter (PIR IFRS 3), S. 13.

sodass auch der vermeintliche Vorteil der Kosten- bzw. Komplexitätsreduktion bei genauerer Betrachtung zu relativieren ist.[922] Insofern verwundert es, dass die Neuregelung – mit Ausnahme der GuV-wirksamen Erfassung etwaiger Bewertungseffekte –[923] im Vorhinein zu großen Teilen begrüßt wurde.[924] Auch im Rahmen des *Post-Implementation Review* zu IFRS 3 wurde die tendenziell positive Beurteilung einer Einbeziehung der Altanteile zum Fair Value zuletzt nochmals bestätigt.[925] Dabei wurde jedoch zugleich deutlich, dass der wesentliche Vorteil einer solchen Vorgehensweise vielfach in der konzeptionellen Einfachheit bzw. der Überwindung der aus einer tranchenweisen Kapitalkonsolidierung erwachsenden Probleme gesehen wird,[926] die derzeitigen Vorschriften damit wohl vor allem in Relation zu den Vorgängerregelungen evaluiert wurden.[927] Vor diesem Hintergrund wird im sechsten Kapitel versucht, einen alternativen Bilanzierungsansatz zu entwickeln, der die wesentlichsten Probleme sowohl der Vorgängerregelungen als auch der aktuellen Vorschriften vermeidet und damit die Entscheidungsnützlichkeit der Berichterstattung potenziell erhöht.

Sofern jedoch unter Bezugnahme auf das theoretisch überzeugende Konzept des *significant economic event* an der derzeitigen Bilanzierungssystematik trotz der erheblichen Einschränkungen vor allem hinsichtlich der Glaubwürdigkeit festgehalten werden soll, sind **vier konkrete Anpassungen** der aktuellen Vorschriften des IFRS 3 denkbar:

- Zum einen könnte bei der Neubewertung der Altanteile nicht auf einen marktorientierten Fair Value, sondern auf einen **unternehmensspezifischen „Betriebszugehörigkeitswert“** abgestellt werden. Hierdurch wäre es möglich, die aus der Wesensänderung der Beteiligungsbeziehung erwachsenden Restrukturierungs- und Synergieeffekte bei der Ermittlung des Unterschiedsbetrages aus der Kapitalkonsolidierung zu berücksichtigen und somit letztlich die Berichterstattung über die wirtschaftliche (Rein-)Vermögensänderung des Konzernverbunds als das bei sukzessiven Anteilserwerben primäre Informationsziel zu verbessern. Wie herausgearbeitet wurde, dürfte hiermit insbesondere dann, wenn bei der Bewertung nicht auf Börsenkurse zurückgegriffen werden kann, kein wesentlicher Objektivierungsverlust einhergehen, sodass die Neutralität und damit die Glaubwürdigkeit der Bilanzierung nicht weiter beeinträchtigt werden würde.

---

922 Ähnlich KÜTING, K./WIRTH, J., Sukzessiver Anteilserwerb, S. 371.

923 Vgl. ausführlich zu dieser Diskussion Abschnitt 514.

924 Vgl. bspw. THEILE, C./PAWELZIK, K. U., Fair Value-Beteiligungsbuchwerte, S. 98 f. und S. 100; LÜDENBACH, N./HOFFMANN, W.-D., Übergangskonsolidierung nach ED IFRS 3, S. 1807 f.; IASB (Hrsg.), Project Summary ED IFRS 3, S. 17.

925 Vgl. bspw. IDW (Hrsg.), Comment Letter (PIR IFRS 3), S. 8. Die geäußerte Kritik an der derzeitigen Bilanzierung sukzessiver Unternehmenserwerbe beschränkte sich weiterhin vor allem auf die Erfassung eines Neubewertungserfolgs in der Gewinn- und Verlustrechnung und zielte somit nicht auf die grundsätzliche Pflicht zur Fair Value-Bewertung der Altanteile ab. Vgl. IASB (Hrsg.), Staff Paper 12F (September 2014), Rn. 77, sowie exemplarisch S.A. (Hrsg.), Comment Letter (PIR IFRS 3), S. 5.

926 Vgl. bspw. KPMG (Hrsg.), Comment Letter (PIR IFRS 3), S. 13; DRSC (Hrsg.), Comment Letter (PIR IFRS 3), S. 4.

927 Vgl. hierfür bspw. den nachfolgenden Auszug aus dem Kommentierungsschreiben der KPMG im Zuge des Post-Implementation Review von IFRS 3: „We are not sure that the information resulting from the step acquisition guidance in IFRS 3 is useful […]. However, we believe that the current remeasurement approach is straightforward and therefore we believe that there is benefit to retaining it. It is an improvement over the previous approach under IFRS 3 (2004), which resulted in a complex and not always meaningful result (albeit a third approach might be possible).” KPMG (Hrsg.), Comment Letter (PIR IFRS 3), S. 13.

- Zum zweiten sollte der Unterschiedsbetrag aus der Kapitalkonsolidierung für die Altanteile einerseits und für die Neuanteile andererseits separat ermittelt werden. Ausschlaggebend hierfür ist, dass mit dem Kaufpreis für die Neuanteile und dem Fair Value für die Altanteile zwei konzeptionell unterschiedlich zu beurteilende Wertmaßstäbe in das derzeitige Ermittlungsschema nach IFRS 3.32 einfließen und der resultierende Unterschiedsbetrag somit ein schwer zu interpretierendes Wertkonglomerat darstellt. Der aus der **separaten Konsolidierung** der Altanteile entstehende Unterschiedsbetrag könnte sodann zumindest im Anhang angegeben und im Fall eines negativen Vorzeichens nicht in der Gewinn- und Verlustrechnung, sondern bspw. GuV-neutral im sonstigen Gesamtergebnis erfasst werden, um dessen rein bewertungsbasierten Charakter gerecht zu werden.

- Zum dritten sollte vor allem auch die aus der Fair Value-Ermittlung der Altanteile resultierende **Buchwertanpassung** nicht in der Gewinn- und Verlustrechnung des Konzerns, sondern **im sonstigen Gesamtergebnis** ausgewiesen werden. Auf diese Weise würden sowohl das **Kongruenzprinzip** weiterhin eingehalten als auch differenzierte bzw. glaubwürdigere Informationen über die Umstände der im Zuge sukzessiver Unternehmenserwerbe bilanzierten (Rein-)Vermögensänderung sowie der Nachhaltigkeit der entsprechenden Erfolge vermittelt werden. Zugleich käme es aufgrund der dem OCI seitens der Abschlussadressaten beigemessenen untergeordneten Bedeutung u. U. zu einer Verringerung bilanzpolitischer Anreize im Rahmen der Fair Value-Ermittlung und damit auch der Wahrscheinlichkeit einer verzerrten Berichterstattung.

- Nicht zuletzt sollten die zuvor im OCI ausgewiesenen Beträge nicht bereits zum Zeitpunkt des Statuswechsels, sondern erst bei einer tatsächlichen Realisierung der dahinter stehenden Erfolgspotenziale erfolgswirksam bzw. erfolgsneutral **umgegliedert** werden dürfen.

52 Sukzessive Erwerbe mit Aufwärtswechsel zur gemeinschaftlichen Tätigkeit nach IFRS 11

521. Bilanzierungssystematik nach IFRS 11 i. V. m. IFRS 3

Die (konzern-)bilanzielle Abbildung von als gemeinschaftliche Tätigkeit klassifizierten Beteiligungsunternehmen richtet sich grundsätzlich nach den Vorgaben des IFRS 11.[928] Gemäß IFRS 11.20 hat ein die gemeinschaftliche Beherrschung mitausübendes Unternehmen dabei entsprechend seinem Anteil an der gemeinschaftlichen Tätigkeit folgende Posten zu erfassen:

[928] Der Anwendungsbereich der dort enthaltenen Regelungen beschränkt sich theoretisch nicht allein auf den Konzernabschluss. Vielmehr sind die Vorschriften gem. IFRS 11.26 (a) bereits auf den Einzelabschluss der die gemeinschaftliche Beherrschung mitausübenden Parteien anzuwenden. Da Unternehmen mit Sitz in Deutschland i. d. R. jedoch keinen separaten IFRS-Einzelabschluss aufstellen, dürften die entsprechenden Vorschriften faktisch zumeist erst auf Ebene des Konzernabschlusses in Kraft treten. Nur in den (wohl seltenen) Fällen, in denen gemäß § 325 Abs. 2a i. V. m. Abs. 2b für Offenlegungszwecke zusätzlich zum verpflichtend aufzustellenden handelsrechtlichen Jahresabschluss ein Jahresabschlusses nach IFRS erstellt wird, wären die Vorgaben des IFRS 11 bereits auf Ebene des Einzelabschlusses anzuwenden.

- seine Vermögenswerte, einschließlich seines Anteils an gemeinschaftlich gehaltenen Vermögenswerten;
- seine Schulden, einschließlich seines Anteils an gemeinschaftlich eingegangenen Schulden;
- seine Erlöse aus dem Verkauf seines Anteils an den Erzeugnissen oder Leistungen der gemeinschaftlichen Tätigkeit;
- seinen Anteil an den Erlösen aus dem Verkauf der Erzeugnisse oder Leistungen der gemeinschaftlichen Tätigkeit; und
- seine Aufwendungen, einschließlich seines Anteils an gemeinschaftlich entstandenen Aufwendungen.

Die konkrete Bilanzierung der in diesem Zusammenhang zu erfassenden Vermögenswerte und Schulden sowie Aufwendungen und Erträge hat sich hierbei gem. IFRS 11.21 nach den für die jeweiligen Positionen ansonsten einschlägigen IFRS zu richten.[929]

Über diese grundlegende Vorschrift hinaus waren IFRS 11 zum Zeitpunkt dessen erstmaliger Veröffentlichung im Mai 2011 nur wenige weitere Hinweise zur Vorgehensweise bei der Bilanzierung einer als gemeinschaftliche Tätigkeit zu qualifizierenden Unternehmensbeteiligung zu entnehmen. Vor allem enthielt IFRS 11 ebenso wie schon dessen Vorgängerstandard IAS 31 keinerlei Regelungen dazu, wie die an der gemeinschaftlichen Beherrschung beteiligten Parteien den Erwerb der gemeinschaftlichen Tätigkeit bzw. der dahinter unter der Geltung von IFRS 11 nunmehr ggf. stehenden Kapitalanteile abzubilden haben.[930] Angesichts der diesbezüglich bestehenden (offenen) Regelungslücke wurden derartige Geschäftsvorfälle von den bilanzierenden Unternehmen ganz unterschiedlich abgebildet.[931] Um einer solchen *diversity in practice* entgegenzuwirken,[932] veröffentlichte der IASB

929 So wären bspw. (anteilig) übernommene immaterielle Vermögenswerte in der Folge nach IAS 38 sowie Sachanlagen nach IAS 16 zu bilanzieren. Als Bilanzierungseinheit sind somit die einzelnen Abschlusspositionen selbst und nicht die in Bezug auf eben diese bestehenden Rechte und Pflichten der an der gemeinschaftlichen Tätigkeiten beteiligten Partei anzusehen. Vgl. KÜTING, K./SEEL, C., Quotale Einbeziehung nach IFRS 11, S. 591.

930 Vgl. ZEYER, F./FRANK, T., Klarstellung an IFRS 11, S. 266; WEBER, C. U. A., Bilanzielle Abbildung von gemeinschaftlichen Tätigkeiten, S. 244.

931 Dabei konnten im Wesentlichen drei Ansätze unterschieden werden. Zum ersten wurde eine (fast) vollständig analoge Anwendung der in IFRS 3 enthaltenen Vorschriften zur Bilanzierung von Unternehmenszusammenschlüssen vorgeschlagen (*IFRS 3 approach*). Dies hatte u. a. eine Fair Value-Bewertung der (anteilig) übernommenen Vermögenswerte und Schulden sowie eine Bilanzierung eines Unterschiedsbetrages aus der Kapitalkonsolidierung als Geschäfts- oder Firmenwert zur Folge. Diesem Ansatz stand auf der anderen Seite der sog. *cost approach* gegenüber, der eine Verteilung der für den Erwerb entrichteten Anschaffungskosten auf die (anteilig) bilanzierten Vermögenswerte und Schulden entsprechend deren relativer Zeitwerte vorsah. Nicht zuletzt wurde auch eine nur selektive Anwendung des IFRS 3 für möglich gehalten (sog. *hybrid approach*). Diesem Ansatz folgend kam es anders als bei Zugrundelegung des *IFRS 3 approach* u. a. nicht zu einer Erfassung von aus der Neubewertung des anteiligen Nettovermögens des Beteiligungsunternehmens resultierenden Steuerlatenzen sowie der aufwandswirksamen Erfassung von Anschaffungsnebenkosten. Vgl. IFRS 11.BC45B f. sowie ausführlich IASB (Hrsg.), Staff Paper 8 (September 2012), Rn. 16-18 i. V. m. B1-B25.

932 So fürchtete der IASB, dass das zunächst nur unter der Geltung von IAS 31 dokumentierte Spektrum unterschiedlicher Vorgehensweisen auch nach Einführung von IFRS 11 weiter zu beobachten sein würde. Vgl. IFRS 11.BC45D.

im Mai 2014 das *Amendment* an IFRS 11 *„Accounting for Acquisitions of Interests in Joint Operations"*.[933] Den damit neu eingeführten Paragraphen zufolge hat sich die Bilanzierung des Erwerbsvorgangs – zumindest unter der hier annahmegemäß erfüllten Voraussetzung, dass die gemeinschaftliche Tätigkeit als eine selbstständige rechtliche Einheit strukturiert ist – grundsätzlich nach den Vorschriften zur Abbildung von Unternehmenszusammenschlüssen zu richten.[934] Zu den insofern verpflichtend zu übertragenden Prinzipien des IFRS 3 bzw. damit zusammenhängender Standards zählt der IASB gem. IFRS 11.B33A dabei die nachfolgenden Regelungen:

- die Fair Value-Bewertung der einzelnen in den Konzernabschluss (anteilig) aufgenommenen Vermögenswerte und Schulden,
- die Bilanzierung von aus der erstmaligen Erfassung der einzelnen Vermögenswerte und Schulden resultierenden Steuerlatenzen,
- die aufwandswirksame Erfassung von Anschaffungsnebenkosten,
- die bilanzielle Behandlung eines aus der Kapitalkonsolidierung entstehenden positiven Unterschiedsbetrages als Geschäfts- oder Firmenwert sowie
- die Folgebewertung eines bilanzierten Geschäfts- oder Firmenwertes entsprechend des in IAS 36 normierten *impairment only approach*.

Der Standardsetzer stellt indes zugleich klar, dass diese explizit in den Anwendungshinweisen genannten Grundsätze der Bilanzierung von Erwerbsvorgängen nur eine **beispielhafte**, nicht abschließende **Aufzählung** darstellen.[935] Gemäß IFRS 11.21A sind anders als noch in dem dem *Amendment* vorangehenden und vergleichsweise vage formulierten Entwurf prinzipiell sämtliche Schritte und Aspekte der in IFRS 3 normierten Erwerbsmethode[936] auf den Erwerb einer gemeinschaftlichen Tätigkeit zu übertragen, sofern diese nicht anderweitigen Regelungen des IFRS 11 explizit widersprechen.[937]

---

933 Die durch das *Amendment* eingeführten Änderungen an IFRS 11 sind erstmals für Geschäftsjahre anzuwenden, die nach dem 31.12.2015 beginnen. Vgl. IFRS 11.39W i. V. m. EFRAG (Hrsg.), EU endorsement status report, S. 1.

934 Für die analoge Anwendung im Zuge des Erwerbs einer gemeinschaftlichen Tätigkeit ist es gem. IFRS 11.21A bereits hinreichend, dass diese einen Geschäftsbetrieb i. S. d. IFRS 3 darstellt. Die Existenz einer rechtlich selbstständigen Einheit ist aufgrund der in IFRS 3 verankerten wirtschaftlichen Betrachtungsweise damit genau genommen keine notwendige Voraussetzung. Vielmehr kommen bspw. auch Segmente als Geschäftsbetrieb in Betracht. Vgl. hierzu SENGER, T./BRUNE, J. W., in: Beck IFRS HB, 4. Aufl., § 34, Rn. 3-11.

935 Vgl. IFRS 11.BC45K.

936 Zum Ablauf der Erwerbsmethode nach IFRS 3 vgl. Abschnitt 511.

937 In dem Entwurf zum *Amendment* wurde zunächst lediglich von *„relevant principles on business combinations accounting in IFRS 3 and other IFRSs"* gesprochen. Vgl. IASB (Hrsg.), ED/2012/7: Acquisition of an Interest in a Joint Operation, Rn. 21A. Aufgrund der im Zuge der Kommentierungsfrist erhaltenen Kritik, wonach hieraus wiederum neue Unklarheiten entstehen könnten, da nicht eindeutig ist, welche Prinzipien in IFRS 3 in diesem Zusammenhang als relevant zu verstehen wären, ist diese Formulierung jedoch entsprechend angepasst worden. Hierdurch soll einer nur selektiven Anwendung der Regelungen des IFRS 3 bzw. damit zusammenhängender Vorschriften vorgebeugt werden. Vgl. hierzu IASB (Hrsg.), Staff Paper 12BA (October/November 2013), Rn. 47-50.

Analog zum Vorgehen im Rahmen der Erwerbsmethode sind bei einem (sukzessiven) Erwerb einer gemeinschaftlichen Tätigkeit daher in einem ersten Schritt sämtliche identifizierbaren Vermögenswerte und Schulden des Beteiligungsunternehmens zum Fair Value zu bewerten, anders als nach IFRS 3 jedoch lediglich anteilig in die Konzernbilanz aufzunehmen (vgl. Abschnitt 522). In einem zweiten Schritt ist dann der aus den Alt- und Neuanteilen bestehende Beteiligungswert mit dem anteiligen, neubewerteten Eigenkapital des Beteiligungsunternehmens zu verrechnen und ein daraus resultierender Unterschiedsbetrag den Vorgaben des IFRS 3 entsprechend zu bilanzieren (vgl. Abschnitt 523). Dabei werden im Folgenden ausschließlich die Konstellationen eines (aufwärtsgerichteten) Statuswechsels betrachtet, bei denen die Altanteile zuvor als einfache Beteiligung gem. IFRS 9 zum Fair Value oder aber als Beteiligung an einem assoziierten Unternehmen und damit gem. IAS 28 *at equity* im Konzernabschluss bilanziert wurden.[938] Der Übergang ausgehend von einem Gemeinschaftsunternehmen wird demnach nicht diskutiert.

522. Bilanzierung der dem Konzern zuzurechnenden Vermögenswerte und Schulden

522.1 Vorbemerkungen

Wie auch bei einem (sukzessiven) Erwerb eines Tochterunternehmens setzt die eigentliche Kapitalkonsolidierung zunächst eine Identifizierung und (Neu-)Bewertung sämtlicher Vermögenswerte und Schulden des Beteiligungsunternehmens in der sog. IFRS-Handelsbilanz II voraus.[939] Dabei stellt der Zeitpunkt der erstmaligen Klassifizierung der Beteiligung als gemeinschaftliche Tätigkeit den der Neubewertung in zeitlicher Hinsicht zugrunde liegenden Bezugspunkt dar (vgl. Abschnitt 522.2). In einem zweiten Schritt hat die die gemeinschaftliche Beherrschung mitausübende Konzernobergesellschaft die neubewerteten Vermögenswerte und Schulden anders als nach IFRS 3 nicht vollständig, sondern – der expliziten Maßgabe in IFRS 11.20 folgend – entsprechend ihrem Anteil an der gemeinschaftlichen Tätigkeit in die Konzernbilanz aufzunehmen (vgl. Abschnitt 522.3).

522.2 Zeitpunkt des Statuswechsels als Bezugspunkt der fingierten Anschaffung der Vermögenswerte und Schulden

Durch die Pflicht zur analogen Anwendung von IFRS 3 bzw. der dort normierten Erwerbsmethode ist eine tranchenweise, an den historischen Erwerbszeitpunkten der einzelnen Anteilspakete orientierte Bilanzierung der (anteiligen) Vermögenswerte und Schulden des Beteiligungsunternehmens auch für den Fall eines sukzessiven Erwerbs einer gemeinschaftlichen Tätigkeit ausgeschlossen.[940] Die von IFRS 11.21A i. V. m. IFRS 3.18 stattdessen vorgesehene einheitliche Neubewertung sämtlicher hinter der Unternehmensbeteiligung stehenden identifizierbaren Ressourcen und Verpflichtun-

[938] Vgl. hierzu auch Abschnitt 41.

[939] Hinsichtlich der in diesem Zusammenhang zu beachtenden Ansatz- und Bewertungsgrundsätze wird auf die die Vorschriften des IFRS 3 betreffenden Ausführungen in Abschnitt 512.2 verwiesen.

[940] Eine Ausnahme von diesem Grundsatz stellen u. U. die im Rahmen der vorliegenden Arbeit nicht betrachteten Fallkonstellationen dar, in denen die Konzernobergesellschaft trotz eines zuvor allenfalls maßgeblichen Einflusses (bei wirtschaftlicher Betrachtung) bereits vor dem Statuswechsel unmittelbare Rechte an den Vermögenswerten und Verpflichtungen aus den Schulden der gemeinschaftlichen Aktivität hatte und diese daher schon bislang quotal einbezogen wurden. Vgl. hierzu ausführlich IFRS IC (Hrsg.), Staff Paper 5C (September 2015).

gen zum Zeitpunkt der erstmaligen Erlangung der gemeinschaftlichen Beherrschung ist vor dem Hintergrund der **Komplexität der Berichterstattung**,[941] wie schon bei sukzessiven Unternehmenserwerben, zunächst positiv zu beurteilen. So entfällt hiermit die Verpflichtung, historische Wertverhältnisse feststellen und in einer zeit- und kostenintensiven Nebenbuchhaltung dokumentieren zu müssen. Dies gilt insbesondere für die Konstellationen, in denen die Altanteile vor dem Statuswechsel lediglich als einfache Beteiligung klassifiziert und somit gem. IFRS 9 zum Fair Value bilanziert wurden. Schließlich war es in solchen Fällen – anders als bei einer vorherigen Equity-Bewertung gem. IAS 28 – zum Zeitpunkt des ursprünglichen Erwerbs der Beteiligung für Bilanzierungszwecke nicht erforderlich, das anteilig erworbene Nettovermögen des Beteiligungsunternehmens neu zu bewerten. Insofern wäre eine tranchenweise Bewertung der zu bilanzierenden Vermögenswerte und Schulden in Bezug auf die Altanteile ggf. mit einer Rekonstruierung historischer Wertverhältnisse verbunden. Dies dürfte sich vor allem für lange Zeit zurückliegende Erwerbsvorgänge in einigen Fällen schwierig oder sogar unmöglich gestalten.

Über die Erleichterungswirkung hinaus ist die zeitlich einheitliche Fair Value-Bewertung auch aus **Relevanzgründen** zu befürworten, da eine tranchenweise Methodik grundsätzlich zu einer Vermengung zeitlich unterschiedlicher Wertverhältnisse und als Folge dessen zu schwer zu interpretierenden Wertkonglomeraten führt.[942] So würden die hinter der Beteiligung an der gemeinschaftlichen Tätigkeit stehenden, anteilig zu bilanzierenden Vermögenswerte und Schulden bei einer tranchenbezogenen Verfahrensweise, wie bereits im Kontext sukzessiver Unternehmenserwerbe kritisiert wurde, letztlich weder historischen (ggf. fortgeführten) Fair Values noch den aktuellen Zeitwerten entsprechen.[943] Die Aussagefähigkeit des Konzernabschlusses würde damit im Ergebnis erheblich eingeschränkt werden. Erst durch die einheitliche Neubewertung bzw. die dadurch ausgelöste Aufdeckung sämtlicher stiller Reserven und Lasten wird es möglich, die tatsächlichen Verhältnisse in Bezug auf die dem Konzern aus der gemeinschaftlichen Tätigkeit zuzurechnenden Nutzenpotenziale sowie Verpflichtungen bilanziell abzubilden.

Überdies kann es – anders als bei der Bilanzierung sukzessiver Unternehmenszusammenschlüsse – trotz der einheitlichen Fair Value-Bewertung des Nettovermögens nicht dazu kommen, dass bereits zuvor explizit in der Konzernbilanz erfasste Vermögenswerte und Schulden des Beteiligungsunternehmens im Zuge des Statuswechsels neubewertet werden. So ist die einheitliche Fair Value-Bewertung im Rahmen des sukzessiven Erwerbs von Tochterunternehmen nach IFRS 3 vor allem dann als kritisch zu beurteilen, sofern die Altanteile zuvor als gemeinschaftliche Tätigkeit klassifiziert wurden.[944] In diesen Fällen sind die Vermögenswerte und Schulden des Beteiligungsunternehmens im Rahmen der quotalen Einbeziehung nach IFRS 11 (anteilig) schließlich bereits vor dem Statuswechsel unmittelbar im Konzernabschluss enthalten. Bei einem Aufwärtswechsel zur gemeinschaftlichen

---

941 Vgl. im Folgenden ausführlich Abschnitt 512.3.

942 Vgl. im Folgenden ausführlich Abschnitt 512.3, sowie im Kontext sukzessiver Erwerbe von assoziierten Unternehmen ähnlich KLOSE, N.-C., Konzernrechnungslegung nach IFRS, S. 338.

943 Zu dieser Kritik vgl. im Kontext statuswahrender Aufstockungen von Tochterunternehmen bspw. FALKENHAHN, G., Änderungen der Beteiligungsstruktur, S. 80 f., sowie in Bezug auf die damalige Buchwertmethode bei der Konsolidierung von Tochterunternehmen auch HAAKER, A., Einheitstheorie und Fair Value-Orientierung, S. 453 m. w. N.

944 Vgl. im Folgenden Abschnitt 512.3.

Tätigkeit werden die Altanteile vor dem neuerlichen Anteilserwerb dementgegen entweder gem. IFRS 9 zum Fair Value oder aber unter Anwendung von IAS 28 *at equity* bewertet, keinesfalls jedoch (quotal) konsolidiert.[945] Die durch die Beteiligung verkörperten Ressourcen und Verpflichtungen sind vor dem Statuswechsel damit allenfalls mittelbar im Beteiligungsansatz enthalten. Im Sinne der auf die Bilanzierung von gemeinschaftlichen Tätigkeiten sinngemäß zu übertragenden Erwerbsfiktion gelangen die einzelnen Vermögenswerte und Schulden durch die Erlangung der gemeinschaftlichen Beherrschung bei wirtschaftlicher Betrachtung insofern erstmals (anteilig) in den Besitz der Konzernobergesellschaft, sodass eine einheitliche Fair Value-Bewertung auf den ersten Blick nachvollziehbar erscheint.

Besonders unproblematisch sind vor diesem Hintergrund – wie schon im Kontext sukzessiver Unternehmenerwerbe gezeigt wurde – diejenigen Fälle zu beurteilen, in denen die zuvor gehaltenen Anteile nach IFRS 9 bilanziert wurden. So kommt es durch die zeitwertbasierte Erfassung der der Konzernobergesellschaft zuzurechnenden Anteile an den Vermögenswerten und Schulden des Beteiligungsunternehmens zum Zeitpunkt des Statuswechsels lediglich zu einem detaillierten Ausweis der hinter der ohnehin bereits zum Fair Value bilanzierten Beteiligung stehenden Nutzenpotenziale.[946] Anders ist dies indes dann zu beurteilen, sollte die Beteiligung vor dem Statuswechsel nach der Equity-Methode gem. IAS 28 in den Konzernabschluss einbezogen worden sein. Auch wenn die hinter dem Beteiligungswert stehenden Vermögenswerte und Schulden in diesem Zuge nicht separat in der Konzernbilanz ausgewiesen wurden, haben sich die zum ursprünglichen Erwerbszeitpunkt der Alttranche ermittelten Werte über die Equity-Fortschreibung mittelbar dennoch im Wertansatz der Beteiligung widergespiegelt.[947] Eine Neubewertung könnte durch die damit einhergehende Aufdeckung ggf. in Vorperioden entstandener stiller Reserven und Lasten insofern letztlich doch die Bilanzierung einer wirtschaftlich nicht dem Statuswechsel zuzuordnenden und damit konzeptionell angreifbaren Vermögensänderung zur Folge haben.

Wie auch bei sukzessiven Unternehmenserwerben nach IFRS 3 kann eine solche Aussage jedoch nicht isoliert, also allein unter Bezugnahme auf die (anteilig) zu bilanzierenden Vermögenswerte und Schulden getroffen werden, da diese gleichzeitig als Inputparameter in die Ermittlung eines Geschäfts- oder Firmenwertes eingehen.[948] Vielmehr ist für die Beurteilung der Vorgehensweise letzten Endes entscheidend, wie sich der Wertansatz der nunmehr nach IFRS 11 zu bilanzierenden Beteiligung im Zuge der Übergangskonsolidierung insgesamt ändert und ob bzw. wie ggf. vorzunehmende Wertänderungen in der Erfolgsrechnung abzubilden sind. Eine abschließende Beurteilung der ein-

[945] Eine Ausnahme von diesem Grundsatz stellen die Fallkonstellationen dar, in denen das Beteiligungsunternehmen bislang von dritten Parteien gemeinschaftlich geführt wurde und die Konzernobergesellschaft trotz eines allenfalls maßgeblichen Einflusses (bei wirtschaftlicher Betrachtung) bereits vor dem Statuswechsel unmittelbare Rechte an den Vermögenswerten und Verpflichtungen aus den Schulden der gemeinschaftlichen Aktivität hatte. Vgl. IFRS 11.23.

[946] Vgl. im Folgenden ausführlich Abschnitt 512.3.

[947] Vgl. zur Systematik der Equity-Methode nach IAS 28 Abschnitt 531.

[948] Vgl. hierzu auch schon Abschnitt 512.3.

heitlichen Fair Value-Bewertung der zu bilanzierenden Vermögenswerte und Schulden setzt vor diesem Hintergrund zunächst eine Analyse der Vorschriften zur Ermittlung und Bilanzierung eines Unterschiedsbetrages aus der Kapitalkonsolidierung voraus.

522.3 Maßgebliche Quote an den Vermögenswerten und Schulden des Beteiligungsunternehmens

Gemäß IFRS 11.20 hat ein die gemeinschaftliche Beherrschung mitausübendes Unternehmen die neubewerteten Vermögenswerte und Schulden der gemeinschaftlichen Tätigkeit anders als nach IFRS 3 explizit nicht vollständig, sondern lediglich „*in relation to its interest*" in der Konzernbilanz zu erfassen. Sofern die gemeinschaftliche Tätigkeit, wie im Rahmen der vorliegenden Arbeit stets unterstellt, als rechtlich eigenständige Einheit strukturiert ist, bleibt dabei zunächst offen, welcher Anteil bzw. welche Quote der Einbeziehung hierfür konkret zugrunde zu legen ist.[949] In diesem Zusammenhang kommen vor allem die **gesellschaftsrechtliche Beteiligungsquote** sowie der Anteil der Konzernobergesellschaft an der produzierten Leistung des Beteiligungsunternehmens, die sog. **Abnahmequote**, in Frage.[950] Auch wenn sich Beteiligungsquote auf der einen und Abnahmequote auf der anderen Seite im Regelfall entsprechen dürften,[951] sind durchaus Konstellationen vorstellbar, in denen es zu Abweichungen kommen kann.[952] In einem solchen Fall wäre dann zu klären, welche der beiden Quoten für die Einbeziehung der Vermögenswerte und Schulden des Beteiligungsunternehmens maßgeblich ist. Zwar stellt diese Auslegungsfrage kein spezifisches Problem sukzessiver Erwerbsvorgänge dar, dennoch spielen die in diesem Zusammenhang geäußerten Überlegungen für die

949 Vgl. LÜDENBACH, N./SCHUBERT, D., Gemeinschaftliche Vereinbarungen, S. 4; KÜTING, K./SEEL, C., Quotale Einbeziehung nach IFRS 11, S. 591 f.; FREIBERG, J., Abbildung einer joint operation, S. 59; DELOITTE (Hrsg.), iGAAP 2015, S. 2041 f. Das IFRS IC hatte sich im November 2013 dieser Thematik zunächst angenommen, im März 2015 jedoch entschieden, hierzu keine Verlautbarung zu veröffentlichen, da dafür eine ausführlichere Analyse erforderlich wäre, die von diesem Gremium (derzeit) nicht geleistet werden kann. Die diesbezüglichen Überlegungen sollen jedoch voraussichtlich im Rahmen des *Post-implementation Review* von IFRS 11 wieder aufgenommen werden. Vgl. IFRS IC (Hrsg.), IFRIC Update (March 2015), S. 10 i. V. m. IFRS IC (Hrsg.), Staff Paper 4 (March 2015), Rn. 97-104.

950 Vgl. so auch FREIBERG, J., Abbildung einer joint operation, S. 59; BRUNE, J. W., in: Beck IFRS HB, 4. Aufl., § 29, Rn. 39; IFRS IC (Hrsg.), Staff Paper 2C (July 2014), Rn. 13. Weitere Unklarheiten hinsichtlich der zu verwendenden Quote bestehen dann, wenn die Beteiligungsquote von einem ggf. vertraglich vereinbarten Ergebnisanteil abweicht. Vgl. ausführlich zu dieser schon unter der Geltung von IAS 31 bestehenden Problematik BAETGE, J./KLAHOLZ, E./HARZHEIM, T., in: Baetge u. a., Rechnungslegung nach IFRS, 2. Aufl., IAS 31, Rn. 62-67, sowie SEEL, C., Joint Ventures, S. 227 f.

951 Vgl. SEEL, C., Joint Ventures, S. 226; LÜDENBACH, N./SCHUBERT, D., Gemeinschaftliche Vereinbarungen, S. 5; BRUNE, J. W., in: Beck IFRS HB, 4. Aufl., § 29, Rn. 39.

952 Vgl. auch IFRS 11.BC38; WEBER, C. U. A., Bilanzielle Abbildung von gemeinschaftlichen Tätigkeiten, S. 243; KPMG (Hrsg.), Insights into IFRS 2014/15, Rn. 3.6.260.180. Die Ursachen und Motive für ein solches Auseinanderfallen von Kapitalanteils- und Abnahmequote können ganz unterschiedlich sein. So könnten zwei an der gemeinschaftlichen Tätigkeit zu gleichen Teilen beteiligte Parteien bspw. als Ergebnis unterschiedlicher Verhandlungspositionen vertraglich festlegen, den Output des Beteiligungsunternehmens in einem von der gesellschaftsrechtlichen Kapitalanteilsquote abweichenden Verhältnis (bspw. 55:45) abzunehmen. Andererseits könnte ein die Beteiligungsquote übersteigender Abnahmeanteil einer der beteiligten Parteien auch Ausdruck der Tatsache sein, dass diese Partei neben der Kapitaleinlage bzw. dem Kaufpreis weitere nicht bilanzierungsfähige Beiträge wie spezifisches Know-How in die Gesellschaft einbringt. Vgl. auch KÜTING, K./SEEL, C., Quotale Einbeziehung nach IFRS 11, S. 592.

Beurteilung der bilanziellen Abbildung der hier betrachteten Anwendungsfälle, wie noch zu zeigen sein wird, eine gewichtige Rolle.[953]

Unter Verweis auf das der Entwicklung von IFRS 11 zugrunde liegende Ziel, nämlich „ein die wirtschaftlichen Verhältnisse reflektierendes Bilanzierungskonzept zu schaffen“[954], wird in Teilen des Schrifttums zunächst eine grundsätzliche Pflicht zur Einbeziehung der Vermögenswerte und Schulden entsprechend der vertraglich vereinbarten Abnahmequote der beteiligten Parteien abgeleitet.[955] Dabei wird argumentiert, dass unter der Geltung von IFRS 11 schon die Klassifizierung eines gemeinschaftlich beherrschten Unternehmens als gemeinschaftliche Tätigkeit an die Abnahme der von diesem produzierten Erzeugnisse und Leistungen durch die an dem Beteiligungsunternehmen beteiligten Parteien und damit an den wirtschaftlichen Gehalt der Beteiligungsbeziehung geknüpft wird.[956] Bei konsequenter Verfolgung der dahinter stehenden Logik hätte sich dann nicht nur die Klassifizierungsentscheidung (Bilanzierung dem Grunde nach), sondern auch die Festlegung der maßgeblichen Einbeziehungsquote (Bilanzierung der Höhe nach) an den wirtschaftlichen Verhältnissen, hier der Abnahmequote zu orientieren.[957] Schließlich, so bspw. SEEL, ziehen die einzelnen Partnerunternehmen in dem Umfang, in dem sie den Output der Beteiligungsgesellschaft abnehmen, einerseits den Nutzen aus den Vermögenswerten der gemeinschaftlichen Tätigkeit und bedienen durch die dafür zu entrichteten Zahlungen andererseits mittelbar zugleich deren Schulden.[958]

Die Einbeziehung der Vermögenswerte und Schulden der gemeinschaftlichen Tätigkeit entsprechend des jeweiligen Abnahmeanteils wird durch die Ausführungen in den *basis for conclusions* zu IFRS 11 zunächst gestützt.[959] So stellt der IASB in IFRS 11.BC38 klar, dass ein wesentlicher Unterschied zwischen der quotalen Einbeziehung nach IFRS 11 und der noch aus IAS 31 bekannten Quotenkonsolidierung darin besteht, dass sich die Bilanzierung nunmehr nach einem ggf. vertraglich vereinbarten Anteil und damit nicht mehr zwingend nach der gesellschaftsrechtlichen Beteiligungsquote zu richten hat.[960] Hieraus lässt sich jedoch zugleich schlussfolgern, dass faktische Abnahmeverhältnisse trotz der im Rahmen von IFRS 11 einzunehmenden wirtschaftlichen Perspektive für eine von der

---

953 Vgl. vor allem Abschnitt 523.2.

954 WEBER, C. U. A., Bilanzielle Abbildung von gemeinschaftlichen Tätigkeiten, S. 248.

955 Vgl. SEEL, C., Joint Ventures, S. 225, sowie zuletzt WEBER, C. U. A., Bilanzielle Abbildung von gemeinschaftlichen Tätigkeiten, S. 243. A. A. wohl LÜDENBACH, N./HOFFMANN, W.-D./FREIBERG, J., in: Haufe IFRS-Kommentar, 13. Aufl., § 34, Rn. 37; BRUNE, J. W., in: Beck IFRS HB, 4. Aufl., § 29, Rn. 39, sowie KPMG (Hrsg.), Insights into IFRS 2014/15, Rn. 3.6.260.260. Während BRUNE die Verwendung einer abweichenden Abnahmequote an die Voraussetzung knüpft, dass hierdurch die wirtschaftlichen Rechte und Pflichten im Einzelfall zutreffender bilanziell nachgezeichnet werden können, erachtet KPMG die Zugrundelegung des Abnahmeanteils nur dann als sachgerecht, sofern der Output zu Herstellungskosten abgenommen wird.

956 Vgl. hierzu ausführlich Abschnitt 332.

957 Vgl. SEEL, C., Joint Ventures, S. 225; BRUNE, J. W., in: Beck IFRS HB, 4. Aufl., § 29, Rn. 39, sowie auch IFRS IC (Hrsg.), Staff Paper 2C (July 2014), Rn. 15.

958 Vgl. SEEL, C., Joint Ventures, S. 225, sowie auch BÖCKEM, H./RÖHRICHT, V., Joint Operation oder Joint Venture, S. 1036 f.

959 Vgl. SEEL, C., Joint Ventures, S. 225 f.

960 So führt IFRS 11.BC38 aus: "The IFRS requires an entity with an interest in a joint operation to recognise assets, liabilities, revenues and expenses according to the entity's shares [...] as determined and specified in the contractual arrangement, rather than basing the recognition [...] on the ownership interest that the entity has in the joint operation." Diese Klarstellung wurde durch entsprechende Nachfragen im Zuge des Kommentierungsprozesses zu dem dem Standard vorangehenden Entwurf ausgelöst.

Kapitalanteilsquote abweichende Einbeziehung wohl nicht ausreichen.[961] Vielmehr bedarf es für das Abstellen auf den Abnahmeanteil einer vertraglichen Festlegung, in welchem Ausmaß die an der gemeinschaftlichen Tätigkeit beteiligten Parteien die von dieser hergestellten Erzeugnisse und Leistungen konkret abnehmen werden, und damit des Nachweises einer nachhaltig „gewollten Irrelevanz der Kapitalanteile“[962].[963] Demzufolge ist in den Konstellationen, in denen bspw. allein das Recht bzw. die Pflicht zur Abnahme der Produktionsmenge,[964] nicht aber die Verteilung des Outputs zwischen den verschiedenen Gesellschaftern geregelt wurde, trotz einer Klassifizierung des Beteiligungsunternehmens als gemeinschaftliche Tätigkeit für Bilanzierungszwecke weiterhin auf den Kapitalanteil abzustellen.[965] Gleiches gilt wohl auch für die Fälle, in denen zwar von der Beteiligungsquote divergierende Abnahmeanteile vereinbart wurden, der entsprechende Vertrag jedoch eine relativ kurze Laufzeit aufweist oder aber sogar eine spätere Umkehrung der Quoten und demnach einen Ausgleich für eine den Kapitalanteil zunächst unter- bzw. übersteigende Abnahmequote vorsieht.[966]

Letzten Endes kann damit weder die Abnahme- noch die Beteiligungsquote mit Blick auf das IFRS 11 zugrunde liegenden Prinzip, die wirtschaftliche Perspektive bei der Bilanzierung gemeinschaftlicher Tätigkeiten in den Vordergrund zu stellen, bei der Bilanzierung gänzlich ausgeschlossen oder aber für alle Fallkonstellationen befürwortet werden. Die Entscheidung, welche Quote für die Einbeziehung der Vermögenswerte und Schulden in die Konzernbilanz der beteiligten Parteien herangezogen wird, hängt im Einzelfall stets davon ab, welche Bilanzierungsvariante die **wirtschaftliche Substanz** der gemeinschaftlichen Tätigkeit am zutreffendsten widerspiegelt.[967] Im Rahmen dieser zwangsläufig ermessensbehafteten Beurteilung hat das bilanzierende Unternehmen sämtliche Tatsachen und Umstände in Bezug auf die konkrete Beteiligungsbeziehung wie bspw. die Ursache bzw. das Motiv für einen von der Kapitalanteilsquote abweichenden Abnahmeanteil zu berücksichtigen.[968]

Im Kontext sukzessiver Erwerbstransaktionen spielt die der Bilanzierung im Einzelfall zugrunde zu legende Quote, wie in Abschnitt 523.2 zu zeigen sein wird, vor allem für die Beantwortung der Frage

---

961 Im Ergebnis so auch FREIBERG, J., Abbildung einer joint operation, S. 61.

962 FREIBERG, J., Abbildung einer joint operation, S. 61.

963 Ähnlich LÜDENBACH, N./SCHUBERT, D., Gemeinschaftliche Vereinbarungen, S. 5; SEEL, C., Joint Ventures, S. 226; FREIBERG, J., Abbildung einer joint operation, S. 61; BRUNE, J. W., in: Beck IFRS HB, 4. Aufl., § 29, Rn. 39.

964 Zum Teil wird auch bereits ein faktischer Zwang zur Abnahme des Outputs als ausreichend für eine Klassifizierung eines gemeinschaftlich beherrschten Beteiligungsunternehmens als gemeinschaftliche Tätigkeit erachtet. Vgl. BÖCKEM, H./RÖHRICHT, V., Joint Operation oder Joint Venture, S. 1035 f.

965 Vgl. LÜDENBACH, N./SCHUBERT, D., Gemeinschaftliche Vereinbarungen, S. 5, FREIBERG, J., Abbildung einer joint operation, S. 61. Letztlich würden sich in derartigen Fällen keinerlei Unterschiede zu der noch von IAS 31 vorgesehenen Quotenkonsolidierung ergeben.

966 In diesem Kontext ist u. a. entscheidend, welcher Zeithorizont bei der Beurteilung der Nachhaltigkeit abweichender Abnahmeanteile zugrunde gelegt werden sollte. Vgl. IFRS IC (Hrsg.), IFRIC Update (March 2015), S. 10. Überdies wird in der Literatur teilweise sogar selbst für den Fall, dass tatsächlich ein nachhaltig von der gesellschaftsrechtlichen Beteiligungsquote abweichender Abnahmeanteil vertraglich vereinbart wurde, in bestimmten Konstellationen weiterhin eine Einbeziehung der Vermögenswerte und Schulden i. H. d. Beteiligungsquote für zulässig erachtet. So spricht sich bspw. KPMG trotz der Zugrundelegung einer wirtschaftlichen Betrachtung dann gegen eine quotale Einbeziehung entsprechend des vertraglichen Abnahmeanteils und demnach für die Verwendung der Kapitalanteilsquote aus, sofern die beteiligten Parteien eine Abnahme des Outputs zu Markpreisen vereinbart haben. Vgl. Hierzu Vgl. KPMG (Hrsg.), Insights into IFRS 2014/15, Rn. 3.6.260.180 und 3.6.260.190.

967 Ähnlich DELOITTE (Hrsg.), iGAAP 2015, S. 2042.

968 Vgl. IFRS IC (Hrsg.), IFRIC Update (March 2015), S. 10.

eine Rolle, ob die zeitwertbasierte Einbeziehung der Altanteile im Zuge der Übergangskonsolidierung mit Blick auf die Entscheidungsnützlichkeit gerechtfertigt werden kann. Schließlich ist nicht nur die Wahl der Quote, sondern auch die Entscheidung zugunsten einer Neubewertung der vor dem Statuswechsel im Besitz befindlichen Kapitalanteile zum Fair Value stets vor dem Hintergrund der wirtschaftlichen Substanz der nach dem Statuswechsel vorliegenden Unternehmensbeteiligung zu prüfen.

523. Ermittlung und Bilanzierung eines Unterschiedsbetrages aus der Kapitalkonsolidierung

523.1 Ermittlungsschema

Angesichts des in IFRS 11.21A normierten Verweises auf die Vorschriften zur Bilanzierung von Unternehmenszusammenschlüssen sind grundsätzlich auch die in IFRS 3 für **sukzessive Unternehmenserwerbe** enthaltenen Regelungen zur Ermittlung eines Unterschiedsbetrages aus der Kapitalkonsolidierung auf den hier betrachteten Sachverhalt zu übertragen.[969] Eine solche Schlussfolgerung wird durch die dem jüngsten *Amendment* an IFRS 11 beigefügten *basis for conclusions* zumindest indirekt gestützt. So stellt der IASB in IFRS 11.BC45M fest, dass ein sukzessiver Anteilserwerb mit erstmaliger Erlangung der gemeinschaftlichen Beherrschung als analoge Transaktion zu dem in IFRS 3.41 f. geregelten Fall des sukzessiven Erwerbs eines Tochterunternehmens anzusehen ist. Da nicht zuletzt mangels einer expliziten Ausnahmevorschrift keine Hinweise darauf vorliegen, dass die Übertragung der diesbezüglichen Vorschriften des IFRS 3 den ohnehin rudimentären[970] Regelungen des IFRS 11 widersprechen könnte, sind die Bestimmungen in **IFRS 3.41 f.** im Ergebnis derzeit wohl **verpflichtend anzuwenden**.[971]

Dementsprechend sind sämtliche bereits vor der Erlangung der gemeinschaftlichen Beherrschung gehaltenen Anteile an dem Beteiligungsunternehmen mit dem zum Zeitpunkt des neuerlichen Anteilserwerbs geltenden Fair Value in die Bestimmung des Unterschiedsbetrages aus der Kapitalkonsolidierung einzubeziehen.[972] Der Unterschiedsbetrag ermittelt sich als Differenz aus dem die Alt- und Neuanteile umfassenden Beteiligungswert und den der Konzernobergesellschaft zuordenbaren und zum Fair Value bewerteten Vermögenswerten und Schulden der gemeinschaftlichen Tätigkeit (vgl. Abbildung 5-6). Die neuerlich erworbenen Anteile werden dabei nicht mit den Anschaffungskosten, sondern i. H. d. Fair Value der übertragenen Gegenleistung angesetzt,[973] sodass das Ermittlungs-

[969] Die Tatsache, dass die Vorgehensweise bei sukzessiven Anteilstransaktionen im Zuge des *Amendment* nicht unmittelbar adressiert wurde, steht dem grundsätzlich nicht entgegen.

[970] Vgl. so auch WEBER, C. U. A., Bilanzielle Abbildung von gemeinschaftlichen Tätigkeiten, S. 242.

[971] Vor der Veröffentlichung des jüngsten *Amendment* von IFRS 11 wurde eine Übertragung der Vorschriften des IFRS 3.41 f. auf einen sukzessiven Erwerb mit Aufwärtswechsel zur gemeinschaftlichen Tätigkeit teilweise abgelehnt. So empfiehlt HAYN eine analoge Anwendung nur für den Fall einer vorherigen Bilanzierung der Altanteile gem. IFRS 9 bzw. derzeit noch IAS 39. Bei einer vorhergehenden Bilanzierung gem. IAS 28 sei stattdessen – wenn auch ohne ersichtliche Begründung – eine erfolgsneutrale Vorgehensweise i. S. d. noch unter IFRS 3 (rev. 2004) für sukzessive Unternehmenserwerbe geltenden Vorschriften vorzuziehen. Vgl. HAYN, B., in: Beck IFRS HB, 4. Aufl., § 38, Rn. 19 i. V. m. 37.

[972] Vgl. zu den Vorgaben in IFRS 3.41 f. in Bezug auf die Bilanzierung der Altanteile Abschnitt 513.31.

[973] Dies ergibt sich aus der IFRS 11.B33A (b) explizit zu entnehmenden Vorgabe, dass die bei einem Erwerb von Anteilen an einer gemeinschaftlichen Tätigkeit anfallenden Anschaffungsnebenkosten unmittelbar aufwandswirksam zu erfassen sind.

schema weitestgehend der aus IFRS 3.32 bekannten Berechnungsmethodik entspricht. Abweichungen ergeben sich einzig aus der Vernachlässigung der (Kapital-)Anteile anderer Gesellschafter, da auch die Vermögenswerte und Schulden der gemeinschaftlichen Tätigkeit – der expliziten Maßgabe in IFRS 11.20 folgend – nur i. H. d. auf die Konzernobergesellschaft entfallenden Anteils in die Berechnung einfließen.

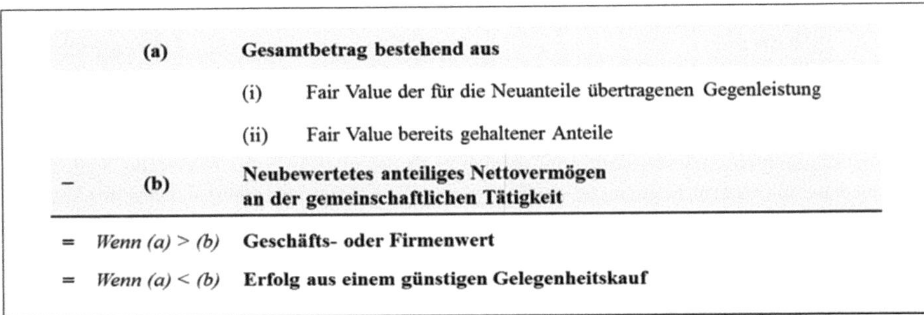

Abbildung 5-6: Schema zur Ermittlung eines Unterschiedsbetrages aus der quotalen Einbeziehung nach IFRS 11 i. V. m. IFRS 3

Auch die Interpretation des auf Basis des in Abbildung 5-6 dargestellten Ermittlungsschemas berechneten Unterschiedsbetrages richtet sich mangels gegenteiliger Vorgaben in IFRS 11 grundsätzlich nach IFRS 3. Während ein positiver Unterschiedsbetrag demzufolge als Geschäfts- oder Firmenwert zu behandeln ist, wird ein negativer Unterschiedsbetrag als Erfolg aus einem günstigen Gelegenheitskauf in der Gewinn- und Verlustrechnung erfasst.[974] Aufgrund der im Vergleich zur Bilanzierung sukzessiver Unternehmenserwerbe somit weitestgehend analogen Vorgehensweise wird in den folgenden Abschnitten vor allem auf die für die Beurteilung der Vorschriften relevanten Besonderheiten im Kontext gemeinschaftlicher Tätigkeiten eingegangen.

523.2 Rechtfertigung der Bewertung der Altanteile zum Fair Value

Die Fair Value-Bewertung der bereits vor dem Statuswechsel gehaltenen Anteile wird in IFRS 3 u. a. mit der dadurch in zeitlicher Hinsicht nunmehr vollständig erreichten Einheitlichkeit der Wertverhältnisse begründet. Im Ergebnis soll hierdurch sowohl die Relevanz und Aussagefähigkeit der in der Konzernbilanz ausgewiesenen Positionen erhöht als auch vor allem die Komplexität bzw. die daraus erwachsenden Kosten der Berichterstattung reduziert werden.[975]

Während die diesbezüglichen Vorteile der aktuell in IFRS 3 normierten Methodik angesichts der methodischen Ähnlichkeit der quotalen Einbeziehung gem. IFRS 11 zur Vollkonsolidierung nach

[974] Während in IFRS 11.B33A (d) für den Fall eines positiven Unterschiedsbetrages klargestellt wird, dass ein solcher, wie es auch nach IFRS 3 geboten wäre, als Geschäfts- oder Firmenwert zu behandeln ist, wird die Bilanzierung eines negativen Unterschiedsbetrages nicht explizit thematisiert. Dies steht der Interpretation als *bargain purchase* angesichts des allgemeinen Verweises auf die Vorschriften des IFRS 3 in IFRS 11.21A jedoch nicht entgegen.

[975] Vgl. hierzu ausführlich Abschnitt 513.321.

IFRS 3 bzw. IFRS 10 uneingeschränkt auf die Bilanzierung sukzessiver Erwerbe mit Aufwärtswechsel zur gemeinschaftlichen Tätigkeit übertragen werden können, wird die Fair Value-Bewertung der Altanteile indes noch durch einen weiteren Aspekt gerechtfertigt, dessen Validität in Bezug auf den hier betrachteten Sachverhalt weniger eindeutig scheint. So wird die Vorgehensweise in IFRS 3 vor allem auch mit der durch den Statuswechsel hervorgerufenen fundamentalen Wesensänderung der Unternehmensbeziehung begründet.[976] Eine solche Argumentation konnte in Bezug auf sukzessive Unternehmenszusammenschlüsse insofern überzeugen, als die Erlangung der alleinigen Beherrschung angesichts der dadurch eröffneten umfassenden Möglichkeiten zur Restrukturierung und Realisierung von Synergieeffekten in vielen Fällen eine wesentliche Wertänderung der Altanteile erwarten lässt. Durch die Fair Value-Bewertung wird es insofern ermöglicht, diese erst durch den neuerlichen Anteilserwerb realisierbaren Wertpotenziale bilanziell nachzuzeichnen. Für die Beurteilung einer analogen Anwendung der Vorschriften des IFRS 3 auf sukzessive Erwerbe mit Aufwärtswechsel zur gemeinschaftlichen Tätigkeit ist daher letztlich entscheidend, ob der Übergang von einer einfachen Beteiligung bzw. einem assoziierten Unternehmen auf eine gemeinschaftliche Tätigkeit als eine hinsichtlich der Wertrelevanz hinreichend vergleichbare Wesensänderung typisiert werden kann.

Für eine solche Typisierung spricht auf den ersten Blick die Tatsache, dass die Konzernobergesellschaft im Zuge des Statuswechsels wirtschaftlich gesehen erstmals Rechte und Pflichten an den hinter der Beteiligung stehenden Vermögenswerten und Schulden erlangt und diese in Anwendung von IFRS 11 explizit in der Konzernbilanz erfasst. Gleichzeitig ist es durch die gemeinschaftliche Beherrschung nunmehr möglich, eine einseitige Bestimmung der (wichtigsten) relevanten Aktivitäten durch andere Parteien zu blockieren und somit einer den eigenen Interessen entgegenlaufenden Entwicklung der Höhe, Struktur sowie Unsicherheit der aus der Beteiligungsbeziehung zu erwartenden Zahlungsströme in wesentlich stärkerem Ausmaß entgegenzuwirken.[977] Anders als bei der Erlangung der alleinigen Beherrschung kann die Konzernobergesellschaft die Verwendung der Ressourcen und Verpflichtungen des Beteiligungsunternehmens angesichts der erforderlichen Kollektivität der Entscheidungen jedoch auch ihrerseits nicht ohne Zustimmung der Partnerunternehmen bestimmen.[978] So liegen die hierfür erforderlichen Verfügungsrechte trotz der aus wirtschaftlicher Perspektive anteiligen Übernahme der Chancen und Risiken auch nach dem Statuswechsel bei der rechtlichen Einheit des Beteiligungsunternehmens und können daher lediglich gemeinschaftlich eingesetzt werden. Eine umfassende Umstrukturierung der Geschäftstätigkeit, mit dem Ziel, bislang bestehende Ineffizienzen zu vermeiden oder aber Synergieeffekte zu realisieren, ist damit auch nach der Qualifizierung der Beteiligung als gemeinschaftliche Tätigkeit an die Zustimmung dritter Parteien gebunden. Mit Blick auf die gesteigerten Einflussnahmemöglichkeiten allein erscheint es daher zunächst zweifelhaft, ob der Übergang zur gemeinschaftlichen Tätigkeit als eine Wesensänderung typisiert werden kann, die aus

[976] Vgl. ausführlich Abschnitt 513.322.

[977] Dies gilt vor allem für die Konstellationen, in denen die Beteiligung zuvor gem. IFRS 9 bilanziert wurde und somit erstmals wesentliche Mitbestimmungsrechte erlangt werden.

[978] Vgl. hierzu schon Abschnitt 513.322.32 i. V. m. Abschnitt 331.

Relevanzgründen eine vollständige bilanzielle Neubeurteilung der Beteiligungsbeziehung rechtfertigt.[979] Schließlich werden den bilanzierenden Unternehmen durch die Fair Value-Bewertung zugleich erhebliche Ermessensspielräume gewährt, die die Glaubwürdigkeit der in Bezug auf das Beteiligungsverhältnis bzw. die neuerliche Anteilstransaktion vermittelten Informationen erheblich gefährden.[980]

Neben der Möglichkeit zur gemeinschaftlichen Beherrschung wird die Beteiligungsbeziehung bei einer Klassifizierung als gemeinschaftliche Tätigkeit jedoch zusätzlich durch die zwischen den Partnerunternehmen ggf. vertraglich vereinbarte Abnahme der von dem Beteiligungsunternehmen produzierten Erzeugnisse und Leistungen geprägt. Sofern nicht nur das grundsätzliche Recht bzw. die Pflicht zur Abnahme, sondern auch der konkrete Abnahmeanteil vereinbart wird, können sich hierdurch erhebliche Auswirkungen auf die aus der Beteiligungsbeziehung resultierenden Chancen und Risiken ergeben. So rückt der aus rechtlicher Perspektive durch die Beteiligungsquote verbriefte anteilige Anspruch am Nettovermögen bzw. am Zukunftserfolgswert des Beteiligungsunternehmens je nach Gestaltung und Laufzeit der gemeinschaftlichen Vereinbarung bei wirtschaftlicher Betrachtung zumindest vorübergehend in den Hintergrund. Stattdessen wird der aus der Unternehmensbeteiligung künftig zu erwartende Nutzen sowohl hinsichtlich der Höhe als auch der zeitlichen Struktur in Form von Güterströmen durch den Abnahmeanteil (mit-)bestimmt.[981] Die Art und Qualität der Beteiligungsbeziehung wird in derartigen Konstellationen insofern maßgeblich durch die zum Zeitpunkt des Statuswechsels vertraglich geschlossene Abnahmevereinbarung beeinflusst. Je nach Höhe und Nachhaltigkeit einer ggf. vereinbarten Divergenz zwischen der gesellschaftsrechtlichen Beteiligungsquote auf der einen und dem vertraglichen Abnahmeanteil auf der anderen Seite können sich hieraus bedeutende Konsequenzen für den der gemeinschaftlichen Tätigkeit aus Sicht der Konzernobergesellschaft ökonomisch zuzuordnenden Wertbeitrag ergeben. Der Übergang von einer einfachen Beteiligung bzw. einem assoziierten Unternehmen hin zur gemeinschaftlichen Tätigkeit könnte nach der hier vertretenen Meinung somit zumindest dann eindeutig als *significant economic event* typisiert werden, sofern die wirtschaftliche Substanz der Beteiligungsbeziehung nach dem Statuswechsel nicht mehr allein durch die Beteiligungs-, sondern ferner durch eine davon (wesentlich) abweichende Abnahmequote bestimmt wird. In diesen Fällen scheint eine Neubewertung der bereits zuvor gehaltenen Anteile grundsätzlich nachvollziehbar, um den Auswirkungen einer solchen Wesensänderung der Unternehmensbeziehung auf die Vermögens-, Finanz- und Ertragslage des Konzerns Rechnung zu tragen.

Sollte der wirtschaftliche Gehalt der Beteiligungsbeziehung dementgegen auch nach dem Statuswechsel weiterhin durch die Kapitalanteilsquote geprägt sein, kann die Vorgabe zur Fair Value-Bewertung – anders als bei sukzessiven Unternehmenserwerben – konzeptionell nur eingeschränkt überzeugen. Schließlich ist, wie zuvor gezeigt wurde, konzeptionell fraglich, ob die Erlangung der ge-

979 Im Einklang damit geht bspw. KPMG davon aus, dass durch die Erlangung einer gemeinschaftlichen Beherrschung nur schwer eine deutliche Steigerung der aus einer Beteiligungsbeziehung resultierenden Zahlungsströme in Form einer Kontrollprämie gerechtfertigt werden kann. Vgl. KPMG (Hrsg.), Insights into IFRS 2014/15, Rn. 2.4.850.10.

980 Vgl. zu den Schwierigkeiten der Fair Value-Ermittlung und den damit verbundenen Objektivierungsproblemen ausführlich Abschnitt 513.334.

981 Vgl. hierzu Abschnitt 522.3 i. V. m. Abschnitt 332.

meinschaftlichen Beherrschung allein eine hinreichend bedeutende Wesensänderung der bereits gehaltenen Anteile begründet. Zu Problemen kann dies vor allem in den Konstellationen führen, in denen die Altanteile vor dem Statuswechsel nicht bereits zum Zeitwert gem. IFRS 9, sondern nach IAS 28 *at equity* bewertet wurden, da die Fair Value-Bewertung dann möglicherweise vor allem eine (GuV-wirksame) Aufdeckung bereits zuvor entstandener stiller Reserven und Lasten zur Folge hat. In diesem Fall wird den Abschlussadressaten durch die Neubewertung der Altanteile insofern eine Änderung der Vermögens- und Finanzlage in der aktuellen Berichtsperiode suggeriert, die bei wirtschaftlicher Betrachtung bereits in Vorperioden stattgefunden hat und überdies erheblichen Ermessensspielräumen unterliegt. Im Ergebnis wird damit vor allem die Beurteilung der seitens des Managements getätigten Investitionsentscheidung sowie zugleich auch die Schätzung künftiger Zahlungsströme auf Basis der aktuellen Ertragslage erschwert.

523.3 Würdigung der Bilanzierungs- und Bewertungseinheit mit Blick auf die zu bilanzierende Wesensänderung

Die Fair Value-Ermittlung der bereits vor dem Statuswechsel gehaltenen Anteile hat sich wie schon im Kontext sukzessiver Unternehmenserwerbe nach den Vorgaben des IFRS 13 zu richten. Gemäß IFRS 13.B2 (a) i. V. m. IFRS 3.41 f. ist dabei grundsätzlich wiederum nicht auf die einzelnen der Beteiligung zugrunde liegendenen Anteilsscheine als maßgebliche Bewertungseinheit, sondern auf das zuvor gehaltene Anteilspaket in seiner Gesamtheit abzustellen.[982] Dies ist insofern problematisch, als die erst durch den neuerlichen Anteilserwerb begründete Möglichkeit zur gemeinschaftlichen Beherrschung damit bei der Bewertung unberücksichtigt bleiben muss. So ist nach IFRS 13.9 bei der Wertermittlung auf denjenigen Preis abzustellen, der bei einer Veräußerung der Altanteile in einer gewöhnlichen Markttransaktion erzielt werden könnte. Da die gemeinschaftliche Beherrschung des Beteiligungsunternehmens erst durch die Kombination der verschiedenen im Besitz des Unternehmens befindlichen Anteilspakete ermöglicht wird, ist eine darauf bezogene Kontrollprämie bspw. in Form eines Aufschlags auf einen beobachtbaren Aktienkurs als unternehmensspezifisches Merkmal der Beteiligungsbeziehung bei der Wertermittlung systematisch zu vernachlässigen. Eine den gesteigerten Einflussnahmemöglichkeiten wirtschaftlich zuzurechnende Wertänderung der bereits zuvor gehaltenen Anteile kann dementsprechend auf Basis der aktuellen Bewertungssystematik bilanziell nicht nachgezeichnet werden.

Während diesbezüglich grundsätzlich auf die bereits im Zusammenhang mit sukzessiven Unternehmenszusammenschlüsse geäußerten Bedenken verwiesen werden kann,[983] ergibt sich aus der für die Fair Value-Ermittlung maßgeblichen Bewertungseinheit in Bezug auf sukzessive Erwerbe mit Aufwärtswechsel zur gemeinschaftlichen Tätigkeit noch eine weitere Problematik. Wie zuvor herausgearbeitet wurde, kann der Übergang von einer einfachen Beteiligung bzw. einem assoziierten Unternehmen zur gemeinschaftlichen Tätigkeit unter Bezug auf die in diesem Zuge zu erwartende Wertsteigerung konzeptionell wohl insbesondere dann als eine die Neubewertung der Altanteile rechtfertigende Wesensänderung verstanden werden, sofern die Eigentümer des Beteiligungsunternehmens

[982] Vgl. im Folgenden ausführlich Abschnitt 513.333.
[983] Vgl. ausführlich Abschnitt 513.333.

zum Zeitpunkt des Statuswechsels von der Kapitalanteilsquote (wesentlich) abweichende Abnahmeanteile vereinbart haben.[984] In derartigen Konstellationen wird der Wert der Unternehmensbeteiligung nach der Erlangung der gemeinschaftlichen Beherrschung nicht mehr allein durch die gesellschaftsrechtliche Beteiligungsquote, sondern vor allem durch die vertragliche Vereinbarung zur Aufteilung der von der gemeinschaftlichen Tätigkeit produzierten Erzeugnisse und Leistungen bestimmt. Gleichwohl können auch diese erst aus dem Abnahmevertrag erwachsenden Werteinflüsse auf Basis der derzeit vorgesehenen Bilanzierungs- und Bewertungseinheit nicht berücksichtigt werden. So stellt die vertragliche Vereinbarung, wie schon die erst aus der Kombination der Alt- und Neuanteile resultierende Möglichkeit zur gemeinschaftlichen Beherrschung, kein der zu bewertenden Anteilstranche anhaftendes Charakteristikum dar und ist somit als unternehmensspezifischer Aspekt der Beteiligungsbeziehung bei der Wertermittlung außen vor zu lassen. Die Fair Value-Bewertung des bereits vor dem Statuswechsel bilanzierten Anteilspaketes muss mit Blick auf die zu bilanzierende Wesensänderung damit im Ergebnis wiederum ins Leere laufen und hat insofern allenfalls eine Aufdeckung bereits zuvor entstandener stiller Reserven und Lasten zur Folge.

Auch wenn es in der Praxis in vielen Fällen wohl ohnehin an einer vertraglichen Festlegung eines von der Beteiligungsquote abweichenden Abnahmeanteils fehlen dürfte, werden hierdurch letztlich die konzeptionellen Schwächen einer Übertragung der auf gesellschaftsrechtliche Ansprüche abzielenden Bewertungssystematik des IFRS 3 auf die Bilanzierung des vor allem auch durch vertragliche Vereinbarungen geprägten Konzepts gemeinschaftlicher Tätigkeiten deutlich. Dies führt letzten Endes dazu, dass sich die bereits im Kontext sukzessiver Unternehmenzusammenschlüsse identifizierten Bedenken hinsichtlich der isolierten Fair Value-Bewertung der Altanteile bei sukzessiven Erwerben mit Aufwärtswechsel zur gemeinschaftlichen Tätigkeit nochmals vergrößern.

523.4 Interpretation eines Unterschiedsbetrages

Durch die Verabschiedung des *Amendments* an IFRS 11 im Mai 2014 hat der IASB nunmehr explizit klargestellt, dass ein aus dem Erwerb einer gemeinschaftlichen Tätigkeit resultierender Unterschiedsbetrag aus der Kapitalkonsolidierung im Fall eines positiven Vorzeichens als **Geschäfts- oder Firmenwert** in der Konzernbilanz zu erfassen ist.[985] Auch wenn es dem *Amendment* an einer ähnlichen Klarstellung in Bezug auf die Interpretation eines negativen Unterschiedsbetrages fehlt, ist ein solcher angesichts des in IFRS 11.21A enthaltenen allgemeinen Verweises auf die Vorschriften zur Erwerbsmethode sowie mangels einer explizit gegenteiligen Verlautbarung des Standardsetzers ebenfalls analog zu IFRS 3 zu bilanzieren und damit als **Ertrag aus einem günstigen Gelegenheitskauf** in der Gewinn- und Verlustrechnung zu vereinnahmen.

Dabei ist die Übertragung der diesbezüglichen Regelungen vor dem Hintergrund der methodischen Ähnlichkeit der quotalen Einbeziehung auf der einen und der Vollkonsolidierung auf der anderen

---

[984] Vgl. Abschnitt 523.2.

[985] Vgl. IFRS 11.B33A (d).

Seite aus **Konsistenzgründen** grundsätzlich nachvollziehbar.[986] Gleichzeitig besteht bei der Interpretation des Unterschiedsbetrages, wie schon bei sukzessiven Unternehmenserwerben, jedoch wiederum die Herausforderung, dass die Ermittlung eines Geschäfts- oder Firmenwertes bzw. eines Ertrags aus einem *bargain purchase* durch die Fair Value-Bewertung der Altanteile auf zwei konzeptionell unterschiedlich zu beurteilenden Wertmaßstäben beruht.[987] Die diesbezüglichen Schwierigkeiten hinsichtlich der Aussagefähigkeit des insgesamt ermittelten Unterschiedsbetrages werden darüber hinaus durch die zuvor identifizierten konzeptionellen Schwächen bei der Fair Value-Bewertung der Altanteile im Kontext gemeinschaftlicher Tätigkeiten verstärkt.[988] Wie herausgearbeitet wurde, kann die wirtschaftliche Substanz der Beteiligungsbeziehung und damit auch deren Wert erheblich durch den zwischen den beteiligten Partnerunternehmen vereinbarten Vertrag zur Abnahme der produzierten Erzeugnisse und Leistungen der gemeinschaftlichen Tätigkeit beeinflusst werden. Da die aus der Abnahmevereinbarung ggf. erwachsenden Werteinflüsse angesichts der allein auf die gesellschaftsrechtlichen Ansprüche abzielenden Bewertungssystematik bei der Bemessung des Fair Value jedoch nicht berücksichtigt werden können, wird die Aussagekraft des so ermittelten Wertansatzes der Altanteile je nach Gestaltung der gemeinschaftlichen Tätigkeit u. U. erheblich beeinträchtigt. Dies ist vor allem dann der Fall, sollte sich der aus der Unternehmensbeteiligung künftig zu erwartende Nutzenzufluss in Form des vertraglich festgelegten Abnahmeanteils nachhaltig von der gesellschaftsrechtlichen Beteiligungsquote lösen. Durch die im Berechnungsschema des Unterschiedsbetrages vorgesehene Aggregation der Altanteile mit der für die Neuanteile entrichteten Gegenleistung kommt es dann im Ergebnis zu einer unvermeidbaren Verzerrung des im Zuge des sukzessiven Erwerbsvorgangs zu bilanzierenden Geschäfts- oder Firmenwertes bzw. eines erfolgswirksam zu vereinnahmenden negativen Unterschiedsbetrages.

Um die zuvor gezeigten Probleme hinsichtlich der Interpretation und Bilanzierung eines Unterschiedsbetrages aus der Kapitalkonsolidierung abzumildern, wäre es daher wie schon im Kontext sukzessiver Unternehmenszusammenschlüsse wiederum denkbar, ein nach Alt- und Neuanteilen unterscheidendes Berechnungsschema anzuwenden, aus dem sodann zwei separate Unterschiedsbeträge hervorgehen. Für die Erläuterung einer derartigen Vorgehensweise sei dementsprechend auf die Ausführungen in Abschnitt 513.55 verwiesen.

524. Erfolgswirkungen aus der Behandlung der Altanteile

Durch die Übertragung der in IFRS 3 enthaltenen Vorgaben zur Bilanzierung sukzessiver Unternehmenserwerbe auf den hier betrachteten Fall sukzessiver Anteilserwerbe mit Aufwärtswechsel zur gemeinschaftlichen Tätigkeit können sich neben den zuvor analysierten Effekten auf die Vermögens-

---

986 Problematisch ist die Interpretation des Unterschiedsbetrages analog zu IFRS 3 jedoch dann, sofern die Vermögenswerte und Schulden der gemeinschaftlichen Tätigkeit auf Basis eines von der Beteiligungsquote abweichenden Abnahmeanteils in den Konzernabschluss einbezogen werden. Der Bilanzierungskonzeption des IFRS 11 folgend wäre der Beteiligungswert in diesen Fällen konsequenterweise nicht mit dem gesellschaftsrechtlich tatsächlich „erworbenen" Anteil am Nettovermögen, sondern mit dem davon abweichenden Saldo der der Konzernobergesellschaft wirtschaftlich zuordenbaren Vermögenswerte und Schulden zu vergleichen. Ein daraus resultierender Unterschiedsbetrag kann jedoch nicht ohne weiteres als Geschäfts- oder Firmenwert bzw. Ertrag aus einem *bargain purchase* verstanden werden. Vgl. zu dieser Problematik schon WEBER, C. U. A., Bilanzielle Abbildung von gemeinschaftlichen Tätigkeiten, S. 244 f.

987 Vgl. hierzu ausführlich die Abschnitte 513.52, 513.53 sowie 513.54.

988 Vgl. hierzu Abschnitt 523.3.

und Finanzlage überdies Auswirkungen auf die Darstellung der Ertragslage des die neuerlichen Anteile erwerbenden Konzerns ergeben. So ist eine etwaige Differenz aus dem bislang gem. IFRS 9 bzw. IAS 28 im Konzernabschluss bilanzierten Buchwert der Altanteile und dessen Fair Value gem. IFRS 3.41 f. **erfolgswirksam** in der Gewinn- und Verlustrechnung zu erfassen. Gleichzeitig ist zum Zeitpunkt des Statuswechsels für sämtliche im Zusammenhang mit der bisherigen Beteiligungsbeziehung im OCI aufgelaufenen Beträge zu prüfen, ob ggf. ein ***recycling*** in die Gewinn- und Verlustrechnung vorzunehmen ist oder aber diese erfolgsneutral in die Gewinnrücklage umgegliedert werden können. Bei analoger Anwendung von IFRS 3.41 f. ist für Bilanzierungszwecke dabei eine Veräußerung der Altanteile zu unterstellen. Da sich hinsichtlich der Konkretisierung und Würdigung einer solchen Verfahrensweise im Kontext gemeinschaftlicher Tätigkeiten indes keinerlei Besonderheiten ergeben, sei an dieser Stelle auf den entsprechenden Abschnitt zu sukzessiven Unternehmenserwerben verwiesen.[989]

525. Anwendungsbeispiel

Die analoge Anwendung von IFRS 3.41 f. auf die konzernbilanzielle Abbildung sukzessiver Erwerbe mit Aufwärtswechsel zur gemeinschaftlichen Tätigkeit sei anhand des nachfolgenden Beispiels verdeutlicht. Dabei wird auf den Ausgangssachverhalt des Beispiels in Abschnitt 515. zurückgegriffen.

Demnach erwirbt Unternehmen A zum **01.01.X0 25% der Anteile** an Unternehmen B und bilanziert die Beteiligung im Konzernabschluss angesichts eines maßgeblichen Einflusses nach der **Equity-Methode gem. IAS 28**. Die Anschaffungskosten für den Erwerb betrugen 2.000 GE. In der Periode X0 hat Unternehmen B ein Gesamtergebnis i. H. v. 800 GE erwirtschaftet und vollständig thesauriert. Neben dem in der Gewinn- und Verlustrechnung ausgewiesenen Periodenerfolg i. H. v. 300 GE sind darin GuV-neutrale Erfolge aus der Marktbewertung von Unternehmensanteilen i. H. v. 240 GE sowie aus der Bilanzierung eines *Cashflow Hedge* i. H. v. 260 GE enthalten. Ferner wurden zum Erwerbszeitpunkt der Beteiligung stille Reserven in Bezug auf das Nettovermögen von Unternehmen B i. H. v. 1.000 GE aufgedeckt, die vollständig auf linear abzuschreibende Sachanlagen mit einer Restnutzungsdauer von 10 Jahren entfallen. Aufgrund der guten wirtschaftlichen Entwicklung des Beteiligungsunternehmens erhöht sich der Fair Value der 25%igen-Beteiligung bis zum Ende des Jahres um 500 GE auf dann 2.500 GE.

Die folgende Übersicht zeigt die zum 31.12.X0 aufgestellte IFRS-Handelsbilanz II von Unternehmen A, die für die Equity-Fortschreibung der Beteiligung an Unternehmen B erforderlichen Korrekturbuchungen sowie die daraus resultierende Konzernbilanz. Für die Erläuterung der im Zuge der Beteiligungsbilanzierung zum 31.12.X1 durchzuführenden Buchungen sei auf die Ausführungen in Abschnitt 515. verwiesen.

[989] Vgl. Abschnitt 514.

31.12.X0 (alle Zahlenabgaben in GE)	**A (MU)** IFRS II	**Equity-Fortschreibung** Soll	Haben	**KB**
Aktiva				
Beteiligungen	2.500	*(2a)* 50 *(2b)* 125	*(1)* 500	2.175
Sonstiges Anlagevermögen	5.000			5.000
Umlaufvermögen	26.000			26.000
∑ Aktiva	**33.500**			**33.175**
Passiva				
Gezeichnetes Kapital	5.000			5.000
Gewinnrücklage	22.000			22.000
Sonstiges Eigenkapital	500	*(1)* 500	*(2b)* 125	125
Periodenergebnis (GuV)	0		*(2a)* 50	50
Sonstige Passiva	6.000			6.000
∑ Passiva	**33.500**			**33.175**

Tabelle 5-6: Konzernabschluss von Unternehmen A zum 31.12.X0 (AU→GT)

Zum **01.01.X1** erwirbt Unternehmen A nun **weitere 25% der Anteile** an Unternehmen B von dem bisherigen Mehrheitseigentümer C zu einem Kaufpreis von 2.500 GE und vereinbart mit diesem die gemeinschaftliche Beherrschung des Beteiligungsunternehmens. Überdies schließen Unternehmen A und C einen Abnahmevertrag, wonach die von Unternehmen B produzierten Leistungen und Erzeugnisse ausschließlich an die gemeinschaftlich beherrschenden Parteien geliefert werden können. Die beiden Gesellschafter einigen sich dabei auf eine den Kapitalanteilen entsprechende Outputabnahme i. H. v. je 50%. Die Beteiligungsgesellschaft wird ab diesem Zeitpunkt als **gemeinschaftliche Tätigkeit** klassifiziert und ist damit nicht mehr nach der Equity-Methode, sondern **gem. IFRS 11 i. V. m. IFRS 3 quotal** in den Konzernabschluss von Unternehmen A **einzubeziehen**. Im Rahmen der *due diligence* wurden stille Reserven i. H. v. 1.000 GE im Anlagevermögen sowie i. H. v. 600 GE im Umlaufvermögen des Beteiligungsunternehmens ermittelt. Der Fair Value der bereits vor dem Statuswechsel im Besitz von Unternehmen A befindlichen Anteile an Unternehmen B beträgt weiterhin 2.500 GE. Während die IFRS-Handelsbilanz II von Unternehmen A mit Ausnahme der erwerbsbedingten Beteiligungserhöhung i. H. v. 2.500 GE und einer entsprechenden Verminderung des Umlaufvermögens infolge der Kaufpreiszahlung der Bilanz zum 31.12.X0 entspricht, stellt sich die IFRS-Handelsbilanz II von Unternehmen B zum Zeitpunkt des Erwerbs wie folgt dar:

IFRS-Handelsbilanz II von Unternehmen B **Aktiva** zum 01.01.X1 (in GE) **Passiva**			
Beteiligungen	1.000	Gezeichnetes Kapital	900
Sonstiges Anlagevermögen	2.900	Gewinnrücklage	3.000
Umlaufvermögen	1.500	Sonstiges Eigenkapital	500
		Sonstige Passiva	1.000
∑ Aktiva	**5.400**	**∑ Passiva**	**5.400**

Tabelle 5-7: IFRS-Handelsbilanz II von Unternehmen B zum 01.01.X1 (AU→GT)

Zum **01.01.X1** soll nun die **Konzernbilanz** von Unternehmen A ausgehend von den IFRS-Handelsbilanzen II der beiden Gesellschaften abgeleitet werden. Dabei wird aus Anschaulichkeitsgründen unterstellt, dass die Beteiligung an Unternehmen B im Einzelabschluss von Unternehmen A zunächst noch unter Anwendung von IFRS 9 bilanziert wird, die quotale Einbeziehung der Vermögenswerte und Schulden entsprechend den Vorgaben des IFRS 11 somit erst auf Ebene des Konzernabschlusses vorgenommen wird.[990] Für konzernbilanzielle Zwecke sind daher in einem ersten Schritt die Bilanzpositionen der gemeinschaftlichen Tätigkeit laut IFRS-Handelsbilanz II i. H. d. auf Unternehmen A entfallenden Anteils von 50% in die Summenbilanz des Konzerns aufzunehmen. In einem nächsten Schritt werden anschließend die diesen anteiligen Vermögenswerten und Schulden zuzurechnenden stillen Reserven i. H. v. insgesamt 800 GE aufgedeckt und gleichzeitig ein entsprechender Betrag in die Neubewertungsrücklage als Teil des sonstigen Eigenkapitals eingestellt (Buchungssatz (1*)[991]). Das **anteilige neubewertete Eigenkapital** von Unternehmen B beträgt dann 3.000 GE (=6.000 GE*50%).

(1*)	Sonst. Anlagevermögen	500	*an*	Sonst. Eigenkapital	800
	Umlaufvermögen	300			

Zur Vorbereitung der eigentlichen Kapitalkonsolidierung sind in einem dritten Schritt die Buchungen aus dem Vorjahr hinsichtlich der Stornierung der Fair Value-Bewertung der Altanteile gem. IFRS 9 aus der IFRS-Handelsbilanz II von Unternehmen A (Buchungssatz (2*)) sowie der darauffolgenden Equity-Fortschreibung der Anschaffungskosten (Buchungssatz (3*)) **erfolgsneutral** zu wiederholen.

Der daraus resultierende Buchwert der Altanteile – hier der Equity-Wert i. H. v. 2.175 GE – ist für konzernbilanzielle Zwecke zum Fair Value (2.500 GE) neu zu bewerten, wobei der entsprechende Differenzbetrag i. H. v. 325 GE in der Gewinn- und Verlustrechnung der Berichtsperiode zu erfassen ist (Buchungssatz (4*)).

990 Streng genommen ist die Kapitalkonsolidierung in Bezug auf die Beteiligung an Unternehmen B bereits auf Ebene der IFRS-Handelsbilanz II von Unternehmen A vorzunehmen, da der Anwendungsbereich von IFRS 11 nicht auf den Konzernabschluss beschränkt ist.

991 Dieser Buchungssatz ist in der Konsolidierungsspalte in Tabelle 5-9 nicht explizit enthalten, da er bereits für die Erstellung der sog. IFRS-Handelsbilanz III ausgehend von der IFRS-Handelsbilanz II erforderlich ist.

(2*)	Sonst. Eigenkapital (NBW-Rücklage)	500	*an*	Beteiligung	500
(3*)	Beteiligung	175	*an*	Gewinnrücklagen	50
				Sonst. Eigenkapital	125
(4*)	Beteiligung	325	*an*	Periodenerfolg (GuV)	325

Darüber hinaus sind sämtliche im Rahmen der vorherigen Equity-Bilanzierung im sonstigen Ergebnis aufgelaufene Beträge wie schon im Kontext sukzessiver Unternehmenserwerbe zum Zeitpunkt der Beherrschungserlangung so zu behandeln, als würde Unternehmen A die Altanteile am Markt veräußern. Demnach können zum einen die in der Berichtsperiode X0 anteilig im Equity-Wert erfassten Wertschwankungen der von Unternehmen B gehaltenen Wertpapiere i. H. v. 60 GE (=240 GE*25%) GuV-neutral in die Gewinnrücklagen umgegliedert werden.[992] Zum anderen sind die auf die Bilanzierung eines *Cashflow Hedge* des Beteiligungsunternehmens zurückgehenden anteiligen OCI-Bestandteile i. H. v. 65 GE (=260 GE*25%) in die Gewinn- und Verlustrechnung zu „*recyceln*" (Buchungssatz (5*)).[993]

(5*)	Sonst. Eigenkapital	125	*an*	Gewinnrücklage	60
				Periodenerfolg (GuV)	65

In einem letzten Schritt ist schließlich die eigentliche Kapitalkonsolidierung durchzuführen, in dessen Rahmen die Gesamtbeteiligung bestehend aus den Alt- (2.500 GE) sowie den Neuanteilen (2.500 GE) dem auf den Konzern entfallenden Anteil am neubewerteten Nettovermögen der gemeinschaftlichen Tätigkeit (3.000 GE) gegenübergestellt wird:

	Fair Value der übertragenen Gegenleistung (AK Neuanteile)	2.500
+	Fair Value der Altanteile	2.500
–	Anteil am neubewerteten Nettovermögen von Unternehmen B	3.000
=	**Unterschiedsbetrag aus der Kapitalkonsolidierung**	**2.000**

Tabelle 5-8: Ermittlung des Unterschiedsbetrages aus der Kapitalkonsolidierung (AU→GT)

Der verbleibende Unterschiedsbetrag i. H. v. 2.000 GE ist gem. IFRS 11.B33A als Geschäfts- oder Firmenwert in die Konzernbilanz aufzunehmen (vgl. Buchungssatz (6*)).

[992] Vgl. IFRS 9. B5.7.1 i. V. m. IAS 28.19A.
[993] Vgl. IAS 9.6.5.11 i. V. m. IAS 28.19A.

(6*)	Gezeichnetes Kapital	450	*an*	Beteiligung	5.000
	Gewinnrücklage	1.500			
	Sonst. Eigenkapital	1.050			
	Geschäfts- oder Firmenwert	2.000			

Die **Konzernbilanz** von Unternehmen A stellt sich auf Basis der vorherigen Buchungen damit zum **01.01.X1** wie folgt dar:

01.01.X1 (alle Zahlenabgaben in GE)	**A (MU)** IFRS II	**B (TU) [50%]** IFRS II	IFRS III	**SB**	**Übergangs-konsolidierung** Soll	Haben	**KB**
Aktiva							
Geschäfts- oder Firmenwert	0	0	0	0	*(6*)* 2.000		2.000
Beteiligungen	5.000	500	500	5.500	*(3*)* 175 *(4*)* 325	*(2*)* 500 *(6*)* 5.000	500
Sonstiges Anlagevermögen	5.000	1.450	1.950	6.950			6.950
Umlaufvermögen	23.500	750	1.050	24.550			24.550
Bilanzsumme	**33.500**	**2.700**	**3.500**	**37.000**			**34.000**
Passiva							
Gezeichnetes Kapital	5.000	450	450	5.450	*(6*)* 450		5.000
Gewinnrücklage	22.000	1.500	1.500	23.500	*(6*)* 1.500	*(3*)* 50 *(5*)* 60	22.110
Sonstiges Eigenkapital	500	250	1.050	1.550	*(2*)* 500 *(5*)* 125 *(6*)* 1.050	*(3*)* 125	0
Periodenergebnis (GuV)	0	0	0	0		*(5*)* 65 *(4*)* 325	390
Sonstige Passiva	6.000	500	500	6.500			6.500
Bilanzsumme	**33.500**	**2.700**	**3.500**	**37.000**			**34.000**

Tabelle 5-9: Konzernabschluss von Unternehmen A zum 01.01.X1 (AU→GT)

526. Abschließende Würdigung

Durch die Veröffentlichung des *Amendments* zu IFRS 11 *„Accounting for Acquisitions of Interests in Joint Operations"* im Mai 2014 hat der IASB die bilanzielle Abbildung des Erwerbs einer gemeinschaftlichen Tätigkeit mit den Vorschriften zur Bilanzierung von Unternehmenszusammenschlüssen synchronisiert. So sind gem. IFRS 11.21A sämtliche in IFRS 3 normierten Prinzipien auf den Erwerb einer gemeinschaftlichen Tätigkeit zu übertragen, sofern diese nicht mit anderweitigen Regelungen des IFRS 11 in Konflikt stehen. Als Folge dessen richtet sich grundsätzlich auch die bilanzielle Abbildung des im Rahmen der vorherigen Analyse betrachteten Spezialfalls sukzessiver Anteilserwerbe mit Aufwärtswechsel zur gemeinschaftlichen Tätigkeit nach den Vorschriften des IFRS 3.

Wie schon bei sukzessiven Unternehmenszusammenschlüssen sind daher sowohl der Bilanzierung der in die Konzernbilanz gem. IFRS 11.20 einzubeziehenden Vermögenswerte und Schulden der gemeinschaftlichen Tätigkeit als auch der Ermittlung eines Geschäfts- oder Firmenwertes **einheitlich** die **Wertverhältnisse zum Zeitpunkt des Statuswechsels** zugrunde zu legen. Der bei sukzessiven Erwerbsvorgängen bestehenden Herausforderung, dass nur für die zuletzt erworbene Anteilstranche aktuelle Anschaffungskosten vorliegen, begegnet der Standardsetzer insofern wiederum mit der **Verpflichtung zur Fair Value-Bewertung** des bereits vor dem Statuswechsel gehaltenen Anteilspaketes. Eine solche Vorgehensweise hat zunächst den offensichtlichen Vorteil, die Beteiligungsbilanzierung durchgängig an aktuellen, aus Adressatensicht tendenziell relevanten Wertansätzen auszurichten. Zugleich wird hierdurch das als Teil des Anforderungskatalogs an eine entscheidungsnützliche Bilanzierung sukzessiver Anteilserwerbe identifizierte Ziel erreicht, die im Zuge der Neukonsolidierung der Altanteile aufzurechnenden Positionen wertmäßig auf denselben Stichtag zu beziehen, um eine Ermittlung rein technischer und damit schwer interpretierbarer Unterschiedsbeträge zu verhindern. Überdies ist eine aufwendige Rekonstruierung historischer Wertverhältnisse für die unterschiedlichen Anteilstranchen im Zuge der Übergangskonsolidierung in keinem Fall mehr erforderlich. Die analoge Anwendung der Vorschriften des IFRS 3 scheint demnach auch mit Blick auf die Komplexität der Berichterstattung vorteilhaft.

Anders als bei sukzessiven Unternehmenszusammenschlüssen kann die Fair Value-Bewertung der bereits vor der neuerlichen Erwerbstransaktion gehaltenen Anteile im Kontext gemeinschaftlicher Tätigkeiten indes nicht ohne Weiteres unter Verweis auf die mit dem Statuswechsel einhergehende **Änderung der Beteiligungsbeziehung** begründet werden. So stellt der Übergang von einer einfachen Beteiligung bzw. einem assoziierten Unternehmen auf eine gemeinschaftliche Tätigkeit mit Blick auf die gesteigerten Einflussnahmemöglichkeiten allein zwar eine bedeutende, jedoch keine derart fundamentale Wesensänderung dar, dass eine Neubewertung der Altanteile vor dem Hintergrund der Entscheidungsnützlichkeit der Berichterstattung zweifelsfrei gerechtfertigt erscheint.

Anders ist dies gleichwohl dann zu beurteilen, sollte die Höhe und Struktur des aus der Unternehmensbeziehung künftig zu erwartenden Nutzenzuflusses nach dem Statuswechsel im Einzelfall nicht mehr durch den gesellschaftsrechtlichen Beteiligungsanteil, sondern vor allem durch eine zwischen den Partnerunternehmen vertraglich abgeschlossene Vereinbarung zur Aufteilung des von der gemeinschaftlichen Tätigkeit produzierten Outputs geprägt sein. So können sich hieraus je nach Ausmaß und Nachhaltigkeit einer Divergenz zwischen der Beteiligungsquote auf der einen und dem vertraglichen Abnahmeanteil auf der anderen Seite erhebliche Konsequenzen für den der Beteiligung aus Sicht der Konzernobergesellschaft insgesamt zuzuordnenden Wertbeitrag ergeben. Eine Neubeurteilung der bisherigen Anteilsbewertung scheint mit Blick auf das IFRS 3.41 f. zugrunde liegende Konzept des *significant economic event* insofern zumindest in diesen – wenn auch wohl seltenen – Fällen grundsätzlich überzeugend.

Angesichts der von IFRS 3.41 f. i. V. m. IFRS 13 derzeit vorgegebenen Bewertungseinheit ist jedoch zu konstatieren, dass weder die Möglichkeit zur gemeinschaftlichen Beherrschung noch ein von der Kapitalanteilsquote nachhaltig abweichender Abnahmeanteil im Rahmen der Fair Value-Ermittlung derzeit berücksichtigt werden können. Schließlich stellen die daraus resultierenden Werteinflüsse keine dem zu bewertenden Anteilspaket unmittelbar anhaftende Eigenschaft dar und sind dementsprechend als unternehmensspezifischer Aspekt der Beteiligungsbeziehung außer Acht zu lassen. Der als Rechtfertigung für eine zeitwertbasierte Einbeziehung der Altanteile angeführte Zweck, der fundamentalen Wesensänderung der Unternehmensbeteiligung bilanziell Rechnung zu tragen, kann damit – wie schon im Kontext sukzessiver Unternehmenserwerbe – gerade nicht erfüllt werden. Stattdessen hat die Übertragung der Fair Value-orientierten Bilanzierungsmethodik des IFRS 3 lediglich eine Aufdeckung bereits vor dem neuerlichen Anteilserwerb entstandener und damit ggf. vorherigen Berichtsperioden zuzurechnender **stiller Reserven und Lasten inklusive originärer Goodwill-Bestandteile** zur Folge. Den Abschlussadressaten wird insofern wiederum eine Änderung der Vermögens- und Finanzlage infolge des Anteilszukaufs suggeriert, die zum Zeitpunkt des Statuswechsels tatsächlich nicht stattgefunden hat. Da den bilanzierenden Unternehmen durch die Fair Value-Ermittlung gleichzeitig erhebliche **Ermessensspielräume** gewährt werden, die diese ihren bilanzpolitischen Absichten entsprechend ausnutzen können, ist die Beurteilung der seitens des Managements getätigten Investition letzten Endes nur sehr eingeschränkt möglich.

Überdies werden die Abschlussadressaten durch die zeitwertbasierte Einbeziehung der Altanteile in die Kapitalkonsolidierung vor die schon im Kontext sukzessiver Unternehmenserwerbe gezeigten **Herausforderungen in Bezug auf die Interpretation** der Residualgröße gestellt. Die Aussagekraft eines Geschäfts- oder Firmenwertes bzw. eines negativen Unterschiedsbetrages wird dabei durch die konzeptionellen Schwächen der Fair Value-Ermittlung der Altanteile im Zusammenhang mit gemeinschaftlichen Tätigkeiten nochmals verringert.

Nicht zuletzt sind auch die mit der analogen Anwendung von IFRS 3 ggf. verbundenen **Erfolgswirkungen** kritisch zu beurteilen. So werden durch die Fair Value-Bewertung einerseits sowie die Umgliederung der im Rahmen der bisherigen Beteiligungsbilanzierung ggf. im OCI aufgelaufenen Beträge andererseits wie auch bei sukzessiven Unternehmenserwerben außerordentliche und stark ermessensbehaftete Erfolge in der Gewinn- und Verlustrechnung erfasst. Hierdurch wird nicht nur die Aussagefähigkeit des jeweiligen Jahresüberschusses beeinträchtigt, sondern langfristig auch dessen Rolle als zentrale Kennzahl zur Beurteilung der Ertragslage gefährdet.

Vor dem Hintergrund der zuvor beschriebenen Kritikpunkte ist die Entscheidungsnützlichkeit der Berichterstattung über sukzessive Erwerbe mit Aufwärtswechsel zur gemeinschaftlichen Tätigkeit bei einer Übertragung der Vorschriften zur Bilanzierung sukzessiver Unternehmenszusammenschlüsse im Ergebnis stark zu bezweifeln. Sollte dennoch an der grundlegenden Vorgehensweise festgehalten werden, könnten künftig zumindest die bereits im Kontext sukzessiver Unternehmenserwerbe herausgearbeiteten Änderungsvorschläge an IFRS 3 berücksichtigt werden.[994]

[994] Vgl. Abschnitt 516.

53 Sukzessive Erwerbe mit Aufwärtswechsel zum assoziierten bzw. Gemeinschaftsunternehmen nach IAS 28

531. Bilanzierungssystematik der Equity-Methode

Die konzernbilanzielle Abbildung von Anteilserwerben, die zu einer Klassifizierung einer Beteiligung als assoziiertes bzw. Gemeinschaftsunternehmen führen, richtet sich nach der Equity-Methode gem. IAS 28.[995] Hiernach ist die Beteiligung zum Zeitpunkt der erstmaligen Anwendung dieser Methode grundsätzlich zunächst i. H. d. **Anschaffungskosten** zu bilanzieren.[996] Die Anschaffungskosten umfassen dabei – anders als die übertragene Gegenleistung gem. IFRS 3.37 f. i. V. m. IFRS 3.53 – nicht nur den Erwerbspreis, sondern auch weitere dem Erwerbsvorgang direkt zurechenbare Kostenbestandteile (**Anschaffungsnebenkosten)** wie bspw. Anwaltsgebühren.[997] Gemäß IAS 28.32 hat der Erwerber bei erstmaliger Anwendung der Equity-Methode die geleisteten Anschaffungskosten zugleich in einer außerbilanziellen Nebenrechnung mit seinem Anteil am neubewerteten Nettovermögen des Beteiligungsunternehmens zu vergleichen. Bei der hierfür erforderlichen Fair Value-Bewertung der anteilig hinter der Beteiligung stehenden Vermögenswerte und Schulden bestehen generell keine inhaltlichen Unterschiede zum Vorgehen im Rahmen der Erwerbsmethode gem. IFRS 3 i. V. m. IFRS 13.[998] Übersteigen die Anschaffungskosten der Beteiligung den Anteil des Erwerbers am neubewerteten Eigenkapital des Beteiligungsunternehmens, ist der positive Unterschiedsbetrag als **Geschäfts- oder Firmenwert** zu interpretieren und als Teil des Equity-Wertes zu bilanzieren.[999] Übersteigt umgekehrt das anteilige neubewertete Nettovermögen die Anschaffungskosten und liegt insofern ein **negativer Unterschiedsbetrag** vor, ist der Wertansatz der Beteiligung um diesen Betrag zu erhöhen und ein entsprechender **Ertrag in der Gewinn- und Verlustrechnung** zu erfassen.[1000] Im Ergebnis kann der bilanzierte Beteiligungswert die Anschaffungskosten somit doch schon zum Zugangszeitpunkt übersteigen.[1001]

Ab dem Erstansatzzeitpunkt ist der Equity-Wert schließlich um die **anteiligen Eigenkapitalveränderungen** des Beteiligungsunternehmens **fortzuschreiben.**[1002] So ist der Beteiligungsbuchwert zu-

---

995 Vgl. IAS 28.2. Die Equity-Methode ist gem. IAS 28.32 ab dem Zeitpunkt anzuwenden, an dem ein maßgeblicher Einfluss bzw. eine gemeinschaftliche Führung durch den Erwerber erstmals möglich ist. Dies dürfte i. d. R. dem Erwerbszeitpunkt der zuletzt erworbenen Anteile entsprechen. Vgl. KÖSTER, O., in: MüKo Bilanzrecht Bd. 1, IAS 28, Rn. 39.

996 Vgl. IAS 28.10.

997 Vgl. IFRS IC (Hrsg.), IFRIC Update (July 2009), S. 3. Vgl. ausführlich zur möglichen Herausforderungen bei der Bestimmung der Anschaffungskosten im Rahmen der Equity-Methode BAETGE, J./KLAHOLZ, T./GRAUPE, F., in: Baetge u. a., Rechnungslegung nach IFRS, 2. Aufl., IAS 28, Rn. 63-69.

998 Vgl. HAYN, B., in: Beck IFRS HB, 4. Aufl., § 38, Rn. 34. Die Erstellung einer vollumfänglichen, dezidierten Neubewertungsbilanz wird vor allem bei assoziierten Unternehmen in einigen Fällen aufgrund unzureichender Informationen nicht möglich sein. Vgl. zu dieser Problematik und möglichen Lösungsansätzen ausführlich LÜDENBACH, N./HOFFMANN, W.-D./FREIBERG, J., in: Haufe IFRS-Kommentar, 13. Aufl., § 33, Rn. 56 i. V. m. 87-92.

999 Vgl. IAS 28.32 (a).

1000 Vgl. IAS 28.32 (b).

1001 Vgl. BAETGE, J./KLAHOLZ, T./GRAUPE, F., in: Baetge u. a., Rechnungslegung nach IFRS, 2. Aufl., IAS 28, Rn. 62 i. V. m. 81.

1002 Vgl. ausführlich zur Folgebewertung im Rahmen der Equity-Methode LÜDENBACH, N./HOFFMANN, W.-D./FREIBERG, J., in: Haufe IFRS-Kommentar, 13. Aufl., § 33, Rn. 61-110.

nächst um den Anteil sowohl am Periodenerfolg als auch am sonstigen Gesamtergebnis des Beteiligungsunternehmens zu erhöhen bzw. zu verringern. In Höhe des jeweiligen Betrages ist ein Erfolg in der Gewinn- und Verlustrechnung bzw. im OCI des Konzerns zu erfassen.[1003] Um eine Doppelerfassung von Erträgen zu verhindern, sind gleichzeitig die ggf. seitens des Beteiligungsunternehmens ausgeschütteten und vom Konzern vereinnahmten Dividenden vom Equity-Wert abzuziehen.[1004] Darüber hinaus ist der bilanzierte Buchwert in den Folgeperioden gem. IAS 28.32 um die Abschreibungen bzw. Auflösung der zum Erstansatzzeitpunkt in der Nebenrechnung aufgedeckten stillen Reserven und Lasten der dem Konzern anteilig zurechenbaren Vermögenswerte und Schulden des Beteiligungsunternehmens anzupassen.[1005] Die Neubewertung des Nettovermögens ist insofern nicht allein für die Ermittlung eines Unterschiedsbetrages im Erwerbszeitpunkt relevant, sondern auch für eine periodengerechte Bilanzierung der Beteiligung in darauffolgenden Geschäftsjahren bedeutsam.

532. Übergang von einer einfachen Beteiligung zum assoziierten Unternehmen bzw. Gemeinschaftsunternehmen

532.1 Vorliegen einer verdeckten Normlücke

Sofern ein im Konzernabschluss bislang gem. IFRS 9 bilanziertes Beteiligungsunternehmen infolge eines neuerlichen Anteilserwerbs erstmals als assoziiertes oder aber als Gemeinschaftsunternehmen klassifiziert wird, ist die Equity-Methode zu diesem Zeitpunkt nicht allein auf die zusätzlich hinzuerworbenen Anteile[1006] sondern auf die Gesamtbeteiligung anzuwenden.[1007] In IAS 28 finden sich jedoch keine expliziten Vorschriften, wie im Fall solcher (sukzessiver) Erwerbstransaktionen bilanziell vorzugehen ist.[1008] Die zentrale Herausforderung liegt hierbei darin, dass zum Zeitpunkt der erstmaligen Anwendung der Equity-Methode nur für das zuletzt erworbene Anteilspaket aktuelle Anschaffungskosten vorliegen und die Altanteile bislang i. H. d. Fair Value in den Konzernabschluss einbezogen werden. Vor diesem Hintergrund ist fraglich, ob die allgemeine Vorschrift in IAS 28.10, nach der eine Beteiligung an einem assoziierten bzw. Gemeinschaftsunternehmen i. H. d. Anschaffungskosten anzusetzen ist, den Spezialfall sukzessiver Anteilserwerbe mit einschließt – diese Regelung insofern sachverhaltsspezifisch auszulegen wäre –[1009] oder aber eine (wenn auch verdeckte)

[1003] Vgl. IAS 28.10.

[1004] Vgl. IAS 28.10.

[1005] Dies ist erforderlich, da der Equity-Wert aus Perspektive des Anteilseigners fortzuschreiben ist und die Anschaffungskosten der Beteiligung als Ausgangsbasis der Fortschreibung i. d. R. nicht mit dem auf den Anteilseigner entfallenden Eigenkapital des Beteiligungsunternehmens gem. IFRS-Handelsbilanz II übereinstimmen. Vgl. hierzu KÜTING, K./WEBER, C.-P., Der Konzernabschluss, S. 580.

[1006] Also die Anteilstranche durch die der Erwerber letztlich den maßgeblichen Einfluss bzw. die gemeinschaftliche Beherrschung erlangt.

[1007] Vgl. BAETGE, J./KLAHOLZ, T./GRAUPE, F., in: Baetge u. a., Rechnungslegung nach IFRS, 2. Aufl., IAS 28, Rn. 82; LÜDENBACH, N./HOFFMANN, W.-D./FREIBERG, J., in: Haufe IFRS-Kommentar, 13. Aufl., § 33, Rn. 41.

[1008] Vgl. ERNST & YOUNG (Hrsg.), International GAAP 2015, S. 736; HAYN, B., in: Beck IFRS HB, 4. Aufl., § 38, Rn. 20; BAETGE, J./KLAHOLZ, T./GRAUPE, F., in: Baetge u. a., Rechnungslegung nach IFRS, 2. Aufl., IAS 28, Rn. 82; KÜTING, K./SEEL, C., Konvergenz der Equity-Methode, S. 1006.

[1009] Vgl. so bspw. KÜTING, K./SEEL, C., Konvergenz der Equity-Methode, S. 1006.

Normlücke vorliegt.[1010] Die Beantwortung dieser Fragestellung ist für die weitere Analyse von entscheidender Bedeutung, da sich hieraus erhebliche Konsequenzen für das Spektrum denkbarer Bilanzierungsalternativen ergeben.[1011]

Sollte IAS 28.10 auch für den Statuswechsel ausgehend von einer zuvor nach IFRS 9 zum Fair Value bilanzierten Beteiligung einschlägig sein, so hätten sich die Überlegungen hinsichtlich der bilanziellen Abbildungsmethodik in den Grenzen des dort normierten Wortlauts („*on initial recognition the investment in an associate or a joint venture is recognised at cost*") zu bewegen. Dies hätte zur Folge, dass die Altanteile entweder unmittelbar zu den historischen Anschaffungskosten oder aber i. H. d. auf Basis einer retrospektiven Anwendung der Equity-Methode fortgeführten Anschaffungskosten in den Equity-Wert einzufließen hätten.[1012] Keinesfalls wäre jedoch bspw. eine erfolgsneutrale Fortführung des Fair Value der Altanteile als sog. *deemed cost* oder sogar eine analoge Anwendung der ggf. GuV-wirksamen Vorschriften des IFRS 3.41 f. mit dem Begriff der Anschaffungskosten vereinbar.[1013] Eine Stornierung der im Zuge der vorherigen Bilanzierung gem. IFRS 9 vorgenommenen Fair Value-Bewertung wäre somit unumgänglich.

Sofern das Fehlen einer expliziten Spezialregelung jedoch als Normlücke interpretiert wird – die Vorgabe zur anschaffungskostenbasierten Bewertung der Beteiligung also nicht als für sukzessive Anteilserwerbe mit vorheriger Fair Value-Bilanzierung einschlägig erachtet wird – wäre der resultierende Bilanzierungsfreiraum nach Maßgabe des IAS 8.11 a) vorzugsweise im Wege der Analogie zu schließen.[1014] Im Ergebnis würden in diesem Fall zunächst die Fair Value-orientierten Regelungen des IFRS 3.41 f. in den Vordergrund rücken, da diese mit der Bilanzierung sukzessiver Unternehmenserwerbe eine ähnliche bzw. sachverwandte Fragestellung explizit normieren. Die Überlegungen hinsichtlich der anzuwendenden Bilanzierungssystematik wären demgemäß keinesfalls auf anschaffungskostenbasierte Ansätze zu beschränken.

[1010] Vgl. so bspw. LÜDENBACH, N./HOFFMANN, W.-D./FREIBERG, J., in: Haufe IFRS-Kommentar, 13. Aufl., § 33, Rn. 44 und 46; THEILE, C./PAWELZIK, K. U., in: Heuser/Theile, IFRS-Handbuch, 5. Aufl., D IX, Rn. 6237; HEINTGES, S./URBANCZIK, P., Erwerb und Folgebewertung assoziierter Unternehmen, S. 423.

[1011] Dabei wird im Folgenden grundsätzlich nicht zwischen einem Aufwärtswechsel zum assoziierten Unternehmen auf der einen und zum Gemeinschaftsunternehmen auf der anderen Seite unterschieden.

[1012] Vgl. KÜTING, K./SEEL, C., Konvergenz der Equity-Methode, S. 1006 f., sowie ausführlich zu diesen beiden Auslegungsvarianten Abschnitt 532.3 und 532.5.

[1013] Vgl. KÜTING, K./SEEL, C., Konvergenz der Equity-Methode, S. 1006 unter Hinweis auf die seitens des IFRS IC im Juli 2009 klargestellte Definition des Anschaffungskostenbegriffes (vgl. IFRS IC (Hrsg.), IFRIC Update (July 2009), S. 3); KÖSTER, O., in: MüKo Bilanzrecht Bd. 1, IAS 28, Rn. 53 f.; KLOSE, N.-C., Konzernrechnungslegung nach IFRS, S. 294. A. A. BAETGE/KLAHOLZ/GRAUPE, denen zufolge eine Fair Value-Bewertung der Altanteile analog zu IFRS 3.41 f. nicht zwingend mit dem Wortlaut in IAS 28.10 konfligiert, da unterstellt würde, dass der Erwerber im Zeitpunkt des Statuswechsels sein bisheriges Investment zusammen mit dem Kaufpreis für die Neuanteile gegen eine Beteiligung an einem assoziierten Unternehmen tauscht und die Anwendung der für Tauschtransaktionen geltenden Vorschriften sehr wohl mit dem Anschaffungskostenprinzip vereinbar sei. Vgl. BAETGE, J./KLAHOLZ, T./GRAUPE, F., in: Baetge u. a., Rechnungslegung nach IFRS, 2. Aufl., IAS 28, Rn. 86. Dem muss jedoch entgegen gehalten werden, dass es sich nur um eine Tauschfiktion handelt (vgl. Abschnitt 514.1), sodass der Hinweis auf die bei Tauschtransaktionen ansonsten einschlägigen Vorschriften bei Zugrundelegung des Wortlauts von IAS 28.10 nach der hier vertretenen Meinung keine Fair Value-Bewertung rechtfertigen kann.

[1014] Vgl. Abschnitt 253.3.

Auch wenn eine eindeutige Klärung ohne explizite Äußerung des Standardsetzers nicht möglich ist, spricht nach der hier vertretenen Meinung vieles für die Existenz einer verdeckten Normlücke und somit für eine zunächst vergleichsweise offene Diskussion hinsichtlich der theoretisch in Frage kommenden Bilanzierungsvarianten. Grundsätzliche Voraussetzung für das Vorliegen einer verdeckten Normlücke ist es, dass auf den ersten Blick eine auf den zu bilanzierenden Sachverhalt passende Vorschrift ausgemacht werden kann, diese jedoch die für die Bilanzierung des spezifischen Sachverhalts ausschlaggebenden Charakteristika außer Acht lässt und daher ihrem Sinn und Zweck nach nicht auf den betrachteten Sachverhalt anzuwenden ist.[1015] Eine solche Konstellation kann bspw. dann auftreten, wenn der Standardsetzer die bei der Bilanzierung des spezifischen Sachverhalts auftretenden Herausforderungen – hier vor allem der Übergang von einer Fair Value-basierten Bewertung zu einer grundsätzlich anschaffungskostenbasierten Bilanzierungsmethode – bei der Entwicklung der Regelungen „nicht bis zu Ende durchdacht [hat; Anm. d. Verf.]“[1016]. Die aktuell in IAS 28.10 normierte Vorschrift zur Erstbilanzierung der Beteiligung i. H. d. Anschaffungskosten wurde ursprünglich zu einem Zeitpunkt veröffentlicht, zu dem einfache Beteiligungen entsprechend dem damals einschlägigen IAS 25 nicht zum Fair Value, sondern üblicherweise *at cost* bilanziert wurden.[1017] Insofern konnte der IASB zum Zeitpunkt der Standardentwicklung das unter der Geltung von IFRS 9 bzw. derzeit noch unter IAS 39 auftretende Problem gar nicht abgesehen haben, da es seinerzeit noch nicht existierte. Vor diesem Hintergrund lässt sich vertreten, dass die vom Standardsetzer getroffene Wertentscheidung zugunsten einer anschaffungskostenbasierten Bilanzierung im Rahmen der Equity-Methode nicht ohne Weiteres auf den Spezialfall sukzessiver Erwerbe von assoziierten bzw. Gemeinschaftsunternehmen übertragen werden kann.

Darüber hinaus spricht noch eine weitere Tatsache gegen die Pflicht zur Anwendung der Vorschrift in IAS 28.10 auf den hier betrachteten Anwendungsfall und insofern für das Vorliegen einer (verdeckten) Normlücke. So wurde die Thematik eines Übergangs von einer einfachen Beteiligung hin zur Anwendung der Equity-Methode im Zuge eines neuerlichen Anteilserwerbs angesichts einer beobachteten *diversity in practice* im Juli 2010 beim IFRS *Interpretations Committee* (IFRS IC) adressiert. In diesem Zuge räumte dessen Mitarbeiterstab ein, dass auf Basis der aktuellen Regelungen sowohl eine prinzipiell anschaffungskostenbasierte Vorgehensweise unter Verweis auf IAS 28.10 als auch eine analoge Anwendung der für sukzessive Unternehmenserwerbe geschaffenen Vorschriften gerechtfertigt werden kann, wobei letztere Variante u. a. mit Blick auf die vermeintlich geringere Komplexität präferiert wurde.[1018] Da sich das IFRS IC jedoch nicht in der Lage sah, eine konsensfähige Lösung zeitnah zu entwickeln, empfahl es eine Verweisung an den IASB.[1019] Dieser könnte sich der Regelungslücke bspw. im Rahmen des derzeit laufenden Forschungsprojekts „*The Equity Method of Accounting*“ annehmen.[1020] Bislang ist jedoch eine (öffentliche) Verlautbarung des Standardsetzers zu dieser Thematik ausgeblieben. Nach der hier vertretenen Meinung ist daher eine vergleichsweise ergebnisoffene Diskussion denkbarer Bilanzierungsmethoden unter Anwendung der in IAS 8.10-12

[1015] Vgl. Abschnitt 253.1.
[1016] LARENZ, K./CANARIS, C.-W., Methodenlehre der Rechtswissenschaft, S. 219.
[1017] Vgl. IAS 25.23 f.
[1018] Vgl. ausführlich hierzu IFRS IC (Hrsg.), Staff Paper 16 (July 2010), Rn. 11-18.
[1019] Vgl. IFRS IC (Hrsg.), IFRIC Update (July 2010), S. 6.
[1020] Ausführliche Informationen zu diesem Forschungsprojekt finden sich im Internet unter http://www.ifrs.org/Current-Projects/IASB-Projects/equity-method-accounting/Pages/equity-method-accounting.aspx.

enthaltenen Hinweise einer an den Wortlaut gebundenen Auslegung des IAS 28.10 vorzuziehen. Wie bereits erläutert wurde, ist gem. IAS 8.11 a) dabei primär auf Vorschriften innerhalb der IFRS zurückzugreifen, die ähnliche oder verwandte Fragen behandeln. Aufgrund dessen ist in den folgenden Abschnitten zunächst eine analoge Anwendung der in IFRS 3 enthaltenen Regelungen zu sukzessiven Unternehmenserwerben zu prüfen.

532.2 Analoge Anwendung von IFRS 3.41 f.

532.21 Überprüfung der Anwendungsvoraussetzungen

532.211. Vorbemerkungen

Gemäß IAS 28.26 ähneln viele der für die Anwendung der Equity-Methode sachgerechten Bilanzierungsvorgaben den in IFRS 10 enthaltenen Konsolidierungsmethoden.[1021] Dementsprechend werden dem selben Paragrafen zufolge auch die Konzepte, die diesen Konsolidierungsverfahren **beim Erwerb** eines Tochterunternehmens zugrunde liegen, bei der bilanziellen Abbildung des Erwerbs eines assoziierten bzw. Gemeinschaftsunternehmens übernommen. Bereits dieser zunächst sehr allgemeine Verweis auf die Vorschriften zur Bilanzierung von Tochterunternehmen wird in der Literatur zum Teil als (eindeutiger) Hinweis darauf gewertet, dass die in IFRS 3.41 f. enthaltenen Regelungen zur bilanziellen Abbildung sukzessiver Unternehmenszusammenschlüsse auf den hier betrachteten Anwendungsfall eines Übergangs von einer einfachen Beteiligung hin zu einem assoziierten bzw. Gemeinschaftsunternehmen zu übertragen sind.[1022] In diesem Zusammenhang ist jedoch zu berücksichtigen, dass ein vormals noch in IAS 28 enthaltener expliziter Verweis auf die Vorschriften des IFRS 3 im Rahmen der Fertigstellung der zweiten Phase des Projekts „*Business Combinations*“ im Jahr 2008 gestrichen wurde und der IASB überdies im April 2009 an anderer Stelle in Bezug auf IAS 28.26 klarstellte: „*The Board noted that* [IAS 28.26 bzw. damals noch IAS 28.20; Anm. d. Verf.] *explains only the methodology used to account for investments in associates. This should not be taken to imply that the principles for business combinations and consolidations can be applied by analogy to accounting for investments in associates and joint ventures.*“[1023] Eine unreflektierte Übertragung der in IFRS 3 enthaltenen Vorschriften auf sämtliche in IAS 28 nicht explizit gegenteilig geregelte Bilanzierungsfragen ist somit trotz des allgemeinen Verweises in IAS 28.26 ausgeschlossen.[1024] Stattdessen ist gem. IAS 8.11 a) einzelfallbezogen zu untersuchen, ob eine Analogisierung im konkreten Anwendungsfall möglich ist.

Die Analogiefähigkeit einer Vorschrift gründet sich, wie in Abschnitt 253.3 dargestellt wurde, dabei darauf, dass zwei Tatbestände – hier der sukzessive Erwerb eines Tochterunternehmens auf der einen und der eines assoziierten bzw. Gemeinschaftsunternehmens ausgehend von einer einfachen Beteiligung auf der anderen Seite – in den für die rechtliche Bewertung maßgebenden Hinsichten (hinreichend) ähnlich sind. Um zu erkennen, welche Aspekte des potenziell analogiefähigen Sachverhalts

[1021] Als Beispiel kann hier u. a. die Pflicht zur Berücksichtigung der hinter der Beteiligung stehenden Vermögenswerte und Schulden des Beteiligungsunternehmens im Zuge der Folgebilanzierung angeführt werden.

[1022] Vgl. bspw. CASSEL, J., Unternehmensbewertung im IFRS-Abschluss, S. 126.

[1023] Vgl. IAS 39.BC24D.

[1024] Vgl. BAETGE, J./KLAHOLZ, T./GRAUPE, F., in: Baetge u. a., Rechnungslegung nach IFRS, 2. Aufl., IAS 28, Rn. 61.

für die Beurteilung der Ähnlichkeit entscheidend sind, ist dabei auf den in den *basis for conclusions* festgehaltenen Zweck bzw. Grundgedanken der in IFRS 3.41 f. vorgeschriebenen Bilanzierungsmethode zurückzugehen.[1025] Im Zentrum der folgenden Diskussion stehen daher die beiden als Begründung für die streng zeitwertbasierte Vorgehensweise angeführten Argumente der Einheitlichkeit der Wertverhältnisse auf der einen (Abschnitt 532.212) sowie der Qualifikation des Statuswechsels als *significant economic event* auf der anderen Seite (Abschnitt 532.213).

532.212. Einheitlichkeit der Wertverhältnisse

Der IASB sah ein wesentliches Argument für die derzeit in IFRS 3 normierte Fair Value-orientierte Bilanzierung sukzessiver Unternehmenserwerbe, wie bereits erläutert, in der dadurch herbeigeführten Einheitlichkeit der der Erwerbsmethode zugrunde liegenden Wertverhältnisse.[1026] So beziehen sich sowohl der Beteiligungsansatz der Alt- und der Neuanteile als auch die einzelnen Vermögenswerte und Schulden des Beteiligungsunternehmens und somit sämtliche Eingangsgrößen der Kapitalkonsolidierung einheitlich auf den Zeitpunkt des Statuswechsels. Hierdurch sollte im Vergleich zur vorherigen Bilanzierungssystematik zum einen die Komplexität der Bilanzierung sowie die damit einhergehenden Kosten auf Seiten der Abschlussersteller reduziert werden. Zum anderen sollte gleichzeitig vor allem auch die Interpretierbarkeit der bilanzierten Vermögenswerte und Schulden sowie eines Unterschiedsbetrages aus der Kapitalkonsolidierung verbessert werden, da es im Gegensatz zu der zuvor noch von IFRS 3 (rev. 2004) vorgesehenen Methodik nicht zu einer Vermischung von historischen Wertansätzen mit aktuellen Fair Values kommt.

Insbesondere hinsichtlich der Überlegungen zur Komplexitäts- und Kostenreduktion ist der Übergang von einer zuvor nach IFRS 9 bilanzierten Beteiligung hin zu einem assoziierten bzw. Gemeinschaftsunternehmen nach IAS 28 ähnlich wie der in IFRS 3 geregelte Fall eines sukzessiven Unternehmenserwerbs zu beurteilen. So ist ein alternativ denkbarer Rückgriff auf die historischen Wertverhältnisse zum Zeitpunkt des jeweiligen Anteilserwerbs für die Bemessung des den Altanteilen zuordenbaren Equity-Wertes, wie in späteren Abschnitten zu zeigen sein wird, mit erheblichem Aufwand in Form komplexer Nebenrechnungen verbunden.[1027] Da die den Konzernabschluss aufstellende Konzernobergesellschaft anders als bei einem sukzessiven Unternehmenszusammenschluss nach dem Statuswechsel indes keinen beherrschenden, sondern u. U. nur einen maßgeblichen Einfluss auf das Beteiligungsunternehmen ausüben kann, dürfte sich die Ermittlung der historischen Wertverhältnisse nochmals schwieriger gestalten.[1028] Die vom Standardsetzer beabsichtigte Vereinfachungswirkung der einheitlichen Fair Value-Bewertung sowohl der Altanteile als auch der dahinter (anteilig) stehenden Vermögenswerte und Schulden würde sich bei dem hier betrachteten Anwendungsfall somit re-

---

[1025] Vgl. losgelöst vom hier betrachteten Anwendungsfall LARENZ, K./CANARIS, C.-W., Methodenlehre der Rechtswissenschaft, S. 202 f.

[1026] Vgl. im Folgenden die Abschnitte 512.3 sowie 513.321.

[1027] Vgl. die Abschnitte 532.43 sowie 532.52.

[1028] Vgl. HAYN, B., in: Beck IFRS HB, 4. Aufl., § 38, S. 22.

gelmäßig in einem noch höheren Maße entfalten. Vor diesem Hintergrund könnte argumentiert werden, dass die in IFRS 3.41 f. normierte Vorgehensweise im Rahmen der Equity-Methode „erst recht“ angewendet werden sollte (sog. *argumentum a maiore ad minus*[1029]).[1030]

Darüber hinaus lässt sich auch das Argument der durch die Fair Value-Bewertung der Alttranche verbesserten Interpretierbarkeit der im Konzernabschluss bilanzierten Werte auf den Anwendungsfall sukzessiver Erwerbe von assoziierten bzw. Gemeinschaftsunternehmen übertragen. Zwar sieht die Equity-Methode im Gegensatz zur Vollkonsolidierung keine separate Bilanzierung der (anteilig) hinter der Beteiligung stehenden Vermögenswerte und Schulden sowie eines ggf. ermittelten Geschäfts- oder Firmenwertes vor, gleichwohl spiegeln sich die der Übergangskonsolidierung zugrunde gelegten Wertverhältnisse letztlich auf aggregierter Ebene im Equity-Wertansatz der Beteiligung wider. Sofern die Altanteile zum Zeitpunkt der erstmaligen Anwendung der Equity-Methode nicht i. H. d. aktuellen Fair Value in den Equity-Wert miteinfließen, würde dieser ein aus Relevanzgründen zu kritisierendes Konglomerat zeitlich unterschiedlicher Wertverhältnisse darstellen.

532.213. Statuswechsel als *significant economic event*

Der IASB liefert über die aus der Einheitlichkeit der Wertverhältnisse entstehenden Vorteile hinsichtlich der Komplexität sowie der Relevanz der Berichterstattung hinaus auch eine konzeptionelle Begründung für die von IFRS 3.41 f. vorgesehene Fair Value-Bewertung der Altanteile sowie die Umgliederung zuvor im OCI erfasster Beträge im Zuge sukzessiver Unternehmenserwerbe. So stellt der Wechsel vom Status eines nicht-beherrschenden Anteilseigners hin zur erstmaligen Erlangung der Beherrschung über das Beteiligungsunternehmen IFRS 3.BC384 zufolge ein *„significant economic event in the nature of and economic circumstances surrounding that investment*“ dar, das eine bilanzielle Neubeurteilung sowohl hinsichtlich der Klassifizierung als auch der Bewertung der bisherigen Beteiligungsbeziehung im Konzernabschluss rechtfertigt. Für die Analogiefähigkeit der Regelung ist somit entscheidend, ob auch der Übergang von einer nach IFRS 9 bilanzierten Beteiligung hin zu einem assoziierten bzw. Gemeinschaftsunternehmen als eine i. S. d. Standardsetzers hinreichend bedeutende Wesensänderung der Beteiligungsbeziehung angesehen werden kann.

Bis zum Jahr 2011 waren hierzu in den *basis for conclusions* zu IAS 28 sowie zu dem damals für Gemeinschaftsunternehmen einschlägigen IAS 31 zumindest für den umgekehrten Fall eines Abwärtswechsels noch explizite Hinweise enthalten. So wurden der Verlust der alleinigen und der gemeinschaftlichen Beherrschung sowie eines maßgeblichen Einflusses IAS 28.BC21 (amend. 2008) bzw. IAS 31.BC16 zufolge ohne weitere Begründung als wirtschaftlich ähnliche Ereignisse gewertet, die dementsprechend auch ähnlich bilanziell abgebildet werden sollten.[1031] Für den Statuswechsel ausgehend von einem assoziierten oder Gemeinschaftsunternehmen hin zu einer einfachen Beteiligung wurde daher analog zu dem in IFRS 10.B98 geregelten Abwärtswechsel ausgehend von einem

---

[1029] Vgl. hierzu LARENZ, K./CANARIS, C.-W., Methodenlehre der Rechtswissenschaft, S. 208 f.

[1030] Ähnlich HAYN, B., in: Beck IFRS HB, 4. Aufl., § 38, Rn. 22.

[1031] Vgl. hierzu auch IAS27.BC64 (rev. 2003)). Die entsprechenden Ausführungen hatte der IASB im Jahr 2008 und somit im Zuge des Abschlusses der zweiten Phase des Projekts *„Business Combinations*“ in IAS 28 sowie IAS 31 eingefügt.

Tochterunternehmen vorgeschrieben, die verbleibenden Anteile zum Fair Value zu bewerten sowie zuvor im OCI erfasste Beträge so zu behandeln, als wären die Anteile veräußert worden.[1032] Da nicht einsichtig ist, warum eine derartige Gleichbehandlung nur für die Übergangskonsolidierung mit Abwärtswechsel, nicht aber für den ungeregelten Aufwärtswechsel gelten sollte, wäre die erstmalige Erlangung der gemeinschaftlichen Beherrschung bzw. eines maßgeblichen Einflusses vor diesem Hintergrund wie schon die Erlangung der alleinigen Beherrschung als *significant economic event* und somit entsprechend der Regelungen des IFRS 3 zu behandeln.[1033]

Eine solche Argumentation ist auf Basis des aktuellen Regelungskanons der IFRS indes nicht mehr möglich.[1034] So wurde im Zuge der Beratungen um die Ablösung von IAS 31 durch IFRS 11 seitens des IASB entschieden, dass der Übergang von einem assoziierten oder Gemeinschaftsunternehmen hin zu einer nach IFRS 9 zu bilanzierenden Beteiligung nun doch nicht mehr als fundamentale Wesensänderung zu charakterisieren sei.[1035] Dementsprechend wurden im Jahr 2011 sämtliche Ausführungen, die den Verlust einer gemeinschaftlichen Beherrschung oder eines maßgeblichen Einflusses als ein mit dem Verlust der alleinigen Beherrschung vergleichbares Ereignis charakterisieren, ausnahmslos gestrichen.[1036] Dieser neuerlichen Einschätzung des Standardsetzers liegt dabei die Feststellung zugrunde, dass es sich bei allen drei Ereignissen zwar um bedeutende, gleichwohl unterschiedlich zu bewertende Ereignisse handelt. Schließlich, so die Begründung des IASB, kommt es bei einem Übergang von einem assoziierten oder Gemeinschaftsunternehmen zu einer einfachen Beteiligung – anders als bei einem Abwärtswechsels ausgehend von einem Tochterunternehmen – weder zu einer Änderung des Konsolidierungskreises noch zu einer Ausbuchung einzelner Vermögenswerte und Schulden des Beteiligungsunternehmens.[1037] Dementsprechend können nunmehr weder der in IAS 28 explizit adressierte Verlust noch der im Rahmen der vorliegenden Arbeit betrachtete, umgekehrte Fall einer erstmaligen Erlangung der gemeinschaftlichen Beherrschung bzw. eines maßgeblichen Einflusses als *significant economic event* i. S. d. IFRS 3 verstanden werden. Dieser vordergründig (konsolidierungs-)technischen Argumentation steht dabei nicht entgegen, dass der IASB in IAS 28 für den Übergang zu einer einfachen Beteiligung im Zuge einer Anteilsveräußerung dennoch weiterhin an der Pflicht zur Fair Value-Bewertung der zurückbehaltenen Anteile festgehalten hat, da

1032 Vgl. IAS 28.18-19A (amend. 2008) sowie IAS 31.45-45B.

1033 Vgl. HAYN, B., in: Beck IFRS HB, 4. Aufl., § 38, Rn. 24.

1034 Vgl. HAYN, B., in: Beck IFRS HB, 4. Aufl., § 38, Rn. 25. A. A. offensichtlich RICHTER, F., Sukzessive Erwerbe nach IFRS, S. 293.

1035 Vgl. IAS 28.BC28 sowie ausführlich IASB (Hrsg.), Staff Paper 17B (February 2010), Rn. 18-26. Auslöser für die erneute Diskussion war die mit der Einführung von IFRS 11 geplante Vorgabe, dass Gemeinschaftsunternehmen nicht mehr quotal einbezogen werden können, sondern nunmehr zwingend nach der Equity-Methode bilanziert werden sollten. Wäre an der Qualifizierung des Verlusts einer gemeinschaftlichen Beherrschung als fundamentale Wesensänderung festgehalten worden, so hätte dies zwangsläufig bedeutet, dass der Übergang von einem Gemeinschaftsunternehmen zu einem assoziierten Unternehmen in analoger Anwendung der Vorschriften von IFRS 10 weiterhin eine Fair Value-Bewertung der Altanteile nach sich ziehen würde, obwohl sich die Bilanzierungsmethode im Zuge des Statuswechsels, anders als noch nach IAS 31 möglich, in diesem Fall nicht ändert. Um eine solche aus Sicht des IASB unerwünschte – da im Vergleich zu einer Buchwertfortführung deutlich aufwendigere – Vorgehensweise zu verhindern (vgl. IASB (Hrsg.), Staff Paper 17B (February 2010), Rn. 6 f.), musste daher die Charakterisierung des Verlusts einer gemeinschaftlichen Beherrschung sowie eines maßgeblichen Einflusses als *significant economic event* aufgehoben werden.

1036 Vgl. so auch IAS 28.BC31.

1037 Vgl. IAS 28.BC28, sowie ausführlich IASB (Hrsg.), Staff Paper 17B (February 2010), Rn. 18-26.

sich eine solche Vorgehensweise, wie in den *basis for conclusions* betont wird, bereits aus der in IFRS 9 vorgesehenen Zugangsbilanzierung dieser Anteile ergeben würde.[1038]

Obgleich nicht weiter erläutert wird, warum gerade die Veränderung des Konsolidierungskreises bzw. die bilanzielle Ein- oder Ausbuchung einzelner Vermögenswerte und Schulden die ausschlaggebende Voraussetzung für die Einstufung eines Statuswechsels als *significant economic event* darstellt und die Argumentation des IASB damit konzeptionell fragwürdig ist, ist die neuerliche Einschätzung des Standardsetzers zumindest im Ergebnis überzeugend. Wie im Rahmen der Analyse der Vorschriften des IFRS 3 zu sukzessiven Unternehmenserwerben herausgearbeitet wurde, kann die Erlangung der alleinigen Beherrschung eine Neubewertung der bereits zuvor gehaltenen Anteile nur deswegen rechtfertigen, da hiermit umfassende Möglichkeiten zur Neuausrichtung der bedeutendsten Aktivitäten des Beteiligungsunternehmens einhergehen, die in Form von Restrukturierungs- und Synergieeffekten eine erhebliche Wertsteigerung der Altanteile begründen können.[1039] Dementgegen können die diesbezüglichen Bemühungen der Konzernobergesellschaft sowohl bei einem nur maßgeblichen Einfluss als auch bei einer gemeinschaftlichen Beherrschung grundsätzlich jederzeit von Seiten der übrigen Gesellschafter bzw. der die gemeinschaftliche Beherrschung mitausübenden Partner blockiert werden. Die Konzernobergesellschaft ist damit auch nach dem Statuswechsel nicht in der Lage, wesentliche Entscheidungen im Hinblick auf eine Umstrukturierung des Beteiligungsunternehmens zugunsten einer aus ihrer Sicht möglichst profitablen und synergieorientierten Unternehmenssteuerung ohne Zustimmung anderer Parteien durchzusetzen. Insofern bleiben letztlich erhebliche Zweifel, ob der Übergang zu einem assoziierten bzw. Gemeinschaftsunternehmen ausgehend von einer bislang nach IFRS 9 bilanzierten Beteiligung dem in IFRS 3.41 f. angesprochenen Tatbestand eines sukzessiven Unternehmenszusammenschlusses in dieser für die Standardentwicklung maßgebenden Hinsicht hinreichend ähnelt, um eine analoge Anwendung der dort enthaltenen Regelungen unter Verweis auf die in IAS 8.11 vorgegebene Normenhierarchie zu fordern.[1040] Diese Zweifel werden nicht zuletzt dadurch genährt, dass die Vorschriften des IFRS 3 trotz diesbezüglicher Anfragen aus der Praxis sowie einer entsprechenden Empfehlung des Mitarbeiterstabs des IFRS IC aus dem Jahr 2010 bislang nicht in IAS 28 übernommen wurden.[1041]

532.214. Zwischenfazit

Vor dem Hintergrund des Zwecks der in IFRS 3.41 f. vorgeschriebenen Bilanzierungsmethode bzw. insbesondere mit Blick auf das in der Begründung zu IFRS 3 angeführte Kriterium des *significant economic event* scheint eine analoge Anwendung damit im Ergebnis keinesfalls geboten. Stattdessen

---

[1038] Vgl. IAS 28.BC29. Fraglich ist jedoch, warum IAS 28.22 (c) weiterhin eine Umgliederung der im Rahmen der bisherigen Beteiligungsbilanzierung im OCI erfassten Beträge vorsieht. Eine solche Vorgehensweise ergibt sich anders als die Fair Value-Bewertung der verbleibenden Anteile nicht bereits aus IFRS 9.

[1039] Vgl. Abschnitt 513.322.3.

[1040] Vgl. im Ergebnis so auch KÖSTER, O., in: MüKo Bilanzrecht Bd. 1, IAS 28, Rn. 53; LÜDENBACH, N./HOFFMANN, W.-D./FREIBERG, J., in: Haufe IFRS-Kommentar, 13. Aufl., § 33, Rn. 46. KPMG geht bspw. davon aus, dass durch die Erlangung eines maßgeblichen Einflusses oder aber einer gemeinschaftlichen Beherrschung nur schwer eine deutliche Steigerung der aus einer Beteiligungsbeziehung resultierenden Zahlungsströme in Form einer Kontrollprämie gerechtfertigt werden dürfte. Vgl. KPMG (Hrsg.), Insights into IFRS 2014/15, Rn. 2.4.850.10.

[1041] Vgl. IFRS IC (Hrsg.), Staff Paper 16 (July 2010), Rn. 3 f. und 24-28.

ist nach der hier vertretenen Meinung auf IAS 8.11 b) zurückzugreifen, wonach bei Fehlen (eindeutig) analogiefähiger Vorschriften sämtliche im *Conceptual Framework* enthaltenen Grundsätze und Prinzipien bei der Lückenschließung ins Kalkül miteinzubeziehen sind.[1042] Die in IFRS 3 normierte Methodik ist insofern weiterhin als **eine** mögliche Bilanzierungsvariante zu betrachten, deren Vor- und Nachteile es, wie bei den anderen in der Literatur diskutierten Alternativen auch, sorgfältig vor dem Hintergrund der konzeptionellen Grundlagen der IFRS abzuwägen gilt.

Neben der analogen Anwendung von IFRS 3.41 f. wird mit der sog. **Deemed Cost-Methode** noch eine weitere im Ergebnis ebenfalls Fair Value-basierte Vorgehensweise zur bilanziellen Abbildung des Statuswechsels von einer einfachen Beteiligung hin zu einem assoziierten bzw. Gemeinschaftsunternehmen vorgeschlagen. Darüber hinaus werden in der Literatur jedoch auch anschaffungskostenbasierte Formen der Übergangskonsolidierung thematisiert. Hierbei kann grundsätzlich zwischen einer streng am Wortlaut des IAS 28.10 orientierten Vorgehensweise (**Historical Cost-Methode**) und einer nur im weiteren Sinne anschaffungskostenbasierten Bilanzierung (**retrospektive Methode**) unterschieden werden. Bei letzterer besteht das Grundkonzept darin, bei der bilanziellen Einbeziehung der Altanteile zunächst – wie auch bei der Historical Cost-Methode – die historischen Anschaffungskosten als Ausgangsgröße zu betrachten, diese jedoch durch sog. *catch-up adjustments*[1043] retrospektiv auf den dem ursprünglichen Erwerbszeitpunkt nachgelagerten Zeitpunkt der erstmaligen Anwendung der Equity-Methode fortzuschreiben.

Um klären zu können, welche der in der Literatur vorgeschlagenen Bilanzierungsmethoden dem Zweck der IFRS-Rechnungslegung bestmöglich entspricht und somit bevorzugt anzuwenden ist, werden in den folgenden Abschnitten zunächst sämtliche Varianten dargestellt, an einem durchgehenden Beispielsachverhalt veranschaulicht sowie schließlich vor dem Hintergrund der Entscheidungsnützlichkeit der vermittelten Informationen kritisch gewürdigt.

532.22 Übertragung der Methodik des IFRS 3.41 f. auf den hier betrachteten Anwendungsfall

Sofern die Vorgaben des IFRS 3.41 f. auf den Übergang zum assoziierten bzw. Gemeinschaftsunternehmen ausgehend von einem einfachen, zuvor nach IFRS 9 bilanzierten Beteiligungsunternehmen in Folge eines sukzessiven Anteilserwerbes übertragen werden, sind die bereits vor der Erlangung des maßgeblichen Einflusses bzw. der gemeinschaftlichen Beherrschung gehaltenen Anteile zum Zeitpunkt der erstmaligen Anwendung der Equity-Methode i. H. ihres Fair Value in den Equity-Wert der Gesamtbeteiligung miteinzubeziehen. Da IFRS 9 selbst bereits eine Fair Value-Bewertung vorsieht, können sich in diesem Zuge allenfalls aus der nunmehr wechselnden Bilanzierungs- und Bewertungseinheit Anpassungen des unmittelbar vor dem Statuswechsel bilanzierten Wertansatzes der Altanteile ergeben. So hat IFRS 3.41 f., wie bei der Analyse der Vorschriften für sukzessive Unternehmenserwerbe herausgearbeitet wurde, im Gegensatz zu IFRS 9 zunächst nicht das singuläre Fi-

[1042] Vgl. hierzu Abschnitt 253.3.

[1043] Vgl. zu diesem Begriff ERNST & YOUNG (Hrsg.), International GAAP 2015, S. 737-741.

nanzinstrument, sondern sämtliche vor dem Statuswechsel vom Erwerber gehaltenen Eigenkapitalanteile in ihrer Gesamtheit im Blick.[1044] Dementsprechend ist eine GuV-wirksame Adjustierung des Beteiligungsansatzes bspw. aufgrund von Paketauf- bzw. -abschlägen auf den Marktpreis einzelner Finanzinstrumente bei erstmaliger Anwendung der Equity-Methode grundsätzlich vorstellbar. Im Rahmen der vorliegenden Arbeit wurde jedoch mit Blick auf die Entscheidungsnützlichkeit und Konsistenz der vermittelten Informationen empfohlen, der Bewertung der Altanteile bei einer vorherigen Bilanzierung nach IFRS 9 auch nach dem Statuswechsel das einzelne Finanzinstrument als maßgebliches Bewertungsobjekt zugrunde zu legen.[1045] In diesem Fall wäre im Zuge der Übergangskonsolidierung sodann der bisherige Buchwert, also der unmittelbar vor dem Statuswechsel bilanzierte Zeitwert der Anteile, für die Ermittlung des Equity-Wertansatzes unverändert zu übernehmen.

Bilanzielle Auswirkungen können sich gleichwohl in jedem Fall daraus ergeben, dass gem. IFRS 3.41 f. sämtliche im Rahmen der vorherigen Beteiligungsbilanzierung im sonstigen Gesamtergebnis erfasste Beträge zum Zeitpunkt des Statuswechsels so behandelt werden müssen, wie dies erforderlich wäre, wenn die Konzernobergesellschaft die Altanteile veräußert hätte. Sofern die Fair Value-Änderungen der Beteiligung in Anwendung von IFRS 9.5.7.5 zuvor GuV-neutral im OCI gebucht wurden, können die entsprechenden Beträge bei erstmaliger Anwendung der Equity-Methode daher erfolgsneutral aus der Neubewertungsrücklage in die Gewinnrücklage des Konzerns umgegliedert werden.[1046] Dagegen ist eine GuV-wirksame Umbuchung, wie sie derzeit noch unter Geltung von IAS 39 vorzunehmen wäre, nach der aktuellen Fassung von IFRS 9 ausgeschlossen, sodass eine Übergangskonsolidierung analog zu IFRS 3.41 f. regelmäßig keinerlei Auswirkungen auf die Gewinn- und Verlustrechnung des Konzerns haben sollte.

In der Literatur wird überdies zum Teil diskutiert, ob die Vorschriften des IFRS 3 im Kontext des hier betrachteten Bilanzierungssachverhalts auch auf die Bemessung des Wertansatzes der Neuanteile zu übertragen sind. Bei der Bewertung dieses Anteilspakets wäre sodann IFRS 3.53 zu beachten, mit der Folge, dass ggf. anfallende Anschaffungsnebenkosten unmittelbar aufwandswirksam zu erfassen wären. Nach der hier vertretenen Meinung ist die analoge Anwendung des IFRS 3 jedoch auf die Bemessung des Wertansatzes der Altanteile zu beschränken.[1047] Die Neuanteile sind stattdessen gem. IAS 28 i. H. ihrer Anschaffungskosten zu bilanzieren. Schließlich besteht die zuvor identifizierte, durch das Fehlen aktueller Anschaffungskosten verursachte Bilanzierungsproblematik nur in Bezug auf die vor dem Statuswechsel gehaltene Beteiligung. Eine aufwandswirksame Erfassung der im Zuge des neuerlichen Erwerbsvorganges ggf. angefallenen Anschaffungsnebenkosten kommt angesichts der Klarstellung des IFRS IC hinsichtlich des Anschaffungskostenbegriffes bei einer solchen

---

1044 Vgl. ausführlich hierzu Abschnitt 513.333.

1045 Vgl. Abschnitt 513.334.21.

1046 Vgl. IFRS 9.B5.7.1.

1047 So auch Hayn, B., in: Beck IFRS HB, 4. Aufl., § 38, Rn. 24 und 30, sowie Richter, F., Sukzessive Erwerbe nach IFRS, S. 294. Eine vollständig analoge Anwendung der Vorschriften des IFRS 3 zur Bilanzierung sukzessiver Anteilserwerbe mit Statuswechsel vertreten bspw. Heintges, S./Urbanczik, P., Erwerb und Folgebewertung assoziierter Unternehmen, S. 423 f.; Klose, N.-C., Konzernrechnungslegung nach IFRS, S. 167; PwC (Hrsg.), Manual of accounting 2015, Rn. 27.191.

Auslegung letztlich nicht in Betracht.[1048] Stattdessen sind derartige Kostenbestandteile in den Equity-Wert der Gesamtbeteiligung am assoziierten bzw. Gemeinschaftsunternehmen einzubeziehen.

Der auf einer solchen Basis ermittelte Equity-Wert ist in einem letzten Schritt dem Anteil am einheitlich zum Zeitpunkt der erstmaligen Erlangung des maßgeblichen Einflusses bzw. der gemeinschaftlichen Beherrschung neubewerteten Nettovermögen des Beteiligungsunternehmens gegenüberzustellen. Ein daraus resultierender Unterschiedsbetrag ist entsprechend den Vorgaben des IAS 28.32 entweder als Geschäfts- oder Firmenwert zu interpretieren oder aber als negativer Unterschiedsbetrag GuV-wirksam zu vereinnahmen.

532.23 Beispielhafte Darstellung

Die analoge Anwendung von IFRS 3.41 f. auf die Bilanzierung sukzessiver Erwerbstransaktionen mit erstmaliger Anwendung der Equity-Methode sei anhand folgendem Beispiel verdeutlicht:

Unternehmen A erwirbt am 01.01.X0 **15% der Anteile** an Unternehmen B und bilanziert die Beteiligung im Konzernabschluss entsprechend **IFRS 9** zum **Fair Value**, wobei Wertänderungen in Anwendung des Wahlrechts in IFRS 9 **GuV-neutral** im sonstigen Gesamtergebnis erfasst werden. Der Transaktionspreis betrug 1.000 GE und entsprach annahmegemäß dem Fair Value zum Erwerbszeitpunkt. Bis zum Ende des Jahres erhöht sich der Fair Value der 15%igen-Beteiligung an Unternehmen B um 300 GE auf dann 1.300 GE. Die daraus resultierende Buchung, die bereits auf Ebene der IFRS-Handelsbilanz II von Unternehmen A vorzunehmen ist, lautet wie folgt:

(1)	Beteiligung	300	*an*	OCI	300
	OCI	300		Sonst. Eigenkapital	300

Zum 31.12.X0 ergibt sich die IFRS-Handelsbilanz II von Unternehmen A, die aus Vereinfachungsgründen keine weiteren Beteiligungen umfasst und insofern der Konzernbilanz entspricht, wie folgt:

IFRS-Handelsbilanz II (=Konzernbilanz) von Unternehmen A			
Aktiva	zum 31.12.X0 (in GE)		**Passiva**
Beteiligungen	1.300	Gezeichnetes Kapital	5.000
Sonstiges Anlagevermögen	5.000	Gewinnrücklage	22.000
Umlaufvermögen	27.000	Sonstiges Eigenkapital	300
		Sonstige Passiva	6.000
∑ Aktiva	**33.300**	**∑ Passiva**	**33.300**

Tabelle 5-10: Konzernbilanz von Unternehmen A zum 31.12.X0 (FI→AU)

1048 Vgl. HAYN, B., in: Beck IFRS HB, 4. Aufl., § 38, Rn. 30 i. V. m. IFRS IC (Hrsg.), IFRIC Update (July 2009), S. 3.

Zum **01.01.X1** erwirbt Unternehmen A **weitere 15% der Anteile** an Unternehmen B zu einem Kaufpreis von 1.300 GE und bilanziert die Beteiligung im Konzernabschluss angesichts eines maßgeblichen Einflusses nunmehr nach der **Equity-Methode gem. IAS 28**. Im Rahmen der neuerlichen Erwerbstransaktion fielen Anschaffungsnebenkosten i. H. v. 50 GE an. Während der Fair Value der bereits zuvor gehaltenen Anteile weiterhin 1.300 GE beträgt, wird das neubewertete Nettovermögen von Unternehmen B zum Erwerbszeitpunkt auf 6.000 GE beziffert.

Zum 01.01.X1 soll nun wiederum die Konzernbilanz von Unternehmen A ausgehend von der IFRS-Handelsbilanz II aufgestellt werden. In analoger Anwendung von IFRS 3.41 f. sind die **Altanteile** dabei mit ihrem Fair Value und somit i. H. v. 1.300 GE in den Equity-Wert der Gesamtbeteiligung einzubeziehen. Hieraus ergibt sich im Rahmen der Übergangskonsolidierung indes kein Anpassungsbedarf, da die Anteile bereits in der IFRS-Handelsbilanz II i. H. d. Fair Value enthalten sind und von einer theoretisch zulässigen Adjustierung des bisherigen Wertansatzes bspw. in Form von Paketab- bzw. -zuschlägen auf den Börsenwert der Beteiligung abgesehen wird. Gleichwohl wird Unternehmen A ein Wahlrecht gewährt, die bislang in der Neubewertungsrücklage erfasste Wertsteigerung der Anteile an Unternehmen B i. H. v. 300 GE konzernbilanziell in die Gewinnrücklage umzugliedern. Die entsprechende Buchung ergäbe sich wie folgt:

(1*)	Sonst. Eigenkapital	300	*an*	Gewinnrücklage	300

Gemäß IAS 28.10 sind die **Neuanteile** mit ihren Anschaffungskosten i. H. v. 1.350 GE bestehend aus dem Kaufpreis (1.300 GE) sowie den Anschaffungsnebenkosten (50 GE) zu bewerten, sodass der **Equity-Wert** zum 01.01.X1 insgesamt 2.650 GE (=1.300 GE+1.350 GE) beträgt. Da die neu erworbene Anteilstranche jedoch bereits auf Ebene der IFRS-Handelsbilanz II zum Fair Value erfasst wird und dieser IFRS 9.5.1.1 zufolge im Zugangszeitpunkt um die Transaktionskosten bzw. Anschaffungsnebenkosten zu erhöhen ist,[1049] ergibt sich im Rahmen der Übergangskonsolidierung kein weiterer Anpassungsbedarf.

Für die Ermittlung des Geschäfts- oder Firmenwertes ist der ermittelte Wertansatz gem. IAS 28.32 dann in einer Nebenrechnung dem anteilig auf die Gesamtbeteiligung entfallenden neubewerteten Nettovermögen von Unternehmen B i. H. v. 1.800 GE (=6.000 GE*30%) gegenüberzustellen:

	Anschaffungskosten der Neuanteile	1.350
+	Fair Value der Altanteile	1.300
−	Anteil am neubewerteten Nettovermögen von B	1.800
=	**Geschäfts- oder Firmenwert**	**850**

Tabelle 5-11: Ermittlung des Unterschiedsbetrages aus der Kapitalkonsolidierung (FI→AU)

[1049] Voraussetzung hierfür ist grundsätzlich, dass das bilanzierende Unternehmen das Wahlrecht zur GuV-neutralen Folgebilanzierung, wie im Beispiel der Fall, ausübt.

Die folgende Übersicht zeigt die zum 01.01.X1 aufgestellte IFRS-Handelsbilanz II von Unternehmen A unmittelbar nach dem neuerlichen Anteilserwerb, die zuvor erläuterte Umgliederung der Neubewertungsrücklage in die Gewinnrücklage sowie die daraus resultierende Konzernbilanz:

01.01.X1 (alle Zahlenangaben in GE)	**A (MU)** IFRS II	**Übergangskonsolidierung** Soll	Haben	**KB**
Aktiva				
Beteiligungen	2.650			2.650
Sonstiges Anlagevermögen	5.000			5.000
Umlaufvermögen	25.650			25.650
∑ Aktiva	**33.300**			**33.300**
Passiva				
Gezeichnetes Kapital	5.000			5.000
Gewinnrücklage	22.000		*(1*)* 300	22.300
Sonstiges Eigenkapital	300	*(1*)* 300		0
Sonstige Passiva	6.000			6.000
∑ Passiva	**33.300**			**33.300**

Tabelle 5-12: Konzernbilanz von Unternehmen A zum 01.01.X1 (FI→AU) [Analoge Anwendung von IFRS 3.41 f.]

532.24 Kritische Würdigung

Der wesentliche Vorteil einer analogen Anwendung der in IFRS 3.41 f. enthaltenen Methodik zur Bilanzierung sukzessiver Anteilserwerbe auf den Statuswechsel einer einfachen Beteiligung hin zu einem assoziierten bzw. Gemeinschaftsunternehmen besteht neben Konsistenzüberlegungen vor allem in der konzeptionellen Eingängigkeit des daraus resultierenden Bilanzierungsergebnisses. So liegen sowohl der Ermittlung des Equity-Wertes, den für Zwecke der Folgebilanzierung in einer Nebenrechnung aufzudeckenden stillen Reserven und Lasten der anteilig hinter der Beteiligung stehenden Vermögenswerte und Schulden als auch dem aus der Kapitalaufrechnung verbleibenden Unterschiedsbetrag einheitlich die Wertverhältnisse zum Zeitpunkt der erstmaligen Anwendung der Equity-Methode zugrunde.[1050] Hierdurch wird nicht nur die Verständlichkeit der Berichterstattung verbessert, vielmehr werden durchgängig aktuelle und somit höchst relevante Informationen vermittelt.[1051] Darüber hinaus ist diese Variante mit vergleichsweise geringem Aufwand auf Seiten der Abschlussersteller verbunden, da keine historischen Daten nacherhoben werden müssen und zugleich eine tranchenweise Fortführung der unterschiedlichen Anteilspakete nicht erforderlich ist.[1052]

1050 Vgl. KLOSE, N.-C., Konzernrechnungslegung nach IFRS, S. 290.
1051 Vgl. KLOSE, N.-C., Konzernrechnungslegung nach IFRS, S. 290.
1052 Vgl. zu den diesbezüglichen Nachteilen einer anschaffungskostenbasierten Einbeziehung der Altanteile die Abschnitte 532.43 und 532.53.

Auch die im Zusammenhang mit der Bilanzierung sukzessiver Unternehmenszusammenschlüsse geäußerte Kritik, dass die Fair Value-Bewertung der Altanteile regelmäßig zu einer GuV-wirksamen Aufdeckung stiller Reserven führt und den Abschlussadressaten somit ein Anstieg sowohl der Vermögens- als auch der Ertragslage suggeriert wird, der in der aktuellen Berichtsperiode nicht stattgefunden hat, kann auf den hier betrachteten Anwendungsfall nur eingeschränkt übertragen werden. Schließlich wird die vor dem neuerlichen Anteilserwerb gehaltene Beteiligung – anders als bei einem Übergang zum Tochterunternehmen – in jedem Fall bereits zuvor gem. IFRS 9 und somit zum Fair Value bilanziert, sodass aus der Übergangskonsolidierung auf den ersten Blick keine Wertänderung und somit auch kein in der Gewinn- und Verlustrechnung zu erfassender Erfolg zu erwarten ist. Diese Schlussfolgerung ist genau genommen jedoch nur dann zutreffend, wenn – wie im Rahmen der vorliegenden Arbeit befürwortet – im Zuge der Fair Value-Ermittlung der Altanteile auch nach dem Statuswechsel weiterhin das einzelne Finanzinstrument als relevantes Bewertungsobjekt angesehen wird.[1053] Sofern zum Zeitpunkt des Statuswechsel dagegen unter Berufung auf den Wortlaut in IFRS 3.42 – anders als zuvor nach IFRS 9 – nunmehr die Altanteile insgesamt als maßgebliche Bewertungseinheit betrachtet werden, besteht theoretisch die Möglichkeit, Wertanpassungen in Form von Paketab- bzw. -zuschlägen auf den Marktpreis einzelner Anteile vorzunehmen.[1054] Im Ergebnis würde es den Abschlussadressaten sodann erschwert, die seitens des Managements getätigte Investition sowie die daraus resultierenden Erfolgswirkungen zu beurteilen, da die entsprechende Wertkorrektur, wie in Abschnitt 513.334.21 gezeigt wurde, nicht wirtschaftlich durch den Erwerbsvorgang bedingt ist, sondern ausschließlich ein Ergebnis der geänderten Bilanzierungsperspektive darstellt.

Zweifelsfrei wird durch die Fair Value-Bewertung der Altanteile überdies die Nachprüfbarkeit des Equity-Wertes als förderndes Kriterium für die Glaubwürdigkeit der Berichterstattung beeinträchtigt. Dies gilt insbesondere dann, wenn es sich bei dem Beteiligungsunternehmen nicht um eine börsennotierte Gesellschaft handelt. So eröffnet die Wertermittlung den bilanzierenden Unternehmen trotz und zum Teil sogar auch aufgrund der Zugrundelegung der (hypothetischen) Veräußerungskonzeption des IFRS 13 zahlreiche Ermessensspielräume, die bilanzpolitische Verzerrungen zur Folge haben können.[1055] Die diesbezügliche Kritik betrifft indes bereits die von IFRS 9 vorgesehene Bilanzierung der Anteile vor dem Statuswechsel und kann damit genau genommen nicht als originärer Nachteil dieser Variante der Übergangskonsolidierung gesehen werden. Die Vorgaben des IFRS 3.41 f. führen insofern nur dann zu einer Vergrößerung der bei der Bilanzierung bestehenden Freiheitsgrade, sollte der Fair Value-Ermittlung tatsächlich nicht mehr das einzelne Finanzinstrument, sondern die Altanteile in ihrer Gesamtheit als maßgebliche Bewertungseinheit zugrunde gelegt werden. In diesem Fall wäre es dem Management möglich, sowohl den Wertansatz als auch die Ertragslage durch die zwangsläufig subjektive Quantifizierung eines Paketab- bzw. -zuschlags gezielt zu steuern.

Davon unberührt werden durch die Fair Value-Bewertung der Altanteile wie auch schon bei sukzessiven Unternehmenszusammenschlüssen unterschiedliche Wertmaßstäbe vermischt. Während die Neuanteile mit ihren Anschaffungskosten und somit i. H. eines transaktionsspezifischen, pagatorisch

[1053] Vgl. hierzu die Diskussion in Abschnitt 513.334.21.
[1054] Vgl. Abschnitt 513.334.21.
[1055] Vgl. ausführlich zu den bei der Fair Value-Bewertung der Altanteile bestehenden Ermessensspielräumen Abschnitt 513.334.

abgesicherten Betrages in den Equity-Wert einfließen, handelt es sich bei dem Wertansatz der bereits zuvor gehaltenen Anteile um einen rein hypothetischen Veräußerungspreis. Durch die Aggregation der Beträge bei der Ermittlung des Equity-Wertes ist es den Abschlussadressaten nicht mehr möglich, diese beiden hinsichtlich der Glaubwürdigkeit, aber auch der Relevanz unterschiedlich zu beurteilenden Komponenten auseinanderzuhalten.[1056] Besonders problematisch erscheint die Vermengung der beiden Wertmaßstäbe vor allem dann, wenn das anteilig auf die Altanteile entfallende Nettovermögen – wie bei krisengeschüttelten Unternehmen durchaus denkbar – den Fair Value der Altanteile übersteigen sollte und der entsprechend negative Unterschiedsbetrag nicht durch einen positiven Unterschiedsbetrag aus der Kapitalaufrechnung der Neuanteile (über-)kompensiert wird. In einem solchen Fall ergeben sich nicht nur Herausforderungen im Hinblick auf die Interpretierbarkeit des Equity-Wertansatzes an sich, vielmehr kommt es zum Zeitpunkt des Statuswechsels gem. IAS 28.32 (b) zugleich zu einer **GuV-wirksamen Erfassung eines Ertrages**, obwohl dem negativen Unterschiedsbetrag keine transaktionsbasierte Größe zugrunde liegt und eine Interpretation als günstiger Gelegenheitskauf somit eigentlich ausgeschlossen ist.

Nicht zuletzt ist vor allem auch die von IFRS 3.41 f. vorgesehene Behandlung der im Rahmen der bisherigen Beteiligungsbilanzierung ggf. im sonstigen Gesamtergebnis erfassten Wertänderungen nicht überzeugend. Zwar können die zuvor in der Neubewertungsrücklage ausgewiesenen Beträge aufgrund des derzeit in IFRS 9 festgelegten *recycling*-Verbots nicht als Ertrag in der Gewinn- und Verlustrechnung erfasst werden, dennoch wird bereits durch die entsprechende Ausübung des Wahlrechts zur Umgliederung in die Gewinnrücklagen – wenn auch weniger offensichtlich – eine Realisierung der Bewertungserfolge vermittelt, die mangels einer tatsächlichen Veräußerung des Anteilspaketes nicht gegeben ist. Darüber hinaus ist es möglich, dass die die Folgebehandlung der im OCI erfassten Beträge betreffenden Vorgaben in IFRS 9 nach Abschluss der derzeitigen Überarbeitung des *Conceptual Framework* zugunsten einer GuV-wirksamen Umgliederung angepasst werden. Schließlich hat der IASB bereits verlauten lassen, dass eine Erfolgserfassung im sonstigen Gesamtergebnis in Zukunft prinzipiell ein späteres *recycling* nach sich ziehen sollte.[1057] In einem solchen Fall würde sich die Kritik in Bezug auf eine analoge Anwendung der Vorschriften des IFRS 3.41 f. nochmals verschärfen, da bei einer GuV-wirksamen Umgliederung, wie bereits im Zusammenhang mit sukzessiven Unternehmenserwerben herausgearbeitet wurde, die Bedeutung der Gewinn- und Verlustrechnung als das zentrale Instrument zur Darstellung der Ertragslage eines Unternehmens bzw. Konzerns gefährdet würde.[1058]

[1056] Vgl. zu den daraus resultierenden Problemen ausführlich Abschnitt 513.5. Bei der Bilanzierung des Übergangs von einer einfachen Beteiligung hin zu einem assoziierten bzw. Gemeinschaftsunternehmen kommt es anders als bei der Vollkonsolidierung nicht zu einem separaten Ausweis eines Geschäfts- oder Firmenwertes. Insofern kann die Vermischung der Wertmaßstäbe nur den Equity-Wert insgesamt betreffen.

[1057] Vgl. ED.CF.7.26.

[1058] Vgl. Abschnitt 514.2.

532.3 Deemed Cost-Methode

532.31 Grundlegende Methodik

In der Literatur wird zum Teil argumentiert, dass die im Jahr 2008 erfolgte Aufhebung des vormals noch in IAS 28 explizit enthaltenen Verweises auf IFRS 3 als weiterer Schritt dahin gewertet werden könnte, die Equity-Methode von den Regelungen zur Bilanzierung von Unternehmenszusammenschlüssen abzukoppeln, um so deren Charakter als Bewertungs- und eben nicht als Konsolidierungsmethode zu unterstreichen.[1059] Da die Equity-Methode damit eher in die Nähe der Vorschriften des IFRS 9 gerückt würde, wäre es denkbar, den bisherigen, entsprechend der dort enthaltenen Vorschriften bilanzierten Wertansatz der Altanteile zum Zeitpunkt des Statuswechsels als fingierte Anschaffungskosten (*deemed cost*) in den Equity-Wert einzubeziehen.[1060] In diesem Fall wäre eine GuV-wirksame Wertanpassung der bereits vor dem neuerlichen Erwerbsvorgang gehaltenen Anteile in Form von Paketzuschlägen – anders als bei einer analogen Anwendung der Vorschriften des IFRS 3.41 f. – somit in jedem Fall ausgeschlossen.[1061] Der Wertansatz der Gesamtbeteiligung ergibt sich bei erstmaliger Anwendung der Equity-Methode als Summe aus dem (unveränderten) Fair Value der Altanteile unmittelbar vor Statuswechsel und den Anschaffungskosten der zuletzt erworbenen Anteilstranche inklusive der dieser Transaktion direkt zuordenbaren Nebenkosten. Etwaige im Rahmen der vorherigen Beteiligungsbilanzierung nach IFRS 9 im sonstigen Gesamtergebnis erfasste Fair Value-Änderungen sind dieser Bilanzierungsvariante zufolge erst im Zeitpunkt der tatsächlichen Veräußerung des Anteilspaketes oder aber bei einer späteren Erlangung der alleinigen Beherrschung und einer dadurch erforderlichen Übergangskonsolidierung nach IFRS 3 in die Gewinnrücklage umzugliedern.[1062]

532.32 Beispielhafte Darstellung

Aufgrund der großen Ähnlichkeit dieser Methodik zu der in IFRS 3.41 f. normierten Vorgehensweise wird für eine beispielhafte Darstellung auf das Anwendungsbeispiel in Abschnitt 532.23 verwiesen. Da bei der Konzipierung des Beispiels unterstellt wurde, dass der zuvor gem. IFRS 9 bilanzierte Fair Value der Altanteile dem nach IFRS 3.41 f. zum Zeitpunkt des Statuswechsels zu ermittelnden Zeitwert entspricht, ergaben sich schon bei analoger Anwendung von IFRS 3 im Zuge der Übergangskonsolidierung keinerlei Auswirkungen auf die Gewinn- und Verlustrechnung. Unterschiede resultieren dementsprechend allein aus der abweichenden Behandlung der im Rahmen der vorherigen Beteiligungsbilanzierung nach IFRS 9 im sonstigen Gesamtergebnis erfassten Fair Value-Änderung i. H. v. 300 GE. Diese ist bei der hier betrachteten Vorgehensweise nicht in die Gewinnrücklage umzugliedern, sondern in der Neubewertungsrücklage fortzuführen. Auf den in Abschnitt 532.23 dargestellten Buchungssatz (1*) ist somit zu verzichten. Die Übergangskonsolidierung erfordert zum Zeit-

[1059] Vgl. HAYN, B., in: Beck IFRS HB, 4. Aufl., § 38, Rn. 28.

[1060] Vgl. HAYN, B., in: Beck IFRS HB, 4. Aufl., § 38, Rn. 28; KÜTING, K./SEEL, C., Konvergenz der Equity-Methode, S. 1006.

[1061] Vgl. KÜTING, K./SEEL, C., Konvergenz der Equity-Methode, S. 1006.

[1062] Vgl. HAYN, B., in: Beck IFRS HB, 4. Aufl., § 38, Rn. 29.

punkt der erstmaligen Anwendung der Equity-Methode im Ergebnis letztlich keinerlei Anpassungsbuchungen an die IFRS-Handelsbilanz II von Unternehmen A, sodass diese – unter Vernachlässigung weiterer Beteiligungen – am 01.01.X1 der Konzernbilanz entspricht:

01.01.X1 (alle Zahlenangaben in GE)	**A (MU)** IFRS II	**Übergangskonsolidierung** Soll	Haben	**KB**
Aktiva				
Beteiligungen	2.650			2.650
Sonstiges Anlagevermögen	5.000			5.000
Umlaufvermögen	25.650			25.650
∑ Aktiva	**33.300**			**33.300**
Passiva				
Gezeichnetes Kapital	5.000			5.000
Gewinnrücklage	22.000			22.000
Sonstiges Eigenkapital	300			300
Sonstige Passiva	6.000			6.000
∑ Passiva	**33.300**			**33.300**

Tabelle 5-13: Konzernbilanz von Unternehmen A zum 01.01.X1 (FI→AU) [Deemed Cost-Methode]

532.33 Kritische Würdigung

Die zuvor dargestellte Methodik zur Bilanzierung des Statuswechsels einer einfachen Beteiligung hin zu einem assoziierten bzw. Gemeinschaftsunternehmen weist die gleichen Vorteile auf, die bereits in Bezug auf die in IFRS 3.41 f. normierte Vorgehensweise herausgearbeitet wurden. So werden dem Equity-Wert zum einen einheitlich die Wertverhältnisse zum Zeitpunkt des neuerlichen Anteilserwerbs zugrunde gelegt und somit die Verständlichkeit und zugleich die Aktualität der Berichterstattung erhöht. Zum anderen entsteht den bilanzierenden Unternehmen durch diese Form der Übergangskonsolidierung kein Zusatzaufwand, da der fortzuführende Fair Value der Altanteile bereits im Zuge der von IFRS 9 vorgesehenen Folgebilanzierung zu ermitteln war.

Darüber hinaus können einige der mit der analogen Anwendung der Vorschriften des IFRS 3 verbundenen Nachteile umgangen werden. Schließlich kann es durch die Vorgabe der Buchwertfortführung – anders als bei einer Zugrundelegung von IFRS 3.41 f. – in keiner Situation zu einer Wertanpassung der Altanteile und damit einer nicht wirtschaftlich, sondern rein bewertungsbedingten Ertragserfassung kommen, durch die die Beurteilung der seitens des Managements durchgeführten Investition letztlich erschwert würde. Ebenso wenig wird angesichts der unveränderten Fortführung zuvor im OCI bzw. letztlich in der Neubewertungsrücklage erfasster Fair Value-Änderungen eine Realisierung früherer Bewertungserfolge suggeriert, die zum Zeitpunkt des Statuswechsels tatsächlich nicht stattgefunden hat.

Gleichwohl haftet auch dieser Variante der Übergangskonsolidierung aufgrund der Fortführung des zuvor nach IFRS 9 ermittelten Buchwertes weiterhin zwangsläufig der Nachteil an, dass es bei der Ermittlung des Beteiligungsansatzes durch die Addition der Anschaffungskosten für die Neuanteile einerseits und dem gem. IFRS 13 ermittelten Fair Value für die Altanteile andererseits zu einer Vermischung konzeptionell unterschiedlicher Wertmaßstäbe kommt.[1063]

532.4 Historical Cost-Methode

532.41 Grundlegende Methodik

Neben den beiden zuvor analysierten grundsätzlich Fair Value-basierten Varianten werden in der Literatur auch anschaffungskostenbasierte Formen der Übergangskonsolidierung diskutiert. Diese gehen auf die Annahme zurück, dass die für die Bilanzierung der Neuanteile einschlägige Regelung, wonach bei der Erstbilanzierung auf die Anschaffungskosten abzustellen ist, im Rahmen der Lückenschließung auch der bilanziellen Abbildung bereits vor der erstmaligen Anwendung der Equity-Methode gehaltener Anteile zugrunde gelegt werden kann. So wird u. a. eine strenge Auslegung des Wortlauts des IAS 28.10 für zulässig gehalten, der zufolge die Altanteile i. H. d. tatsächlichen historischen Anschaffungskosten inklusive der dem damaligen Erwerbsvorgang direkt zuordenbaren Transaktionskosten in die Ermittlung des Equity-Wertes einzufließen hätten.[1064] Da die vor dem Statuswechsel gehaltene Beteiligung zuvor nach IFRS 9 zum Fair Value bilanziert wurde, wären hierfür zunächst sämtliche in diesem Zuge ggf. vorgenommene Auf- bzw. Abwertungen im Vergleich zu den historischen Anschaffungskosten rückgängig zu machen.[1065] Der bei der Stornierung der Fair Value-Bewertung in der Konzernbilanz anzusprechende Gegenposten hängt dabei von der GuV-Wirksamkeit der bisherigen Bilanzierung ab. Sofern das von IFRS 9 eingeräumte Wahlrecht ausgeübt wurde, Änderungen des Fair Value nicht in der Gewinn- und Verlustrechnung, sondern im sonstigen Gesamtergebnis auszuweisen, würde die Adjustierung des Fair Value eine entsprechende Ausbuchung der in der Neubewertungsrücklage erfassten Beträge zur Folge haben.[1066] Demgegenüber wären vormals GuV-wirksam gebuchte Wertänderungen zum Zeitpunkt des Statuswechsels mit den Gewinnrücklagen zu verrechnen.[1067]

Umstritten ist in diesem Zusammenhang, ob durch die Stornierung der Fair Value-Bewertung neben der Neubewertungs- bzw. der Gewinnrücklage auch die Erfolgsrechnung des Konzerns berührt werden sollte. So wird zum Teil vorgeschlagen, die Erfolgswirkung der Wertanpassung im Zuge der Übergangskonsolidierung spiegelbildlich an die Erfolgswirkung der bisherigen Beteiligungsbilanzierung nach IFRS 9 zu knüpfen, sodass vormals GuV-wirksam erfasste Fair Value-Änderungen mit

[1063] Zu den daraus erwachsenden Problemen vgl. Abschnitt 532.24.

[1064] Vgl. Ernst & Young (Hrsg.), International GAAP 2015, S. 740 f.; Küting, K./Seel, C., Konvergenz der Equity-Methode, S. 1006 f.

[1065] Vgl. Ernst & Young (Hrsg.), International GAAP 2015, S. 740 f.

[1066] Vgl. Ernst & Young (Hrsg.), International GAAP 2015, S. 739; Milla, A./Butollo, B., Übergangskonsolidierung nach IFRS, S. 83 f.; Klose, N.-C., Konzernrechnungslegung nach IFRS, S. 166.

[1067] Vgl. Ernst & Young (Hrsg.), International GAAP 2015, S. 739; Milla, A./Butollo, B., Übergangskonsolidierung nach IFRS, S. 84; Klose, N.-C., Konzernrechnungslegung nach IFRS, S. 166.

umgekehrtem Vorzeichen in der Gewinn- und Verlustrechnung bzw. zuvor GuV-neutral ausgewiesene Wertanpassungen im OCI aufzunehmen wären.[1068] Der herrschenden Meinung zufolge ist eine GuV-wirksame Stornierung der Fair Value-Bewertung jedoch grundsätzlich abzulehnen.[1069] Stattdessen wird bspw. vorgeschlagen, die Adjustierung des bislang nach IFRS 9 bilanzierten Beteiligungsansatzes stets mit einer entsprechenden Aufwands- bzw. Ertragsbuchung im sonstigen Gesamtergebnis zu verbinden.[1070] Da die Korrektur des Wertansatzes der Altanteile, wie BAETGE/KLAHOLZ/GRAUPE zu Recht feststellen, jedoch nicht auf einen Erfolg der laufenden Berichtsperiode zurückzuführen ist, sondern faktisch das Ergebnis einer – gem. IAS 8 grundsätzlich erfolgsneutral zu behandelnden – rückwirkenden Änderung der Rechnungslegungsmethode darstellt,[1071] wird im Rahmen der vorliegenden Arbeit auch diese Möglichkeit nicht weiter betrachtet. So käme es ansonsten weiterhin zu einer Verzerrung der Ertragslage, da auch das OCI als Teil der IFRS-Erfolgsrechnung anzusehen ist. Stattdessen wird im Folgenden davon ausgegangen, dass bei einer anschaffungskostenbasierten Übergangskonsolidierung sämtliche im Zuge der bisherigen Folgebilanzierung nach IFRS 9 erfassten Zeitwertschwankungen zum Zeitpunkt des Statuswechsels unmittelbar mit dem Konzerneigenkapital und somit gänzlich erfolgsneutral zu verrechnen wären.[1072]

Laut IAS 28.32 ist der auf den historischen Anschaffungskosten der einzelnen Anteilstranchen basierende Equity-Wert für die Ermittlung eines Geschäfts- oder Firmenwertes bzw. eines GuV-wirksam zu erfassenden negativen Unterschiedsbetrages dann in einer Nebenrechnung dem Anteil der bilanzierenden Gesellschaft am neubewerteten Nettovermögen des Beteiligungsunternehmens gegenüberzustellen. Fraglich ist hierbei, welcher Zeitpunkt für die Kapitalaufrechnung bzw. die dafür erforderliche Aufdeckung der stillen Reserven und Lasten der Vermögenswerte und Schulden maßgeblich ist, da der Equity-Wert durch die Zugrundelegung der historischen Anschaffungskosten selbst auf unterschiedlichen Zeitpunkten fußt.[1073] Zum einen kommt der Zeitpunkt der erstmaligen Anwendung der Equity-Methode in Betracht. In diesem Fall wäre der Beteiligungswert mit dem Anteil an dem einheitlich zu diesem Stichtag neubewerteten Nettovermögen des Beteiligungsunternehmens zu verrechnen.[1074] Zum anderen kann IAS 28.32 jedoch auch so gedeutet werden, dass der Neubewertung

---

1068 Eine solche Vorgehensweise zumindest im Zusammenhang mit der Bilanzierung sukzessiver Unternehmenserwerbe nach IFRS 3 (rev. 2004) befürwortend ZAUNER, J., Übergangs- und Endkonsolidierung nach IFRS, S. 54, sowie THEILE, C./PAWELZIK, K. U., Fair Value-Beteiligungsbuchwerte, S. 98.

1069 Vgl. RICHTER, F., Sukzessive Erwerbe nach IFRS, S. 291 f.; MILLA, A./BUTOLLO, B., Übergangskonsolidierung nach IFRS, S. 83 f.; BAETGE, J./KLAHOLZ, T./GRAUPE, F., in: Baetge u. a., Rechnungslegung nach IFRS, 2. Aufl., IAS 28, Rn. 98; ERNST & YOUNG (Hrsg.), International GAAP 2015, S. 739; HAYN, B., in: Beck IFRS HB, 4. Aufl., § 38, Rn. 26.

1070 Vgl. ERNST & YOUNG (Hrsg.), International GAAP 2015, S. 739.

1071 Vgl. BAETGE, J./KLAHOLZ, T./GRAUPE, F., in: Baetge u. a., Rechnungslegung nach IFRS, 2. Aufl., IAS 28, Rn. 98. Ähnlicher Auffassung wohl auch LÜDENBACH, N./HOFFMANN, W.-D./FREIBERG, J., in: Haufe IFRS-Kommentar, 13. Aufl., § 33, Rn. 43 i. V. m. 45.

1072 Gleicher Auffassung BAETGE, J./KLAHOLZ, T./GRAUPE, F., in: Baetge u. a., Rechnungslegung nach IFRS, 2. Aufl., IAS 28, Rn. 98, sowie LÜDENBACH, N./HOFFMANN, W.-D./FREIBERG, J., in: Haufe IFRS-Kommentar, 13. Aufl., § 33, Rn. 45.

1073 Vgl. KÜTING, K./SEEL, C., Konvergenz der Equity-Methode, S. 1006 f.; KÜTING, K./WEBER, C.-P., Der Konzernabschluss, S. 582.

1074 Vgl. KÜTING, K./SEEL, C., Konvergenz der Equity-Methode, S. 1006 f., sowie RICHTER, F., Sukzessive Erwerbe nach IFRS, S. 292.

der Vermögenswerte und Schulden des Beteiligungsunternehmens tranchenweise die Wertverhältnisse zum Zeitpunkt des jeweiligen Erwerbszeitpunkts der einzelnen Anteilspakete zugrunde zu legen sind.[1075] Demnach würde bei erstmaliger Anwendung der Equity-Methode ausschließlich das anteilig hinter der zuletzt erworbenen Anteilstranche stehende Nettovermögen auf Basis der aktuellen Wertverhältnisse neubewertet werden. Der auf die bereits zuvor gehaltene Beteiligung entfallende Anteil des berichterstattenden Unternehmens an den Vermögenswerten und Schulden des Beteiligungsunternehmens wird dementgegen auf Basis der Wertverhältnisse zum Zeitpunkt des ursprünglichen Anteilserwerbs bemessen. Da der Wortlaut in IAS 28.32 diesbezüglich nicht eindeutig ist, werden im Folgenden beide Auslegungsvarianten betrachtet.[1076]

532.42 Beispielhafte Darstellung

Das nachfolgende Beispiel illustriert das Vorgehen einer auf den historischen Anschaffungskosten basierenden Bilanzierung des Statuswechsels einer einfachen Beteiligung hin zu einem assoziierten Unternehmen bzw. Gemeinschaftsunternehmen bei strenger Auslegung des Wortlauts in IAS 28.10. Dabei wird auf den Ausgangssachverhalt des Beispiels in Abschnitt 532.23 zurückgegriffen.

Demnach erwirbt Unternehmen A am 01.01.X0 **15% der Anteile** an Unternehmen B und bilanziert die Beteiligung im Konzernabschluss entsprechend **IFRS 9** zum **Fair Value**, wobei Wertänderungen **GuV-neutral** im sonstigen Gesamtergebnis erfasst werden. Der Transaktionspreis betrug 1.000 GE und entsprach damit annahmegemäß dem Fair Value zum Erwerbszeitpunkt. Dieser erhöht sich bis zum Ende des Jahres um 300 GE auf dann 1.300 GE. Für eine Darstellung der IFRS-Handelsbilanz II von Unternehmen A, die aus Vereinfachungsgründen keine weiteren Beteiligungen umfasst und insofern der Konzernbilanz entspricht, sowie eine Erläuterung der für die Beteiligungsbilanzierung zum 31.12.X1 erforderlichen Buchung vergleiche die Ausführungen in Abschnitt 532.23.

Zum **01.01.X1** erwirbt Unternehmen A **weitere 15% der Anteile** an Unternehmen B zu einem Kaufpreis von 1.300 GE und bilanziert die Beteiligung im Konzernabschluss angesichts eines maßgeblichen Einflusses nunmehr nach der **Equity-Methode gem. IAS 28**. Im Rahmen der neuerlichen Erwerbstransaktion fielen Anschaffungsnebenkosten i. H. v. 50 GE an. Während der Fair Value der bereits zuvor gehaltenen Anteile weiterhin 1.300 GE beträgt, wird das neubewertete Nettovermögen von Unternehmen B zum Erwerbszeitpunkt auf 6.000 GE beziffert.

Zum 01.01.X1 soll nun die Konzernbilanz von Unternehmen A ausgehend von der IFRS-Handelsbilanz II aufgestellt werden. Da die Altanteile in der IFRS-Handelsbilanz II nicht mit den historischen Anschaffungskosten i. H. v. 1.000 GE, sondern mit dem Fair Value von 1.300 GE enthalten sind, ist im Rahmen der Übergangskonsolidierung die in der Vorperiode GuV-neutral erfasste Wertsteigerung der Anteile i. H. v. 300 GE rückgängig zu machen. Die Stornierung der Fair Value-Bewertung geht

---

[1075] Vgl. KÜTING, K./SEEL, C., Konvergenz der Equity-Methode, S. 1007, sowie RICHTER, F., Sukzessive Erwerbe nach IFRS, S. 291.

[1076] Vgl. explizit beide Varianten für zulässig erachtend bspw. ERNST & YOUNG (Hrsg.), International GAAP 2015, S. 738 i. V. m. 740.

dabei unmittelbar mit einer Ausbuchung der Neubewertungsrücklage in gleicher Höhe einher (Buchungssatz (1)).

(1)	Sonst. Eigenkapital	300	*an*	Beteiligung	300

Die Neuanteile sind gem. IAS 28.10 ebenso mit ihren Anschaffungskosten und somit i. H. v. 1.350 GE bestehend aus dem Kaufpreis (1.300 GE) sowie den Anschaffungsnebenkosten (50 GE) zu bewerten. Dabei ergibt sich im Rahmen der Übergangskonsolidierung indes kein Anpassungsbedarf, da die Anteile bereits in gleicher Höhe in der IFRS-Handelsbilanz II enthalten sind. Der Equity-Wert setzt sich aus dem Wertansätzen der Alt- und der Neuanteile zusammen und beträgt zum 01.01.X1 insgesamt 2.350 GE (=1.000 GE+1.350 GE).

Für die Ermittlung des Geschäfts- oder Firmenwertes bzw. eines GuV-wirksam zu erfassenden negativen Unterschiedsbetrages ist der ermittelte Equity-Wert gem. IAS 28.32 in einer Nebenrechnung dem neubewerteten Nettovermögen von Unternehmen B gegenüberzustellen. Sollte sich das bilanzierende Unternehmen für eine einheitliche Neubewertung der Vermögenswerte und Schulden zum Zeitpunkt der erstmaligen Anwendung der Equity-Methode (01.01.X1) entscheiden, ergibt sich der Unterschiedsbetrag wie folgt:

Anschaffungskosten der Neuanteile	1.350
+ Anschaffungskosten der Altanteile	1.000
– Anteil am einheitlich neubewerteten Nettovermögen von Unt. B	1.800
= Geschäfts- oder Firmenwert	**550**

Tabelle 5-14: Ermittlung des Unterschiedsbetrages aus der Kapitalkonsolidierung [Variante 3a] (FI→AU)

Alternativ ist es denkbar, die stillen Reserven und Lasten des Beteiligungsunternehmens für Zwecke der Kapitalaufrechnung tranchenweise entsprechend der Wertverhältnisse zum Zeitpunkt der jeweiligen Anteilserwerbe aufzudecken. Annahmegemäß betrug das zum historischen Erwerbszeitpunkt der Altanteile (01.01.X0) neubewertete Nettovermögen des Beteiligungsunternehmens 4.600 GE und somit 1.400 GE weniger als ein Jahr später. Während das auf die Neuanteile entfallende Nettovermögen demnach i. H. v. 900 GE (=6.000 GE*15%) in die Ermittlung des Unterschiedsbetrages einzubeziehen wäre, wären die den Altanteilen zuordenbaren Vermögenswerte und Schulden lediglich i. H. v. 690 GE (=4.600 GE*15%) zu berücksichtigen. Wie in Tabelle 5-15 dargestellt ergäbe sich so ein entsprechend höherer Geschäfts- oder Firmenwert i. H. v. 760 GE.

(alle Zahlenangaben in GE)	**Altanteile** (15%)	**Neuanteile** (15%)	**Gesamtbeteiligung** (30%)
Historische Anschaffungskosten	1.000	1.350	2.350
– Anteil am neubewerteten Nettovermögen	690	900	1.590
= **Geschäfts- oder Firmenwert**	**-**	**-**	**760**

Tabelle 5-15: Ermittlung des Unterschiedsbetrages aus der Kapitalkonsolidierung [Variante 3b] (FI→AU)

Die folgende Übersicht zeigt die zum 01.01.X1 aufgestellte IFRS-Handelsbilanz II von Unternehmen A unmittelbar nach dem neuerlichen Anteilserwerb, die zuvor erläuterte Stornierung der Fair Value-Bewertung gegen die Neubewertungsrücklage sowie die daraus resultierende Konzernbilanz:

01.01.X1 (alle Zahlenangaben in GE)	**A (MU)** IFRS II	**Übergangskonsolidierung** Soll	Haben	**KB**
Aktiva				
Beteiligungen	2.650		*(1)* 300	2.350
Sonstiges Anlagevermögen	5.000			5.000
Umlaufvermögen	25.650			25.650
∑ Aktiva	**33.300**			**33.000**
Passiva				
Gezeichnetes Kapital	5.000			5.000
Gewinnrücklage	22.000			22.000
Sonstiges Eigenkapital	300	*(1)* 300		0
Sonstige Passiva	6.000			6.000
∑ Passiva	**33.300**			**33.000**

Tabelle 5-16: Konzernbilanz von Unternehmen A zum 01.01.X1 [Variante 3] (FI→AU)

532.43 Kritische Würdigung

Eine streng anschaffungskostenbasierte Übergangskonsolidierung weist im Vergleich zu einer im Hinblick auf die Bewertung der Altanteile Fair Value-orientierten Methodik zunächst den Vorteil auf, dass der Beteiligungsbilanzierung zum Zeitpunkt der erstmaligen Anwendung der Equity-Methode ein einheitlicher Bewertungsmaßstab zugrunde gelegt wird. So wird sowohl die bereits vor dem Statuswechsel gehaltene als auch die neuerlich erworbene Anteilstranche mit den tatsächlich entrichteten Anschaffungskosten und somit i. H. einer grundsätzlich pagatorisch abgesicherten Größe bewertet.

Hierdurch wird zum einen die Nachprüfbarkeit des Wertansatzes als förderndes Kriterium der Neutralität und damit letztlich der Glaubwürdigkeit der Berichterstattung deutlich erhöht.[1077] Gleichzeitig dürfte auch die Verständlichkeit bzw. Konsistenz der Equity-Methode insgesamt verbessert werden, da deren Charakter als anschaffungskostenbasierte Bewertungsmethode durch die zuvor dargestellte Vorgehensweise gestärkt würde.

Diesen Vorteilen steht jedoch u. a. der Nachteil gegenüber, dass es durch die zwangsläufig erforderliche Stornierung der Fair Value-Bewertung zu einem klaren **Verstoß gegen das Kongruenzprinzip** kommt.[1078] So ist es bspw. möglich, dass ein im Rahmen der vorherigen Beteiligungsbilanzierung gem. IFRS 9 in der Gewinn- und Verlustrechnung oder aber dem sonstigen Gesamtergebnis erfasster Bewertungserfolg durch die erfolgsneutrale Ausbuchung der entsprechenden Fair Value-Änderung im Zuge der Übergangskonsolidierung bei einer späteren Veräußerung der Anteile nochmals erfolgswirksam vereinnahmt würde. Im Ergebnis könnte somit derselbe Gewinn doppelt in der Erfolgsrechnung des Konzerns ausgewiesen werden, sodass die Summe der konzernbilanziellen Erfolge nicht mehr dem an den Zahlungsströmen gemessenen Totalerfolg aus der Investition in die Unternehmensanteile entspräche.[1079] Wie in Abschnitt 433.2 herausgearbeitet wurde, führen Verstöße gegen das Kongruenzprinzip nicht nur dazu, die Glaubwürdigkeit der bilanziellen Erfolgsrechnung langfristig zu gefährden. Vielmehr wird es dem geschäftsführenden Management im konkreten Anwendungsfall zugleich ermöglicht, die Erfolgslage durch eine Über- bzw. Unterbewertung der Beteiligung im Rahmen der vor dem Statuswechsel vorzunehmenden Fair Value-Bewertung gem. IFRS 9 i. S. bilanzpolitischer Interessen zu steuern, ohne eine entgegengesetzte Erfolgswirkung in den Folgeperioden in Form eines entsprechend geringeren bzw. höheren Abgangserfolgs oder aber höheren bzw. geringeren Abschreibungen befürchten zu müssen.

Überdies ist die anschaffungskostenbasierte Übergangskonsolidierung auch aus Relevanzgründen zu kritisieren. So wird mit dem zuvor bilanzierten Fair Value der Altanteile ein auf die Wertverhältnisse zum Zeitpunkt des Statuswechsels bezogener Wertansatz durch eine historische Größe ersetzt, deren Informationsgehalt insbesondere bei lange zurückliegenden Erwerbstransaktionen fraglich ist. Gleichzeitig wird durch die Stornierung der Fair Value-Bewertung der Altanteile i. d. R. eine (Rein-)Vermögensminderung suggeriert, die allein auf die Änderung der Bilanzierungsmethode zurückzuführen und somit keinesfalls wirtschaftlich induziert ist. Schließlich kann „ein Wert [der Fair Value; Anm. d. Verf.], der zuvor richtig gewesen ist, nun […] nicht plötzlich falsch sein“[1080].

[1077] Vgl. ähnlich ZAUNER, J., Übergangs- und Endkonsolidierung nach IFRS, S. 82.

[1078] Vgl. in Bezug auf die in Abschnitt 532.5 diskutierte retrospektive Methode auch THEILE, C./PAWELZIK, K. U., Fair Value-Beteiligungsbuchwerte, S. 98, sowie LÜDENBACH, N./HOFFMANN, W.-D./FREIBERG, J., in: Haufe IFRS-Kommentar, 13. Aufl., § 33, Rn. 43. Eine alternativ denkbare erfolgswirksame Umkehrung der zuvor in der Gewinn- und Verlustrechnung oder aber dem sonstigen Gesamtergebnis erfassten Zeitwertschwankungen wurde, wie bereits erwähnt, aufgrund der damit einhergehenden verzerrten Darstellung der Erfolgslage in der Berichtsperiode des Statuswechsels ausgeschlossen.

[1079] Vgl. THEILE, C./PAWELZIK, K. U., Fair Value-Beteiligungsbuchwerte, S. 98, sowie ähnlich LÜDENBACH, N./HOFFMANN, W.-D./FREIBERG, J., in: Haufe IFRS-Kommentar, 13. Aufl., § 33, Rn. 43.

[1080] THEILE, C./PAWELZIK, K. U., Fair Value-Beteiligungsbuchwerte, S. 98.

Je nachdem, welcher Zeitpunkt der in der Nebenrechnung vorzunehmenden Kapitalaufrechnung zugrunde gelegt wird, kann sich der Rückgriff auf teilweise historische Daten darüber hinaus auch auf die Fortführung des Equity-Wertes und somit auf die Darstellung der Vermögens- und Ertragslage in den Folgeperioden auswirken.[1081] So zieht eine tranchenweise, auf die ursprünglichen Erwerbszeitpunkte der einzelnen Anteilspakete bezogene Neubewertung der hinter der Beteiligung stehenden Vermögenswerte und Schulden des Beteiligungsunternehmens i. d. R.[1082] vergleichsweise geringere Abschreibungsbeträge im Rahmen der Equity-Fortführung nach sich.[1083] Dies ist insofern zu kritisieren, als der den Folgeperioden wirtschaftlich zuordenbare Werteverzehr der hinter der Beteiligung stehenden Ressourcen durch den Bezug auf historische, ggf. lange zurückliegende Wertverhältnisse nur unzureichend abgebildet werden kann. Gleichzeitig ist eine tranchenweise Neubewertung des Nettovermögens des Beteiligungsunternehmens auch mit erheblichem Mehraufwand für die bilanzierenden Unternehmen verbunden. Sofern die Fair Values der einzelnen Vermögenswerte und Schulden des Beteiligungsunternehmens nicht im Zuge der einzelnen Erwerbsschritte ermittelt und dokumentiert worden sind, müssen diese zum Zeitpunkt der erstmaligen Anwendung der Equity-Methode für alle wesentlichen Anteilstranchen nacherhoben werden.[1084] Dies dürfte sich vor allem für lange Zeit zurückliegende Teilerwerbe sowie angesichts des auch nach Statuswechsel ggf. nur maßgeblichen Einflusses auf das Beteiligungsunternehmen in einigen Fällen als schwierig oder sogar unmöglich erweisen.[1085] Nicht zuletzt ist die tranchenweise Neubewertung auch in den Folgeperioden mit Mehraufwand verbunden, weil die Fortführung des Equity-Wertes ebenso tranchenweise zu erfolgen hat.[1086]

Auch wenn die einheitlich auf den Zeitpunkt des Statuswechsels bezogene Neubewertung der anteilig hinter der Beteiligung stehenden Vermögenswerte und Schulden im Zuge der von IAS 28.32 vorgesehenen Kapitalaufrechnung aus Relevanz- und Kostengesichtspunkten somit zunächst zu bevorzugen wäre, ergibt sich bei einer solchen Vorgehensweise eine anderweitige Problematik. Und zwar werden in Bezug auf die Altanteile mit den historischen Anschaffungskosten einerseits und dem auf diese Anteile entfallenden, zum Zeitpunkt der erstmaligen Anwendung der Equity-Methode neubewerteten Nettovermögen des Beteiligungsunternehmens andererseits zwei zeitlich inkonsistente Größen miteinander verglichen.[1087] Soweit seit dem historischen Erwerbszeitpunkt der Altanteile bspw. Gewinne thesauriert wurden oder sonstige stille Reserven entstanden sind, wird die Ermittlung des

1081 Vgl. in Bezug auf die retrospektive Methode so schon KLOSE, N.-C., Konzernrechnungslegung nach IFRS, S. 289 f.

1082 Dies setzt voraus, dass die zwischen den einzelnen Erwerbszeitpunkten entstandenen stillen Reserven die im gleichen Zeitraum entstandenen stillen Lasten übersteigen.

1083 Zwar würde bei einer tranchenweisen Neubewertung aufgrund der Systematik der in der Nebenrechnung vorzunehmenden Kapitalaufrechnung ein entsprechend höherer Geschäfts- oder Firmenwert resultieren. Dieser ist im Gegensatz zu den anteilig hinter der Beteiligung stehenden Vermögenswerten und Schulden des Beteiligungsunternehmens gem. IAS 28.32 jedoch nicht planmäßig abzuschreiben.

1084 Vgl. ERNST & YOUNG (Hrsg.), International GAAP 2015, S. 740.

1085 Ähnlich auch RICHTER, F., Sukzessive Erwerbe nach IFRS, S. 291; HAYN, B., in: Beck IFRS HB, 4. Aufl., § 38, Rn. 27. Vgl. ausführlich in Bezug auf die Vorschriften des IFRS 3 (rev. 2004) zu sukzessiven Unternehmenserwerben MILLA, A./BUTOLLO, B., Übergangskonsolidierung nach IFRS, S. 84 f.

1086 Vgl. RICHTER, F., Sukzessive Erwerbe nach IFRS, S. 292.

1087 Vgl. RICHTER, F., Sukzessive Erwerbe nach IFRS, S. 292.

Unterschiedsbetrages auf diese Weise systematisch verzerrt, da sich die tatsächlich entrichteten Anschaffungskosten auf die Reinvermögenssituation zum Zeitpunkt des ursprünglichen Erwerbszeitpunkts beziehen.[1088] Sofern aus der Kapitalkonsolidierung ein positiver Unterschiedsbetrag hervorgeht, ist eine solche Vernachlässigung des zeitlichen Bezugsrahmens zwar zunächst als vergleichsweise unkritisch einzustufen. Schließlich ist der als Geschäfts- oder Firmenwert zu interpretierende Betrag gem. IAS 28.32 (a) weder in der Konzernbilanz noch im Anhang separat auszuweisen. Probleme ergeben sich jedoch zumindest dann, sollte sich ein aus der gedanklich getrennten Konsolidierung der Neuanteile resultierender Goodwill durch die zeitlich uneinheitliche Einbeziehung der Altanteile in einen negativen Unterschiedsbetrag umkehren. Ein solcher „mehr oder weniger ‚zufällig'"[1089] entstandener Betrag wäre bei der Beteiligungsbilanzierung unmittelbar werterhöhend zu erfassen und würde zudem in gleicher Höhe einen Ertrag in der Gewinn- und Verlustrechnung nach sich ziehen, der schwer zu interpretieren wäre.

532.5 Retrospektive Methode

532.51 Grundlegende Methodik

532.511. Vorbemerkungen

Neben den beiden zuvor analysierten Varianten einer streng am Wortlaut des IAS 28.10 orientierten Bilanzierung werden in der Literatur zwei weitere Formen einer prinzipiell anschaffungskostenbasierten Übergangskonsolidierung diskutiert. Das Grundkonzept der vollständig retrospektiven Methode auf der einen und der eingeschränkt retrospektiven Methode auf der anderen Seite besteht dabei darin, die historischen Anschaffungskosten als Ausgangspunkt der Bilanzierung der Altanteile retrospektiv um sog. *catch-up adjustments* auf den Zeitpunkt des Statuswechsels fortzuschreiben.

532.512. Vollständig retrospektive Methode

Gemäß IAS 8.12 kann bei der Schließung von Regelungslücken grundsätzlich auf Verlautbarungen anderer Standardsetzer zurückgegriffen werden, sofern diese bei der Normgebung auf ein ähnliches Rahmenkonzept zurückgreifen. Die vom FASB verabschiedeten US-GAAP stellen ein solches in vielen Bereichen ähnliches Normensystem dar.[1090] Vor diesem Hintergrund wird in Bezug auf den hier betrachteten Anwendungsfall zum Teil auf die dort in ASC 323-10-35-33 explizit enthaltene Vorgabe zur retrospektiven Anwendung der Equity-Methode verwiesen.[1091]

Dieser Methodik zufolge sind die einzelnen Anteilstransaktionen als separate Anschaffungsvorgänge zu interpretieren, auf die die Vorschriften des IAS 28.10 i. V. m. IAS 28.32 in einem ersten Schritt

---

1088 Ähnlich ERNST & YOUNG (Hrsg.), International GAAP 2015, S. 740; RICHTER, F., Sukzessive Erwerbe nach IFRS, S. 292. Ausführlich zu diesem Problem im Kontext der handelsrechtlichen Regelung zu sukzessiven Unternehmenserwerben KLAHOLZ, E./STIBI, B., Sukzessiver Anteilserwerb, S. 300 f., sowie THEILE, C./STAHNKE, M., Erstkonsolidierungszeitpunkt im Konzernabschluss, S. 580.

1089 KLAHOLZ, E./STIBI, B., Sukzessiver Anteilserwerb, S. 301.

1090 Vgl. RUHNKE, K./NERLICH, C., Regelungslücken innerhalb der IFRS, S. 393.

1091 Vgl. bspw. BAETGE, J./KLAHOLZ, T./GRAUPE, F., in: Baetge u. a., Rechnungslegung nach IFRS, 2. Aufl., IAS 28, Rn. 97; RICHTER, F., Sukzessive Erwerbe nach IFRS, S. 291.

tranchenweise anzuwenden wären.[1092] Da die Altanteile vor dem Statuswechsel gem. IFRS 9 zum Fair Value bilanziert wurden, sind in diesem Zusammenhang zunächst sämtliche im Rahmen der bisherigen Folgebilanzierung erfassten Wertänderungen erfolgsneutral zu stornieren.[1093] Anschließend ist den historischen Anschaffungskosten der einzelnen Anteilspakete für die tranchenweise Kapitalaufrechnung das der jeweiligen Anteilstranche zuzuordnende Nettovermögen des Beteiligungsunternehmens auf Basis der zum tatsächlichen Erwerbszeitpunkt geltenden Wertverhältnisse gegenüberzustellen.[1094] In einem zweiten Schritt sind die historischen Anschaffungskosten der Alttranchen so fortzuführen, als wäre die Equity-Methode in der Vergangenheit tatsächlich bereits auf diese Anteile angewendet worden.[1095] Hierfür sind zum einen die Abschreibungen bzw. die Auflösung der zuvor aufgedeckten stillen Reserven und Lasten der hinter den Anteilen stehenden Vermögenswerte und Schulden des Beteiligungsunternehmens werterhöhend bzw. -verringernd zu berücksichtigen und in entsprechender Höhe erfolgsneutral in den Gewinnrücklagen zu erfassen.[1096] Zum anderen ist der Beteiligungsansatz ferner um die während der bisherigen Haltedauer erwirtschafteten und anteilig auf die Altranchen entfallenden Periodenergebnisse des Beteiligungsunternehmens abzüglich der erhaltenen Dividenden anzupassen.[1097] Je nach vorheriger GuV-Wirksamkeit der historischen Erfolge auf Ebene des Beteiligungsunternehmens ist eine daraus resultierende Adjustierung des Anteilswertes entweder in der Gewinnrücklage oder aber in der Neubewertungsrücklage des Konzerns, in jedem Fall jedoch wiederum erfolgsneutral zu erfassen.[1098] Der zum Zeitpunkt des Statuswechsels zu bilanzierende Equity-Wert der Gesamtbeteiligung setzt sich letztlich aus den auf diese Weise retrospektiv angepassten Wertansätzen der Altanteile sowie den aktuellen Anschaffungskosten der Neuanteile zusammen. Im Ergebnis wird die Beteiligung damit so bilanziert, als wären die Anteile bereits vor der Erlangung des maßgeblichen Einflusses bzw. der gemeinschaftlichen Beherrschung nach der Equity-Methode bilanziert worden.[1099] Anders als bei der in den US-GAAP konkret vorgesehenen Methodik wird im Schrifttum trotz der Wertkorrektur dabei jedoch keine Anpassung der Vorjahreszahlen für erforderlich erachtet.[1100]

532.513. Eingeschränkt retrospektive Methode analog zu IFRS 3 (rev. 2004)

In der Literatur wird darüber hinaus noch eine weitere Variante einer retrospektiven Vorgehensweise diskutiert, die auf die noch in IFRS 3 (rev. 2004) enthaltene Regelung zur Bilanzierung sukzessiver

[1092] Vgl. KÖSTER, O., in: MüKo Bilanzrecht Bd. 1, IAS 28, Rn. 52; KLOSE, N.-C., Konzernrechnungslegung nach IFRS, S. 166; HAYN, B., in: Beck IFRS HB, 4. Aufl., § 38, Rn. 26 f.; RICHTER, F., Sukzessive Erwerbe nach IFRS, S. 291.

[1093] Vgl. KÖSTER, O., in: MüKo Bilanzrecht Bd. 1, IAS 28, Rn. 52; BAETGE, J./KLAHOLZ, T./GRAUPE, F., in: Baetge u. a., Rechnungslegung nach IFRS, 2. Aufl., IAS 28, Rn. 98; HAYN, B., in: Beck IFRS HB, 4. Aufl., § 38, Rn. 26 f.

[1094] Vgl. BAETGE, J./KLAHOLZ, T./GRAUPE, F., in: Baetge u. a., Rechnungslegung nach IFRS, 2. Aufl., IAS 28, Rn. 97.

[1095] Vgl. KÖSTER, O., in: MüKo Bilanzrecht Bd. 1, IAS 28, Rn. 52.

[1096] Vgl. KÖSTER, O., in: MüKo Bilanzrecht Bd. 1, IAS 28, Rn. 52; HAYN, B., in: Beck IFRS HB, 4. Aufl., § 38, Rn. 27.

[1097] Vgl. KÖSTER, O., in: MüKo Bilanzrecht Bd. 1, IAS 28, Rn. 52; HAYN, B., in: Beck IFRS HB, 4. Aufl., § 38, Rn. 27;

[1098] Vgl. BAETGE, J./KLAHOLZ, T./GRAUPE, F., in: Baetge u. a., Rechnungslegung nach IFRS, 2. Aufl., IAS 28, Rn. 97. Vgl. zur Folgebilanzierung des Equity-Wertes auch Abschnitt 531.

[1099] Im Gegensatz zur Vorgehensweise nach US-GAAP wird eine rückwirkende Anpassung der Vorjahreszahlen indes ausgeschlossen. Vgl. auch BAETGE, J./KLAHOLZ, T./GRAUPE, F., in: Baetge u. a., Rechnungslegung nach IFRS, 2. Aufl., IAS 28, Rn. 97.

[1100] Vgl. BAETGE, J./KLAHOLZ, T./GRAUPE, F., in: Baetge u. a., Rechnungslegung nach IFRS, 2. Aufl., IAS 28, Rn. 97, sowie RICHTER, F., Sukzessive Erwerbe nach IFRS, S. 291.

Unternehmenserwerbe zurückgeht.[1101] Für die Ermittlung des Beteiligungswertes zum Zeitpunkt der erstmaligen Anwendung der Equity-Methode ist hiernach zunächst wie bei der vollständig retrospektiven Methode vorzugehen, d. h., einer Stornierung der bisherigen Fair Value-Bewertung hat sodann eine tranchenweise Kapitalaufrechnung sowie eine retrospektive Fortführung der Anschaffungskosten der Alttranchen auf den Zeitpunkt des Statuswechsels zu folgen. Der Wertansatz der Altanteile ist anschließend jedoch zusätzlich zu den im Rahmen der retrospektiven Fortführung erfassten Wertanpassungen um die seit den ursprünglichen Erwerbszeitpunkten der einzelnen Anteilstranchen neuerlich entstandenen stillen Reserven und Lasten zu erhöhen, sodass es bei dieser Methode faktisch zu einer Neubewertung der anteilig hinter der Gesamtbeteiligung stehenden Vermögenswerte und Schulden des Beteiligungsunternehmens kommt.[1102] Die hieraus resultierende Wertanpassung der historischen Anschaffungskosten ist dabei erfolgsneutral in der Neubewertungsrücklage des Konzerns gegenzubuchen.[1103] Im Ergebnis basiert bei dieser Variante letztlich nur der im Equity-Wert enthaltene Geschäfts- oder Firmenwert bzw. negative Unterschiedsbetrag auf den individuellen Wertverhältnissen der einzelnen Erwerbsschritte und somit einer retrospektiven Anwendung der Equity-Methode in Bezug auf die Alttranchen.[1104]

532.52 Beispielhafte Darstellung

Das nachfolgende Beispiel dient zur Veranschaulichung sowohl der vollständig als auch der eingeschränkt retrospektiven Bilanzierung des Statuswechsels einer einfachen Beteiligung hin zu einem assoziierten Unternehmen bzw. Gemeinschaftsunternehmen. Dabei wird wiederum auf den Ausgangssachverhalt des Beispiels in Abschnitt 532.23 zurückgegriffen.

Demnach erwirbt Unternehmen A am 01.01.X0 **15% der Anteile** an Unternehmen B und bilanziert die Beteiligung im Konzernabschluss entsprechend **IFRS 9** zum **Fair Value**, wobei Wertänderungen **GuV-neutral** im sonstigen Gesamtergebnis erfasst werden. Der Transaktionspreis betrug 1.000 GE und entsprach damit annahmegemäß dem Fair Value zum Erwerbszeitpunkt. Dieser erhöht sich bis zum Ende des Jahres um 300 GE auf dann 1.300 GE. Für eine Darstellung der IFRS-Handelsbilanz II von Unternehmen A, die aus Vereinfachungsgründen keine weiteren Beteiligungen umfasst und insofern der Konzernbilanz entspricht, sowie eine Erläuterung der für die Beteiligungsbilanzierung zum 31.12.X1 erforderlichen Buchung wird auf die Ausführungen in Abschnitt 532.23 verwiesen.

Zum **01.01.X1** erwirbt Unternehmen A schließlich **weitere 15% der Anteile** an Unternehmen B zu einem Kaufpreis von 1.300 GE und bilanziert die Beteiligung im Konzernabschluss angesichts eines

1101 Vgl. BAETGE, J./KLAHOLZ, T./GRAUPE, F., in: Baetge u. a., Rechnungslegung nach IFRS, 2. Aufl., IAS 28, Rn. 88-96; KÖSTER, O., in: MüKo Bilanzrecht Bd. 1, IAS 28, Rn. 52; ERNST & YOUNG (Hrsg.), International GAAP 2015, S. 741; KLOSE, N.-C., Konzernrechnungslegung nach IFRS, S. 166 f.; RICHTER, F., Sukzessive Erwerbe nach IFRS, S. 291 f. Diese Variante explizit ablehnend HAYN, B., in: Beck IFRS HB, 4. Aufl., § 38, Rn. 27.

1102 Vgl. KÖSTER, O., in: MüKo Bilanzrecht Bd. 1, IAS 28, Rn. 52; ERNST & YOUNG (Hrsg.), International GAAP 2015, S. 741; BAETGE, J./KLAHOLZ, T./GRAUPE, F., in: Baetge u. a., Rechnungslegung nach IFRS, 2. Aufl., IAS 28, Rn. 90 unter Bezugnahme auf IFRS 3.59 (rev. 2004).

1103 Vgl. KÖSTER, O., in: MüKo Bilanzrecht Bd. 1, IAS 28, Rn. 52; BAETGE, J./KLAHOLZ, T./GRAUPE, F., in: Baetge u. a., Rechnungslegung nach IFRS, 2. Aufl., IAS 28, Rn. 90.

1104 Vgl. RICHTER, F., Sukzessive Erwerbe nach IFRS, S. 292, sowie BAETGE, J./KLAHOLZ, T./GRAUPE, F., in: Baetge u. a., Rechnungslegung nach IFRS, 2. Aufl., IAS 28, Rn. 89 unter Bezugnahme auf IFRS 3.58 (rev. 2004).

maßgeblichen Einflusses nunmehr nach der **Equity-Methode gem. IAS 28**. Im Rahmen der neuerlichen Erwerbstransaktion fielen Anschaffungsnebenkosten i. H. v. 50 GE an. Der Fair Value der bereits zuvor gehaltenen Anteile beträgt weiterhin 1.300 GE. Die für die tranchenweise Kapitalaufrechnung erforderlichen Finanzdaten in Bezug auf Unternehmen B sind Tabelle 5-17 zu entnehmen. Die zum 01.01.X0 für das Nettovermögen festgestellten stillen Reserven i. H. v. 1.000 GE entfallen dabei annahmegemäß vollständig auf linear abzuschreibende Sachanlagen mit einer Restnutzungsdauer von 10 Jahren.

(alle Zahlenangaben in GE)		**01.01.X0**	**01.01.X1**
	Nettovermögen laut IFRS-Handelsbilanz II	3.600	4.400
+	Stille Reserven	1.000	1.600
=	Neubewertetes Nettovermögen	4.600	6.000

Tabelle 5-17: Finanzdaten des Beteiligungsunternehmens B

Zum 01.01.X1 soll nun wiederum die Konzernbilanz von Unternehmen A ausgehend von der IFRS-Handelsbilanz II aufgestellt werden. Hierfür werden die Vorschriften des IAS 28.10 i. V. m. IAS 28.32 tranchenweise angewendet, indem die historischen Anschaffungskosten der einzelnen Anteilspakete als fiktiver Startpunkt der Bilanzierung betrachtet werden und diese für die Ermittlung des Unterschiedsbetrages in einer Nebenrechnung dem der jeweiligen Anteilstranche zuordenbaren Nettovermögen des Beteiligungsunternehmens auf Basis der zum jeweiligen Erwerbszeitpunkt geltenden Wertverhältnisse gegenübergestellt werden. Da die Altanteile in der IFRS-Handelsbilanz II indes nicht mit den historischen Anschaffungskosten i. H. v. 1.000 GE, sondern mit dem Fair Value enthalten sind, ist im Rahmen der Übergangskonsolidierung zunächst die in der Vorperiode GuV-neutral erfasste Wertsteigerung der Anteile i. H. v. 300 GE rückgängig zu machen. Die Stornierung der Fair Value-Bewertung geht dabei mit einer erfolgsneutralen Ausbuchung der Neubewertungsrücklage einher (Buchungssatz (1)).

(1)	Sonst. Eigenkapital	300	*an*	Beteiligung	300

Die anschließend tranchenbezogen zu berechnenden Unterschiedsbeträge ergeben sich auf Basis der historischen Wertverhältnisse wie folgt:

(alle Zahlenangaben in GE)		**Altanteile** (15%)	**Neuanteile** (15%)
	Historische Anschaffungskosten	1.000	1.350
–	Anteil am neubewerteten Nettovermögen	(4.600*15%=) 690	(6.000*15%=) 900
=	**Geschäfts- oder Firmenwert**	**310**	**450**

Tabelle 5-18: Tranchenweise Ermittlung des Unterschiedsbetrages aus der Kapitalaufrechnung

Im nächsten Schritt sind die historischen Anschaffungskosten als fiktiver Erstansatz der Altanteile unter Berücksichtigung der in der Nebenrechnung anteilig aufgedeckten stillen Reserven sowie des in der Periode X0 von Unternehmen B erwirtschafteten Gesamtergebnisses auf den 01.01.X1 retrospektiv fortzuführen.

Annahmegemäß hat Unternehmen B in der Periode X0 ein Gesamtergebnis i. H. v. 800 GE erwirtschaftet und dieses vollständig thesauriert. Neben dem in der Gewinn- und Verlustrechnung ausgewiesenen Periodenerfolg i. H. v. 300 GE waren darin GuV-neutrale Erfolge i. H. v. 500 GE enthalten. Die Gewinnthesaurierung auf Ebene von Unternehmen B führt somit zu einer Wertsteigerung der Altanteile i. H. v. 120 GE (=800 GE*15%). Während der i. H. v. 45 GE (=300 GE*15%) anteilig vereinnahmte Periodenerfolg mit einer erfolgsneutralen Gegenbuchung in der Gewinnrücklage des Konzerns einhergeht, ist die Fortschreibung des Equity-Wertes um das anteilige sonstige Gesamtergebnis des Beteiligungsunternehmens i. H. v. 75 GE (=500 GE*15%) in der Neubewertungsrücklage des Konzerns zu erfassen (Buchungssatz (2b)).

(2a)	Beteiligung	120	*an*	Gewinnrücklage	45
				Sonst. Eigenkapital	75

Ferner sind die auf die Periode X0 entfallenden anteiligen Abschreibungen der stillen Reserven des Beteiligungsunternehmens i. H. v. 15 GE (=(1.000 GE/10) *15%) beteiligungswertmindernd zu berücksichtigen. Hierbei ist gleichzeitig die Gewinnrücklage des Konzerns entsprechend zu adjustieren (Buchungssatz (2a)).

(2b)	Gewinnrücklage	15	*an*	Beteiligung	15

Bei der **vollständig retrospektiven Methode** setzt sich der Equity-Wert der Gesamtbeteiligung dann aus dem fortgeführten Wertansatz der Altanteile i. H. v. 1.105 GE (=1.000 GE-15 GE+120 GE) sowie den Anschaffungskosten der Neuanteile inklusive der der neuerlichen Erwerbstransaktion direkt zuordenbaren Nebenkosten i. H. v. 1.350 GE zusammen und beträgt somit 2.455 GE.

Tabelle 5-19 zeigt die zum 01.01.X1 aufgestellte IFRS-Handelsbilanz II von Unternehmen A nach dem Statuswechsel, die bei der vollständig retrospektiven Methode erforderlichen Buchungen sowie die daraus resultierende Konzernbilanz.

Bei Anwendung der **eingeschränkt retrospektiven Methode** sind die fiktiv auf den Zeitpunkt des Statuswechsels fortgeführten Anschaffungskosten der Altanteile für die Ermittlung des Equity-Wertes zum 01.01.X1 dementgegen in einem letzten Schritt noch um die seit dem ursprünglichen Anteilserwerb neu entstandenen anteiligen stillen Reserven i. H. v. 105 GE zu erhöhen. Diese berechnen sich wie in Tabelle 5-20 dargestellt.

01.01.X1 (alle Zahlenangaben in GE)	**A (MU)** IFRS II	**Übergangskonsolidierung** Soll		Haben		**KB**
Aktiva						
Beteiligungen	2.650	*(2a)*	120	*(1)*	300	2.455
				(2b)	15	
Sonstiges Anlagevermögen	5.000					5.000
Umlaufvermögen	25.650					25.650
∑ Aktiva	**33.300**					**33.105**
Passiva						
Gezeichnetes Kapital	5.000					5.000
Gewinnrücklage	22.000	*(2b)*	15	*(2a)*	45	22.030
Sonstiges Eigenkapital	300	*(1)*	300	*(2a)*	75	75
Sonstige Passiva	6.000					6.000
∑ Passiva	**33.300**					**33.105**

Tabelle 5-19: Konzernbilanz von Unternehmen A zum 01.01.X1 (FI→AU) [vollständig retrospektive Methode]

	(alle Zahlenangaben in GE)	**Beteiligungs unternehmen** (100%)	**Auf Altanteile entfallend** (15%)
	Neubewertetes Nettovermögen zum 01.01.**X1**	6.000	900
–	Nettovermögen laut IFRS-Handelsbilanz II zum 01.01.**X1**	4.400	660
–	Fortgeführte stille Reserven vom 01.01.**X0**	(1.000*[9/10]=) 900	135
=	**Neu entstandene stille Reserven**	**700**	**105**

Tabelle 5-20: Ermittlung der seit dem 01.01.X0 neu entstandenen stillen Reserven

Die hiermit im Ergebnis vorgenommene Neubewertung der hinter den Altanteilen stehenden Vermögenswerten und Schulden ist als erfolgsneutrale Änderung des Beteiligungswertes gleichzeitig in der Neubewertungsrücklage des Konzerns zu erfassen (Buchungssatz (3)).

(3)	Beteiligung	105	*an*	Sonst. Eigenkapital	105

Der Equity-Wert der Gesamtbeteiligung beträgt zum 01.01.X1 somit 2.560 GE, sodass sich die Konzernbilanz zum 01.01.X1 letztlich wie folgt ergibt:

01.01.X1 (alle Zahlenangaben in GE)	**A (MU)** IFRS II	**Übergangskonsolidierung** Soll		Haben		**KB**
Aktiva						
Beteiligungen	2.650	*(2b)* *(3)*	120 105	*(1)* *(2a)*	300 15	2.560
Sonstiges Anlagevermögen	5.000					5.000
Umlaufvermögen	25.650					25.650
∑ Aktiva	**33.300**					**33.210**
Passiva						
Gezeichnetes Kapital	5.000					5.000
Gewinnrücklage	22.000	*(2a)*	15	*(2b)*	45	22.030
Sonstiges Eigenkapital (u. a. NBW-Rücklage)	300	*(1)*	300	*(2b)* *(3)*	75 105	180
Sonstige Passiva	6.000					6.000
∑ Passiva	**33.300**					**33.210**

Tabelle 5-21: Konzernbilanz von Unternehmen A zum 01.01.X1 (FI→AU) [teilweise retrospektive Methode analog zu IFRS 3 (rev. 2004)]

532.53 Kritische Würdigung

Beide zuvor dargestellten Formen einer retrospektiven Übergangskonsolidierung haben durch die in diesem Rahmen vorzunehmende Stornierung der bisherigen Fair Value-Bewertung der Altanteile zunächst zwangsläufig einen **Kongruenzverstoß** zur Folge, der die Glaubwürdigkeit der Konzernrechnungslegung erheblich beeinträchtigen kann.[1105] Da keine Anpassung der Vorjahreszahlen vorgesehen ist,[1106] wird zugleich auch die Vergleichbarkeit im Zeitablauf erschwert. Nicht zuletzt wird durch die Fair Value-Stornierung überdies eine Vermögensänderung suggeriert, die jeglicher wirtschaftlicher Grundlage entbehrt und somit vor allem auch aus Relevanzgründen zu kritisieren ist.

Im Gegensatz zu der in Abschnitt 532.43 diskutierten streng anschaffungskostenbasierten Vorgehensweise wird jedoch zumindest der Tatsache Rechnung getragen, dass die ursprünglich für die Alttranchen entrichteten Anschaffungskosten auf historischen Wertverhältnissen basieren und daher der Bilanzierung aus Relevanzgründen nicht ohne weitere Anpassungen zugrunde gelegt werden sollten. Im Zentrum stehen hierbei die sog. *catch-up adjustments*. So werden bei der **vollständig retrospektiven Methode** die über die Haltedauer der Beteiligung angefallenen Gewinnthesaurierungen des Beteiligungsunternehmens sowie die Abschreibung bzw. Auflösung der ursprünglich mit den An-

[1105] Vgl. hierzu schon Abschnitt 532.43.

[1106] Vgl. BAETGE, J./KLAHOLZ, T./GRAUPE, F., in: Baetge u. a., Rechnungslegung nach IFRS, 2. Aufl., IAS 28, Rn. 97, sowie RICHTER, F., Sukzessive Erwerbe nach IFRS, S. 291.

schaffungskosten vergüteten stillen Reserven und Lasten bei der Bewertung der Altanteile durch einen entsprechenden Zu- bzw. Abschlag berücksichtigt. Gleichwohl werden in der Zwischenzeit entstandene stille Reserven und Lasten weder in Bezug auf den implizit in den Altanteilen enthaltenen Geschäfts- oder Firmenwert noch auf die auf diese Anteilstranche entfallenden Vermögenswerte und Schulden aufgedeckt. Der Equity-Wert stellt daher nach wie vor eine im weiteren Sinne auf historischen Anschaffungskosten basierende Größe und angesichts der aufeinander folgenden Erwerbstransaktionen letztlich ein **Konglomerat zeitlich unterschiedlicher Wertverhältnisse** dar.[1107] Eine solch tranchenbezogene Wertbemessung wirkt sich dabei nicht nur auf den Beteiligungsansatz zum Zeitpunkt des Statuswechsels, sondern auch auf die Folgebilanzierung aus.[1108] Schließlich zieht eine nur in Bezug auf die zusätzlich erworbenen Anteile vorgenommene Neubewertung der anteilig hinter der Beteiligung stehenden Vermögenswerte und Schulden regelmäßig vergleichsweise geringe Abschreibungsbeträge im Rahmen der Equity-Fortführung nach sich.[1109] Der Anteil der Konzernobergesellschaft am wirtschaftlichen Substanzverlust des Beteiligungsunternehmens kann somit nur unzureichend abgebildet werden.

Um derartige Effekte zu vermeiden, wird bei der **eingeschränkt retrospektiven Methode** zumindest das Nettovermögen des Beteiligungsunternehmens einheitlich auf Basis aktueller Fair Values bewertet und der fortgeführte Beteiligungsansatz dementsprechend um die in der Zwischenzeit neu entstandenen stillen Reserven und Lasten adjustiert.[1110] Die hierdurch erreichte (Wieder-)Annäherung an den zuvor stornierten Fair Value der Beteiligung ist aus Relevanzgründen klar zu begrüßen, führt jedoch gleichzeitig dazu, dass die Anschaffungskostenbasis des Beteiligungswertes zu Lasten der Glaubwürdigkeit der Bilanzierung verlassen wird. Letztlich stellt diese Methode dennoch einen Kompromiss zwischen einer vollständigen Fair Value-Bewertung auf der einen und einer anschaffungskostenbasierten Bilanzierung auf der anderen Seite dar. So liegen dem Beteiligungsansatz trotz der einheitlichen Neubewertung der anteilig hinter der Beteiligung stehenden Vermögenswerte und Schulden zumindest in Bezug auf den als impliziten Bestandteil der Altanteile bilanzierten Geschäfts- oder Firmenwert nach wie vor historische Wertverhältnisse zugrunde, da dieser weiterhin tranchenbezogen, d. h. auf Basis der ursprünglichen Anschaffungskosten ermittelt wird.[1111]

Beide Formen der retrospektiven Übergangskonsolidierung sind dabei mit erheblichem Aufwand auf Seiten des die Beteiligung bilanzierenden Unternehmens verbunden.[1112] Anders als bei einer streng anschaffungskostenbasierten Ermittlungsmethodik sind nicht nur die historischen Fair Values der hinter der Beteiligung stehenden Vermögenswerte und Schulden zum Zeitpunkt der jeweiligen Er-

---

[1107] Vgl. KLOSE, N.-C., Konzernrechnungslegung nach IFRS, S. 166; ERNST & YOUNG (Hrsg.), International GAAP 2015, S. 741.

[1108] Vgl. hierzu auch KLOSE, N.-C., Konzernrechnungslegung nach IFRS, S. 289 f.

[1109] Dieser Aussage liegt die Annahme zugrunde, dass die in der Zwischenzeit entstandenen stillen Reserven die ggf. neu entstandenen stillen Lasten zumeist übersteigen werden.

[1110] Ähnlich ERNST & YOUNG (Hrsg.), International GAAP 2015, S. 741.

[1111] Vgl. RICHTER, F., Sukzessive Erwerbe nach IFRS, S. 292.

[1112] Vgl. bspw. HAYN, B., in: Beck IFRS HB, 4. Aufl., § 38, Rn. 27 und 30. In Bezug auf die Bilanzierung sukzessiver Unternehmenserwerbe so auch KÜTING, K./ELPRANA, K./WIRTH, J., Sukzessive Anteilserwerbe, S. 479.

werbstransaktion zu rekonstruieren. Vielmehr sind zusätzlich detaillierte Informationen über die bilanzielle Entwicklung des Beteiligungsunternehmens seit dem Erwerbszeitpunkt der ersten Anteilstranche erforderlich, um die historischen Anschaffungskosten retrospektiv auf den Zeitpunkt des Statuswechsels fortschreiben zu können. Schwierigkeiten können sich vor allem dann ergeben, wenn der Einzelabschluss des Beteiligungsunternehmens – wie bei in Deutschland ansässigen Unternehmen grundsätzlich der Fall –[1113] nach nationalem Handelsrecht und nicht nach IFRS aufgestellt wurde. Schließlich hat die anteilige Vereinnahmung der in der Zwischenzeit angefallenen Gewinne und Verluste des Beteiligungsunternehmens im Zuge der Equity-Fortschreibung auf Basis konzerneinheitlicher Ansatz- und Bewertungsmethoden zu erfolgen.[1114] Theoretisch wäre somit für jedes Berichtsjahr seit dem ursprünglichen Erwerbszeitpunkt eine fiktive IFRS-Handelsbilanz II aufzustellen. Eine solche Vorgehensweise wird vor allem dann, wenn das bilanzierende Unternehmen auch nach dem Statuswechsel nur einen maßgeblichen Einfluss auf das Beteiligungsunternehmen ausüben kann, regelmäßig nicht durchführbar sein.[1115] Unter Verweis auf Wesentlichkeitsaspekte sowie den Grundsatz der Kosten-Nutzen-Abwägung wird daher in vielen Fällen auf Vereinfachungslösungen abgestellt werden müssen.[1116] Da die aus der retrospektiven Vorgehensweise resultierenden Wertansätze dann jedoch nicht mehr das repräsentieren, was sie zu repräsentieren vorgeben, ist die Glaubwürdigkeit einer solchen Bilanzierung vor diesem Hintergrund letztlich erheblich zu bezweifeln.

532.6 Abschließende Würdigung

In IAS 28 finden sich keine expliziten Vorschriften, wie im Fall eines Übergangs einer im Konzernabschluss bislang gem. IFRS 9 bilanzierten Beteiligung hin zu einem assoziierten bzw. Gemeinschaftsunternehmen infolge eines neuerlichen Anteilserwerbs bilanziell vorzugehen ist. Das Fehlen einer solchen sachverhaltsspezifischen Regelung wurde im Rahmen der vorliegenden Arbeit als vom bilanzierenden Unternehmen zu schließende Normlücke interpretiert. Bei der Entwicklung einer geeigneten Methode zur Bilanzierung der bereits vor dem Statuswechsel gehaltenen Anteile ist der Bilanzierende dementsprechend nicht an den Wortlaut in IAS 28.10 gebunden, wonach eine Beteiligung bei erstmaliger Anwendung der Equity-Methode grundsätzlich i. H. d. Anschaffungskosten anzusetzen ist. Stattdessen ist gem. IAS 8.11 a) in erster Linie auf Normen innerhalb der IFRS zurückzugreifen, die ähnliche oder verwandte Fragen behandeln. In diesem Zusammenhang werden in der Literatur vor allem die die Bilanzierung sukzessiver Unternehmenserwerbe betreffenden Vorschriften des IFRS 3 diskutiert. Mit Blick auf das in der Begründung zu IFRS 3.41 f. angeführte Kriterium des *significant economic event* bleiben jedoch erhebliche Zweifel, ob der Übergang von einer bislang nach IFRS 9 bilanzierten Beteiligung hin zu einem Tochterunternehmen mit dem hier betrachteten Sachverhalt hinreichend vergleichbar ist, um eine analoge Anwendung der dort enthaltenen Regelun-

[1113] Gemäß § 325 Abs. 2a i. V. m. Abs. 2b besteht ein Wahlrecht, für Offenlegungszwecke zusätzlich zum handelsrechtlichen Jahresabschluss einen Jahresabschlusses nach IFRS aufzustellen. Nur in diesen (wohl seltenen) Fällen könnte daher für Zwecke der retrospektiven Equity-Fortschreibung auf bereits vorhandene Daten zurückgegriffen werden.

[1114] Vgl. LÜDENBACH, N./HOFFMANN, W.-D./FREIBERG, J., in: Haufe IFRS-Kommentar, 13. Aufl., § 33, Rn. 82 f.

[1115] Vgl. zur Problematik unzureichender Informationen bei der Bilanzierung einer Beteiligung an einem assoziierten Unternehmen LÜDENBACH, N./HOFFMANN, W.-D./FREIBERG, J., in: Haufe IFRS-Kommentar, 13. Aufl., § 33, Rn. 87-92.

[1116] Vgl. THEILE, C./PAWELZIK, K. U., Fair Value-Beteiligungsbuchwerte, S. 96.

gen zu fordern. Vor diesem Hintergrund sollte bei der Entwicklung einer geeigneten Bilanzierungsmethodik nach der hier vertretenen Meinung stattdessen das gesamte Spektrum denkbarer Vorgehensweisen ins Kalkül mit einbezogen und gem. IAS 8.11 b) an den im *Conceptual Framework* enthaltenen Grundsätzen und Prinzipien gespiegelt werden.

Mit den hier als Deemed Cost-, Historical Cost- sowie retrospektive Methode bezeichneten Varianten können drei alternative Ansätze zur Bilanzierung des Übergangs von einer einfachen Beteiligung hin zu einem assoziierten bzw. Gemeinschaftsunternehmen unterschieden werden, die zum Teil wiederum unterschiedlich ausgestaltet sein können. Für jede Vorgehensweise lassen sich in der Fachliteratur Argumente finden, die diese für zulässig, ggf. sogar für geboten oder aber für unzulässig erachten.[1117] Vor dem Hintergrund der durchgeführten Analyse ist ein solch „offenes Feld" zunächst insofern nachvollziehbar, als sämtliche Varianten wesentliche spezifische Vor-, aber auch Nachteile hinsichtlich der Entscheidungsnützlichkeit der Berichterstattung aufweisen. Gleichwohl würde durch das sich den Unternehmen somit **faktisch bietende Wahlrecht** zwischen einer Vielzahl unterschiedlicher Abbildungsmethoden zwangsläufig die zwischenbetriebliche **Vergleichbarkeit** der Bilanzierung **beeinträchtigt.**[1118] Schließlich kann die Wahl der jeweiligen Bilanzierungsmethode nicht unerhebliche Auswirkungen auf den Beteiligungsansatz zum Zeitpunkt des Statuswechsels haben und in Form der Fortschreibung der aufgedeckten stillen Reserven und Lasten darüber hinaus auch die Folgebilanzierung und somit die Vermögens-, Finanz- und Ertragslage in späteren Geschäftsjahren berühren. Dies sei anhand von Tabelle 5-22 verdeutlicht, die für sämtliche in den vorherigen Abschnitten diskutierten Vorgehensweisen den jeweils im Anwendungsbeispiel resultierenden Equity-Wert samt darin enthaltener, in den Folgeperioden fortzuschreibender Wertbestandteile einander gegenüberstellt.

(alle Zahlenangaben in GE)	**Analoge Anwendung von IFRS 3.41 f.**	**Deemed Cost-Methode**	**Historical Cost-Methode**		**Retrospektive Methode**	
			Tranchenweise Neubewertung Nettovermögen	Einheitliche Neubewertung Nettovermögen	Vollständig	Eingeschränkt (analog zu IFRS 3 (2004))
Equity-Wert	2.650	2.650	2.350	2.350	2.455	2.560
Darin enthalten:						
Nettovermögen Beteiligungs-unternehmen	1.800	1.800	1.590	1.800	1.695	1.800
Geschäfts- oder Firmenwert	850	850	760	550	760	760
Umgliederung von NBR in Gewinnrücklage	300	-	-	-	-	-

Tabelle 5-22: Gegenüberstellung der unterschiedlichen Formen der Übergangskonsolidierung

Auch wenn ohne eine weitere Konkretisierung des IAS 28, wie zuvor erläutert, sämtliche dargestellten Verfahrensweisen (rechtlich) zulässig erscheinen, sind nach der hier vertretenen Meinung sowohl

1117 Vgl. so auch RICHTER, F., Sukzessive Erwerbe nach IFRS, S. 290 und 293.

1118 Vgl. KLOSE, N.-C., Konzernrechnungslegung nach IFRS, S. 289 f. Die Vergleichbarkeit im Zeitablauf kann dementgegen zumindest theoretisch durch die Vorgabe zu einer stetigen Anwendung der gewählten Abbildungsvariante sichergestellt werden.

die streng anschaffungskostenbasierten als auch die retrospektiven Methoden mit Blick auf die Entscheidungsnützlichkeit als übergeordnete Anforderung an die Lückenschließung gem. IAS 8.10 abzulehnen. Ausschlaggebend hierfür ist, dass es bei diesen Formen der Übergangskonsolidierung angesichts der bereits vor dem Statuswechsel von IFRS 9 vorgesehenen Fair Value-Bewertung der Beteiligung grundsätzlich zu einem Bruch mit der bisherigen Bilanzierung kommt, der die für Zwecke der Bewertungs- und Rechenschaftsfunktion erforderliche Beurteilung der Investition in das Beteiligungsunternehmen erschwert. So wird durch die Stornierung der Fair Value-Bewertung im Zuge des Statuswechsels i. d. R. eine Wertminderung der Anteile und somit eine Verschlechterung der Vermögenslage des Konzerns suggeriert, die tatsächlich nicht gegeben ist und insofern dem für die Bilanzierung sukzessiver Anteilserwerbe identifizierten Informationsziel entgegensteht, ausschließlich wirtschaftlich bedingte (Rein-)Vermögensänderungen bilanziell zu erfassen.

Um eine zusätzliche Verzerrung der Erfolgslage zu vermeiden, wird die Stornierung des bisherigen Wertansatzes dabei nicht nur GuV-, sondern gänzlich erfolgsneutral vorgenommen. Dies hat dann jedoch zwangsläufig einen **Verstoß gegen das Kongruenzprinzip** zur Folge. Letztlich wird bei diesen Bilanzierungsvarianten damit sowohl die Relevanz als auch die Glaubwürdigkeit der Berichterstattung über sukzessive Anteilserwerbe erheblich beeinträchtigt. Eine anschaffungskostenbasierte Übergangskonsolidierung sollte i. S. d. inneren Konsistenz der IFRS-Rechnungslegung nur dann angewendet werden können, sofern die Beteiligung – wie noch nach IAS 39 möglich –[1119] auch vor dem Statuswechsel auf Basis der Anschaffungskosten bilanziert wird. Wenn sich der IASB jedoch, wie nach Maßgabe des IFRS 9 nunmehr der Fall, für eine (verpflichtende) Fair Value-Bewertung einfacher Beteiligungen entschieden hat, macht es, wie THEILE/PAWELZIK bereits 2004 in Bezug auf sukzessive Unternehmenszusammenschlüsse feststellen, „keinen Sinn, diese [die Fair Value-Bewertung; Anm. d. Verf.] wieder zu stornieren."[1120]

Aber auch die analoge Anwendung der in IFRS 3.41 f. enthaltenen Vorschriften zur Bilanzierung sukzessiver Anteilserwerbe mit Statuswechsel scheint aufgrund der bei dieser Methodik gezeigten Probleme nicht empfehlenswert. In diesem Zusammenhang sind vor allem zwei Aspekte entscheidend:[1121]

Zum einen kann es trotz der bereits vor dem neuerlichen Anteilserwerb bestehenden Pflicht zur Fair Value-Bewertung durch den Statuswechsel theoretisch dennoch zu einer bilanziellen Wertänderung der Altanteile kommen. Voraussetzung hierfür ist, dass nicht mehr, wie von IFRS 9 vorgegeben, die der Beteiligung zugrunde liegenden einzelnen Finanzinstrumente, sondern entsprechend des Wortlauts in IFRS 3.41 f. die vor dem Statuswechsel gehaltene Beteiligung als maßgebliche Bewertungseinheit herangezogen wird. In einem solchen Fall können die bilanzierenden Unternehmen Anpassungen bspw. in Form von zwangsläufig ermessensbehafteten[1122] Paketauf- bzw. -abschlägen auf den

[1119] Im Gegensatz zu IFRS 9 sieht IAS 39 noch die sog. Verlässlichkeitsausnahme vor. Demnach ist eine Unternehmensbeteiligung nicht zum Fair Value, sondern zu deren Anschaffungskosten zu bilanzieren, sofern der Fair Value nicht verlässlich ermittelt werden kann. Vgl. IAS 39.46 (c) sowie ERNST & YOUNG (Hrsg.), International GAAP 2015, S. 3394 f. und 3445 f.

[1120] THEILE, C./PAWELZIK, K. U., Fair Value-Beteiligungsbuchwerte, S. 99.

[1121] Vgl. in diesem Kontext auch ausführlich Abschnitt 532.24.

[1122] Vgl. Abschnitt 513.334.22.

bisherigen Beteiligungswert vornehmen, die sodann einen in der Gewinn- und Verlustrechnung zu erfassenden Erfolg nach sich ziehen. Eine solche bilanzielle Wertkorrektur wäre ausschließlich das Ergebnis der geänderten Bilanzierungsperspektive und würde mit Blick auf das zentrale Informationsziel sukzessiver Anteilserwerbe, wonach nur wirtschaftlich bedingte Vermögensänderungen bilanziell nachzuzeichnen sind, damit nicht überzeugen. Darüber hinaus würde eine erstmalige Berücksichtigung von Paketzu- bzw. -abschlägen nicht zuletzt auch der Stetigkeit sowie der (intertemporalen) Vergleichbarkeit der Bilanzierung entgegenstehen.[1123]

Zum zweiten kann auch die von IFRS 3.41 f. i. V. m. IFRS 9.B5.7.1 eröffnete Möglichkeit, die im Rahmen der bisherigen Beteiligungsbilanzierung in der Neubewertungsrücklage erfassten Beträge zum Zeitpunkt des Statuswechsels in die Gewinnrücklage des Konzerns umzugliedern, nicht überzeugen. Schließlich könnte hierdurch eine Realisierung der hinter diesen Eigenkapitalbestandteilen stehenden Bewertungserfolge suggeriert werden, die mangels einer tatsächlichen Veräußerung des Anteilspaketes nicht gegeben ist. Die diesbezügliche Kritik verschärft sich nochmals deutlich, sollte der IASB die die Folgebehandlung der Neubewertungsrücklage betreffenden Vorgaben in IFRS 9 nach Abschluss der derzeitigen Überarbeitung des *Conceptual Framework* zugunsten einer GuV-wirksamen Umgliederung anpassen. In diesem Fall wären zuvor im sonstigen Gesamtergebnis ausgewiesene Beträge unter Berührung der Gewinn- und Verlustrechnung zu recyceln, sodass dann im Ergebnis nicht nur die Zusammensetzung des Konzerneigenkapitals, sondern auch die Ertragslage verzerrt werden würde.

Letzten Endes kann nur die Deemed Cost-Methode überzeugen. Hierbei wird der bisherige Beteiligungswert der Altanteile zum Zeitpunkt des neuerlichen Anteilserwerbs erfolgsneutral und ohne weitere Anpassungen in die Ermittlung des Equity-Wertes der Gesamtbeteiligung einbezogen. Durch die in der Nebenrechnung durchzuführende Kapitalaufrechnung kommt es gleichzeitig zu einer detaillierten Aufgliederung der im Beteiligungswert enthaltenen Wertbestandteile auf Basis einheitlicher sowie aktueller Wertverhältnisse. Die dem Management durch die Fair Value-Bilanzierung der Altanteile eröffneten Ermessensspielräume spielen bei der Beurteilung dieser Abbildungsvariante dementgegen keine Rolle, da sie bereits vor dem Statuswechsel bestehen und insofern als logische Konsequenz der Entscheidung zugunsten einer zeitwertorientierten Bilanzierung einfacher Unternehmensbeteiligungen zu betrachten sind. Die mangelnde Objektivierung des Beteiligungsansatzes stellt damit kein spezifisches Problem der Übergangskonsolidierung dar.

Gleichwohl ist zu konstatieren, dass es bei der Deemed Cost-Methode wie auch schon bei der Bilanzierung sukzessiver Unternehmenserwerbe nach IFRS 3.41 f. grundsätzlich zu einer **Vermischung unterschiedlicher Wertmaßstäbe** kommt: den pagatorisch abgesicherten Anschaffungskosten der Neuanteile einerseits und dem Fair Value der Altanteile i. S. e. hypothetischen Veräußerungspreises andererseits. Besonders problematisch erscheint dies vor allem dann, sofern das anteilig auf die Altanteile entfallende Nettovermögen den Fair Value der Altanteile übersteigen sollte und dies im Rahmen der Kapitalverrechnung einen negativen Unterschiedsbetrag auslöst. So wäre der entsprechende Be-

[1123] Vgl. hierzu Abschnitt 513.334.21.

trag unter Anwendung von IAS 28.32 (b) GuV-wirksam zugunsten des Equity-Wertes zu vereinnahmen, obwohl der negative Unterschiedsbetrag zumindest teilweise nicht auf Basis einer transaktionsbasierten Größe ermittelt wurde und einer Interpretation als Ertrag aus einem günstigen Gelegenheitskauf demnach eigentlich nicht zugänglich ist.

533. Übergang vom assoziierten Unternehmen zum Gemeinschaftsunternehmen

533.1 Methodik nach IAS 28.24

Anders als bei dem durch einen Anteilserwerb ausgelösten Übergang von einer nach IFRS 9 zu bilanzierenden Beteiligung hin zur erstmaligen Anwendung der Equity-Methode sieht IAS 28 für den Statuswechsel von einem assoziierten Unternehmen zum Gemeinschaftsunternehmen, also unter Beibehaltung der Equity-Methode, eindeutige Regelungen vor. So ist eine Fair Value-Bewertung der bereits zuvor gehaltenen Anteile gem. IAS 28.24 unter keinen Umständen zulässig. Stattdessen sind die Altanteile zum Zeitpunkt des Statuswechsels i. H. ihres Buchwertes und damit erfolgsneutral in die Ermittlung des Equity-Wertes der Gesamtbeteiligung einzubeziehen.[1124] Da die Beteiligung angesichts des zuvor bestehenden maßgeblichen Einflusses bereits vor dem neuerlichen Anteilserwerb entsprechend IAS 28 bilanziert wurde, entspricht der Buchwert der Altanteile dem seit dem ursprünglichen Erwerbszeitpunkt fortgeführten Equity-Wert. Für die Bewertung der hinzuerworbenen Anteile ist dementgegen die allgemein auf den erstmaligen Ansatz von Anteilen an assoziierten Unternehmen abzielende Vorschrift in IAS 28.10 einschlägig, wonach diese i. H. ihrer Anschaffungskosten inklusive direkt zurechenbarer Transaktionskosten zu bilanzieren sind.

Die für die Ermittlung des Unterschiedsbetrages sowie für Zwecke der Folgebilanzierung in einer Nebenrechnung erforderliche Kapitalaufrechnung ist zum Zeitpunkt des Statuswechsels auf die neuerlich erworbenen Anteile zu beschränken.[1125] In diesem Rahmen wird der Wertansatz der Neuanteile dem darauf entfallenden Nettovermögen des Beteiligungsunternehmens unter Aufdeckung der darin enthaltenen stillen Reserven und Lasten gegenübergestellt und ein daraus resultierender Unterschiedsbetrag entsprechend den Vorschriften des IAS 28.32 bilanziert. Die in Bezug auf die Altanteile aus der Equity-Bewertung resultierenden fortgeführten Buchwerte der anteilig hinter diesem Anteilspaket stehenden Vermögenswerte und Schulden des Beteiligungsunternehmens sowie ggf. eines Geschäfts- oder Firmenwertes bleiben durch den Statuswechsel unberührt und sind in der statistischen Nebenrechnung separat weiterzuführen.[1126] Im Ergebnis handelt es sich bei der von IAS 28.24 vorgeschriebenen Verfahrensweise somit um eine tranchenweise Bilanzierungsmethodik, die der Vorgehensweise bei einem Erwerb zusätzlicher Anteile an einem bislang assoziierten Unternehmen ohne Statuswechsel entspricht.[1127]

1124 Vgl. ERNST & YOUNG (Hrsg.), International GAAP 2015, S. 778 i. V. m. 742-744, sowie KÜTING, K./HÖFNER, S., Statuswechsel eines Gemeinschaftsunternehmens zum assoziierten Unternehmen, S. 92.

1125 Ähnlich in Bezug auf den gleich zu bilanzierenden Fall einer Anteilsaufstockung an einem assoziierten oder Gemeinschaftsunternehmen ohne Statuswechsel MILLA, A./BUTOLLO, B., Sonderfälle der Übergangskonsolidierung nach IFRS, S. 173, sowie BAETGE, J./KLAHOLZ, T./GRAUPE, F., in: Baetge u. a., Rechnungslegung nach IFRS, 2. Aufl., IAS 28, Rn. 144.

1126 Vgl. in Bezug auf den Fall einer Anteilsaufstockung an einem assoziierten oder Gemeinschaftsunternehmen ohne Statuswechsel KÖSTER, O., in: MüKo Bilanzrecht Bd. 1, IAS 28, Rn. 76.

1127 Vgl. HAYN, B., in: Beck IFRS HB, 4. Aufl., § 38, Rn. 38.

533.2 Beispielhafte Darstellung

Die Bilanzierung des Übergangs von einem assoziierten auf ein Gemeinschaftsunternehmen im Zuge eines sukzessiven Anteilserwerbs sei anhand folgendem Beispiel verdeutlicht. Dabei wird auf den Ausgangssachverhalt des Beispiels zu sukzessiven Unternehmenserwerben in Abschnitt 515. zurückgegriffen.

Unternehmen A erwirbt zum **01.01.X0 25% der Anteile** an Unternehmen B und bilanziert die Beteiligung im Konzernabschluss angesichts eines maßgeblichen Einflusses nach der **Equity-Methode gem. IAS 28**. Die Anschaffungskosten für den Erwerb betrugen 2.000 GE und entsprechen annahmegemäß dem Fair Value der Anteile. Das für die Kapitalaufrechnung zum Erwerbszeitpunkt erforderliche neubewertete Nettovermögen des Beteiligungsunternehmens beträgt insgesamt 4.600 GE. Darin sind stille Reserven i. H. v. 1.000 GE enthalten, die auf linear abzuschreibende Sachanlagen mit einer Restnutzungsdauer von 10 Jahren entfallen.

Der in der Beteiligung enthaltene und in einer Nebenrechnung fortzuführende Geschäfts- oder Firmenwert ergibt sich auf Basis der zuvor genannten Daten wie folgt:

Anschaffungskosten	2.000
– Anteil am einheitlich neubewerteten Nettovermögen von Unt. B	[1128]1.150
= Geschäfts- oder Firmenwert	**850**

Tabelle 5-23: Ermittlung des Unterschiedsbetrages aus der Kapitalaufrechnung zum 01.01.X0 (AU→GU)

Bis zum 31.12.X0 erwirtschaftet Unternehmen B ein Gesamtergebnis i. H. v. 800 GE und thesauriert dieses vollständig. Neben dem in der Gewinn- und Verlustrechnung ausgewiesenen Periodenerfolg i. H. v. 300 GE sind darin GuV-neutrale Erfolge i. H. v. 500 GE enthalten. Aufgrund der guten wirtschaftlichen Entwicklung des Beteiligungsunternehmens erhöht sich der Fair Value der 25%-Beteiligung bis zum Ende des Jahres um 500 GE auf dann 2.500 GE.

Tabelle 5-24 zeigt die zum 31.12.X0 aufgestellte IFRS-Handelsbilanz II von Unternehmen A, die für die Equity-Fortschreibung der Beteiligung an Unternehmen B erforderlichen Korrekturbuchungen sowie die resultierende Konzernbilanz. Für die Erläuterung der im Rahmen der Beteiligungsbilanzierung zum 31.12.X1 durchzuführenden Buchungen sei dabei auf die Ausführungen in Abschnitt 515. verwiesen.

[1128] (=4.600 GE*25%)

31.12.X0 (alle Zahlenabgaben in GE)	A (MU) IFRS II	Equity-Fortschreibung Soll		Equity-Fortschreibung Haben		KB
Aktiva						
Beteiligungen	2.500	*(2a)* *(2b)*	50 125	*(1)*	500	2.175
Sonstiges Anlagevermögen	5.000					5.000
Umlaufvermögen	26.000					26.000
∑ Aktiva	**33.500**					**33.175**
Passiva						
Gezeichnetes Kapital	5.000					5.000
Gewinnrücklage	22.000					22.000
Sonstiges Eigenkapital (u. a. NBW-Rücklage)	500	*(1)*	500	*(2b)*	125	125
Periodenergebnis (GuV)	0			*(2a)*	50	50
Sonstige Passiva	6.000					6.000
∑ Passiva	**33.500**					**33.175**

Tabelle 5-24: Konzernabschluss von Unternehmen A zum 31.12.X0 (AU→GU)

Zum **01.01.X1** erwirbt Unternehmen A nun zu einem Kaufpreis von 2.500 GE **weitere 25% der Anteile** an Unternehmen B von dem bisherigen Mehrheitseigentümer C und vereinbart mit diesem die gemeinschaftliche Beherrschung des Beteiligungsunternehmens. Die Beteiligung wird im Konzernabschluss gem. IFRS 11.24 als Gemeinschaftsunternehmen und somit weiterhin nach der Equity-Methode bilanziert. Im Rahmen der *due diligence* wird das neubewertete Nettovermögen des Beteiligungsunternehmens nunmehr auf 6.000 GE beziffert. Darin sind stille Reserven bezogen auf die Buchwerte in der IFRS-Handelsbilanz II i. H. v. 1.600 GE enthalten. Der Fair Value der bereits vor dem Statuswechsel im Besitz von Unternehmen A befindlichen Anteile an Unternehmen B beträgt weiterhin 2.500 GE.

Zum 01.01.X1 soll nun wiederum der Konzernabschluss von Unternehmen A ausgehend von der IFRS-Handelsbilanz II aufgestellt werden. Da sich der Equity-Wert der Gesamtbeteiligung aus dem fortgeführten Equity-Wert der Altanteile (2.175 GE) und den Anschaffungskosten der Neuanteile (2.500 GE) zusammensetzt, sind zunächst die Buchungen aus dem Vorjahr hinsichtlich der Stornierung der Fair Value-Bewertung der Altanteile (Buchungssatz (1*)) sowie der darauffolgenden Equity-Fortschreibung der Anschaffungskosten (Buchungssatz (2*)) **erfolgsneutral** zu wiederholen. Weiterer Anpassungsbedarf in Bezug auf die Altanteile besteht nicht. Auch für die Bilanzierung der Neuanteile sind keine weiteren Buchungen erforderlich, weil der in der IFRS-Handelsbilanz II enthaltene Fair Value annahmegemäß den Anschaffungskosten i. H. v. 2.500 GE entspricht.

(1*)	Sonst. Eigenkapital (NBW-Rücklage)	500	*an*	Beteiligung	500

(2*)	Beteiligung	175	*an*	Gewinnrücklagen	50
				Sonst. Eigenkapital	125

Indes ist der Wertansatz der neu erworbenen Anteile für Zwecke der **Ermittlung eines Unterschiedsbetrages** dem auf diese Anteile entfallenden neubewerteten Nettovermögen des Beteiligungsunternehmens i. H. v. 1.500 GE (=6.000 GE*25%) gegenüberzustellen. Der daraus resultierende Geschäfts- oder Firmenwert i. H. v. 1.000 GE (=2.500 GE−1.500 GE) ist als impliziter Bestandteil der Beteiligung ebenso wie die im Zuge der Kapitalaufrechnung aufgedeckten stillen Reserven i. H. v. 400 GE (=1.600 GE*25%) in einer Nebenrechnung zu dokumentieren. Die neuerliche Kapitalaufrechnung hat dabei keinen Einfluss auf die bereits zum ursprünglichen Erwerbszeitpunkt ebenso in der Nebenrechnung nachgehaltenen Wertkomponenten der Altanteile, die stattdessen separat fortzuführen sind.

Die hinter dem Equity-Wert der Gesamtbeteiligung i. H. v. 4.675 GE (=2.175 GE+2.500 GE) stehenden Wertkomponenten ergeben sich unter Berücksichtigung der tranchenweisen Aufrechnung und Fortschreibung wie folgt:

(alle Zahlenangaben in GE)	**Altanteile** (25%)	**Neuanteile** (25%)	**Gesamt** (50%)
Beteiligungswert	2.175	2.500	4.675
Darin enthalten:			
Anteiliges Nettovermögen zu Buchwerten	[1129]1.100	1.100	2.200
Stille Reserven (ggf. fortgeführt)	[1130]225	400	625
Geschäfts- oder Firmenwert	850	1.000	1.850

Tabelle 5-25: Tranchenweise fortzuführende Nebenrechnung (AU→GU)

Die nachfolgende Übersicht (Tabelle 5-26) zeigt die zum **01.01.X1** aufgestellte **Konzernbilanz** auf Basis der IFRS-Handelsbilanz II von Unternehmen A sowie der zuvor erläuterten Buchungen. Dabei wird deutlich, dass bis auf die erfolgsneutrale Nachholung der Equity-Fortschreibungen aus dem Vorjahr keinerlei Buchungen im Rahmen der eigentlichen Übergangskonsolidierung vorzunehmen sind.

[1129] Das anteilige Nettovermögen zu Buchwerten lässt sich berechnen, indem der zum ursprünglichen Erwerbszeitpunkt neubewertete Anteil am Nettovermögen des Beteiligungsunternehmens i. H. v. 1.150 GE (=4.600 GE*25%) um die zu diesem Zeitpunkt aufgedeckten anteiligen stillen Reserven i. H. v. 250 GE (=1.000 GE*25%) korrigiert sowie um das in der Berichtsperiode X0 erwirtschaftete anteilige Gesamtergebnis i. H. v. 200 GE (=800*25%) erhöht wird.

[1130] Die auf die erste Anteilstranche entfallenden, zum ursprünglichen Erwerbszeitpunkt aufgedeckten stillen Reserven i. H. v. 250 GE wurden in der Periode X0 bereits i. H. v. 25 GE abgeschrieben (vgl. Buchungssatz (2a)) und somit in der Nebenrechnung auf 225 GE reduziert.

01.01.X1 (alle Zahlenangaben in GE)	A (MU) IFRS II	Übergangskonsolidierung				KB
		Soll		Haben		
Aktiva						
Beteiligungen	5.000	*(2*)*	175	*(1*)*	500	4.675
Sonstiges Anlagevermögen	5.000					5.000
Umlaufvermögen	23.500					23.500
∑ Aktiva	**33.500**					**33.175**
Passiva						
Gezeichnetes Kapital	5.000					5.000
Gewinnrücklage	22.000			*(2*)*	50	22.050
Sonstiges Eigenkapital	500	*(1*)*	500	*(2*)*	125	125
Sonstige Passiva	6.000					6.000
∑ Passiva	**33.500**					**33.175**

Tabelle 5-26: Konzernbilanz von Unternehmen A zum 01.01.X1 (AU→GU)

533.3 Kritische Würdigung

Vor der Einführung von IFRS 11 im Mai 2011 war der Übergang von einem assoziierten Unternehmen hin zu einem Gemeinschaftsunternehmen unter Anwendung der Regelungen des IAS 31 noch mit einer Neubewertung der bereits zuvor gehaltenen Anteile verbunden.[1131] Die offizielle Begründung für die Überarbeitung der entsprechenden Vorschriften zugunsten der derzeit in IAS 28.24 vorgesehenen Buchwertfortführung der Altanteile lässt sich, wenn auch nur mittelbar, den *basis for conclusions* entnehmen. So stellt der IASB zumindest in Bezug auf den spiegelbildlichen Anwendungsfall des Abwärtswechsels von einem Gemeinschaftsunternehmen hin zu einem assoziierten Unternehmen nunmehr fest, dass sich hierbei zwar die Art der Beteiligungsbeziehung ändert, dies jedoch künftig kein Ereignis mehr darstellt, das eine Neubewertung der nach dem Übergang zurückbehaltenen Beteiligung rechtfertigen kann.[1132] Schließlich, so der Standardsetzer, zieht der Statuswechsel unter Geltung von IFRS 11.24 i. V. m. IAS 28 – anders als noch nach IAS 31 bei Anwendung der Quotenkonsolidierung der Fall – weder eine Änderung des Konsolidierungskreises noch der Bilanzierungsmethode nach sich.[1133]

[1131] Zwar wurde in IAS 31.45 nur der spiegelbildliche Anwendungsfall eines Übergangs von einem Gemeinschaftsunternehmen hin zu einem assoziierten Unternehmen explizit angesprochen, gleichwohl waren die erst im Jahr 2008 eingeführten Vorgaben konsistenterweise auch auf den umgekehrten Fall eines Aufwärtswechsels anzuwenden. Vgl. im Ergebnis so bspw. ERNST & YOUNG (Hrsg.), International GAAP 2009, S. 875 f. i. V. m. 829 f. Offensichtlich a. A. HAYN, B., in: Beck IFRS HB (2009), 3. Aufl., § 38, Rn. 37. Die Pflicht zur Fair Value-Bewertung ergab sich dabei unabhängig davon, ob die Beteiligung nach dem Statuswechsel entsprechend der Quotenkonsolidierung oder aber weiterhin gemäß der Equity-Methode in den Konzernabschluss einbezogen wurde. Vgl. in diesem Zusammenhang auch KÜTING, K./HÖFNER, S., Statuswechsel eines Gemeinschaftsunternehmens zum assoziierten Unternehmen, S. 90-92.

[1132] Vgl. IAS 28.BC30 f.

[1133] Vgl. IAS 28.BC30 sowie IASB (Hrsg.), Staff Paper 17B (February 2010), Rn. 18-20.

Auch wenn sich die diesbezüglichen Überlegungen sinngemäß auf den Anwendungsfall eines Aufwärtswechsels übertragen lassen, ist eine solche Argumentation aus konzeptioneller Perspektive zu kritisieren. Die Tatsache, dass die Erlangung der gemeinschaftlichen Beherrschung ausgehend von einem zuvor bestehenden maßgeblichen Einfluss nach IFRS 11 nun nicht mehr mit einer Änderung der Bilanzierungsmethode und letztlich auch des Konsolidierungskreises einhergeht, kann allein keine (sinnvolle) Begründung für eine Ablehnung der noch nach IAS 31 vorgesehenen Qualifizierung des Statuswechsels als *significant economic event* darstellen.[1134] Vielmehr ist hierfür entscheidend, ob der Übergang mit einer fundamentalen Änderung der Einflussnahmemöglichkeiten der Konzernobergesellschaft verbunden ist, die typischerweise einen bedeutenden Wertzuwachs der bisherigen Anteile in Form einer Kontrollprämie zur Folge hat.[1135] Wie schon bei sukzessiven Unternehmenserwerben nach IFRS 3 könnte in einem solchen Fall theoretisch eine Neubewertung der Altanteile unter Verweis auf die hohe Relevanz der hierdurch vermittelten Informationen gerechtfertigt werden.

Für eine solche Interpretation spricht zunächst, dass es die Erlangung der gemeinschaftlichen Beherrschung im Gegensatz zur Situation vor dem Statuswechsel erstmals ermöglicht, die einseitige Bestimmung der (wichtigsten) relevanten Aktivitäten durch andere Parteien zu verhindern.[1136] So ist es vor der Begründung des gemeinschaftlichen Beherrschungsverhältnisses angesichts des nur maßgeblichen Einflusses jederzeit denkbar, dass Entscheidungen im Hinblick auf die Geschäfts- und Finanzpolitik des Beteiligungsunternehmens getroffen werden, die den eigenen Interessen entgegenlaufen.[1137] Einer nachteiligen Entwicklung der Struktur sowie der Unsicherheit der aus der Beteiligungsbeziehung zu erwartenden Zahlungsströme kann nach dem Statuswechsel durch die umfassenden Blockademöglichkeiten somit in deutlich stärkerem Ausmaß entgegengewirkt werden. Gleichwohl ist die Konzernobergesellschaft durch die Erlangung der gemeinschaftlichen Beherrschung weiterhin nicht in der Lage, die wichtigsten Entscheidungen des Beteiligungsunternehmens ihrerseits ohne Zustimmung anderer Parteien durchzusetzen. Eine umfassende Umstrukturierung der Geschäftstätigkeit, mit dem Ziel, bislang bestehende Ineffizienzen zu vermeiden oder aber Synergieeffekte zu realisieren, ist damit weiterhin an die Zustimmung dritter Parteien, in diesem Fall den die gemeinschaftliche Beherrschung mitausübenden Partnerunternehmen gebunden. Vor diesem Hintergrund erscheint es letztlich äußerst zweifelhaft, ob der Statuswechsel tatsächlich als eine solch fundamentale Wesensänderung typisiert werden kann, dass eine Neubewertung der zuvor gehaltenen Anteile mit Blick auf die Entscheidungsnützlichkeit der im Konzernabschlusses vermittelten Informationen gerechtfertigt ist. Schließlich würde die Fair Value-Bewertung den bilanzierenden Unternehmen gleichzeitig erhebliche Ermessensspielräume eröffnen, die die Glaubwürdigkeit der in Bezug auf das Beteiligungsverhältnis sowie die neuerliche Anteilstransaktion vermittelten Informationen beeinträchtigen könnten.[1138] Im Ergebnis ist die seitens des IASB getroffene (Wertungs-)Entscheidung, den Übergang zwischen einem assoziierten Unternehmen einerseits und einem Gemeinschaftsunternehmen andererseits nicht als *significant economic event* zu qualifizieren, daher durchaus nachvollziehbar,

1134 Vgl. in Bezug auf den Abwärtswechsel so bspw. CNC (Hrsg.), Comment Letter (ED 9), S. 9.

1135 Vgl. zu dieser Begründung im Zusammenhang mit IFRS 3 Abschnitt 513.322.

1136 Vgl. für eine Charakterisierung der mit der gemeinschaftlichen Beherrschung einhergehenden Einflussmöglichkeiten hier und im Folgenden Abschnitt 331.

1137 Vgl. ausführlich zum maßgeblichen Einfluss gem. IAS 28 Abschnitt 34.

1138 Vgl. zu den Schwierigkeiten der Fair Value-Ermittlung und den damit verbundenen Objektivierungsproblemen im Kontext sukzessiver Unternehmenserwerbe Abschnitt 513.334.

auch wenn die in den *basis for conclusions* hierzu enthaltene Begründung selbst, wie zuvor erläutert, nicht überzeugen kann.

Bei einem Blick in die Entstehungsgeschichte des IFRS 11 wird indes ohnehin deutlich, dass der Präferenz für die Buchwertfortführung ursprünglich nicht (bzw. nicht nur) die IAS 28.BC zu entnehmende konzeptionelle Argumentation, sondern vergleichsweise pragmatische Überlegungen zugrunde lagen. So wird die Entscheidung gegen eine Fair Value-Bewertung in dem der finalen Veröffentlichung des IFRS 11 vorangehenden *Exposure Draft* noch ausschließlich unter Verweis auf praktische Gesichtspunkte begründet.[1139] Demnach, so der Mitarbeiterstab des IASB, sei die Buchwertfortführung aufgrund ihrer Einfachheit und der damit verbundenen Kostenvorteile zu bevorzugen.[1140] Dies ist – auch in Bezug auf den hier betrachteten Fall eines Aufwärtswechsels – insofern nachvollziehbar, als der bisherige Wertansatz der Altanteile ohne weitere Adjustierungen in die Ermittlung des Beteiligungswertes nach dem Statuswechsel einbezogen wird und eine vor allem bei nicht börsennotierten Beteiligungsunternehmen zum Teil aufwendige Neubewertung der Anteile für Bilanzierungszwecke somit nicht erforderlich ist. Überdies steht das bilanzierende Unternehmen trotz der tranchenweisen Vorgehensweise nicht vor der Herausforderung, für Zwecke der Kapitalaufrechnung historische Wertverhältnisse der hinter den Altanteilen anteilig stehenden Vermögenswerte und Schulden retrospektiv rekonstruieren zu müssen, da sich die Ermittlung des Unterschiedsbetrages angesichts der bereits zuvor verpflichtenden Anwendung der Equity-Methode auf die neuerlich erworbenen Anteile beschränkt. Die aktuell in IAS 28.24 vorgeschriebene Verfahrensweise ist insofern nicht nur vor dem Hintergrund der Entscheidungsnützlichkeit der vermittelten Informationen, sondern auch mit Blick auf die dem Nutzen der Bilanzierungsmethode gegenüberstehenden Kosten positiv zu beurteilen.

Negativ ins Gewicht fällt einzig die durch die Buchwertfortführung der Altanteile in zeitlicher Hinsicht hervorgerufene Uneinheitlichkeit der der Beteiligung zugrunde liegenden Wertverhältnisse, weil nur die Neuanteile in Form der Anschaffungskosten auf einem aktuellen Wert basieren.[1141] Der teilweise historische Bezug ist aus Relevanzgesichtspunkten dabei nicht nur hinsichtlich der Darstellung der Vermögenslage zum Zeitpunkt des Statuswechsels zu kritisieren, vielmehr wird durch die tranchenweise Fortführung der hinter den Anteilspaketen stehenden Substanzwerte vor allem auch

---

1139 Vgl. IASB (Hrsg.), ED 9: Joint Arrangements, Rn. BC19. Hier führt der IASB, wenn auch zunächst nur in Bezug auf den spiegelbildlichen Fall eines Übergangs von einem Gemeinschaftsunternehmen zum assoziierten Unternehmen, an: „*If an investor loses joint control but retains significant influence the [...] Board proposes, for practical reasons, that in such circumstances an investor should not measure at fair value the investment it retains on the loss of joint control.*" Der Verweis auf die trotz des Statuswechsels gleichbleibende Bilanzierungsmethode sowie den dadurch ebenfalls unveränderten Konsolidierungskreis des Konzerns wurde erst nachträglich in die Begründung aufgenommen. Anlassgebend hierfür war die seitens der Kommentierenden angemerkte Kritik, dass die Entscheidung zugunsten einer Buchwertfortführung inkonsistent zu der zu diesem Zeitpunkt noch in IAS 31.BC16 formulierten Annahme sei, dass der Verlust und damit auch die Erlangung der gemeinschaftlichen Beherrschung ein *significant economic event* darstellen. Vgl. hierzu IASB (Hrsg.), Staff Paper 17B (February 2010), Rn. 3-8 unter Verweis auf ERNST & YOUNG (Hrsg.), Comment Letter (ED 9), S. 6 f.

1140 Vgl. IASB (Hrsg.), Staff Paper 17B (February 2010), Rn. 7.

1141 Vgl. in Bezug auf die Aufstockung von Anteilen an einem assoziierten Unternehmen ohne Statuswechsel so auch KLOSE, N.-C., Konzernrechnungslegung nach IFRS, S. 337 f.

die Ertragslage in den Folgeperioden berührt. So zieht die Vorgehensweise nach IAS 28.24 – im Vergleich zu einer einheitlichen Fair Value-Bewertung entsprechend den Vorschriften des IFRS 3 – im Rahmen der Equity-Fortführung zumeist geringere Abschreibungsbeträge nach sich, da die Aufdeckung der stillen Reserven und Lasten der Vermögenswerte und Schulden des Beteiligungsunternehmens zum Zeitpunkt des Statuswechsels auf die Neuanteile beschränkt wird.[1142] Der tatsächliche Anteil der Konzernobergesellschaft am wirtschaftlichen Substanzverlust des Beteiligungsunternehmens wird bei Anwendung der derzeitigen Vorschriften somit vor allem bei lange zurückliegenden Erwerbszeitpunkten der Altanteile nur unzureichend bilanziell nachgezeichnet.

54 Zwischenfazit

Wie in den vorherigen Abschnitten herausgearbeitet wurde, kann der bestehende Regelungskanon zur Bilanzierung sukzessiver Anteilserwerbe mit Statuswechsel nur in Bezug auf den in IAS 28 geregelten Fall eines Aufwärtswechsels von einem assoziierten Unternehmen hin zum Gemeinschaftsunternehmen überzeugen.[1143] Problematisch ist dagegen u. a. die Bilanzierung eines Aufwärtswechsels von einer einfachen Beteiligung zum assoziierten bzw. Gemeinschaftsunternehmen.[1144] Schließlich bietet sich den bilanzierenden Unternehmen angesichts der zu konstatierenden Regelungslücke faktisch die Möglichkeit, zwischen einer Vielzahl unterschiedlicher Abbildungsmethoden zu wählen, wodurch zwangsläufig die zwischenbetriebliche Vergleichbarkeit der Berichterstattung über derartige Transaktionen beeinträchtigt wird. Davon abgesehen konnte mit der sog. Deemed Cost-Methode jedoch zumindest eine in der Fachliteratur diskutierte Variante identifiziert werden, die zu weitestgehend überzeugenden Bilanzierungsergebnissen führt.

Nochmals kritischer wurde die derzeitige Regelungssituation in Bezug auf sukzessive Erwerbe von Tochterunternehmen eingestuft. Für diese Konstellationen sind den IFRS in Form des IFRS 3.41 f. zwar eindeutige, in diesem Fall streng zeitwertbasierte Vorgaben zu entnehmen. Diese sind gleichwohl, wie die ausführliche Analyse und Würdigung zeigen konnte,[1145] mit zahlreiche Schwierigkeiten wie bspw. einer GuV-wirksamen Aktivierung originärer Goodwill-Bestandteile oder aber einer bilanziellen Realisierung wirtschaftlich unrealisierter Erfolge verbunden, die die Entscheidungsnützlichkeit der Bilanzierung bezweifeln lassen. Ähnliches gilt auch für die bilanzielle Abbildung eines Aufwärtswechsels zur gemeinschaftlichen Tätigkeit nach IFRS 11, da die Vorschriften des IFRS 3 grundsätzlich auf diesen Anwendungsfall zu übertragen sind.[1146]

Angesichts dessen soll im folgenden Kapitel ein alternatives Bilanzierungskonzept entwickelt werden, das die zentralen Schwachpunkte der derzeitigen Vorschriften vermeidet und damit zu einer entscheidungsnützlicheren Berichterstattung in Bezug auf sukzessive Anteilserwerbe mit Statuswechsel beiträgt. Dabei werden in einem ersten Schritt ausschließlich sukzessive Erwerbe von Toch-

[1142] Dieser Aussage liegt die Annahme zugrunde, dass die zwischen den einzelnen Erwerbszeitpunkten entstandenen stillen Reserven die neu entstandenen stillen Lasten übersteigen.
[1143] Vgl. hierzu ausführlich Abschnitt 533.3.
[1144] Vgl. hierzu ausführlich Abschnitt 532.6.
[1145] Vgl. hierzu ausführlich Abschnitt 516.
[1146] Vgl. hierzu ausführlich Abschnitt 526.

terunternehmen betrachtet, da auf diese Weise den bei diesem Anwendungsfall spezifisch bestehenden Herausforderungen bestmöglich Rechnung getragen werden kann. Hierfür werden zunächst die bei dem zu bilanzierenden Sachverhalt auftretende Grundproblematik sowie die unterschiedlichen bereits im Laufe der Standardentwicklung diskutierten Lösungsansätze bzw. deren zentrale Schwachpunkte überblicksartig zusammengefasst, um Hinweise auf den Ansatzpunkt einer sodann zu entwickelnden de lege ferenda-Bilanzierung zu erhalten. In einem zweiten Schritt wird anschließend geprüft, ob die für sukzessive Unternehmenserwerbe vorgeschlagene Bilanzierungssystematik auch auf sukzessive Erwerbe mit Aufwärtswechsel zur gemeinschaftlichen Tätigkeit sowie zu assoziierten und Gemeinschaftsunternehmen sinnvoll übertragen werden kann und somit eine für alle Anwendungsfälle einheitliche Bilanzierung gelingt.

6 Vorschlag für eine entscheidungsnützliche Bilanzierung sukzessiver Anteilserwerbe mit Statuswechsel de lege ferenda

61 Entwicklung einer alternativen Bilanzierungssystematik für sukzessive Unternehmenserwerbe

611. Zentrale Herausforderung

Bei einem sukzessiven Unternehmenszusammenschluss besteht grundsätzlich das Problem, dass der Zeitpunkt der erstmaligen (vollständigen)[1147] Einbeziehung der Vermögenswerte und Schulden nur in Bezug auf die neuerlich erworbenen Anteile dem Anschaffungszeitpunkt der Beteiligung entspricht. Es fehlt für die bereits zuvor gehaltenen Anteile somit an aktuellen Anschaffungskosten, die mit dem anteiligen neubewerteten Reinvermögen des Beteiligungsunternehmens zum Zeitpunkt der Beherrschungserlangung aufgerechnet werden könnten. Offen ist daher zum einen, mit welchen Wertansätzen die auf die Altanteile entfallenden Vermögenswerte und Schulden in die Konzernbilanz einbezogen werden sollten, sowie zum anderen, auf Basis welcher (zeitlicher) Wertverhältnisse die Kapitalaufrechnung der Beteiligung und damit die Ermittlung eines etwaigen Geschäfts- oder Firmenwertes vorzunehmen ist.[1148] Die **zentrale Herausforderung** sukzessiver Anteilstransaktionen besteht letztlich also darin, mehrere zeitlich aufeinanderfolgende Anschaffungsvorgänge zu einem in sich schlüssigen Gesamtbild zu verarbeiten.[1149]

612. Wesentliche Schwachpunkte der bislang diskutierten Lösungsansätze

Der vorherstehend identifizierten zentralen Herausforderung wurde im Laufe der Fortentwicklung der Vorschriften zur Bilanzierung von Unternehmenszusammenschlüssen auf unterschiedliche Weise begegnet. Vor der erstmaligen Veröffentlichung von IFRS 3 im Jahr 2004 wurde ein sukzessiver Erwerb eines Tochterunternehmens nach **IAS 22** zunächst noch nicht als ein zusammengehöriger Vorgang, sondern als eine Aneinanderreihung separater Geschäftsvorfälle begriffen, auf die die Regeln der Erwerbsmethode separat anzuwenden waren.[1150] Der Problematik zeitlich uneinheitlicher Wertverhältnisse wurde insofern durch eine **tranchenweise Betrachtung** Rechnung getragen. Grundsätzlich waren demgemäß sowohl die Fair Values der zu bilanzierenden Vermögenswerte und Schulden als auch ein Unterschiedsbetrag aus der Kapitalaufrechnung tranchenbezogen auf Basis der zum jeweiligen Anschaffungszeitpunkt geltenden Wertverhältnisse zu ermitteln und anschließend auf den Zeitpunkt des Beherrschungsübergangs fiktiv fortzuführen.[1151]

[1147] Sollte die Beteiligung zuvor nach den Regelungen des IFRS 11 bilanziert worden sein, waren die Vermögenswerte und Schulden bereits vor der Erlangung der alleinigen Beherrschung zumindest quotal im Konzernabschluss enthalten.

[1148] Ähnlich LÜDENBACH, N./HOFFMANN, W.-D., Übergangskonsolidierung nach ED IFRS 3, S. 1806.

[1149] Vgl. HACHMEISTER, D./HERMENS, A.-S., Veränderte Einflussnahme und Goodwillbilanzierung, S. 38.

[1150] Vgl. KÜTING, K./ELPRANA, K./WIRTH, J., Sukzessive Anteilserwerbe, S. 479 mit Bezug auf IAS 22.37.

[1151] Allerdings bestand wohl schon nach IAS 22 ein Wahlrecht, die Vermögenswerte und Schulden alternativ einheitlich zum Zeitpunkt des Beherrschungsübergangs neu zu bewerten. Vgl. hierzu LÜDENBACH, N./HOFFMANN, W.-D., Übergangskonsolidierung nach ED IFRS 3, S. 1806. A. A. THEILE, C./PAWELZIK, K. U., Fair Value-Beteiligungsbuchwerte, S. 97.

Eine derartige Vorgehensweise war jedoch mit **drei zentralen Nachteilen** verbunden. Zum einen resultierte aus der tranchenweisen Bewertung der hinter der Gesamtbeteiligung stehenden Vermögenswerte und Schulden eine Vermengung von auf den Zeitpunkt des Beherrschungsübergangs fortgeführten historischen Wertansätzen mit aktuellen Zeitwerten und damit ein schwer zu interpretierendes **Konglomerat zeitlich unterschiedlicher Wertverhältnisse**.[1152] Zum zweiten war das dieser Regelung zugrunde liegende anschaffungskostenorientierte Konzept nur mit einer vorherigen Bilanzierung der Altanteile zu Anschaffungskosten, einer Bewertung gem. IAS 28 *at equity* oder aber einer quotalen Einbeziehung kompatibel.[1153] Seit der erstmaligen Veröffentlichung von IAS 39 im Jahr 1999 waren Unternehmensbeteiligungen, mit denen keine besonderen Einflussnahmemöglichkeiten einhergingen, indes grundsätzlich zum Fair Value zu bilanzieren. Ein sukzessiver Unternehmenszusammenschluss entsprechend den Regelungen des IAS 22 erforderte daher zum Zeitpunkt des Statuswechsels je nach vorheriger Klassifizierung der Altanteile u. U. eine **rückwirkende Wertanpassung** des bisherigen Beteiligungswertes, die aus konzeptioneller Perspektive kaum zu begründen war und zugleich einen Verstoß gegen das Kongruenzprinzip bedeutete.[1154] Überdies war auch die **erhebliche Komplexität** einer tranchenweisen Übergangskonsolidierung bedenklich. So war bspw. sicherzustellen, dass für sämtliche Teilerwerbsschritte die zum ursprünglichen Anschaffungszeitpunkt geltenden Zeitwerte der Vermögenswerte und Schulden ermittelt werden konnten, was in der Praxis bei einer vorherigen Klassifizierung der Anteile als einfache Beteiligung i. d. R. wohl nur sehr eingeschränkt möglich war.[1155]

Im Zuge der ersten Phase des Projekts zur Ablösung von IAS 22 durch IFRS 3 wurde dieser Kritik an den bisherigen Vorschriften zunächst nur teilweise Rechnung getragen. So sah **IFRS 3 (rev. 2004)** zumindest in Bezug auf die Einbeziehung der Vermögenswerte und Schulden eine **einheitliche Neubewertung** zum Zeitpunkt des Beherrschungsübergangs vor, um den zuvor kritisierten, auf unterschiedlichen Zeitpunkten basierenden Wertemix zu vermeiden.[1156] Eine daraus entstehende Änderung des in der Summenbilanz enthaltenen Reinvermögens war dabei GuV-neutral in der Neubewertungsrücklage des Konzerns zu erfassen.[1157] Um gleichzeitig jedoch den zeitlichen Bezug der einander für die **Ermittlung eines Geschäfts- oder Firmenwertes** gegenüberzustellenden Positionen sicherzustellen, hatte die eigentliche Kapitalkonsolidierung dementgegen nach wie vor streng **tranchenbezogen** unter Zugrundelegung der für die einzelnen Anteilspakete ursprünglich entrichteten Gegenleistung sowie der zu diesem Zeitpunkt jeweils geltenden Zeitwerte der Vermögenswerte und Schulden zu erfolgen.[1158] Ein sukzessiver Unternehmenszusammenschluss wurde daher auch nach

[1152] Vgl. ausführlich zu dieser Problematik Abschnitt 512.3.
[1153] Vgl. THEILE, C./PAWELZIK, K. U., Fair Value-Beteiligungsbuchwerte, S. 96 f.
[1154] Vgl. hierzu ausführlich THEILE, C./PAWELZIK, K. U., Fair Value-Beteiligungsbuchwerte, S. 96.
[1155] Vgl. zu den Herausforderungen einer retrosepktiven Neubewertung des Nettovermögens MILLA, A./BUTOLLO, B., Übergangskonsolidierung nach IFRS, S. 84 f.
[1156] Vgl. KÜTING, K./WIRTH, J., Sukzessiver Anteilserwerb, S. 363 unter Bezugnahme auf die Vorschrift in IFRS 3.59 (rev. 2004).
[1157] Vgl. IFRS 3.59 (rev. 2004) sowie erläuternd hierzu LÜDENBACH, N./HOFFMANN, W.-D., Übergangskonsolidierung nach ED IFRS 3, S. 1806.
[1158] Vgl. IFRS 3.58 (rev. 2004).

IFRS 3 (rev. 2004) prinzipiell „weiterhin als eine Aneinanderreihung mehrerer Erwerbsvorgänge interpretiert“[1159], auf die die Vorschriften der Erwerbsmethode mit Ausnahme der einheitlichen Neubewertung der Vermögenswerte und Schulden separat anzuwenden waren.[1160]

Angesichts dessen war es, wie schon nach IAS 22, erforderlich, zu jedem Erwerbsvorgang (ggf. rückwirkend) eine separate Neubewertungsbilanz aufzustellen,[1161] sodass durch die erstmalige Veröffentlichung von IFRS 3 im Jahr 2004 zunächst **keinerlei Erleichterungswirkung** ausgehen konnte. Stattdessen wurde durch die uneinheitliche Behandlung der Vermögenswerte und Schulden auf der einen und des Unterschiedsbetrages aus der Kapitalkonsolidierung auf der anderen Seite die Komplexität der konsolidierungstechnischen Umsetzung sogar nochmals erhöht.[1162] Ferner konnte es aufgrund der anschaffungskostenorientierten Goodwill-Ermittlung zum Zeitpunkt des Beherrschungsübergangs nach wie vor zu einer **retrospektiven Adjustierung** der bisherigen Bilanzierung der Altanteile kommen, sollten diese bislang gem. IAS 39 zum Fair Value in den Konzernabschluss einbezogen worden sein.[1163] Die unter der Geltung von IAS 22 bestehenden Probleme blieben insofern zu großen Teilen ungelöst.

Mit Abschluss der zweiten Phase des Projekts „*Business Combinations*“ im Jahr 2008 wurden die in IFRS 3 (rev. 2004) enthaltenen Regelungen schließlich durch die derzeitig geltenden Vorschriften des IFRS 3 ersetzt.[1164] In diesem Zuge kam es zu einem **Paradigmenwechsel** in Bezug auf die Bilanzierung sukzessiver Unternehmenszusammenschlüsse,[1165] da erstmals sowohl der Bilanzierung der Vermögenswerte und Schulden als auch der Ermittlung eines Geschäfts- oder Firmenwertes einheitlich die aktuellen Wertverhältnisse zum Zeitpunkt der Beherrschungserlangung zugrunde zu legen waren.[1166] Der Herausforderung zeitlich nachgelagerter Anschaffungsvorgänge wurde somit anders als zuvor nicht mehr durch eine tranchenweise Anwendung der Erwerbsmethode, sondern durch die grundsätzliche **Verpflichtung zur Fair Value-Bewertung** des bereits vor dem Statuswechsel gehaltenen Anteilspaketes begegnet. Im Ergebnis konnten damit sämtliche in Bezug auf die tranchenweise Methodik der Vorgängerregelung **geäußerten Kritikpunkte ausgeräumt** werden.[1167]

1159 KÜTING, K./ELPRANA, K./WIRTH, J., Sukzessive Anteilserwerbe, S. 479.

1160 Vgl. EBELING, R. M./GAßMANN, J./ROTHENSTEIN, M., Konsolidierungstechnik beim sukzessiven Unternehmenserwerb, S. 1031.

1161 Vgl. KÜTING, K./ELPRANA, K./WIRTH, J., Sukzessive Anteilserwerbe, S. 479.

1162 So war bei der Neubewertung der Vermögenswerte und Schulden zum Zeitpunkt des Beherrschungsübergangs zu analysieren, ob die Wertänderungen im Vergleich zu den tranchenbezogenen historischen Zeitwerten deren fiktiver Fortschreibung zuzuordnen und dementsprechend in der Gewinnrücklage gegenzubuchen sind oder aber auf die in der Neubewertungsrücklage zu erfassenden, zwischen den einzelnen Erwerbszeitpunkten neu entstandenen stillen Reserven und Lasten zurückgeführt werden können. Vgl. hierzu LÜDENBACH, N./HOFFMANN, W.-D., Übergangskonsolidierung nach ED IFRS 3, S. 1806.

1163 Vgl. THEILE, C./PAWELZIK, K. U., Fair Value-Beteiligungsbuchwerte, S. 97 f.

1164 Die Bilanzierung sukzessiver Unternehmenszusammenschlüsse stand im Zuge der ersten Phase des Projekts zunächst im Hintergrund und sollte erst in der zweiten Phase grundlegend überarbeitet werden. Die Vorschriften des IFRS 3 (rev. 2004) sind diesbezüglich daher als Übergangslösung zu verstehen. Für eine überblicksartige Abgrenzung der in den beiden Phasen behandelten Themen vgl. IASB (Hrsg.), Project Summary ED IFRS 3, S. 7.

1165 So bspw. LÜDENBACH, N./HOFFMANN, W.-D., Übergangskonsolidierung nach ED IFRS 3, S. 1807; KÜTING, K./ELPRANA, K./WIRTH, J., Sukzessive Anteilserwerbe, S. 487.

1166 So auch KÜTING, K./WIRTH, J., Sukzessiver Anteilserwerb, S. 363.

1167 Schließlich ist unter der Geltung der derzeitigen Vorgaben weder eine Rekonstruierung historischer Zeitwerte bzw.

Gleichwohl werden durch die Einbeziehung der Altanteile zum Fair Value, wie im Rahmen der ausführlichen Analyse und Würdigung der derzeitigen Vorschriften des IFRS 3 gezeigt werden konnte, wiederum **neuerliche Probleme** hervorgerufen, die selbst bei einer Umsetzung der in dieser Arbeit entwickelten Vorschläge zur Adjustierung der Methodik nicht gänzlich beseitigt werden können.[1168] So geht eine strenge Fair Value-Orientierung im Zuge der Übergangskonsolidierung mit einer Neubewertung der bereits vor dem Statuswechsel gehaltenen Anteile einher, sofern diese nicht bereits zuvor zum Fair Value gem. IFRS 9, sondern entweder *at equity* gem. IAS 28 oder aber in Anwendung von IFRS 11 quotal in den Konzernabschluss einbezogen wurden. Hierdurch kommt es i. d. R. zu einer erfolgswirksamen **Aktivierung originärer Goodwill-Bestandteile**, die aus konzeptioneller Perspektive vor allem angesichts der bei der Fair Value-Ermittlung bestehenden Ermessensspielräume nicht überzeugen kann.[1169] Vor diesem Hintergrund wird im Folgenden versucht, eine alternative Bilanzierungssystematik zu entwickeln, die sowohl die wesentlichsten Nachteile einer tranchenbezogenen Methodik, wie sie noch nach IAS 22 bzw. IFRS 3 (rev. 2004) vorgesehen war, vermeidet als auch den im Rahmen der vorliegenden Arbeit gezeigten Schwierigkeiten der aktuell in IFRS 3 enthaltenen Vorschriften angemessen begegnet.

Dabei wird stets davon ausgegangen, dass die einzelnen Vermögenswerte und Schulden des Beteiligungsunternehmens zum Zeitpunkt der Beherrschungserlangung einheitlich zum aktuellen Fair Value in den Konzernabschluss einzubeziehen sind. Wie zuvor erläutert, würde es ansonsten zu einer Bilanzierung schwer zu interpretierender Wertkonglomerate kommen, die nicht nur im Kontext der Vorschriften des IAS 22 zu sukzessiven Unternehmenserwerben, sondern überdies bereits in Bezug auf die Bewertung der auf nicht-beherrschende Gesellschafter entfallenden Anteile am Substanzwert des Beteiligungsunternehmens abgelehnt worden ist.[1170] Insofern haben sich die Überlegungen hinsichtlich einer alternativen Bewertungssystematik auf die Vorgehensweise zur Ermittlung und Bilanzierung des Geschäfts- oder Firmenwertes bzw. eines negativen Unterschiedsbetrages aus der Kapitalkonsolidierung zu beschränken. Dies gilt konsistenter Weise auch für die Konstellationen, in denen die Vermögenswerte und Schulden im Zuge der quotalen Einbeziehung nach IFRS 11 bereits vor dem Statuswechsel zumindest anteilig unmittelbar in der Konzernbilanz enthalten waren.

613. Buchwertfortführung der Altanteile als konzeptioneller Ausgangspunkt

Die Analyse der bisherigen Lösungsansätze macht deutlich, dass bei der Bilanzierung sukzessiver Unternehmenserwerbe bislang stets der schon in Abschnitt 433.4 herausgearbeiteten **Leitlinie** gefolgt wurde, die im Rahmen der Kapitalkonsolidierung jeweils gegeneinander aufzurechnenden Positionen

---

deren retrospektive Fortführung erforderlich noch kann es zu einer teilweisen Stornierung des Wertansatzes bereits vor dem Beherrschungsübergang im Besitz befindlicher und zum Fair Value bilanzierter Anteile kommen. Vgl. hierzu die Abschnitte 512.3 und 513.321., sowie THEILE, C./PAWELZIK, K. U., Fair Value-Beteiligungsbuchwerte, S. 98.

1168 Vgl. für eine zusammenfassende Würdigung der aktuellen Vorschriften sowie der Entwicklung von Anpassungsvorschlägen Abschnitt 516.

1169 Vgl. Abschnitt 513.55.

1170 So war es vor der erstmaligen Veröffentlichung von IFRS 3 im Jahr 2004 bzw. unter der Geltung von IAS 22 noch möglich, die Vermögenswerte und Schulden bei Beherrschungsübergang nur i. H. d. auf die beherrschenden Gesellschafter entfallenden Anteils zum Fair Value neu zu bewerten. Vgl. IAS 22.33. Vgl. kritisch hierzu IFRS 3.BC121-128 (rev. 2004) sowie Abschnitt 512.3.

wertmäßig auf denselben Stichtag zu beziehen.[1171] So wurde der bei sukzessiven Anteilstransaktionen naturgemäß bestehenden Herausforderung zeitlich nachgelagerter Anschaffungsvorgänge zunächst durch eine tranchenweise Betrachtung auf Basis der zum jeweiligen historischen Erwerbszeitpunkt geltenden Wertverhältnisse (IAS 22 bzw. IFRS 3 (rev. 2004)) und später durch eine einheitliche Kapitalaufrechnung auf Basis aktueller Fair Values begegnet (IFRS 3). Beide Vorgehensweisen sind, wie zuvor gezeigt wurde, jedoch mit erheblichen Nachteilen verbunden.[1172] Während die tranchenweise Methodik vor allem bei einer vorherigen Bilanzierung der Altanteile gem. IFRS 9 zum Fair Value abzulehnen ist, führt eine streng zeitwertorientierte Konsolidierung bei einer bisherigen Einbeziehung der Anteile gem. IAS 28 oder aber gem. IFRS 11 zu Problemen. Die konzeptionellen Bedenken gegen die bislang im Kontext der IFRS diskutierten Formen der Übergangskonsolidierung sind dementsprechend maßgeblich durch die vom Standardsetzer derzeit normierte uneinheitliche Bilanzierung nicht-beherrschter Unternehmensbeteiligungen bedingt.

Um den daraus erwachsenden Schwierigkeiten zu entgehen, könnte der Kapitalkonsolidierung anstelle der historischen Anschaffungskosten (IFRS 3 (rev. 2004)) bzw. des aktuellen Fair Value (IFRS 3) der **konzernbilanzielle Buchwert**[1173] **der Altanteile** unmittelbar vor dem Statuswechsel zugrunde gelegt und dieser zusammen mit der für die Neuanteile entrichteten Gegenleistung dem einheitlich neubewerteten Nettovermögen des Beteiligungsunternehmens gegenübergestellt werden. Hierdurch wäre gewährleistet, dass die (Neu-)Konsolidierung der bereits vor dem Statuswechsel gehaltenen Beteiligung weder eine retrospektive Stornierung einer früheren Fair Value-Bewertung gem. IFRS 9 noch eine erfolgswirksame Wertaufholung der entsprechenden Anteile bei einer vorherigen Bilanzierung gem. IAS 28 bzw. IFRS 11 erfordert. Insofern würde den je nach vorheriger Klassifizierung der Altanteile unterschiedlichen „Startpunkten“ der (neu) zu konsolidierenden Beteiligung explizit Rechnung getragen werden.

Diesem Vorteil steht dann jedoch zwangsläufig der Nachteil gegenüber, dass durch eine Buchwertfortführung der Altanteile in einigen Konstellationen gegen die bislang verfolgte Leitlinie verstoßen würde, den zeitlichen Bezug der im Rahmen der Kapitalkonsolidierung gegeneinander aufzurechnenden Positionen sicherzustellen. So wird dem neubewerteten Nettovermögen des Beteiligungsunternehmens bei einer vorherigen Bilanzierung der Beteiligung gem. IAS 28 oder IFRS 11 in Bezug auf die bereits vor dem Statuswechsel gehaltenen Anteile ein maßgeblich auf historischen Wertverhältnissen fußender Wertansatz gegenübergestellt. Soweit seit dem ursprünglichen Erwerbszeitpunkt der Altanteile neue stille Reserven und Lasten entstanden sind, wird durch diesen **Vergleich zeitlich inkonsistenter Größen** die Ermittlung des Unterschiedsbetrages systematisch verzerrt bzw. die Aussagekraft der jeweils resultierenden Beträge eingeschränkt.[1174] In der Regel wird es dabei zu einer

[1171] In Bezug auf IAS 22 so schon THEILE, C./PAWELZIK, K. U., Fair Value-Beteiligungsbuchwerte, S. 99. Vgl. ausführlich zu dieser Anforderung Abschnitt 433.4.

[1172] Vgl. Abschnitt 612.

[1173] Während der Buchwert der Anteile bei einer vorherigen Bilanzierung nach IFRS 9 oder aber nach IAS 28 dem unmittelbar vor dem Statuswechsel bilanzierten Fair Value bzw. dem fortgeführten Equity-Wert entspricht, ergibt sich dieser bei einer Anwendung von IFRS 11 aus dem Saldo der im Konzernabschluss bislang anteilig erfassten Vermögenswerte und Schulden zu Konzernbuchwerten zuzüglich eines noch nicht abgeschriebenen Geschäfts- oder Firmenwertes aus der ursprünglichen Erwerbstransaktion.

[1174] Vgl. zu dieser Problematik im handelsrechtlichen Kontext KLAHOLZ, E./STIBI, B., Sukzessiver Anteilserwerb, S. 300 f., sowie THEILE, C./STAHNKE, M., Erstkonsolidierungszeitpunkt im Konzernabschluss, S. 580.

Kürzung eines im Rahmen des ursprünglichen Erwerbsvorgangs tatsächlich bezahlten und zuvor entweder implizit im Equity-Wert oder aber explizit im Rahmen der quotalen Einbeziehung bilanzierten Goodwill kommen. Schließlich werden die zwischen dem ursprünglichen und dem erneuten Anteilserwerb neu entstandenen stillen Reserven die in eben diesem Zeitraum neu enstandenden stillen Lasten zumeist betragsmäßig übersteigen. Da der bestehende Geschäfts- oder Firmenwert angesichts der derivativen Ermittlungsmethodik jedoch nur in dem Maße gekürzt wird, in welchem neue Vermögenswerte im Zuge der einheitlichen Neubewertung des Nettovermögens aktiviert werden oder bereits bestehende Vermögenswerte und Schulden in ihrem Wertansatz erhöht bzw. gemindert werden, führt eine solche Vorgehensweise dabei keinesfalls zu einer Verringerung des konzernbilanziellen Wertansatzes der Beteiligung insgesamt. Es kommt insofern zumindest nicht zu der im anderen Kontext[1175] kritisierten direkten Saldierung des Geschäfts- oder Firmenwertes mit dem Konzerneigenkapital,[1176] sondern zumeist lediglich zu einer Veränderung in der bilanziellen Zusammensetzung der hinter dem Beteiligungswert der Altanteile stehenden Wertpotenziale.[1177]

Größere Probleme ergeben sich jedoch dann, wenn der den Altanteilen zuzurechnende Anteil am neubewerteten Substanzwert des Beteiligungsunternehmens den bisherigen Buchwert der Beteiligung übersteigen sollte und damit aus der gedanklich separierten Konsolidierung der Altanteile zunächst ein negativer Unterschiedsbetrag hervorgeht. Eine solche Konstellation ist vor allem bei lange zurückliegenden Anteilserwerben denkbar, da bei einer vorherigen Bilanzierung gem. IAS 28 oder aber IFRS 11 in der Zwischenzeit erhebliche stille Reserven im Nettovermögen des Beteiligungsunternehmens entstanden sein können, die in der Summe den ursprünglich bezahlten Geschäfts- oder Firmenwert überschreiten. In derartigen Fällen hat die Buchwertfortführung der Altanteile nicht nur eine Minderung bzw. vollständige Ausbuchung des bereits vor dem Statuswechsel im Beteiligungsbuchwert enthaltenen Goodwill, sondern letztlich auch die Kürzung eines ggf. im Zuge der neuerlichen Anteilstransaktion zusätzlich erworbenen Geschäfts- oder Firmenwertes zur Folge.[1178] Schließlich ist in der aktuellen Ermittlungssystematik des IFRS 3 auch bei sukzessiven Unternehmenserwerben nur ein einziger Unterschiedsbetrag vorgesehen, sodass es im Fall unterschiedlicher Vorzeichen zu einer Saldierung der aus der Konsolidierung der einzelnen Tranchen resultierenden Beträge kommt. Im Ergebnis wäre es den Abschlussadressaten dann nicht mehr ohne weiteres möglich, die finanziellen

1175 So war es bspw. im deutschen Handelsrecht vor der Umsetzung des BilMoG möglich, einen bezahlten Geschäfts- oder Firmenwert zum Erwerbszeitpunkt unmittelbar erfolgsneutral mit dem Eigenkapital zu verrechnen. Kritisch hierzu vgl. stellvertretend SCHILDBACH, T., Externe Rechnungslegung und Kongruenz, S. 1815 f.

1176 Im handelsrechtlichen Kontext so aber wohl THEILE, C./STAHNKE, M., Erstkonsolidierungszeitpunkt im Konzernabschluss, S. 580.

1177 Eine Kürzung des zum ursprünglichen Erwerbszeitpunkt der Altanteile erworbenen Geschäfts- oder Firmenwertes ließe sich in solchen Fällen bspw. derart interpretieren, dass sich die hinter diesem Wertkonglomerat verbergenden, zunächst diffusen Wertpotenziale in der Zwischenzeit in den neu entstandenen stillen Reserven des Nettovermögens manifestiert haben und folglich separat vom Goodwill bilanziert werden können. Dennoch wird letztlich eine Änderung der Vermögens- und Finanzlage suggeriert, die wirtschaftlich betrachtet keine Folge der erneuten Anteilstransaktion darstellt, sondern allein auf die Entscheidung zugunsten einer einheitlichen Neubewertung der Vermögenswerte und Schulden des Beteiligungsunternehmens zurückzuführen ist. Das Informationsziel, (ausschließlich) die wirtschaftlich durch den Statuswechsel verursachten (Rein-)Vermögensänderungen bilanziell nachzuzeichnen, kann in Bezug auf die Altanteile damit nur eingeschränkt erreicht werden.

1178 Vgl. im handelsrechtlichen Kontext KLAHOLZ, E./STIBI, B., Sukzessiver Anteilserwerb, S. 301.

Auswirkungen der zuletzt erworbenen Anteile und damit die Angemessenheit der seitens des Managements getroffenen Akquisitionsentscheidung durch eine Analyse der im Rahmen dieser Transaktion entrichteten Mehr- oder Minderzahlung im Vergleich zum neubewerteten anteiligen Substanzwert zu beurteilen. Stattdessen ergäbe sich der zu bilanzierende Unterschiedsbetrag in solchen Konstellationen „mehr oder weniger ‚zufällig'"[1179]. Eine Beurteilung der neuerlichen Investition in das Beteiligungsunternehmen wäre somit nur sehr eingeschränkt möglich.

Im Extremfall kann die Buchwertfortführung der Altanteile sogar dazu führen, dass ein mit den Neuanteilen erworbener Geschäfts- oder Firmenwert infolge des Saldierungseffekts in einen negativen Unterschiedsbetrag umschlägt.[1180] Dieser wäre dann als Ertrag in der Gewinn- und Verlustrechnung zu erfassen, obgleich er ausschließlich auf die Aufdeckung stiller Reserven bzw. auf die Neubewertung von unmittelbar oder aber zumindest mittelbar bereits zuvor im Konzernabschluss enthaltener Vermögenswerte und Schulden zurückzuführen ist. Die vom IASB für diese Fälle grundsätzlich vorgesehene Interpretation als Erfolg aus einem günstigen Gelegenheitskauf wäre insofern konzeptionell abzulehnen.

614. Zweiteilige Kapitalkonsolidierung zur Begegnung der verbleibenden Probleme

Um dem vorhergehend dargestellten Problem einer buchwertbasierten Einbeziehung der Beteiligung zumindest teilweise Rechnung zu tragen, ist gleichwohl eine Anpassung der derzeitigen Konsolidierungssystematik denkbar. So könnte im Rahmen der Ermittlung eines Geschäfts- oder Firmenwertes bzw. eines Erfolges aus einem günstigen Gelegenheitskauf künftig nach Alt- und Neuanteilen unterschieden werden, sodass die Kapitalkonsolidierung in zwei getrennten Vorgängen mit jeweils separat zu bilanzierenden Unterschiedsbeträgen vorzunehmen wäre.[1181] Durch eine solche „paketspezifische"[1182] Betrachtung ließen sich insbesondere die zuvor kritisierte Saldierung der aus den unterschiedlichen Anteilspaketen hervorgehenden Beträge und der damit i. d. R. verbundene Informationsverlust hinsichtlich der neuerlich getätigten Investition vermeiden. Ein im Zuge des Erwerbs der Neuanteile vergüteter Geschäfts- oder Firmenwert bliebe insofern von der (Neu-)Konsolidierung der bereits zuvor gehaltenen Beteiligung in jedem Fall unberührt, also auch dann, falls die Altanteile zuvor nicht zeitwertbasiert, sondern *at equity* bzw. quotal in den Konzernabschluss einbezogen wurden.

Gleichzeitig wäre es durch die paketspezifische Betrachtung zum einen möglich, die eingeschränkte Aussagekraft eines aus der Konsolidierung der bereits vor dem Statuswechsel gehaltenen Beteiligung

[1179] KLAHOLZ, E./STIBI, B., Sukzessiver Anteilserwerb, S. 301.

[1180] Vgl. im handelsrechtlichen Kontext KLAHOLZ, E./STIBI, B., Sukzessiver Anteilserwerb, S. 301, sowie THEILE, C./STAHNKE, M., Erstkonsolidierungszeitpunkt im Konzernabschluss, S. 580.

[1181] Eine ähnliche Überlegung wurde mit Bezug auf das deutsche Handelsrecht bereits von THEILE/STAHNKE geäußert. Vgl. THEILE, C./STAHNKE, M., Erstkonsolidierungszeitpunkt im Konzernabschluss, S. 580.

[1182] Die Konsolidierung erfolgt weiterhin einheitlich zum Zeitpunkt des Statuswechsels, sodass bei der „paketspezifischen" Ermittlung des Unterschiedsbetrages keinesfalls auf die zu den einzelnen Erwerbszeitpunkten geltenden Wertverhältnisse abgestellt wird. Darüber hinaus wird hier zunächst lediglich vorgeschlagen, bei der Konsolidierung nach Alt- und Neuanteilen zu unterscheiden. Sofern die Altanteile sich wiederum aus verschiedenen Anteilstranchen zusammensetzen, ist es jedoch prinzipiell denkbar, konsolidierungstechnisch auch zwischen diesen Anteilspaketen zu unterscheiden.

resultierenden Geschäfts- oder Firmenwertes durch eine entsprechende Anhangangabe zu verdeutlichen. Zum anderen könnte ein diesen Anteilen im Einzelfall zuzurechnender negativer Unterschiedsbetrag nicht in der Gewinn- und Verlustrechnung, sondern separat im OCI erfasst werden, um dessen Charakter als reiner (Neu-)Bewertungserfolg deutlich hervorzuheben.[1183] Letztlich würde der bei einer vorherigen Bilanzierung der Beteiligung gem. IAS 28 bzw. IFRS 11 im Zuge der Kapitalkonsolidierung bestehenden Herausforderung, zeitlich divergierender Wertverhältnisse, damit nicht mehr durch eine etwaige Adjustierung des Wertansatzes der Altanteile, sondern durch eine differenziertere Ermittlung und Behandlung des Unterschiedsbetrages begegnet werden.

Dabei ist hervorzuheben, dass eine zweigeteilte Kapitalkonsolidierung selbst dann vorteilhaft ist, wenn die Beteiligung vor dem Statuswechsel zum Fair Value gem. IFRS 9 in den Konzernabschluss einbezogen wurde, sich damit trotz buchwertbasierter Einbeziehung der Altanteile sämtliche in die Ermittlung eines Geschäfts- oder Firmenwertes einfließenden Inputparameter wertmäßig auf den Zeitpunkt des Beherrschungsübergangs beziehen sollten. Schließlich käme es in diesen Fällen, wie schon im Kontext der Analyse der derzeitigen Vorschriften des IFRS 3 herausgearbeitet werden konnte,[1184] ansonsten zu einer Vermischung eines transaktionsbasierten Unterschiedsbetrages für die Neuanteile und einer auf hypothetischen Marktpreisen beruhenden Größe für die Altanteile. Hinsichtlich der aus einem solchen Wertkonglomerat entstehenden Herausforderungen bzw. der diesbezüglichen Vorteile einer paketspezifischen Ermittlung und Bilanzierung eines Unterschiedsbetrages sei jedoch auf die Ausführungen in Abschnitt 513.55 verwiesen.

615. Fortführung zuvor im OCI erfasster Beträge

Nicht zuletzt sollten die im Rahmen der bisherigen Beteiligungsbilanzierung im sonstigen Gesamtergebnis des Konzerns aufgelaufenen Beträge – anders als derzeit in IFRS 3 vorgesehen – von der Erlangung der alleinigen Beherrschung unberührt bleiben. So würde durch eine etwaige Umgliederung in die Gewinnrücklage oder aber sogar ein GuV-wirksames *recycling* zum Zeitpunkt des Statuswechsels eine Realisierung der dahinter stehenden Wertpotenziale suggeriert werden, die tatsächlich nicht stattgefunden hat.[1185]

Bei einer unveränderten Übernahme der OCI-Bestandteile stellt sich dann jedoch die Frage, auf welche Weise die entsprechenden Beträge fortzuführen sind bzw. nach welchem Auflösungsmuster sich die spätere (u. U. GuV-wirksame) Umgliederung innerhalb des Eigenkapitals zu richten hätte. Sofern die Altanteile zuvor gem. IFRS 9 bilanziert wurden, ergibt sich hierbei die Problematik, dass nach dem Statuswechsel nicht mehr die Beteiligung selbst, sondern die dahinter anteilig stehenden Ressourcen und Verpflichtungen des Beteiligungsunternehmens im Konzernabschluss ausgewiesen werden. Theoretisch wären die im Rahmen der bisherigen Beteiligungsbilanzierung im OCI erfassten Zeitwertschwankungen der Anteile daher den einzelnen nunmehr separat zum Fair Value bewerteten

[1183] Der in der Neubewertungsrücklage bilanzierte Betrag wäre erst zum Zeitpunkt einer späteren Anteilsveräußerung in die Gewinnrücklagen umzugliedern. Eine frühere Auflösung scheidet insofern aus, da der negative Unterschiedsbetrag den hinter der Beteiligung stehenden Vermögenswerten und Schulden nicht einzeln zugeordnet werden kann, es somit an einem klaren Auflösungsmechanismus fehlt.

[1184] Vgl. Abschnitt 513.52.

[1185] Vgl. ausführlich zu dieser Problematik Abschnitt 514.2.

Vermögenswerten und Schulden des Beteiligungsunternehmens sowie einem bislang implizit im Beteiligungswert enthaltenen Geschäfts- oder Firmenwert zuzuordnen. Nur so könnte eine Auflösung der Neubewertungsrücklage entsprechend der tatsächlichen Realisierung der durch die bilanzielle Wertsteigerung der Beteiligung repräsentierten Wertpotenziale gewährleistet werden. Da eine differenzierte Zuordnung der früheren Zeitwertschwankungen in der Praxis aus Komplexitätsgründen jedoch wohl i. d. R. nicht möglich sein dürfte bzw. ohnehin unklar ist, auf welcher konzeptionellen Basis eine solche Aufgliederung auf die einzelnen Vermögenswerte und Schulden erfolgen könnte, sollte die Auflösung stattdessen an den Abgang der Unternehmensanteile geknüpft werden. Dementsprechend wären sämtliche vor dem Statuswechsel im OCI erfasste Beträge erst bei einer späteren Veräußerung der Beteiligung und damit im Zuge der (teilweisen) Endkonsolidierung des Tochterunternehmens in die Gewinnrücklagen des Konzerns umzugliedern.[1186]

Anders verhält es sich jedoch in den Fällen, in denen die Beteiligung vor dem Statuswechsel *at equity* oder aber quotal in den Konzernabschluss einbezogen wurde. Die im Zuge der bisherigen Beteiligungsbilanzierung zuvor GuV-neutral erfassten Erfolge beziehen sich dann bereits vor der Erlangung der alleinigen Beherrschung nicht auf die Kapitalanteile selbst, sondern auf die dahinter stehenden (anteiligen) Vermögenswerte und Schulden, so bspw. im Fall einer vorherigen Neubewertung von Sachanlagen auf Ebene des Beteiligungsunternehmens gem. IAS 16.[1187] Die Auflösung der OCI-Bestandteile hätte dementsprechend grundsätzlich nach Maßgabe der für den jeweiligen Vermögenswert bzw. die jeweilige Schuld einschlägigen Standards, spätestens aber zum Zeitpunkt der Anteilsveräußerung im Rahmen der Endkonsolidierung der Beteiligung zu erfolgen.

616. Beispielhafte Darstellung

Die vorherstehend herausgearbeitete Vorgehensweise zur Bilanzierung sukzessiver Unternehmenserwerbe sei anhand folgendem Beispiel verdeutlicht. Dabei wird wiederum auf den Ausgangssachverhalt in Abschnitt 515. zurückgegriffen.

Demnach erwirbt Unternehmen A zum **01.01.X0 25% der Anteile** an Unternehmen B zum Preis von 2.000 GE und bilanziert die Beteiligung im Konzernabschluss nach der **Equity-Methode gem. IAS 28**. Das für die Kapitalaufrechnung zum Erwerbszeitpunkt erforderliche neubewertete Nettovermögen des Beteiligungsunternehmens beträgt insgesamt 4.600 GE. Darin sind stille Reserven i. H. v. 1.000 GE enthalten, die vollständig auf linear abzuschreibende Sachanlagen mit einer Restnutzungsdauer von 10 Jahren entfallen. Der in der Beteiligung enthaltene und in einer Nebenrechnung fortzuführende Geschäfts- oder Firmenwert ergibt sich auf Basis der zuvor genannten Daten wie in Tabelle 6-1 dargestellt:

[1186] Die Umgliederung hätte dabei in Anwendung von IFRS 10.B99 i. V. m. IFRS 9.B5.7.1 GuV-neutral zu erfolgen. Zur Behandlung der im OCI erfassten Beträge im Rahmen der Endkonsolidierung vgl. SENGER, T./DIERSCH, U., in: Beck IFRS HB, 4. Aufl., § 35, Rn. 41.

[1187] So ist selbst bei einer vorherigen Equity-Bilanzierung der Altanteile im Rahmen der Fortschreibung des Beteiligungswertes eine differenzierte Betrachtung der hinter dem anteilig zu vereinnahmenden sonstigen Ergebnis des Beteiligungsunternehmens stehenden Geschäftsvorfälle erforderlich. Vgl. KÜTING, K./WIRTH, J., Sukzessiver Anteilserwerb, S. 368.

Anschaffungskosten	2.000
– Anteil am einheitlich neubewerteten Nettovermögen von Unt. B	1.150
= Geschäfts- oder Firmenwert	**850**

Tabelle 6-1: Ermittlung des Unterschiedsbetrages aus der Kapitalaufrechnung zum 01.01.X0 (AU→TU) [de lege ferenda]

Bis zum 31.12.X0 erwirtschaftet Unternehmen B ein Gesamtergebnis i. H. v. 800 GE und thesauriert dieses vollständig. Neben dem in der Gewinn- und Verlustrechnung ausgewiesenen Periodenerfolg i. H. v. 300 GE sind darin GuV-neutrale Erfolge i. H. v. 500 GE enthalten. Aufgrund der guten wirtschaftlichen Entwicklung des Beteiligungsunternehmens erhöht sich der Fair Value der 25%-Beteiligung bis zum Ende des Jahres um 500 GE auf dann 2.500 GE.

Tabelle 6-2 zeigt die zum 31.12.X0 aufgestellte IFRS-Handelsbilanz II von Unternehmen A, die für die Equity-Fortschreibung der Beteiligung erforderlichen Korrekturbuchungen sowie die daraus resultierende Konzernbilanz. Für die Erläuterung der im Zuge der Beteiligungsbilanzierung zum 31.12.X1 durchzuführenden Buchungen sei auf die Ausführungen in Abschnitt 515. verwiesen.

31.12.X0 (alle Zahlenabgaben in GE)	**A (MU)** IFRS II	**Equity-Fortschreibung** Soll		Haben		**KB**
Aktiva						
Beteiligungen	2.500	*(2a)* *(2b)*	50 125	*(1)*	500	2.175
Sonstiges Anlagevermögen	5.000					5.000
Umlaufvermögen	26.000					26.000
∑ Aktiva	**33.500**					**33.175**
Passiva						
Gezeichnetes Kapital	5.000					5.000
Gewinnrücklage	22.000					22.000
Sonstiges Eigenkapital (u. a. NBW-Rücklage)	500	*(1)*	500	*(2b)*	125	125
Periodenergebnis (GuV)	0			*(2a)*	50	50
Sonstige Passiva	6.000					6.000
∑ Passiva	**33.500**					**33.175**

Tabelle 6-2: Konzernabschluss von Unternehmen A zum 31.12.X0 (AU→TU) [de lege ferenda]

Zum **01.01.X1** erwirbt Unternehmen A nun **weitere 50% der Anteile** an Unternehmen B zu einem Kaufpreis von 6.000 GE und erlangt auf Basis der nunmehr 75%igen Beteiligung die Beherrschungsmacht über das Beteiligungsunternehmen. Die Beteiligung ist ab diesem Zeitpunkt nicht mehr nach der Equity-Methode, sondern entsprechend der **Vollkonsolidierung** gem. IFRS 10 i. V. m. IFRS 3 in den Konzernabschluss von Unternehmen A einzubeziehen. Im Rahmen der *due diligence* wurden stille Reserven i. H. v. 1.000 GE im Anlagevermögen sowie i. H. v. 600 GE im Umlaufvermögen des Beteiligungsunternehmens ermittelt. Der Fair Value der bereits vor dem Statuswechsel im Besitz von Unternehmen A befindlichen Anteile an Unternehmen B beträgt weiterhin 2.500 GE. Während die IFRS-Handelsbilanz II von Unternehmen A mit Ausnahme der erwerbsbedingten Beteiligungserhöhung i. H. v. 6.000 GE und einer entsprechenden Verminderung des Umlaufvermögens infolge der Kaufpreiszahlung der Bilanz zum 31.12.X0 entspricht, stellt sich die IFRS-Handelsbilanz II von Unternehmen B zum Zeitpunkt des Erwerbs wie folgt dar:

IFRS-Handelsbilanz II von Unternehmen B **Aktiva** zum 01.01.X1 (in GE)			**Passiva**
Beteiligungen	1.000	Gezeichnetes Kapital	900
Sonstiges Anlagevermögen	2.900	Gewinnrücklage	3.000
Umlaufvermögen	1.500	Sonstiges Eigenkapital	500
		Sonstige Passiva	1.000
∑ Aktiva	**5.400**	**∑ Passiva**	**5.400**

Tabelle 6-3: IFRS-Handelsbilanz II von Unternehmen B zum 01.01.X1 (AU→TU) [de lege ferenda]

Zum 01.01.X1 soll nun wiederum die Konzernbilanz von Unternehmen A ausgehend von den IFRS-Handelsbilanzen II der beiden Konzernunternehmen aufgestellt werden. Hierfür sind in einem ersten Schritt die stillen Reserven und Lasten der Vermögenswerte und Schulden des Beteiligungsunternehmens aufzudecken und gleichzeitig ein entsprechender Betrag in die Neubewertungsrücklage als Teil des sonstigen Eigenkapitals einzustellen (Buchungssatz (1*)[1188]), sodass die Summenbilanz bereits die neubewerteten Bilanzposten der Beteiligungsunternehmen enthält. Das **neubewertete Eigenkapital** von Unternehmen B beträgt 6.000 GE.

(1*)	Sonst. Anlagevermögen	1.000	*an*	Sonst. Eigenkapital	1.600
	Umlaufvermögen	600			

Bevor die eigentliche Kapitalkonsolidierung auf Basis der Summenbilanz vorgenommen werden kann, sind anschließend zunächst die Buchungen aus dem Vorjahr hinsichtlich der Stornierung der Fair Value-Bewertung der Altanteile aus der IFRS-Handelsbilanz II von Unternehmen A (Buchungssatz (2*)) sowie der darauffolgenden Equity-Fortschreibung der Anschaffungskosten (Buchungssatz (3*)) **erfolgsneutral** zu wiederholen.

Anders als derzeit in IFRS 3 vorgesehen, wären die Altanteile sodann i. H. d. fortgeführten Equity-Wertes unverändert in die Kapitalkonsolidierung einzubeziehen. Dabei hätte die Konsolidierung der

[1188] Dieser Buchungssatz ist in der Konsolidierungsspalte in Tabelle 6-4 nicht explizit enthalten, da er bereits für die Erstellung der sog. IFRS-Handelsbilanz III ausgehend von der IFRS-Handelsbilanz II erforderlich ist.

Alt- und Neuanteile gleichwohl getrennt zu erfolgen. So wäre in einem ersten Schritt der konzernbilanzielle Buchwert der Altanteile (2.175 GE) mit dem auf diese Tranche anteilig entfallenden neubewerteten Nettovermögen des Beteiligungsunternehmens (1.500 GE=6.000 GE*25%) aufzurechnen und der daraus resultierende positive Unterschiedsbetrag i. H. v. 675 GE als Geschäfts- oder Firmenwert zu bilanzieren (Buchungssatz (4*)).[1189]

(2*)	Sonst. Eigenkapital (NBW-Rücklage)	500	*an*	Beteiligung	500
(3*)	Beteiligung	175	*an*	Gewinnrücklagen	50
				Sonst. Eigenkapital	125
(4*)	Gezeichnetes Kapital	225	*an*	Beteiligung	2.175
	Gewinnrücklage	750			
	Sonst. Eigenkapital	525			
	Geschäfts- oder Firmenwert	675			

In einem zweiten Schritt wären anschließend auch die neuerlich erworbenen Anteile an Unternehmen B i. H. v. 6.000 GE separat mit dem diesen Anteilen zuzuordnenden neubewerteten Eigenkapital i. H. v. 3.000 GE (=6.000 GE*50%) zu verrechnen. Der dabei ermittelte positive Unterschiedsbetrag i. H. v. 3.000 GE wäre ebenso als Geschäfts- oder Firmenwert in die Konzernbilanz aufzunehmen (Buchungssatz (5*)).

(5*)	Gezeichnetes Kapital	450	*an*	Beteiligung	6.000
	Gewinnrücklage	1.500			
	Sonst. Eigenkapital	1.050			
	Geschäfts- oder Firmenwert	3.000			

Bei Anwendung der Partial Goodwill-Methode wäre schließlich der auf die nicht-beherrschenden Gesellschafter entfallende Anteil am neubewerteten Eigenkapital von Unternehmen B in einem Ausgleichsposten im Eigenkapital zu dotieren (Buchungssatz (6*)).

Eine Umgliederung der im Rahmen der vorherigen Beteiligungsbilanzierung im OCI aufgelaufenen Beträge ist nicht vorgesehen, sodass diese unverändert in die Konzernbilanz zu übernehmen und nach Maßgabe der für den zugrunde liegenden Sachverhalt einschlägigen Vorschriften fortzuführen wären.

[1189] Da sich aus der separaten Konsolidierung der Altanteile trotz der Neubewertung der dahinter anteilig stehenden Vermögenswerte und Schulden des Beteiligungsunternehmens im konkreten Beispiel kein negativer Unterschiedsbetrag ergibt, würde eine Konsolidierung der Gesamtbeteiligung in einem Schritt hier zum gleichen Ergebnis führen.

(6*)	Gezeichnetes Kapital	225	*an*	Anteil nicht-beherrschender Gesellschafter	1.500
	Gewinnrücklage	750			
	Sonst. Eigenkapital	525			

Die Konzernbilanz stellt sich auf Basis der vorherigen Buchungen zum 01.01.X1 wie folgt dar:

01.01.X1 (alle Zahlenabgaben in GE)	**A (MU)**	**B (TU)**		**SB**	**Übergangs-konsolidierung**		**KB**
	IFRS II	IFRS II	IFRS III		Soll	Haben	
Aktiva							
Geschäfts- oder Firmenwert	0	0	0	0	*(4*)* 675 *(5*)*3.000		3.675
Beteiligungen	8.500	1.000	1.000	9.500	*(3*)* 175	*(2*)* 500 *(4*)* 2.175 *(5*)*6.000	1.000
Sonstiges Anlagevermögen	5.000	2.900	3.900	8.900			8.900
Umlaufvermögen	20.000	1.500	2.100	22.100			22.100
Bilanzsumme	**33.500**	**5.400**	**7.000**	**40.500**			**35.675**
Passiva							
Gezeichnetes Kapital	5.000	900	900	5.900	*(4*)* 225 *(5*)* 450 *(6*)* 225		5.000
Gewinnrücklage	22.000	3.000	3.000	25.000	*(4*)* 750 *(5*)*1.500 *(6*)* 750	*(3*)* 50	22.050
Sonstiges Eigenkapital	500	500	2.100	2.600	*(2*)* 500 *(4*)* 525 *(5*)*1.050 *(6*)* 525	*(3*)* 125	125
Periodenergebnis (GuV)	0	0	0	0			0
Anteile nicht-beherrschender Gesellschafter	-	-	-	-		*(6*)* 1.500	1.500
Sonstige Passiva	6.000	1.000	1.000	7.000			7.000
Bilanzsumme	**33.500**	**5.400**	**7.000**	**40.500**			**35.675**

Tabelle 6-4: Konzernbilanz von Unternehmen A zum 01.01.X1 (AU→TU) [de lege ferenda]

Im Vergleich zu der aus einer Anwendung der derzeitigen Vorschriften des IFRS 3 resultierenden Konzernbilanz (vgl. Tabelle 5-5 in Abschnitt 515.) ergeben sich folgende Unterschiede:

- Der **Geschäfts- oder Firmenwert** fällt bei einer Fortführung des bisherigen Equity-Buchwertes der Altanteile um 325 GE geringer aus. Die Differenz setzt sich dabei aus **zwei separaten Komponenten** zusammen. Zum einen kommt es durch die Neubewertung der hinter der Beteiligung stehenden Vermögenswerte und Schulden bzw. der dadurch hervorgerufenen Aufdeckung stiller Reserven und Lasten i. H. v. 175 GE[1190] bei gleichbleibendem Beteiligungswert zu einer entsprechenden Kürzung des ursprünglich pagatorisch abgesicherten und vor dem Statuswechsel implizit im Equity-Wertansatz enthaltenen Geschäfts- oder Firmenwertes. Dieser betrug zuvor 850 GE und beläuft sich nach der Neukonsolidierung der Altanteile im Zuge der Beherrschungserlangung nunmehr lediglich auf 675 GE. Zum anderen werden bei einer zeitwertbasierten Einbeziehung der Altanteile, wie sie nach IFRS 3 derzeit vorgesehen ist, überdies originäre Goodwill-Bestandteile aktiviert. So beträgt der den Altanteilen zuzuordnende Geschäfts- oder Firmenwert auf Basis des Fair Value dieses Anteilspaketes im Beispielfall 1.000 GE (=2.500 GE-(6.000 GE*25%))[1191] und damit 150 GE mehr, als zum historischen Erwerbszeitpunkt durch die damaligen Anschaffungskosten ursprünglich vergütet wurde (850 GE).

- Gleichzeitig ist auch der **Periodenerfolg** um zunächst 325 GE gemindert, da die Fair Value-Anpassung der Altanteile bei Anwendung von IFRS 3 in der Gewinn- und Verlustrechnung zu erfassen ist.

- Weitere Auswirkungen auf die Finanz- und Ertragslage ergeben sich aus der Fortführung der im Rahmen der bisherigen Equity-Bewertung im OCI aufgelaufenen Beträge i. H. v. 125 GE. Diese werden nicht wie von IFRS 3 vorgesehen aus dem **sonstigen Eigenkapital** unmittelbar bzw. über den Umweg der Gewinn- und Verlustrechnung in die Gewinnrücklagen des Konzerns umgegliedert, sondern unverändert fortgeführt. Dementsprechend fällt die **Gewinnrücklage** um 60 GE bzw. der **Periodenerfolg** um weitere 65 GE geringer aus.

Letzten Endes kommt es durch die Fair Value-basierte Betrachtung des IFRS 3 im Vergleich zu der hier vorgeschlagenen Bilanzierungsmethodik somit zum einen zu einer bilanziellen Realisierung ökonomisch unrealisierter Erfolge i. H. v. 125 GE sowie zum anderen zu einer Erhöhung des Geschäfts- oder Firmenwertes i. H. v. 325 GE, die sich vollständig in der Gewinn- und Verlustrechnung niederschlägt.

1190 Dieser Betrag berechnet sich, indem das auf die Altanteile entfallende neubewertete Nettovermögen des Beteiligungsunternehmens i. H. v. 1.500 GE (=6.000 GE*25%) um das anteilige Nettovermögen auf Basis der IFRS-Handelsbilanz II von Unternehmen B i. H. v. 1.100 GE (4.400 GE*25%) sowie die zum ursprünglichen Erwerbszeitpunkt anteilig aufgedeckten und auf den Zeitpunkt des Statuswechsels fortgeführten stillen Reserven i. H. v. 225 GE (=1.000 GE*(9/10)*25%) reduziert wird.

1191 Der auf aktuellen Wertverhältnissen fußende Geschäfts- oder Firmenwert ergibt sich, indem der Fair Value der Altanteile i. H. v. 2.500 GE um das auf diese Anteile entfallende neubewertete Eigenkapital i. H. 1.500 GE gemindert wird.

62 Übertragung der Bilanzierungslogik auf die übrigen Anwendungsfälle sukzessiver Anteilserwerbe mit Statuswechsel

621. Sukzessive Erwerbe mit Aufwärtswechsel zur gemeinschaftlichen Tätigkeit

Angesichts der methodischen Ähnlichkeit der quotalen Einbeziehung gemeinschaftlicher Tätigkeiten nach IFRS 11 zur Vollkonsolidierung von Tochterunternehmen nach IFRS 3 bzw. IFRS 10 ergeben sich prinzipiell vergleichbare Anforderungen an eine Bilanzierung sukzessiver Erwerbsvorgänge. So werden nach der erstmaligen Qualifizierung der Beteiligung als gemeinschaftliche Tätigkeit bzw. als Tochterunternehmen die hinter der Beteiligung stehenden Vermögenswerte und Schulden separat in der Konzernbilanz erfasst. Um dabei die Bilanzierung zeitlich uneinheitlicher und damit schwer zu interpretierender Wertkonglomerate zu verhindern, sollte der Statuswechsel in beiden Fällen eine Neubewertung der anteilig bereits vor dem Statuswechsel hinter der Beteiligung stehenden Vermögenswerte und Schulden auslösen.[1192] Eine tranchenweise Bewertung auf Basis der zum Erwerbszeitpunkt des jeweiligen Anteilspaketes geltenden Wertverhältnisse analog zu der aus IAS 22 bekannten Vorgehensweise ist mit Blick auf die Entscheidungsnützlichkeit der vermittelten Informationen daher auch bei sukzessiven Erwerben mit Aufwärtswechsel zur gemeinschaftlichen Tätigkeit abzulehnen.

Vor diesem Hintergrund verbleibt insofern wiederum vor allem die Frage, auf welcher Basis der Geschäfts- oder Firmenwert zum Zeitpunkt des Statuswechsels zu ermitteln ist. Wie in Abschnitt 523. herausgearbeitet wurde, führt die derzeit vorgesehene Anwendung der Vorschriften aus IFRS 3 zu den bereits im Kontext sukzessiver Unternehmenserwerbe gezeigten Problemen.[1193] Andererseits ist auch eine tranchenbezogene Ermittlungsmethodik, wie sie noch nach IFRS 3 (rev. 2004) vorgesehen war, aufgrund der damit ggf. einhergehenden retrospektiven Adjustierung einer vorherigen Fair Value-Bewertung der Altanteile konzeptionell fragwürdig und überdies aus Komplexitätsgründen abzulehnen.[1194] Angesichts dessen scheint eine Übertragung der in Abschnitt 61 für sukzessive Erwerbe von Tochterunternehmen entwickelten alternativen Bilanzierungssystematik auf die bilanzielle Abbildung sukzessiver Erwerbe mit Aufwärtswechsel zur gemeinschaftlichen Tätigkeit grundsätzlich überzeugend. So können durch die Einbeziehung der Altanteile i. H. d. jeweiligen Buchwertes sowohl die Schwachpunkte der aktuellen Vorschriften als auch die der Vorgängerregelung umgangen werden. Gleichzeitig würde dem bei einer solchen Vorgehensweise im Zuge der Ermittlung eines Unterschiedsbetrages u. U. auftretenden Problem zeitlich divergierender Wertverhältnisse durch die Zweiteilung der Kapitalkonsolidierung angemessen Rechnung getragen.

[1192] Vgl. hierzu Abschnitt 522.2.

[1193] Vgl. die Abschnitte 523.4 und 526.

[1194] Die im Kontext sukzessiver Unternehmenserwerbe gezeigten Nachteile der Vorschriften des IFRS 3 (rev. 2004) ergeben sich angesichts der Vergleichbarkeit der Vollkonsolidierung mit der quotalen Einbeziehung nach IFRS 11 auch bei einer Bilanzierung sukzessiver Erwerbe von gemeinschaftlichen Tätigkeiten. Vgl. zu den Nachteilen von IFRS 3 (rev. 2004) Abschnitt 612.

622. Sukzessive Erwerbe mit Aufwärtswechsel zum assoziierten und Gemeinschaftsunternehmen

622.1 Übergang von einer einfachen Beteiligung zum assoziierten und Gemeinschaftsunternehmen

Anders als die Bilanzierung sukzessiver Unternehmenserwerbe ist die bilanzielle Abbildung sukzessiver Erwerbe von Beteiligungen an assoziierten bzw. Gemeinschaftsunternehmen mit erstmaliger Anwendung der Equity-Methode in den IFRS nicht klar geregelt.[1195] Insofern besteht bereits de lege lata ein erheblicher Spielraum zur Auswahl und Gestaltung der der Bilanzierung in diesen Konstellationen zugrunde zu legenden Systematik. Im Zuge der Analyse denkbarer Vorgehensweisen wurde die sog. **Deemed Cost-Methode** als am geeignetsten i. S. d. Entscheidungsnützlichkeit der vermittelten Informationen identifiziert.[1196] Hierbei wird der im Rahmen der bisherigen Beteiligungsbewertung bilanzierte Wertansatz der Altanteile zum Zeitpunkt des Statuswechsels als fingierte Anschaffungskosten in den Equity-Wert und damit zugleich in die in einer Nebenrechnung vorzunehmende Ermittlung eines Geschäfts- oder Firmenwertes einbezogen.[1197] Eine (GuV-wirksame) Umgliederung zuvor im sonstigen Gesamtergebnis erfasster Beträge ist im Zuge der erstmaligen Anwendung der Equity-Methode dabei nicht vorgesehen. Die Deemed Cost-Methode entspricht hinsichtlich der Konzeption damit bereits weitestgehend dem in Abschnitt 61 für sukzessive Erwerbe von Tochterunternehmen entwickelten Bilanzierungsvorschlag de lege ferenda.

Unterschiede ergeben sich allein in Bezug auf die konkrete Systematik bei der Kapitalaufrechnung, die IAS 28 zufolge grundsätzlich einheitlich, also nicht nach Alt- und Neuanteilen getrennt zu erfolgen hat. Anders als bei sukzessiven Unternehmenserwerben scheint eine solche Vorgehensweise jedoch auf den ersten Blick unkritisch, da es in den hier betrachteten Fallkonstellationen trotz buchwertbasierter Einbeziehung der Altanteile im Rahmen der Ermittlung eines Geschäfts- oder Firmenwertes nicht zu einem **Vergleich zeitlich inkonsistenter Größen** kommen kann. Schließlich fällt die Beteiligung vor der erstmaligen Erlangung eines maßgeblichen Einflusses bzw. einer gemeinschaftlichen Beherrschung stets in den Anwendungsbereich von IFRS 9, sodass der Buchwert zwangsläufig dem aktuellen Zeitwert entspricht und sich damit grundsätzlich auf denselben Stichtag wie das neubewertete Nettovermögen des Beteiligungsunternehmens bezieht.

Gleichwohl ergeben sich bei einer zeitwertbasierten Einbeziehung der Altanteile anderweitige Herausforderungen hinsichtlich der Interpretation des in der Nebenrechnung zu bestimmenden Unterschiedsbetrages aus der Kapitalaufrechnung. So kommt es durch die Addition der Anschaffungskosten für die Neuanteile und dem unter der Anwendung von IFRS 13 zu bestimmenden Fair Value für die Altanteile zu einer **Vermischung konzeptionell unterschiedlich zu beurteilender Wertmaßstäbe**. Hierdurch wird die Glaubwürdigkeit der Residualgröße, wie schon im Rahmen der Analyse in Abschnitt 532.24 gezeigt werden konnte, vor allem für den Fall eines gem. IAS 28.32 (b) GuV-wirksam zu erfassenden negativen Unterschiedsbetrages deutlich beeinträchtigt. Die diesbezüglichen

[1195] Vgl. Abschnitt 532.1.
[1196] Vgl. Abschnitt 532.6.
[1197] Vgl. zur Deemed Cost-Methode Abschnitt 532.3.

Probleme können erst durch eine separate Ermittlung und Bilanzierung der aus den Alt- und Neuanteilen jeweils resultierenden Unterschiedsbeträge vermieden werden,[1198] sodass eine vollständige Übertragung der in Abschnitt 61 entwickelten Bilanzierungslogik im Ergebnis auch für die hier betrachteten Anwendungsfälle vorteilhaft erscheint. Da IAS 28 derzeit, wie zuvor dargestellt wurde, jedoch eine einheitliche und somit undifferenzierte Kapitalaufrechnung vorsieht, wäre hierfür eine Überarbeitung des Standards erforderlich.

622.2 Übergang vom assoziierten Unternehmen zum Gemeinschaftsunternehmen

Für die Bilanzierung des Übergangs von einem assoziierten Unternehmen auf ein Gemeinschaftsunternehmen ist die Übertragbarkeit des entwickelten de lege ferenda-Vorschlages weniger eindeutig. Für diese Fälle sieht IAS 28 derzeit eine streng tranchenweise Bilanzierungsmethodik vor.[1199] Demnach sind die bereits vor dem Statuswechsel gehaltenen Unternehmensanteile i. H. d. bisherigen Equity-Wertes unverändert fortzuführen. Gleiches gilt für die zum ursprünglichen Erwerbszeitpunkt in Bezug auf diese Anteilstranche in einer Nebenrechnung aufgedeckten, noch nicht vollständig abgeschriebenen bzw. aufgelösten stillen Reserven und Lasten sowie eines ggf. verbleibenden Geschäfts- oder Firmenwertes.[1200] Der wesentliche Unterschied zu dem in Abschnitt 61 entwickelten Bilanzierungsvorschlag besteht dann darin, dass sich die Kapitalaufrechnung sowie die dafür erforderliche Neubewertung der anteilig hinter der Beteiligung stehenden Vermögenswerte und Schulden auf die neuerlich erworbene Anteilstranche beschränken. Eine Neubewertung des auf die Altanteile entfallenden bilanziellen Nettovermögens des Gemeinschaftsunternehmens ist somit nicht vorgesehen.

Anders als bei sukzessiven Erwerben von Tochterunternehmen ist eine solche tranchenweise Vorgehensweise bei einem Statuswechsel innerhalb der Equity-Methode vergleichsweise unkritisch. So werden auch nach dem Statuswechsel weiterhin lediglich die einzelnen Anteilstranchen und eben nicht die dahinter jeweils anteilig stehenden Ressourcen und Verpflichtungen des Gemeinschaftsunternehmens selbst in der Konzernbilanz ausgewiesen. Es kann in Bezug auf die Vermögenswerte und Schulden des Beteiligungsunternehmens mangels deren separater Erfassung daher gerade nicht zu der im Zusammenhang mit dem damaligen IAS 22 stark kritisierten Bilanzierung schwer zu interpretierender Konglomerate zeitlich unterschiedlicher Wertverhältnisse kommen. Hinzu kommt, dass die tranchenweise Systematik bei einem Statuswechsel innerhalb der Equity-Methode überdies mit keinem wesentlichen Mehraufwand verbunden ist, da die zu den einzelnen Erwerbszeitpunkten geltenden Wertverhältnisse ohnehin bereits im Rahmen der Erstbilanzierung der jeweiligen Anteile gem. IAS 28 zu ermitteln und in einer Nebenrechnung fortzuführen sind. Wie schon im Rahmen der Analyse und Würdigung der derzeitigen Vorschriften gezeigt werden konnte, führt daher bereits die de

1198 Vgl. hierzu schon Abschnitt 614.

1199 Vgl. hierzu Abschnitt 533.1.

1200 Im Ergebnis entspricht die in IAS 28 vorgesehene Methode damit der schon aus IAS 22 bekannten Bilanzierungslogik, wonach sukzessive Anteilstransaktionen grundsätzlich als eine Aneinanderreihung separater Geschäftsvorfälle zu verstehen sind.

lege lata-Bilanzierung sowohl mit Blick auf die Entscheidungsnützlichkeit als auch unter Berücksichtigung von Kosten-Nutzen-Gesichtspunkten zu grundsätzlich überzeugenden Ergebnissen.[1201]

Nichtsdestotrotz könnte eine Übertragung der für sukzessive Unternehmenserwerbe vorgeschlagenen Bilanzierungssystematik auch in diesem Anwendungsfall dazu geeignet sein, die Qualität der Berichterstattung weiter zu erhöhen. So würde es durch die vollständige Aufdeckung der im bilanziellen Nettovermögen des Beteiligungsunternehmens enthaltenen stillen Reserven und Lasten prinzipiell ermöglicht, den tatsächlichen Anteil der Konzernobergesellschaft am wirtschaftlichen Substanzverlust des Gemeinschaftsunternehmens in den Folgeperioden im Rahmen der Equity-Fortschreibung besser abbilden zu können. Die Neubewertung des bilanziellen Nettovermögens wäre dabei i. d. R. mit einer entsprechenden Minderung[1202] des beim ursprünglichen Erwerb der Altanteile vergüteten und in einer Nebenrechnung fortgeführten Geschäfts- oder Firmenwertes verbunden und würde zum Zeitpunkt des Statuswechsels dementsprechend zunächst weder die Erfolgsrechnung noch das bilanzielle (Rein-)Vermögen des Konzerns berühren.

Sollte das neubewertete Eigenkapital des Beteiligungsunternehmens – wie insbesondere bei lange zurück liegenden Anteilserwerben denkbar – nach der neuerlichen Aufdeckung der stillen Reserven und Lasten jedoch den bisherigen Buchwert überschreiten, werden durch die vorgeschlagene Bilanzierungssystematik darüber hinaus relevante (Mehr-)Informationen hinsichtlich des Beteiligungswertes der Altanteile vermittelt. Schließlich wäre ein negativer Unterschiedsbetrag aus der Gegenüberstellung des bisherigen Buchwertes der Beteiligung und dem hierauf entfallenden Anteil am neubewerteten Nettovermögen werterhöhend zu erfassen und als Neubewertungserfolg zu kennzeichnen. Durch die vollständige Neubewertung der anteilig hinter der Beteiligung stehenden Vermögenswerte und Schulden des Gemeinschaftsunternehmens könnte insofern eine Unterbewertung der Altanteile aufgedeckt und teilweise entgegengewirkt werden, ohne gleichzeitig neue bilanzpolitisch nutzbare Ermessensspielräume zu schaffen.[1203] Nicht zuletzt würde auch die Komplexität der Berichterstattung weiter gesenkt werden, da eine separate Folgebilanzierung der einzelnen Anteilstranchen angesichts der einheitlichen Aufdeckung sämtlicher stiller Reserven und Lasten nicht mehr erforderlich wäre. Vor diesem Hintergrund scheint eine Übertragung des in Abschnitt 61 entwickelten Bilanzierungsvorschlages letztlich auch für den hier betrachteten Übergang von einem assoziierten Unternehmen auf ein Gemeinschaftsunternehmen möglich und mit Blick auf eine sodann für sämtliche Fallkonstellationen einheitliche Bilanzierung sogar empfehlenswert.

63 Abschließende Würdigung

Die in den vorhergehenden Abschnitten vorgeschlagene Bilanzierungssystematik basiert im Ergebnis auf **vier zentralen Wertungsentscheidungen**, deren jeweilige Implikationen für die Berichterstattung im Folgenden noch einmal explizit herausgestellt werden.

1201 Vgl. ausführlich Abschnitt 533.3.

1202 Dieser Aussage liegt die Annahme zugrunde, dass die stillen Reserven die stillen Lasten zum Zeitpunkt des Statuswechsels übersteigen.

1203 Durch die einheitliche Neubewertung des Nettovermögens entstehen insofern keine neuen Ermessensspielräume, als die Fair Values der Vermögenswerte und Schulden ohnehin bereits im Rahmen der Erstbilanzierung der Neuanteile zu ermitteln sind.

- Zum ersten sollten sukzessive Erwerbsvorgänge, die den Statuswechsel einer Unternehmensbeteiligung nach sich ziehen, dem herausgearbeiteten de lege ferenda-Vorschlag zufolge stets mit einer **einheitlichen Neubewertung des bilanziellen Nettovermögens** des Beteiligungsunternehmens einhergehen. Auf diese Weise soll insbesondere verhindert werden, dass es in Bezug auf die nach dem Statuswechsel ggf. separat auszuweisenden Vermögenswerte und Schulden zu einer Vermengung zeitlich unterschiedlicher Wertverhältnisse und als Folge dessen zu einer Bilanzierung schwer zu interpretierender Wertkonglomerate kommt.

- Zum zweiten ist der Ermittlung eines Geschäfts- oder Firmenwertes trotz der vollständigen Neubewertung des Nettovermögens prinzipiell der jeweilige **konzernbilanzielle Buchwert der Altanteile als Ausgangspunkt** der Kapitalkonsolidierung zugrunde zu legen. Im Zuge des Statuswechsels ist damit weder eine erfolgswirksame Aktivierung originärer Goodwill-Bestandteile, wie sie derzeit bspw. von IFRS 3 vorgesehen ist, noch eine retrospektive Stornierung einer vorherigen Fair Value-Bewertung entsprechend der Vorgängerstandards und damit ein Verstoß gegen das Kongruenzprinzip möglich. Stattdessen bleibt die Einbeziehung der Altanteile in jedem Fall von der vorherigen Bewertung der Beteiligung im Konzernabschluss bestimmt. Sofern die Beteiligung vor dem Statuswechsel nicht zum Fair Value bilanziert wurde, basiert die Übergangskonsolidierung damit nicht durchgehend auf aktuellen Zeitwerten. Etwaige erst aus dem Statuswechsel entstehende Wertsteigerungen der Altanteile in Form zusätzlicher Kontrollzuschläge können folglich bilanziell nicht erfasst werden. Überdies kann es im Rahmen der Kapitalkonsolidierung durch den Vergleich zeitlich inkonsistener Größen implizit zu einer Kürzung eines zum ursprünglichen Erwerbszeitpunkt der Altanteile bezahlten Geschäfts- oder Firmenwertes kommen. Das für sukzessive Anteilserwerbe identifizierte Informationsziel, sämtliche wirtschaftlich erst durch die neuerliche Investition in das Beteiligungsunternehmen verursachte Wertänderungen bilanziell nachzuzeichnen, wird in Bezug auf die bereits vor dem Statuswechsel gehaltenen Anteile insofern (weiterhin)[1204] nicht erreicht. Dem damit insbesondere bei einem Übergang auf ein Tochterunternehmen einhergehenden Relevanzverlust stehen indes erhebliche Vorteile hinsichtlich der Glaubwürdigkeit der Berichterstattung gegenüber.

- Zum dritten ist der **Vorgang der Kapitalkonsolidierung in zwei Bestandteile zu unterteilen**, nämlich die Konsolidierung der auf einem aktuellen Transaktionspreis basierenden Neuanteile einerseits sowie die Konsolidierung der bereits zuvor gehaltenen Altanteile andererseits. Die daraus jeweils resultierenden Unterschiedsbeträge wären sodann separat voneinander zu bilanzieren. Hierdurch sollen nicht nur die in der Literatur geäußerten Kritikpunkte einer buchwertbasierten Einbeziehung der Altanteile bei gleichzeitiger Neubewertung des (anteiligen) Nettovermögens relativiert werden; vielmehr soll zugleich der Tatsache Rechnung getragen werden, dass ein ggf. aus der Konsolidierung der Altanteile hervorgehender

[1204] Auch bei Anwendung der Vorschriften des IFRS 3 können die durch den Statuswechsel wirtschaftlich verursachten Wertänderungen der Altanteile in vielen Fällen derzeit nicht berücksichtigt werden. Lediglich bei einer Umsetzung der im Rahmen der vorliegenden Untersuchung vorgeschlagenen Modifikation der grundsätzlichen Bilanzierungssystematik zugunsten einer unternehmensspezifischen Zeitwertermittlung der Altanteile i. S. e. *value in use* wäre eine vollständige Berücksichtigung von Kontrollzuschlägen möglich. Vgl. Abschnitt 516.

negativer Unterschiedsbetrag einer Interpretation als Erfolg aus einem günstigen Erwerb konzeptionell nicht zugänglich ist und damit einer von IFRS 3.34 bzw. IAS 28.32 (b) abweichenden Bilanzierung bedarf.

- Zum vierten und letzten sollte der Statuswechsel nicht mit einer Umgliederung der im Rahmen der bisherigen Beteiligungsbilanzierung **im OCI aufgelaufenen Beträge** verbunden sein. Stattdessen sind die entsprechenden Beträge zunächst **im sonstigen Eigenkapital fortzuführen** und erst für den Fall einer tatsächlichen Realisierung in die Gewinnrücklage bzw. den Periodenerfolg umzubuchen, um eine bilanzielle Realisierung ökonomisch unrealisierter Erfolge zu vermeiden.

Durch die Umsetzung der hier vorgeschlagenen Bilanzierungssystematik könnte im Ergebnis vor allem die Glaubwürdigkeit sowie angesichts der sodann einheitlichen Vorgehensweise auch die Verständlichkeit der Berichterstattung über sukzessive Anteilstransaktionen mit Statuswechsel gestärkt werden. Gleichzeitig würde die buchwertbasierte Einbeziehung der Altanteile eine deutliche Erleichterung aus Perspektive der Abschlussersteller bedeuten. Schließlich sind für eine derartige Behandlung der bereits vor dem Statuswechsel gehaltenen Anteile keine zusätzlichen Informationen erforderlich, die nicht ohnehin im Rahmen der bisherigen Beteiligungsbilanzierung ermittelt werden müssten. Nicht zuletzt besteht ein wesentlicher Vorteil ferner darin, die Regelungen zur Übergangskonsolidierung von den unterschiedlichen Bilanzierungsformen von Unternehmensanteilen (bspw. Fair Value oder aber Equity-Methode) zu entkoppeln. So konnte gezeigt werden, dass die hier vorgeschlagene Systematik wohl in sämtlichen Fallkonstellationen und damit weitestgehend unabhängig von der Bilanzierung der Beteiligung vor bzw. nach dem Statuswechsel zu entscheidungsnützlichen Informationen führen würde. Die Eignung des de lege ferenda-Vorschlages bliebe insofern von künftigen Änderungen in Bezug auf die konzernbilanzielle Abbildung von Unternehmensbeteiligungen weitestgehend unberührt. Dies ist u. a. deswegen relevant, da der IASB derzeit beabsichtigt, die Bilanzierung von Anteilen an assoziierten und Gemeinschaftsunternehmen im Zuge des Forschungsprojekts „*The Equity Method of Accounting*" grundlegend zu überdenken.[1205]

[1205] Vgl. IASB (Hrsg.), Staff Paper 3A (June 2014), Rn. 20 f.

7 Zusammenfassung und Ausblick

Bestehende Beteiligungsverhältnisse können sich durch zusätzliche Anteilserwerbe im Zeitablauf ändern. Führt ein solcher sukzessiver Beteiligungserwerb dazu, dass ein bereits im Konzernabschluss bilanziertes Beteiligungsunternehmen hinsichtlich der bilanziellen Klassifizierung neu einzuordnen ist, wird von einem Statuswechsel gesprochen, der im Wege einer Übergangskonsolidierung abzubilden ist. Das Ziel der vorliegenden Arbeit bestand darin, für die verschiedenen Fallkonstellationen sukzessiver Anteilserwerbe mit Statuswechsel eine standardkonforme Bilanzierung herauszuarbeiten und die in diesem Kontext jeweils einschlägigen Regelungen zugleich kritisch zu würdigen. In einem zweiten Schritt sollten hierauf aufbauend Vorschläge für eine grundlegende Überarbeitung der derzeitigen Vorschriften entwickelt werden, auf deren Basis die Güte der diesbezüglichen Berichterstattung erhöht werden kann.

Den **konzeptionellen Bezugspunkt** sowohl der de lege lata- als auch der de lege ferenda-Betrachtung stellt dabei der übergeordnete Zweck der IFRS-Rechnungslegung dar, nämlich die Vermittlung entscheidungsnützlicher Informationen. Um diesem Ziel gerecht zu werden, ist die bilanzielle Umsetzung stets an den im *Conceptual Framework* vorgegebenen qualitativen Anforderungen, insbesondere der Relevanz sowie der glaubwürdigen Darstellung zu spiegeln. Für Zwecke der vorliegenden Untersuchung wurden diese beiden Kriterien angesichts ihres zunächst unspezifischen Charakters auf den Spezialfall der Bilanzierung sukzessiver Anteilserwerbe mit Statuswechsel ausgerichtet bzw. sachverhaltsspezifisch konkretisiert. Demnach sind Informationen prinzipiell dann als relevant einzustufen, wenn es den Abschlussadressaten hierdurch ermöglicht wird, die wirtschaftlich durch die zusätzliche Investition in das Beteiligungsunternehmen verursachten Änderungen der Vermögens- und Finanzlage des Konzernverbunds sowie die damit verbundenen Auswirkungen auf die Ertragslage zu beurteilen. Um zugleich auch die Glaubwürdigkeit der diesbezüglichen Informationen zu gewährleisten, wurden drei weitere Anforderungen herausgearbeitet, die bei der Bilanzierung berücksichtigt werden sollten: Die Beachtung des Kongruenzprinzips einerseits bzw. des zeitlichen Bezugsrahmens bei der Neukonsolidierung der Altanteile andererseits sowie die Einschränkung bilanzpolitischer Spielräume.

Bei der anschließenden **de lege lata-Betrachtung** des fünften Kapitels wurde danach unterschieden, ob das Beteiligungsunternehmen nach dem Statuswechsel als Tochterunternehmen, als gemeinschaftliche Tätigkeit oder aber als assoziiertes bzw. Gemeinschaftsunternehmen in den Konzernabschluss einzubeziehen ist. Die folgenden Ausführungen geben die zentralen Erkenntnisse der entsprechenden Abschnitte in verdichteter Form wieder:

- Die Bilanzierung sukzessiver Anteilserwerbe mit **Aufwärtswechsel zum Tochterunternehmen** richtet sich nach den Vorschriften des **IFRS 3**, die in Abschnitt 51 in Bezug auf den hier betrachteten Sachverhalt ausführlich untersucht wurden. Demnach sind sowohl der Bilanzierung der einzelnen hinter der Beteiligung stehenden Vermögenswerte und Schulden als auch der Ermittlung eines Unterschiedsbetrages aus der Kapitalkonsolidierung durchgängig aktuelle Zeitwerte zugrunde zu legen. Dies hat u. a. eine Neubewertung der bereits vor dem Statuswechsel gehaltenen Beteiligung zur Folge, sofern diese nicht bereits ohnehin zum Fair Value gem. IFRS 9 bilanziert wird.

- Die zeitwertorientierte Methodik des IFRS 3 scheint auf den ersten Blick überzeugend. So werden anders als noch nach IFRS 3 (rev. 2004) durchgängig aktuelle und somit potenziell relevante(ere) Werte bilanziert. Zugleich wird die Komplexität zumindest insofern reduziert, als eine Rekonstruktion historischer Wertverhältnisse im Zuge der Übergangskonsolidierung in keiner Fallkonstellation mehr erforderlich ist. Auch das als konzeptionelle Rechtfertigung für die Fair Value-Bewertung der Altanteile angeführte Konzept des *significant economic event* ist zunächst nachvollziehbar. So wurde gezeigt, dass die Erlangung der alleinigen Beherrschung tatsächlich als eine fundamentale Wesensänderung der Beteiligungsbeziehung zu charakterisieren ist, die regelmäßig eine bedeutende Wertänderung der zuvor gehaltenen Beteiligung in Form eines Kontrollzuschlags erwarten lässt. Dabei wurden die theoretischen Überlegungen hinsichtlich der Fundierung eines solchen Zuschlages um empirische Erkenntnisse in Bezug auf die im Rahmen von M&A-Transaktionen gezahlten Übernahmeprämien ergänzt. Die Fair Value-Bewertung der Altanteile erscheint letztlich erforderlich, um sämtliche erst aus der neuerlichen Investition in das Beteiligungsunternehmen erwachsenden Wertpotenziale bilanziell erfassen zu können.

- Bei genauerer Betrachtung der Bestimmungsfaktoren des zu ermittelnden Fair Value der bereits zuvor gehaltenen Beteiligung sind die (vermeintlichen) Vorteile der in IFRS 3 normierten Methodik jedoch erheblich zu relativieren. Im Zentrum der Kritik steht dabei u. a. die Erkenntnis, dass die durch den erneuten Anteilserwerb ausgelöste Wesensänderung der Beteiligung unter Zugrundelegung der in IFRS 13 enthaltenen Bewertungsleitlinien bilanziell in einigen Konstellationen nicht abgebildet werden kann. Ursächlich hierfür ist die derzeitige Bilanzierungssystematik, die eine isolierte Bewertung der Altanteile vorsieht, obwohl der Statuswechsel gerade ein Ereignis markiert, in dessen Gefolge die zuvor gehaltenen Anteile zusammen mit den Neuanteilen zu einem neuen Vermögenswert, dem beherrschenden Anteil, verschmelzen. Vor diesem Hintergrund werden durch die (Neu-)Bewertung der Altanteile i. V. m. der einheitlichen Neubewertung der dahinter stehenden Vermögenswerte und Schulden bei einer vorherigen Bilanzierung gem. IAS 28 oder aber IFRS 11 in vielen Fällen vor allem stille Reserven und Lasten aufgedeckt, die wirtschaftlich zumeist vorherigen Berichtsperioden zuzuordnen sind. Das avisierte Ziel, sämtliche wirtschaftlich durch die neuerliche Investition in das Beteiligungsunternehmen verursachte Wertänderungen bei der Bilanzierung zu berücksichtigen, könnte erst durch den Rückgriff auf einen unternehmensspezifischen Nutzungswert der Altanteile und somit einer Änderung von IFRS 3 erreicht werden.

- Über diesen „Konstruktionsfehler“ in den Regelungen für sukzessive Unternehmenserwerbe hinaus, ist die durchgängige Fair Value-Bewertung zum einen zugleich mit erheblichen Ermessensspielräumen verbunden, die von der Konzernleitung für bilanzpolitisch motivierte Verzerrungen (aus-)genutzt werden können. Zum anderen sind die Vorschriften des IFRS 3 auch mit neuen Herausforderungen in Bezug auf die Interpretation eines Unterschiedsbetrages aus der Kapitalkonsolidierung verbunden. So kann es zum Zeitpunkt des Statuswechsels sowohl zu einer Aktivierung originärer Goodwill-Bestandteile als auch zu einer GuV-wirksamen Erfassung nicht transaktionsbasierter negativer Unterschiedsbeträge kommen, die einer Interpretation als Erfolg aus einem *bargain purchase* nicht zugänglich sind. Um die diesbezüglichen Probleme abzumildern, wird vorgeschlagen, die Alt- und Neuanteile künftig gesondert zu konsolidieren und damit „paketspezifische", sodann separat zu bilanzierende Unterschiedsbeträge zu ermitteln.

- Sofern aus der Verpflichtung zur Fair Value-Bewertung der Altanteile Wertadjustierungen resultieren, sind diese gem. IFRS 3.41 f. als Ertrag bzw. Aufwand in der Gewinn- und Verlustrechnung zu erfassen. Überdies sind sämtliche im Rahmen der bisherigen Beteiligungsbilanzierung im OCI erfasste Beträge so zu behandeln, als wären die Anteile zum Zeitpunkt der Beherrschungserlangung unmittelbar veräußert worden. Beide Vorgaben basieren letztlich auf einer Tauschfiktion, die konzeptionell nicht überzeugen kann und mit Blick auf die Entscheidungsnützlichkeit der vermittelten Informationen abzulehnen ist. Vor diesem Hintergrund wurde zum einen empfohlen, Anpassungen des Buchwertes der Altanteile im Zuge des Statuswechsels künftig GuV-neutral im OCI zu erfassen, um den speziellen Charakter eines solchen Bewertungserfolges zu betonen. Zum anderen sollten sämtliche im Rahmen der bisherigen Beteiligungsbilanzierung zuvor im OCI ausgewiesenen Beträge erst bei einer tatsächlichen Realisierung der dahinter stehenden Wertpotenziale umgegliedert bzw. *recycelt* werden dürfen.

- Für die in Abschnitt 52 thematisierte Bilanzierung sukzessiver Anteilserwerbe mit **Aufwärtswechsel zur gemeinschaftlichen Tätigkeit** ist dagegen zunächst **IFRS 11** einschlägig. Dieser verweist in Bezug auf die bilanzielle Behandlung von Erwerbsvorgängen jedoch wiederum auf die umfassenden Vorschriften des IFRS 3, die mangels gegenteiliger Hinweise sodann auch für den Spezialfall sukzessiver Anteilstransaktionen mit Statuswechsel heranzuziehen sind. Dementsprechend sind auch in dieser Konstellation sowohl der Bilanzierung der Vermögenswerte und Schulden als auch der Ermittlung eines Unterschiedsbetrages aus der Kapitalkonsolidierung durchgängig aktuelle Fair Values zugrunde zu legen.

- Angesichts der methodischen Ähnlichkeit der quotalen Einbeziehung gemeinschaftlicher Tätigkeiten zur Vollkonsolidierung von Tochterunternehmen sind die zuvor herausgestellten Vor- wie auch Nachteile der zeitwertorientierten Bilanzierung des IFRS 3 dabei weitestgehend auf diesen Anwendungsfall zu übertragen. Gleichwohl wurde gezeigt, dass die (Neu-)Bewertung der Altanteile zum Fair Value im Kontext gemeinschaftlicher Tätigkeiten anders als bei sukzessiven Unternehmenszusammenschlüssen nur eingeschränkt unter Verweis auf die geänderten Einflussnahmemöglichkeiten der Konzernobergesellschaft begründet werden kann. Stattdessen geht der Statuswechsel nach der hier vertretenen Meingung nur dann eindeutig mit einer fundamentalen Wesensänderung der Beteiligungsbeziehung i. S. des IFRS 3 einher, sofern die aus der Beteiligung künftig zu erwartenden (Netto-)Zahlungsströme nicht mehr durch den gesellschaftsrechtlichen Beteiligungsanteil bestimmt sind, sondern durch einen davon abweichenden vertraglichen Abnahmeanteil in Bezug auf den von dem Beteiligungsunternehmen produzierten Output. Da eine solche Konstellation jedoch wohl eher den Ausnahmefall darstellt, kann die generelle Pflicht zur Neubewertung der Altanteile somit schon losgelöst von den mit der konkreten Wertermittlung verbundenen Problemen nur eingeschränkt überzeugen.

- Der nachfolgende Abschnitt 53 widmete sich sodann der Bilanzierung sukzessiver Anteilserwerbe mit **Aufwärtswechsel zum assoziierten bzw. Gemeinschaftsunternehmen**. In diesem Kontext ist grundsätzlich auf die Regelungen des **IAS 28** abzustellen. Dem Standard sind dabei jedoch keine expliziten Vorschriften für den Fall zu entnehmen, dass die vor dem Statuswechsel gehaltenen Anteile zuvor als einfache Beteiligung gem. IFRS 9 in den Konzernabschluss einbezogen wurden. Das Fehlen einer eindeutig auf diesen Sachverhalt zielenden Regelung wurde dabei als Normlücke interpretiert, die vorrangig im Wege der Analogie zu schließen ist. In diesem Zusammenhang ist zunächst auf die bestehenden Vorgaben zur Bilanzierung sukzessiver Unternehmenszusammenschlüsse abzustellen.

- Mit Blick auf das dem IFRS 3 zugrunde liegende Konzept des *significant economic event* bleiben jedoch erhebliche Zweifel, ob ein Aufwärtswechsel zum assoziierten bzw. Gemeinschaftsunternehmen ausgehend von einer einfachen Beteiligung einerseits und ein sukzessiver Unternehmenserwerb andererseits als hinreichend ähnlich eingestuft werden können, um eine verpflichtende Übertragung der diesbezüglichen Vorschriften zu fordern. Vor diesem Hintergrund wurde bei der Entwicklung einer geeigneten Bilanzierungsmethodik auf das gesamte Spektrum denkbarer Vorgehensweisen zurückgegriffen. Neben der aus IFRS 3 bekannten Systematik wurden ferner die sog. Deemed Cost-Methode, die Historical Cost-Methode sowie die retrospektive Methode unterschieden. Auch wenn sich dem bilanzierenden Unternehmen angesichts der Regelungslücke faktisch wohl ein Wahlrecht bietet, konnte in der vorliegenden Untersuchung mit Blick auf die Entscheidungsnützlichkeit der zu vermittelnden Informationen nur die Deemed Cost-Methode überzeugen. Hierbei wird der bislang nach IFRS 9 ermittelte Beteiligungsbuchwert der Altanteile zum Zeitpunkt des Statuswechsels ohne weitere Anpassungen erfolgsneutral in die Ermittlung des Equity-Wertes der Gesamtbeteiligung einbezogen.

- Für den Fall eines Aufwärtswechsels von einem assoziierten Unternehmen zum Gemeinschaftsunternehmen, also eines Statuswechsels unter Beibehaltung der Equity-Methode, sieht IAS 28 dementgegen eine streng tranchenweise Bilanzierungsmethodik vor. Einer solchen Vorgehensweise liegt u. a. die seitens des IASB explizit getroffene (Wert-)Entscheidung zugrunde, den Übergang zwischen einem assoziierten Unternehmen einerseits und einem Gemeinschaftsunternehmen andererseits nicht als *significant economic event* zu qualifizieren. Auch wenn die Argumentation des Standardsetzers dabei im Detail nicht überzeugen konnte, ist die derzeit in IAS 28 verankerte Bilanzierungssystematik im Ergebnis sowohl hinsichtlich der Entscheidungsnützlichkeit der vermittelten Informationen als auch mit Blick auf die dem Nutzen der Bilanzierungsmethode gegenüberstehenden Kosten positiv zu beurteilen.

Aufbauend auf den Analyseergebnissen in Bezug auf die derzeitigen Vorschriften wurde im sechsten Kapitel schließlich ein **alternativer Bilanzierungsvorschlag** entwickelt, mit dessen Umsetzung die Entscheidungsnützlichkeit der Berichterstattung in Bezug auf sukzessive Anteilserwerbe mit Statuswechsel verbessert werden könnte. Die Grundzüge des unterbreiteten Vorschlages sowie die daraus resultierenden Implikationen für die Bilanzierung werden im Folgenden in aggregierter Form zusammengefasst:

- Ausgangspunkt der de lege ferenda-Betrachtung ist die Erkenntnis, dass die wertmäßige Einbeziehung der Altanteile in die Übergangskonsolidierung stets von der vorherigen Bilanzierung der Beteiligung im Konzernabschluss bestimmt sein sollte, der (konzern-)bilanzielle Buchwert der Anteile zum Zeitpunkt des Statuswechsels somit unverändert fortzuführen ist. Auf diese Weise kann es im Zuge des Statuswechsels weder zu einer retrospektiven Anpassung des bisherigen Beteiligungswertes und somit zu einem Kongruenzverstoß noch zu einer erfolgswirksamen Aktivierung originärer Goodwill-Bestandteile kommen.

- Gleichzeitig wird eine einheitliche Neubewertung des bilanziellen Nettovermögens des Beteiligungsunternehmens empfohlen, um eine Vermengung zeitlich unterschiedlicher Wertverhältnisse in Bezug auf die nach dem Statuswechsel ggf. separat auszuweisenden Vermögenswerte und Schulden zu vermeiden. Sofern die Altanteile zuvor nicht zum Fair Value bilanziert werden, kommt es im Rahmen der Kapitalkonsolidierung damit jedoch letztlich zu einem Vergleich zeitlich inkonsistenter Größen, durch den der zu ermittelnde Unterschiedsbetrag systematisch verzerrt wird.

- Um dieser Problematik Rechnung zu tragen, wird vorgeschlagen, den Vorgang der Kapitalkonsolidierung in zwei Bestandteile zu unterteilen: die Konsolidierung der auf einem aktuellen Transaktionspreis basierenden Neuanteile einerseits sowie die Konsolidierung der Altanteile andererseits. Die daraus jeweils resultierenden Unterschiedsbeträge wären sodann separat voneinander zu bilanzieren, wobei ein aus der Konsolidierung der Altanteile hervorgehender negativer Unterschiedsbetrag nicht in der Gewinn- und Verlustrechnung, sondern im OCI zu erfassen wäre.

- Überdies sollten die im Rahmen der bisherigen Beteiligungsbilanzierung im OCI aufgelaufenen Beträge durch einen Statuswechsel unberührt bleiben, um eine bilanzielle Realisierung ökonomisch unrealisierter Erfolge zu vermeiden.

- Auch wenn die herausgearbeitete Bilanzierungssystematik im Vergleich zu den derzeitigen Regelungen vor allem bei einem Aufwärtswechsel zum Tochterunternehmen oder aber zur gemeinschaftlichen Tätigkeit vorteilhaft erscheint, können die Vorschläge auch auf den Aufwärtswechsel zum assoziierten bzw. Gemeinschaftsunternehmen sinnvoll übertragen werden. Im Ergebnis könnte damit die Komplexität der Berichterstattung über sukzessive Anteilserwerbe mit Statuswechsel durch eine sodann einheitliche Vorgehensweise erheblich reduziert werden.

Vor dem Hintergrund der vorhergehend zusammengefassten Ergebnisse wäre letztlich eine umfassende sowie fallübergreifende Durchsicht des aktuellen Regelungskanons zur Bilanzierung sukzessiver Anteilserwerbe mit Statuswechsel seitens des IASB wünschenswert. Im Zuge des *Post-implementation Review* von IFRS 3 hatte der Standardsetzer zuletzt verlauten lassen, zumindest die Diskussion um die Bilanzierung sukzessiver Unternehmenserwerbe erneut aufgreifen zu wollen, sollte ein diesbezügliches Interesse im Rahmen der in diesem Jahr stattfindenden *Agenda Consultation* geäußert werden.[1206] Überdies sind auch die Ergebnisse des aktuellen Forschungsprojekts „*The Equity Method of Accounting*“ mit Spannung zu erwarten. So könnte der IASB dieses Projekt bspw. zum Anlass nehmen, die derzeit bei der Bilanzierung eines Aufwärtswechsels zum assoziierten bzw. Gemeinschaftsunternehmen bestehende Regelungslücke zu schließen.

[1206] Vgl. IASB (Hrsg.), PIR IFRS 3: Report and Feedback Statement, S. 24.

Quellenverzeichnis

Verzeichnis der Kommentare und Handbücher zur Bilanzierung

BAETGE, JÖRG/WOLLMERT, PETER/KIRSCH, HANS-JÜRGEN/OSER, PETER/BISCHOF, STEFAN (Hrsg.), Rechnungslegung nach IFRS. Kommentar auf der Grundlage des deutschen Bilanzrechts, Loseblatt, 2. Aufl., Stuttgart 2003 ff. (Stand: Mai 2015) (zitiert: BEARBEITER, in: Baetge u. a., Rechnungslegung nach IFRS, 2. Aufl.).

BALLWIESER, WOLFGANG/BEINE, FRANK/HAYN, SVEN/PEEMÖLLER, VOLKER H./SCHRUFF, LOTHAR/WEBER, CLAUS-PETER (Hrsg.), Handbuch International Financial Reporting Standards 2011, 7. Aufl., Weinheim 2011 (zitiert: BEARBEITER, in: Ballwieser u. a., Handbuch IFRS, 7. Aufl.).

BOHL, WERNER/RIESE, JOACHIM/SCHLÜTER, JÖRG (Hrsg.), Beck'sches IFRS-Handbuch. Kommentierung der IFRS/IAS, 2. Aufl., München 2006 (zitiert: BEARBEITER, in: Beck IFRS HB (2006), 2. Aufl.).

BOHL, WERNER/RIESE, JOACHIM/SCHLÜTER, JÖRG (Hrsg.), Beck'sches IFRS-Handbuch. Kommentierung der IFRS/IAS, 3. Aufl., München 2009 (zitiert: BEARBEITER, in: Beck IFRS HB (2009), 3. Aufl.).

BOHL, WERNER/RIESE, JOACHIM/SCHLÜTER, JÖRG (Hrsg.), Beck'sches IFRS-Handbuch. Kommentierung der IFRS/IAS, 4. Aufl., München 2013 (zitiert: BEARBEITER, in: Beck IFRS HB, 4. Aufl.).

DELOITTE (Hrsg.), iGAAP 2015. A guide to IFRS reporting (Volume A), Croydon 2015 (iGAAP 2015).

ERNST & YOUNG (Hrsg.), International GAAP 2009. Generally Accepted Accounting Principles under International Financial Reporting Standards, Chichester 2009 (International GAAP 2009).

ERNST & YOUNG (Hrsg.), International GAAP 2015. Generally Accepted Accounting Principles under International Financial Reporting Standards, Chichester 2015 (International GAAP 2015).

HENNRICHS, JOACHIM/KLEINDIEK, DETLEF/WATRIN, CHRISTOPH (Hrsg.), Münchener Kommentar zum Bilanzrecht. Band 1 IFRS, Loseblatt, München 2008 ff. (Stand: September 2014) (zitiert: BEARBEITER, in: MüKo Bilanzrecht Bd. 1).

HEUSER, PAUL J./THEILE, CARSTEN (Hrsg.), IFRS-Handbuch. Einzel- und Konzernabschluss, 5. Aufl., Köln 2012 (zitiert: BEARBEITER, in: Heuser/Theile, IFRS-Handbuch, 5. Aufl.).

KPMG (Hrsg.), Insights into IFRS. KPMG's practical guide to International Financial Reporting Standards, 11. Aufl., London 2014 (Insights into IFRS 2014/15).

KÜTING, KARLHEINZ/WEBER, CLAUS-PETER (Hrsg.), Handbuch der Konzernrechnungslegung. Kommentar zur Bilanzierung und Prüfung, Bd. II, 2. Aufl., Stuttgart 1998 (zitiert: BEARBEITER, in: Küting/Weber, HdK, 2. Aufl.).

LÜDENBACH, NORBERT/HOFFMANN, WOLF-DIETER/FREIBERG, JENS (Hrsg.), Haufe IFRS-Kommentar. Das Standardwerk, 13. Aufl., Freiburg 2015 (zitiert: BEARBEITER, in: Haufe IFRS-Kommentar, 13. Aufl.).

PwC (Hrsg.), Manual of accounting. IFRS 2015, Haywards Heath 2014 (Manual of accounting 2015).

THIELE, STEFAN/KEITZ, ISABEL VON/BRÜCKS, MICHAEL (Hrsg.), Internationales Bilanzrecht. Rechnungslegung nach IFRS, Loseblatt, Bonn/Berlin 2008 ff. (Stand: Februar 2014) (zitiert: BEARBEITER, in: Thiele/von Keitz/Brücks).

WYSOCKI, KLAUS VON/SCHULZE-OSTERLOH, JOACHIM/HENNRICHS, JOACHIM/KUHNER, CHRISTOPH (Hrsg.), Handbuch des Jahresabschlusses. Rechnungslegung nach HGB und internationalen Standards, Loseblatt, Köln 1984 ff. (Stand: Dezember 2014) (zitiert: BEARBEITER, in: Wysocki u. a., HdJ).

Verzeichnis der Aufsätze, Monografien und sonstigen Fachbeiträge

ALBERT, MARKUS, Zur Rechtsverbindlichkeit der internationalen Rechnungslegungsstandards (IAS-IFRS), Bonn 2008 (Rechtsverbindlichkeit der IFRS).

ANSOFF, H. IGOR/DECLERCK, ROGER P./HAYES, ROBERT L., From Strategic Planning to Strategic Management, in: Strategische Unternehmungsplanung - Strategische Unternehmungsführung. Stand und Entwicklungstendenzen, hrsg. v. Hahn, Dietger/Taylor, Bernard/Taylor, Brian J., 7. Aufl., Berlin 2006, S. 105-143 (Strategic Management).

ANTONAKOPOULOS, NADINE, Gewinnkonzeptionen und Erfolgsdarstellung nach IFRS. Analyse der direkt im Eigenkapital erfassten Erfolgsbestandteile, Wiesbaden 2007 (Gewinnkonzeptionen und Erfolgsdarstellung).

ANTONAKOPOULOS, NADINE, Erfolgsquellenanalyse nach IFRS auf Basis des Gesamterfolgs (total comprehensive income), in: KoR 2010, S. 121-129 (Erfolgsquellenanalyse nach IFRS).

ARBEITSKREIS „EXTERNE UNTERNEHMENSRECHNUNG“ DER SCHMALENBACH-GESELLSCHAFT (Hrsg.), Aufstellung von Konzernabschlüssen, in: ZfbF-Sonderheft 21/1987, hrsg. v. Busse von Colbe, Walther/Müller, Eberhard/Reinhard, Herbert, 2. Aufl., Düsseldorf/Frankfurt (Aufstellung von Konzernabschlüssen).

BADER, AXEL/SCHREDER, MAX, Full goodwill-Methode vs. partial goodwill-Methode nach IFRS 3. Bilanzpolitische Spielräume und Akzeptanz in der Bilanzierungspraxis, in: PiR 2012, S. 276-282 (Full goodwill-Methode).

BAETGE, JÖRG, Möglichkeiten der Objektivierung des Jahreserfolges, Düsseldorf 1970 (Möglichkeiten der Objektivierung).

BAETGE, JÖRG, Änderungen bestehender Beteiligungsverhältnisse im Konzernabschluss, in: Bilanzrecht und Kapitalmarkt. Festschrift zum 65. Geburtstag von Professor Dr. Dr. h.c. Dr. h.c. Adolf Moxter, hrsg. v. Ballwieser, Wolfgang u. a., Düsseldorf 1994, S. 531-549 (Änderungen bestehender Beteiligungsverhältnisse).

BAETGE, JÖRG/BALLWIESER, WOLFGANG, Zum bilanzpolitischen Spielraum der Unternehmensleitung, in: BFuP 1977, S. 199-215 (Bilanzpolitischer Spielraum).

BAETGE, JÖRG/KIRSCH, HANS-JÜRGEN/THIELE, STEFAN, Bilanzanalyse, 2. Aufl., Düsseldorf 2004 (Bilanzanalyse).

BAETGE, JÖRG/KIRSCH, HANS-JÜRGEN/THIELE, STEFAN, Konzernbilanzen, 11. Aufl., Düsseldorf 2015 (Konzernbilanzen).

BAETGE, JÖRG/KIRSCH, HANS-JÜRGEN/THIELE, STEFAN, Bilanzen, 13. Aufl., Düsseldorf 2014 (Bilanzen).

BALLWIESER, WOLFGANG, Informations-GoB – auch im Lichte von IAS und US-GAAP, in: KoR 2002, S. 115-121 (Informations-GoB).

BALLWIESER, WOLFGANG, Aktuelle Fragen der Unternehmensbewertung in Deutschland. DCF-Bewertungsverfahren, persönliche Steuern und Börsenkurse im Zentrum, in: Der Schweizer Treuhänder 2002, S. 745-750 (Unternehmensbewertung in Deutschland).

BALLWIESER, WOLFGANG, Rahmenkonzepte der Rechnungslegung. Funktionen, Vergleich, Bedeutung, in: Der Konzern 2003, S. 337-347 (Rahmenkonzepte).

BALLWIESER, WOLFGANG, Die Erfassung von Illiquidität bei der Unternehmensbewertung, in: Risikomanagement und kapitalmarktorientierte Finanzierung. Festschrift zum 65. Geburtstag von Bernd Rudolph, hrsg. v. Schäfer, Klaus u. a., Frankfurt am Main 2009, S. 283-300 (Erfassung von Illiquidität).

BALLWIESER, WOLFGANG, IFRS-Rechnungslegung. Konzept, Regeln und Wirkungen, 3. Aufl., München 2013 (IFRS-Rechnungslegung).

BALLWIESER, WOLFGANG, Ansätze und Ergebnisse einer ökonomischen Analyse des Rahmenkonzepts zur Rechnungslegung, in: ZfBf 2014, S. 451-476 (Analyse des Rahmenkonzepts).

BALLWIESER, WOLFGANG/KÜTING, KARLHEINZ/SCHILDBACH, THOMAS, Fair value – erstrebenswerter Wertansatz im Rahmen einer Reform der handelsrechtlichen Rechnungslegung?, in: BFuP 2004, S. 529-549 (Fair value).

BALLWIEßER, CORNELIA, Die handelsrechtliche Konzernrechnungslegung als Informationsinstrument. Eine Zweckmässigkeitsanalyse, Frankfurt am Main/New York 1997 (Konzernrechnungslegung als Informationsinstrument).

BEINSEN, BIRGIT/WAGENHOFER, ALFRED, Das ambivalente Verhältnis des IASB zum Vorsichtsprinzip, in: IRZ 2013, S. 413-419 (Vorsichtsprinzip).

BERNDT, THOMAS, Wahrheits- und Fairnesskonzeptionen in der Rechnungslegung, Stuttgart 2005 (Wahrheits- und Fairnesskonzeptionen in der Rechnungslegung).

BERTSCH, ANDREAS, Rechnungslegung von Konzernunternehmen. Probleme und alternative Konzeptionen, Heidelberg 1995 (Rechnungslegung von Konzernunternehmen).

BETTON, SANDRA/ECKBO, B. ESPEN/THORBURN, KARIN S., Merger Negotiations and the Toehold Puzzle, verfügbar unter: http://papers.ssrn.com/sol3/papers.cfm?abstract_id=715601 (Stand: 31.08.2015) (Toehold Puzzle).

BEYHS, OLIVER/BUSCHHÜTER, MICHAEL/SCHURBOHM, ANNE, IFRS 10 und IFRS 12: Die neuen IFRS zum Konsolidierungskreis, in: WPg 2011, S. 662-671 (Die neuen IFRS zum Konsolidierungskreis).

BÖCKEM, HANNE/ISMAR, MICHAEL, Die Bilanzierung von Joint Arrangements nach IFRS 11, in: WPg 2011, S. 820-828 (Joint Arrangements IFRS 11).

BÖCKEM, HANNE/RÖHRICHT, VICTORIA, Joint Operation oder Joint Venture? Zur praktischen Umsetzung der Klassifizierungsvorgaben für Joint Arrangements nach IFRS 11, in: WPg 2014, S. 1032-1042 (Joint Operation oder Joint Venture).

BÖCKEM, HANNE/STIBI, BERND/ZOEGER, OLIVER, IFRS 10„Consolidated Financial Statements". Droht eine grundlegende Revision des Konsolidierungskreises?, in: KoR 2011, S. 399-409 (IFRS 10).

BOHL, WERNER/WIECHMANN, JOST, IFRS für Juristen. Einführung in eine kapitalmarktorientierte Rechnungslegung, 2. Aufl., München 2010 (IFRS für Juristen).

BRIEF, RICHARD P./PEASNELL, KEN V., Clean Surplus. A Link Between Accounting and Finance, New York/London 1996 (Clean Surplus).

BRINKMANN, JÜRGEN, Zweckadäquanz der Rechnungslegung nach IFRS. Eine Untersuchung aus deutscher Sicht, Berlin 2006 (Zweckadäquanz).

BRINKMANN, JÜRGEN, Die Informationsfunktion der Rechnungslegung nach IFRS - Anspruch und Wirklichkeit. Teil I: Anforderungen an informationsvermittelnde Rechenwerke, in: ZCG 2007, S. 228-232 (Informationsfunktion der Rechnungslegung).

BRIS, ARTURO, Toeholds, takeover premium, and the probability of being acquired, in: Journal of Corporate Finance 2002, S. 227-253 (Toeholds, takeover premium).

BRÜCKS, MICHAEL/RICHTER, MICHAEL, Business Combinations (Phase II). Kritische Würdigung ausgewählter Vorschläge des IASB aus Sicht eines Anwenders, in: KoR 2005, S. 407-415 (Business Combinations).

BRUNE, JENS WILFRIED, Neubewertung bisher gehaltener Anteile an einer Joint Operation im Rahmen der Erstkonsolidierung, in: IRZ 2014, S. 4-6 (Anteile an einer Joint Operation).

BUCHHEIM, REGINE/KNORR, LIESEL/SCHMIDT, MARTIN, Anwendung der IFRS in Europa. Das neue Endorsement-Verfahren, in: KoR 2008, S. 334-341 (Anwendung der IFRS in Europa).

BULLEN, HALSEY G./CROOK, KIMBERLY, Revisiting the Concepts. A New Conceptual Framework Project, verfügbar unter: http://www.fasb.org/cs/BlobServer?blobcol=urldata&blobtable=MungoBlobs&blobkey=id&blobwhere=1175818825710&blobheader=application%2Fpdf (Stand: 31.08.2015) (Revisiting the Concepts).

BUSHMAN, ROBERT/ENGEL, ELLEN/SMITH, ABBIE, An Analysis of the Relation between the Stewardship and Valuation Roles of Earnings, in: Journal of Accounting Research 2006, S. 53-83 (Stewardship and Valuation Roles).

BUSSE VON COLBE, WALTHER, Gefährdung des Kongruenzprinzips durch erfolgsneutrale Verrechnung von Aufwendungen im Konzernabschluß, in: Rechnungslegung. Entwicklungen bei der Bilanzierung und Prüfung von Kapitalgesellschaften, hrsg. v. Moxter, Adolf u. a., Düsseldorf 1992, S. 125-138 (Gefährdung des Kongruenzprinzips).

BUSSE VON COLBE, WALTHER, Berücksichtigung von Synergien versus Stand-alone-Prinzip bei der Unternehmensbewertung, in: ZGR 1994, S. 595-609 (Berücksichtigung von Synergien).

BUSSE VON COLBE, WALTHER, Unternehmenskontrolle durch Rechnungslegung, in: Internationale Unternehmenskontrolle und Unternehmenskultur. Beiträge zu einem Symposium; [Professor Dr. Bernhard Grossfeld zum 60. Geburtstag], hrsg. v. Sandrock, Otto/Jäger, Wilhelm, Tübingen 1994, S. 37-58 (Unternehmenskontrolle).

BUSSE VON COLBE, WALTHER/CHMIELEWICZ, KLAUS, Das neue Bilanzrichtlinien-Gesetz, in: DBW 1986, S. 289-347 (Das neue Bilanzrichtlinien-Gesetz).

BUSSE VON COLBE, WALTHER/ORDELHEIDE, DIETER/GEBHARDT, GÜNTHER/PELLENS, BERNHARD, Konzernabschlüsse. Rechnungslegung nach betriebswirtschaftlichen Grundsätzen sowie nach Vorschriften des HGB und der IAS/IFRS, 9. Aufl., Wiesbaden 2009 (Konzernabschlüsse).

CAIRNS, DAVID, Applying International Accounting Standards, 3. Aufl., London 2003 (Applying IAS).

CANARIS, CLAUS-WILHELM, Die Feststellung von Lücken im Gesetz. Eine methodologische Studie über Voraussetzungen und Grenzen der richterlichen Rechtsfortbildung praeter legem, 2. Aufl., Berlin 1983 (Feststellung von Lücken im Gesetz).

CASSEL, JOCHEN, Unternehmensbewertung im IFRS-Abschluss. Fair Value-Bewertung von Unternehmen und Sachgesamtheiten, Berlin 2012 (Unternehmensbewertung im IFRS-Abschluss).

CASTEDELLO, MARC/KLINGBEIL, CHRISTIAN, IFRS 13. Anwendungsfragen bei nicht-finanziellen Vermögenswerten in der Praxis, in: WPg 2012, S. 482-488 (Anwendungsfragen zu IFRS 13).

CHERIDITO, YVES/SCHNELLER, THOMAS, Discounts und Premia in der Unternehmensbewertung. Sorgfältige Analyse und Anwendungshinweise unerlässlich, in: Der Schweizer Treuhänder 2008, S. 416-422 (Discounts und Premia).

CHRISTENSEN, JOHN, Conceptual frameworks of accounting from an information perspective, in: Accounting and Business Research 2010, S. 287-299 (Conceptual frameworks of accounting).

CHRISTENSEN, JOHN ASMUS/DEMSKI, JOEL S., Accounting theory. An information content perspective, Boston 2003 (Accounting theory).

COENENBERG, ADOLF G./SCHULTZE, WOLFGANG, Das Multiplikator-Verfahren in der Unternehmensbewertung. Konzeption und Kritik, in: FB 2002, S. 697-703 (Multiplikator-Verfahren).

COENENBERG, ADOLF G./STRAUB, BARBARA, Rechenschaft versus Entscheidungsunterstützung: Harmonie oder Disharmonie der Rechnungszwecke?, in: KoR 2008, S. 17-26 (Rechenschaft versus Entscheidungsunterstützung).

CORNELL, BRADFORD, Guideline Public Company Valuation and Control Premiums. An Economic Analysis, verfügbar unter: http://people.hss.caltech.edu/~bcornell/PUBLICATIONS/2013%20Cornell%20-%20Control%20Premiums.pdf (Stand: 31.08.2015) (Company Valuation and Control Premiums).

DAMODARAN, ASWATH, Damodaran on valuation. Security analysis for investment and corporate finance, 2. Aufl., Hoboken 2006 (Damodaran on valuation).

DAMODARAN, ASWATH, The dark side of valuation. Valuing young, distressed, and complex business, 2. Aufl., Upper Saddle River 2010 (The dark side of valuation).

DETTENRIEDER, DOMINIK, Hedge Accounting in Industrieunternehmen nach IFRS 9, Lohmar 2014 (Hedge Accounting).

DIETRICH, ANITA/STOEK, CAROLIN, Wenn Schutzrechte zu Mitwirkungsrechten werden. Anwendung des IAS 28 auf reine Kreditbeziehungen bei Banken, in: IRZ 2013, S. 349-353 (Wenn Schutzrechte zu Mitwirkungsrechten werden).

DITTMAR, PETER/GRAUPE, FABIAN, Analyse der Neuregelungen nach IFRS 11 für den deutschen Rechtsraum unter besonderer Berücksichtigung der Übergangsvorschriften, in: KoR 2012, S. 404-410 (Analyse der Neuregelungen nach IFRS 11).

DOBLER, MICHAEL/HETTICH, SILVIA, Geplante Änderungen der Rahmenkonzepte von IASB und FASB. Konzeption, Vergleich, Würdigung, in: IRZ 2007, S. 29-36 (Rahmenkonzepte von IASB und FASB).

DOMBRET, ANDREAS/MAGER, FERDINAND/REINSCHMIDT, TIMO, Übernahmeprämien bei M&A-Transaktionen. Länder- vs. Brancheneinfluss, in: FB 2006, S. 764-768 (Übernahmeprämien bei M&A-Transaktionen).

DOMBRET, ANDREAS R., Übernahmeprämien im Rahmen von M&A-Transaktionen. Bestimmungsfaktoren und Entwicklungen in Deutschland, Frankreich, Großbritannien und den USA, Wiesbaden 2006 (Übernahmeprämien im Rahmen von M&A-Transaktionen).

DYCK, ALEXANDER/ZINGALES, LUIGI, Private Benefits of Control: An International Comparison, in: Journal of Finance 2004, S. 537-600 (Private Benefits of Control).

EBELING, RALF MICHAEL, Die Einheitsfiktion als Grundlage der Konzernrechnungslegung. Aussagegehalt und Ansätze zur Weiterentwicklung des Konzernabschlusses nach deutschem HGB unter Berücksichtigung konsolidierungstechnischer Fragen, Stuttgart 1995 (Einheitsfiktion).

EBELING, RALF MICHAEL/GAßMANN, JEANNETTE/ROTHENSTEIN, MARIO, Konsolidierungstechnik beim sukzessiven Unternehmenserwerb nach IFRS 3 und Business-Combinations-Projekt - Phase II, in: WPg 2005, S. 1027-1040 (Konsolidierungstechnik beim sukzessiven Unternehmenserwerb).

EBERT, MICHAEL/SIMONS, DIRK, Bilanzpolitisches Potenzial im Rahmen der Goodwillbilanzierung. Transaktionsgestaltung beim Unternehmenserwerb, in: KoR 2009, S. 622-630 (Bilanzpolitisches Potenzial im Rahmen der Goodwillbilanzierung).

EIERLE, BRIGITTE, Die Entwicklung der Differenzierung der Unternehmensberichterstattung in Deutschland und Großbritannien. Ansatzpunkte für die Diskussion der zukünftigen Gestaltung der Abschlusserstellung nicht kapitalmarktorientierter Unternehmen in Deutschland, Frankfurt am Main u. a. 2004 (Differenzierung der Unternehmensberichterstattung).

EISELE, WOLFGANG/RENTSCHLER, RALPH, Gemeinschaftsunternehmen im Konzernabschluß, in: BFuP 1989, S. 309-324 (Gemeinschaftsunternehmen im Konzernabschluß).

ENGISCH, KARL, Einführung in das juristische Denken, 11. Aufl., Stuttgart 2010 (Einführung in das juristische Denken).

EPPINGER, CHRISTOPH, Die Bewertung von Beteiligungen in der Handelsbilanz. Konzeption informationsorientierter Bewertungsgrundsätze de lege lata und de lege ferenda, Hamburg 2008 (Bewertung von Beteiligungen).

ERB, CARSTEN/PELGER, CHRISTOPH, Auf dem Weg zum neuen Rahmenkonzept der IFRS-Rechnungslegung. Darstellung und Würdigung des Diskussionspapiers DP/2013/1 des IASB, in: KoR 2013, S. 517-524 (DP/2013/1).

ERCHINGER, HOLGER/MELCHER, WINFRIED, IFRS-Konzernrechnungslegung. Neuerungen nach IFRS 10, in: DB 2011, S. 1229-1238 (Neuerungen nach IFRS 10).

EWELT-KNAUER, CORINNA, Der Konzernabschluss als Berichtsinstrument der wirtschaftlichen Einheit. Zur Abgrenzung des Vollkonsolidierungskreises sowie zur bilanziellen Abbildung von Transaktionen mit Dritten, Lohmar 2010 (Der Konzernabschluss).

FACTSET MERGERSTAT (Hrsg.), Control Premium Study. 4th Quarter 2012, verfügbar unter: http://www.bvmarketdata.com/pdf/CPS4q12.pdf (Stand: 31.08.2015) (Control Premium Study).

FALKENHAHN, GUNTHER, Änderungen der Beteiligungsstruktur an Tochterunternehmen im Konzernabschluss, Düsseldorf 2006 (Änderungen der Beteiligungsstruktur).

FIECHTER, PETER/MEYER, CONRAD, Full Goodwill Accounting. Umstrittene Behandlung des Goodwills, in: Der Schweizer Treuhänder 2008, S. 215-220 (Full Goodwill Accounting).

FLIESS, OLIVER, Konzernabschluss in Großbritannien. Grundlagen, Stufenkonzeption und Kapitalkonsolidierung, Frankfurt am Main/New York 1991 (Konzernabschluss in Großbritannien).

FOLTA, PAUL H., Cooperative Joint Ventures, in: The China Business Review 2005, S. 18-23 (Cooperative Joint Ventures).

FRANKE, FLORIAN, Synergien in Rechtsprechung und Rechnungslegung. Behandlung von Synergiepotenzialen im Gesellschafts- und Handelsrecht, Wiesbaden 2009 (Synergien in Rechtsprechung und Rechnungslegung).

FRANKE, GÜNTER/HAX, HERBERT, Finanzwirtschaft des Unternehmens und Kapitalmarkt, 6. Aufl., Berlin/Heidelberg 2009 (Finanzwirtschaft).

FREIBERG, JENS, Gewinnrealisation bei Tauschgeschäften nach IFRS, in: PiR 2007, S. 171-173 (Gewinnrealisation bei Tauschgeschäften).

FREIBERG, JENS, Abbildung einer joint operation nach Beteiligungs- oder Abnahmequote?, in: PiR 2014, S. 59-62 (Abbildung einer joint operation).

FREIBERG, JENS, Die fair value-Bewertung im Spannungsverhältnis von relevance und reliability. Bewertung der Beteiligung als Ganzes oder über Preis x Anzahl, in: PiR 2015, S. 42-47 (Die fair value-Bewertung).

FREIBERG, JENS/TEUFEL, CRISPIN, Neue Herausforderungen in der Abgrenzung des Konsolidierungskreises. Anwendung des IFRS 10 und IFRS 11, in: Der Konzern 2013, S. 9-16 (Abgrenzung des Konsolidierungskreises).

FUCHS, MARKUS/STIBI, BERND, IFRS 11 „Joint Arrangements". Lange erwartet und doch noch mit (kleinen) Überraschungen?, in: BB 2011, S. 1451-1455 (IFRS 11).

FÜLBIER, ROLF UWE/GASSEN, JOACHIM, Bilanzrechtsregulierung: Auf der ewigen Suche nach der eierlegenden Wollmichsau, in: Private und öffentliche Rechnungslegung. Festschrift für Hannes Streim zum 65. Geburtstag, hrsg. v. Wagner, Franz W./Schildbach, Thomas/Schneider, Dieter, Wiesbaden 2009, S. 135-156 (Bilanzrechtsregulierung).

GALLASCH, FLORIAN, Die Bilanzierung von Versicherungsverträgen nach IFRS 4 Phase II. Das Bewertungsmodell für Erst- und passive Rückversicherungsverträge im Schaden- und Unfallbereich, Lohmar 2014 (Bilanzierung von Versicherungsverträgen).

GASSEN, JOACHIM/FISCHKIN, MICHAEL/HILL, VERENA, Das Rahmenkonzept-Projekt des IASB und des FASB. Eine normendeskriptive Analyse des aktuellen Stands, in: WPg 2008, S. 874-882 (Rahmenkonzept-Projekt des IASB und des FASB).

GAUGHAN, PATRICK A., Mergers, acquisitions, and corporate restructurings, 5. Aufl., Hoboken 2011 (Mergers, acquisitions, and corporate restructurings).

GAUSEMEIER, JÜRGEN/PFÄNDER, THOMAS, Zukunftsorientierte Unternehmensgestaltung auf Mergers & Acquisitions anwenden, in: Handbuch Mergers & Acquisitions. Planung, Durchführung, Integration, hrsg. v. Bäzner, Bernd/Picot, Gerhard, 5. Aufl., Stuttgart 2012, S. 105-150 (Zukunftsorientierte Unternehmensgestaltung).

GEBHARDT, GÜNTHER/MORA, ARACELI/WAGENHOFER, ALFRED, Revisiting the Fundamental Concepts of IFRS, in: Abacus 2014, S. 107-116 (Revisiting the Fundamental Concepts of IFRS).

GIMPEL-HENNING, NILS, Konzernbilanzielle Abbildung der Umklassifizierung eines bestehenden Joint Venture als Joint Operation, in: IRZ 2015, S. 416-418 (Umklassifizierung eines Joint Venture als Joint Operation).

GJESDAL, FROYSTEIN, Accounting for Stewardship, in: Journal of Accounting Research 1981, S. 208-231 (Stewardship).

GRAU, ANDREAS, Gewinnrealisierung nach International Accounting Standards, Wiesbaden 2002 (Gewinnrealisierung).

GROSSFELD, BERNHARD/LUTTERMANN, CLAUS, Bilanzrecht. Die Rechnungslegung in Jahresabschluss und Konzernabschluss nach Handelsrecht und Steuerrecht, Europarecht und IAS/IFRS, 4. Aufl., Heidelberg 2005 (Bilanzrecht).

GRÜNBERGER, DAVID/GRÜNBERGER, HERBERT, Business Combinations Phase II. Weitere Begleitregelungen beschlossen, in: StuB 2003, S. 413-415 (Business Combinations (B)).

GRÜNBERGER, DAVID/GRÜNBERGER, HERBERT, Business Combinations (Phase II). Richtungsweisende Beschlüsse des IASB, in: StuB 2003, S. 218-220 (Business Combinations (A)).

HAAKER, ANDREAS, Einheitstheorie und Fair Value-Orientierung: Informationsnutzen der full goodwill method nach ED IFRS 3 und mögliche Auswirkungen auf die investororientierte Bilanzanalyse. Grundgedanken zum bilanzanalytischen Umgang mit den geplanten Regelungen des ED IFRS 3, in: KoR 2006, S. 451-458 (Einheitstheorie und Fair Value-Orientierung).

HAAKER, ANDREAS, Zur Ausübung des Full-Goodwill-Wahlrechts nach IFRS 3 (2008). Beteiligungsproportionale oder Full-Goodwill-Bilanzierung?, in: CFO aktuell 2008, S. 238-241 (Full-Goodwill-Wahlrecht nach IFRS 3).

HAAKER, ANDREAS, Potential der Goodwill-Bilanzierung nach IFRS für eine Konvergenz im wertorientierten Rechnungswesen. Eine messtheoretische Analyse, Wiesbaden 2008 (Goodwill-Bilanzierung).

HAAKER, ANDREAS/FREIBERG, JENS, Sofortige Vereinnahmung eines „negativen goodwill" als Ertrag?, in: PiR 2011, S. 324-325 (Sofortige Vereinnahmung eines "negativen goodwill").

HAAKER, ANDREAS/FREIBERG, JENS, Endorsement des IFRS-Rahmenkonzepts, in: PiR 2013, S. 259-260 (Endorsement IFRS-Rahmenkonzept).

HAAKER, ANDREAS/FREIBERG, JENS, Ausübung der full-goodwill-Option?, in: PiR 2013, S. 22-23 (Ausübung der full-goodwill-Option).

HAAKER, ANDREAS/FREIBERG, JENS, OCI als Mülleimer?, in: PiR 2014, S. 213-214 (OCI als Mülleimer).

HAASE, KLAUS DITTMAR, Zur Zwischenerfolgseliminierung bei Equity-Bilanzierung, in: BB 1985, S. 1702-1707 (Zwischenerfolgseliminierung bei Equity-Bilanzierung).

HACHMEISTER, DIRK, Neuregelung der Bilanzierung von Unternehmenszusammenschlüssen nach IFRS 3 (2008), in: IRZ 2008, S. 115-122 (Unternehmenszusammenschlüsse nach IFRS 3).

HACHMEISTER, DIRK/HERMENS, ANN-SOPHIE, Möglichkeiten und Grenzen der Bilanzpolitik durch veränderte Einflusnahme und Goodwillbilanzierung, in: BFuP 2011, S. 37-52 (Veränderte Einflussnahme und Goodwillbilanzierung).

HACHMEISTER, DIRK/RUTHARDT, FREDERIK, Vom Unternehmenswert zum Anteilswert: Vorzugs- und Stammaktien im Ertragswertkalkül, in: BB 2014, S. 427-431 (Vom Unternehmenswert zum Anteilswert).

HALL, R. DUANE, The International Joint Venture, New York 1984 (International Joint Venture).

HALLER, AXEL/SCHLOẞGANGL, MARIA, Notwendigkeit einer Neugestaltung des Performance Reporting nach International Accounting (Financial Reporting) Standards. Konzeptionelle und empirische Evidenzen, in: KoR 2003, S. 317-327 (Performance Reporting).

HANOUNA, PAUL/SARIN, ATULYA/SHAPIRO, ALAN C., Value of Corporate Control. Some International Evidence, verfügbar unter: http://papers.ssrn.com/sol3/papers.cfm?abstract_id=286787 (Stand: 31.08.2015) (Value of Corporate Control).

HARTMANN-WENDELS, THOMAS, Rechnungslegung der Unternehmen und Kapitalmarkt aus informationsökonomischer Sicht, Heidelberg 1991 (Rechnungslegung der Unternehmen und Kapitalmarkt).

HARTMANN-WENDELS, THOMAS, Agency-Theorie und Publizitätspflicht nichtbörsennotierter Kapitalgesellschaften, in: BFuP 1992, S. 412-425 (Agency-Theorie).

HAUCK, ANTON/PRINZ, ULRICH, Zur Auslegung von (europarechtlich übernommenen) IAS/IFRS, in: Der Konzern 2005, S. 635-641 (Auslegung von IAS/IFRS).

HAX, HERBERT, Theorie der Unternehmung. Informationen, Anreize und Vertragsgestaltungen, in: Betriebswirtschaftslehre und ökonomische Theorie, hrsg. v. Ordelheide, Dieter/Rudolph,

Bernd/Büsselmann, Elke, Stuttgart 1991, S. 51-72 (Informationen, Anreize und Vertragsgestaltungen).

HAYN, BENITA, Konsolidierungstechnik bei Erwerb und Veräußerung von Anteilen. Ein Leitfaden zur praktischen Umsetzung der Erst-, Übergangs- und Endkonsolidierung, Herne 1999 (Konsolidierungstechnik).

HAYN, SVEN, Entwicklungstendenzen im Rahmen der Anwendung von IFRS in der Konzernrechnungslegung, in: BFuP 2005, S. 424-439 (Entwicklungstendenzen in der Konzernrechnungslegung).

HAYN, SVEN/GRÜNE, MICHAEL, Konzernabschluss nach IFRS. Konsolidierung und Bilanzierung, München 2006 (Konzernabschluss nach IFRS).

HECKER, RENATE, Regulierung von Unternehmensübernahmen und Konzernrecht. Teil I: Empirische Analyse des aktienrechtlichen Minderheitenschutzes im Vertragskonzern, Wiesbaden 2000 (Unternehmensübernahmen und Konzernrecht).

HEINTGES, SEBASTIAN/URBANCZIK, PATRICK, Erwerb und Folgebewertung assoziierter Unternehmen nach IAS 28. Bilanzielle Abbildung lässt Fragen offen, in: KoR 2011, S. 418-424 (Erwerb und Folgebewertung assoziierter Unternehmen).

HERRMANN, DAGMAR, Die Änderung von Beteiligungsverhältnissen im Konzernabschluss. Eine Untersuchung der Übergangskonsolidierung unter Berücksichtigung der Endkonsolidierung, Düsseldorf 1994 (Änderung von Beteiligungsverhältnissen).

HERRMANN, DAGMAR, Probleme der Übergangskonsolidierung im Konzernabschluß, in: WPg 1994, S. 821-832 (Probleme der Übergangskonsolidierung).

HETTICH, SILVIA, Zweckadäquate Gewinnermittlungsregeln, Frankfurt am Main/New York 2006 (Zweckadäquate Gewinnermittlungsregeln).

HINRICHS, STEPHAN, Der „maßgebliche Einfluss" als Definitionskriterium assoziierter Unternehmen, in: DB 1989, S. 1733-1736 (Der „maßgebliche Einfluss" als Definitionskriterium).

HINZ, MICHAEL, Der Konzernabschluss als Instrument zur Informationsvermittlung und Ausschüttungsbemessung, Wiesbaden 2002 (Konzernabschluss als Instrument zur Informationsvermittlung).

HITZ, JÖRG-MARKUS, Das Diskussionspapier „Fair Value Measurements" des IASB. Inhalt und Bedeutung, in: WPg 2007, S. 361-367 (Fair Value Measurements).

HOEHNE, FELIX, Veräußerung von Anteilen an Tochterunternehmen im IFRS-Konzernabschluss. End- und Übergangskonsolidierung, Wiesbaden 2009 (Veräußerung von Anteilen an Tochterunternehmen).

HOFFMANN, SEBASTIAN/DETZEN, DOMINIC, Das Joint Conceptual Framework von IASB und FASB. Praktische Implikationen aus dem Abschluss der Phase A für kapitalmarktorientierte Unternehmen, in: KoR 2012, S. 53-55 (Das Joint Conceptual Framework).

HOFFMANN, WOLF-DIETER, Tauschgeschäfte, in: PiR 2013, S. 33-34 (Tauschgeschäfte).

HOFFMANN, WOLF-DIETER/LÜDENBACH, NORBERT, Die Abbildung des Tauschs von Anlagevermögen nach den neugefassten IFRS-Standards, in: StuB 2004, S. 337-341 (Abbildung des Tauschs).

HOLLMANN, SEBASTIAN, Reporting Performance. Analyse des Ausweises der Erträge und Aufwendungen in einem Abschluss nach den Rechnungslegungsvorschriften des IASB, Düsseldorf 2003 (Reporting Performance).

HUSMANN, RAINER/HETTICH, SILVIA, Aufkauf von Minderheitsanteilen im IFRS-Konzernabschluss, in: PiR 2008, S. 150-155 (Aufkauf von Minderheitsanteile).

JÄGER, RAINER/HIMMEL, HOLGER, Die Fair Value-Bewertung immaterieller Vermögenswerte vor dem Hintergrund der Umsetzung internationaler Rechnungslegungsstandards, in: BFuP 2003, S. 417-440 (Fair Value-Bewertung).

JOHNSON, L. TODD/PETRONE, KIMBERLEY R., Is Goodwill an Asset?, in: Accounting Horizons 1999, S. 293-303 (Is Goodwill an Asset).

JUNG, MAXIMILIAN, Zum Konzept der Wesentlichkeit bei Jahresabschlusserstellung und -prüfung. Eine theoretische Untersuchung, Frankfurt am Main/New York 1997 (Konzept der Wesentlichkeit).

KAMPMANN, HELGA/SCHWEDLER, KRISTINA, Zum Entwurf eines gemeinsamen Rahmenkonzepts von FASB und IASB. Rechnungslegungsziele und qualitative Anforderungen, in: KoR 2006, S. 521-530 (Zum Entwurf eines gemeinsamen Rahmenkonzepts).

KERKHOFF, GUIDO/DIEHM, SVEN, Performance Reporting. Konzepte und Tendenzen im kommenden FASB-/IASB-Standard, in: KoR 2005, S. 342-350 (Performance Reporting).

KIRSCH, HANS-JÜRGEN, Die Equity-Methode im Konzernabschluss. Der Charakter der deutschen Regelungen vor dem Hintergrund der internationalen Entwicklung, Düsseldorf 1990 (Equity-Methode).

KIRSCH, HANS-JÜRGEN/EWELT-KNAUER, CORINNA, Abgrenzung des Vollkonsolidierungskreises nach IFRS 10 und IFRS 12. Update zu BB 2009, 1574ff., in: BB 2011, S. 1641-1645 (Abgrenzung des Vollkonsolidierungskreises).

KIRSCH, HANS-JÜRGEN/GALLASCH, FLORIAN/GIMPEL-HENNING, NILS, Zur aktuellen Diskussion um die Einführung eines "Disclosure Framework". Eine Darstellung der beiden Diskussionspapiere der EFRAG und des FASB, in: KoR 2013, S. 190-197 (Einführung eines "Disclosure Framework").

KIRSCH, HANS-JÜRGEN/KOELEN, PETER, IFRS-Rechnungslegung und Unternehmensbewertung. Möglichkeiten und Grenzen für Ersteller und Analysten, in: IFRS-Management. Interessenschutz auf dem Prüfstand. Treffsichere Unternehmensbeurteilung. Konsequenzen für das Management, hrsg. v. Heyd, Reinhard/Keitz, Isabel von, München 2007, S. 279-301 (IFRS-Rechnungslegung und Unternehmensbewertung).

KIRSCH, HANS-JÜRGEN/KOELEN, PETER/KÖHLING, KATHRIN, Möglichkeiten und Grenzen des management approach. Eine Analyse unter besonderer Berücksichtigung des Nutzungswerts des IAS 36, in: KoR 2010, S. 200-207 (Möglichkeiten und Grenzen des management approach).

KIRSCH, HANS-JÜRGEN/KOELEN, PETER/OLBRICH, ALEXANDER/DETTENRIEDER, DOMINIK, Die Bedeutung der Verlässlichkeit der Berichterstattung im Conceptual Framework des IASB und des FASB, in: WPg 2012, S. 762-771 (Bedeutung der Verlässlichkeit).

KIRSCH, HANS-JÜRGEN/SCHOO, LENA/KRAFT, ARIANE, Das Discussion Paper zum Conceptual Framework des IASB. Ein Überblick über Inhalte und Neuerungen, in: WPg 2014, S. 301-310 (Discussion Paper).

KLAHOLZ, EVA/STIBI, BERND, Sukzessiver Anteilserwerb nach altem und neuem Handelsrecht. Eine Fallstudie zum Übergang von der Equity-Methode auf die Vollkonsolidierung, in: KoR 2009, S. 297-301 (Sukzessiver Anteilserwerb).

KLEINMANNS, HERMANN, Die „offene Gesellschaft der IFRS-Interpreten". Über Akteure, Kompetenzen und Bindungswirkungen beim Fehlen ausdrücklich zutreffender IFRS, in: DB 2014, S. 1325-1333 (Offene Gesellschaft der IFRS-Interpreten).

KLOSE, NILS-CHRISTIAN, Kapitalkonsolidierungs- und Bewertungsmethoden in der Konzernrechnungslegung nach IFRS. Bestandsaufnahme und ökonomische Analyse mit Reformvorschlag anhand der Darstellung der Übergangskonsolidierung mit speziellem Fokus auf der goodwill-Bilanzierung, Aachen 2014 (Konzernrechnungslegung nach IFRS).

KNORR, LIESEL/BUCHHEIM, REGINE/SCHMIDT, MARTIN, Konzernrechnungslegungspflicht und Konsolidierungskreis. Wechselwirkungen und Folgen für die Verpflichtung zur Anwendung der IFRS, in: BB 2005, S. 2399-2403 (Konsolidierungskreis).

KOELEN, PETER, Investitionstheoretische Bewertungskalküle in der IFRS-Rechnungslegung. Möglichkeiten und Grenzen einer unternehmenswertorientierten Berichterstattung, Lohmar 2009 (Investitionstheoretische Bewertungskalküle).

KRAUS-GRÜNEWALD, MARION, Gibt es einen objektiven Unternehmenswert? Zur besonderen Problematik der Preisfindung bei Unternehmenstransaktionen, in: BB 1995, S. 1839-1844 (Gibt es einen objektiven Unternehmenswert).

KROTTER, SIMON, Durchbrechungen des Kongruenzprinzips und Residualgewinne. Broken Link Between Accounting and Finance?, verfügbar unter: http://epub.uni-regensburg.de/4525/1/Krotter_Nr411.pdf (Stand: 31.08.2015) (Durchbrechungen des Kongruenzprinzips).

KÜHNBERGER, MANRED, Die Full Goodwill Methode: Ein zu Recht vernachlässigtes Thema?, in: Der Konzern 2012, S. 449-455 (Die Full Goodwill Methode).

KUSTNER, CLEMENS, Beteiligungsbewertung im Konzernabschluss. Plädoyer für den Ersatz der Equity Methode durch die Fair Value-Bewertung, Bamberg 2002 (Beteiligungsbewertung im Konzernabschluss).

KÜTING, KARLHEINZ, Konzernrechnungslegung in Deutschland. Eine erste Wertung der Konsolidierungspraxis auf der Grundlage des neuen Bilanzrechts, in: BB 1989, S. 1084-1093 (Konzernrechnungslegung).

KÜTING, KARLHEINZ, Grundlagen der unternehmerischen Zusammenarbeit, in: DStR 1990, S. 1-20 (Unternehmerische Zusammenarbeit).

KÜTING, KARLHEINZ, Möglichkeiten und Grenzen der Bilanzanalyse am Neuen Markt (Teil II). Auf der Suche nach neuen Wegen der Unternehmensbeurteilung, in: FB 2000, S. 674-683 (Bilanzanalyse am Neuen Markt).

KÜTING, KARLHEINZ, Auf der Suche nach dem richtigen Gewinn. Die Gewinnkonzeption von HGB und IFRS im Vergleich, in: DB 2006, S. 1441-1450 (Auf der Suche nach dem richtigen Gewinn).

KÜTING, KARLHEINZ, Konzernrechnungslegung nach IFRS und HGB. Kritische Würdigung konkurrierender Systeme anhand ausgewählter Einzelfragen, in: DB 2012, S. 2821-2830 (Konzernrechnungslegung nach IFRS und HGB).

KÜTING, KARLHEINZ/CASSEL, JOCHEN, Zur Hierarchie der Unternehmensbewertungsverfahren bei der Fair Value-Bewertung, in: KoR 2012, S. 322-328 (Hierarchie der Unternehmensbewertungsverfahren).

KÜTING, KARLHEINZ/CASSEL, JOCHEN, Anteilige Marktkapitalisierung=fair value? Zu kurz oder zu Ende gedacht?, in: DB 2013, S. 2633-2640 (Anteilige Marktkapitalisierung gleich fair value).

KÜTING, KARLHEINZ/DAWO, SASCHA, Bilanzpolitische Gestaltungspotenziale im Rahmen der International Financial Reporting Standards (IFRS). Bewertungsfragen insbesondere bei immateriellen Werten, in: StuB 2002, S. 1205-1213 (Gestaltungspotenziale im Rahmen der IFRS).

KÜTING, KARLHEINZ/ELPRANA, K./WIRTH, J., Sukzessive Anteilserwerbe in der Konzernrechnungslegung nach IAS 22/ED 3 und dem Business combinations Project (Phase II), in: KoR 2003, S. 477-490 (Sukzessive Anteilserwerbe).

KÜTING, KARLHEINZ/HAYN, BENITA, Erst- und Endkonsolidierung nach der Erwerbsmethode, in: DStR 1997, S. 1941-1948 (Erst- und Endkonsolidierung).

KÜTING, KARLHEINZ/HAYN, MARC, Anwendungsgrenzen des Gesamtbewertungskonzepts in der IFRS-Rechnungslegung, in: BB 2006, S. 1211-1217 (Gesamtbewertungskonzept IFRS).

KÜTING, KARLHEINZ/HÖFNER, SEBASTIAN, Die konsolidierungstechnische Behandlung des Statuswechsels eines Gemeinschaftsunternehmens zum assoziierten Unternehmen. Procedere de lege lata und Ausblick de lege ferenda, in: KoR 2013, S. 88-97 (Statuswechsel eines Gemeinschaftsunternehmens zum assoziierten Unternehmen).

KÜTING, KARLHEINZ/KOCH, CHRISTIAN, Der Goodwill in der deutschen Bilanzierungspraxis, in: StuB 2003, S. 49-54 (Goodwill in der deutschen Bilanzierungspraxis).

KÜTING, KARLHEINZ/MOJADADR, MANA, Das neue Control-Konzept nach IFRS 10 - IFRS 10 „Consolidated Financial Statements "stellt die Konzerne bereits jetzt vor enorme Herausforderungen, in: KoR 2011, S. 273-285 (Das neue Control-Konzept nach IFRS 10).

KÜTING, KARLHEINZ/RANKER, DANIEL, Tendenzen zur Auslegung der endorsed IFRS als sekundäres Gemeinschaftsrecht, in: BB 2004, S. 2510-2515 (Auslegung der endorsed IFRS).

KÜTING, KARLHEINZ/SEEL, CHRISTOPH, Konvergenz der Equity-Methode zwischen neuem HGB und IFRS? Unterschiede und Gemeinsamkeiten nach BilMoG und IFRS 3, in: DB 2011, S. 1005-1013 (Konvergenz der Equity-Methode).

KÜTING, KARLHEINZ/SEEL, CHRISTOPH, Die Abgrenzung und Bilanzierung von joint arrangements nach IFRS 11. Änderungen aus der grundlegenden Überarbeitung des IAS 31 und Auswirkungen auf die Bilanzierungspraxis, in: KoR 2011, S. 342-350 (Joint arrangements nach IFRS 11).

KÜTING, KARLHEINZ/SEEL, CHRISTOPH, Die gemeinschaftliche Beherrschung nach IFRS 11. Unterschiede und Gemeinsamkeiten zu IAS 31, in: KoR 2012, S. 452-460 (Die gemeinschaftliche Beherrschung nach IFRS 11).

KÜTING, KARLHEINZ/SEEL, CHRISTOPH, Die quotale Einbeziehung nach IFRS 11. Unterschiede zur Quotenkonsolidierung gem. IAS 31 und praktische Anwendungsbereich, in: WPg 2012, S. 587-595 (Quotale Einbeziehung nach IFRS 11).

KÜTING, KARLHEINZ/SEEL, CHRISTOPH/STRAUß, MARC, Die Änderung der Beteiligungshöhe als konsolidierungstechnisches Problem. Zum Wirrwarr der Konsolidierungsbegriffe nach HGB und IFRS, in: IRZ 2011, S. 175-183 (Änderung der Beteiligungshöhe).

KÜTING, KARLHEINZ/WEBER, CLAUS-PETER, Der Konzernabschluss. Praxis der Konzernrechnungslegung nach HGB und IFRS, 13. Aufl., Stuttgart 2012 (Der Konzernabschluss).

KÜTING, KARLHEINZ/WEBER, CLAUS-PETER/WIRTH, JOHANNES, Die Goodwillbilanzierung im finalisierten Business Combinations Project Phase II. Erstkonsolidierung, Werthaltigkeitstest und Endkonsolidierung, in: KoR 2008, S. 139-152 (Goodwillbilanzierung).

KÜTING, KARLHEINZ/WEBER, CLAUS-PETER/WIRTH, JOHANNES, Kapitalkonsolidierung im mehrstufigen Konzern. Fallstudie zur Kapitalkonsolidierung von Enkelkapitalgesellschaften unter Berücksichtigung indirekter Fremdanteile, in: KoR 2013, S. 43-52 (Kapitalkonsolidierung im mehrstufigen Konzern).

KÜTING, KARLHEINZ/WIRTH, JOHANNES, Controlerlangung über Tochterunternehmen mittels sukzessiver Anteilserwerbe. Szenarien der Übergangskonsolidierung in der IFRS-Konzernrechnungslegung nach BC-II – Teil 1, in: KoR 2010, S. 362-371 (Sukzessiver Anteilserwerb).

LARENZ, KARL, Methodenlehre der Rechtswissenschaft, 6. Aufl., Berlin/New York 1991 (Methodenlehre der Rechtswissenschaft).

LARENZ, KARL/CANARIS, CLAUS-WILHELM, Methodenlehre der Rechtswissenschaft, 3. Aufl., Berlin/New York 1995 (Methodenlehre der Rechtswissenschaft).

LAUER, CHRISTINE E./BÖCKEM, HANNE, Sonderprobleme der Währungsumrechnung bei Anwendung der Equity-Methode, in: BB 1992, S. 1890-1895 (Sonderprobleme der Währungsumrechnung).

LAUX, HELMUT/GILLENKIRCH, ROBERT M./SCHENK-MATHES, HEIKE Y., Entscheidungstheorie, 8. Aufl., Berlin/Heidelberg 2012 (Entscheidungstheorie).

LEE, MARK M., Control premiums and minority discounts. The need for specific economic analysis, in: Shannon Pratt's Business Valuation Update 2001, S. 1-5 (Control premiums and minority discounts).

LEITNER-HANETSEDER, SUSANNE/REBHAN, ELISABETH, Praxis der Goodwill-Bilanzierung der DAX-30-Unternehmen, in: IRZ 2012, S. 157-162 (Praxis der Goodwill-Bilanzierung).

LENNARD, ANDREW, Stewardship and the Objectives of Financial Statements. A Comment on IASB's Preliminary Views on an Improved Conceptual Framework for Financial Reporting: The Objective of Financial Reporting and Qualitative Characteristics of Decision-Useful Financial Reporting Information, in: Accounting in Europe 2007, S. 51-66 (Stewardship).

LORSON, PETER/GATTUNG, ANDREAS, Die Forderung nach einer „faithful representation". Verhältnis zur Objektivität, Neutralität und Nachprüfbarkeit, in: KoR 2008, S. 556-565 (Forderung nach einer „faithful representation" (Teil 2)).

LÜCKE, WOLFGANG, Investitionsrechnungen auf der Grundlage von Ausgaben oder Kosten?, in: ZfhF 1955, S. 310-324 (Investitionsrechnungen).

LÜDENBACH, NORBERT/FREIBERG, JENS, Der Beherrschungsbegriff des IFRS 10. Anwendung auf normale vs. strukturierte Unternehmen, in: PiR 2012, S. 41-50 (Beherrschungsbegriff des IFRS 10).

LÜDENBACH, NORBERT/HOFFMANN, WOLF-DIETER, Übergangskonsolidierung und Auf- oder Abstockung von Mehrheitsbeteiligungen nach ED IAS 127 und ED IFRS 3, in: DB 2005, S. 1805-1811 (Übergangskonsolidierung nach ED IFRS 3).

LÜDENBACH, NORBERT/SCHUBERT, DANIEL, Gemeinschaftliche Vereinbarungen (joint arrangements) nach IFRS 11. Darstellung und kritische Würdigung des neuen Standards, in: PiR 2012, S. 1-7 (Gemeinschaftliche Vereinbarungen).

MANDL, GERWALD/RABEL, KLAUS, Unternehmensbewertung. Eine praxisorientierte Einführung, Wien 1997 (Unternehmensbewertung).

MECHELLI, ALESSANDRO/CIMINI, RICCARDO, Is comprehensive income value relevant and does location matter? A european study, in: Accounting in Europe 2014, S. 59-87 (Is comprehensive income value relevant?).

MERCER, Z. CHRISTOPHER/HARMS, TRAVIS W., Business valuation. An integrated theory, 2. Aufl., Hoboken 2008 (Business valuation).

MERKT, HANNO, Das IFRS Conceptual Framework aus regelungsmethodischer Sicht, in: ZfBf 2014, S. 477-504 (Framework aus regelungsmethodischer Sicht).

METZ, CHRISTIAN, Unternehmenskauf und internationale Rechnungslegung. Kaufpreisklauseln in M&A-Verträgen und ihre bilanzielle Abbildung, Berlin 2012 (Unternehmenskauf).

MEYER, MARCO, Abgrenzung von substanziellen Rechten und Schutzrechten auf der Grundlage von IFRS 10. Einzelfragen zu IFRS 10, in: PiR 2012, S. 269-275 (Substanzielle Rechte und Schutzrechte).

MILLA, ASLAN/BUTOLLO, BEATE, Übergangskonsolidierung nach IFRS bei Veränderung der Beteiligungshöhe mit Statuswechsel, in: IRZ 2007, S. 81-90 (Übergangskonsolidierung nach IFRS).

MILLA, ASLAN/BUTOLLO, BEATE, Sonderfälle der Übergangskonsolidierung nach IFRS und die Wechselwirkungen zu IFRS 5, in: IRZ 2007, S. 173-181 (Sonderfälle der Übergangskonsolidierung nach IFRS).

MOXTER, ADOLF, Bilanzlehre, Wiesbaden 1974 (Bilanzlehre).

MOXTER, ADOLF, Grundsätze ordnungsgemäßer Rechnungslegung, Düsseldorf 2003 (Rechnungslegung).

MÜNSTERMANN, HANS, Dynamische Bilanztheorien, in: Enzyklopädie der Betriebswirtschaftslehre. Bd. 3. Handwörterbuch des Rechnungswesens, hrsg. v. Kosiol, Erich/Chmielewicz, Klaus/Schweitzer, Marcell, 2. Aufl., Stuttgart 1981 (Dynamische Bilanztheorien).

NATH, ERIC W., Control Premiums and Minority Interest Discounts in Private Companies, in: Business Valuation Review 1990, S. 39-46 (Control Premiums and Minority Interest Discounts).

NERLICH, CHRISTOPH, Entwicklung einer Auslegungsmethodik für IFRS im EU-Kontext, Düsseldorf 2007 (Auslegungsmethodik für IFRS).

NOBES, CHRISTOPHER, An Analysis of the International Development of the Equity Method, in: Abacus 2002, S. 16-45 (Equity Method).

ORDELHEIDE, DIETER, Kapitalkonsolidierung nach der Erwerbsmethode (Teil I), in: WPg 1984, S. 237-245 (Kapitalkonsolidierung nach der Erwerbsmethode).

ORDELHEIDE, DIETER, Der Konzern als Gegenstand betriebswirtschaftlicher Forschung, in: BFuP 1986, S. 293-312 (Konzern als Gegenstand betriebswirtschaftlicher Forschung).

ORDELHEIDE, DIETER, Anschaffungskostenprinzip im Rahmen der Erstkonsolidierung gem. § 301 HGB, in: DB 1986, S. 493-499 (Anschaffungskostenprinzip im Rahmen der Erstkonsolidierung).

ORDELHEIDE, DIETER, Kapitalkonsolidierung und Konzernerfolg, in: ZfBf 1987, S. 292-301 (Kapitalkonsolidierung und Konzernerfolg).

ORDELHEIDE, DIETER, Bedeutung und Wahrung des Kongruenzprinzips („clean surplus") im internationalen Rechnungswesen, in: Unternehmensberatung und Wirtschaftsprüfung. Festschrift für Professor Dr. Günter Sieben zum 65. Geburtstag, hrsg. v. Matschke, Manfred Jürgen/Schildbach, Thomas 1998, S. 515-530 (Wahrung des Kongruenzprinzips).

OSER, PETER, Kapitalkonsolidierung bei sukzessivem Anteilserwerb, in: BBK 2006, S. 1343-1358 (Kapitalkonsolidierung bei sukzessivem Anteilserwerb).

OSER, PETER, Auf- und Abstockung von Mehrheitsbeteiligungen im Konzernabschluss nach BilMoG, in: DB 2010, S. 65-68 (Auf- und Abstockung von Mehrheitsbeteiligungen).

OSER, PETER/MILANOVA, ELITSA, Aufstellungspflicht und Abgrenzung des Konsolidierungskreises. Rechtsvergleich zwischen HGB/DRS 19 und dem neuen IFRS 10, in: BB 2011, S. 2027-2032 (Konsolidierungskreis).

PAWELZIK, KAI UDO, Die Prüfung des Konzerneigenkapitals nach HGB, IAS/IFRS, US-GAAP. Konsolidierung, Pürfung, Ausweis, Eigenkapitalspiegel, Düsseldorf 2003 (Prüfung des Konzerneigenkapitals).

PAWELZIK, KAI UDO, Die Konsolidierung von Minderheiten nach IAS/IFRS der Phase II („business combinations"), in: WPg 2004, S. 677-694 (Konsolidierung von Minderheiten).

PAWELZIK, KAI UDO, Kombination von full goodwill und bargain purchase, in: PiR 2009, S. 277-279 (Full goodwill und bargain purchase).

PEEMÖLLER, VOLKER H./MEISTER, JAN/BECKMANN, CHRISTOPH, Der Multiplikatorenansatz als eigenständiges Verfahren der Unternehmensbewertung, in: FB 2002, S. 197-209 (Multiplikatorenansatz).

PELGER, CHRISTOPH, Entscheidungsnützlichkeit im neuen Gewand. Der Exposure Draft zur Phase A des Conceptual Framework-Projekts, in: KoR 2009, S. 156-163 (Entscheidungsnützlichkeit im neuen Gewand).

PELGER, CHRISTOPH, Rechnungslegungszweck und qualitative Anforderungen im Conceptual Framework for Financial Reporting (2010). Der erste Stein im neuen Fundament der internationalen Rechnungslegung, in: WPg 2011, S. 908-916 (Rechnungslegungszweck und qualitative Anforderungen).

PELLENS, BERNHARD/AMSHOFF, HOLGER/SCHMIDT, ANDRÉ, Konzernsichtweisen in der Rechnungslegung und im Gesellschaftsrecht. Zur Übertragbarkeit des betriebswirtschaftlichen Konzernverständnisses auf Ausschüttungsregulierungen, in: ZGR 2009, S. 231-276 (Konzernsichtweisen in der Rechnungslegung).

PELLENS, BERNHARD/FÜLBIER, ROLF UWE/GASSEN, JOACHIM/SELLHORN, THORSTEN, Internationale Rechnungslegung. IFRS 1 bis 13, IAS 1 bis 41, IFRIC-Interpretationen, Standardentwürfe. Mit Beispielen, Aufgaben und Fallstudie, 9. Aufl., Stuttgart 2014 (Internationale Rechnungslegung).

PFAUTH, ANDREAS, Goodwillbilanzierung nach US-GAAP. Kapitalmarktreaktionen auf die Abschaffung der planmäßigen Abschreibung, Wiesbaden 2008 (Goodwillbilanzierung nach US-GAAP).

PFINGSTEN, ANDREAS/KAMP, ANDREAS, Die Bewertung von Beteiligungen aus kapitalmarkttheoretischer bzw. informationsökonomischer Sicht, in: Beteiligungen in Rechnungswesen und Besteuerung. Gestaltungsmöglichkeiten in der Praxis, hrsg. v. Bertl, Romuald u. a., Wien 2004, S. 13-30 (Bewertung von Beteiligungen).

PICOT, GERHARD, Vertragliche Gestaltung besonderer Erscheinungsformen der Mergers & Acquisitions, in: Handbuch Mergers & Acquisitions. Planung, Durchführung, Integration, hrsg. v. Bäzner, Bernd/Picot, Gerhard, 5. Aufl., Stuttgart 2012, S. 368-483 (Vertragliche Gestaltung).

PICOT, GERHARD/PICOT, MORITZ A., Wirtschaftliche und wirtschaftsrechtliche Aspekte bei der Planung der Mergers & Acquisitions, in: Handbuch Mergers & Acquisitions. Planung, Durchführung, Integration, hrsg. v. Bäzner, Bernd/Picot, Gerhard, 5. Aufl., Stuttgart 2012, S. 2-47 (Wirtschaftliche und wirtschaftsrechtliche Aspekte).

POLLMANN, RENÉ, Beherrschungskonzepte nach IAS 27 und IFRS 10. Gegenüberstellung und Auswirkungen auf die Bilanzierungspraxis, in: IRZ 2014, S. 239-244 (Beherrschungskonzepte).

POLLMANN, RENÉ/WULF, INGE, Gemeinschaftliche Vereinbarungen und assoziierte Unternehmen im IFRS-Konzernabschluss, in: IRZ 2013, S. 371-375 (Gemeinschaftliche Vereinbarungen und assoziierte Unternehmen).

POTTGIEßER, GABY/VELTE, PATRICK/WEBER, STEFAN C., Ermessensspielräume im Rahmen des Impairment-Only-Approach. Eine kritische Anaylse zur Folgebewertung des derivativen Geschäfts- oder Firmenwertes (Goodwill) nach IFRS 3 und IAS 36 (rev. 2004), in: DStR 2005, S. 1748-1752 (Ermessensspielräume des Impairment-Only-Approach).

PRATT, SHANNON P., Business Valuation. Discounts and Premiums, New York 2001 (Business Valuation).

PRATT, SHANNON P./NICULITA, ALINA V., Valuing a business. The analysis and appraisal of closely held companies, 5. Aufl., New York 2008 (Valuing a business).

PWC (Hrsg.), Business combinations and noncontrolling interests. Application of the U.S. GAAP and IFRS Standards, verfügbar unter: http://www.pwc.com/en_US/us/cfodirect/assets/pdf/accounting-guides/pwc-business-combinations-noncontrolling-interests.pdf (Stand: 31.08.2015) (Business combinations and noncontrolling interests).

QIN, SIGANG, Bilanzierung des Excess nach IFRS 3, Düsseldorf 2005 (Bilanzierung des Excess).

REES, LYNN L./SHANE, PHILIP B., Academic Research and Standard-Setting. The Case of Other Comprehensive Income, in: Accounting Horizons 2012, S. 789-815 (The Case of Other Comprehensive Income).

RICHTER, FRANK, Sukzessive Erwerbe nach IFRS bei Anwendung der Equity-Methode, in: KoR 2014, S. 289-297 (Sukzessive Erwerbe nach IFRS).

RICHTER, HORST/SÄGLITZ, HANS-JÜRGEN, Von der Nachschau zur Konzernsteuerung durch die Einrichtung der originären Konzernbuchführung in der Versicherungswirtschaft, in: Rechnungslegung - warum und wie. Festschrift für Hermann Clemm zum 70. Geburtstag, hrsg. v. Ballwieser, Wolfgang/Moxter, Adolf/Nonnenmacher, Rolf, München 1996, S. 311-336 (Originäre Konzernbuchführung).

RICHTER, RUDOLF/FURUBOTN, EIRIK GRUNDTVIG, Neue Institutionenökonomik. Eine Einführung und kritische Würdigung, 4. Aufl., Tübingen 2010 (Neue Institutionenökonomik).

ROLL, RICHARD, The Hubris Hypothesis of Corporate Takeovers, in: The Journal of Business 1986, S. 196-216 (Hubris Hypothesis).

RÜHL, JUDITH/ALTHOFF, FRANK, Faktische Beherrschung durch Präsenzmehrheit im Konzernabschluss nach HGB und IFRS, in: KoR 2012, S. 553-562 (Beherrschung durch Präsenzmehrheit).

RUHNKE, KLAUS, Konzernbuchführung, Düsseldorf 1995 (Konzernbuchführung).

RUHNKE, KLAUS/NERLICH, CHRISTOPH, Behandlung von Regelungslücken innerhalb der IFRS, in: DB 2004, S. 389-395 (Regelungslücken innerhalb der IFRS).

RUHNKE, KLAUS/SIMONS, DIRK, Rechnungslegung nach IFRS und HGB. Lehrbuch zur Theorie und Praxis der Unternehmenspublizität mit Beispielen und Übungen, 3. Aufl., Stuttgart 2012 (Rechnungslegung nach IFRS und HGB).

RÜTHERS, BERND/FISCHER, CHRISTIAN/BIRK, AXEL, Rechtstheorie mit juristischer Methodenlehre, 7. Aufl., München 2013 (Rechtstheorie).

SAELZLE, RAINER/KRONNER, MARKUS, Die Informationsfunktion des Jahresabschlusses. Dargestellt am sog. „impairment-only-Ansatz", in: Wpg-Sonderheft 2004, S. 154-165 (Die Informationsfunktion des Jahresabschlusses).

SCHÄFER, HARALD, Bilanzierung von Beteiligungen an assoziierten Unternehmen nach der Equity-Methode. Untersuchung über die Anwendbarkeit der Equity-Methode in der Bundesrepublik Deutschland, Thun 1982 (Beteiligungen an assoziierten Unternehmen).

SCHÄFFNER, DANIEL, Blocktransaktionen an der deutschen Börse. Eine empirische Analyse, Wiesbaden 2003 (Blocktransaktionen an der deutschen Börse).

SCHILDBACH, THOMAS, Externe Rechnungslegung und Kongruenz - Ursache für die Unterlegenheit deutscher verglichen mit angelsächsischer Bilanzierung?, in: DB 1999, S. 1813-1820 (Externe Rechnungslegung und Kongruenz).

SCHILDBACH, THOMAS, IFRS 3. Einladung zur 'Enronitis', in: BB 2005, S. I (IFRS 3: Einladung zur 'Enronitis').

SCHILDBACH, THOMAS, Fair Value - Wunsch und Wirklichkeit, in: Internationale Rechnungslegung: Standortbestimmung und Zukunftsperspektiven. Kapitalmarktorientierte Rechnungslegung und integrierte Unternehmenssteuerung, hrsg. v. Küting, Karlheinz/Pfitzer, Norbert/Weber, Claus-Peter, Stuttgart 2006, S. 7-32 (Fair Value).

SCHILDBACH, THOMAS, Der Konzernabschluß nach HGB, IAS und US-GAAP, 7. Aufl., München u.a. 2008 (Der Konzernabschluß).

SCHINDLER, JOACHIM, Kapitalkonsolidierung nach dem Bilanzrichtlinien-Gesetz, Frankfurt am Main/New York 1986 (Kapitalkonsolidierung).

SCHINDLER, JOACHIM, Konsolidierung von Gemeinschaftsunternehmen: Ein Beitrag zu § 310 HGB, in: BB 1987, S. 158-166 (Konsolidierung von Gemeinschaftsunternehmen).

SCHMALENBACH, EUGEN, Dynamische Bilanz, 4. Aufl., Leipzig 1926 (Dynamische Bilanz).

SCHMITT, DIRK/MOLL, RÜDIGER, Übernahmeprämien am deutschen Kapitalmarkt, in: FB 2007, S. 201-209 (Übernahmeprämien).

SCHREIBER, SUSANNE, Der Asset-Liability-Approach, in: WiSt 2007, S. 572-577 (Asset-Liability-Approach).

SCHRUFF, WIENAND, Die IFRS-Rechnungslegung im Spannungsfeld zwischen Cashflow-Prognose und Rechenschaft, in: WPg 2011, S. 855-860 (Spannungsfeld zwischen Cashflow-Prognose und Rechenschaft).

SCHWARZKOPF, ANN-SOPHIE, Anteile nicht beherrschender Gesellschafter. Bilanzierung nach betriebswirtschaftlichen Grundsätzen und Vorschriften der IFRS, Hamburg 2013 (Anteile nicht beherrschender Gesellschafter).

SCHWETZLER, BERNHARD, Konsistente Unternehmensbewertung mit Multiples, in: Unternehmensbewertung. Theoretische Grundlagen - Praktische Anwendung. Festschrift für Gerwald Mandl zum 70. Geburtstag, hrsg. v. Königsmaier, Heinz/Rabel, Klaus, Wien 2010, S. 571-593 (Unternehmensbewertung mit Multiples).

SEEL, CHRISTOPH, Joint Ventures in der Konzernrechnungslegung nach IFRS und HGB. Organisation, bilanzrechtliche Abgrenzung und Abbildung, Berlin 2013 (Joint Ventures).

SELLHORN, THORSTEN, Ansätze zur bilanziellen Behandlung des Goodwill im Rahmen einer kapitalmarktorientierten Rechnungslegung, in: DB 2000, S. 885-892 (Ansätze zur bilanziellen Behandlung des Goodwill).

SIGLOCH, JOCHEN, Rechnungslegung. Jahresabschluß nach Handels- und Steuerrecht und internationalen Standards, 7. Aufl., Bayreuth 2010 (Rechnungslegung).

SINGH, RAJDEEP, Takeover bidding with toeholds: the case of the owner's curse, in: The review of financial studies 1998, S. 679-704 (Takeover bidding with toeholds).

SPROUSE, ROBERT T., The importance of earnings in the conceptual cramework. Focus on asset/liability, revenue/expense and nonarticulated views, in: The Journal of Accountancy 1987, S. 64-71 (Focus on asset/liability).

STIBI, BERND, Statuswahrende Auf- und Abstockung von Anteilen an Tochterunternehmen. (K-)ein Ende der handelsrechtlichen Diskussion in Sicht?, in: WPg 2012, S. 755-761 (Statuswahrende Auf- und Abstockung).

STIBI, BERND, Aktuelle Vorschläge zur Überarbeitung der (neuen) IFRS-Konzernrechnungslegungsvorschriften. Mehr als nur punktuelle Änderungen?, in: BB 2013, S. 491-495 (Überarbeitung der IFRS-Konzernrechnungslegungsvorschriften).

STIBI, BERND/BÖCKEM, HANNE/KLAHOLZ, EVA, Mehr Anwendungssicherheit bei IFRS 10-12 durch zusätzliche Materialien von IASB und EFRAG?, in: BB 2012, S. 1527-1532 (Mehr Anwendungssicherheit bei IFRS 10-12).

STIBI, BERND/FUCHS, MARKUS, Neuausrichtung der Bilanzpolitik im IFRS-Abschluss, in: IFRS-Management. Interessenschutz auf dem Prüfstand. Treffsichere Unternehmensbeurteilung. Konsequenzen für das Management, hrsg. v. Heyd, Reinhard/Keitz, Isabel von, München 2007, S. 364-390 (Neuausrichtung Bilanzpolitik).

STREIM, HANNES/BIEKER, MARCUS/ESSER, MAIK, Der schleichende Abschied von der Ausschüttungsbilanz. Grundsätzliche Überlegungen zum Inhalt einer Informationsbilanz, in: Steuern, Rechnungslegung und Kapitalmarkt. Festschrift für Franz W. Wagner zum 60. Geburtstag, hrsg. v. Dirrigl, Hans/Wellisch, Dietmar/Wenger, Ekkehard, Wiesbaden 2004, S. 229-244 (Informationsbilanz).

STREIM, HANNES/BIEKER, MARCUS/ESSER, MAIK, Fair Value Accounting in der IFRS-Rechnungslegung. Eine Zweckmäßigkeitsanalyse, in: Kritisches zu Rechnungslegung und Unternehmensbesteuerung. Festschrift zur Vollendung des 65. Lebensjahres von Theodor Siegel, hrsg. v. Schneider, Dieter u. a., Berlin 2005, S. 87-109 (Fair Value Accounting).

SUCKUT, STEFAN, Unternehmensbewertung für internationale Akquisitionen. Verfahren und Einsatz, Wiesbaden 1992 (Unternehmensbewertung für internationale Akquisitionen).

THEILE, CARSTEN/PAWELZIK, KAI UDO, Erfolgswirksamkeit des Anschaffungsvorgangs nach ED3 beim Unternehmenserwerb im Konzern. Zur Bilanzierung eines excess (vormals negative Goodwill), in: WPg 2003, S. 316-324 (Erfolgswirksamkeit des Anschaffungsvorgang).

THEILE, CARSTEN/PAWELZIK, KAI UDO, Fair Value-Beteiligungsbuchwerte als Grundlage der Erstkonsolidierung nach IAS/IFRS?, in: KoR 2004, S. 94-100 (Fair Value-Beteiligungsbuchwerte).

THEILE, CARSTEN/STAHNKE, MELANIE, Zum Erstkonsolidierungszeitpunkt im Konzernabschluss nach dem BilMoG-RegE, in: StuB 2008, S. 578-582 (Erstkonsolidierungszeitpunkt im Konzernabschluss).

TRÜTZSCHLER, KLAUS/DAVID, ULRICH/STRAUCH, JOACHIM/TOMASZEWSKI, CLAUDE, Unternehmensbewertung und Rechnungslegung von Akquisitionen. Die Vorschriften nach IFRS und HGB vs. betriebswirtschaftliche Rationalität, in: Zeitschrift für Planung & Unternehmenssteuerung 2005, S. 383-406 (Rechnungslegung von Akquisitionen).

URBANCZIK, PATRICK, "Presentation of Items of Other Comprehensive Income - Amendments to IAS 1". Überblick und Auswirkungen, in: KoR 2012, S. 269-274 (Presentation of OCI).

VALLELY, MARK/STOKES, DONALD/LIESCH, PETER, Equity Accounting. Empirical Evidence and Lessons from the Past, in: Australian Accounting Review 1997, S. 16-26 (Equity Accounting).

WAGENHOFER, ALFRED/EWERT, RALF, Externe Unternehmensrechnung, 2. Aufl., Berlin u. a. 2007 (Externe Unternehmensrechnung).

WALKLING, RALPH A./EDMISTER, ROBERT O., Determinants of Tender Offer Premiums, in: Financial Analysts Journal 1985, S. 27 (Determinants of Tender Offer Premiums).

WANK, ROLF, Die Auslegung von Gesetzen, 5. Aufl., München 2011 (Auslegung von Gesetzen).

WARMBOLD, SIEGFRIED, Die Endkonsolidierung vollkonsolidierter Tochterunternehmen in der handelsrechtlichen Konzernrechnungslegung unter Berücksichtigung der konzeptionellen Grundlagen und der Generalnorm, Frankfurt am Main/New York 1995 (Endkonsolidierung).

WEBER, CHRISTIAN/KÜTING, PETER/SEEL, CHRISTOPH/HÖFNER, SEBASTIAN, Die bilanzielle Abbildung von gemeinschaftlichen Tätigkeiten bei divergierenden Quoten. Ein lösbares Problem?, in: KoR 2014, S. 241-248 (Bilanzielle Abbildung von gemeinschaftlichen Tätigkeiten).

WEBER, CLAUS-PETER/WIRTH, JOHANNES, Immaterielle Vermögenswerte in der US-amerikanischen Konzernrechnungslegung nach SFAS 141/142, in: Vom Financial Accounting zum Business Reporting. Kapitalmarktorientierte Rechnungslegung und integrierte Unternehmenssteuerung, hrsg. v. Küting, Karlheinz/Weber, Claus-Peter, Stuttgart 2002, S. 43-71 (Immaterielle Vermögenswerte).

WEISMÜLLER, ALBERT, Synergien zur Steigerung des Unternehmenswertes, in: Bewertung von Unternehmen. Strategie - Markt - Risiko, hrsg. v. Börsig, Clemens/Coenenberg, Adolf G./Adolf, Gerhard, Stuttgart 2003, S. 173-184 (Synergien).

WHITTINGTON, GEOFFREY, Fair Value and the IASB/FASB Conceptual Framework Project. An Alternative View, in: Abacus 2008, S. 139-168 (Conceptual Framework Project).

WIEDMANN, HARALD/SCHWEDLER, KRISTINA, Die Rahmenkonzepte von IASB und FASB. Konzeption, Vergleich und Entwicklungstendenzen, in: Rechnungslegung und Wirtschaftsprüfung. Festschrift zum 70. Geburtstag von Jörg Baetge, hrsg. v. Kirsch, Hans-Jürgen/Thiele, Stefan, Düsseldorf 2007, S. 679-716 (Rahmenkonzepte).

WIRTH, JOHANNES, Firmenwertbilanzierung nach IFRS: Unternehmenszusammenschlüsse. Werthaltigkeitstest. Endkonsolidierung, Stuttgart 2005 (Firmenwertbilanzierung nach IFRS).

WIRTH, JOHANNES, Bilanzierung von Gemeinschaftsunternehmen nach IFRS 11 unter besonderer Berücksichtigung der Übergangsmodalitäten, in: Brennpunkte der Bilanzierungspraxis nach IFRS und HGB, hrsg. v. Küting, Karlheinz/Pfitzer, Norbert/Weber, Claus-Peter, Stuttgart 2012, S. 37-58 (Bilanzierung von Gemeinschaftsunternehmen).

WÖHE, GÜNTER, Zur Bilanzierung und Bewertung des Firmenwertes, in: StuW 1980, S. 89-108 (Bilanzierung und Bewertung des Firmenwertes).

WOJCIK, KARL-PHILIPP, Die internationalen Rechnungslegungsstandards IAS/IFRS als europäisches Recht, Berlin 2008 (IAS/IFRS als europäisches Recht).

WOLLMERT, PETER/ACHLEITNER, ANN-KRISTIN, Konzeptionelle Grundlagen der IAS-Rechnungslegung, in: WPg 1997, S. 209-222 (Grundlagen IAS-Rechnungslegung).

WULFERT, INGMAR/WIESKE, DIANA, Die externe Rechnungslegung aus der Perspektive der Prinzipal-Agenten-Theorie unter besonderer Berücksichtigung der Rechnungslegungsvorschriften für Finanzinstrumente, in: Die Prinzipal-Agenten-Theorie in der Finanzwirtschaft. Analysen und Anwendungsmöglichkeiten in der Praxis, hrsg. v. Heyd, Reinhard/Beyer, Michael, Berlin 2011, S. 105-131 (Prinzipal-Agenten-Theorie).

ZAUNER, JANINE, Übergangs- und Endkonsolidierung nach IFRS, Berlin 2006 (Übergangs- und Endkonsolidierung nach IFRS).

ZELGER, HANSJÖRG, Purchase Price Allocation nach IFRS und US-GAAP, in: Unternehmenskauf nach IFRS und US-GAAP. Purchase Price Allocation, Goodwill und Impairment-Test, hrsg. v. Ballwieser, Wolfgang/Beyer, Sven/Zelger, Hansjörg, 2. Aufl., Stuttgart 2008, S. 101-150 (Purchase Price Allocation).

ZEYER, FEDOR/FRANK, TOBIAS, Klarstellung an IFRS 11. Wurden alle Unklarheiten restlos beseitigt?, in: PiR 2014, S. 266-270 (Klarstellung an IFRS 11).

ZIPPELIUS, REINHOLD, Juristische Methodenlehre, 11. Aufl., München 2012 (Juristische Methodenlehre).

ZITTELMANN, ERNST, Die Rechtsgeschäfte im Entwurf eines Bürgerlichen Gesetzbuches für das Deutsche Reich. Studien, Kritiken, Vorschläge, Berlin 1889 (BGB im deutschen Reich).

ZORN, THOMAS, Die Ableitung der Endkonsolidierung vor dem Hintergrund von Regelungslücken innerhalb der IAS/IFRS, München 2004 (Endkonsolidierung).

ZÜLCH, HENNING, Die Gewinn- und Verlustrechnung nach IFRS. Erfolgswirtschaftliche Grundlagen der IASB-Rechnungslegung. Entwicklungsstand der Gewinn- und Verlustrechnung nach IFRS . Perspektiven der Erfolgsermittlung im internationalen Kontext, Herne, Berlin 2005 (Gewinn- und Verlustrechnung nach IFRS).

ZÜLCH, HENNING/ERDMANN, MARK-KEN/POPP, MARCO, Kritische Würdigung der Neuregelungen des IFRS 10 im Vergleich zu den bisherigen Vorschriften des IAS 27 sowie SIC-12, in: KoR 2011, S. 585-593 (Neuregelungen des IFRS 10).

ZÜLCH, HENNING/FISCHER, DANIEL, Neukonzeption des Performance Reporting in der IASB-Rechnungslegung. Kritische Würdigung aktueller Entwicklungen vor dem Hintergrund bestehender Mängel und Inkonsistenzen, in: IFRS-Management. Interessenschutz auf dem Prüfstand. Treffsichere Unternehmensbeurteilung. Konsequenzen für das Management, hrsg. v. Heyd, Reinhard/Keitz, Isabel von, München 2007, S. 93-131 (Neukonzeption des Performance Reporting).

ZÜLCH, HENNING/POPP, MARCO, IFRS 10 – Consolidated Financial Statements. Ein erster Überblick über das neue Control-Konzept, in: DStR 2011, S. 1532 (Überblick über das neue Control-Konzept).

ZÜLCH, HENNING/POPP, MARCO, Reformation der IFRS-Konzernrechnungslegung (Teil I). Das Control-Konzept nach IFRS 10, in: Der Konzern 2012, S. 245-255 (Reformation der IFRS-Konzernrechnungslegung (Teil I)).

ZÜLCH, HENNING/POPP, MARCO, Reformation der IFRS-Konzernrechnungslegung (Teil II). Joint Arrangements nach IFRS 11, in: Der Konzern 2012, S. 328-337 (Reformation der IFRS-Konzernrechnungslegung (Teil II)).

Verzeichnis der Geschäftsberichte

DEUTSCHE BANK AG (Hrsg.), Geschäftsbericht 2010, verfügbar unter: https://geschaeftsbericht.deutsche-bank.de/2010/gb/serviceseiten/downloads/files/dbfy2010_gesamt.pdf (Stand: 31.08.2015) (Geschäftsbericht 2010).

DEUTSCHE BANK AG (Hrsg.), Geschäftsbericht 2012, verfügbar unter: https://www.deutsche-bank.de/ir/de/download/Deutsche_Bank_Geschaeftsbericht_2012_gesamt.pdf (Stand: 31.08.2015) (Geschäftsbericht 2012).

ROBERT BOSCH GMBH (Hrsg.), Geschäftsbericht 2014, verfügbar unter: http://www.bosch.com/content2/publication_forms/de/downloads/Bosch_Geschaeftsbericht_2014.pdf (Stand: 31.08.2015) (Geschäftsbericht 2014).

VOLKSWAGEN AG (Hrsg.), Geschäftsbericht 2011, verfügbar unter: http://www.volkswagenag.com/content/vwcorp/content/de/misc/pdf-dummies.bin.html/downloadfilelist/downloadfile/downloadfile_19/file/Y_2011_d.pdf (Stand: 31.08.2015) (Geschäftsbericht 2011).

Gesetzesverzeichnis

Gesetz betreffend die Gesellschaften mit beschränkter Haftung (GmbHG) in der Fassung der Bekanntmachung vom 20.05.1898, RGBl. 1898, S. 846, zuletzt geändert durch Gesetz vom 24.04.2015, BGBl. I 2015, S. 642.

Handelsgesetzbuch (HGB) vom 10.05.1897, RGBl. 1897, S. 219-436, zuletzt geändert durch Gesetz vom 24.04.2015, BGBl. I 2015, S. 642.

Verzeichnis der Materialien aus dem Gesetzgebungs- oder Standardsetzungsprozess

Nationale und internationale Rechnungslegungsstandards und Rahmenkonzepte

DRSC (Hrsg.), Deutsche Rechnungslegungs Standards (DRS) - DRSC Interpretationen (IFRS) - DRSC Anwendungshinweise, Loseblatt, Berlin 2000 ff., (Stand: Juni 2014) (zitiert: DRS).

FASB (Hrsg.), Accounting Standards Codification 323. Investments - Equity-Method and Joint Ventures, Norwalk 2014 (Stand: 2015) (zitiert: ASC.323).

IASB (Hrsg.), International Accounting Standard 27. Consolidated and Separate Financial Statements, London 2003 (Stand: 2008) (zitiert: IAS 27 (rev. 2003)).

IASB (Hrsg.), International Accounting Standard 28. Investments in Associates, London 2003 (Stand: 2008) (zitiert: IAS 28 (amend. 2008)).

IASB (Hrsg.), International Financial Reporting Standard 3. Business Combinations, London 2004 (Stand: 2004) (zitiert: IFRS 3 (rev. 2004)).

IASB (Hrsg.), The Conceptual Framework for Financial Reporting, London 2010 (zitiert: CF (2010)).

IASB (Hrsg.), Preface to International Financial Reporting Standards, London 2002 (letztmalig angepasst: 2010) (Preface to IFRS).

IASB (Hrsg.), 2014 International Financial Reporting Standards (Red Book). Official pronouncements issued at 1 January 2014, London 2014 (zitiert: IFRS/IAS).

IASC (Hrsg.), International Accounting Standard 22. Business Combinations, London 1983 (Stand: 1999) (zitiert: IAS 22).

IASC (Hrsg.), International Accounting Standard 25. Accounting for Investments, London 1985 (Stand: 1994) (zitiert: IAS 25).

Exposure Drafts und Discussion Paper

DRSC (Hrsg.), E-DRS 30: Entwurf eines Deutschen Rechnungslegungsstandards zur Kapitalkonsolidierung (Einbeziehung von Tochterunternehmen in den Konzernabschluss), Berlin 2015 (zitiert: E-DRS 30).

IASB (Hrsg.), Exposure Draft: Joint Arrangements (ED 9), London 2007 (ED 9: Joint Arrangements).

IASB (Hrsg.), Exposure Draft: Fair Value Measurement (ED/2009/5), London 2009 (ED/2009/5: Fair Value Measurement).

IASB (Hrsg.), Exposure Draft: Acquisition of an Interest in a Joint Operation (ED/2012/7). Proposed amendment to IFRS 11, London 2012 (ED/2012/7: Acquisition of an Interest in a Joint Operation).

IASB (Hrsg.), Discussion Paper: A Review of the Conceptual Framework for Financial Reporting (DP/2013/1), London 2013 (DP/2013/1: A Review of the Conceptual Framework).

IASB (Hrsg.), Exposure Draft: Measuring Quoted Investments in Subsidiaries, Joint Ventures and Associates at Fair Value (ED/2014/4). Proposed amendments to IFRS 10, IFRS 12, IAS 27, IAS 28 and IAS 36 and Illustrative Examples for IFRS 13, London 2014 (ED/2014/4: Measuring Quoted Investments).

IASB (Hrsg.), Exposure Draft: Conceptual Framework for Financial Reporting (ED/2015/3), London 2015 (zitiert: ED.CF).

Sonstige Materialien aus dem Gesetzgebungs- und Standardsetzungsprozess

BAYER AG (Hrsg.), Request for Information: IFRS 3 Business Combinations - Post-implementation review. Comment Letter, verfügbar unter: http://www.ifrs.org/Current-Projects/IASB-Projects/PIR/PIR-IFRS-3/Request-for-Information-January-2014/Pages/Submissions.aspx (Stand: 31.08.2015) (Comment Letter (PIR IFRS 3)).

CNC (Hrsg.), ED 9 Joint Arrangements. Comment Letter, verfügbar unter: http://www.anc.gouv.fr/files/live/sites/anc/files/contributed/Normes%20internationales/IASB/2008/2008ED9_JointArrangements.pdf (Stand: 31.08.2015) (Comment Letter (ED 9)).

DELOITTE (Hrsg.), Exposure Drafts of proposed Amendments to FASB Statement No. 141 and IFRS 3. Comment Letter, verfügbar unter: http://www.ifrs.org/Current-Projects/IASB-Projects/Business-Combinations/Pages/Exposure-Drafts-and-Comment-Letters.aspx (Stand: 31.08.2015) (Comment Letter (ED IFRS 3)).

DELOITTE (Hrsg.), Request for Information: IFRS 3 Business Combinations - Post-implementation review. Comment Letter, verfügbar unter: http://www.ifrs.org/Current-Projects/IASB-Projects/PIR/PIR-IFRS-3/Request-for-Information-January-2014/Pages/Submissions.aspx (Stand: 31.08.2015) (Comment Letter (PIR IFRS 3)).

DELOITTE (Hrsg.), IASB Exposure Draft ED/2014/4 Measuring Quoted Investments in Subsidiaries, Joint Ventures and Associates at Fair Value. Comment Letter, verfügbar unter: http://www.iasplus.com/de/publications/publikationen-des-ifrs-global-office/deloitte-comment-letters/2015/ed-2014-4/file (Stand: 31.08.2015) (Comment Letter (ED/2014/4)).

DEUTSCHE TELEKOM AG/FRANCE TELECOM S.A./TELEFONICA S.A. (Hrsg.), Exposure Drafts of proposed Amendments to IFRS 3, IAS 27, IAS 37 and IAS 19. Comment Letter, verfügbar unter: http://www.ifrs.org/Current-Projects/IASB-Projects/Business-Combinations/Pages/Exposure-Drafts-and-Comment-Letters.aspx (Stand: 31.08.2015) (Comment Letter (ED IFRS 3)).

DRSC (Hrsg.), Request for Information: IFRS 3 Business Combinations - Post-implementation review. Comment Letter, verfügbar unter: http://www.ifrs.org/Current-Projects/IASB-Projects/PIR/PIR-IFRS-3/Request-for-Information-January-2014/Pages/Submissions.aspx (Stand: 31.08.2015) (Comment Letter (PIR IFRS 3)).

DRSC (Hrsg.), Exposure Drafts of proposed Amendments to IFRS 3 and IAS 27. Comment Letter, verfügbar unter: http://www.ifrs.org/Current-Projects/IASB-Projects/Business-Combinations/Pages/Exposure-Drafts-and-Comment-Letters.aspx (Stand: 31.08.2015) (Comment Letter (ED IFRS 3)).

DRSC (Hrsg.), IASB Exposure Draft ED/2014/4 Measuring Quoted Investments in Subsidiaries, Joint Ventures and Associates at Fair Value. Comment Letter, verfügbar unter: http://www.drsc.de/docs/press_releases/2015/150116_CL_ASCG_IASB_MQI.pdf?date=2015-0-5 (Stand: 31.08.2015) (Comment Letter (ED/2014/4)).

EFRAG (Hrsg.), The EU endorsement status report. Position as at 18 March 2015, verfügbar unter: http://www.efrag.org/WebSites/UploadFolder/1/CMS/Files/Endorsement%20status%20report/EFRAG_Endorsement_Status_Report__18_March_2015.pdf (Stand: 31.08.2015) (EU endorsement status report).

EFRAG (Hrsg.), Final Endorsement Advice and Effects Study Report on IFRS 10, IFRS 11, IFRS 12, IAS 27 (2011) and IAS 28 (2011), verfügbar unter: http://www.efrag.org/files/EFRAG%20public%20letters/Consolidation/Final_Endorsement_Advice/Final_Endorsement_Advice_-_IFRS_10_IFRS_11_IFRS_12_IAS_27_and_IAS_28.pdf (Stand: 31.08.2015) (Final Endorsement Advice).

EFRAG (Hrsg.), EFRAG Short Discussion Series. The Equity Method: A measurement basis or one-Line consolidiation?, verfügbar unter: http://www.efrag.org/files/EFRAG%20public%20letters/EFRAG%20SDS/SDS1_The_Equity_Method/EFRAG_SDS1_The_Equity_Method.pdf (Stand: 31.08.2015) (Equity Method).

EFRAG (Hrsg.), IASB Exposure Draft ED/2014/4 Measuring Quoted Investments in Subsidiaries, Joint Ventures and Associates at Fair Value. Comment Letter, verfügbar unter: http://www.efrag.org/files/ED%20Unit%20of%20Account/Unit_of_Account_-_Final_comment_letter_-_clean.pdf (Stand: 31.08.2015) (Comment Letter (ED/2014/4)).

EFRAG u. a. (Hrsg.), Getting a Better Framework. Complexity Bulletin, verfügbar unter: http://www.efrag.org/files/Conceptual%20Framework%202013/140210_CF_Bulletin_Complexity.pdf (Stand: 31.08.2015) (Getting a Better Framework: Complexity).

EFRAG u. a. (Hrsg.), Getting a Better Framework. Prudence Bulletin, verfügbar unter: http://www.efrag.org/files/Conceptual%20Framework%202013/130409_CF_Bulletin_Prudence_-_final.pdf (Stand: 31.08.2015) (Getting a Better Framework: Prudence).

EFRAG U. A. (Hrsg.), Getting a Better Framework. Accountability and the Objective of Financial Reporting Bulletin, verfügbar unter: http://www.efrag.org/files/Conceptual%20Framework%202013/130911_CF_Bulletin_Accountability_-_final.pdf (Stand: 31.08.2015) (Getting a Better Framework: Accountability).

ERNST & YOUNG (Hrsg.), Exposure Draft of ED 9 Joint Arrangements. Comment Letter, verfügbar unter: http://www.ifrs.org/Current-Projects/IASB-Projects/Joint-Ventures/ED/Comments/Documents/CommentLetterExposureDraftofED9JointArrangements.pdf (Stand: 31.08.2015) (Comment Letter (ED 9)).

ESMA (Hrsg.), ESMA Report. Review on the application of accounting requirements for business combinations in IFRS financial statements, verfügbar unter: http://www.esma.europa.eu/system/files/2014-643_esma_report_on_the_ifrs_3.pdf (Stand: 31.08.2015) (Report on the application of IFRS 3).

FRC (Hrsg.), A Review of the Conceptual Framework for Financial Reporting (DP/2013/1). FRC Response, verfügbar unter: https://www.frc.org.uk/Our-Work/Publications/Accounting-and-Reporting-Policy/FRC-response-to-IASBs-A-Review-of-the-Conceptual.aspx (Stand: 31.08.2015) (Comment Letter (DP/2013/1)).

HOOGERVORST, HANS, The dangers of ignoring unrealised income. Speech by Hans Hoogervorst, IASB Chairman, IFRS Conference Tokyo, 3. September 2014, verfügbar unter: http://www.ifrs.org/Alerts/Conference/Documents/2014/Speech-Hans-Hoogervorst-Dangers-of-ignoring-unrealised-income-September-2014.pdf (Stand: 31.08.2015) (The dangers of ignoring unrealised income).

IASB (Hrsg.), Business Combinations Phase II. Project Summary and Feedback Statement. January 2008, verfügbar unter: http://www.ifrs.org/Current-Projects/IASB-Projects/Business-Combinations/Documents/BusComb_Effects.pdf (Stand: 31.08.2015) (Project Summary ED IFRS 3).

IASB (Hrsg.), Joint Venture. Loss of Joint Control (Staff Paper 17B, IASB Meeting February 2010), verfügbar unter: http://www.ifrs.org/Meetings/Documents/IASBFeb10/JV0210b17Bobs.pdf (Stand: 31.08.2015) (Staff Paper 17B (February 2010)).

IASB/FASB (Hrsg.), Fair Value Measurement. Premiums and discounts in a fair value measurement (Staff Paper 2G, IASB/FASB Meeting February 2010), verfügbar unter: http://www.ifrs.org/Current+Projects/IASB+Projects/Fair+Value+Measurement/Summaries/IASB+February+2010.htm (Stand: 31.08.2015) (Staff Paper 2G (February 2010)).

IASB (Hrsg.), IASB Update. November 2010, verfügbar unter: http://www.ifrs.org/Updates/IASB-Updates/2010/Documents/November2010IASBUpdate.pdf (Stand: 31.08.2015) (IASB Update (November 2010)).

IASB (Hrsg.), IASB Update. May 2012, verfügbar unter: http://www.ifrs.org/Updates/IASB-Updates/Documents/IASBupdateMay20122.pdf (Stand: 31.08.2015) (IASB Update (May 2012)).

IASB (Hrsg.), IFRS IC Work in progress. IFRS 11 - Acquisition of an Interest in a Joint Operation (Staff Paper 8, IASB Meeting September 2012), verfügbar unter: http://www.ifrs.org/Meetings/MeetingDocs/IASB/Archive/Acquisition-Interest-Joint-Operation/IFRS11-0912-08.pdf (Stand: 31.08.2015) (Staff Paper 8 (September 2012)).

IASB (Hrsg.), Fair Value Measurement. Unit of account (Staff Paper 5, IASB Meeting February 2013), verfügbar unter: http://www.ifrs.org/Current-Projects/IASB-Projects/FVM-unit-of-account/Pages/papers-1.aspx (Stand: 31.08.2015) (Staff Paper 5 (February 2013)).

IASB (Hrsg.), Fair Value Measurement. Unit of account (Staff Paper 4, IASB Meeting March 2013), verfügbar unter: http://www.ifrs.org/Meetings/MeetingDocs/IASB/2013/March/04-Fair-Value-Measurement.pdf (Stand: 31.08.2015) (Staff Paper 4 (March 2013)).

IASB (Hrsg.), Exposure Draft Acquisition of an Interest in a Joint Operation. Summary of comment letter analysis (Staff Paper 12BA, IASB Meeting October/November 2013), verfügbar unter: http://www.ifrs.org/Current-Projects/IASB-Projects/Acquisition-Joint-Operation/Pages/Discussion-and-papers-stage-2.aspx (Stand: 31.08.2015) (Staff Paper 12BA (October/November 2013)).

IASB (Hrsg.), Conceptual Framework. Feedback summary: general overview (Staff Paper 10A, IASB Meeting March 2014), verfügbar unter: http://www.ifrs.org/Current-Projects/IASB-Projects/Conceptual-Framework/Documents/Feedback-on-Conceptual-Framework-Discussion-Paper.pdf (Stand: 31.08.2015) (Staff Paper 10A (March 2014)).

IASB (Hrsg.), Conceptual Framework. Feedback summary: presentation in the statement of comprehensive income - profit or loss and other comprehensive income (Staff Paper 10I, IASB Meeting March 2014), verfügbar unter: http://www.ifrs.org/Meetings/MeetingDocs/IASB/2014/March/10I-CF%20feedback%20summary-P%20and%20L%20and%20OCI.PDF (Stand: 31.08.2014) (Staff Paper 10I (March 2014)).

IASB (Hrsg.), Conceptual Framework. Chapters 1 & 3 - Other possible changes (Staff Paper 10J, IASB Meeting May 2014), verfügbar unter: http://www.ifrs.org/Meetings/MeetingDocs/IASB/2014/May/AP10J-Conceptual%20Framework.pdf (Stand: 31.08.2015) (Staff Paper 10J (May 2014)).

IASB (Hrsg.), The Equity Method of Accounting. Project Scope (Staff Paper 3A, IASB Meeting June 2014), verfügbar unter: http://www.ifrs.org/Meetings/MeetingDocs/ASAF/2014/May/03A%20Equity%20Method%20of%20Accounting.pdf (Stand: 31.08.2015) (Staff Paper 3A (June 2014)).

IASB (Hrsg.), Post-implementation review IFRS 3 Business Combinations. Summary of comments received (Staff Paper 12F, IASB Meeting September 2014), verfügbar unter: http://www.ifrs.org/Meetings/MeetingDocs/IASB/2014/September/AP12F-IFRS%20IC%20Issues-PIR%20IFRS%203.pdf (Stand: 31.08.2015) (Staff Paper 12F (September 2014)).

IASB (Hrsg.), Conceptual Framework. Summary of potential inconsistencies between the existing standards an the Conceptual Framework Exposure Draft (Staff Paper 10D, IASB Meeting October 2014), verfügbar unter: http://www.ifrs.org/Meetings/MeetingDocs/IASB/2014/October/AP10D-Conceptual-Framework.pdf (Stand: 31.08.2015) (Staff Paper 10D (October 2014)).

IASB (Hrsg.), Conceptual Framework. Proposed amendments - IAS 1 and IAS 8 (Staff Paper 10G, IASB Meeting October 2014), verfügbar unter: http://www.ifrs.org/Meetings/MeetingDocs/IASB/2014/October/AP10G-Conceptual-Framework.pdf (Stand: 31.08.2015) (Staff Paper 10G (October 2014)).

IASB (Hrsg.), Post-implementation review IFRS 3 Business Combinations. Findings (Staff Paper 12B, IASB Meeting December 2014), verfügbar unter: http://www.ifrs.org/Meetings/MeetingDocs/IASB/2014/December/AP12B-IFRS-IC-Issues-IFRS-3-Findings.pdf (Stand: 31.08.2015) (Staff Paper 12B (December 2014)).

IASB (Hrsg.), Post-implementation Review of IFRS 3 Business Combinations. Report and Feedback Statement, verfügbar unter: http://www.ifrs.org/Current-Projects/IASB-Projects/PIR/PIR-IFRS-3/Documents/PIR_IFRS%203-Business-Combinations_FBS_WEBSITE.pdf (Stand: 31.08.2015) (PIR IFRS 3: Report and Feedback Statement).

IASB (Hrsg.), Measuring Quoted Investments in Subsidiaries, Joint Ventures and Associates at Fair Value (Proposed amendments to IFRS 10, IFRS 12, IAS 27, IAS 28 and IAS 36 and Illustrative Examples for IFRS 13) (Staff Paper 6, IASB Meeting March 2015). Comment letter analysis and feedback received from users, verfügbar unter: http://www.ifrs.org/Meetings/MeetingDocs/IASB/2015/March/AP06-Fair%20Value.pdf (Stand: 31.08.2015) (Staff Paper 6 (March 2015)).

IDW (Hrsg.), Exposure Drafts of proposed Amendments to IFRS 3 Business Combinations and IAS 27 Consolidated and Separate Financial Statements. Comment Letter, verfügbar unter: http://www.ifrs.org/Current-Projects/IASB-Projects/Business-Combinations/Pages/Exposure-Drafts-and-Comment-Letters.aspx (Stand: 31.08.2015) (Comment Letter (ED IFRS 3)).

IDW (Hrsg.), Discussion Paper - Fair Value Measurements. Comment Letter, verfügbar unter: http://www.google.de/url?sa=t&rct=j&q=&esrc=s&source=web&cd=1&ved=0CCMQF-jAA&url=http%3A%2F%2Fwww.idw.de%2Fidw%2Fdownload%2FFair_20Value_20Measurement.pdf%3Fid%3D420790%26property%3DInhalt&ei=SvO8VPyfHcjeParWgOgC&usg=AFQjCNGOOX5BiSktjj6jDzDM_tMl6nYSlw&bvm=bv.83829542,d.ZWU (Stand: 31.08.2015) (Comment Letter (DP FVM)).

IDW (Hrsg.), IASB Exposure Draft ED/2014/4 Measuring Quoted Investments in Subsidiaries, Joint Ventures and Associates at Fair Value. Comment Letter, verfügbar unter: http://www.idw.de/idw/portal/d642330 (Stand: 31.08.2015) (Comment Letter (ED/2014/4)).

IDW (Hrsg.), Request for Information: IFRS 3 Business Combinations - Post-implementation review. Comment Letter, verfügbar unter: http://www.ifrs.org/Current-Projects/IASB-Projects/PIR/PIR-IFRS-3/Request-for-Information-January-2014/Pages/Submissions.aspx (Stand: 31.08.2015) (Comment Letter (PIR IFRS 3)).

IFRS FOUNDATION (Hrsg.), IASB and IFRS Interpretations Committee Due Process Handbook. Approved by the Trustees January 2013, verfügbar unter: http://www.ifrs.org/DPOC/Documents/2013/Due_Process_Handbook_Resupply_28_Feb_2013_WEBSITE.pdf (Stand: 31.08.2015) (Due Process Handbook).

IFRS IC (Hrsg.), IFRIC Update. July 2009, verfügbar unter: http://www.ifrs.org/Updates/IFRIC-Updates/2009/Documents/IFRIC0907.pdf (Stand: 31.08.2015) (IFRIC Update (July 2009)).

IFRS IC (Hrsg.), IFRIC Update. July 2010, verfügbar unter: http://www.ifrs.org/Updates/IFRIC-Updates/2010/Documents/IFRICUpdateJUL10.pdf (Stand: 31.08.2015) (IFRIC Update (July 2010)).

IFRS IC (Hrsg.), Annual Improvements Project (2009-2011 cycle). IAS 28 Investments in Associates - Purchases in stages - fair value as deemed cost (Staff Paper 16, IFRS Interpretations Committee Meeting July 2010), verfügbar unter: http://www.ifrs.org/Meetings/Documents/IFRICJul2010/1007obs16IAS28.pdf (Stand: 31.08.2015) (Staff Paper 16 (July 2010)).

IFRS IC (Hrsg.), New items for initial consideration. IAS 8 Accounting policies, Changes in accounting Estimates and Errors – Hierarchy of guidance to select an accounting policy (Staff Paper 5, IFRS Interpretations Committee Meeting January 2011), verfügbar unter: http://www.ifrs.org/Meetings/Documents/IFRICJan11/IFRIC-Jan-2011-05IAS8.pdf (Stand: 31.08.2015) (Staff Paper 5 (January 2011)).

IFRS IC (Hrsg.), Fair Value Measurement. Portfolios (Staff Paper 18, IFRS Interpretations Committee Meeting May 2013), verfügbar unter: http://www.ifrs.org/Meetings/MeetingDocs/Interpretations%20Committee/2013/May/AP18%20Fair%20Value%20Measurement.pdf (Stand: 31.08.2015) (Staff Paper 18 (May 2013)).

IFRS IC (Hrsg.), New items for initial consideration. IFRS 3 Business Combinations: Acquisition of Control over a Joint Operation (Staff Paper 13, IFRS Interpretations Committee Meeting September 2013), verfügbar unter: http://www.ifrs.org/Meetings/MeetingDocs/Interpretations%20Committee/2013/September/AP13%20IFRS%203%20Acquisition%20of%20Control%20over%20a%20Joint%20Operation.pdf (Stand: 31.08.2015) (Staff Paper 13 (September 2013)).

IFRS IC (Hrsg.), IFRS 11 Joint Arrangements. Accounting treatment when the joint operators' share of output purchased differs from their share of ownership interest in the joint operation (Staff Paper 2C, IFRS Interpretations Committee Meeting July 2014), verfügbar unter: http://www.ifrs.org/Meetings/MeetingDocs/Interpretations%20Committee/2014/July/AP02C

%20-%20IFRS%2011%20Joint%20arrangements%20-%20disproportionate%20ownership%20interest.pdf (Stand: 31.08.2015) (Staff Paper 2C (July 2014)).

IFRS IC (Hrsg.), IFRIC Update. March 2015, verfügbar unter: http://media.ifrs.org/2015/IFRIC/March/IFRIC-Update-March-2015.pdf (Stand: 31.08.2015) (IFRIC Update (March 2015)).

IFRS IC (Hrsg.), IFRS 11 Joint Arrangements. Tentative agenda decision comment letter analysis (Staff Paper 4, IFRS Interpretations Committee Meeting March 2015), verfügbar unter: http://www.ifrs.org/Meetings/MeetingDocs/Interpretations%20Committee/2015/March/AP04%20-%20IFRS%2011%20Joint%20arrangements%20-%20Finalisation%20of%20agenda%20decisions.pdf (Stand: 31.08.2015) (Staff Paper 4 (March 2015)).

IFRS IC (Hrsg.), IFRS 11 Joint Arrangements. Remeasurement of previously held interests – Acquisition of control over a joint operation (Staff Paper 5A, IFRS Interpretations Committee Meeting September 2015), verfügbar unter: http://www.ifrs.org/Meetings/MeetingDocs/Interpretations%20Committee/2015/September/AP05A-Remeasurement-of-interests-Acquisition-of-control-over-a-joint-operation-final.pdf (Stand: 31.08.2015) (Staff Paper 5A (September 2015)).

IFRS IC (Hrsg.), IFRS 11 Joint Arrangements. Remeasurement of previously held interests – Change of interests' transaction resulting in an acquisition of joint control (Staff Paper 5C, IFRS Interpretations Committee Meeting September 2015), verfügbar unter: http://www.ifrs.org/Meetings/MeetingDocs/Interpretations%20Committee/2015/September/AP05C-Remeasurement-of-interests-change-of-interests-final.pdf (Stand: 31.08.2015) (Staff Paper 5C (September 2015)).

Kommission der Europäischen Gemeinschaft (Hrsg.), Kommentare zu bestimmten Artikeln der Verordnung (EG) Nr. 1606/2002 des Europäischen Parlaments und des Rates vom 19. Juli 2002 betreffend die Anwendung internationaler Rechnungslegungsstandards und zur Vierten Richtlinie 78/660/EWG des Rates vom 25. Juli 1978 sowie zur Siebenten Richtlinie 83/349/EWG des Rates vom 13. Juni 1983 über Rechnungslegung, verfügbar unter: http://ec.europa.eu/internal_market/accounting/docs/ias/200311-comments/ias-200311-comments_de.pdf (Stand: 31.08.2015) (IAS-VO-Kommentare).

KPMG (Hrsg.), Request for Information: IFRS 3 Business Combinations - Post-implementation review. Comment Letter, verfügbar unter: http://www.ifrs.org/Current-Projects/IASB-Projects/PIR/PIR-IFRS-3/Request-for-Information-January-2014/Pages/Submissions.aspx (Stand: 31.08.2015) (Comment Letter (PIR IFRS 3)).

Nestle S.A. (Hrsg.), Request for Information: IFRS 3 Business Combinations - Post-implementation review. Comment Letter, verfügbar unter: http://www.ifrs.org/Current-Projects/IASB-Projects/PIR/PIR-IFRS-3/Request-for-Information-January-2014/Pages/Submissions.aspx (Stand: 31.08.2015) (Comment Letter (PIR IFRS 3)).

PwC (Hrsg.), Request for Information: IFRS 3 Business Combinations - Post-implementation review. Comment Letter, verfügbar unter: https://inform.pwc.com/inform2/show?action=informContent&id=1416303905148524 (Stand: 31.08.2015) (Comment Letter (PIR IFRS 3)).